★ 2.2.3 导入素材的播放 29页

★ 视频位置：视频\第2章\课堂案例——导入素材的播放.mp4

★ 3.2.3 静态图像素材的添加 37页

★ 视频位置：视频\第3章\课堂案例——静态图像素材的添加.mp4

★ 3.3.1 复制与粘贴素材文件 38页

★ 视频位置：视频\第3章\课堂案例——粘贴素材文件.mp4

★ 4.2.3 快捷菜单调整播放速度 47页

★ 视频位置：视频\第4章\课堂案例——通过标快捷菜单调整播放速度.mp4

★ 4.3.5 通过滚动编辑工具剪辑素材 51页

★ 视频位置：视频\第4章\课堂案例——通过滚动编辑工具剪辑素材.mp4

★ 5.2.1 应用RGB曲线特效 55页

★ 视频位置：视频\第5章\课堂案例——应用RGB曲线特效.mp4

★ 5.2.2 应用RGB色彩特效 56页

★ 视频位置：视频\第5章\课堂案例——应用RGB色彩特效.mp4

★ 5.2.3 应用三路色彩特效 57页

★ 视频位置：视频\第5章\课堂案例——应用三路色彩特效.mp4

★ 5.2.9 应用分色特效 63页

★ 视频位置：视频\第5章\课堂案例——应用分色特效.mp4

★ 5.2.10 应用色彩均化特效 64页

★ 视频位置：视频\第5章\课堂案例——应用色彩均化特效.mp4

★ 5.2.12 应用色彩平衡（HLS）特效 65页

★ 视频位置：视频\第5章\课堂案例——应用色彩平衡（HLS）特效.mp4

★ 5.2.14 应用通道混合器特效 67页

★ 视频位置：视频\第5章\课堂案例——应用通道混合器特效.mp4

★ 5.3.3 应用卷积内核特效 69页

★ 视频位置：视频\第5章\课堂案例——应用卷积内核特效.mp4

★ 5.3.5 应用阴影/高光特效 71页

★ 视频位置：视频\第5章\课堂案例——应用阴影/高光特效.mp4

★ 5.3.6 应用自动对比度特效 72页

★ 视频位置：视频\第5章\课堂案例——应用自动对比度特效.mp4

★ 5.3.8 应用黑白特效 73页

★ 视频位置：视频\第5章\课堂案例——应用黑白特效.mp4

★ 5.3.11 应用灰度系数特效 75页
★ 视频位置：视频\第5章\课堂案例——应用灰度系数特效.mp4

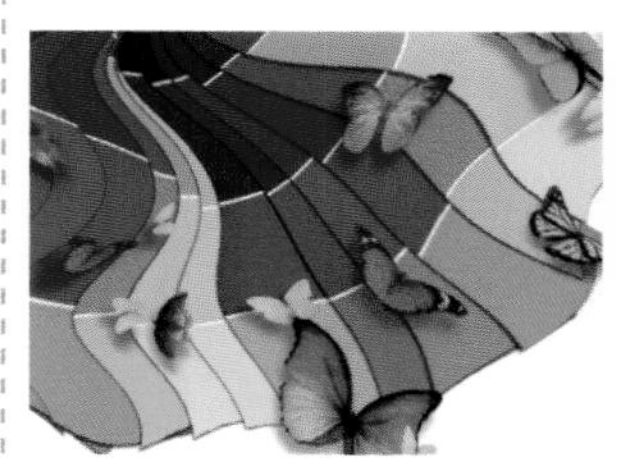

★ 6.2.1 通过对话框设置参数 81页
★ 视频位置：视频\第6章\课堂案例——通过对话框设置参数.mp4

★ 6.3.2 运用镜头光晕特效 83页
★ 视频位置：视频\第5章\课堂案例——应用镜头光晕特效.mp4

★ 6.3.4 运用灰尘与划痕特效 85页
★ 视频位置：视频\第6章\课堂案例——运用灰尘与划痕特效.mp4

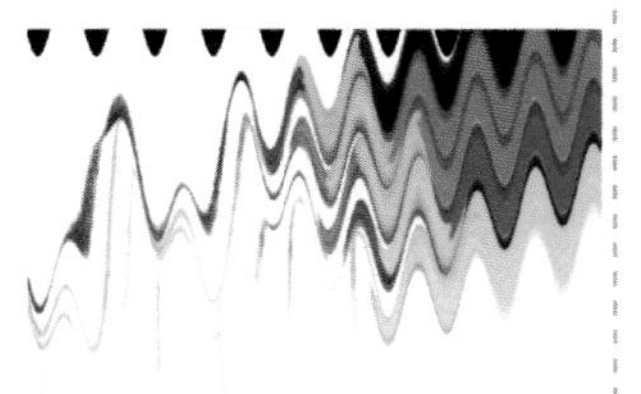

★ 6.3.6 运用波形弯曲特效 87页
★ 视频位置：视频\第6章\课堂案例——运用波形弯曲特效.mp4

★ 7.2.3 通过控制台设置对齐效果 100页
★ 视频位置：视频\第7章\课堂案例——通过控制台设置对齐效果.mp4

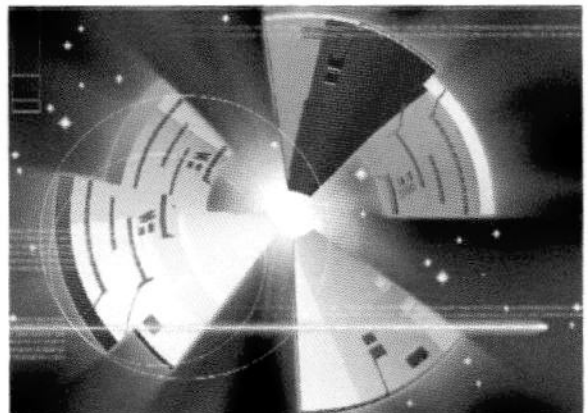

★ 7.3.1 应用风车转场特效 102页
★ 视频位置：视频\第7章\课堂案例——应用风车转场特效.mp4

★ 7.3.3 应用门转场特效 104页
★ 视频位置：视频\第7章\课堂案例——应用门转场特效.mp4

★ 7.3.6 应用摆入转场特效 106页

★ 视频位置：视频\第7章\课堂案例——应用摆入转场特效.mp4

★ 7.3.8 应用棋盘转场特效 107页

★ 视频位置：视频\第7章\课堂案例——应用棋盘转场特效.mp4

★ 7.3.10 应用划像交叉转场特效 108页

★ 视频位置：视频\第7章\课堂案例——应用划像交叉转场特效.mp4

★ 7.3.12 应用交叉叠化转场特效 110页

★ 视频位置：视频\第7章\课堂案例——应用交叉叠化转场特效.mp4

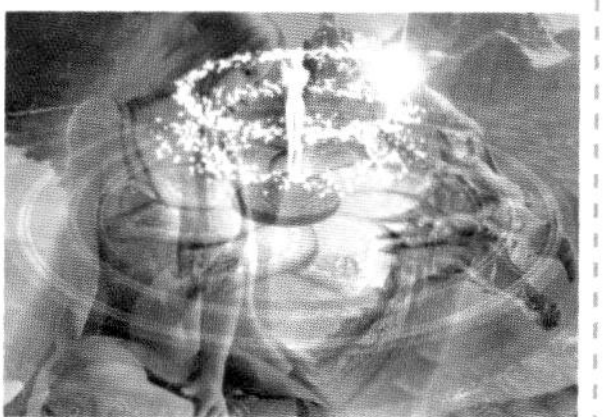

★ 7.3.14 应用附加叠化转场特效 111页

★ 视频位置：视频\第7章\课堂案例——应用附加叠化转场特效.mp4

★ 7.4.1 应用交叉缩放转场特效 112页

★ 视频位置：视频\第7章\课堂案例——应用交叉缩放转场特效.mp4

★ 7.4.3 应用3D运动转场特效 114页

★ 视频位置：视频\第7章\课堂案例——应用3D运动转场特效.mp4

★ 7.4.4 应用伸展进入转场特效 115页

★ 视频位置：视频\第7章\课堂案例——应用伸展进入转场特效.mp4

★ 7.4.5 应用星形划像转场特效 116页

★ 视频位置：视频\第7章\课堂案例——应用星形划像转场特效.mp4

★ 7.4.6 应用渐变擦除转场特效 117页

★ 视频位置：视频\第7章\课堂案例——应用渐变擦除转场特效.mp4

★ 7.4.9 应用缩放拖尾转场特效 119页

★ 视频位置：视频\第7章\课堂案例——应用缩放拖尾转场特效.mp4

★ 7.4.11 应用滑动带转场特效 121页

★ 视频位置：视频\第7章\课堂案例——应用滑动带转场特效.mp4

★ 7.4.14 应用纹理转场特效 123页

★ 视频位置：视频\第7章\课堂案例——应用纹理转场特效.mp4

★ 8.1.2 Alpha通道视频叠加 127页

★ 视频位置：视频\第8章\课堂案例——Alpha通道视频叠加.mp4

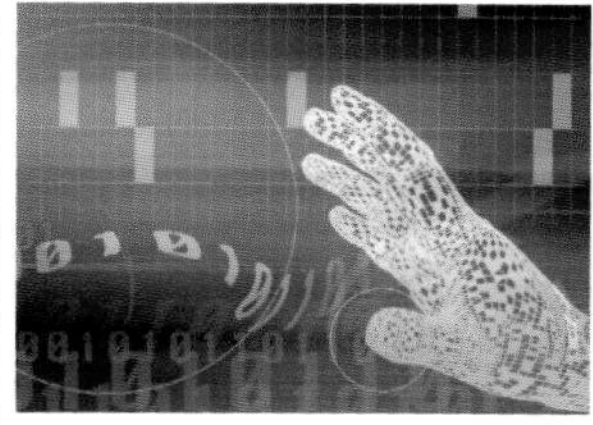
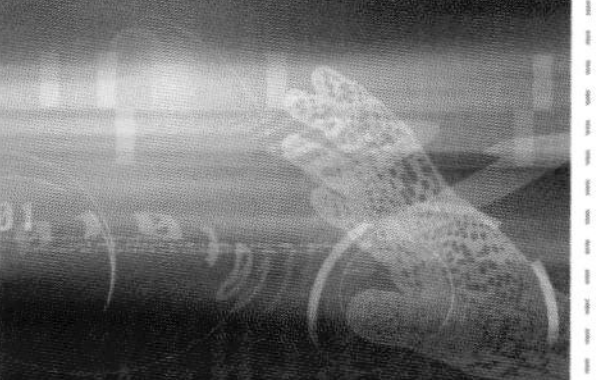

★ 8.2.1 制作透明度叠加效果 130页

★ 视频位置：视频\第8章\课堂案例——制作透明度叠加效果.mp4

★ 8.2.2 制作蓝屏键透明叠加效果 131页

★ 视频位置：视频\第8章\课堂案例——制作蓝屏键透明叠加效果.mp4

★ 8.2.7 制作RGB差异键效果 135页

★ 视频位置：视频\第8章\课堂案例——制作RGB差异键效果.mp4

★ 8.2.8 制作淡入淡出叠加效果 136页

★ 视频位置：视频\第8章\课堂案例——制作淡入淡出叠加效果.mp4

★ 8.2.9 制作4点无用信号遮罩效果 138页

★ 视频位置：视频\第8章\课堂案例——制作4点无用信号遮罩效果.mp4

★ 8.2.10 制作8点无用信号遮罩效果 139页

★ 视频位置：视频\第8章\课堂案例——制作8点无用信号遮罩效果.mp4

★ 8.2.11 制作16点无用信号遮罩效果 141页

★ 视频位置：视频\第8章\课堂案例——制作16点无用信号遮罩效果.mp4

★ 9.2.1 应用飞行运动特效 148页

★ 视频位置：视频\第9章\课堂案例——应用飞行运动特效.mp4

★ 9.2.6 应用字幕旋转特效 154页

★ 视频位置：视频\第9章\课堂案例——应用字幕旋转特效.mp4

★ 9.3.4 画中画特效的制作 157页

★ 视频位置：视频\第9章\课堂案例——画中画特效的制作.mp4

★ 10.2.2 设置字幕变换效果 168页

★ 视频位置：视频\第10章\课堂案例——设置字幕变换效果.mp4

★ 10.2.5 调整影视字幕角度 170页

★ 视频位置：视频\第10章\课堂案例——调整影视字幕角度.mp4

★ 10.3.1 制作实色填充效果 173页

★ 视频位置：视频\第10章\课堂案例——制作实色填充效果.mp4

★ 10.3.4 制作消除填充效果 175页

★ 视频位置：视频\第10章\课堂案例——制作消除填充效果.mp4

★ 11.1.1 运用绘图工具绘制直线 184页

★ 视频位置：视频\第11章\课堂案例——运用绘图工具绘制直线.mp4

★ 11.2.3 制作游动动态字幕 188页

★ 视频位置：视频\第11章\课堂案例——制作游动动态字幕.mp4

★ 11.4.1 设置流动路径字幕 195页

★ 视频位置：视频\第11章\课堂案例——设置流动路径字幕.mp4

★ 11.4.5 设置扭曲特效字幕 200页

★ 视频位置：视频\第11章\课堂案例——设置扭曲特效字幕.mp4

★ 15.1 课堂案例——制作冰朝王后字幕 253页

★ 视频位置：视频\第15章\15.1\课堂案例——导入图片背景.mp4、制作发光字幕.mp4、制作交叉叠化. mp4

★ 15.3 课堂案例——制作影视频道片头 264页

★ 视频位置：视频\第15章\15.3\课堂案例——导入影视视频.mp4、制作影视转场.mp4、制作影视特效.mp4、制作影视音频.mp4

★ 15.5 课堂案例——制作凉鞋广告海报 278页

★ 视频位置：视频\第15章\15.5\课堂案例——制作闪光背景. mp4、制作动态字幕. mp4、制作音频效果. mp4

★ 15.6 课堂案例——制作汽车广告案例 286页

★ 视频位置：视频\第15章\15.6\课堂案例——制作动态背景. mp4、制作字幕效果. mp4、制作音频特效. mp4

Premiere Pro CS6
实用教程

华天印象　编著

人 民 邮 电 出 版 社
北 京

图书在版编目（CIP）数据

Premiere Pro CS6实用教程 / 华天印象编著. -- 北京 : 人民邮电出版社, 2017.8
ISBN 978-7-115-45247-4

Ⅰ. ①P… Ⅱ. ①华… Ⅲ. ①视频编辑软件—教材
Ⅳ. ①TN94

中国版本图书馆CIP数据核字(2017)第085753号

内 容 提 要

这是一本全面介绍Premiere Pro CS6视频编辑制作的书。本书针对零基础读者编写，讲解了Premiere Pro CS6的各项核心功能与精髓内容，以各种重要功能为主线，对每个功能中的重点内容进行了详细介绍，并安排了大量课堂案例，让读者可以快速熟悉软件的功能和制作思路。另外，每章都安排了习题测试，这些习题都是在视频编辑过程中经常会遇到的案例项目。通过完成课后习题，可以达到强化训练的目的，又可以让读者了解在实际工作中会做什么和该做什么。

本书附赠教学资源，内容包括书中所有案例的素材文件、源文件和多媒体教学录像。同时，为方便老师教学，还配备了PPT教学课件，以供参考。另外，还为读者精心准备了Premiere Pro CS6软件常用快捷键索引和课堂案例、习题测试索引，以方便读者学习。

本书内容丰富，讲解循序渐进，注重理论与实践相结合，既适合广大影视制作、音频处理相关人员，如新闻编辑、编导、影视制作人、婚庆视频编辑、独立制作人、音频处理人员、后期配音人员等使用，也可作为高等院校动画影视相关专业的辅导教材。

◆ 编　　著　华天印象
　责任编辑　张丹阳
　责任印制　陈　犇
◆ 人民邮电出版社出版发行　　北京市丰台区成寿寺路11号
　邮编　100164　　电子邮件　315@ptpress.com.cn
　网址　http://www.ptpress.com.cn
　北京九州迅驰传媒文化有限公司印刷
◆ 开本：787×1092　1/16　　彩插：4
　印张：20.25　　2017年8月第1版
　字数：649千字　　2024年9月北京第23次印刷

定价：49.00元

读者服务热线：(010)81055410　印装质量热线：(010)81055316
反盗版热线：(010)81055315
广告经营许可证：京东市监广登字20170147号

前言

Premiere Pro CS6是由美国Adobe公司推出的一款非常优秀的视频编辑软件，具有工作界面简洁友好，功能强大，操作简便等特点，在电视节目片头、影视片头、电视视频广告和网络视频广告制作等方面有着广泛的应用，深受广大影视行业设计人员的青睐。

在写作本书时，作者对所有的实例都亲自实践与测试，力求使每一个实例都真实而完整地呈现在读者面前。作者对本书的编写体系做了精心的设计，按照“课堂案例→习题测试”这一思路进行编排，通过软件功能解析使读者深入学习软件功能和制作特色，通过课堂案例演练使读者快速熟悉软件功能和设计思路，通过习题测试拓展读者的实际操作能力。在内容编写方面，力求通俗易懂，细致全面；在文字叙述方面，注意言简意赅、突出重点；在案例选取方面，强调案例的针对性和实用性。

本书的附带资源文件中包含了书中所有课堂案例和习题测试的源文件、素材文件，以及所有案例的多媒体有声视频教学录像。这些录像均由专业人士录制，详细记录了案例的操作步骤，使读者一目了然。同时，为了方便老师教学，本书还配备了PPT课件。扫描“资源下载”二维码即可获得下载方法。

资源下载

本书的参考学时为127学时，其中讲授环节为80学时，实训环节为47学时，各章的参考学时如下表所示。

章	课程内容	学时分配	
		讲授	实训
第1章	Premiere CS6新手入门	3	1
第2章	Premiere CS6的基本操作	3	2
第3章	采集、添加与编辑素材	4	2
第4章	调整、剪辑与筛选素材	4	2
第5章	校正与调整影视画面色彩	6	3
第6章	视频特效的添加与制作	5	3
第7章	视频转场特效的制作	8	5
第8章	视频覆叠特效的制作	6	4
第9章	影视动态效果的制作	5	3
第10章	设置与美化影视字幕	6	3
第11章	制作影视字幕动态特效	6	4
第12章	影视背景音乐的制作	6	4
第13章	视频音乐特效的制作	5	3
第14章	影视媒体文件的导出	3	1
第15章	案例实训	10	7
学时总计		80	47

为了使读者能够轻松自学并深入了解使用Premiere Pro CS6进行视频编辑制作的操作方法，本书在版面结构上尽量做到清晰明了，如下图所示。

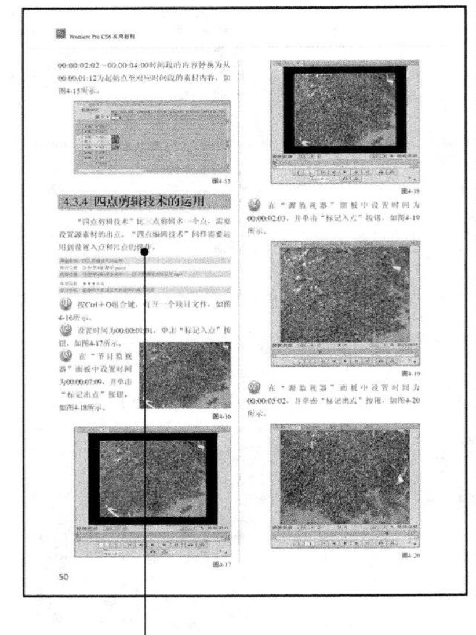

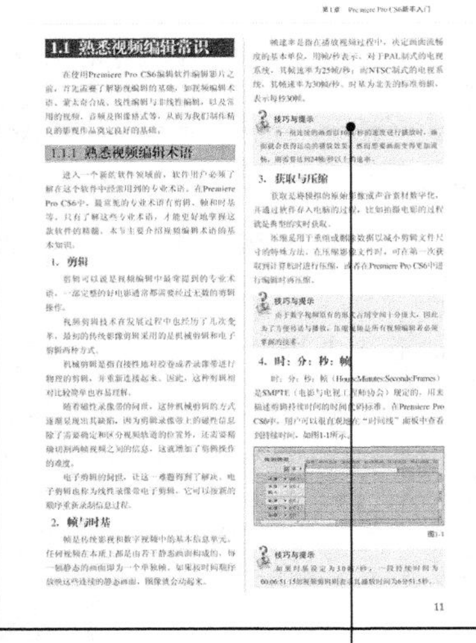

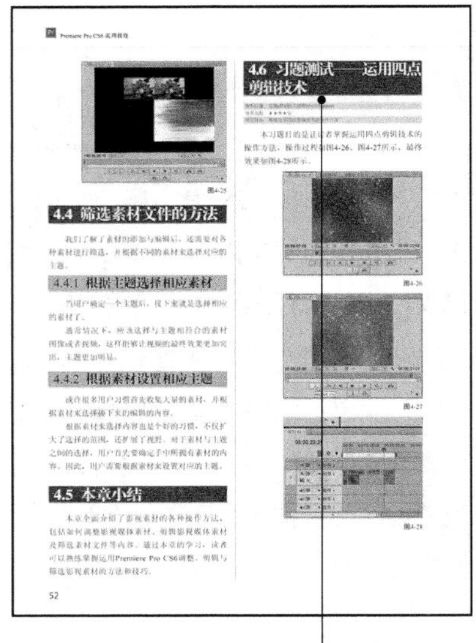

课堂案例：包含大量的案例详解，使大家深入掌握Premiere Pro CS6的基础知识以及各种功能的作用。

技巧与提示：针对Premiere Pro CS6的实用技巧及制作过程中的难点进行重点提示。

习题测试：安排重要的制作习题，让大家在学完相应内容以后继续强化所学技术。

本书由华天印象编著，参与编写的人员还有李毅等人，由于作者知识水平有限，书中难免有错误和疏漏之处，恳请广大读者批评、指正，如果遇到问题，可以与我们联系，视频制作技巧微信号：flhshy1，摄影技巧微信号：goutudaquan。

本书采用Premiere Pro CS6软件编写，请用户一定要使用同版本软件。直接打开附带资源文件中的效果时，会弹出重新链接素材（如音频、视频、图像素材）的提示，甚至提示丢失信息等，这是因为每个用户安装的Premiere Pro CS6及素材与效果文件的路径不一致，发生了改变，这属于正常现象，用户只需要将这些素材重新链接素材文件夹中的相应文件，即可打开各种效果了。

编者

目录 CONTENTS

目 录 CONTENTS

目 录 CONTENTS

目录 CONTENTS

第1章

Premiere Pro CS6新手入门

内容摘要

本章主要讲解了Premiere Pro CS6的基础知识，如视频编辑术语、蒙太奇合成、Premiere Pro CS6的功能、启动与退出Premiere Pro CS6、Premiere Pro CS6的界面，以及常用的视频、音频、图像格式等内容。通过本章的学习，读者可以掌握Premiere Pro CS6基础的入门知识。

课堂学习目标

- 熟悉视频编辑常识
- 掌握Premiere Pro CS6的功能
- 掌握启动与退出Premiere Pro CS6的操作方法
- 熟悉Premiere Pro CS6的界面

1.1 熟悉视频编辑常识

在使用Premiere Pro CS6编辑软件编辑影片之前，首先需要了解影视编辑的基础，如视频编辑术语、蒙太奇合成、线性编辑与非线性编辑，以及常用的视频、音频及图像格式等，从而为我们制作精良的影视作品奠定良好的基础。

1.1.1 熟悉视频编辑术语

进入一个新的软件领域前，软件用户必须了解在这个软件中经常用到的专业术语。在Premiere Pro CS6中，最常见的专业术语有剪辑、帧和时基等，只有了解这些专业术语，才能更好地掌握这款软件的精髓。本节主要介绍视频编辑术语的基本知识。

1. 剪辑

剪辑可以说是视频编辑中最常提到的专业术语，一部完整的好电影通常都需要经过无数的剪辑操作。

视频剪辑技术在发展过程中也经历了几次变革，最初的传统影像剪辑采用的是机械剪辑和电子剪辑两种方式。

机械剪辑是指直接性地对胶卷或者录像带进行物理的剪辑，并重新连接起来。因此，这种剪辑相对比较简单也容易理解。

随着磁性录像带的问世，这种机械剪辑的方式逐渐显现出其缺陷，因为剪辑录像带上的磁性信息除了需要确定和区分视频轨道的位置外，还需要精确切割两帧视频之间的信息，这就增加了剪辑操作的难度。

电子剪辑的问世，让这一难题得到了解决。电子剪辑也称为线性录像带电子剪辑，它可以按新的顺序重新录制信息过程。

2. 帧与时基

帧是传统影视和数字视频中的基本信息单元。任何视频在本质上都是由若干静态画面构成的，每一幅静态的画面即为一个单独帧。如果按时间顺序放映这些连续的静态画面，图像就会动起来。

帧速率是指在播放视频过程中，决定画面流畅度的基本单位，用帧/秒表示。对于PAL制式的电视系统，其帧速率为25帧/秒；而NTSC制式的电视系统，其帧速率为30帧/秒。时基为北美的标准剪辑，表示每秒30帧。

技巧与提示

当一组连续的画面以10帧/秒的速度进行播放时，画面就会获得运动的播放效果，然而想要画面变得更加流畅，则需要达到24帧/秒以上的速率。

3. 获取与压缩

获取是将模拟的原始影像或声音素材数字化，并通过软件存入电脑的过程，比如拍摄电影的过程就是典型的实时获取。

压缩是用于重组或删除数据以减小剪辑文件尺寸的特殊方法。在压缩影像文件时，可在第一次获取到计算机时进行压缩，或者在Premiere Pro CS6中进行编辑时再压缩。

技巧与提示

由于数字视频原有的形式占用空间十分庞大，因此为了方便传送与播放，压缩视频是所有视频编辑者必须掌握的技术。

4. 时：分：秒：帧

时：分：秒：帧（Hours:Minutes:Seconds:Frames）是SMPTE（电影与电视工程师协会）规定的，用来描述剪辑持续时间的时间代码标准。在Premiere Pro CS6中，用户可以很直观地在“时间线”面板中查看到持续时间，如图1-1所示。

图1-1

技巧与提示

如果时基设定为30帧/秒，一段持续时间为00:06:51:15的视频剪辑则表示其播放时间为6分51.5秒。

5. Quick Time与Video Windows

Quick Time是一种能在个人计算机上播放的数字化电影，是由Apple公司开发的一种系统软件扩展，可在Macintosh和Windows应用程序中综合声音、影像及动画。

Video Windows是由Microsoft公司开发的一种影像格式，俗称AVI电影格式，有着与Quick Time同样能播放数字化电影的功能。

技巧与提示

Video Windows可以在Windows应用程序中综合声音、影像及动画。AVI电影也是一种在个人计算机上播放的数字化电影。

1.1.2 常用的视频、音频及图像格式

为了更好地编辑视频，用户必须熟悉各种常见的文件格式。

本节主要介绍与数字视频相关元素的格式，如数字视频的格式、数字音频的格式和数字图像的格式等。

1. 常用的视频格式

为了更加灵活地使用不同格式的素材视频文件，用户必须了解当前最流行的几种视频文件格式，如MJPEG、MPEG、AVI、MOV、RM/RMVB及WMV等。

下面介绍数字视频格式的分类。

（1）MJPEG格式。

MJPEG是Motion JEPG的简称，即动态JPEG。该格式以25帧/秒的速度使用JPEG算法压缩视频信号，完成动态视频的压缩。

（2）MPEG格式。

MPEG类型的视频文件是由MPEG编码技术压缩而成的视频文件，被广泛应用于VCD、DVD及HDTV的视频编辑与处理中。

（3）AVI格式。

AVI是Audio Video Interleave的缩写。AVI视频格式的优点是兼容性好、调用方便及图像质量好；其缺点是数据量过大，文件占用太多存储空间。

（4）MOV格式。

这是由Apple公司所研发的视频格式，该格式的文件只能在Apple公司所生产的Mac机上进行播放。随后，Apple公司又推出了基于Windows操作系统的Quick Time软件，现在MOV格式也成为使用较为频繁的视频文件格式。

（5）RM/RMVB格式。

RM格式和RMVB格式都是由Real Networks公司制定的视频压缩规范创建的文件格式。由于RM格式的视频只适合于本地播放，而RMVB格式除了可以进行本地播放外，还可以通过互联网播放，因此，更多的用户青睐于使用RMVB视频格式。

（6）WMV格式。

随着网络化的迅猛发展，互联网实时传播的WMV视频文件格式逐渐流行起来。其主要优点在于：可扩充的媒体类型、本地或网络回放、可伸缩的媒体类型、多语言支持及可扩展性等。

2. 常用的音频格式

在编辑视频作品的过程中，除了需要熟悉视频文件格式外，还必须熟悉各种类型的音频格式，如WAV、MP3、MIDI及WMA等。

（1）WAV格式。

WAV音频格式是一种Windows本身存放数字声音的标准格式。它符合RIFF（Resource Interchange File Format）文件规范，所以WAV音频文件的音质在各种音频文件中是最好的，同时数据量也是最大的，因此不适合用于在网络上进行传播。

（2）MP3格式。

MP3格式诞生于20世纪80年代的德国，是一种采用了有损压缩算法的音频文件格式。MP3音频的编码采用了（12～10）∶1的高压缩率，并且保持低音频部分不失真。为了压缩文件的尺寸，MP3声音牺牲了声音文件中的12kHz到16kHz高音频部分的质量。

然而，MP3成为了目前最为流行的一种音乐文件，原因是MP3可以根据不同需要采用不同的采样率进行编码。其中，127kbit/s采样率的音质接近于CD音质，而其大小仅为CD音乐文件大小的10%。

（3）MIDI格式。

MIDI是Musical Instrument Digital Interface的缩写。

MIDI并不能算是一种数字音频文件格式，而是电子乐器传达给计算机的一组指令，让其音乐信息在计算机中重现。一个MIDI文件每分钟的音乐大约只占用了5~10KB，因此常被用于游戏音轨及电子贺卡等。

（4）WMA格式。

WMA格式的优点就是音质强于MP3格式文件，它是通过减少数据流量但保持音质的方法来达到比MP3压缩率更高的目的。因此，WMA的压缩率都会达到18：1左右，且WMA适合在网络上直接在线播放。

3. 常用的图像格式

常见的数字图像格式主要有BMP、PCX、TIFF、GIF、JPEG、TGA、EXIF、FPX、PSD及CDR等，下面将分别进行介绍。

（1）BMP格式。

BMP是一种与硬件设备无关的图像文件格式，使用非常普遍。它采用位映射存储格式，除了图像深度可选以外，不采用其他任何压缩，因此BMP文件所占用的存储空间很大。

BMP格式是DOS和Windows兼容的计算机上的标准Windows图像格式，是英文Bitmap（位图）的缩写。BMP格式支持1～24位颜色深度，该格式的特点是包含图像信息较丰富，几乎不对图像进行压缩，但占用磁盘空间大。

（2）PCX格式。

PCX是最早支持彩色图像的一种文件格式，现在最高可以支持256种彩色，该图像文件由文件头和实际图像数据构成。文件头由128字节组成，描述版本信息和图像显示设备的横向、纵向分辨率及调色板等信息，在实际图像数据中，表示图像数据类型和彩色类型。PCX图像文件中的数据都是用PCXREL技术压缩后的图像数据。

（3）TIFF格式。

TIFF（Tag Image File Format）图像文件是由Aldus和Microsoft公司共同研制开发的一种较为通用的图像文件格式。TIFF格式用于在不同的应用程序和不同的计算机平台之间交换文件，几乎所有的绘画、图像编辑和页面版式应用程序均支持该文件格式。TIFF是现存图像文件格式中最复杂的一种，具有扩展性、方便性及可改性，可以在IBM PC等环境中运行该图像格式编辑程序。

（4）GIF格式。

GIF（Graphics Interchange Format）的原意是图像互换格式，是CompuServe公司在1987年开发的图像文件格式。GIF文件的数据是一种基于LZW算法的连续色调的无损压缩格式，其压缩率一般在50%左右。

GIF格式也是一种非常通用的图像格式，由于最多只能保存256种颜色，且使用LZW压缩方式压缩文件，因此GIF格式的文件非常小巧，不会占用太多的磁盘空间，非常适合Internet上的图片传输。GIF格式还可以保存动画。

（5）JPEG格式。

JPEG是一种很灵活的格式，具有调节图像质量的功能，允许用不同的压缩比例对文件进行压缩，支持多种压缩级别，压缩比率通常在（10~4）：1之间，压缩比越大，品质就越低；相反，压缩比越小，品质就越好。

JPEG是一种高压缩比、有损压缩真彩色的图像文件格式，其最大的特点是文件比较小，可以进行高倍率的压缩，因而在注重文件大小的领域应用广泛，比如网络上的绝大部分要求高颜色深度的图像都是使用JPEG格式。

（6）TGA格式。

TGA属于一种图形、图像数据的通用格式，在多媒体领域有很大影响，是计算机生成图像向电视转换的一种首选格式。

TGA图像格式最大的特点是可以做出不规则形状的图形、图像文件。一般图形、图像文件都为四方形，而TGA格式的文件可以制作出圆形、菱形，甚至是镂空的图像文件。

TGA格式支持压缩，使用不失真的压缩算法，是一种比较好的图片格式。

（7）EXIF格式。

EXIF图像格式是1994年富士公司提出的数码相机图像文件格式，其实与JPEG格式相同，区别是除保存图像数据外，还能够存储摄影日期、使用光圈、快门及闪光灯数据等曝光资料和附带信息及小尺寸图像。

（8）FPX格式。

FPX是一个拥有多重分辨率的影像格式，即影像被存储成一系列高低不同的分辨率，这种格式的好处是当影像被放大时仍可维持影像的质量。另外，当修饰FPX影像时，只会处理被修饰的部分，不会把整幅影像一并处理，从而减小处理器及记忆体的负担，使影像处理时间减少。

（9）PSD格式。

PSD文件格式是Photoshop图像处理软件的专用文件格式，可以支持图层、通道、蒙版和不同色彩模式的各种图像特征，是一种非压缩的原始文件保存格式。扫描仪不能直接生成这种格式的文件。PSD文件有时容量会很大，但由于可以保留所有原始信息，在图像处理中对于尚未制作完成的图像，选用PSD格式保存是最佳的选择。

（10）CDR格式。

CDR是绘图软件CorelDraw的专用图形文件格式。由于CorelDraw是矢量图形绘制软件，所以CDR可以记录文件的属性、位置和分页等。但CDR格式的兼容性比较差，所以只能在CorelDraw应用程序中使用，其他图像编辑软件均不能打开此类文件。

1.1.3 熟悉蒙太奇合成

蒙太奇的原意为文学、音乐与美术的结合，在影视中表示的是一种将影片内容展现给观众的叙述手法和表现形式。本节将对蒙太奇的分类、镜头组接规律及镜头组接节奏进行讲解。

1. 蒙太奇的分类

蒙太奇主要分为叙述蒙太奇和表现蒙太奇两大类。

（1）叙述蒙太奇。

叙述蒙太奇是按照事物的发展规律、内存联系及时间顺序，把不同的镜头连接在一起，叙述一个情节，展示一系列事件的剪接方法。叙述蒙太奇分为顺叙、倒叙、插叙及分叙等多种类型。

（2）表现蒙太奇。

表现蒙太奇又称为列蒙太奇，是根据画面的内存联系，通过画面与画面及画面与声音之间的变化和冲击，造成单个画面本身无法产生的概念与寓意，激发观众联想。表现蒙太奇分为并列式、交叉式、比喻式及象征式。图1-2和图1-3所示分别为比喻式和象征式蒙太奇。

图1-2

图1-3

2. 镜头组接规律

为了能够更加明确地向观众表达出作者的思想和信息，组接镜头必须要符合观众的思维方式及影片的表现规律。

一般来说，拍摄一个场景的时候，景的发展不宜过分剧烈，否则就不容易连接起来。相反，景的变化不大，同时拍摄角度变换亦不大，拍出的镜头也不容易组接。由于以上原因，在拍摄的时候景的发展变化需要采取循序渐进的方法。循序渐进地变换不同视觉距离的镜头，可以创造顺畅的连接，形成了各种蒙太奇句型。下面将介绍各种蒙太奇句型。

- 前进式句型：这种叙述句型是指景物由远景、全景向近景及特写过渡，用来表现由低沉到高昂向上的情绪和剧情的发展。
- 后退式句型：这种叙述句型是由近到远，表示由高昂到低沉、压抑的情绪，在影片中表现由细节→扩展→全部。
- 环行句型：是把前进式和后退式的句型结合在一起使用。由全景→中景→近景→特写。再由特写→近景→中景→远景，如图1-4所示。甚至还可以反过来运用。表现情绪由低沉到高昂，再由高昂转向低沉，这类的句型一般在影视故事片中较为常用。

图1-4

3. 镜头组接节奏

镜头组接节奏是指通过演员的表演、镜头的转换和运动，以及场景的时空变化等因素，让观众能够直观地感受到人物的情绪、剧情的跌宕起伏、环境气氛的变化。影片内的每一个镜头的组接都需要以影片内容为出发点，并在此基础的前提下调整或控制影片的节奏。

处理影片节目的任何一个情节或一组画面，都是从影片表达的内容出发来处理节奏问题。如果在一个宁静祥和的环境里用了快节奏的镜头转换，就会使得观众觉得突兀跳跃，心理上难以接受。然而在一些节奏强烈，激荡人心的场面中，就应该考虑到种种冲击因素，使镜头的变化速度与观众的心理要求一致，以增强观众的激动情绪，达到模仿和吸引的目的。

1.1.4 熟悉影视编辑类型

在影视视频编辑的发展过程中，先后出现了线性编辑和非线性编辑两个编辑方式。本节主要介绍影视编辑的这两种类型。

1. 线性编辑

线性编辑是指源文件从一端进来做标记、分割和剪辑，然后从另一端出去。线性编辑的主要特点是录像带必须按照顺序进行编辑。

线性编辑利用电子手段，按照播出节目的需求对原始素材进行顺序剪接处理，最终形成新的连续画面。

线性编辑的优点是技术比较成熟，操作相对比较简单。线性编辑可以直接、直观地对素材录像带进行操作，因此操作起来较为简单。

但同时，线性编辑系统所需的设备也为编辑过程带来了众多的不便，全套的设备不仅需要投放较高的资金、而且设备的连线多，故障发生也频繁，维修起来更是比较复杂。而且这种线性编辑技术的编辑过程只能按时间顺序进行编辑，无法删除、缩短及加长中间某一段的视频。

2. 非线性编辑

随着计算机软硬件技术的发展，非线性编辑借助计算机软件数字化的编辑方法，几乎将所有的工作都在计算机中完成。这不仅降低了众多外部设备和故障的发生频率，更是突破了单一事件顺序编辑的限制。

非线性编辑是指应用计算机图形、图像技术等，在计算机中对各种原始素材进行编辑操作，并将最终结果输出到电脑硬盘、光盘及磁带等记录设备上的这一系列完整工艺过程。

非线性编辑的实现主要靠软硬件的支持，两者的组合便称之为非线性编辑系统。一个完整的非线性编辑系统主要由计算机、视频卡（或IEEE 1394卡）、声卡、高速硬盘、专用特效卡及外围设备构成。

相比线性编辑，非线性编辑的优点与特点主要集中在素材的预览、编辑点定位、素材调整的优化、素材组接、素材复制、特效功能、声音的编辑及视频的合成等之上。

1.2 掌握Premiere Pro CS6的功能

Premiere Pro CS6是一款具有强大编辑功能的视频编辑软件，其简单的操作步骤、简明的操作界面、多样化的特效受到广大用户的青睐。本节将对Premiere Pro CS6的一些功能进行介绍。

1.2.1 捕获素材

捕获功能是Premiere Pro CS6中最常用的一种功能，主要用来捕获素材至软件中，从而能进行其他编辑操作。

Premiere Pro CS6可以直接从便携式数字摄像机、数字录像机、麦克风或者其他输入设备进行素材的捕获。

1.2.2 剪辑与编辑素材

经过多次的升级与修正，Premiere Pro CS6拥有了多种编辑工具。

利用Premiere Pro CS6中的剪辑与编辑功能，除了可以轻松剪辑视频与音频素材外，还可以直接改变素材的播放速度、排列顺序等。

1.2.3 添加特效滤镜

添加特效可以使得原始素材更具有艺术氛围，在最新版本的Premiere Pro CS6中，系统自带有许多不同风格的特效滤镜。为视频素材添加特效滤镜，可以增加素材的美感度。

1.2.4 添加转场效果

段落与段落、场景与场景之间的过渡或转换，就叫做转场。

Premiere Pro CS6中能够让各种镜头实现自然的过渡，如黑场、淡入、淡出、闪烁、翻滚及3D转场效果。

1.2.5 字幕工具

字幕指以文字形式显示电视、电影、舞台作品里面的语音等非影像内容，也泛指影视作品后期加工的文字。例如，在电影银幕或电视机荧光屏下方出现的外语对话的译文或其他解说文字及种种文字，如影片的片名、演职员表、唱词、对白、说明词、人物介绍、地名和年代等。

使用Premiere Pro CS6字幕工具能够创建出各种效果的静态或动态字幕，灵活运用这些工具可以使影片的内容更加丰富多彩。

1.2.6 音频处理

在为视频素材中添加音乐文件后，可以对添加的音乐文件进行特殊的效果处理。

用户在Premiere Pro CS6中不仅可以处理视频素材，软件还为用户提供了强大的音频处理功能。用户能直接剪辑音频素材，而且可以添加一些音频特效。

1.2.7 效果输出

输出主要是指对制作的文件进行导出的操作。

Premiere Pro CS6拥有强大的输出功能，可以将制作完成后的视频文件输出成多种格式的视频或图片文件，还可以将文件输出到硬盘或刻录成DVD光盘。

1.2.8 软件的兼容性

近年来，各种视频文件格式层出不穷，而许多设备和视频文件格式往往不能被软件兼容。

所谓兼容性，就是指几个硬件之间、几个软件之间或者是几个软硬件之间的相互配合的程度。

在Premiere Pro CS6中对多格式视频文件的兼容性进行了调整，使得更多格式的文件与Premiere Pro CS6软件得到兼容。

1.2.9 项目管理

在Premiere Pro CS6中，对于每个项目都拥有单独的保存工作区。

Premiere Pro CS6独有的Rapid Find搜索功能能让用户查看并搜索需要的结果。除此之外，独立设置每个序列可以让用户方便地将多个序列分别应用不同的编辑和渲染设置。

1.2.10 软件的协调性

协调性是指各个不同软件中的一些功能通过协调后，可以进行使用。

Premiere Pro与Adobe公司的其他产品组件之间有着优良的协调性。比如：支持Photoshop中的混合模式、能够与Adobe Illustrator协调使用等。

1.2.11 时间的精确显示

控制时间的精确显示可以让用户对影片中的每一个时间进行调整。

Premiere Pro CS6拥有更加完善的时间显示功能，使得影片的每一个环节都能得到精确控制。

1.3 启动与退出Premiere Pro CS6

了解完Premiere Pro CS6的各个功能后，大家应该非常想尝试使用这款强大的软件了吧？在运用Premiere Pro CS6进行视频编辑之前，我们首先要学习一些最基本的操作：启动与退出Premiere Pro CS6程序。

1.3.1 Premiere Pro CS6的启动

将Premiere Pro CS6安装到计算机中后，就可以启动Premiere Pro CS6程序，进行影视编辑操作。

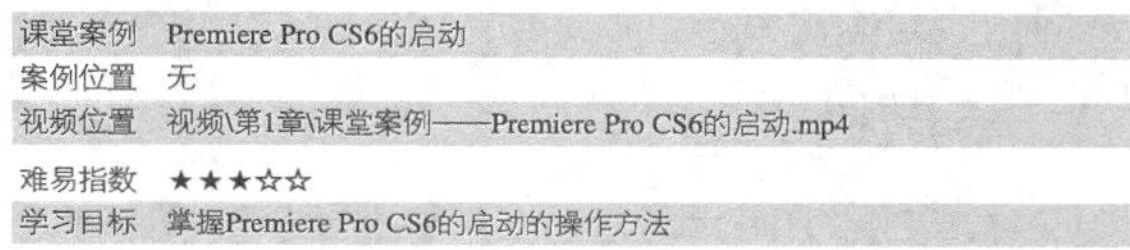

课堂案例	Premiere Pro CS6的启动
案例位置	无
视频位置	视频\第1章\课堂案例——Premiere Pro CS6的启动.mp4
难易指数	★★★☆☆
学习目标	掌握Premiere Pro CS6的启动的操作方法

01 双击桌面上的Premiere Pro CS6程序图标，如图1-5所示。

图1-5

02 弹出Premiere Pro CS6程序启动界面，显示程序启动信息，如图1-6所示。

图1-6

03 程序启动后，将弹出“欢迎使用Adobe Premiere Pro”对话框，单击“新建项目”按钮，如图1-7所示。

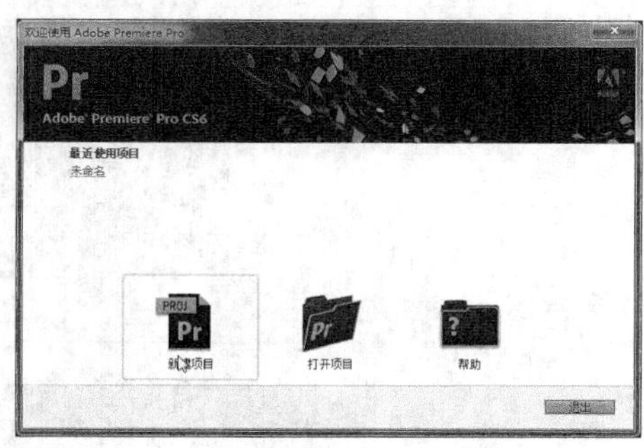

图1-7

04 弹出“新建项目”对话框，保持默认选项设置，在对话框下方单击“确定”按钮，如图1-8所示。

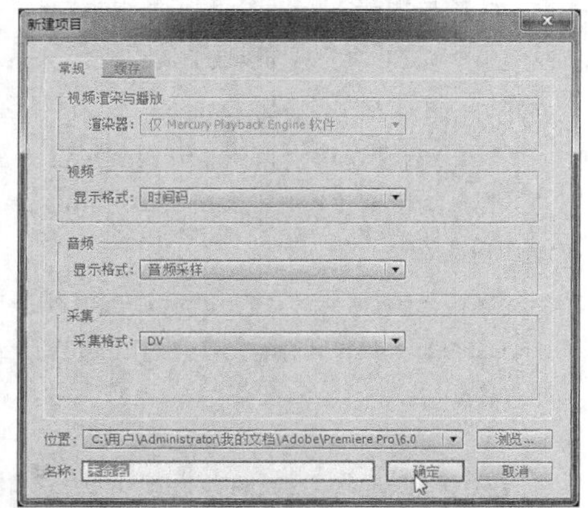

图1-8

05 弹出“新建序列”对话框，单击“确定”按钮，如图1-9所示。

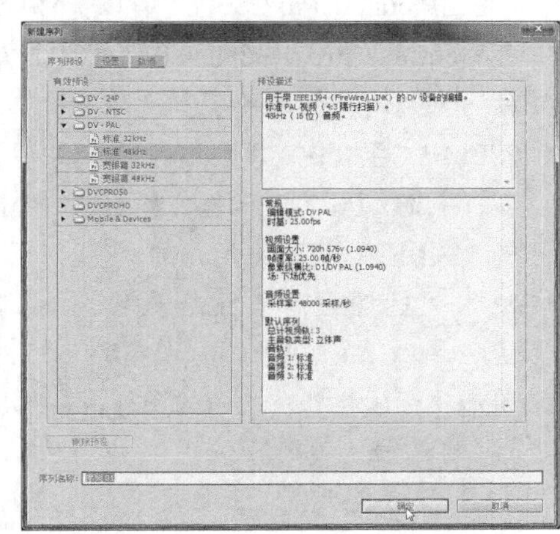

图1-9

06 执行操作后，即可进入Premiere Pro CS6程序窗口，如图1-10所示。

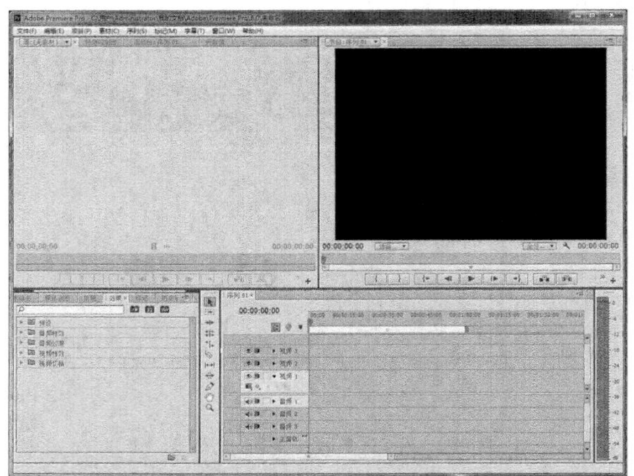

图1-10

技巧与提示

用户还可以通过以下两种方法启动Premiere Pro CS6软件。

（1）程序菜单：单击“开始”按钮，在弹出的“开始”菜单中，单击“Adobe”｜“Adobe Premiere Pro CS6”命令。

（2）快捷菜单：在Windows桌面上选择Premiere Pro CS6图标，单击鼠标右键，在弹出的快捷菜单中选择“打开”选项。

1.3.2 Premiere Pro CS6的退出

当用户完成影视的编辑，不再需要使用Premiere Pro CS6时，则可以退出该程序。

退出Premiere Pro CS6程序有以下5种方法。

- 在Premiere Pro CS6的操作界面中，单击“文件”|“退出”命令即可。
- 按Ctrl＋Q组合键，即可退出程序。
- 在Premiere Pro CS6的操作界面中，单击右上角的“关闭”按钮。
- 双击“标题栏”左上角的图标，即可关闭程序。
- 单击“标题栏”左上角的图标，在弹出的快捷菜单中选择“关闭”选项。

1.4 熟悉Premiere Pro CS6界面

在启动Premiere Pro CS6后，便可以看到Premiere Pro CS6的各种界面，主要包括工作界面、菜单栏和操作界面等。本节将对Premiere Pro CS6界面的一些常用内容进行介绍。

1.4.1 熟悉工作界面

在启动Premiere Pro CS6后，便可以看到Premiere Pro CS6简洁的工作界面。界面中主要包括标题栏、“监视器”面板及“历史记录”面板等。本节将对Premiere Pro CS6工作界面中的一些常用内容进行介绍。

1. 标题栏

标题栏位于Premiere Pro CS6软件窗口的最上方，显示了系统当前正在运行的程序名及文件名等信息。

Premiere Pro CS6默认的文件名称为“未命名”，单击标题栏右侧的按钮组，可以最小化、最大化或关闭该Premiere Pro CS6程序窗口。

2. “监视器”面板的显示模式

“监视器”面板可以分为多种显示模式，下面对各显示模式进行介绍。

启动Premiere Pro CS6软件并任意打开一个项目文件后，此时默认的“监视器”面板分为“素材源”和“节目监视器”两部分，如图1-11所示。用户也可以将其设置为“浮游窗口”模式，如图1-12所示。

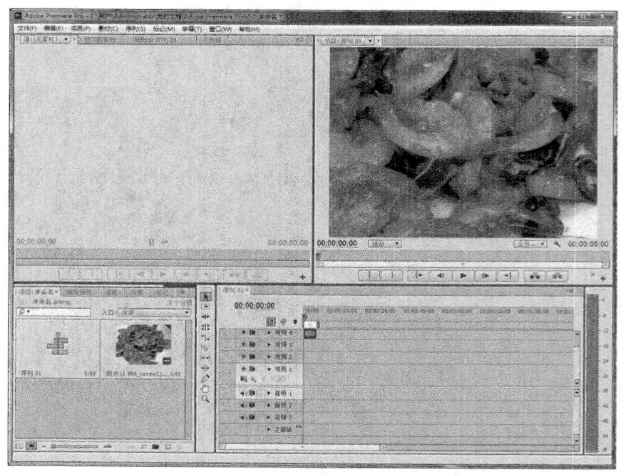

图1-11

图1-12

3. “监视器”面板的工具

“监视器”面板中包含了多种工具，下面对各个工具进行简单介绍。

- 播放-停止切换：该按钮用来控制素材的播放与停止，用户也可以按空格键来实现相同的功能。
- 前进和后退一帧：通过单击前进和后退一帧按钮，可以实现精确的微调。
- 飞梭：可以快速地调节视频画面的前后位置。
- 微调：以逐帧的方式控制视频画面向前或向后移动。
- 设置为编号标记：单击此图标可以添加自由标记。
- 跳转到前一标记：单击此图标即可跳转至当前时间之前的标记处。

4. “历史记录”面板

在Premiere Pro CS6中，“历史记录”面板主要用于记录编辑操作时执行的每一个命令。

用户可以通过在“历史记录”面板中删除指定的命令来还原之前的编辑操作，如图1-13所示。当用户选择“历史记录”面板中的历史记录后，单击“历史记录”面板右下角的“删除重做操作”按钮，即可将当前历史记录删除。

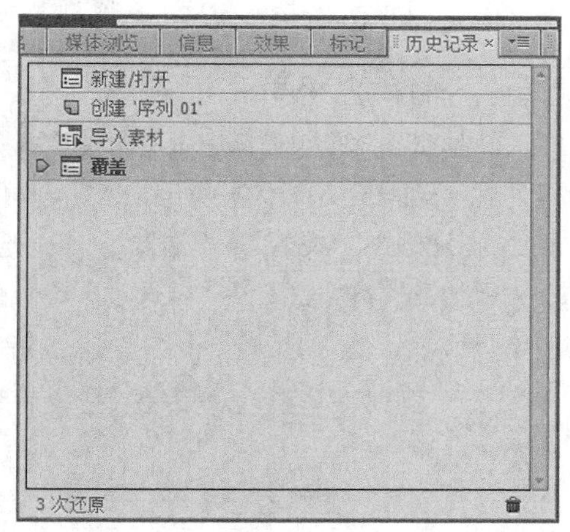

图1-13

5. “信息”面板

“信息”面板用于显示所选素材及当前序列中素材的信息。

“信息”面板中包括素材本身的帧速率、分辨率、素材长度和素材在序列中的位置等，如图1-14所示。在Premiere Pro CS6中不同的素材类型，“信息”面板中所显示的内容也会不一样。

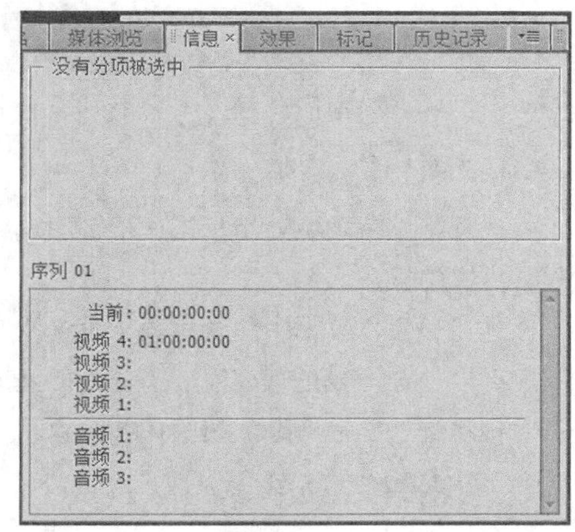

图1-14

1.4.2 熟悉菜单栏

菜单栏提供了9组菜单选项，位于标题栏的下方。Premiere Pro CS6的菜单栏由“文件”“编辑”“项目”“素材”“序列”“标记”“字幕”“窗口”和“帮助”菜单项组成。下面将对各菜单项的含义进行介绍。

1. “文件”菜单

“文件”菜单主要用于对项目文件进行操作。

在“文件”菜单中包含“新建”“打开项目”“关闭项目”“保存”“另存为”“返回”“采集”“批采集”“导入”“导出”及“退

出”等命令，如图1-15所示。

2. “编辑”菜单

“编辑”菜单主要用于一些常规编辑操作。

在“编辑”菜单中包含“还原”“重做”“剪切”“复制”“粘贴”“清除”“全选”“查找”“键盘快捷方式”及“首选项”等命令，如图1-16所示。

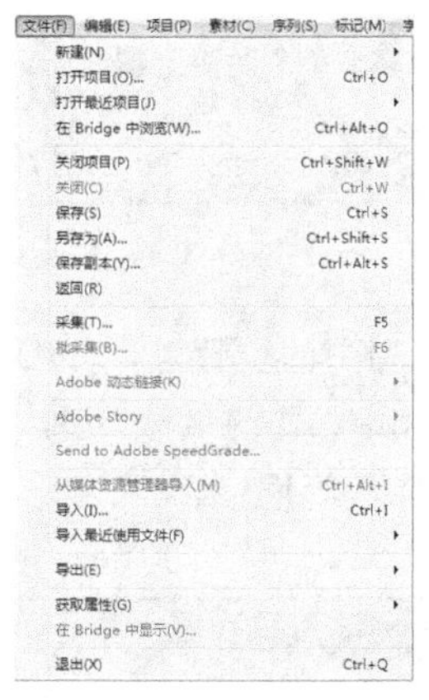

图1-15

图1-16

3. “项目”菜单

“项目”菜单主要用于工作项目的设置及对工程素材库的操作。

在“项目”菜单中包含“项目设置”“自动匹配序列”“导入批处理列表”“导出批处理列表”及“项目管理”等命令，如图1-17所示。

4. “素材”菜单

“素材”菜单用于实现对素材的具体操作。

Premiere Pro CS6中剪辑影片的大多数命令都位于该菜单中，如“重命名”“修改”“视频选项”“采集设置”“覆盖”及“替换素材”等，如图1-18所示。

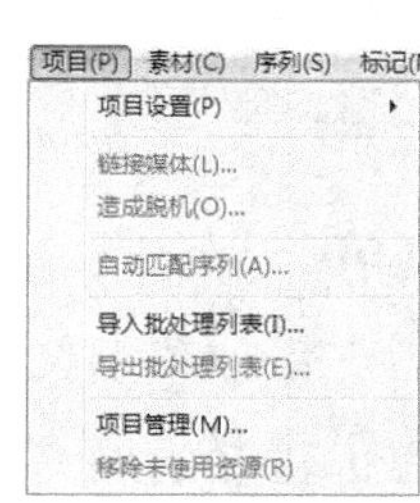

图1-17

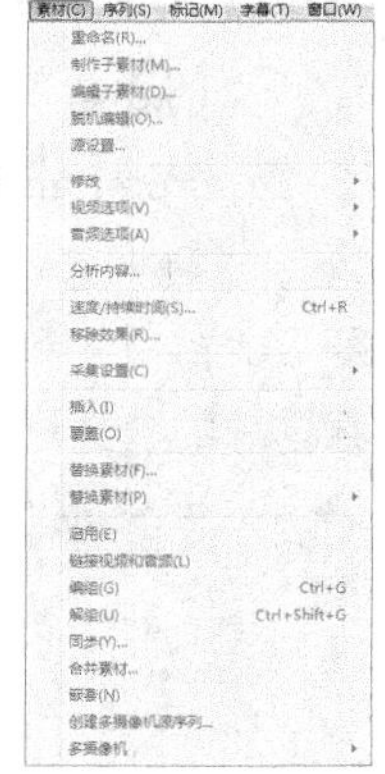

图1-18

5. “序列”菜单

“序列”菜单主要用于对项目中当前活动的序列进行编辑和处理。

在“序列”菜单中包含“序列设置”“渲染音频”“提升”“提取”“放大”“缩小”“吸附”“添加轨道”及“删除轨道”等命令，如图1-19所示。

6. “标记”菜单

“标记”菜单用于对素材和场景序列的标记进行编辑处理。

在“标记”菜单中包含“标记入点”“标记出点”“跳转入点”“跳转出点”“添加标记”及“清除当前标记”等命令，如图1-20所示。

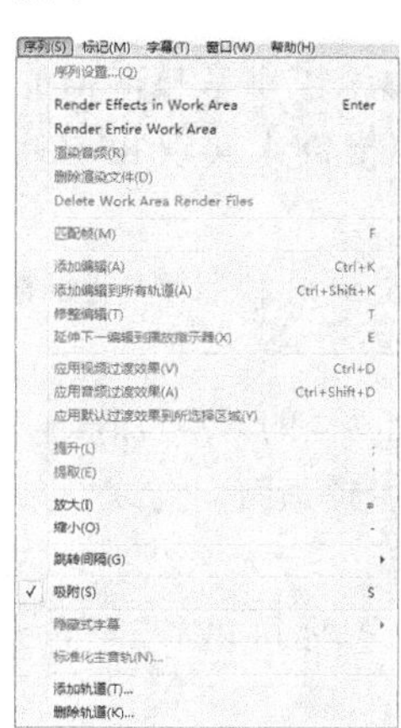

图1-19

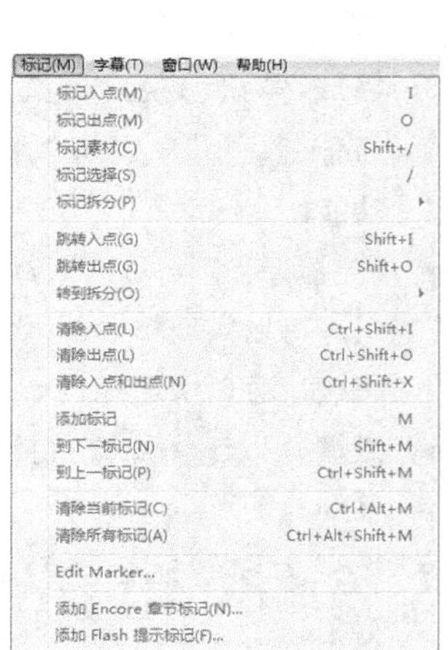

图1-20

7. “字幕”菜单

“字幕”菜单主要用于实现字幕制作过程中的各项编辑和调整操作。

在“字幕”菜单中包含“新建字幕”“字体”“大小”“文字对齐”“方向”“标记”“选择”及“排列”等命令，如图1-21所示。

8. “窗口”菜单

“窗口”菜单主要用于实现对各种编辑窗口和控制面板的管理操作。

在“窗口”菜单中包含“工作区”“扩展”“事件”“信息”“字幕属性”及“特效控制台”等命令，如图1-22所示。

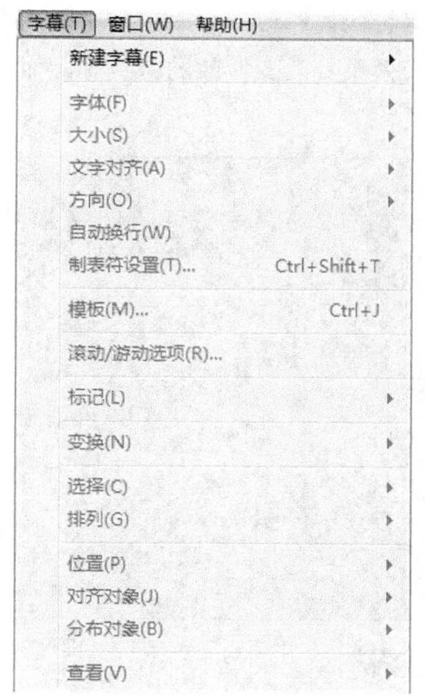

图1-21

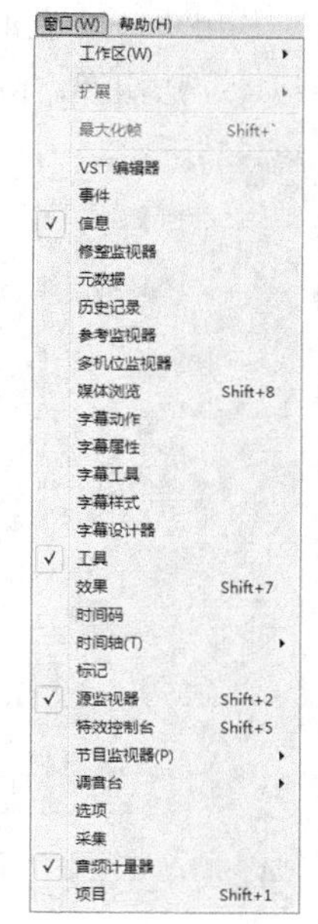

图1-22

9. “帮助”菜单

“帮助”菜单可以为用户提供在线帮助。

在“帮助”菜单中包含“帮助”“在线支持”“注册”“激活”及“更新”等命令。

1.4.3 熟悉操作界面

除了菜单栏与标题栏外，“项目”面板、“效果”面板、“时间线”面板及“工具”面板等都是Premiere Pro CS6操作界面中十分重要的组成部分。

1. “项目”面板

Premiere Pro CS6的“项目”面板主要用于输入和储存供“时间线”面板编辑合成的素材文件。

“项目”面板由3个部分构成，最上面的一部分为素材预览区；在预览区下方的为查找区；位于最中间的是素材目录栏；最下面是工具栏，也就是菜单命令的快捷按钮，单击这些按钮可以方便地实现一些常用操作，如图1-23所示。在“项目”面板中各主要选项的含义如下。

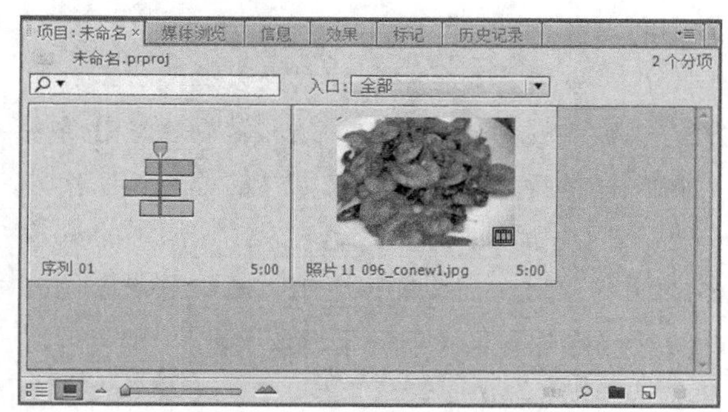

图1-23

- “素材预览区”选项：该选项区主要用于显示所选素材的相关信息。默认情况下，“项目”面板是不会显示素材预览区的，只有单击面板右上角的下三角按钮，在弹出的列表框中选择“预览区域”选项，才可显示素材预览区。
- “查找区”选项：该选项区主要用于查找需要的素材。
- “素材目录栏”选项：该选项区的主要作用是将导入的素材按目录的方式编排起来。
- “列表视图”按钮：单击该按钮可以将素材以列表形式显示。
- “图标视图”按钮：单击该按钮可以将素材以图标形式显示。
- “缩小”按钮：单击该按钮可以将素材缩小显示。
- “放大”按钮：单击该按钮可以将素材放大显示。
- “自动匹配序列”按钮：单击该按钮可以将“项目”面板中所选的素材自动排列到“时间线”面板的时间线页面中。单击“自动匹配序列”按钮，将弹出“自动匹配到序列”对话框。
- “查找”按钮：单击该按钮可以根据名称、标签或入出点在“项目”面板中定位素材。单击“查找”按钮，将弹出“查找”对话框，在该对话框的“查找目标”下方的文本框中输入需要查找的内容，单击“查找”按钮即可。

2. “效果”面板

在Premiere Pro CS6中，“效果”面板中包括“预设”“音频特效”“音频过渡”“视频特效”和“视频切换”选项。

在“效果”面板中各种选项以效果类型分组的方式存放视频、音频的特效和转场。通过对素材应用视频特效，可以调整素材的色调、明度等效果，应用音频效果可以调整素材音频的音量和均衡等效果，如图1-24所示。在“效果”调板中，单击调板右上角的三角形按钮，弹出调板菜单，如图1-25所示。

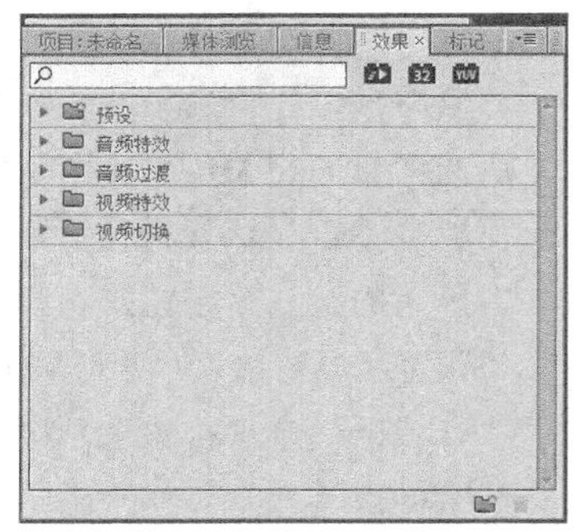

图1-24

在弹出的调板菜单中，各主要选项的含义如下。

- 新建自定文件夹：选择该选项，可以在“效果”调板中新建一个自定义文件夹。这个文件夹就类似于上网使用的浏览器中的“收藏夹”，用户可以将各类自己经常用的特效拖到这个文件夹里并保存。
- 删除自定条目：用于删除手动建立的文件夹。
- 设置所选择为默认过渡：用于将选中的转场设置为系统默认的转场过渡效果，这样用户在使用插入视频到时间线功能时，所使用到的转场即为设定好的转场效果。
- 设置默认过渡持续时间：选择该选项，将弹出“参数”对话框，在其中可以设置默认转场的持续时间。

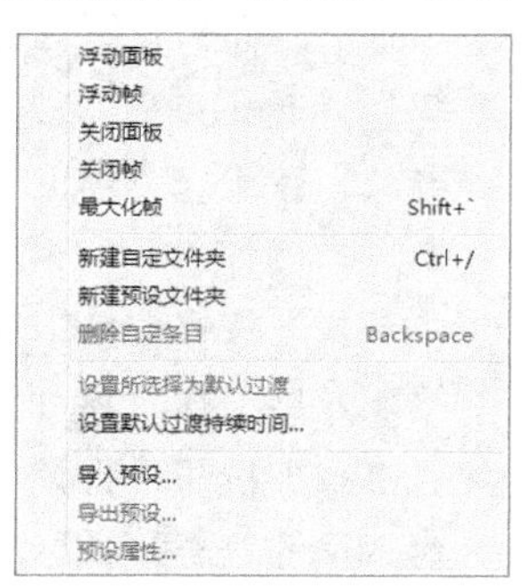

图1-25

3. “特效控制台”面板

单击“窗口”|“特效控制台”命令，即可展开“特效控制台”面板。

用户可以通过“特效控制台”面板控制对象的运动、透明度、切换效果及改变特效的参数等，如图1-26所示。

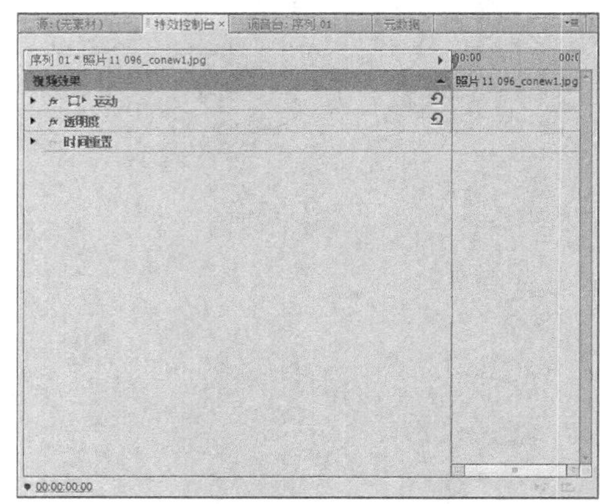

图1-26

4. “工具”面板

“工具”面板位于“时间线”窗口的右下方位置。

“工具”面板中主要包括选择工具、轨道选择工具、波纹编辑工具、滚动编辑工具、速率伸缩工具、剃刀工具、错落工具、滑动工具、钢笔工具、手形工具、缩放工具，如图1-27所示。

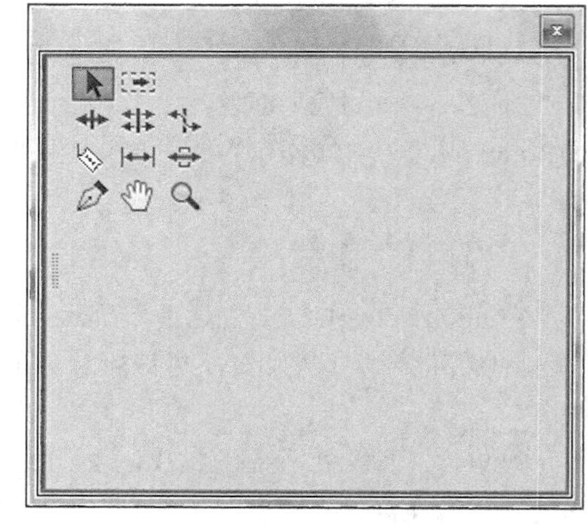

图1-27

在“工具”面板中各主要选项的含义如下。

- 选择工具：该工具主要用于选择素材、移动素材及调节素材关键帧。将该工具移至素材的边缘，光标将变成拉伸图标，可以拉伸素材为素材设置入点和出点。
- 轨道选择工具：该工具主要用于选择某一轨道上的所有素材，按住Shift键的同时单击鼠标左键，可以选择所有轨道。

- 波纹编辑工具：该工具主要用于拖动素材的出点以改变所选素材的长度，而轨道上其他素材的长度不受影响。
- 滚动编辑工具：该工具主要用于调整两个相邻素材的长度，两个被调整的素材长度变化是一种此消彼长的关系，在固定的长度范围内，一个素材增加的帧数必然会从相邻的素材中减去。
- 速率伸缩工具：该工具主要用于调整素材的速度。缩短素材则速度加快，拉长素材则速度减慢。
- 剃刀工具：该工具主要用于分割素材，将素材分割为两段，产生新的入点和出点。
- 错落工具：该工具主要用于改变一段素材的入点和出点。
- 滑动工具：该工具主要用于保持要剪辑素材的入点和出点不变，改变前一素材的出点和后一素材的入点。
- 钢笔工具：该工具主要用于调整素材的关键帧。
- 手形工具：该工具主要用于改变“时间线”面板的可视区域，在编辑一些较长的素材时，使用该工具非常方便。
- 缩放工具：该工具主要用于调整“时间线”面板中显示的时间单位，按住Alt键，即可以在放大模式和缩小模式间进行切换。

5. “时间线”面板

在Premiere Pro CS6中，“时间线”面板是进行视频编辑的重要区域，大部分的编辑操作都是在“时间”线的面板进行的，它是编辑影片的重要工具。

“时间线”面板主要分为“视频”轨道和“音频”轨道两大部分，其中“视频”轨道用于放置视频图像素材，“音频”轨道则可以用于放置音频素材，如图1-28所示。

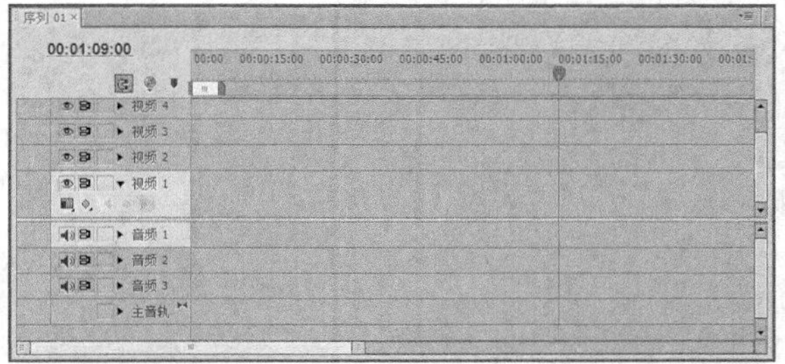

图1-28

1.5 本章小结

本章全面介绍了Premiere Pro CS6的基本知识，包括视频编辑常识、Premiere ProCS6的功能、如何启动与退出软件，以及Premiere Pro CS6的界面。通过本章的学习，读者可以初识Premiere Pro CS6，对Premiere Pro CS6的学习及之后的操作都有一定的帮助。

1.6 习题测试——启动与退出Premiere Pro CS6

案例位置	无
难易指数	★★★☆☆☆
学习目标	掌握启动与退出Premiere Pro CS6的操作方法

本习题目的在于让读者掌握启动与退出Premiere Pro CS6的操作方法。启动方法如图1-29所示，退出方法如图1-30所示。

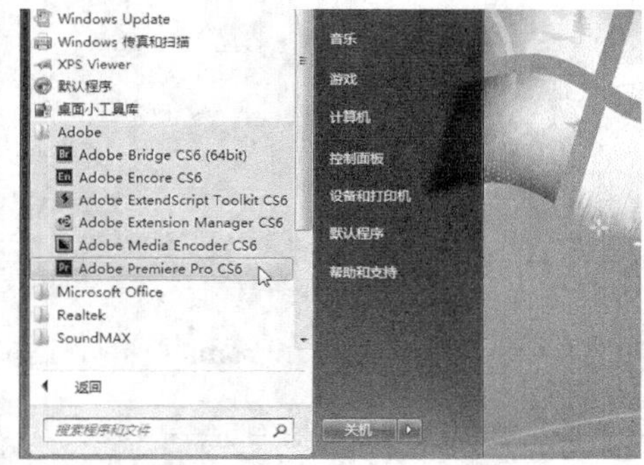

图1-29

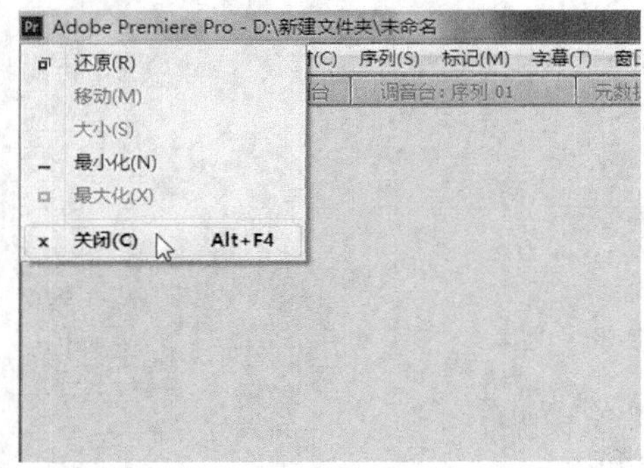

图1-30

第2章

Premiere Pro CS6的基本操作

内容摘要

Premiere Pro CS6软件主要用于对影视视频文件进行编辑，但在编辑之前用户需要掌握项目文件、素材文件、视频编辑工具及自定义快捷键的操作方法。本章将详细介绍创建项目文件，打开项目文件，保存和关闭项目文件，以及使用视频编辑工具等内容，以供读者掌握。

课堂学习目标

- 掌握项目文件的基本操作
- 掌握编辑素材文件的相关操作
- 掌握视频编辑工具的应用
- 掌握自定义快捷键的基本操作

2.1 项目文件的基本操作

在Premiere Pro CS6中，项目文件的基本操作主要包括创建项目、打开项目、保存项目及关闭项目等，本节将分别进行介绍。

2.1.1 创建项目文件

在启动Premiere Pro CS6后，用户首先需要做的就是创建一个新的工作项目。为此，Premiere Pro CS6提供了多种创建项目的方法。

1. 在欢迎界面中创建项目

在“时间线”面板中，如果用户需要编辑某一个视频素材，首先需要选择该素材文件。

在“欢迎使用Adobe Premiere Pro”对话框中，可以执行相应的操作进行项目创建。

当用户启动Premiere Pro CS6后，系统将自动弹出欢迎界面，界面中有“新建项目”“打开项目”和“帮助”3个拥有不同的功能的按钮，此时用户可以单击“新建项目”按钮，如图2-1所示，即可创建一个新的项目。

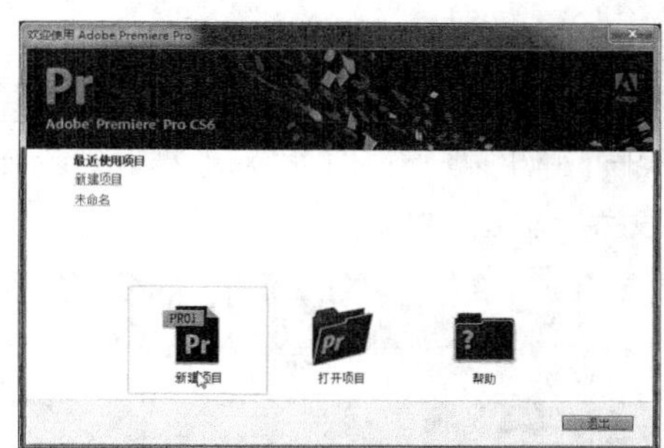

图2-1

2. 使用“文件”菜单创建项目

除了通过欢迎界面新建项目外，用户也可以进入到Premiere主界面中，通过“文件”菜单进行创建。

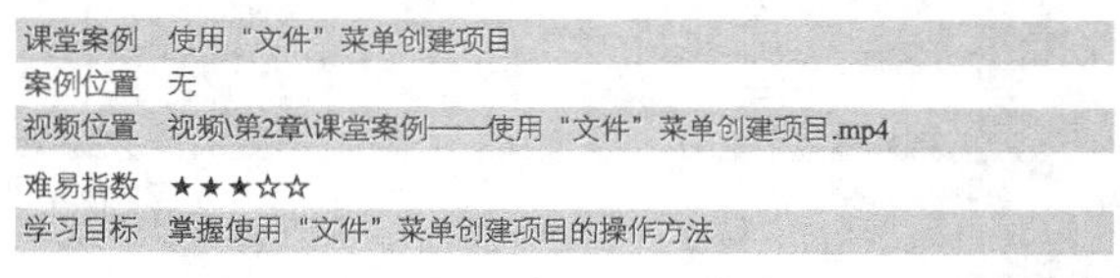

课堂案例	使用“文件”菜单创建项目
案例位置	无
视频位置	视频\第2章\课堂案例——使用“文件”菜单创建项目.mp4
难易指数	★★★☆☆
学习目标	掌握使用“文件”菜单创建项目的操作方法

01 单击“文件”|“新建”|“项目”命令，如图2-2所示。

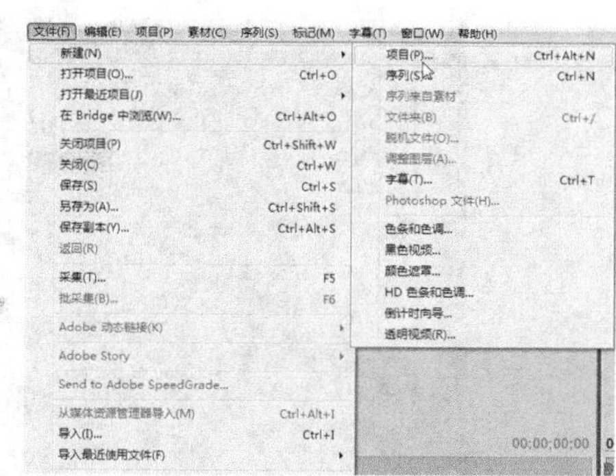

图2-2

02 弹出“新建项目”对话框，单击“浏览”按钮，如图2-3所示。

图2-3

03 弹出“请为您的新项目选择一个目标路径”对话框，选择合适的文件夹，如图2-4所示。

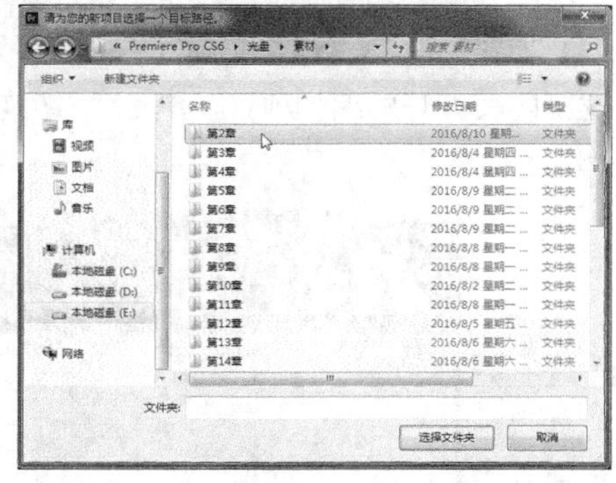

图2-4

04 单击“选择文件夹”按钮，返回到“新建项目”对话框，设置“名称”为“新建项目”，如图2-5所示。

05 单击“确定”按钮，弹出“新建序列”对话框，单击“确定”按钮，即可使用“文件”菜单创建项目文件。

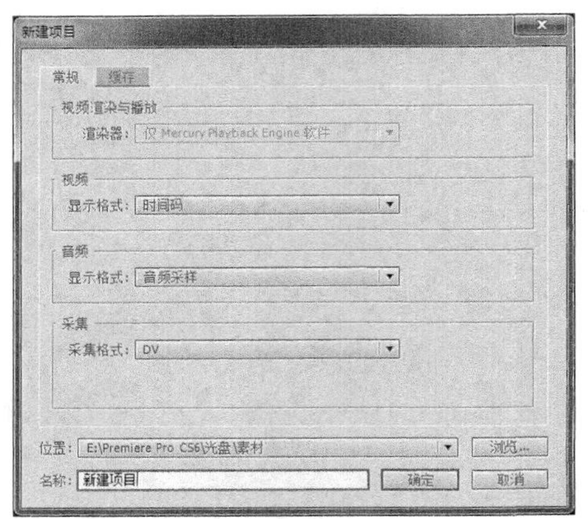

图2-5

3. 使用快捷键创建项目

除了上述两种创建新项目的方法外，用户也可以使用Ctrl+Alt+N组合键，快速创建一个项目文件。

2.1.2 打开项目文件

当用户启动Premiere Pro CS6后，可以选择打开一个项目来进入系统程序。接下来将介绍打开项目的3种不同的方法。

1. 在欢迎界面中打开项目

在欢迎界面中除了可以创建项目文件外，还可以打开项目文件，下面将介绍其打开方法。

当用户启动Premiere Pro CS6后，系统将自动弹出欢迎界面。此时，用户可以单击“打开项目”按钮，如图2-6所示，即可弹出“打开项目”对话框，选择需要打开的编辑项目，单击“打开项目”按钮即可。

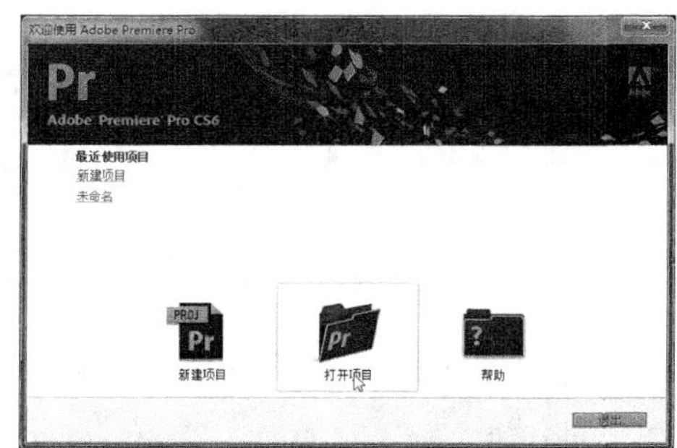

图2-6

2. 使用“文件”菜单打开项目

在Premiere Pro CS6中，用户可以根据需要打开保存的项目文件。下面介绍使用“文件”菜单打开项目的操作方法。

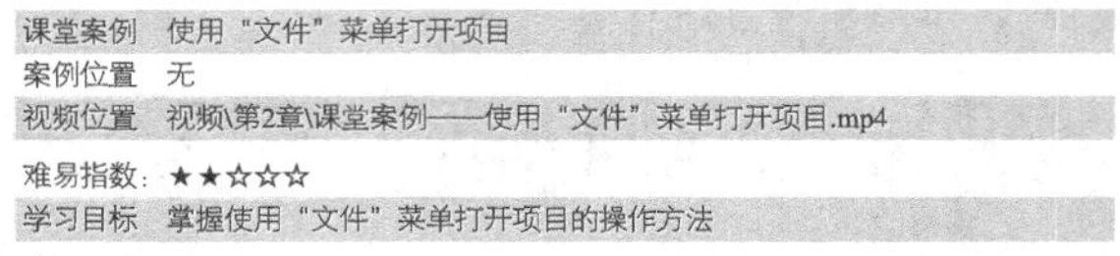

课堂案例	使用“文件”菜单打开项目
案例位置	无
视频位置	视频\第2章\课堂案例——使用“文件”菜单打开项目.mp4
难易指数：	★★☆☆☆
学习目标	掌握使用“文件”菜单打开项目的操作方法

01 单击“文件”|“打开项目”命令，如图2-7所示。

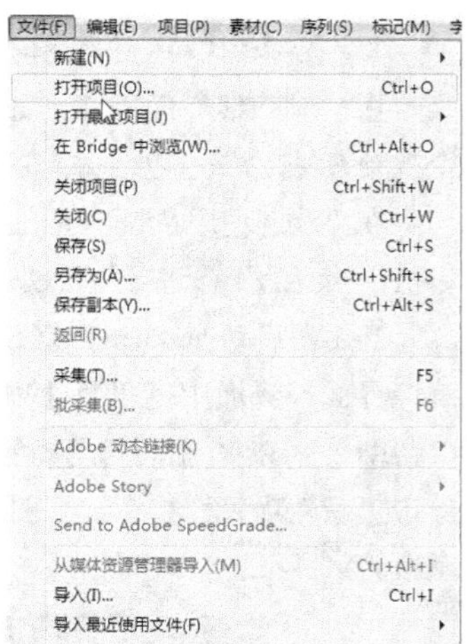

图2-7

02 弹出“打开项目”对话框，选择合适的项目文件，如图2-8所示。

图2-8

03 单击“打开”按钮，即可使用“文件”菜单打开项目文件，如图2-9所示。

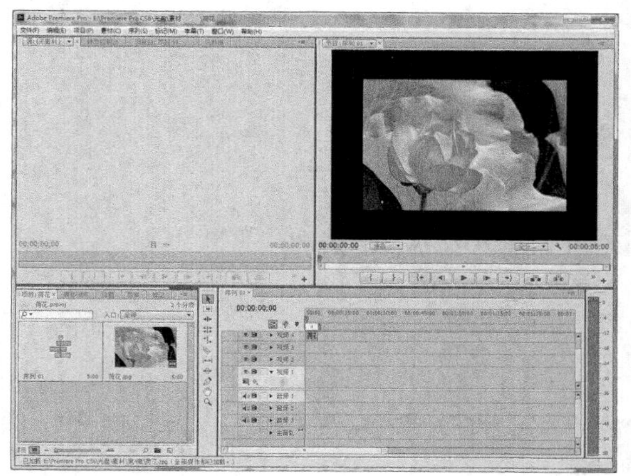

图2-9

3. 使用快捷键打开项目

用户也可以使用快捷键打开项目文件，下面将介绍使用快捷键打开项目的操作方法。

按Ctrl＋O组合键，在弹出的“打开项目”对话框中选择需要打开的文件，单击“打开”按钮，即可打开当前选择的项目。

还可以按Ctrl＋Alt＋O组合键，打开bridge浏览器，在浏览器中选择需要打开的项目或者素材文件。

2.1.3 保存项目文件

除了上面介绍的创建项目和打开项目的操作方法，用户还可以对项目文件进行保存。本节将详细介绍保存项目文件的操作方法。

1. 使用“文件”菜单保存项目

为了确保所编辑的项目文件不会丢失，当用户编辑完当前项目文件后，可以将项目文件进行保存，以便下次进行修改操作。

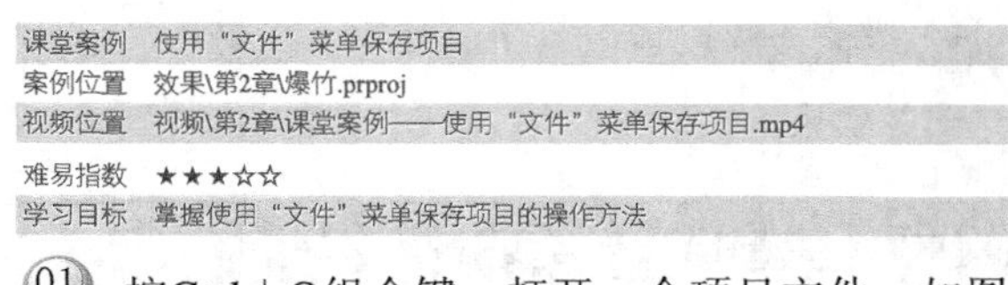

课堂案例	使用“文件”菜单保存项目
案例位置	效果\第2章\爆竹.prproj
视频位置	视频\第2章\课堂案例——使用“文件”菜单保存项目.mp4
难易指数	★★★☆☆
学习目标	掌握使用“文件”菜单保存项目的操作方法

01 按Ctrl＋O组合键，打开一个项目文件，如图2-10所示。

02 在“时间线”面板中调整素材的长度，如图2-11所示。

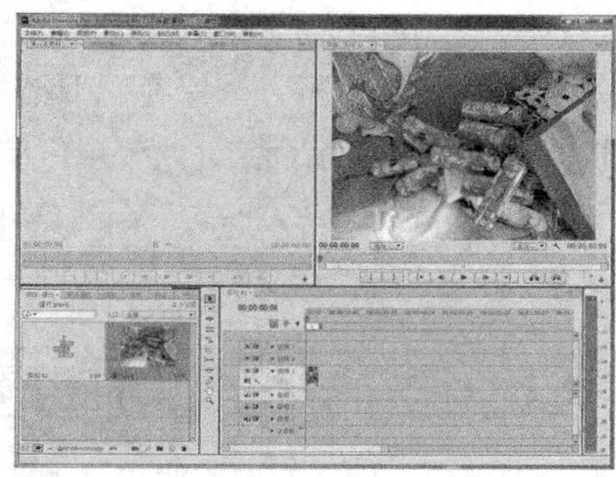

图2-10

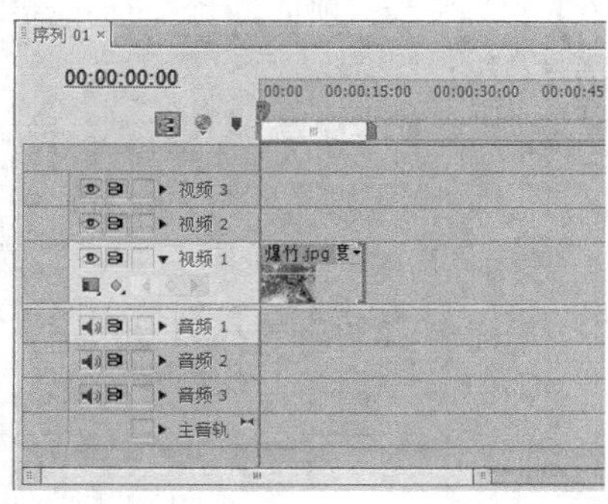

图2-11

03 单击“文件”|“存储”命令，如图2-12所示。

文件(F) 编辑(E) 项目(P) 素材(C) 序列(S) 标记(M)
新建(N)
打开项目(O)... Ctrl+O
打开最近项目(J)
在 Adobe Bridge 中浏览(W)... Ctrl+Alt+O
关闭项目(P) Ctrl+Shift+W
关闭(C) Ctrl+W
存储(S) Ctrl+S
存储为(A)... Ctrl+Shift+S
存储副本(Y)... Ctrl+Alt+S
返回(R)
采集(T)... F5
批采集(B)... F6
Adobe 动态链接(K)
Adobe Story

图2-12

04 弹出“存储项目”对话框，显示保存进度，即可保存项目，如图2-13所示。

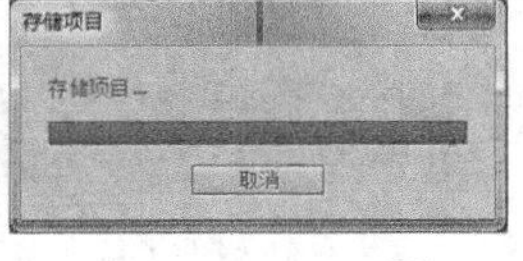

图2-13

2. 使用快捷键保存项目

使用快捷键保存项目是一种简便快捷的保存方法，下面将介绍使用快捷键保存项目的操作方法。

用户可以按Ctrl＋S组合键来弹出“存储项目”对话框，如果用户已经对文件进行过一次保存，文件将不会弹出“储存项目”对话框。

除了使用上述方法保存项目外，用户还可以按Ctrl＋Shift＋S组合键，改变项目储存的名称和位置，也可以按Ctrl＋Alt＋S组合键，将项目作为副本保存。

2.1.4 关闭项目文件

当用户完成所有的编辑操作并将文件进行了保存，可以将当前项目关闭。下面介绍关闭项目的3种方法。

- 如果需要关闭项目，可以单击“文件”|“关闭”命令，如图2-14所示。
- 单击“文件”|“关闭项目”命令，如图2-15所示。
- 按Ctrl＋W组合键，或者按Ctrl＋Alt＋W组合键，执行关闭项目的操作。

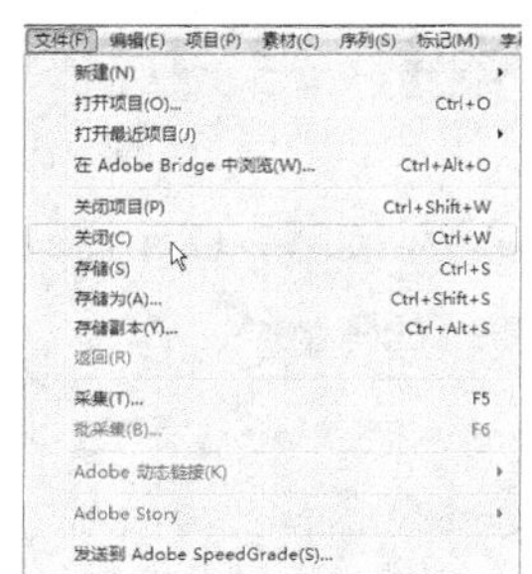

图2-14

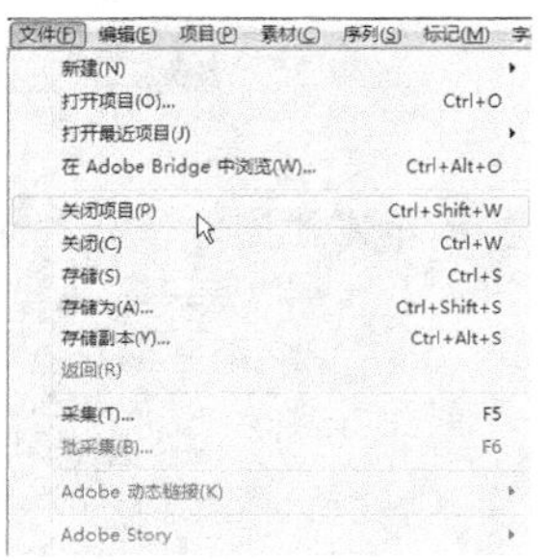

图2-15

2.2 编辑素材文件的相关操作

在Premiere Pro CS6中，掌握了项目文件的创建、打开、保存和关闭操作后，用户还可以在项目文件中进行素材文件的相关基本操作。

2.2.1 素材文件的导入

导入素材是Premiere编辑的首要前提，通常所指的素材包括视频文件、音频文件和图像文件等。

课堂案例	素材文件的导入
案例位置	效果\第2章\玫瑰.prproj
视频位置	视频\第2章\课堂案例——素材文件的导入.mp4
难易指数	★★★☆☆
学习目标	掌握素材文件的导入的操作方法

本实例最终效果如图2-16所示。

01 按Ctrl＋O组合键，打开一个项目文件，执行“文件”|“导入”命令，如图2-17所示。

图2-16

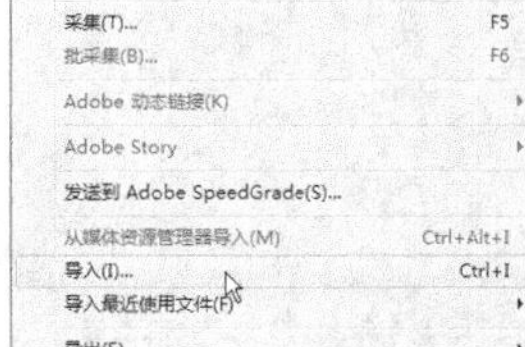

图2-17

02 弹出“导入”对话框，在对话框中，选择需要导入的素材图像，单击“打开”按钮，如图2-18所示。

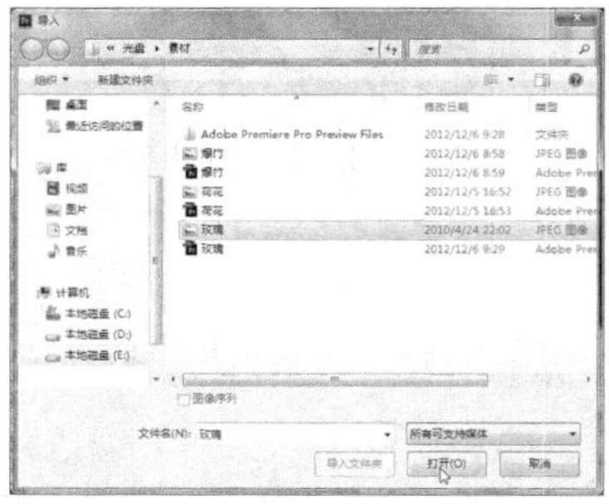

图2-18

03 执行操作后，即可在“项目”面板中查看导入的图像素材文件，如图2-19所示。

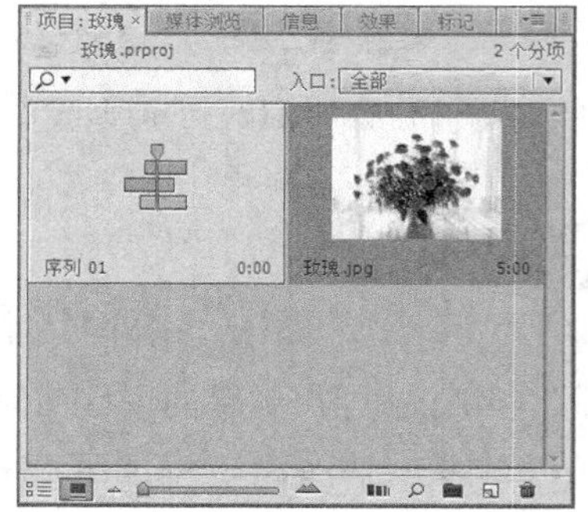

图2-19

04 将图像素材拖曳至“时间线”面板中，并预览图像效果。

2.2.2 将素材文件打包

当用户使用的素材数量较多时，除了使用“项目”面板来对素材进行管理外，还可以将素材进行统一规划，并将其归纳于同一文件夹内。

打包项目素材的具体方法是：首先，单击“项

目”|“项目管理”命令，如图2-20所示，在弹出的“项目管理”对话框中，选择需要保留的序列。接下来，在“生成项目”选项区内设置项目文件归档方式，单击“确定”按钮，如图2-21所示。

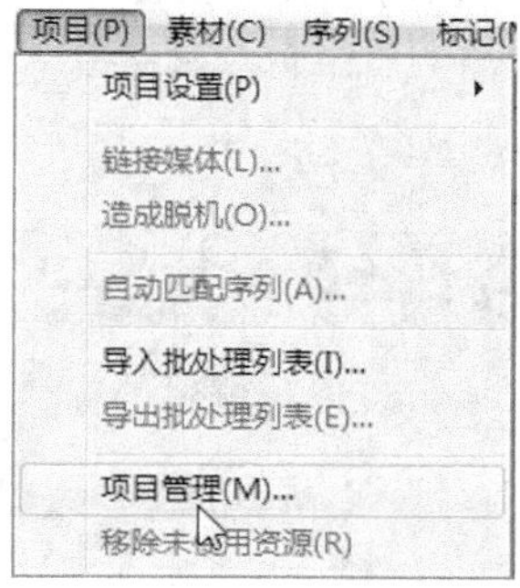

图2-20

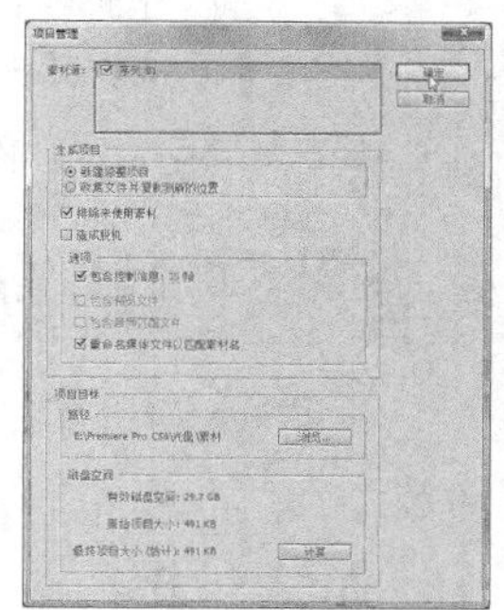

图2-21

2.2.3 导入素材的播放

在Premiere Pro CS6中，导入素材文件后，用户可以根据需要播放导入的素材。

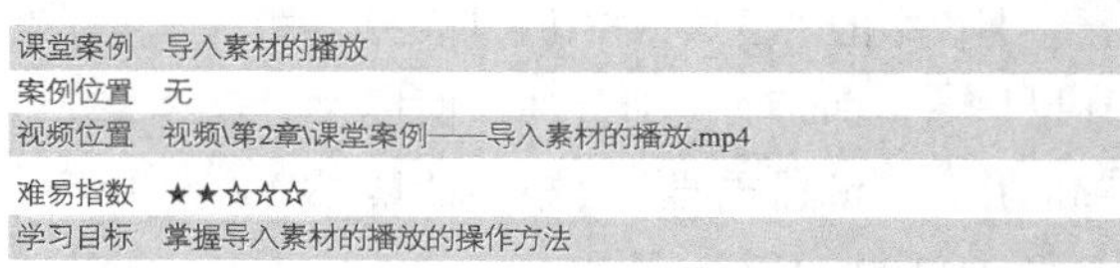

课堂案例	导入素材的播放
案例位置	无
视频位置	视频\第2章\课堂案例——导入素材的播放.mp4
难易指数	★★☆☆☆
学习目标	掌握导入素材的播放的操作方法

01 按Ctrl＋O组合键，打开一个项目文件，如图2-22所示。

图2-22

02 在“节目监视器”面板中，单击“播放-停止切换”按钮，如图2-23所示。

03 执行操作后，即可播放导入的素材，在“节目监视器”面板中可预览图像素材效果，如图2-24所示。

图2-23

图2-24

2.2.4 素材文件的编组

当用户添加了两个或两个以上的素材文件时，可能会需要同时对多个素材进行整体编辑操作，这时可以将这些素材进行编组以方便工作。

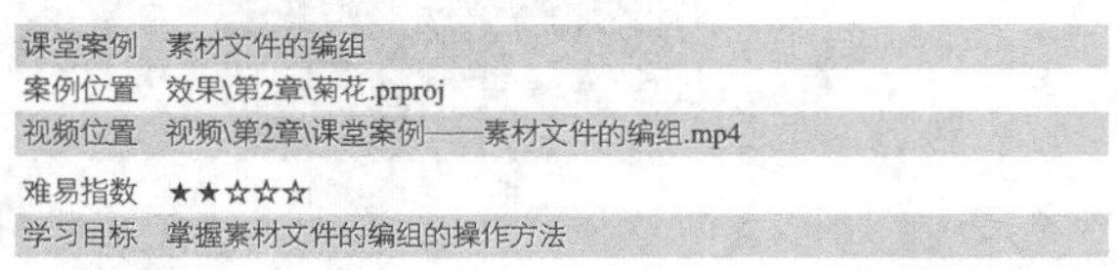

课堂案例	素材文件的编组
案例位置	效果\第2章\菊花.prproj
视频位置	视频\第2章\课堂案例——素材文件的编组.mp4
难易指数	★★☆☆☆
学习目标	掌握素材文件的编组的操作方法

01 按Ctrl＋O组合键，打开一个项目文件，选择两个素材，如图2-25所示。

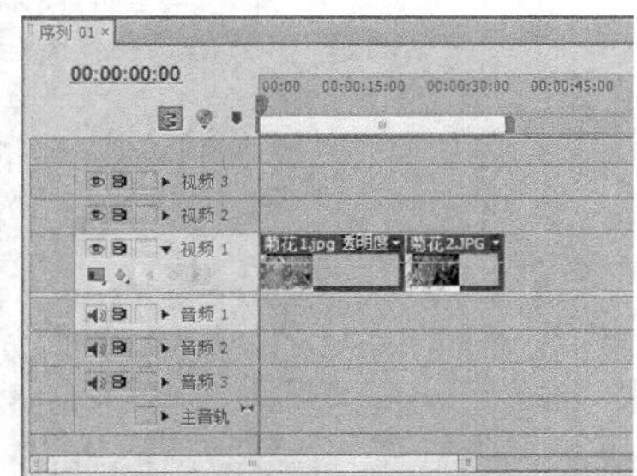

图2-25

02 单击鼠标右键，弹出快捷菜单，选择“编组”选项，如图2-26所示。

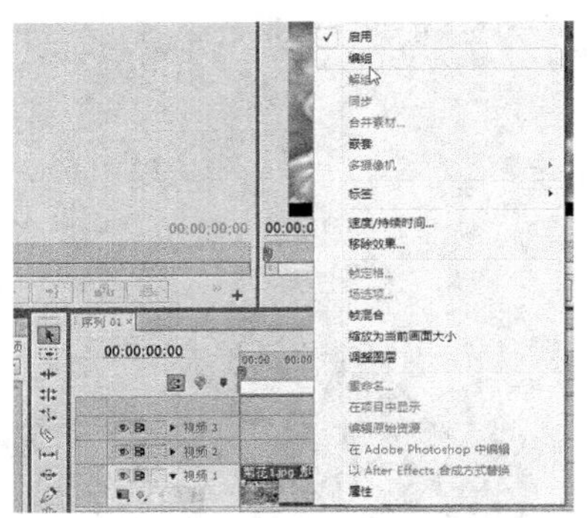

图2-26

2.2.5 素材文件的嵌套

Premiere Pro CS6中的嵌套功能是将一个时间线嵌套至另一个时间线中，成为一整段素材使用，在很大程度上提高了工作效率。

课堂案例	素材文件的嵌套
案例位置	效果\第2章\三叶草.prproj
视频位置	视频\第2章\课堂案例——素材文件的嵌套.mp4
难易指数	★★☆☆☆
学习目标	掌握素材文件的嵌套的操作方法

01 按Ctrl＋O组合键，打开一个项目文件，选择两个素材，如图2-27所示。

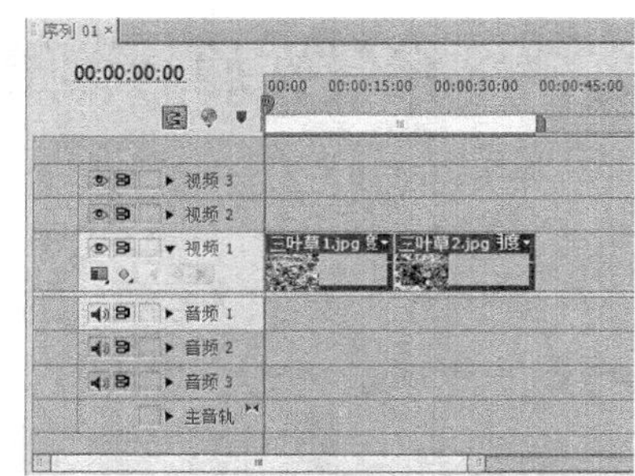

图2-27

02 单击鼠标右键，弹出快捷菜单，选择“嵌套”选项，如图2-28所示。

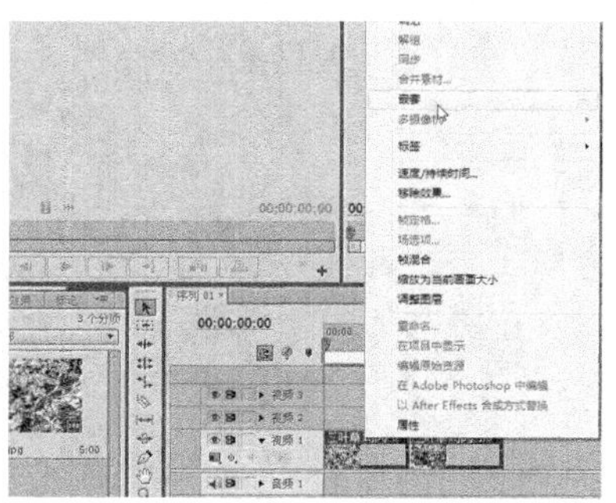

图2-28

03 执行操作后，即可嵌套素材文件，在“项目”面板中将增加一个“嵌套序列01”文件。

技巧与提示

当用户为一个嵌套的序列应用特效时，Premiere Pro CS6将自动将特效应用于嵌套序列内的所有素材中，这样可以将复杂的操作简单化。

2.2.6 插入与覆盖编辑

下面向大家介绍插入编辑与覆盖编辑的操作方法。

1. 插入编辑

插入编辑是在当前“时间线”面板中没有该素材的情况下，使用“源监视器”面板中的“插入”功能向“时间线”面板中插入素材。

在Premiere Pro CS6中，将当前时间指示器移至“时间线”面板中已有素材的中间，单击“源监视器”面板中的“插入”按钮，如图2-29所示。执行上述操作后，即可将“时间线”面板中的素材一分为二，并将“源监视器”面板中的素材插入至两素材之间，如图2-30所示。

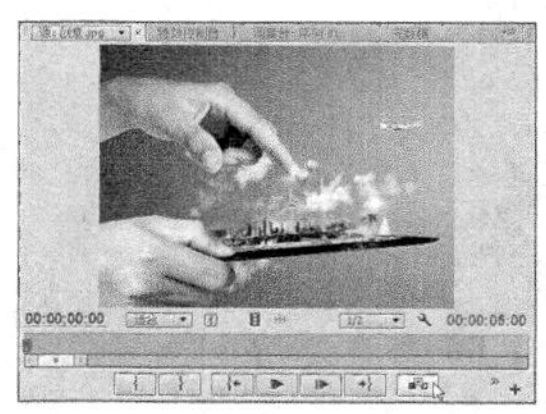

图2-29

图2-30

技巧与提示

在“时间线”面板中如果将当前时间指示器移至时间线的开始位置，在“源监视器”面板中单击“插入”按钮，即可将素材插入至“时间线”面板的开始位置。

2. 覆盖编辑

覆盖编辑是指用新的素材文件替换原有的素材文件。当“时间线”面板中已经存在一段素材文件时，在“源监视器”面板中调出“覆盖”按钮，然后单击“覆盖”按钮，如图2-31所示。执行上述操作后，“时间线”面板中的原有素材内容将被覆盖，如图2-32所示。

图2-31

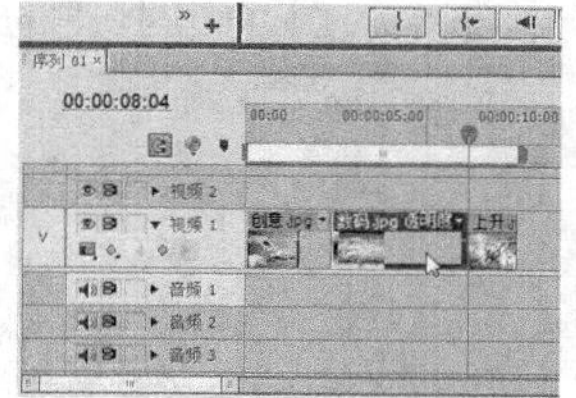

图2-32

2.3 掌握视频编辑工具的应用

Premiere Pro CS6为用户提供了各种实用的工具，并将其集中在工具栏中。用户只有熟练地掌握各种工具的操作方法，才能够更加熟练地掌握Premiere Pro CS6的编辑技巧。

2.3.1 选择工具的应用

作为Premiere Pro CS6使用最为频繁的工具之一，选择工具的主要功能是选择一个或多个片段。如果用户需要选择多个片段，可以单击鼠标左键并拖曳，框选需要选择的多个片段，如图2-33所示。

在编辑的过程中，在"工具"面板中选择该工具，然后将鼠标指针移至素材的边缘位置，则鼠标指针会呈箭头显示，单击鼠标左键并拖曳，即可拉长或缩短素材，如图2-34所示。

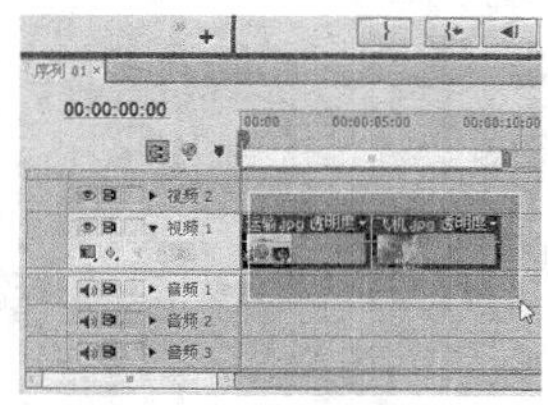

图2-33

图2-34

技巧与提示

除了可以在"工具"面板中直接选择选择工具外，还可以按键盘上的V键，快速选择选择工具。

2.3.2 剃刀工具的应用

剃刀工具可以将一段选中的素材文件进行剪切，将其分成两段或几段独立的素材片段，如图2-35所示，方便用户进行其他的编辑操作。

图2-35

2.3.3 滑动工具的应用

滑动工具用于移动"时间线"面板中素材的位置，该工具会影响相邻素材片段的出入点和长度，如图2-36所示。

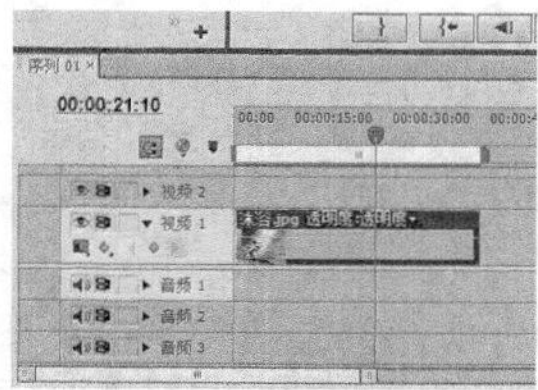

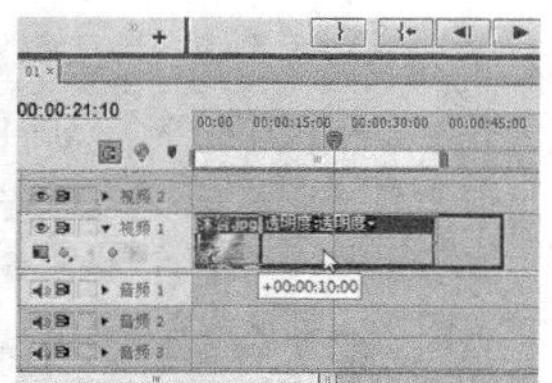

图2-36

技巧与提示

在Premiere Pro CS6中，滑动工具可以改变素材前后片段的入点和出点，而对"时间线"面板中的其他素材不会产生影响。

2.3.4 速率伸缩工具的应用

速率伸缩工具主要用于调整素材的速度。在"工具"面板中选择速率伸缩工具，如图2-37所示。在"时间线"面板中缩短素材，如图2-38所示，则会加快速度；反之，拉长素材则速度减慢。

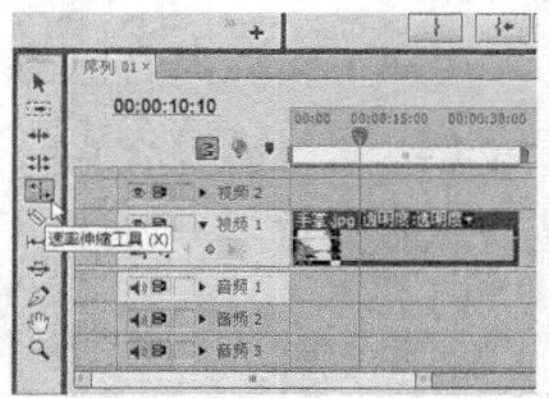

图2-37

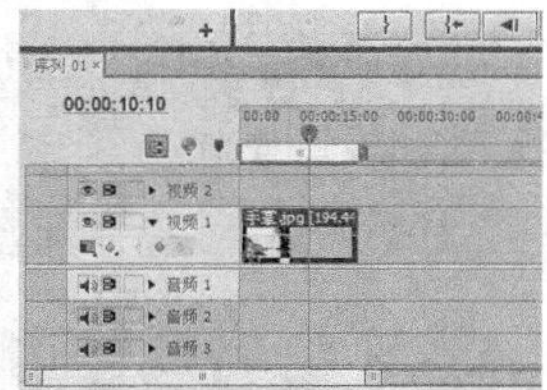

图2-38

技巧与提示

使用速率伸缩工具编辑视频素材时，用户在拉伸素材时会出现一个数值变化图标，当素材缩短时，数值将增大；当素材增长时，数值将缩小。

2.3.5 波纹编辑工具的应用

使用波纹编辑工具拖曳素材的出点可以改变所选素材的长度，而轨道上其他素材的长度不受影响，如图2-39所示。

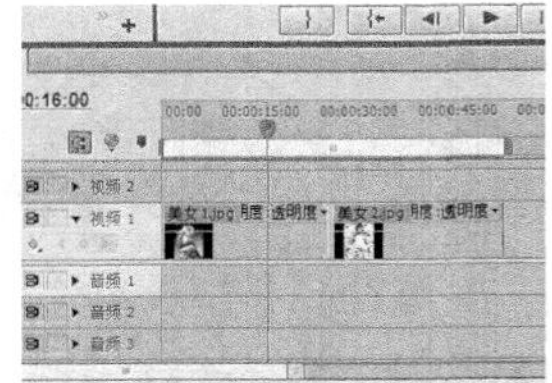

图2-39

技巧与提示

使用波纹编辑工具编辑视频素材时，只能改变一个素材的时间长度，而其他素材的长度不变。

2.3.6 轨道选择工具的应用

轨道选择工具用于选择某一轨道上的所有素材，当用户按住Shift键，可以切换到多轨道选择工具，选择多个轨道，如图2-40所示。

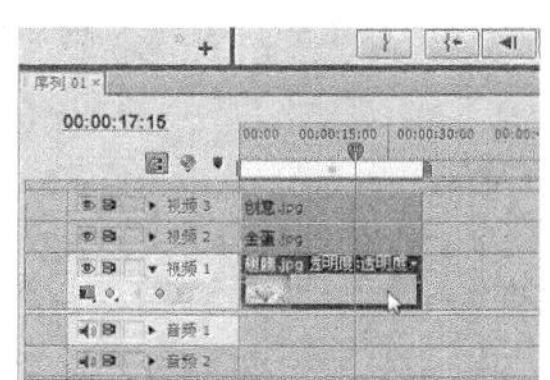
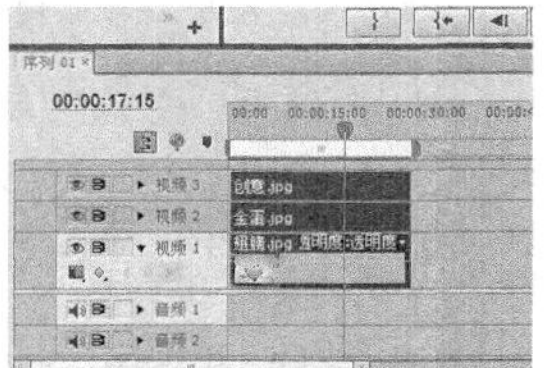

图2-40

2.4 自定义快捷键的方法

在Premiere Pro CS6中，用户可以根据自己的习惯，设置操作界面、视频采集，以及缓存设置、快捷键等。本节将详细介绍快捷键的自定义方法。

2.4.1 自定义键盘快捷键

更改键盘快捷键需要在“键盘快捷键”对话框中进行，首先需要在Premiere Pro CS6中单击“编辑”|“键盘快捷方式”命令，弹出“键盘快捷键”对话框，如图2-41所示。然后在“注释”下拉列表框中选择需要设置快捷键的选项，并双击“快捷键”列表中的对应选项，如图2-42所示。

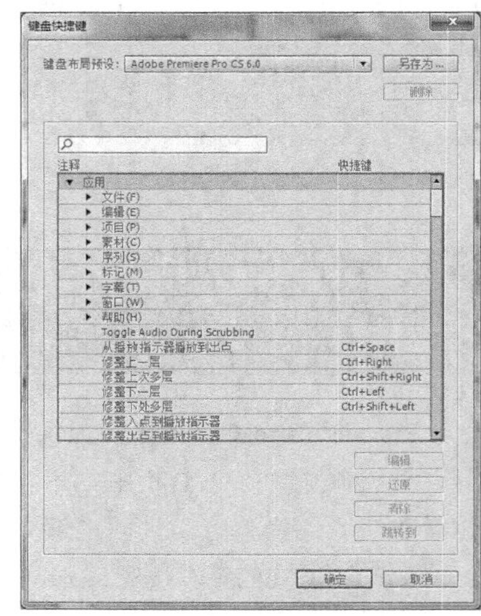

图2-41

接下来，即可对选择的选项设置快捷键了，用户只需要按下键盘上的任意按键或组合键，即可完成对当前选项快捷键的设置，如图2-43所示。

如果当前所设置的快捷键与其他菜单命令或操作项的快捷键冲突，系统将给予相应的信息提示，如图2-44所示，此时需要重新设置按键。

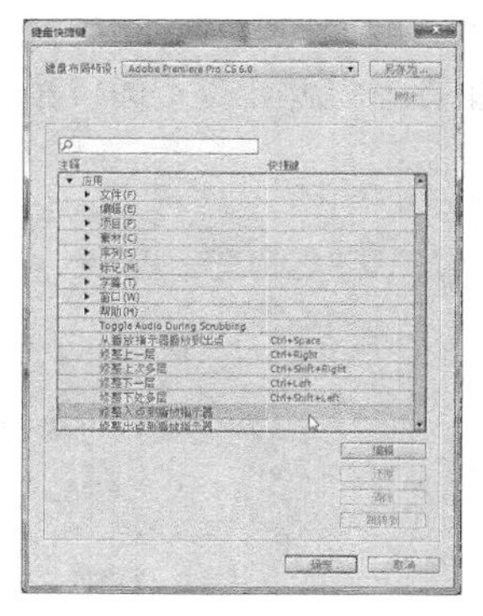

图2-42

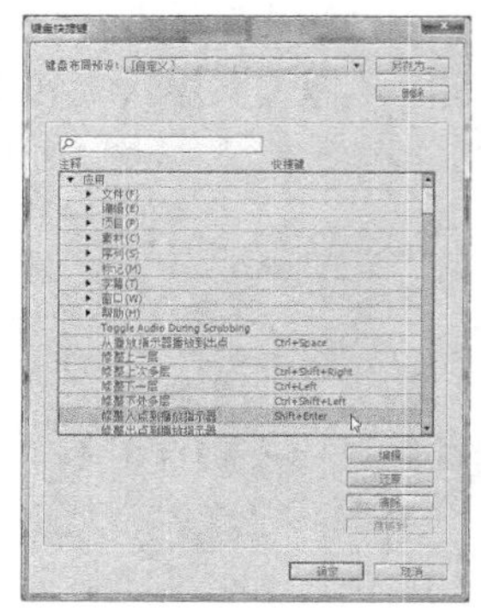

图2-43

技巧与提示

当用户自定义的键盘快捷键与原有的快捷键冲突时，可以选择清除原有的快捷键来保证用户当前自定义的快捷键可以被启用。

在Premiere Pro CS6的“键盘快捷键”对话框中，用户可以单击“键盘布局预设”右侧的下三角按钮，在弹出的列表框中根据需要选择Premiere不同版本选项，自定义键盘布局。

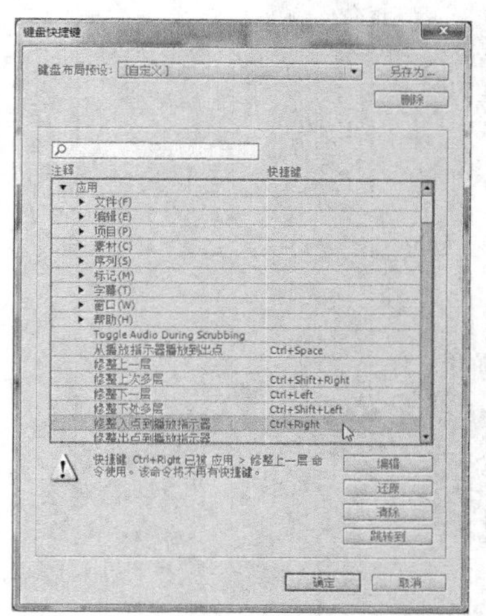

图2-44

2.4.2 自定义面板快捷键

更改面板快捷键与更改键盘快捷键的方法一样，用户只需要在“键盘快捷键”对话框中展开“面板”选项，如图2-45所示，接下来在“键盘快捷键”对话框中设置面板的快捷键即可，如图2-46所示。

技巧与提示

在Premiere Pro CS6中，用户不仅可以更改键盘快捷键和面板快捷键，还可以更改工具快捷键。在“键盘快捷键”对话框中展开“工具”选项，在其中可以对“工具”面板中的所有工具更改键盘快捷键。

如果用户对某个选项的快捷键不满意，选择该选项，单击下方的“清除”按钮即可。

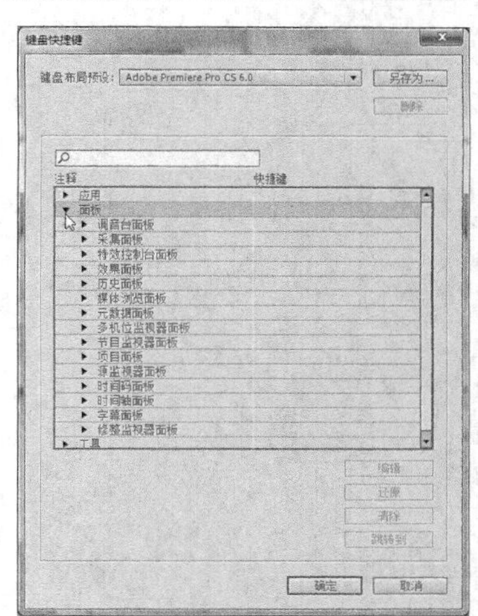

图2-45

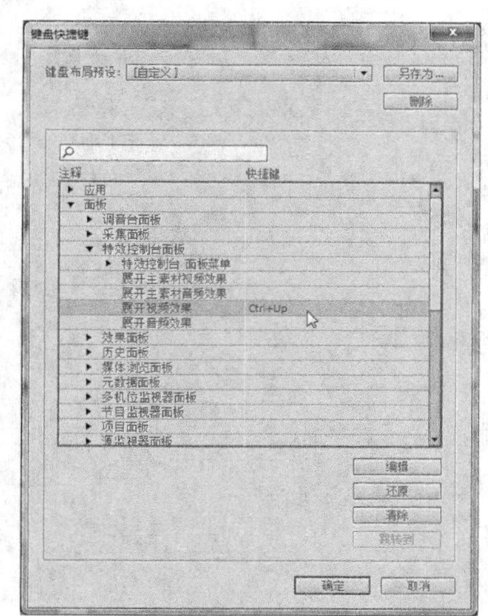

图2-46

2.5 本章小结

本章全面介绍了Premiere Pro CS6的基本操作，包括项目文件和素材文件的基本操作、视频编辑工具的应用及自定义快捷键等内容。通过本章的学习，读者可以熟练掌握Premiere Pro CS6的基本操作，对Premiere Pro CS6的学习有一定的帮助。

2.6 习题测试——使用滑动工具

案例位置　效果\第2章\习题测试\魔力宝贝.prproj
难易指数　★★☆☆☆
学习目标　掌握使用滑动工具的操作方法

本习题目的是让读者掌握滑动工具的使用方法。操作方法如图2-47、图2-48所示。

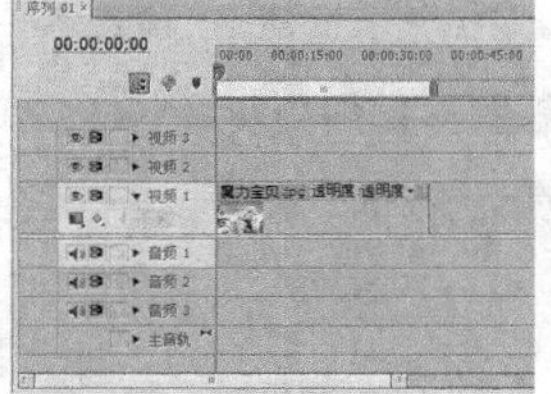

图2-47

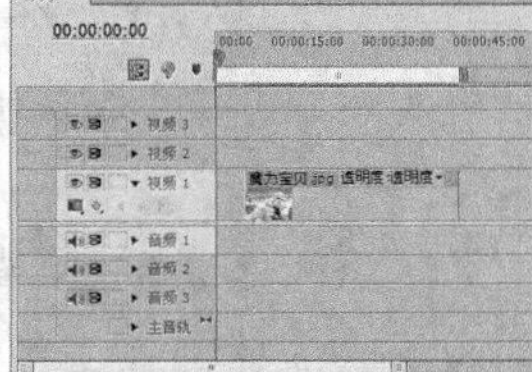

图2-48

第3章

采集、添加与编辑素材

内容摘要

通过对Premiere Pro CS6基本操作的学习，各位读者应该已经对“时间线”面板这一影视剪辑常用到的对象有了一定的认识。本章将从采集、添加与编辑视频素材的操作方法与技巧讲起，逐步提升大家使用Premiere Pro CS6的熟练度。

课堂学习目标

- 掌握采集素材的操作方法
- 掌握添加各种素材文件的方法
- 掌握编辑影视媒体素材的方法

3.1 采集素材的操作方法

采集素材是进行视频影片编辑前的一个准备性工作，这项工作直接关系到后期编辑和最终输出的影片质量问题，具有重要的意义。

3.1.1 了解视频采集卡

视频采集是一个A/D转换的过程，所以需要特定的硬件设备。

Premiere Pro CS6可以通过1394卡或者具有1394接口的采集卡来采集视频素材信号和输出影片。现在常用到的视频采集卡多是视音频处理套卡。

3.1.2 了解视频采集界面

视频采集对话框中包括状态显示区、预览窗口、参数设置面板、窗口菜单和设备控制面板5个部分。

当用户启动了Premiere Pro CS6后，首先单击“文件”|“采集”命令，此时，系统将弹出“采集”对话框，如图3-1所示。另外，用户可以单击“设置”选项卡，即可切换至“设置”面板，如图3-2所示。

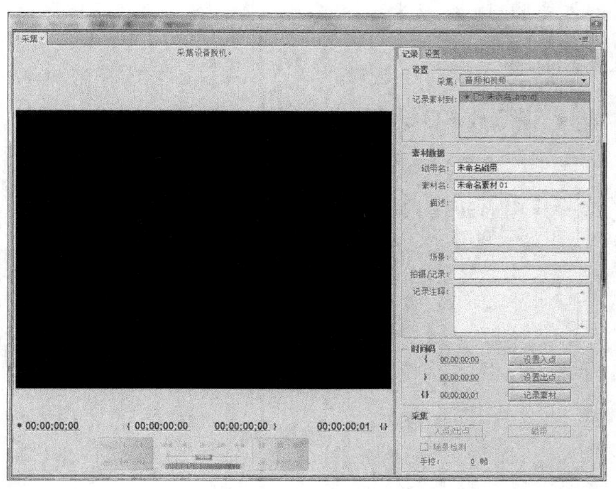

图3-1

3.1.3 设置视频采集参数

在进行视频采集之前，首先需要对采集参数进行设置，下面将介绍其设置方法。

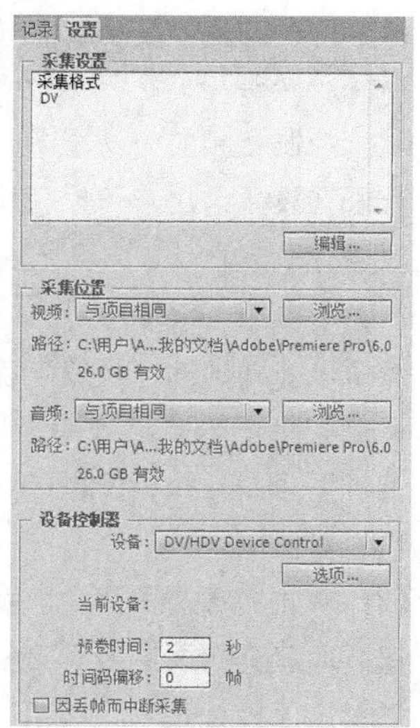

图3-2

在Premiere Pro CS6中，单击“编辑”|“首选项”|“设备控制”命令，即可弹出“首选项”对话框，如图3-3所示。用户可以在对话框中设置视频输入设备的标准。

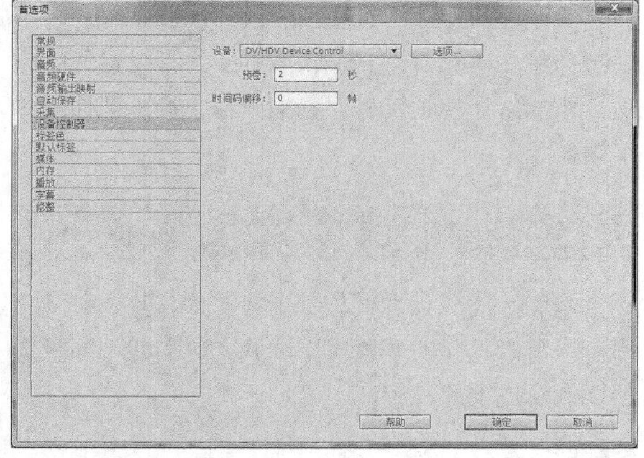

图3-3

3.1.4 视频文件的采集操作

设置完采集参数后，可以对视频文件进行采集操作，下面将介绍其操作方法。

采集视频大致可以为3个步骤，首先，用户在“设备控制”面板中单击“录制”按钮，即可开始采集所需要的视频素材；接下来，当视频采集结束后，用户可以再次单击“录制”按钮，系统将自动弹出“保存已采集素材”对话框；最后，用户可以设置素材的保存位置及素材的名称等，完成后单击“确定”按钮，即可完成采集。

3.1.5 音频素材的录制方法

录制音频的方法很多，其中Windows中就自带有录音设备，用户可以使用Windows中的录音机程序进行录制。

录制音频素材的具体方法是：单击“开始”按钮，在弹出的“开始”菜单中选择“所有程序”命令。接下来，继续单击“附件”|“娱乐”|“录音机”命令，执行操作后，系统将自动弹出“录音机”对话框。

单击“录音机”对话框中的“开始录制”按钮，即可开始录制音频素材，录制完成后，用户可以单击“停止录制”按钮，即可弹出“另存为”对话框，设置文件名和保存路径，单击“保存”按钮即可录制音频素材。

3.2 添加各种素材文件

制作视频影片的首要操作就是添加素材，本节主要介绍在Premiere Pro CS6中添加影视素材的方法，包括添加视频素材、音频素材、静态图像及图层图像等。

3.2.1 视频素材文件的添加

添加一段视频素材是一个将源素材导入到素材库，并将素材库的原素材添加到“时间线”面板中的视频轨道上的过程。

课堂案例	视频素材文件的添加
案例位置	效果\第3章\儿童.prproj
视频位置	视频\第3章\课堂案例——视频素材文件的添加.mp4
难易指数	★★☆☆☆
学习目标	掌握视频素材文件的添加的操作方法

01 按Ctrl＋O组合键，打开一个项目文件，单击“文件”|“导入”命令，弹出“导入”对话框，选择需要添加的视频素材，如图3-4所示。

02 单击“打开”按钮，将视频素材导入至“项目”面板中，选择素材文件，将其拖曳至“时间线”面板的“视频1”轨道中，即可添加视频素材，如图3-5所示。

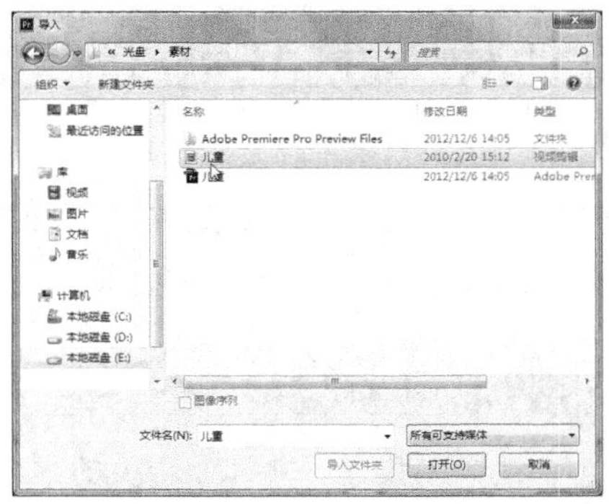

图3-4

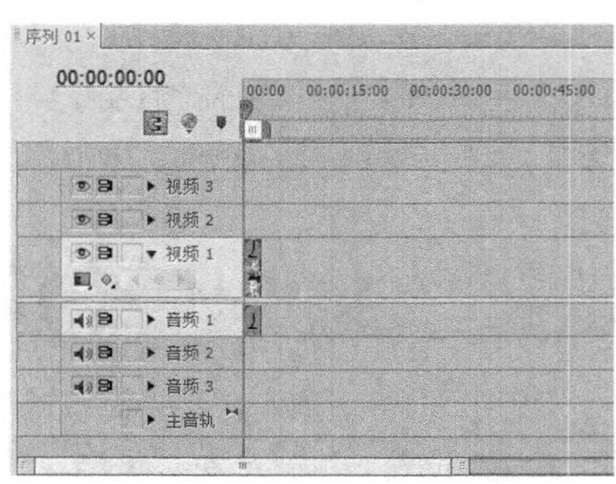

图3-5

3.2.2 音频素材文件的添加

为了使影片更加完善，用户可以根据需要为影片添加音频素材，下面将介绍其操作方法。

课堂案例	音频素材文件的添加
案例位置	效果\第3章\音乐.prproj
视频位置	视频\第3章\课堂案例——音频素材文件的添加.mp4
难易指数	★★☆☆☆
学习目标	掌握音频素材文件的添加的操作方法

01 按Ctrl＋O组合键，打开一个项目文件，单击“文件”|“导入”命令，弹出“导入”对话框，选择需要添加的音频素材，如图3-6所示。

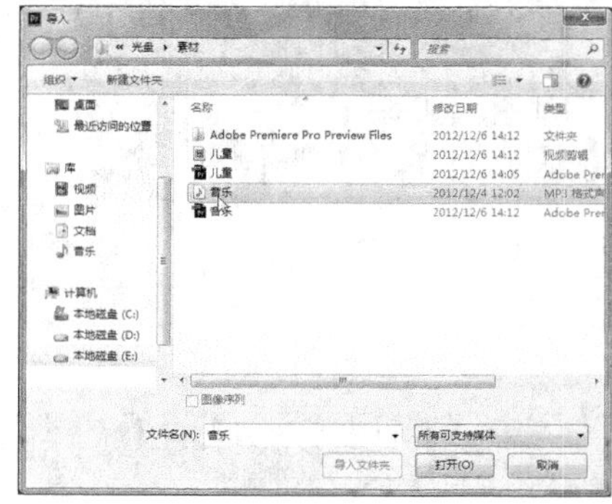

图3-6

02 单击“打开”按钮，将音频素材导入至“项目”面板中，选择素材文件，将其拖曳至“时间线”面板的“音频1”轨道中，即可添加音频素材，如图3-7所示。

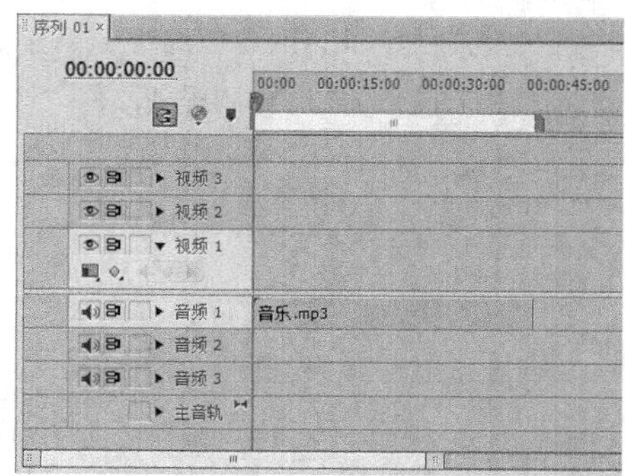

图3-7

3.2.3 静态图像素材的添加

为了使影片内容更加丰富多彩，在进行影片编辑的过程中，用户可以根据需要添加各种静态的图像。

课堂案例	静态图像素材的添加
案例位置	效果\第3章\流泪.prproj
视频位置	视频\第3章\课堂案例——静态图像素材的添加.mp4
难易指数	★★☆☆☆
学习目标	掌握静态图像素材的添加的操作方法

01 按Ctrl＋O组合键，打开一个项目文件，单击“文件”|“导入”命令，弹出“导入”对话框，选择需要的图像，单击“打开”按钮，导入一幅静态图像，如图3-8所示。

图3-8

02 在“项目”面板中，选择图像素材文件，将其拖曳至“时间线”面板的“视频1”轨道中，即可添加静态图像，如图3-9所示。

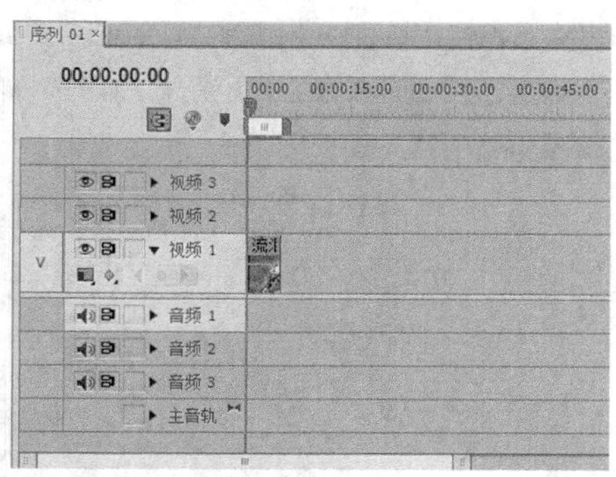

图3-9

3.2.4 图层图像素材的添加

在Premiere Pro CS6中，不仅可以导入视频、音频及静态图像素材，还可以导入图层图像素材。

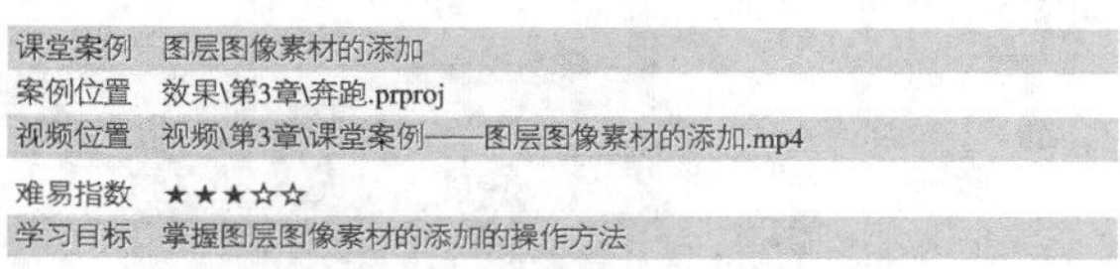

课堂案例	图层图像素材的添加
案例位置	效果\第3章\奔跑.prproj
视频位置	视频\第3章\课堂案例——图层图像素材的添加.mp4
难易指数	★★★☆☆
学习目标	掌握图层图像素材的添加的操作方法

本实例最终效果如图3-10所示。

图3-10

01 按Ctrl＋O组合键，打开项目文件，单击“文件”|“导入”命令，弹出“导入”对话框，选择需要的图像，如图3-11所示，单击“打开”按钮。

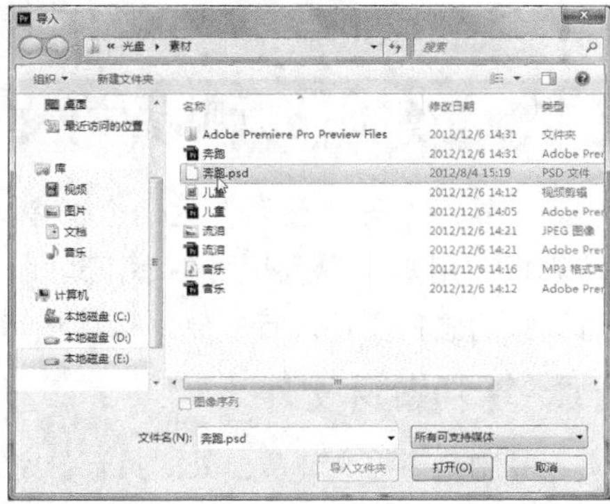

图3-11

02 弹出“导入分层文件：奔跑”对话框，单击“确定”按钮，如图3-12所示，将所选择的图层图像导入至“项目”面板中。

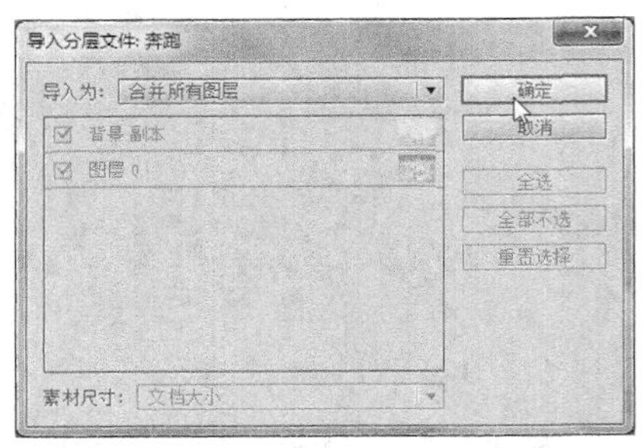

图3-12

03 选择导入的图层图像，并将其拖曳至“时间线”面板的“视频1”轨道中，即可添加图层图像，如图3-13所示。

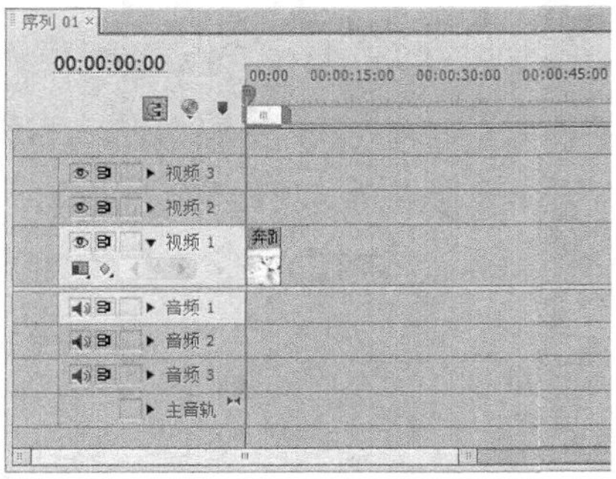

图3-13

04 执行操作后，在“节目监视器”面板中可以预览添加的图层图像效果。

3.3 编辑影视媒体素材

对影片素材进行编辑是整个影片编辑过程中的一个重要环节，同样也是Premiere Pro CS6的一大功能体现。本节将详细介绍编辑影视素材的操作方法。

3.3.1 复制与粘贴素材文件

“复制”与“粘贴”这两个命令对于使用过计算机的用户来说应该再熟悉不过了，其作用是将选择的素材文件进行复制，然后将其粘贴。

1. 复制素材文件

复制是指将文件从一处拷贝一份完全一样的到另一处，而原来的一份依然保留。

复制素材文件的具体方法是：在“时间线”面板中，选择需要复制的素材文件，单击“编辑”|“复制”命令即可复制素材文件。

2. 粘贴素材文件

粘贴素材可以为用户节约许多不必要的重复操作，让用户的工作效率得到提高。

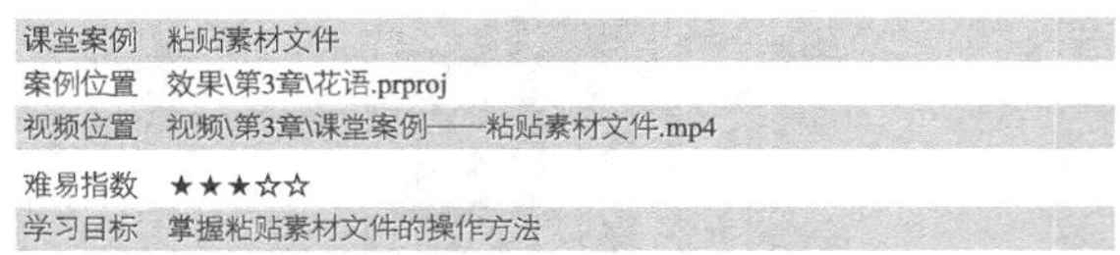

课堂案例	粘贴素材文件
案例位置	效果\第3章\花语.prproj
视频位置	视频\第3章\课堂案例——粘贴素材文件.mp4
难易指数	★★★☆☆
学习目标	掌握粘贴素材文件的操作方法

本实例最终效果如图3-14所示。

图3-14

01 按Ctrl+O组合键，打开一个项目文件，在视频轨道上选择视频文件，如图3-15所示。

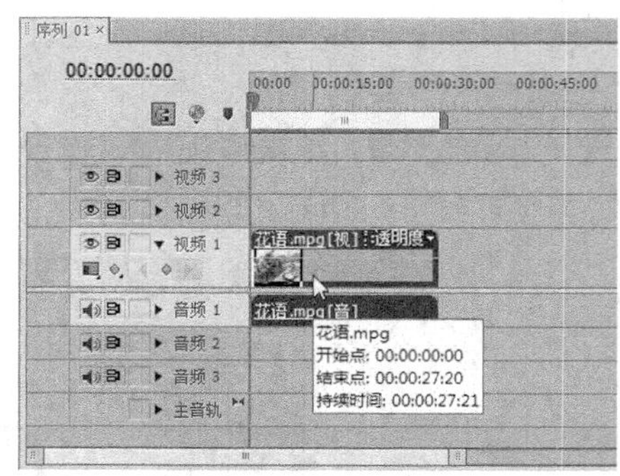

图3-15

02 将时间线移至00:00:26:00的位置，单击“编辑”|“复制”命令，如图3-16所示。

图3-16

03 复制文件，按Ctrl＋V组合键，即可将复制的视频粘贴至视频1轨道中的时间线位置，如图3-17所示。

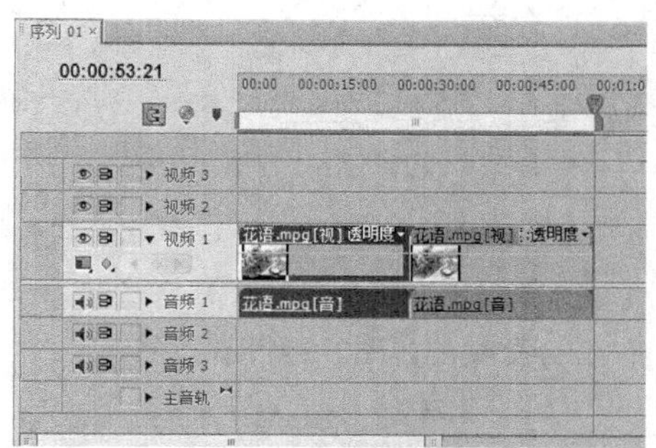

图3-17

04 将时间线移至视频的开始位置，然后单击“播放、停止切换”按钮，即可预览视频效果。

技巧与提示

在Premiere Pro CS6中粘贴素材时，新素材以当前位置为起点，并会覆盖其长度范围内的所有其他素材。因此，在粘贴素材时必须留出足够的空白位置。

3.3.2 分离与组合素材文件

“分离”与“组合”是作用于两个或两个以上素材的命令，当序列中有一段有音频的视频文件需要重新配音时，用户可以通过分离素材的方法，将音乐与视频进行分离，然后重新为视频素材添加新的音频。

1. 分离素材文件

为了使影视获得更好的音乐效果，许多影视都会在后期重新配音，这时需要用到分离影视素材的操作。

课堂案例	分离素材文件
案例位置	效果\第3章\节目片头.prproj
视频位置	视频\第3章\课堂案例——分离素材文件.mp4
难易指数	★★☆☆☆
学习目标	掌握分离素材文件的操作方法

01 按Ctrl＋O组合键，打开一个项目文件，选择“视频1”轨道中的视频素材，如图3-18所示。

02 单击“素材”|“解除视音频链接”命令，如图3-19所示，即可将影视视频文件分离。

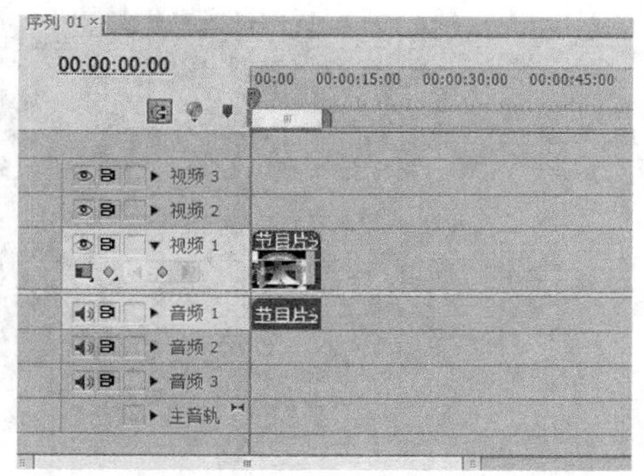

图3-18

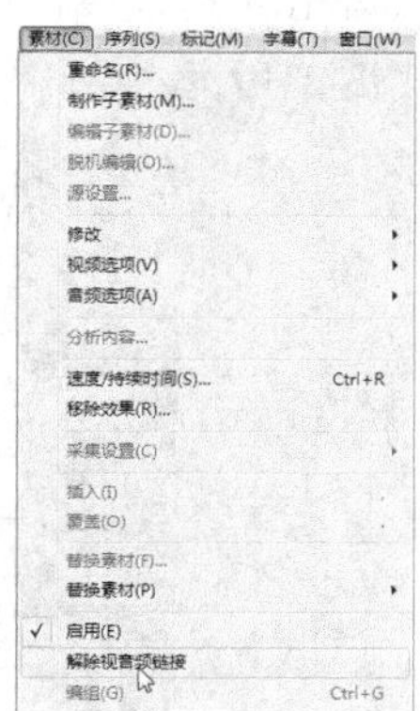

图3-19

技巧与提示

如果用户导入的素材是包括音频的视频文件，那么在进行选择、移动及删除等操作时，音频文件也会同时被选择、移动或删除。

2. 组合素材文件

在对视频文件和音频文件重新进行编辑后，可以将其进行组合。

课堂案例	组合素材文件
案例位置	效果\第3章\美食.prproj
视频位置	视频\第3章\课堂案例——组合素材文件.mp4
难易指数	★★★☆☆
学习目标	掌握组合素材文件的操作方法

01 按Ctrl＋O组合键，打开一个项目文件，如图3-20所示。

技巧与提示

在Premiere Pro CS6中进行一些比较复杂的编辑操作时，需要运用多个时间轨道来进行视频合成，在进行视频剪辑时，需要经常调整各个视频的位置，这样就需要将各个轨道上的视频进行同步移动，操作比较麻烦，而且容易出现误差，这时就需要将各个视频组合起来进行操作。

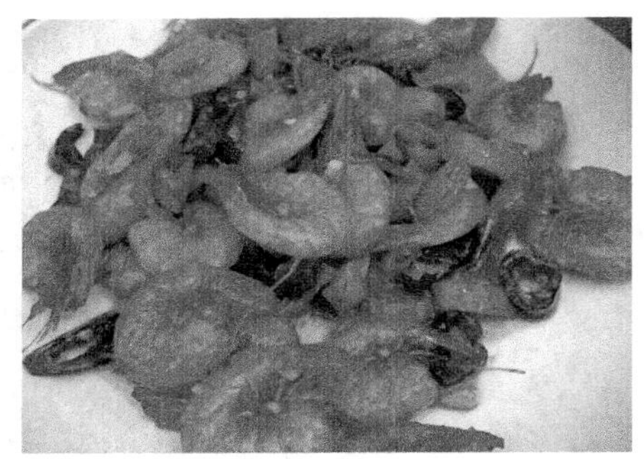

图3-20

02 在"时间线"面板中，选择所有的素材，如图3-21所示。

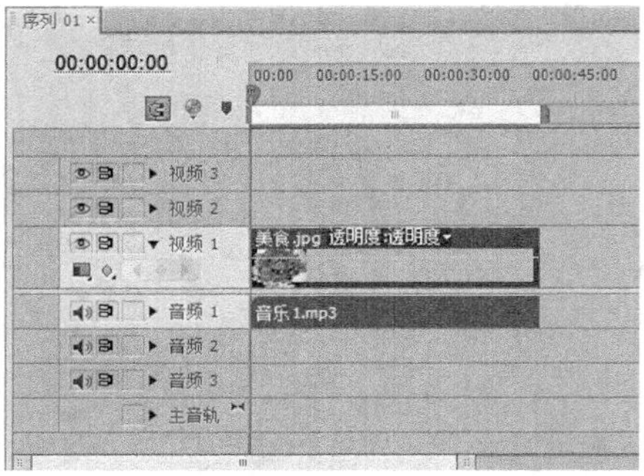

图3-21

03 单击"素材"|"链接视频和音频"命令，如图3-22所示。

04 执行操作后，即可组合影视视频，如图3-23所示。

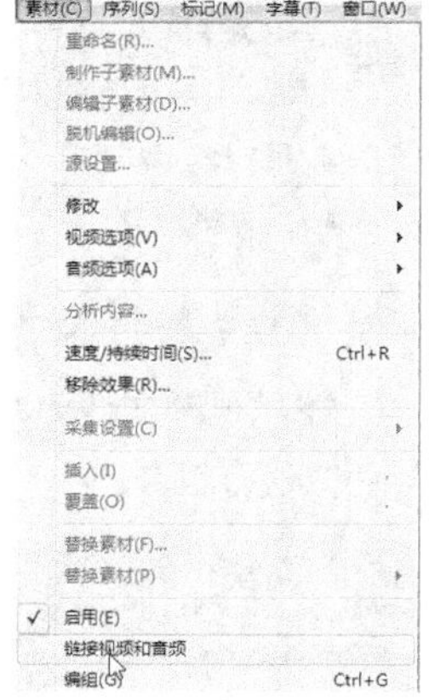

图3-22

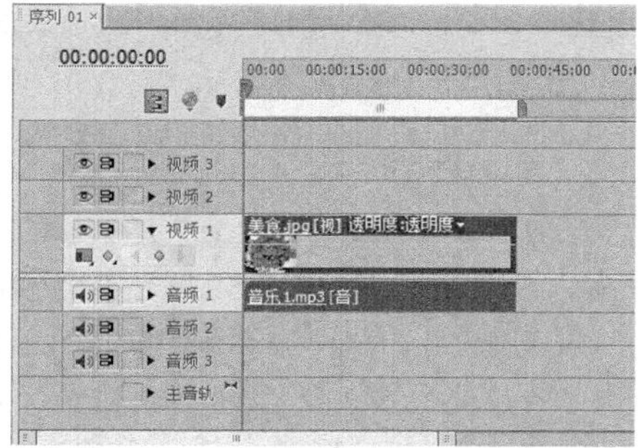

图3-23

3.3.3 删除视频素材文件

在进行影视素材编辑的过程中，用户可能需要删除一些不需要的视频素材，下面介绍删除素材的方法

课堂案例	删除视频素材文件
案例位置	效果\第3章\白光.prproj
视频位置	视频\第3章\课堂案例——删除视频素材文件.mp4
难易指数	★★☆☆☆
学习目标	掌握删除视频素材文件的操作方法

01 按Ctrl＋O组合键，打开一个项目文件，选择右侧的素材，如图3-24所示。

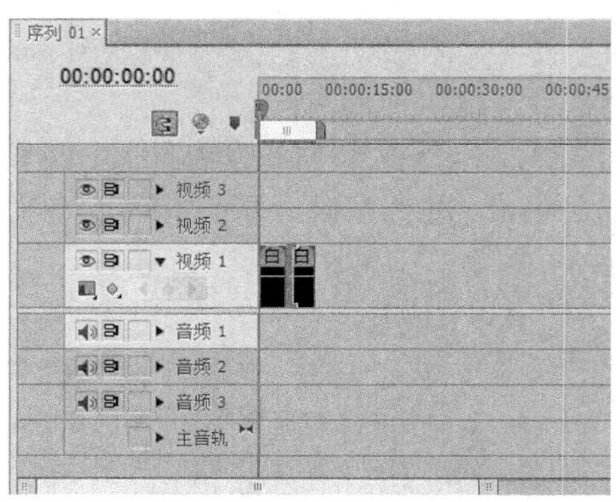

图3-24

02 单击"编辑"|"清除"命令，即可删除影视素材，如图3-25所示。

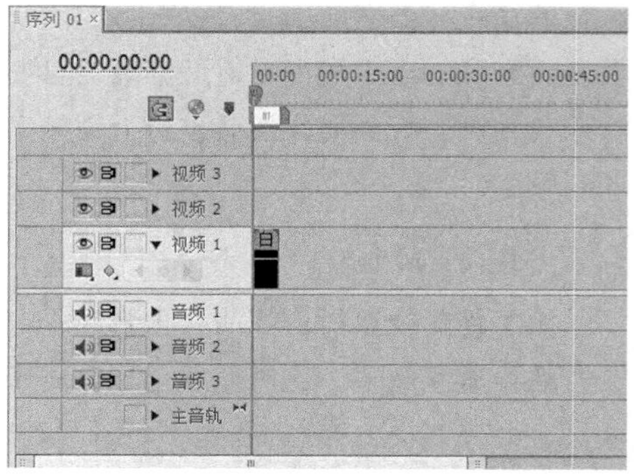

图3-25

技巧与提示

除了上述方法外，还可以在选中要删除的视频素材后，按Delete键或按Backspace键快速删除影视素材。

3.3.4 将影视素材重命名

影视素材名称是用来方便用户查询的目标位置。用户可以通过重命名的操作来更改素材默认的名称，以便于快速查找。

重命名影视素材的具体方法是：选择需要重命名的影视素材，单击“素材”|“重命名”命令，素材名称进入编辑状态，此时即可重新设置视频素材的名称。输入新的名称，并按Enter键确认，即可重命名影视素材。

技巧与提示

在Premiere Pro CS6中除了上述方法可以重命名影片素材外，用户还可以在“项目”面板中选择素材文件，单击鼠标右键，在弹出的快捷菜单中选择“重命名”选项进行重命名。

3.3.5 素材显示方式的设置

在Premiere Pro CS6中，素材拥有多种显示方式，如默认的“合成视频”模式、Alpha模式及“全部范围”模式等，选择显示方法的方法如下。

课堂案例	素材显示方式的设置
案例位置	效果\第3章\色彩.prproj
视频位置	视频\第3章\课堂案例——素材显示方式的设置.mp4
难易指数	★★★☆☆
学习目标	掌握素材显示方式的设置的操作方法

01 按Ctrl＋O组合键，打开一个项目文件，如图3-26所示。

02 双击导入的素材文件，在“源监视器”面板中显示该素材，如图3-27所示。

图3-26

图3-27

03 单击“源监视器”面板右上角的下三角按钮，在弹出的列表框中选择“全部范围”选项，如图3-28所示。

04 执行操作后，即可改变素材的显示方式，“源监视器”面板中的素材将以“全部范围”方式显示，如图3-29所示。

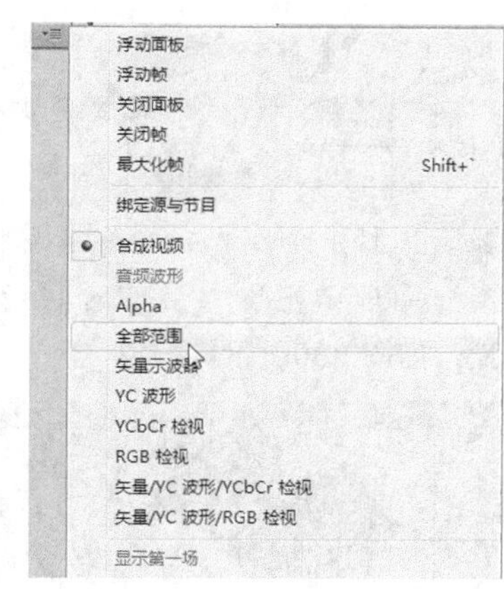

图3-28

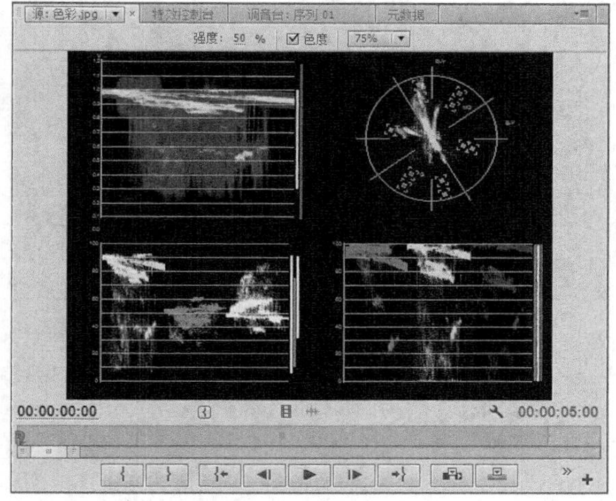

图3-29

技巧与提示

在Premiere Pro CS6中除了上述方法可以设置素材的显示方式外，在“源监视器”面板中单击鼠标右键，在弹出的快捷菜单中选择“显示模式”|“全部范围”选项，也可设置“源监视器”面板中的素材以“全部范围”方式显示。

3.3.6 素材入点与出点的设置

素材的入点和出点可以表示素材可用部分的起始时间与结束时间，其作用是让用户在添加素材之前，将素材内符合影片需求的部分挑选出来。

1．素材入点的设置

在Premiere Pro CS6中，设置素材的入点可以标识素材起始点时间的可用部分。

课堂案例	素材入点的设置
案例位置	效果\第3章\色彩1.prproj
视频位置	视频\第3章\课堂案例——素材入点的设置.mp4
难易指数	★★☆☆☆
学习目标	掌握素材入点的设置的操作方法

01 以上一个实例的素材为例，在“节目监视器”面板中拖曳“当前时间指示器”至合适位置，如图3-30所示。

节目：序列 01
00:00:15:18
适合
1/2
00:00:28:20

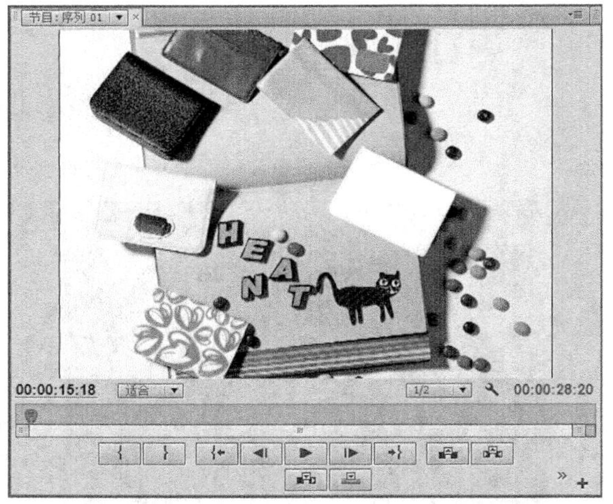

图3-30

02 单击“标记”|“标记入点”命令，如图3-31所示。执行操作后，即可设置素材的入点。

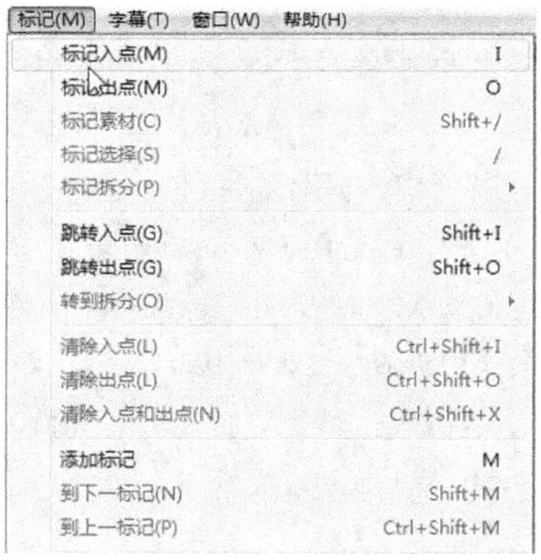

标记(M)
字幕(T)
窗口(W)
帮助(H)
标记入点(M) I
标记出点(M) O
标记素材(C) Shift+/
标记选择(S) /
标记拆分(P)
跳转入点(G) Shift+I
跳转出点(G) Shift+O
转到拆分(O)
清除入点(L) Ctrl+Shift+I
清除出点(L) Ctrl+Shift+O
清除入点和出点(N) Ctrl+Shift+X
添加标记 M
到下一标记(N) Shift+M
到上一标记(P) Ctrl+Shift+M

图3-31

2. 素材出点的设置

在Premiere Pro CS6中，设置素材的出点可以标识素材结束点时间的可用部分。

课堂案例	素材出点的设置
案例位置	效果\第3章\色彩2.prproj
视频位置	视频\第3章\课堂案例——素材出点的设置.mp4
难易指数	★★☆☆☆
学习目标	掌握素材出点的设置的操作方法

01 以3.3.5节的实例素材为例，在“节目监视器”面板中拖曳“当前时间指示器”至合适位置，如图3-32所示。

节目：序列 01
00:00:27:07
适合
1/2
00:00:28:20

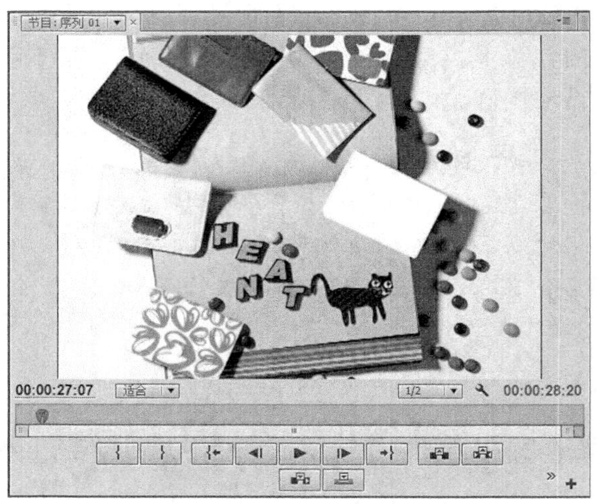

图3-32

02 单击“标记”|“标记出点”命令，如图3-33所示。执行操作后，即可设置素材的出点。

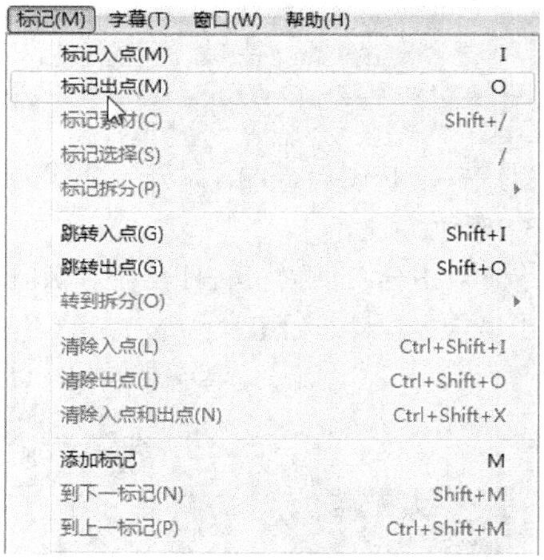

标记(M)
字幕(T)
窗口(W)
帮助(H)
标记入点(M) I
标记出点(M) O
标记素材(C) Shift+/
标记选择(S) /
标记拆分(P)
跳转入点(G) Shift+I
跳转出点(G) Shift+O
转到拆分(O)
清除入点(L) Ctrl+Shift+I
清除出点(L) Ctrl+Shift+O
清除入点和出点(N) Ctrl+Shift+X
添加标记 M
到下一标记(N) Shift+M
到上一标记(P) Ctrl+Shift+M

图3-33

3.3.7 素材标记的设置

用户在编辑影视素材时，可以在素材或时间线中添加标记。为素材设置标记后，可以快速切换至标记的位置，从而快速查询视频帧。

课堂案例	素材标记的设置
案例位置	效果\第3章\幸福.prproj
视频位置	视频\第3章\课堂案例——素材标记的设置.mp4
难易指数	★★★☆☆
学习目标	掌握素材标记的设置的操作方法

01 按Ctrl＋O组合键，打开一个项目文件，如图3-34所示。

图3-34

02 在“时间线”面板中拖曳“当前时间指示器”至合适位置，如图3-35所示。

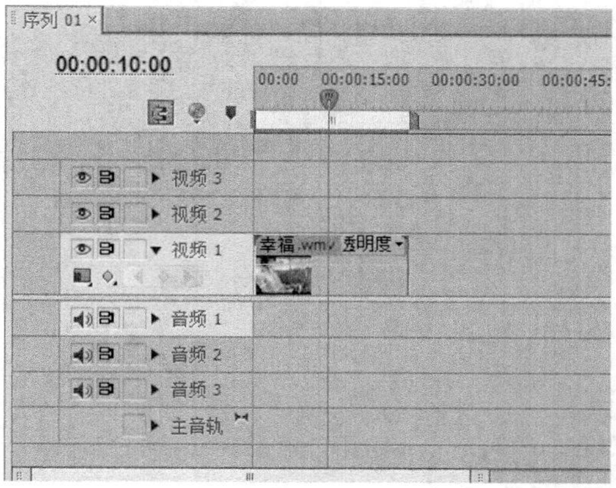

图3-35

03 单击“标记”|“添加标记”命令，如图3-36所示。

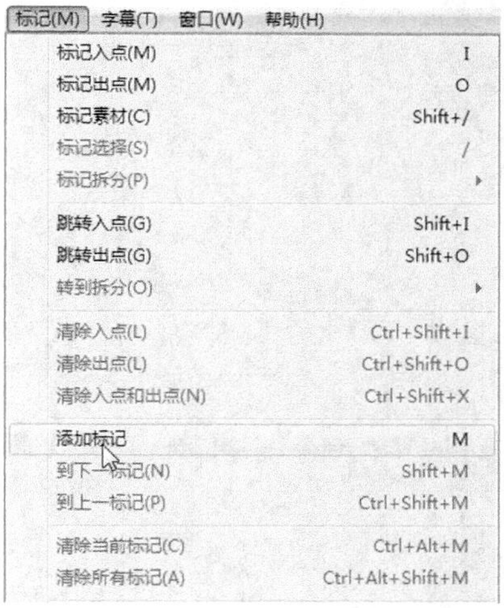

图3-36

04 执行操作后，即可设置素材标记，如图3-37所示。

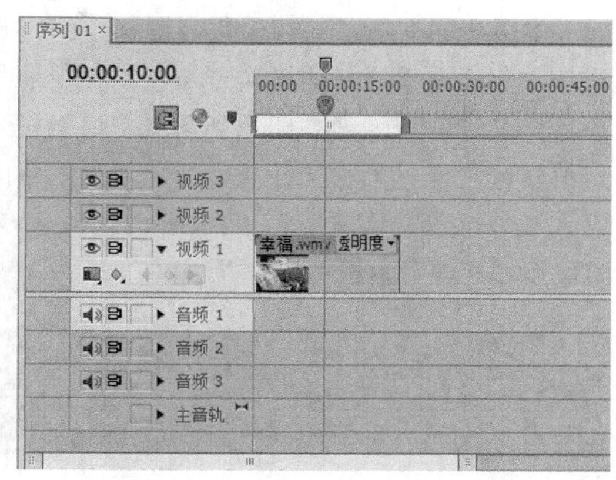

图3-37

3.3.8 轨道的锁定与解锁

下面向大家介绍锁定与解锁轨道的操作方法。

1. 轨道的锁定

锁定轨道可以防止用户编辑的素材特效被修改，下面将介绍锁定轨道的方法。

在“时间线”面板中选择“视频1”轨道中的素材文件，然后选中轨道左侧的“轨道锁定开关”复选框，即可锁定该轨道，如图3-38所示。

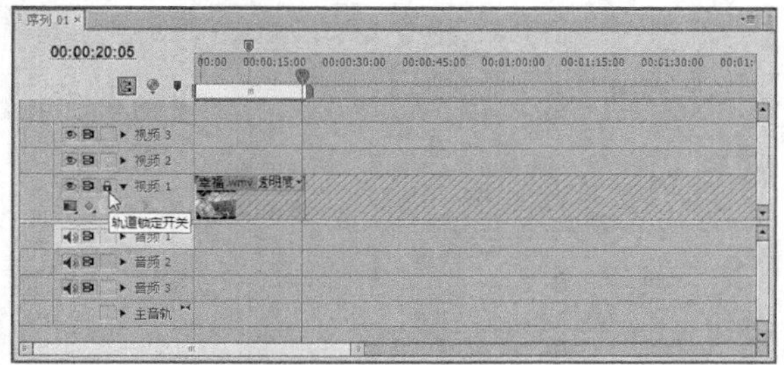

图3-38

2. 轨道的解锁

当用户需要再次对该轨道中的素材进行编辑时，可以将其解锁，然后进行修改与操作。

在“时间线”面板中选择“视频1”轨道中的素材文件，然后取消选中轨道左侧的“轨道锁定开关”复选框，即可解锁该轨道。

3.4 本章小结

本章全面介绍了如何采集、添加与编辑素材文件，包括采集素材的操作方法，添加视频和音频素材文件，添加静态图像和图层图像素材，以及编辑影视媒体素材文件等内容。通过本章的学习，读者可以熟练掌握运用Premiere Pro CS6采集、添加与编辑素材文件的方法和技巧。

3.5 习题测试——分离与组合影视素材

案例位置	效果\第3章\习题测试\龙凤.prproj
难易指数	★★★☆☆
学习目标	掌握分离与组合影视素材的操作方法

本习题目的是让读者掌握分离与组合影视素材的操作方法，素材如图3-39所示，最终效果如图3-40所示。

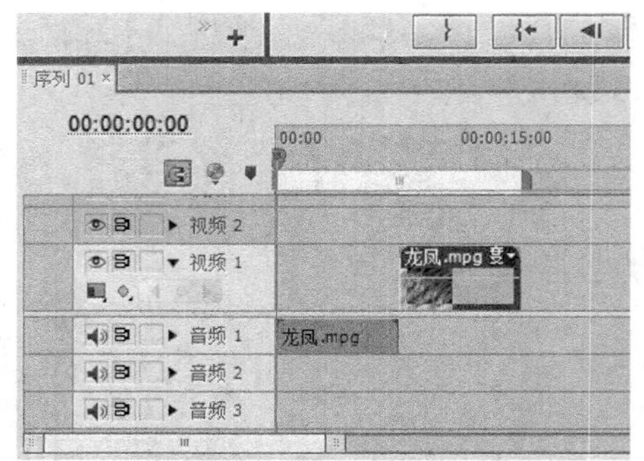

图3-39

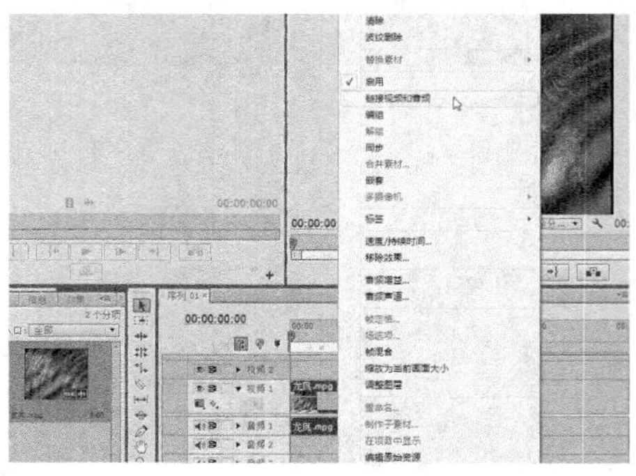

图3-40

第4章

调整、剪辑与筛选素材

内容摘要

Premiere Pro CS6是一款适应性很强的视频编辑软件，它的专业性更强，操作更简便，可以对视频、图像及音频等多种素材进行处理和加工，从而得到令人满意的影视文件。本章主要向读者介绍调整、剪辑与筛选影视素材的操作方法和技巧。

课堂学习目标

- 熟悉“时间线”面板
- 掌握调整影视媒体素材的方法
- 掌握剪辑影视媒体素材的方法
- 掌握筛选素材文件的方法

4.1 熟悉“时间线”面板

“时间线”面板由“时间标尺”“当前时间指示器”“时间显示”“查看区域栏”“工作区栏”及“设置无编号标记”6部分组成，下面将对“时间线”面板中各选项进行介绍。

4.1.1 时间标尺

时间标尺是一种可视化时间间隔显示工具。

时间标尺位于“时间线”面板的上部，时间标尺的单位为“帧”，即素材画面数。在默认情况下，以每秒所播放画面的数量来划分时间线，从而对应于项目的帧速率。

4.1.2 当前时间显示器

“当前时间指示器”是一个蓝色的三角形图标。

当前时间指示器的作用是查看当前视频的帧及在当前序列中的位置。用户可以直接在时间标尺中拖动“当前时间指示器”来查看内容。

4.1.3 时间显示

时间显示表示了“当前时间指示器”所在位置的时间。

当用户在“时间线”面板的时间显示区域上左右拖曳时，“当前时间指示器”的图标位置也会随之改变。

4.1.4 查看区域栏

在查看区域栏中，确定在“时间线”面板中上的视频帧数量。

用户可以通过拖曳查看区域两段的锚点，改变时间线上的时间间隔，同时改变显示视频帧的数量。

4.1.5 工作区栏

工作区栏位于查看区域栏和时间线之间。

工作区栏的作用是导出或渲染项目区域，用户可以通过拖曳工作区栏任意一段的方式进行调整。

4.1.6 “设置无编号标记”按钮

使用“设置无编号标记”按钮可以添加相应的标记对象。

“设置无编号标记”按钮的作用是在当前时间指示器位置添加标记，从而在编辑素材时能够快速跳转到这些点所在位置处的视频帧上。

4.2 调整影视媒体素材

在编辑影片时，有时需要调整项目尺寸来放大显示素材，有时需要调整播放时间或播放速度，这些操作可以在Premiere Pro CS6中实现。

4.2.1 通过标尺栏调整项目尺寸

在编辑影片时，由于素材的尺寸长短不一，常常需要通过时间标尺栏上的控制条来调整项目尺寸的长短。按Ctrl＋O组合键，打开一个项目文件，如图4-1所示，在视频轨道上选择合适的素材文件。

图4-1

技巧与提示

在Premiere Pro CS6的“时间线”面板中，调整项目的尺寸后，可以方便地查看素材文件的大小和效果。

移动鼠标指针至时间标尺栏上方的控制条，单击鼠标左键并向右拖曳，即可加长项目的尺寸，如图4-2所示。

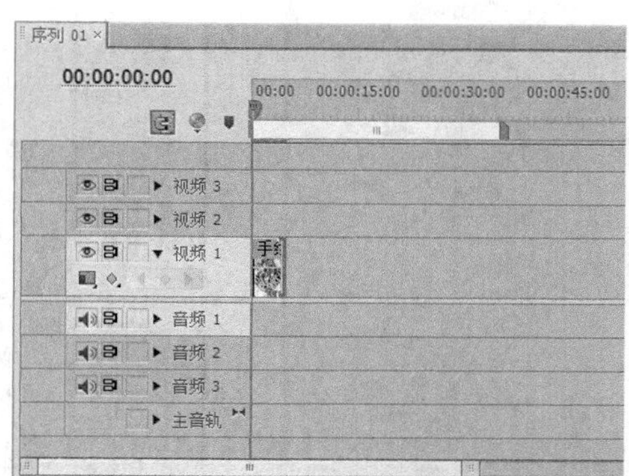

图4-2

4.2.2 通过直接拖曳调整播放时间

在编辑影片的过程中，很多时候需要对素材本身的播放时间进行调整。

调整播放时间的具体方法是：选取选择工具，选择视频轨道上的素材，并将鼠标指针移动至素材的右端的结束点，当鼠标指针呈双向箭头形状时，单击鼠标左键并拖曳，即可调整素材的播放时间，如图4-3所示。

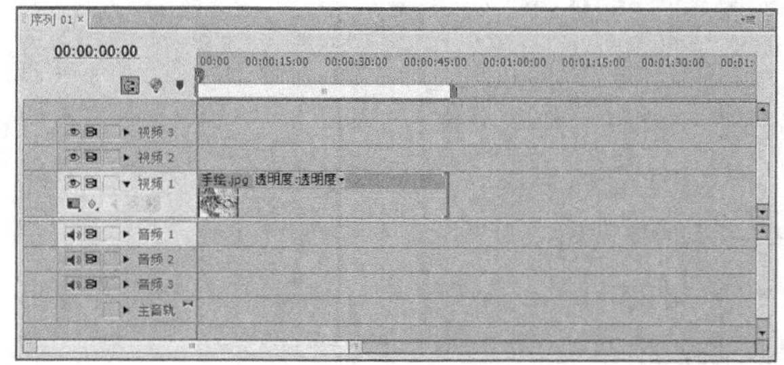

图4-3

技巧与提示

在Premiere Pro CS6中，除了上述方法可以调整素材的播放时间外，用户还可以选择需要调整的素材，单击“素材”|“速度/持续时间”命令，弹出“素材速度/持续时间”对话框，在该对话框中调整素材的播放时间。

4.2.3 通过快捷菜单调整播放速度

每一种素材都具有特定的播放速度，对于视频素材，可以通过调整视频素材的播放速度来制作快镜头或慢镜头效果。

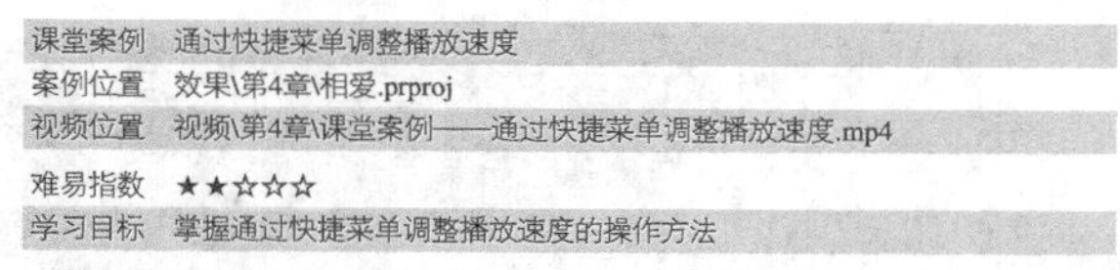

课堂案例	通过快捷菜单调整播放速度
案例位置	效果\第4章\相爱.prproj
视频位置	视频\第4章\课堂案例——通过快捷菜单调整播放速度.mp4
难易指数	★★☆☆☆
学习目标	掌握通过快捷菜单调整播放速度的操作方法

01 按Ctrl＋O组合键，打开一个项目文件，如图4-4所示。在视频轨道上选择合适的素材文件。

图4-4

02 单击鼠标右键，在弹出的快捷菜单中选择“速度/持续时间”选项，如图4-5所示。

速度/持续时间...
移除效果...
帧定格...
场选项...
帧混合
缩放为当前画面大小
调整图层
重命名...
在项目中显示
编辑原始资源
在 Adobe Photoshop 中编辑
以 After Effects 合成方式替换
属性
显示素材关键帧

图4-5

03 弹出“素材速度/持续时间”对话框，设置“速度”为220%，如图4-6所示。

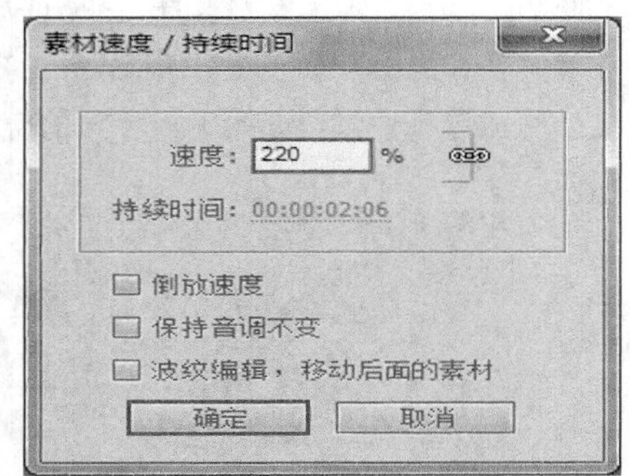

图4-6

04 单击“确定”按钮，即可设置播放速度，如图4-7所示。

图4-7

技巧与提示

在“素材速度/持续时间”对话框中，可以设置“速度”值来控制剪辑的播放时间。当“速度”值设置在100%以上时，值越大则速度越快，播放时间就越短；当“速度”值设置在100%以下时，值越大则速度越慢，播放时间就越长。

4.2.4 通过直接拖曳调整播放位置

如果对添加到视频轨道上的素材位置不满意，可以根据需要对其进行调整，并且可以将素材调整到不同的轨道位置。

课堂案例	通过直接拖曳调整播放位置
案例位置	效果\第4章\花草.prproj
视频位置	视频\第4章\课堂案例——通过直接拖曳调整播放位置.mp4
难易指数	★★☆☆☆
学习目标	掌握通过直接拖曳调整播放位置的操作方法

01 按Ctrl＋O组合键，打开一个项目文件，在视频轨道上选择合适的素材文件，如图4-8所示。

02 单击鼠标左键并将其拖曳至“视频2”轨道上，释放鼠标左键，即可调整播放的位置，如图4-9所示。

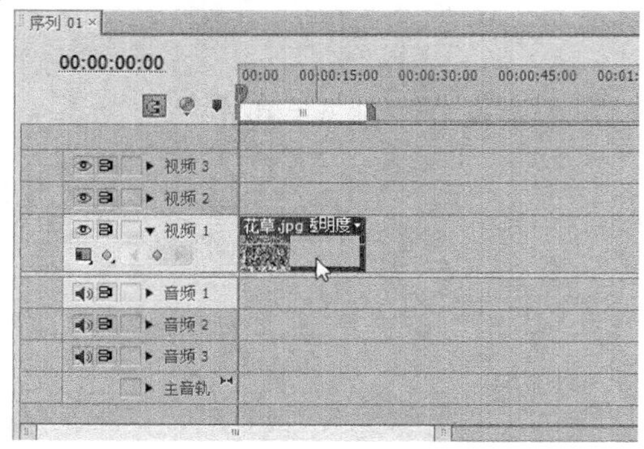

图4-8

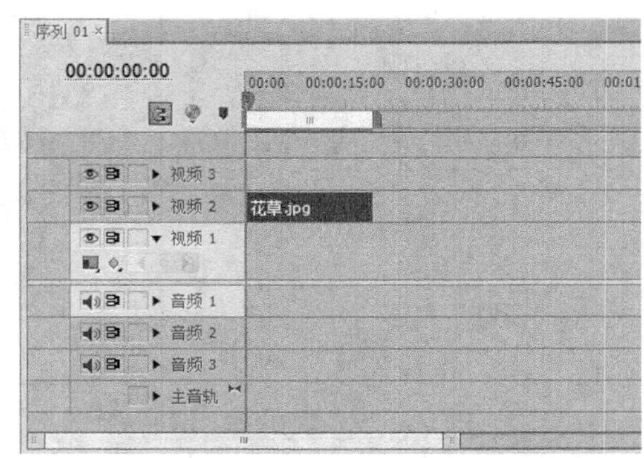

图4-9

4.3 剪辑影视媒体素材

剪辑就是通过为素材设置出点和入点，从而截取其中较好的片段，然后将截取的影视片断与新的素材片段组合。三点和四点编辑便是专业视频影视编辑工作中常常运用到的编辑方法。本节主要介绍在Premiere Pro CS6中剪辑影视素材的方法。

4.3.1 熟悉三点剪辑技术

“三点剪辑技术”用于将素材中的部分内容替换影片剪辑中的部分内容。

在进行剪辑操作时，需要3个重要的点，下面将分别进行介绍。

- 素材的入点：是指素材在影片剪辑内部首先出现的帧。
- 剪辑的入点：是指剪辑内被替换部分在当前序列上的第一帧。
- 剪辑的出点：是指剪辑内被替换部分在当前序列上的最后一帧。

4.3.2 熟悉“适配素材”对话框

在“适配素材”对话框中列出了用于设置影视素材长度匹配的相关参数。

“源”素材的长度与“节目”素材的长度不匹配，系统将自动弹出“适配素材”对话框，如图4-10所示。在“适配素材”对话框中，各主要选项的含义如下。

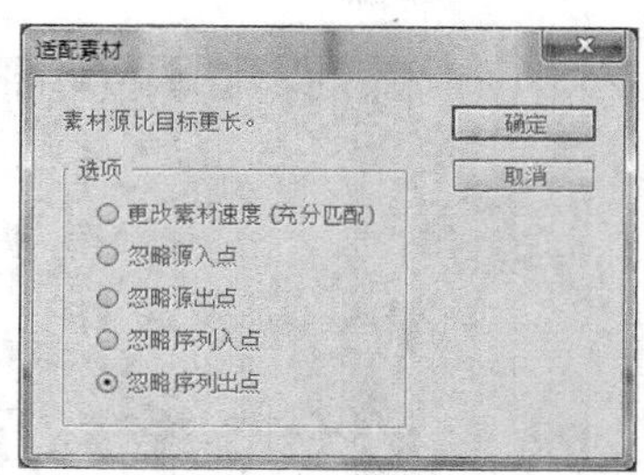

图4-10

- “更改素材速度（充分匹配）”单选按钮：选中该单选按钮后，在调整素材时，Premiere Pro CS6将会根据实际情况来加快或减慢所插入的素材速度。
- “忽略序列入点”单选按钮：该单选按钮是在素材的出点与入点对齐的情况下，将素材内多出的部分覆盖序列入点之前的部分内容。
- “忽略序列出点”单选按钮：该单选按钮是在素材入点与序列入点对齐的情况下，将素材内多出的部分覆盖序列的出点之后的内容。

4.3.3 三点剪辑素材的运用

三点剪辑是指将素材中的部分内容替换影片剪辑中的部分内容，下面介绍运用三点剪辑素材的操作方法。

课堂案例	三点剪辑素材的运用
案例位置	效果\第4章\龙凤.prproj
视频位置	视频\第4章\课堂案例——三点剪辑素材的运用.mp4
难易指数	★★★☆☆
学习目标	掌握三点剪辑素材的运用的操作方法

01 按Ctrl＋O组合键，打开一个项目文件，如图4-11所示。

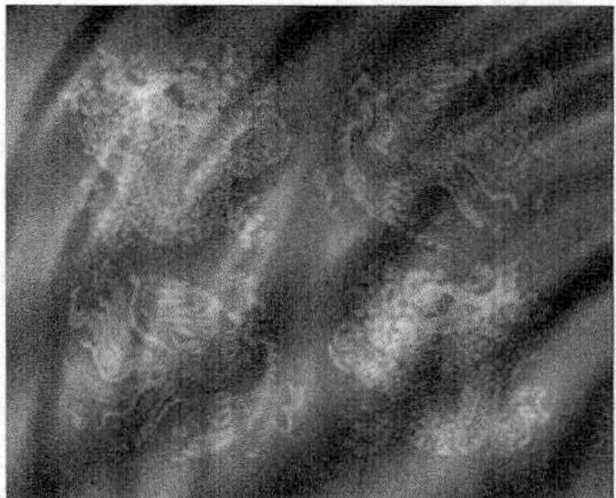

图4-11

02 设置时间为00:00:02:02，单击“标记入点”按钮，添加标记，如图4-12所示。

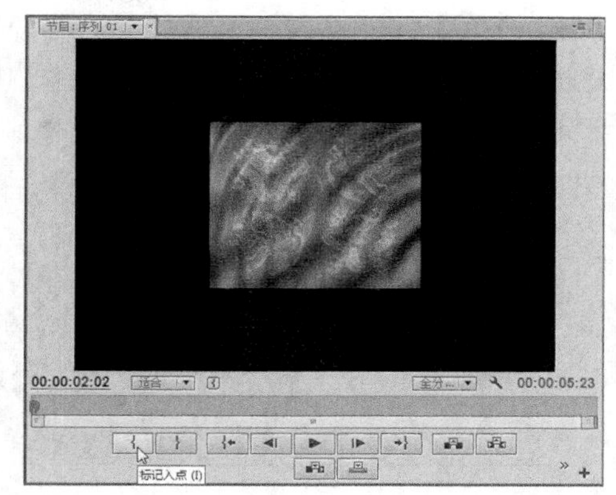

图4-12

03 在“节目监视器”面板中设置时间为00:00:04:00，并单击“标记出点”按钮，如图4-13所示。

图4-13

04 在“项目”面板中双击视频，在“源监视器”面板中设置时间为00:00:01:12，并单击“标记入点”按钮，如图4-14所示。

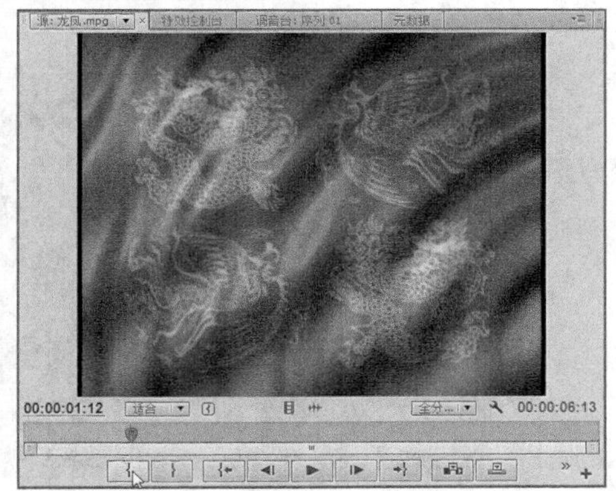

图4-14

05 执行操作后，单击“源监视器”面板中的“覆盖”按钮，即可将当前序列的

00:00:02:02～00:00:04:00时间段的内容替换为从00:00:01:12为起始点至对应时间段的素材内容，如图4-15所示。

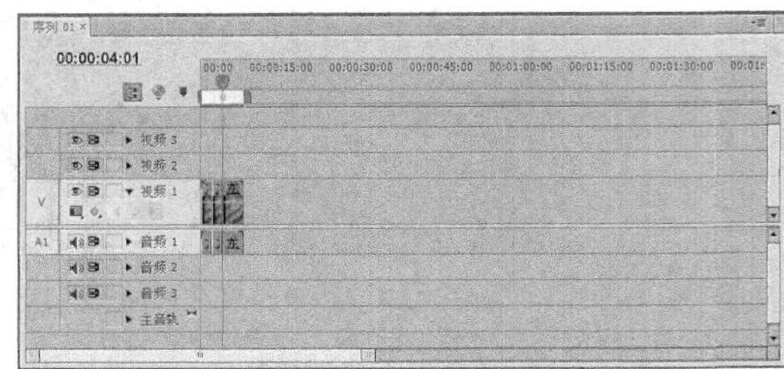

图4-15

4.3.4 四点剪辑技术的运用

“四点剪辑技术”比三点剪辑多一个点，需要设置源素材的出点。“四点编辑技术”同样需要运用到设置入点和出点的操作。

课堂案例	四点剪辑技术的运用
案例位置	效果\第4章\鞭炮.prproj
视频位置	视频\第4章\课堂案例——四点剪辑技术的运用.mp4
难易指数	★★★☆☆
学习目标	掌握四点剪辑技术的运用的操作方法

01 按Ctrl＋O组合键，打开一个项目文件，如图4-16所示。

02 设置时间为00:00:01:01，单击“标记入点”按钮，如图4-17所示。

03 在“节目监视器”面板中设置时间为00:00:07:09，并单击“标记出点”按钮，如图4-18所示。

图4-16

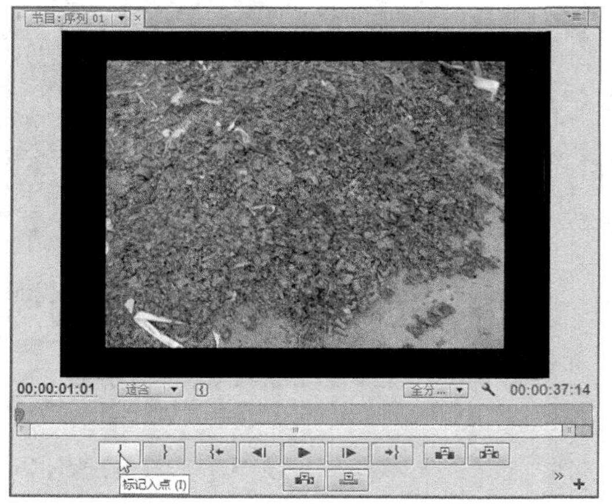

图4-17

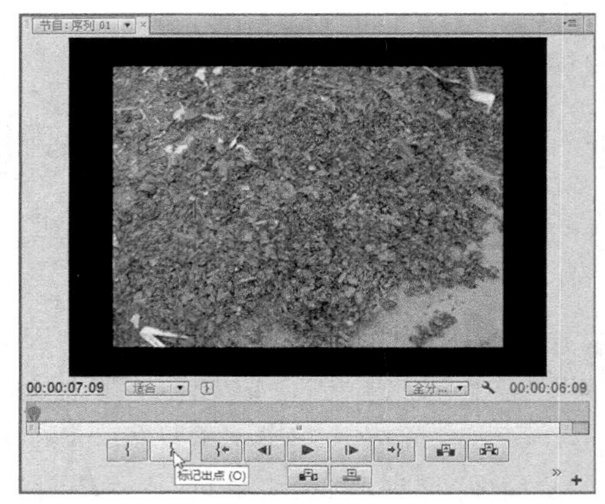

图4-18

04 在“源监视器”面板中设置时间为00:00:02:03，并单击“标记入点”按钮，如图4-19所示。

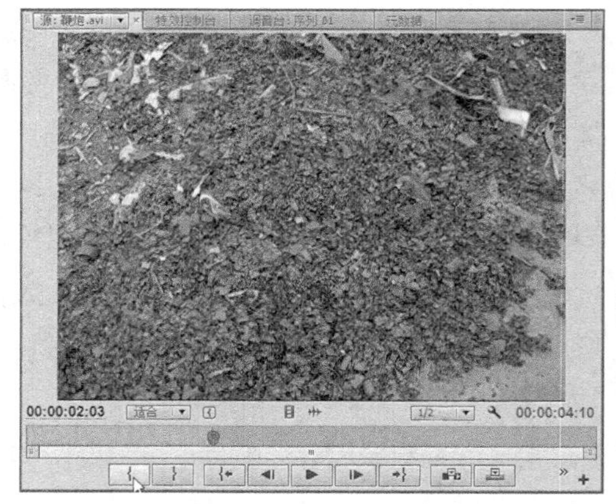

图4-19

05 在“源监视器”面板中设置时间为00:00:05:02，并单击“标记出点”按钮，如图4-20所示。

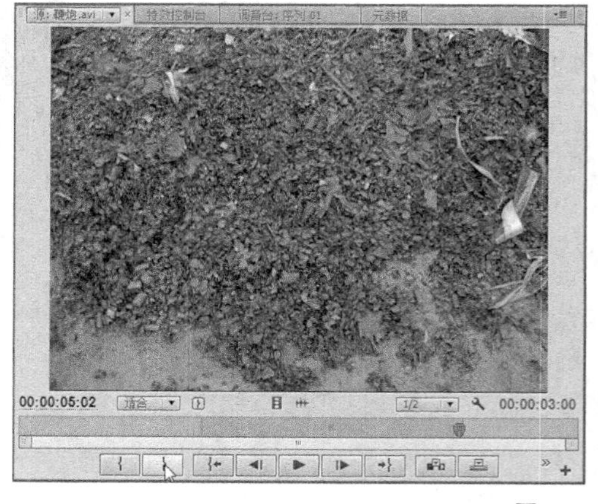

图4-20

06 单击“覆盖”按钮，弹出“适配素材”对话框，单击“确定”按钮，即可运用四点剪辑技术，如图4-21所示。

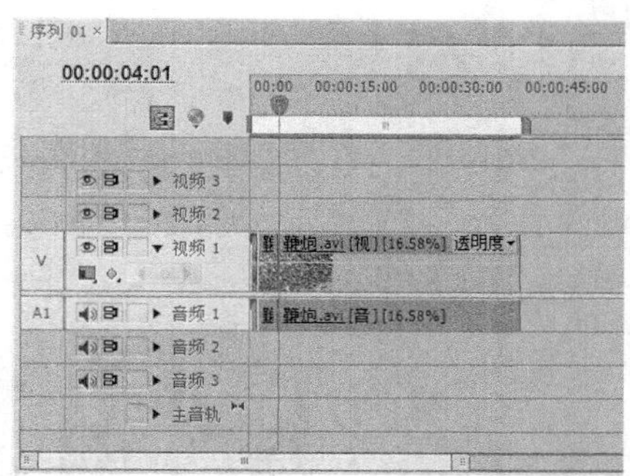

图4-21

技巧与提示

如果在Premiere Pro CS6中编辑某个视频作品时，只需要使用中间部分或者视频的开始部分、结尾部分，那么此时就可以通过四点剪辑素材实现操作。

4.3.5 通过滚动编辑工具剪辑素材

使用滚动编辑工具剪辑素材时，在“时间线”面板中拖曳素材文件的边缘可以同时修整素材的进入端和输出端。

课堂案例	通过滚动编辑工具剪辑素材
案例位置	效果\第4章\花朵.prproj
视频位置	视频\第4章\课堂案例——通过滚动编辑工具剪辑素材.mp4
难易指数	★★☆☆☆
学习目标	掌握通过滚动编辑工具剪辑素材的操作方法

01 按Ctrl＋O组合键，打开一个项目文件，如图4-22所示，在“时间线”面板中，选取滚动编辑工具。

图4-22

02 将鼠标指针移至两个素材之间，当鼠标指针呈双向箭头时向右拖曳，即可使用滚动编辑工具剪辑素材，如图4-23所示。

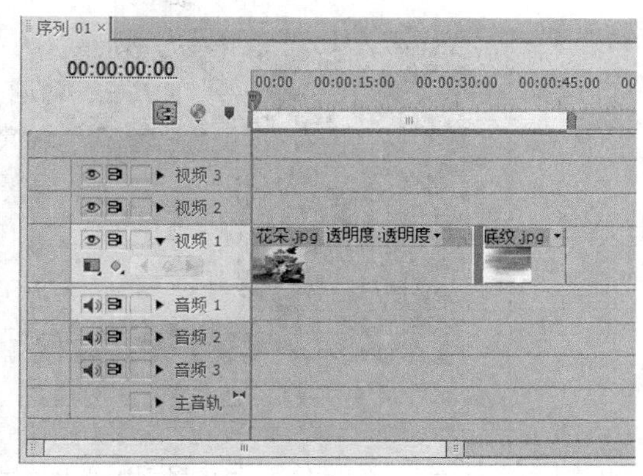

图4-23

4.3.6 通过滑动编辑工具剪辑素材

滑动编辑工具也能够保持序列的持续时间不变，并调整素材的入点和出点，其中不同的是调整的对象是当前所选对象的相邻素材。

以上一个实例的素材为例，选取滑动工具，选择“视频1”轨道中的相应素材，单击鼠标左键并向右拖曳，如图4-24所示。执行操作后，即可在“节目监视器”面板中查看到使用滑动工具剪辑素材后的效果，如图4-25所示。

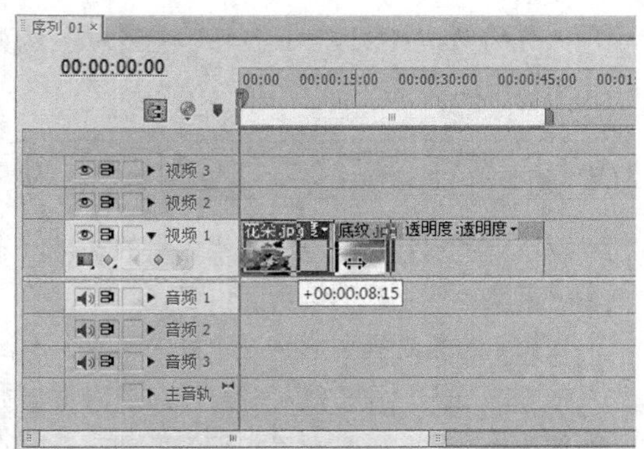

图4-24

技巧与提示

在Premiere Pro CS6中编辑影片时，使用滑动工具剪辑只能剪辑相邻的素材，而本身的素材不会被剪辑。

图4-25

4.4 筛选素材文件的方法

我们了解了素材的添加与编辑后，还需要对各种素材进行筛选，并根据不同的素材来选择对应的主题。

4.4.1 根据主题选择相应素材

当用户确定一个主题后，接下来就是选择相应的素材了。

通常情况下，应该选择与主题相符合的素材图像或者视频，这样能够让视频的最终效果更加突出，主题更加明显。

4.4.2 根据素材设置相应主题

或许很多用户习惯首先收集大量的素材，并根据素材来选择接下来的编辑的内容。

根据素材来选择内容也是个好的习惯，不仅扩大了选择的范围，还扩展了视野。对于素材与主题之间的选择，用户首先要确定手中所拥有素材的内容。因此，用户需要根据素材来设置对应的主题。

4.5 本章小结

本章全面介绍了影视素材的各种操作方法，包括如何调整影视媒体素材、剪辑影视媒体素材及筛选素材文件等内容。通过本章的学习，读者可以熟练掌握运用Premiere Pro CS6调整、剪辑与筛选影视素材的方法和技巧。

4.6 习题测试——运用四点剪辑技术

案例位置	效果\第4章\习题测试\闪光.prproj
难易指数	★★★★☆
学习目标	掌握运用四点剪辑技术的操作方法

本习题目的是让读者掌握运用四点剪辑技术的操作方法，操作过程如图4-26、图4-27所示，最终效果如图4-28所示。

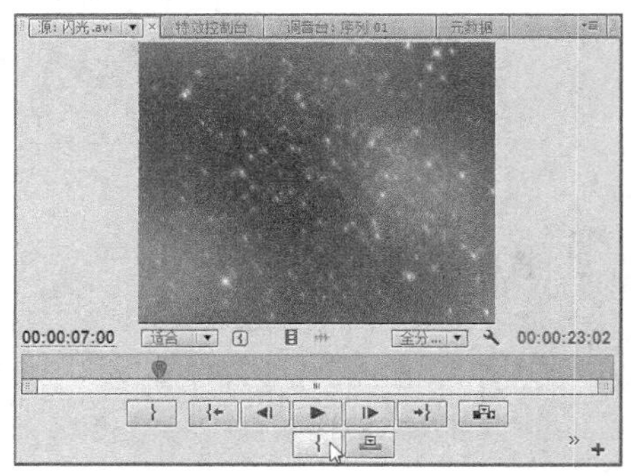

图4-26

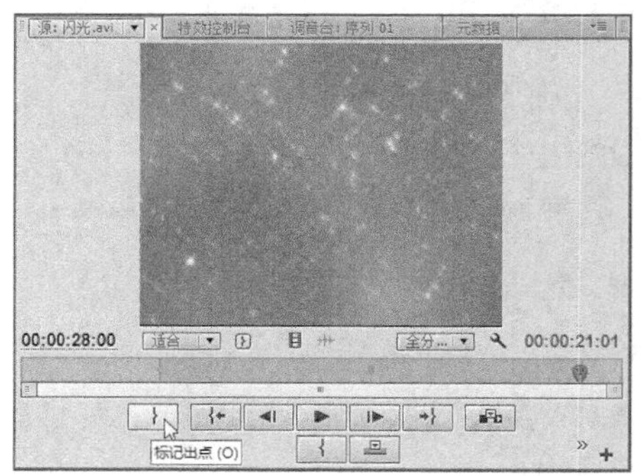

图4-27

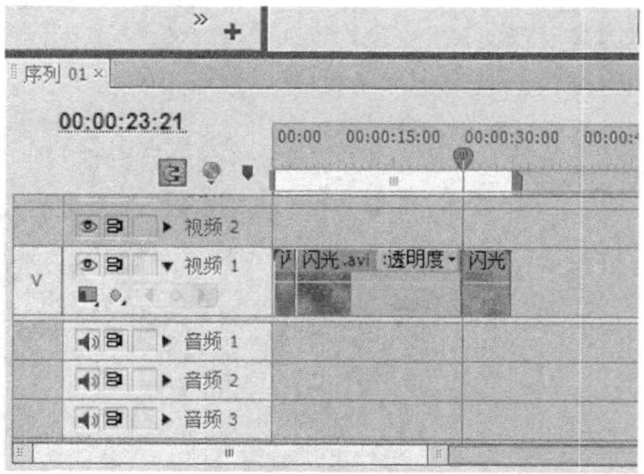

图4-28

第5章

校正与调整影视画面色彩

内容摘要

影视视频的色彩往往是该作品给观众的第一印象，并在某种程度上抒发了创作者的一种情感。但由于源素材在拍摄和采集的过程中常会遇到一些很难控制的环境光照以及景物对画面的影响，需要后期进行调整。本章就主要介绍校正与调整影视画面色彩的操作方法和技巧。

课堂学习目标

- 了解色彩的基础认识
- 熟悉色彩校正的各种特效
- 熟悉调整色彩及色调的技巧

5.1 了解色彩的基础认识

色彩在影视视频中是必不可少的一个重要元素，合理的色彩搭配总能为视频增添几分亮点。因此，用户在学习调整视频素材的颜色之前，必须对色彩的基础知识有一个基本的了解。

5.1.1 基本概念

色彩是由于光线刺激人的眼睛而产生的一种视觉效应，因此光线是影响色彩明亮度和鲜艳度的一个重要因素。自然的光线可以分为红、橙、黄、绿、青、蓝和紫7种不同的色彩。

自然界中的大多数物体都拥有吸收、反射和透射光线的特性，由于物体本身并不能发光，因此人们看到的大多是由多种光源形成的混合色彩，如图5-1和图5-2所示。

图5-1

图5-2

技巧与提示

在红、橙、黄、绿、青、蓝、紫7种不同的颜色中，黄色的明度最高（最亮）；橙和绿色的明度低于黄色；红、青色又低于橙色和绿色；紫色的明度最低（最暗）。

5.1.2 3个要素

色彩通常被定义为一种通过眼睛传导的视觉效应，人们通过对色彩的认识和分析，最终得出了色彩的三要素，分别为色相、亮度及饱和度。

1. 色相

色相是指颜色的相貌，用于区别色彩的种类和名称。每一种颜色都表示着一种具体的色相，各颜色的区别即是它们之间的色相差别。不同的颜色可以让人产生温暖和寒冷的感觉，如红色能带来温暖、激情的感觉；蓝色则带给人寒冷、平稳的感觉，如图5-3所示。

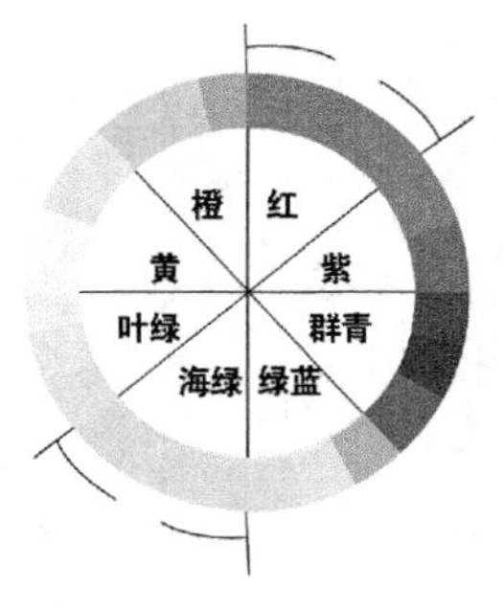

图5-3

技巧与提示

当人们看到红色和橙红色时，很自然地便联想到太阳、火焰，因而感到温暖；而以青色、蓝色、紫色等冷色为主的画面称为冷色调画面，其中以青色最冷。

2. 饱和度

饱和度是指色彩的鲜艳程度，由颜色的波长来决定。从色彩的成分来讲，饱和度取决于色彩中含色成分与消色成分之间的比例。含色成分越多，饱和度则越高；反之，消色成分越多，则饱和度越低，如图5-4所示。

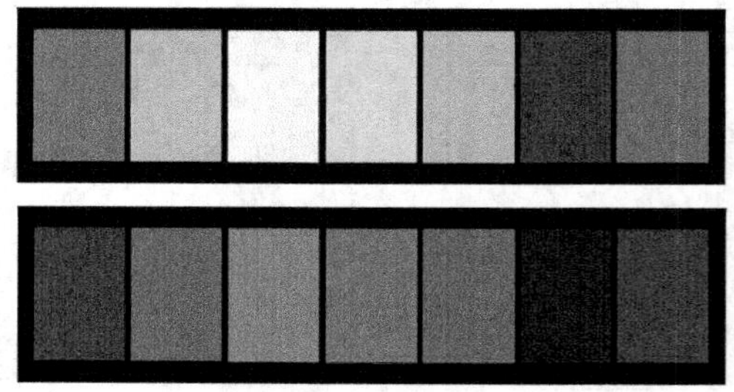

图5-4

3. 亮度

亮度是指色彩的明暗程度，几乎所有的颜色都具有亮度的属性。需要表现出物体的立体感与空间感，则需要通过不同亮度的对比来实现。简单来讲，色彩的亮度越高，颜色就越淡；反之，亮度越低，颜色就越重，并最终表现为黑色。

5.1.3 4种模式

在计算机中，色彩是依靠不同的色彩模式来实现的。常用的色彩模式有RGB、灰度模式、Lab色彩模式及HLS色彩模式。本节就来介绍这些常用的颜色模式。

1. RGB色彩模式

RGB是指由红、绿、蓝三原色组成的色彩模式。三原色中的每一种色彩都包含256种亮度，合成3个通道即可显示完整的色彩图像。在Premiere Pro CS6中可以通过对红、绿、蓝3个通道的数值调整，来调整对象的色彩。

2. 灰度模式

灰度模式是一种无色模式，其中含有256种亮度级别和一个Black通道。因此，用户看到的图像都是由256种不同强度的黑色所组成的。

3. Lab色彩模式

Lab色彩模式由一个亮度通道和两个色度通道组成，该色彩模式是一个彩色测量的国际标准。

4. HLS色彩模式

HLS色彩模式是基于人对色彩的心理感受，将色彩以色相（Hue）、饱和度（Saturation）、亮度（Luminance）3个要素来划分，这种色彩模式更加符合人的主观感受，让用户更容易理解。

技巧与提示

当用户需要使用灰色时，由于已知任何饱和度为0的HLS颜色均为中性灰色，因此用户只需要调整亮度即可。

5.2 色彩校正的各种特效

在Premiere Pro CS6中编辑影片时，往往需要对影视素材的色彩进行校正，调整素材的颜色。本节主要介绍色彩校正的技巧。

5.2.1 应用RGB曲线特效

“RGB曲线”特效主要是通过调整画面的明暗关系和色彩变化来实现画面的校正。

课堂案例	应用RGB曲线特效
案例位置	效果\第5章\侠女.prproj
视频位置	视频\第5章\课堂案例——应用RGB曲线特效.mp4
难易指数	★★★☆☆
学习目标	掌握应用RGB曲线特效的操作方法

本实例最终效果如图5-5所示。

图5-5

01 按Ctrl＋O组合键，打开一个项目文件，如图5-6所示。

图5-6

02 在“效果”面板中，选择“RGB曲线”选项，如图5-7所示。

图5-7

03 单击鼠标左键并拖曳至“时间线”面板中的“视频1”轨道上，释放鼠标左键，即可添加视频特效，如图5-8所示。

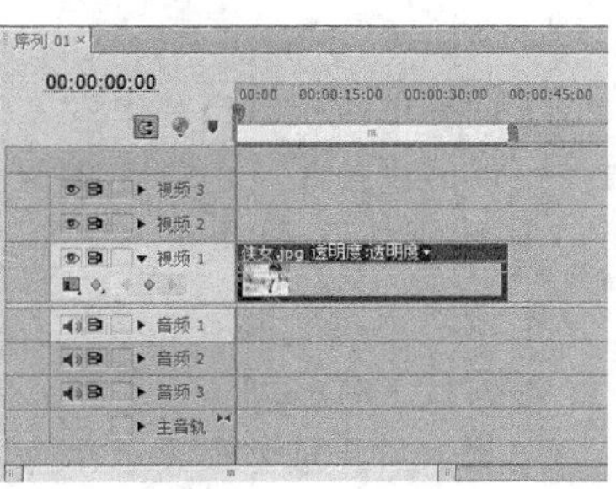

图5-8

04 “在特效控制台”面板中，展开“RGB曲线”选项，在其中拖曳“红色”矩形区域中的滑块，如图5-9所示。

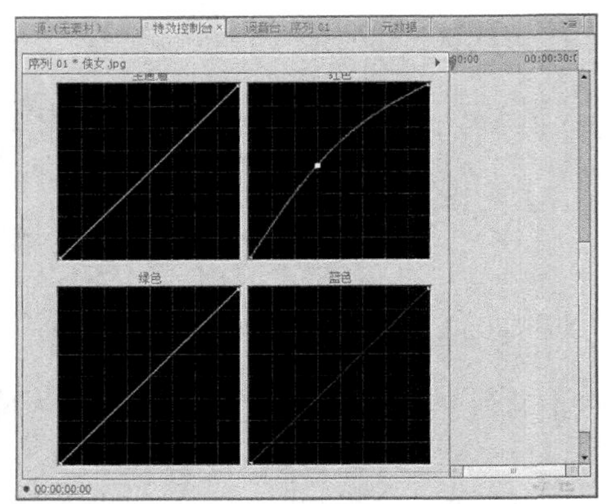

图5-9

05 执行操作后，即可运用RGB曲线校正色彩，“单击”“播放-停止切换”按钮，预览运用RGB曲线效果制作的视频特效。

技巧与提示

RGB曲线滤镜特效主要用于通过曲线来调整红色、绿色和蓝色的色值。

在“RGB曲线”选项列表中，用户还可以设置以下选项。

- 显示拆分视图：将图像的一部分显示为校正视图，而将其他图像的另一部分显示为未校正视图。
- 主通道：在更改曲线形状时改变所有通道的亮度和对比度。使曲线向上弯曲会使剪辑变亮，使曲线向下弯曲会使剪辑变暗。曲线较陡峭的部分表示图像中对比度较高的部分。通过单击可将点添加到曲线上，而通过拖动可操控形状，将点拖离图表可以删除点。
- 使曲线向上弯曲会使通道变亮，使曲线向下弯曲会使通道变暗。
- 辅助颜色校正：指定由效果校正的颜色范围。可以通过色相、饱和度和明亮度定义颜色。单击三角形可访问控件。
- 中央：在用户指定的范围中定义中央颜色，选择吸管工具，然后在屏幕上单击任意位置以指定颜色，此颜色会显示在色板中。可使用吸管工具扩大颜色范围或减小颜色范围。也可以单击色板来打开Adobe拾色器，然后选择中央颜色。
- 色相、饱和度和亮度：根据色相、饱和度或明亮度指定要校正的颜色范围。单击选项名称旁边的三角形可以访问阈值和柔和度（羽化）控件，用于定义色相、饱和度或明亮度范围。
- 结尾柔和度：使指定区域的边界模糊，从而使校正更大程度上与原始图像混合。较高的值会增加柔和度。
- 边缘细化：使指定区域有更清晰的边界，校正显得更明显，较高的值会增加指定区域的边缘清晰度。

技巧与提示

“辅助颜色校正”属性用来指定使用效果校正的颜色范围。可以通过色相、饱和度和明亮度指定颜色或颜色范围。将颜色校正效果隔离到图像的特定区域。这类似于在Photoshop中执行选择或遮蔽图像。“辅助颜色校正”属性可供“亮度校正器”“亮度曲线”“RGB颜色校正器”“RGB曲线”及“三向颜色校正器”等效果使用。

5.2.2 应用RGB色彩特效

“RGB色彩校正”特效可以通过色调调整图像，还可以通过通道调整图像。

课堂案例	应用RGB色彩特效
案例位置	光效果\第5章\花朵.prproj
视频位置	视频\第5章\课堂案例——应用RGB色彩特效.mp4
难易指数	★★★☆☆
学习目标	掌握应用RGB色彩特效的操作方法

本实例最终效果如图5-10所示。

01 按Ctrl+O组合键，打开一个项目文件，如图5-11所示。

图5-10

图5-11

02 在“效果”面板中，选择“RGB色彩校正”选项，如图5-12所示。

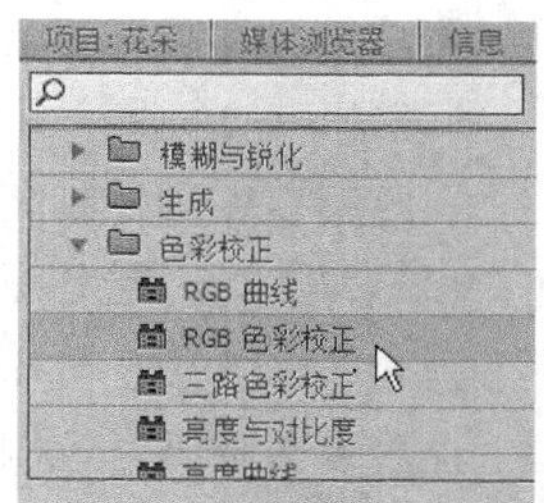

图5-12

03 为“视频1”轨道添加选择的特效，在“特效控制台”面板中，设置“灰度系数”为1.5，如图5-13所示。

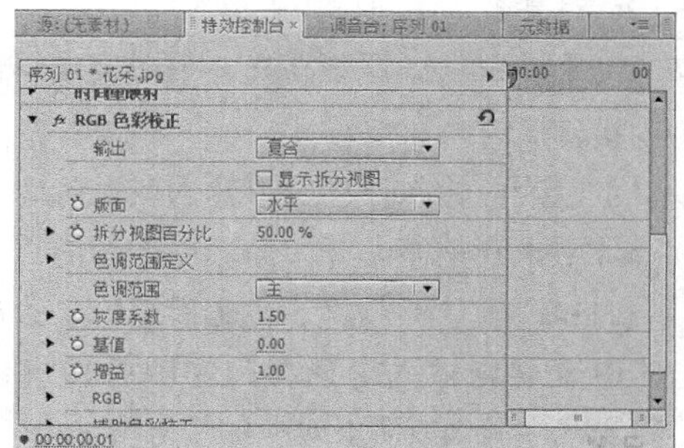

图5-13

04 执行操作后，即可运用RGB色彩校正图像，单击“播放-停止切换”按钮，预览图像效果。

技巧与提示

在Premiere Pro CS6中，RGB色彩校正视频特效主要用于调整图像的颜色和亮度。用户可以使用“RGB颜色校正器”特效来调整RGB颜色各通道的中间调值、色调值及亮度值，修改画面的高光、中间调和阴影定义的色调范围，从而调整剪辑中的颜色。

“RGB色彩校正”各选项含义如下。

- 色彩范围定义：使用“阈值”和“衰减”控件来定义阴影和高光的色调范围。（“阴影阈值”能确定阴影的色调范围；“阴影柔和度”能使用衰减确定阴影的色调范围；“高光阈值”确定高光的色调范围；“高光柔和度”使用衰减确定高光的色调范围。）
- 色彩范围：指定将颜色校正应用于整个图像（主）、仅高光、仅中间调还是仅阴影。
- 灰度系数：在不影响黑白色阶的情况下调整图像的中间调值，使用此控件可在不扭曲阴影和高光的情况下调整太暗或太亮的图像。
- 基值：通过将固定偏移添加到图像的像素值中来调整图像。此控件与“增益”控件结合使用可增加图像的总体亮度。
- 增益：通过乘法调整亮度值，从而影响图像的总体对比度。较亮的像素受到的影响大于较暗的像素受到的影响。
- RGB：允许分别调整每个颜色通道的中间调值、对比度和亮度。单击三角形可展开用于设置每个通道的灰度系数、基值和增益的选项。（“红色灰度系数”“绿色灰度系数”和“蓝色灰度系数”在不影响黑白色阶的情况下调整红色、绿色或蓝色通道的中间调值；“红色基值”“绿色基值”和“蓝色基值”通过将固定的偏移添加到通道的像素值中来调整红色、绿色或蓝色通道的色调值。此控件与“增益”控件结合使用可增加通道的总体亮度；“红色增益”“绿色增益”和“蓝色增益”通过乘法调整红色、绿色或蓝色通道的亮度值，使较亮的像素受到的影响大于较暗的像素受到的影响。）

5.2.3 应用三路色彩特效

“三路色彩校正”特效的主要作用是调整暗度、中间色和亮度的颜色。

课堂案例	应用三路色彩特效
案例位置	效果\第5章\花朵.prproj
视频位置	视频\第5章\课堂案例——应用三路色彩特效.mp4
难易指数	★★★☆☆
学习目标	掌握应用三路色彩特效的操作方法

本实例最终效果如图5-14所示。

01 按Ctrl＋O组合键，打开一个项目文件，如图5-15所示。

图5-14

图5-15

02 在“效果”面板中，选择“三路色彩校正”选项，如图5-16所示。

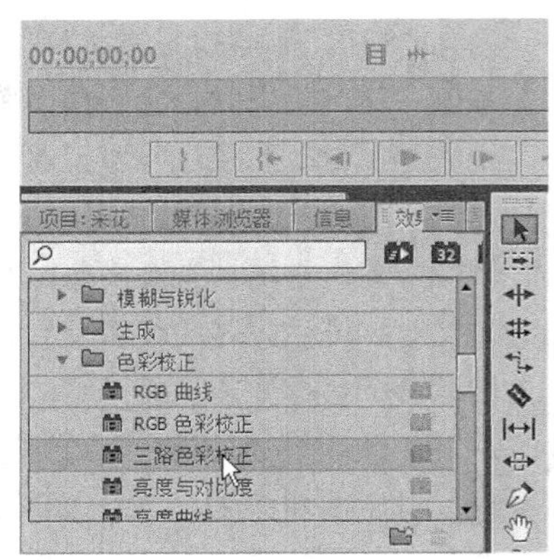

图5-16

03 添加选择的特效，在“特效控制台”面板中，选中“主控”复选框，拖曳相应的滑块，调整色彩，如图5-17所示。

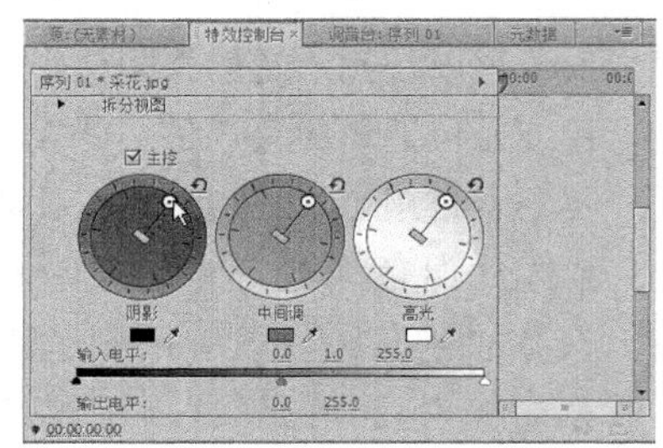

图5-17

04 执行操作后，即可运用三路色彩校正图像，单击“播放-停止切换”按钮，预览图像效果。

“三路色彩校正”各选项含义如下。

- 饱和度：调整主、阴影、中间调或高光的颜色饱和度。默认值为100，表示不影响颜色。小于100的值表示降低饱和度，而0表示完全移除颜色。大于100的值将产生饱和度更高的颜色。
- 辅助色彩校正：指定由效果校正的颜色范围。可以通过色相、饱和度和明亮度定义颜色。通过“柔化”“边缘细化”“反转限制颜色”调整校正效果。（“柔化”使指定区域的边界模糊，从而使校正更大程度上与原始图像混合，较高的值会增加柔和度；“边缘细化”使指定区域有更清晰的边界，校正显得更明显，较高的值会增加指定区域的边缘清晰度；“反转限制颜色”校正所有颜色，用户使用“辅助颜色校正”设置指定的颜色范围除外。）
- 阴影/中间调/高光：通过调整“色相角度”“平衡数量级”“平衡增益”及“平衡角度”控件调整相应的色调范围。
- 主色相角度：控制高光、中间调或阴影中的色相旋转。默认值为0。负值向左旋转色轮，正值则向右旋转色轮。
- 主平衡数量级：控制由“平衡角度”确定的颜色平衡校正量。可对高光、中间调和阴影应用调整。
- 主平衡增益：通过乘法调整亮度值，使较亮的像素受到的影响大于较暗的像素受到的影响。可对高光、中间调和阴影应用调整。
- 主平衡角度：控制高光、中间调或阴影中的色相转换。
- 主色阶：输入黑色阶、输入灰色阶、输入白色阶用来调整高光，中间调或阴影的黑场，中间调和白场输入色阶。输出黑色阶、输出白色阶用来调整输入黑色对应的映射输出色阶及高光，中间调或阴影对应的输入白色阶。

技巧与提示

在Premiere Pro CS6中，使用“三路色彩校正”可以进行以下调整。

（1）快速消除色偏：“三向颜色校正器”特效拥有一些控件，可以快速平衡颜色，使白色、灰色和黑色保持中性。

（2）快速进行明亮度校正：“三向颜色校正器”具有可快速调整剪辑明亮度的自动控件。

（3）调整颜色平衡和饱和度：三向颜色校正器效果提供“色相平衡和角度”色轮和“饱和度”控件供用户设置，用于平衡视频中的颜色。顾名思义，颜色平衡可平衡红色、绿色和蓝色分量，从而在图像中产生所需的白色和中性灰色。也可以为特定的场景设置特殊色调。

（4）替换颜色：使用“三向颜色校正器”中的“辅助颜色校正”控件可以帮助用户将更改应用于单个颜色或一系列颜色。

在“三路色彩校正”选项列表中，用户还可以设置以下选项。

- 三路色相平衡和角度：使用对应于阴影（左轮）、中间调（中轮）和高光（右轮）的3个色轮来控制色相和饱和度调整。一个圆形缩略图围绕色轮中心移动，并控制色相（UV）转换。缩略图上的垂直手柄控制平衡数量级，而平衡数量级将影响控件的相对粗细度。色轮的外环控制色相旋转。左上角像素颜色：删除图像左上角像素颜色的区域。

- 输入电平：外面的两个输入色阶滑块将黑场和白场映射到输出滑块的设置。中间输入滑块用于调整图像中的灰度系数。此滑块移动中间调并更改灰色调的中间范围的强度值，但不会显著改变高光和阴影。
- 输出电平：将黑场和白场输入色阶滑块映射到指定值。默认情况下，输出滑块分别位于色阶0（此时阴影是全黑的）和色阶255（此时高光是全白的）。因此，在输出滑块的默认位置，移动黑色输入滑块会将阴影值映射到色阶0，而移动白场滑块会将高光值映射到色阶255。其余色阶将在色阶0和255之间重新分布。这种重新分布将会增大图像的色调范围，实际上也是提高图像的总体对比度。
- 色调范围定义：定义剪辑中的阴影、中间调和高光的色调范围。拖动方形滑块可调整阈值。拖动三角形滑块可调整柔和度（羽化）的程度。

5.2.4 应用快速色彩特效

在Premiere Pro CS6中，“快速色彩校正”特效不仅可以通过调整素材的色调饱和度校正素材的颜色，还可以通过调整素材的白平衡来校正。

课堂案例	应用快速色彩特效
案例位置	效果\第5章\颜料.prproj
视频位置	视频\第5章\课堂案例——应用快速色彩特效.mp4
难易指数	★★★☆☆
学习目标	掌握应用快速色彩特效的操作方法

本实例最终效果如图5-18所示。

01 按Ctrl＋O组合键，打开一个项目文件，如图5-19所示。

02 在“效果”面板中，选择“快速色彩校正”选项，如图5-20所示。

图5-18

图5-19

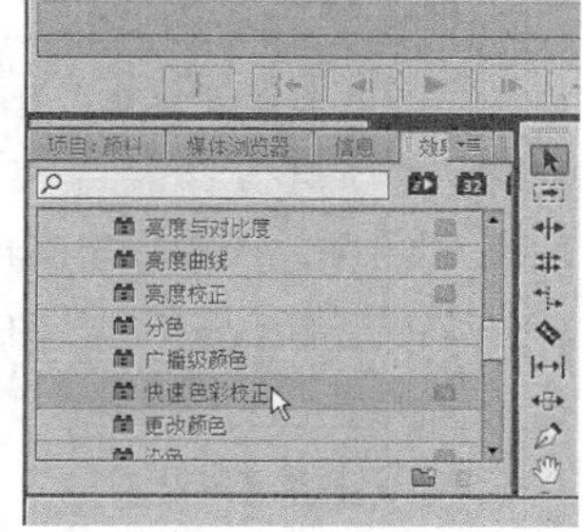

图5-20

03 添加选择的特效，在“特效控制台”面板中设置“色相角度”为60，“平衡数量级”为30，“平衡角度”为45，如图5-21所示。

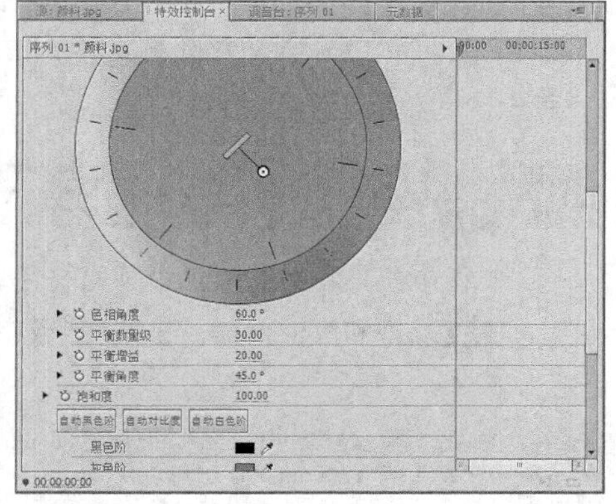

图5-21

04 执行操作后，即可运用快速色彩校正图像，单击“播放-停止切换”按钮，预览图像效果。

技巧与提示

在Premiere Pro CS6中，用户也可以单击“白平衡”吸管，然后通过单击方式对节目监视器中的区域进行采样，最好对本应为白色的区域采样。“快速色彩校正”特效将会对采样的颜色向白色调整，从而校正素材画面的白平衡。

“快速色彩校正”特效中各选项的含义如下。

- 白平衡：通过使用吸管工具来采样图像中的目标颜色或监视器桌面上的任意位置，将白平衡分配给图像。也可以单击色板打开Adobe拾色器，然后选择颜色来定义白平衡。

- 色相平衡和角度：使用色轮控制色相平衡和色相角度，小圆形围绕色轮中心移动，并控制色相（UV）转换，这将会改变平衡数量级和平衡角度，小垂线可设置控件的相对粗精度，而此控件控制平衡增益。

在“快速色彩校正”选项列表中，用户还可以设置以下选项。

- 色相角度：控制色相旋转，默认值为0，负值向左旋转色轮，正值则向右旋转色轮。
- 平衡数量级：控制由“平衡角度”确定的颜色平衡校正量。
- 平衡增益：通过乘法来调整亮度值，使较亮的像素受到的影响大于较暗的像素受到的影响。
- 平衡角度：控制所需的色相值的选择范围。
- 饱和度：调整图像的颜色饱和度，默认值为100，表示不影响颜色，小于100的值表示降低饱和度，而0表示完全移除颜色，大于100的值将产生饱和度更高的颜色。

5.2.5 应用更改颜色特效

“更改颜色”特效是通过调整素材色彩范围内色相、亮度及饱和度的数值，来改变色彩范围内的颜色。

课堂案例	应用更改颜色特效
案例位置	效果\第5章\影片.prproj
视频位置	视频\第5章\课堂案例——应用更改颜色特效.mp4
难易指数	★★★☆☆
学习目标	掌握应用更改颜色特效的操作方法

本实例最终效果如图5-22所示。

01 按Ctrl＋O组合键，打开一个项目文件，如图5-23所示。

图5-22　　图5-23

02 在“效果”面板中，选择“更改颜色”选项，如图5-24所示。

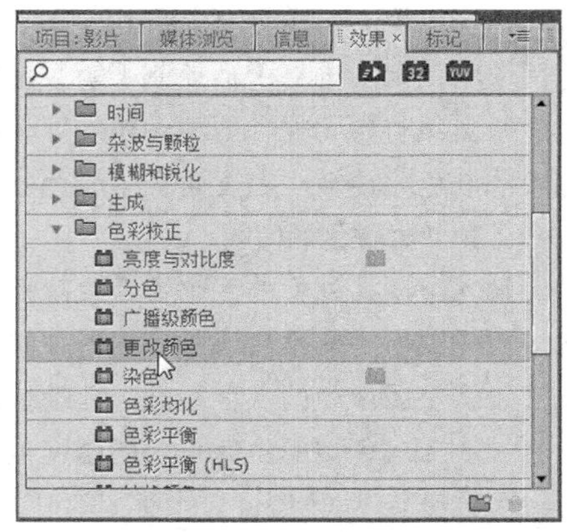

图5-24

03 接下来为“视频1”轨道添加选择的特效，在“特效控制台”面板中，分别设置“色相变换”为30，“明度变换”为5，“匹配宽容度”为60，“匹配柔和度”为60，如图5-25所示。

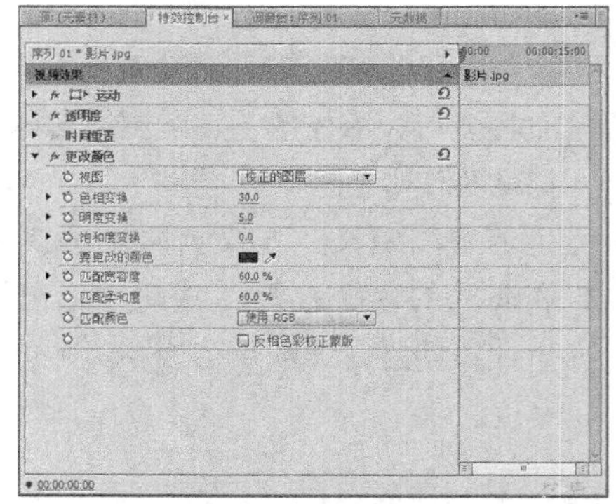

图5-25

技巧与提示

当用户第一次确认需要修改的颜色时，只需要选择近似的颜色即可，因为在了解颜色替换效果后才能精确调整替换的颜色。“更改颜色”特效是通过调整素材色彩范围内色相、亮度及饱和度的数值，来改变色彩范围内的颜色的。

04 执行上述操作后，即可运用“更改颜色”特效校正图像，单击“播放-停止切换”按钮，即可马上预览校正“更改颜色”特效后的图像效果。

“更改颜色”特效中各选项的含义如下。

- 视图：“校正的图层”显示更改颜色效果的结果。“颜色校正遮罩”显示将要更改的图层的区域。颜色校正遮罩中的白色区域的变化最大，黑暗区域变化最小。

- 色相变换：色相的调整量（读数）。
- 明度变换：正值使匹配的像素变亮，负值使它们变暗。
- 饱和度变换：正值增加匹配的像素的饱和度（向纯色移动），负值降低匹配的像素的饱和度（向灰色移动）。
- 要更改的颜色：范围中要更改的中央颜色。
- 匹配宽容度：颜色可以在多大程度上不同于“要匹配的颜色”并且仍然匹配。
- 匹配柔和度：不匹配的像素受效果影响的程度，与“要匹配的颜色”的相似性成比例。
- 匹配颜色：主要用来匹配相似的色彩空间。色相在颜色的色相上做比较，忽略饱和度和亮度，因此鲜红和浅粉匹配。色度使用两个色度分量来确定相似性，忽略明亮度（亮度）。
- 反转颜色校正蒙版：反转用于确定哪些颜色受影响的蒙版。

5.2.6 应用亮度曲线特效

“亮度曲线”特效可以通过单独调整画面的亮度，让整个画面的明暗得到统一控制。使用这种调整方法无法单独调整每个通道的亮度。

课堂案例	应用亮度曲线特效
案例位置	效果\第5章\湖畔少女.prproj
视频位置	视频\第5章\课堂案例——应用亮度曲线特效.mp4
难易指数	★★★☆☆
学习目标	掌握应用亮度曲线特效的操作方法

本实例最终效果如图5-26所示。

图5-26

01 按Ctrl＋O组合键，打开一个项目文件，如图5-27所示。

图5-27

02 在“效果”面板中，选择“亮度曲线”选项，如图5-28所示。

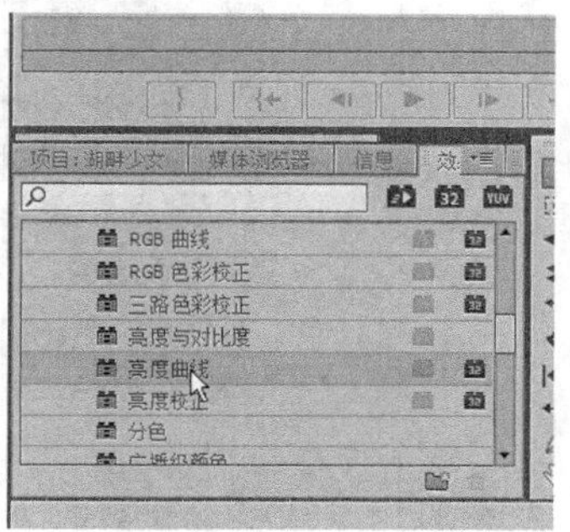

图5-28

03 为“视频1”轨道添加选择的特效，在“特效控制台”面板中，拖曳“亮度波形”矩形区域中的滑块，如图5-29所示。

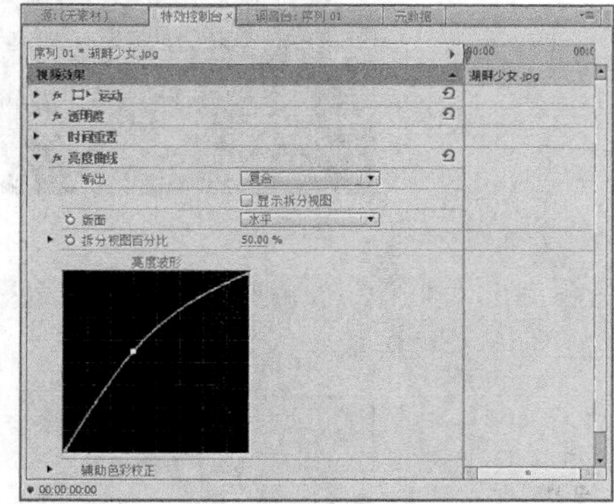

图5-29

04 执行操作后，即可运用亮度曲线校正图像，单击“播放-停止切换”按钮，预览图像效果。

技巧与提示

亮度曲线和RGB曲线可以调整视频剪辑中的整个色调范围或仅调整选定的颜色范围。但与色阶不同，色阶只有3种调整（黑色阶、灰色阶和白色阶），而亮度曲线和RGB曲线允许在整个图像的色调范围内调整多达16个不同的点（从阴影到高光）。

5.2.7 应用亮度校正特效

“亮度校正”特效可以调整素材的高光、中间值、阴影状态下的亮度参数，也可以使用合成色修改器来指定色彩范围。

课堂案例	应用亮度校正特效
案例位置	效果\第5章\字母.prproj
视频位置	视频\第5章\课堂案例——应用亮度校正特效.mp4
难易指数	★★★☆☆
学习目标	掌握应用亮度校正特效的操作方法

本实例最终效果如图5-30所示。

图5-30

01 按Ctrl＋O组合键，打开一个项目文件，如图5-31所示。

图5-31

02 在“效果”面板中，选择“亮度校正”选项，如图5-32所示。

图5-32

03 为“视频1”轨道添加选择的特效，在“特效控制台”面板中，设置“亮度”为50，“对比度”为 -10，如图5-33所示。

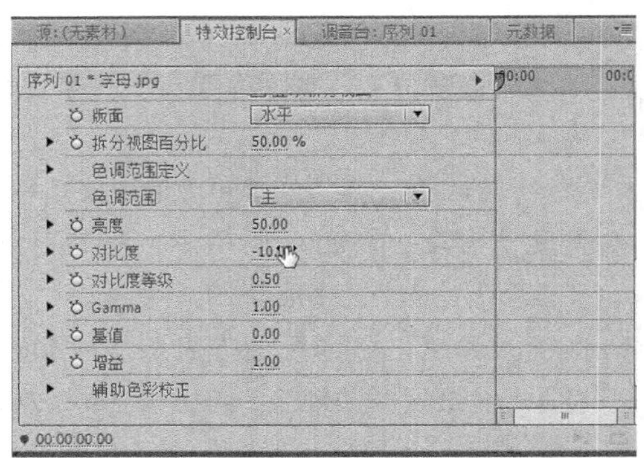

图5-33

04 执行操作后，即可运用亮度校正图像，单击“播放-停止切换”按钮，预览图像效果。

技巧与提示

在设置特效参数时，用户可以根据需要进行设置，但是并不是每个参数都需要进行设置，通常只需要调整其中某几项即可达到理想的效果。

“亮度校正”特效中各选项的含义如下。

- 色调范围：指定将明亮度调整应用于整个图像（主）、仅高光、仅中间调及仅阴影。
- 亮度：调整剪辑中的黑色阶。使用此控件可确保剪辑中的黑色画面内容即显示为黑色。
- 对比度：通过调整相对于剪辑原始对比度值的增益来影响图像的对比度。
- 对比度等级：设置剪辑的原始对比度值。
- 灰度系数：在不影响黑白色阶的情况下调整图像的中间调值。此控件会导致对比度变化，非常类似于在亮度曲线效果中更改曲线的形状。使用此控件可在不扭曲阴影和高光的情况下调整太暗或太亮的图像。
- 基值：通过将固定偏移添加到图像的像素值中来调整图像。此控件与“增益”控件结合使用可增加图像的总体亮度。
- 增益：通过乘法调整亮度值，从而影响图像的总体对比度。较亮的像素受到的影响大于较暗的像素受到的影响。

5.2.8 应用染色特效

在Premiere Pro CS6中，“染色”特效可以修改图像的颜色信息，并对每个像素效果施加一种混合效果。

课堂案例	应用染色特效
案例位置	效果\第5章\美女.prproj
视频位置	视频\第5章\课堂案例——应用染色特效.mp4
难易指数	★★★☆☆
学习目标	掌握应用染色特效的操作方法

本实例最终效果如图5-34所示。

图5-34

01 按Ctrl＋O组合键，打开一个项目文件，如图5-35所示。

图5-35

02 在“效果”面板中，选择“染色”选项，如图5-36所示。

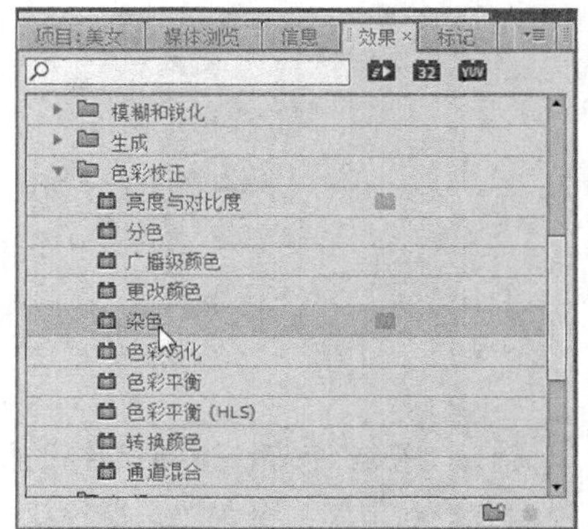

图5-36

03 为“视频1”轨道添加选择的特效，在“特效控制台”面板中，设置“将黑色映射到”的RGB参数为22、189、57，“着色数量”为20，如图5-37所示。

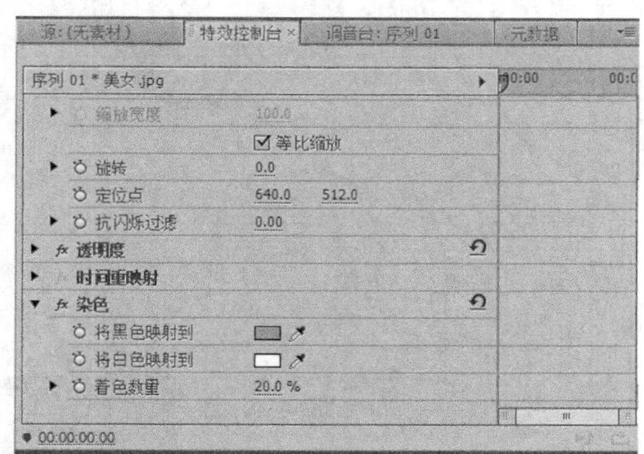

图5-37

04 执行操作后，即可运用染色校正图像，单击“播放-停止切换”按钮，即可预览校正“染色”特效后的图像效果。

5.2.9 应用分色特效

“分色”特效可以将素材中除选中颜色及类似色以外的颜色分离，并以灰度模式显示。

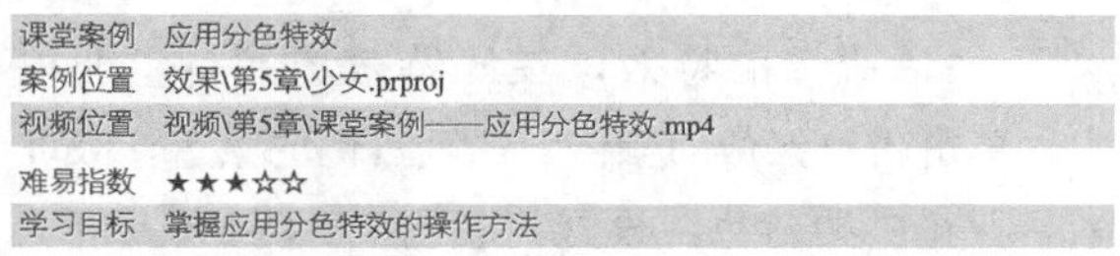

课堂案例	应用分色特效
案例位置	效果\第5章\少女.prproj
视频位置	视频\第5章\课堂案例——应用分色特效.mp4
难易指数	★★★☆☆
学习目标	掌握应用分色特效的操作方法

本实例最终效果如图5-38所示。

图5-38

01 按Ctrl＋O组合键，打开一个项目文件，如图5-39所示。

图5-39

02 在“效果”面板中，选择“分色”选项，如图5-40所示。

图5-40

03 添加选择的特效，在“特效控制台”面板中，单击“要保留的颜色”选项右侧的吸管，吸取素材背景中的蓝色，设置“脱色量”为100，“宽容度”为33，如图5-41所示。

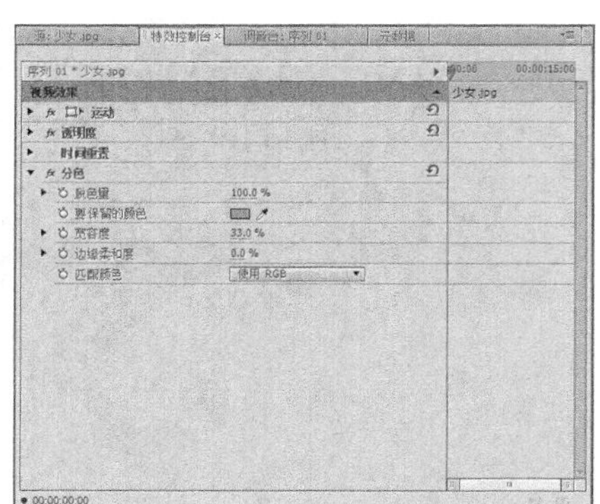

图5-41

04 执行操作后，即可运用分色校正图像，单击“播放-停止切换”按钮，即可预览校正“分色”特效后的图像效果。

5.2.10 应用色彩均化特效

“色彩均化”特效可以改变图像的像素，其效果与Adobe Photoshop中的“色调均化”特效的效果相似。

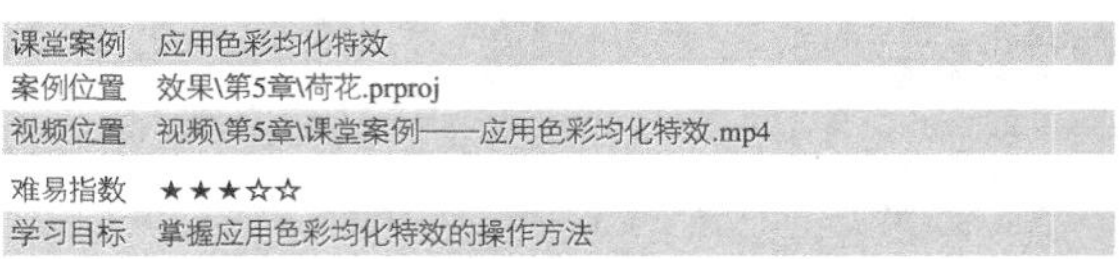

课堂案例	应用色彩均化特效
案例位置	效果\第5章\荷花.prproj
视频位置	视频\第5章\课堂案例——应用色彩均化特效.mp4
难易指数	★★★☆☆
学习目标	掌握应用色彩均化特效的操作方法

本实例最终效果如图5-42所示。

图5-42

01 按Ctrl＋O组合键，打开一个项目文件，如图5-43所示。

图5-43

02 在“效果”面板中，选择“色彩均化”选项，如图5-44所示。

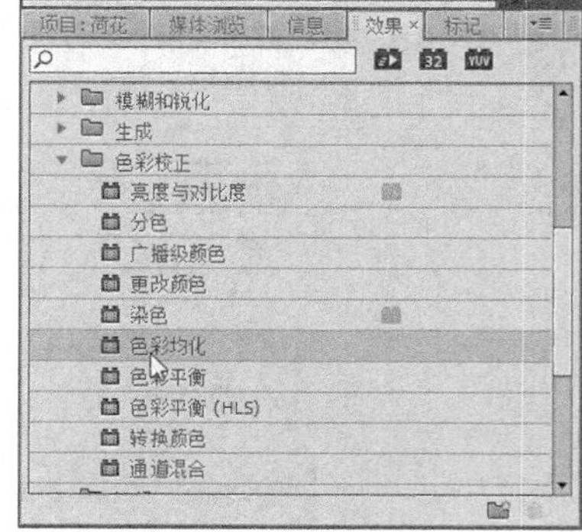

图5-44

03 为“视频1”轨道添加选择的特效，在“特效控制台”面板中，设置“色调均化量”为95，如图5-45所示。

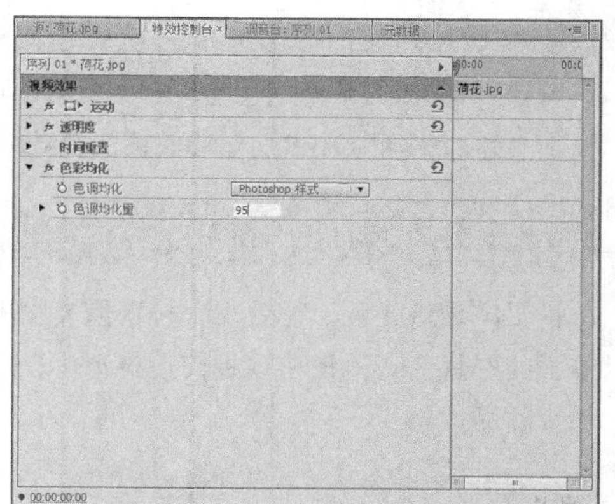

图5-45

04 执行操作后，即可运用色彩均化校正图像，单击“播放-停止切换”按钮，预览图像效果。

5.2.11 应用转换颜色特效

“转换颜色”特效是通过指定一种颜色，然后用另一种新的颜色替换用户指定的颜色，达到色彩转换的效果。

课堂案例	应用转换颜色特效
案例位置	效果\第5章\水滴.prproj
视频位置	视频\第5章\课堂案例——应用转换颜色特效.mp4
难易指数	★★★☆☆
学习目标	掌握应用转换颜色特效的操作方法

本实例最终效果如图5-46所示。

图5-46

01 按Ctrl＋O组合键，打开一个项目文件，如图5-47所示。

图5-47

02 在“效果”面板中，选择“转换颜色”选项，如图5-48所示。

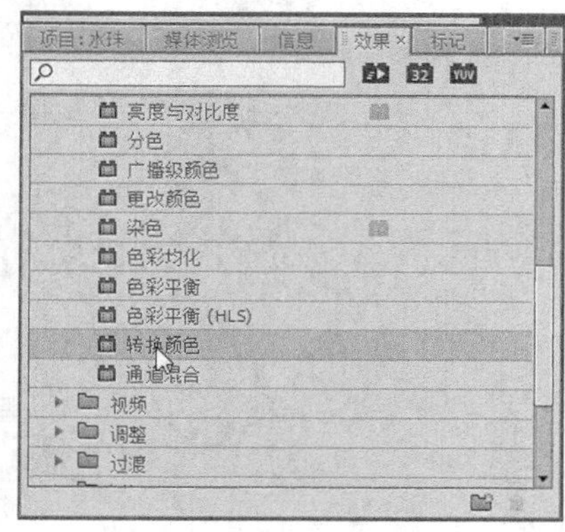

图5-48

03 添加选择的特效，在“特效控制台”面板中，单击“从”选项右侧的吸管，吸取蓝色，设置“到”的RGB参数为62、173、52，“色相”为100，如图5-49所示。

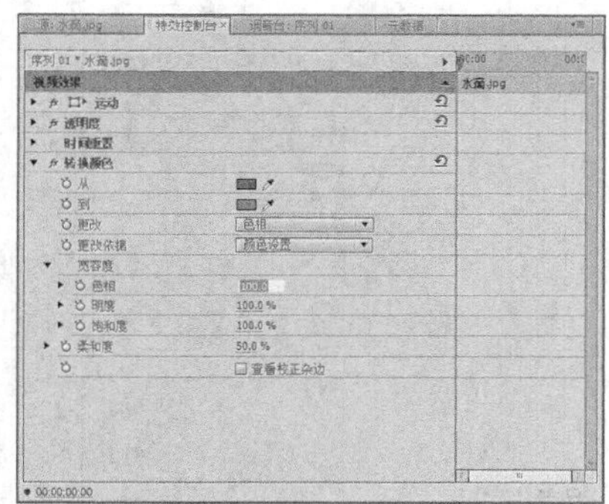

图5-49

04 执行操作后，即可运用转换颜色校正图像，单击“播放-停止切换”按钮，即可预览校正“转换颜色”特效后的图像效果。

5.2.12 应用色彩平衡（HLS）特效

“色彩平衡HLS”特效能够通过调整画面的色相、饱和度及明度来达到平衡素材颜色的目的。

课堂案例	应用色彩平衡（HLS）特效
案例位置	效果\第5章\卡通.prproj
视频位置	视频\第5章\课堂案例——应用色彩平衡（HLS）特效.mp4
难易指数	★★★☆☆
学习目标	掌握应用色彩平衡（HLS）特效的操作方法

本实例最终效果如图5-50所示。

01 按Ctrl＋O组合键，打开一个项目文件，如图5-51所示。

图5-50

图5-51

02 在“效果”面板中，选择“色彩平衡（HLS）”选项，如图5-52所示。

图5-52

03 为“视频1”轨道添加选择的特效，在“特效控制台”面板中，设置“色相”为20，“明度”为10，“饱和度”为10，如图5-53所示。

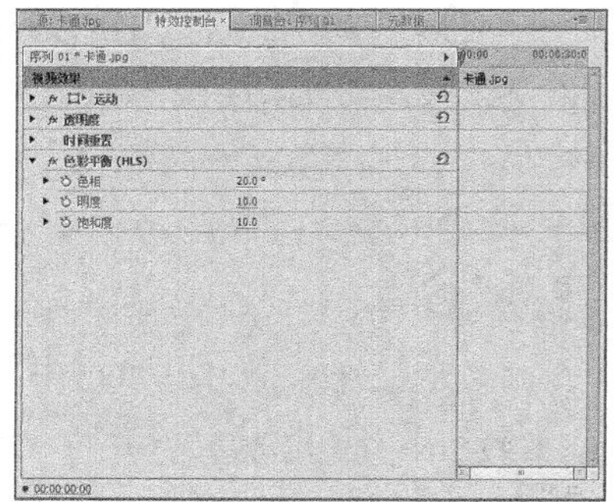

图5-53

04 执行操作后，即可运用色彩平衡（HLS）校正图像，单击“播放-停止切换”按钮，即可预览校正“色彩平衡（HLS）”特效后的图像效果。

5.2.13 应用广播级颜色特效

“广播级颜色”特效用于校正需要输出到录像带上的影片色彩，使用这种校正技巧可以改善输出影片的品质。

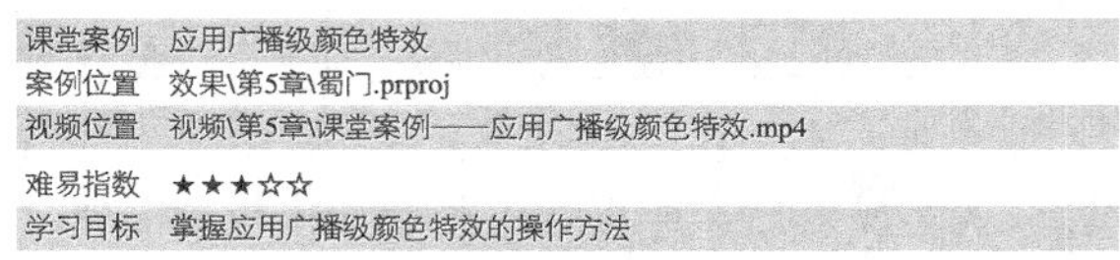

课堂案例	应用广播级颜色特效
案例位置	效果\第5章\蜀门.prproj
视频位置	视频\第5章\课堂案例——应用广播级颜色特效.mp4
难易指数	★★★☆☆
学习目标	掌握应用广播级颜色特效的操作方法

本实例最终效果如图5-54所示。

图5-54

01 按Ctrl＋O组合键，打开一个项目文件，如图5-55所示。

图5-55

02 在“效果”面板中，选择“广播级颜色”选项，如图5-56所示。

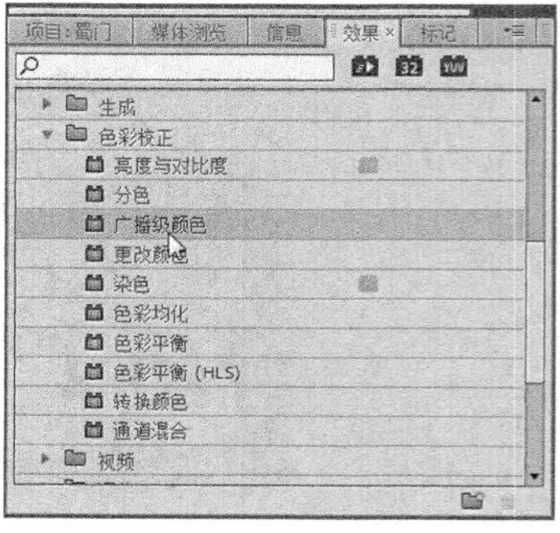

图5-56

03 为“视频1”轨道添加选择的特效，展开“广播级色彩”选项，设置“最大信号波幅”为90，如图5-57所示。

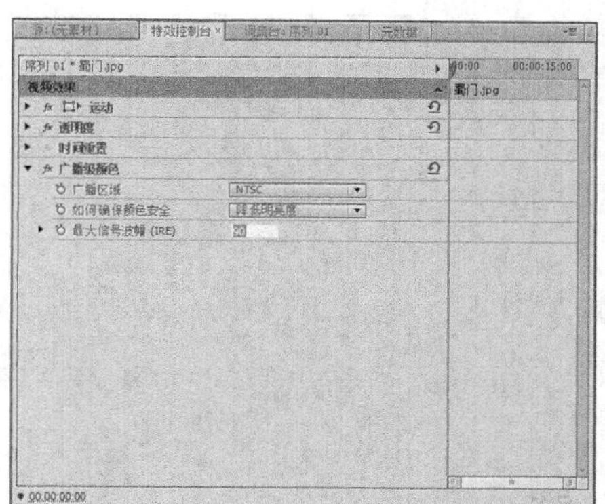

图5-57

04 执行操作后，即可运用广播级色彩校正图像，单击“播放-停止切换”按钮，预览图像效果。

5.2.14 应用通道混合器特效

“通道混合器”特效是利用当前颜色通道的混合值修改一个颜色通道，通过为每一个通道设置不同的颜色偏移来校正素材的颜色。

课堂案例	应用通道混合器特效
案例位置	效果\第5章\自由.prproj
视频位置	视频\第5章\课堂案例——应用通道混合器特效.mp4
难易指数	★★★☆☆
学习目标	掌握应用通道混合器特效的操作方法

本实例最终效果如图5-58所示。

图5-58

01 按Ctrl＋O组合键，打开一个项目文件，如图5-59所示。

图5-59

02 在“效果”面板中，选择“通道混合”选项，如图5-60所示。

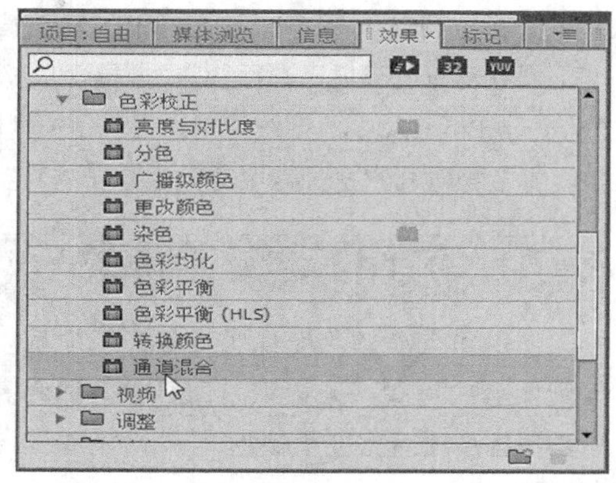

图5-60

03 为“视频1”轨道添加选择的特效，在“特效控制台”面板中，设置“红色-蓝色”为100，如图5-61所示。

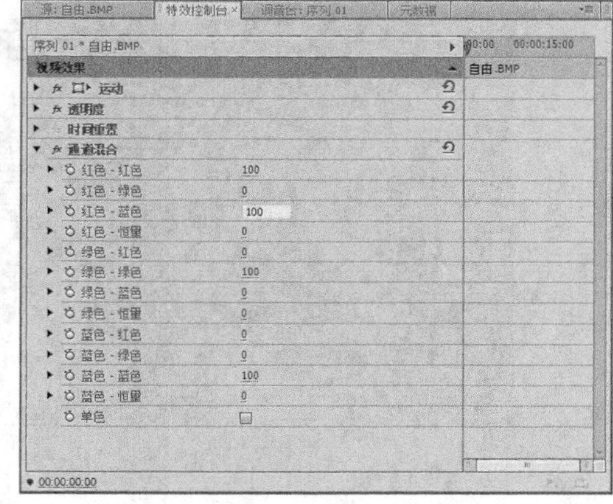

图5-61

04 执行操作后，即可运用“通道混合器”校正图像，单击“播放-停止切换”按钮，预览图像效果。

技巧与提示

在“特效控制台”面板中调整各通道参数，可以改变通道的色彩信息，将一个颜色通道输出到目标颜色的通道中。其数值越大输出颜色的强度越高；当数值为负值时，其输出到目标通道的颜色将被翻转。

面板中“通道混合”特效的“单色”选项可以对所有输出通道应用相同的数值，产生包含灰阶的彩色图像。因此，当用户在“特效控制台”面板中选中“单色”复选框后，素材的色彩将被转换为灰度色彩。

5.3 调整色彩及色调的技巧

色彩的调整主要是针对素材中的对比度、亮度、颜色及通道等项目进行特殊的调整和处理。在Premiere Pro CS6中，系统为用户提供了9种特殊效果，本节将对其中几种常用特效进行介绍。

5.3.1 应用自动颜色特效

使用“自动颜色”视频特效，用户可以通过搜索图像的方式，来标识暗调、中间调和高光，以调整图像的对比度和颜色。

课堂案例	应用自动颜色特效
案例位置	效果\第5章\菊花.prproj
视频位置	视频\第5章\课堂案例——应用自动颜色特效.mp4
难易指数	★★★☆☆
学习目标	掌握应用自动颜色特效的操作方法

本实例最终效果如图5-62所示。

图5-62

01 按Ctrl＋O组合键，打开一个项目文件，如图5-63所示。

图5-63

02 接下来在“效果”面板中，选择“调整”列表框的“自动颜色”选项，如图5-64所示。

03 添加选择的特效，在“特效控制台”面板中，设置“减少黑色像素”和“减少白色像素”均为10，如图5-65所示。

图5-64

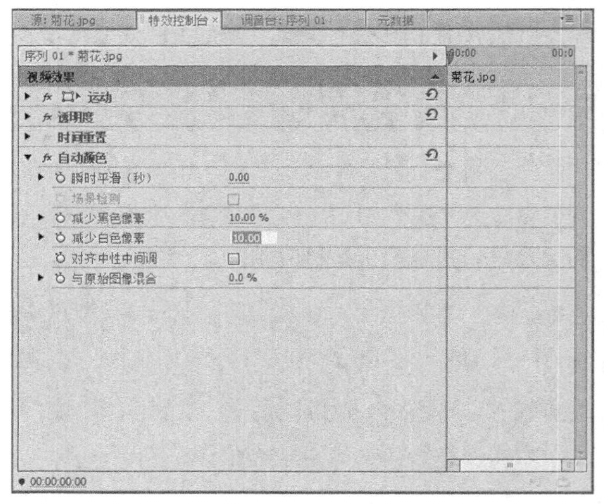

图5-65

04 执行操作后，即可调整图像的自动颜色，单击“播放-停止切换”按钮，即可预览图像效果。

5.3.2 应用自动色阶特效

使用“自动色阶”特效可以自动调整素材画面的高光、阴影，并可以调整每一个位置的颜色。

课堂案例	应用自动色阶特效
案例位置	效果\第5章\冰咖啡.prproj
视频位置	视频\第5章\课堂案例——应用自动色阶特效.mp4
难易指数	★★★☆☆
学习目标	掌握应用自动色阶特效的操作方法

本实例最终效果如图5-66所示。

01 按Ctrl＋O组合键，打开一个项目文件，如图5-67所示。

图5-66

图5-67

02 在“效果”面板中，选择“调整”列表框的“自动色阶”选项，如图5-68所示。

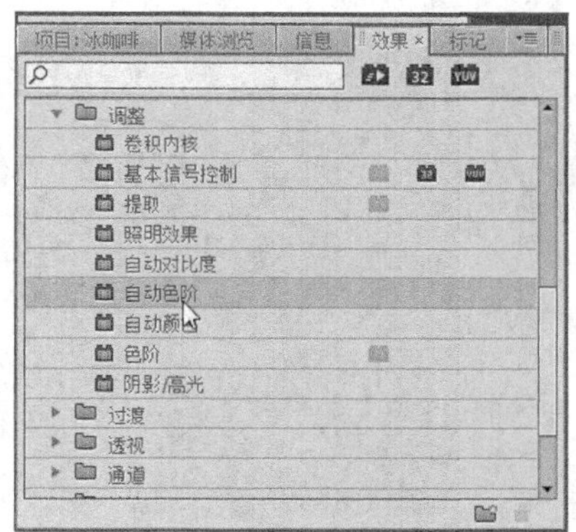

图5-68

03 为“视频1”轨道添加选择的特效，在“特效控制台”面板中，设置“减少白色像素”为10，如图5-69所示。

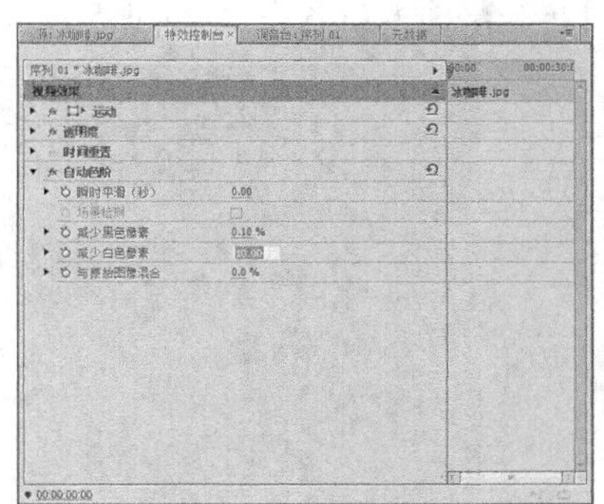

图5-69

04 执行操作后，即可调整图像的自动色阶，单击“播放-停止切换”按钮，预览图像效果。

5.3.3 应用卷积内核特效

“卷积内核”特效可以根据数学卷积分的运算来改变素材中的每一个像素。

课堂案例	应用卷积内核特效
案例位置	效果\第5章\祈祷.prproj
视频位置	视频\第5章\课堂案例——应用卷积内核特效.mp4
难易指数	★★★☆☆
学习目标	掌握应用卷积内核特效的操作方法

本实例最终效果如图5-70所示。

图5-70

01 按Ctrl＋O组合键，打开一个项目文件，如图5-71所示。

图5-71

02 在“效果”面板中，选择“卷积内核”选项，如图5-72所示。

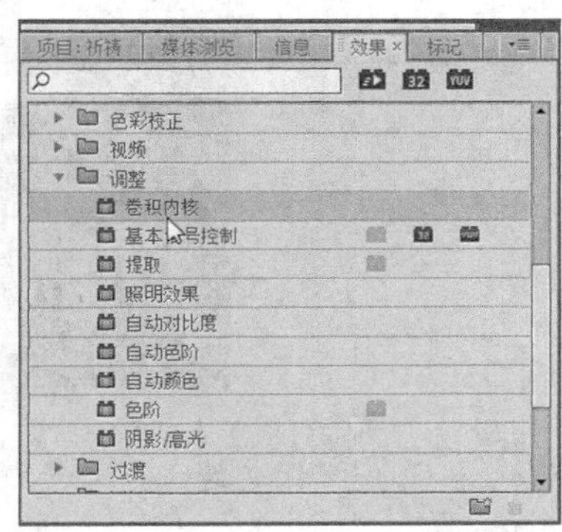

图5-72

03 为“视频1”轨道添加选择的特效，在“特效控制台”面板中展开“卷积内核”选项，设置M11为3，如图5-73所示。

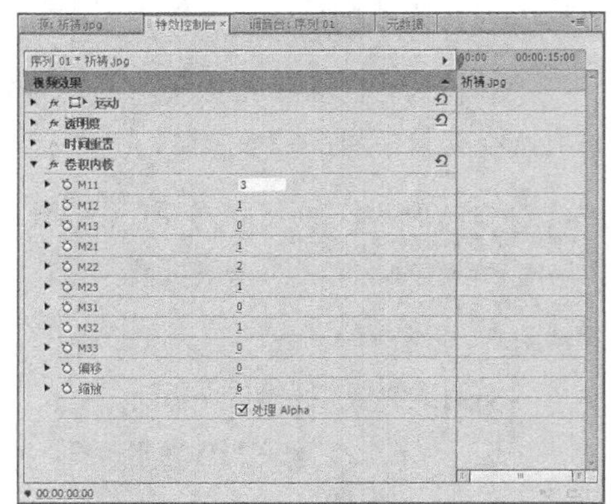

图5-73

04 执行操作后，即可调整图像的卷积内核，单击“播放-停止切换”按钮，即可预览图像效果。

技巧与提示

在Premiere Pro CS6中，“卷积内核”视频特效主要用于以某种预先指定的数字计算方法来改变图像中像素的亮度值，从而得到丰富的视频效果。在“效果控件”面板的“卷积内核”选项下，单击各选项前的三角形按钮，在其下方可以通过拖动滑块来调整数值。

5.3.4 应用照明效果特效

使用“照明效果”视频特效，可以在图像中制作并应用多种照明效果。

课堂案例	应用照明效果特效
案例位置	效果\第5章\刀客.prproj
视频位置	视频\第5章\课堂案例——应用照明效果特效.mp4
难易指数	★★★☆☆
学习目标	掌握应用照明效果特效的操作方法

本实例最终效果如图5-74所示。

图5-74

01 按Ctrl＋O组合键，打开一个项目文件，如图5-75所示。

图5-75

技巧与提示

在Premiere Pro CS5中，对剪辑应用“照明效果”时，最多可采用5个光照来产生有创意的光照。“照明效果”可用于控制光照属性，如光照类型、方向、强度、颜色、光照中心和光照传播，Premiere Pro CS6中还有一个“凹凸层”控件可以使用其他素材中的纹理或图案产生特殊照明效果，如类似3D表面的效果。

02 在“效果”面板中，选择“照明效果”选项，如图5-76所示。

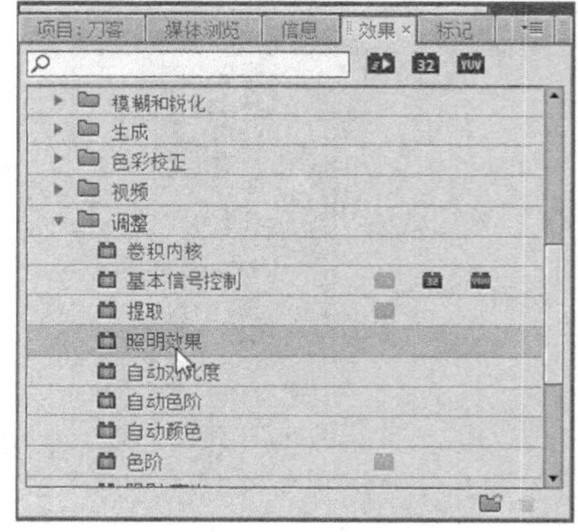

图5-76

03 然后添加选择的特效，在“特效控制台”面板中，设置“环境照明色”RGB参数值为255、126、0，并设置各参数，如图5-77所示。

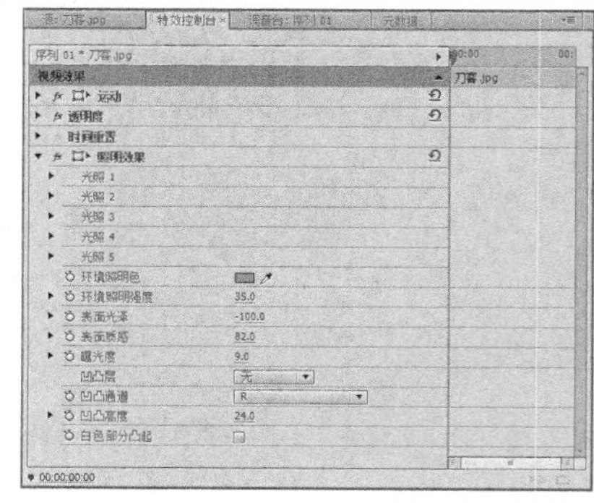

图5-77

04 执行操作后，即可调整图像的照明效果，单击“播放-停止切换”按钮，即可预览图像效果。

5.3.5 应用阴影/高光特效

“阴影/高光”可以使素材画面变亮并加强阴影。该效果会基于周围的环境像素独立地调整阴影和高光的数值。

课堂案例	应用阴影/高光特效
案例位置	效果\第5章\黄花.prproj
视频位置	视频\第5章\课堂案例——应用阴影/高光特效.mp4
难易指数	★★★☆☆
学习目标	掌握应用阴影/高光特效的操作方法

本实例最终效果如图5-78所示。

图5-78

01 按Ctrl＋O组合键，打开一个项目文件，如图5-79所示。

图5-79

02 在“效果”面板中，选择“阴影/高光”选项，如图5-80所示。

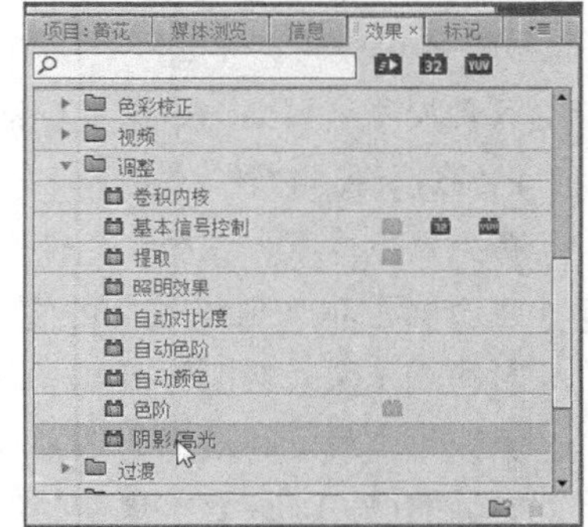

图5-80

03 添加选择的特效，在“特效控制台”面板中，选中“自动数量”复选框，如图5-81所示。

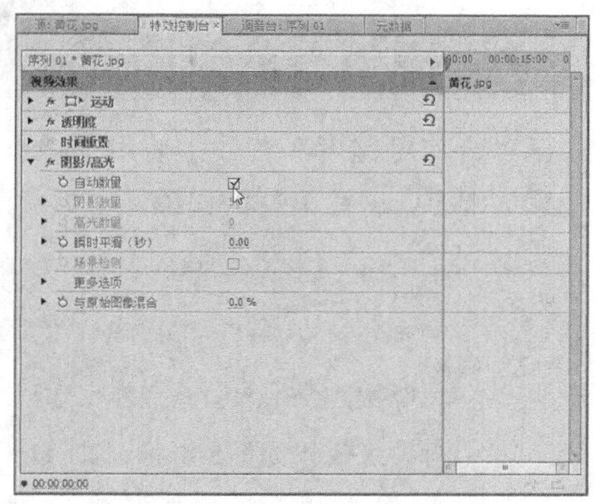

图5-81

04 执行操作后，即可调整图像的阴影和高光，单击“播放-停止切换”按钮，即可预览图像效果。

技巧与提示

在Premiere Pro CS6中，“阴影/高光”效果主要通过增亮图像中的主体来降低图像中的高光。“阴影/高光”效果不会使整个图像变暗或变亮，它基于周围的像素独立调整阴影和高光，也可以调整图像的总体对比度，默认设置用于修复有逆光问题的图像。

“阴影/高光”特效中各选项的含义如下。

- 自动数量：如果选择此选项，将忽略“阴影数量”和“高光数量”值，并使用适合变亮和恢复阴影细节的自动确定的数量。选择此选项还会激活“瞬时平滑”控件。
- 阴影数量：使图像中的阴影变亮的程度，仅当取消选中“自动数量”复选框时，此控件才处于活动状态。
- 高光数量：使图像中的高光变暗的程度，仅当取消选中“自动数量”复选框时，此控件才处于活动状态。
- 瞬时平滑：相邻帧相对于其周围帧的范围（以秒为单位），通过分析此范围可以确定每个帧所需的校正量。如果设置“瞬时平滑”选项为0，将独立分析每个帧，而不考虑周围的帧。“瞬时平滑”选项可以随时间推移而形成外观更平滑的校正。

- 场景检测：如果选中该复选框，在分析周围帧的瞬时平滑时，超出场景变化的帧将被忽略。

5.3.6 应用自动对比度特效

“自动对比度”特效主要用于调整素材整体色彩的混合，去除素材的偏色。

课堂案例	应用自动对比度特效
案例位置	效果\第5章\树枝.prproj
视频位置	视频\第5章\课堂案例——应用自动对比度特效.mp4
难易指数	★★★☆☆
学习目标	掌握应用自动对比度特效的操作方法

本实例最终效果如图5-82所示。

图5-82

01 按Ctrl＋O组合键，打开一个项目文件，如图5-83所示。

图5-83

02 在“效果”面板中，选择“自动对比度”选项，如图5-84所示。

图5-84

03 添加选择的特效，在“特效控制台”面板中，设置“减少黑色像素”为10，“减少白色像素”为3，如图5-85所示。

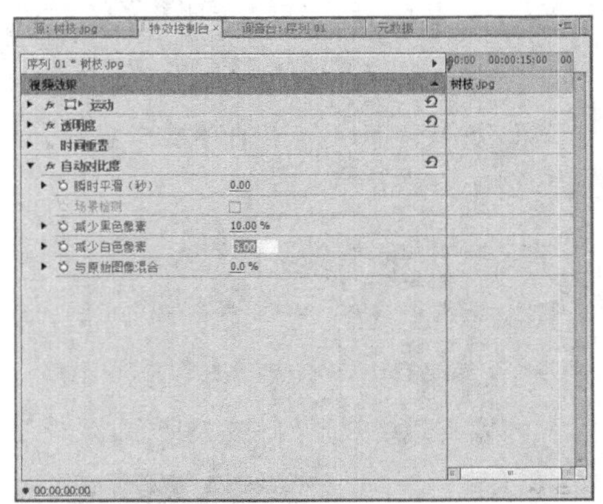

图5-85

04 执行操作后，即可调整图像的自动对比度，单击“播放-停止切换”按钮，即可预览图像效果。

技巧与提示

在Premiere Pro CS6中，使用“自动对比度”视频特效，可以让系统自动调整图像中颜色的总体对比度和混合颜色。该视频特效不是单独地调整各通道，所以不会引入或消除色偏，它是将图像中的最亮的和最暗的素材像素映射为白色和黑色，使高光显得更亮，而暗调显得更暗。

“自动对比度”特效中各选项的含义如下。

- 瞬时平滑：用于调整相邻帧相对于其周围帧的范围（以秒为单位），通过分析此范围可以确定每个帧所需的校正量。如果“瞬时平滑”为0，将独立分析每个帧，而不考虑周围的帧。“瞬时平滑”选项可以随时间推移而形成外观更平滑的校正。
- 场景检测：如果选中该复选框，可以对场景中的帧进行检测操作。
- 减少黑色像素、减少白色像素：设置该参数时建议设置为0%到1%之间的值。默认情况下，阴影和高光像素将被剪切0.1%，也就是说，当发现图像中最暗和最亮的像素时，将会忽略任一极端的前0.1%，这些像素随后映射到输出黑色和输出白色。此剪切可确保输入黑色和输入白色值基于代表像素值而不是极端像素值。

技巧与提示

在Premiere Pro CS6中，“自动对比度”特效与“自动色阶”特效都可以用来调整对比度与颜色。其中，“自动对比度”特效在无需增加或消除色偏的情况下调整总体对比度和颜色混合；“自动色阶”特效会自动校正高光和阴影。另外，由于“自动色阶”特效单独调整每个颜色通道，因此可能会消除或增加色偏。

5.3.7 应用基本信号控制特效

“基本信号控制”可以分别调整影片的亮度、对比度、色相及饱和度。

课堂案例	应用基本信号控制特效
案例位置	效果\第5章\圆圈.prproj
视频位置	视频\第5章\课堂案例——应用基本信号控制特效.mp4
难易指数	★★★☆☆
学习目标	掌握应用基本信号控制特效的操作方法

本实例最终效果如图5-86所示。

图5-86

01 按Ctrl＋O组合键，打开一个项目文件，如图5-87所示。

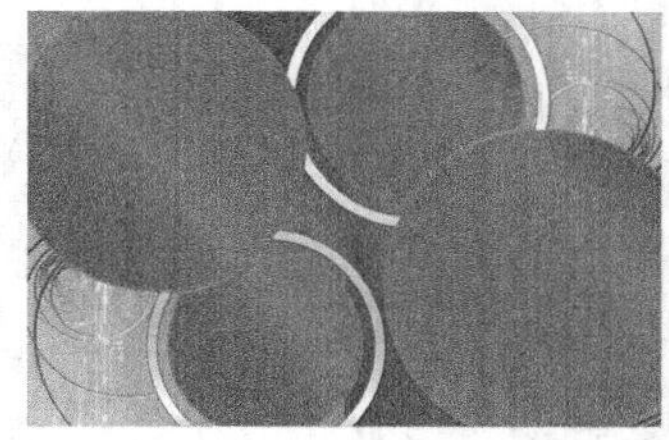

图5-87

02 在“效果”面板中，选择“基本信号控制”选项，如图5-88所示。

03 为“视频1”轨道添加选择的特效，在“特效控制台”面板中，设置“色相”为50，如图5-89所示。

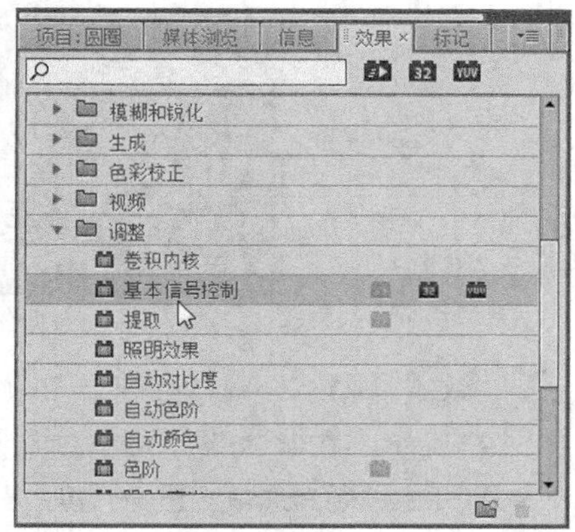

图5-88

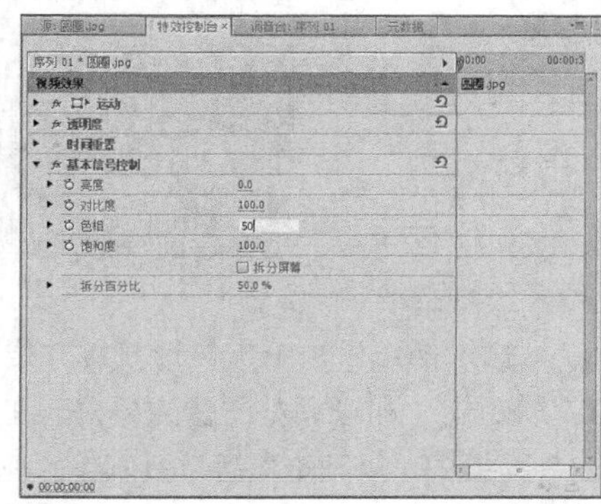

图5-89

技巧与提示

在Premiere Pro CS6中，运用基本信号控制调整图像不仅可以对图像的亮度、对比度及饱和度等进行设置，还可以切分屏幕。

04 执行操作后，即可调整图像的基本信号控制，单击“播放-停止切换”按钮，即可预览图像效果。

5.3.8 应用黑白特效

“黑白”特效主要是用于将素材画面转换为灰度图像，下面将介绍调整图像的黑白效果的操作方法。

课堂案例	应用黑白特效
案例位置	效果\第5章\落叶.prproj
视频位置	视频\第5章\课堂案例——应用黑白特效.mp4
难易指数	★★☆☆☆
学习目标	掌握应用黑白特效的操作方法

本实例最终效果如图5-90所示。

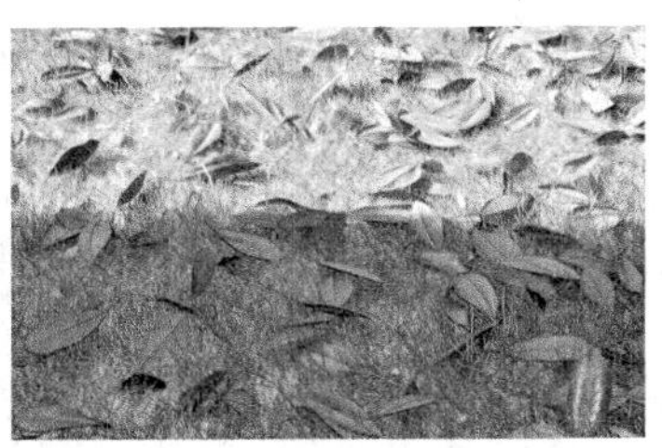

图5-90

01 按Ctrl＋O组合键，打开一个项目文件，如图5-91所示，在“效果”面板中展开“视频特效”|“图像控制”选项，选择“黑白”选项。

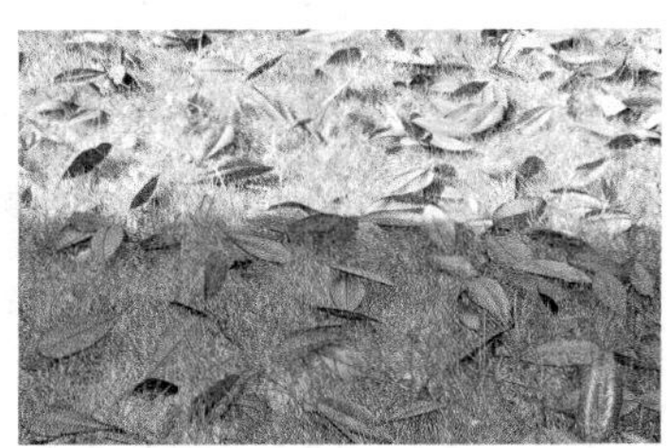

图5-91

02 执行操作后，单击鼠标左键并拖曳至“视频1”轨道上，即可调整图像的黑白，在“节目监视器”面板中可以预览运用黑白制作的视频特效。

技巧与提示

注意在Premiere Pro CS6中，对影片素材运用“黑白”特效，将素材转换为黑白效果后，不能对素材进行还原。

5.3.9 应用色彩传递特效

“色彩传递”特效主要用于将图像中某一指定单一颜色外的其他部分转换为灰度图像。

课堂案例	应用色彩传递特效
案例位置	效果\第5章\海豚.prproj
视频位置	视频\第5章\课堂案例——应用色彩传递特效.mp4
难易指数	★★★☆☆
学习目标	掌握应用色彩传递特效的操作方法

本实例最终效果如图5-92所示。

图5-92

01 按Ctrl＋O组合键，打开一个项目文件，如图5-93所示。

图5-93

02 在“效果”面板中，选择“色彩传递”选项，如图5-94所示。

图5-94

03 为“视频1”轨道添加选择的特效，单击“颜色”右侧的吸管，吸取蓝色，设置“相似性”为20，如图5-95所示。

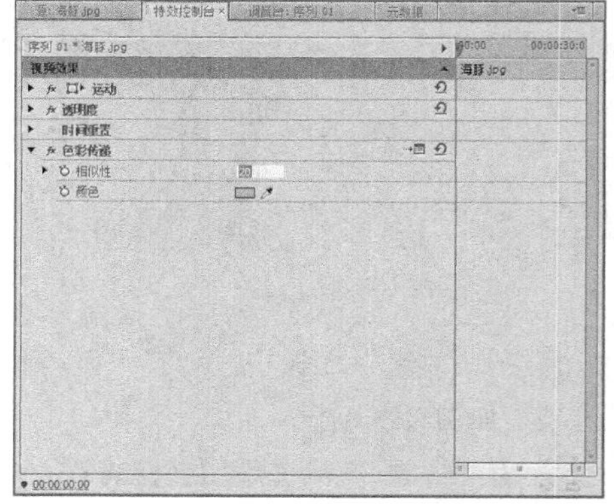

图5-95

04 执行操作后，即可调整图像的色彩传递，单击“播放-停止切换”按钮，即可预览图像效果。

5.3.10 应用颜色替换特效

“颜色替换”特效主要是用于将案例中的某个目标颜色改变为用户指定的颜色，下面将介绍“颜色替换”特效的操作方法。

课堂案例	应用颜色替换特效
案例位置	效果\第5章\笑容.prproj
视频位置	视频\第5章\课堂案例——应用颜色替换特效.mp4
难易指数	★★★☆☆
学习目标	掌握应用颜色替换特效的操作方法

本实例最终效果如图5-96所示。

图5-96

01 按Ctrl＋O组合键，打开一个项目文件，如图5-97所示。

图5-97

02 在“效果”面板中，选择“颜色替换”选项，如图5-98所示。

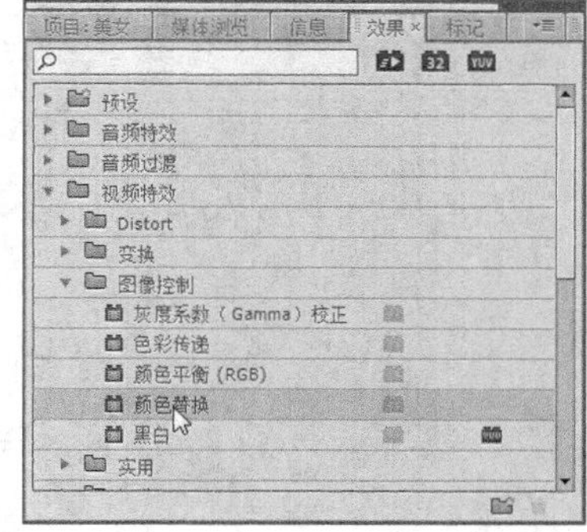

图5-98

03 然后添加选择的特效，在“特效控制台”面板中，单击“目标颜色”右侧的吸管，吸取背景颜色，并设置各参数，如图5-99所示。

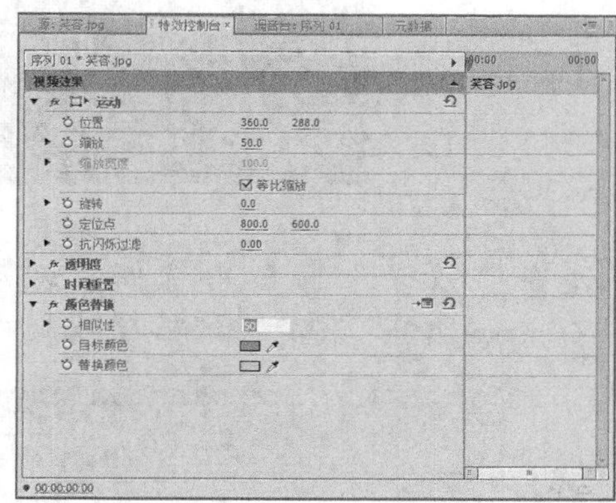

图5-99

04 执行操作后，即可完成图像的颜色替换，单击“播放-停止切换”按钮，即可预览图像效果。

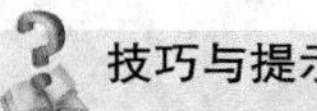

技巧与提示

在Premiere Pro CS6中，“颜色替换”视频特效主要用于将图像中某一指定的目标颜色替换成别的颜色。

5.3.11 应用灰度系数特效

“灰度系数（Gamma）校正”特效主要是用于修正图像的中间色调以调整Gamma值。

课堂案例	应用灰度系数特效
案例位置	效果\第5章\5.3.11\美女.prproj
视频位置	视频\第5章\课堂案例——应用灰度系数特效.mp4
难易指数	★★★☆☆
学习目标	掌握应用灰度系数特效的操作方法

本实例最终效果如图5-100所示。

图5-100

01 按Ctrl＋O组合键，打开一个项目文件，如图5-101所示。

图5-101

02 在“效果”面板中选择“灰度系数（Gamma）校正”选项，如图5-102所示。

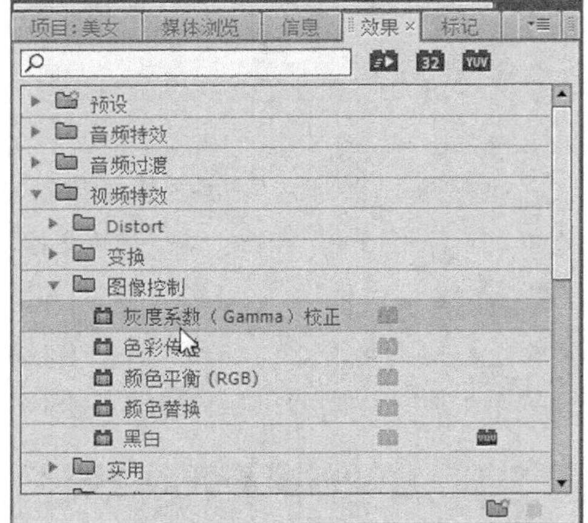

图5-102

03 为“视频1”轨道添加选择的特效，在“特效控制台”面板中，设置“灰度系数”为5，如图5-103所示。

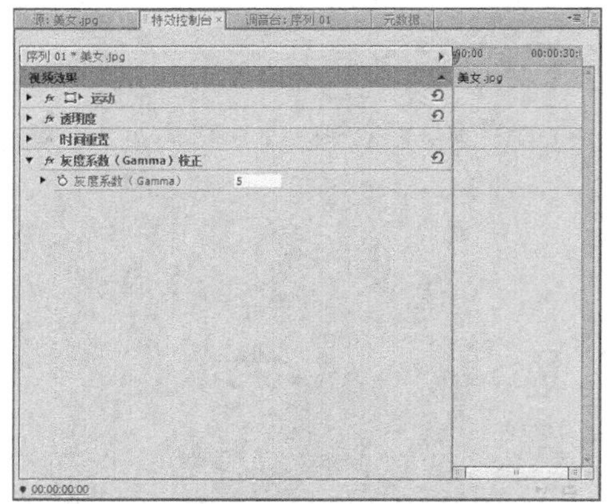

图5-103

04 执行操作后，即可调整图像的灰度系数校正，单击“播放-停止切换”按钮，即可预览图像效果。

5.3.12 应用颜色平衡RGB特效

“颜色平衡RGB”特效用于调整素材画面色彩的R、G、B参数，以校正图像的色彩。

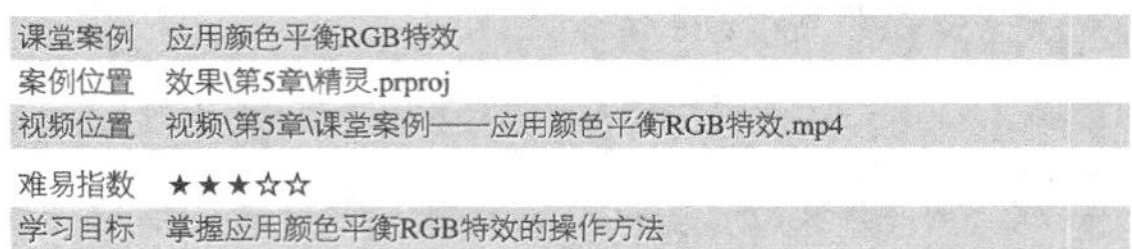

课堂案例	应用颜色平衡RGB特效
案例位置	效果\第5章\精灵.prproj
视频位置	视频\第5章\课堂案例——应用颜色平衡RGB特效.mp4
难易指数	★★★☆☆
学习目标	掌握应用颜色平衡RGB特效的操作方法

本实例最终效果如图5-104所示。

图5-104

01 按Ctrl＋O组合键，打开一个项目文件，如图5-105所示。

图5-105

02 在“效果”面板中，选择“颜色平衡（RGB）”选项，如图5-106所示。

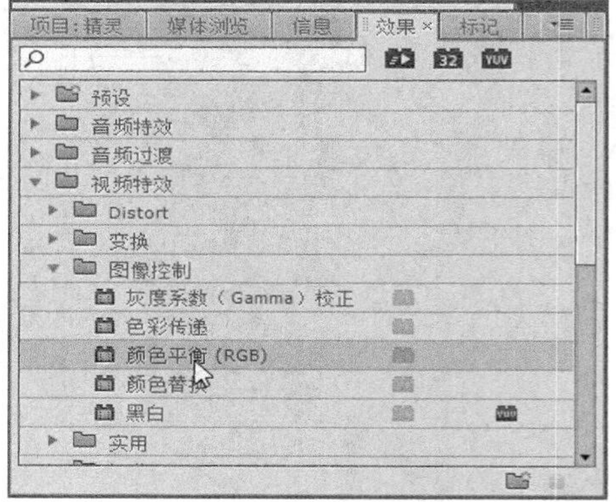

图5-106

03 添加选择的特效，在“特效控制台”面板中，设置“红色”为100，“绿色”为130，“蓝色”为120，如图5-107所示。

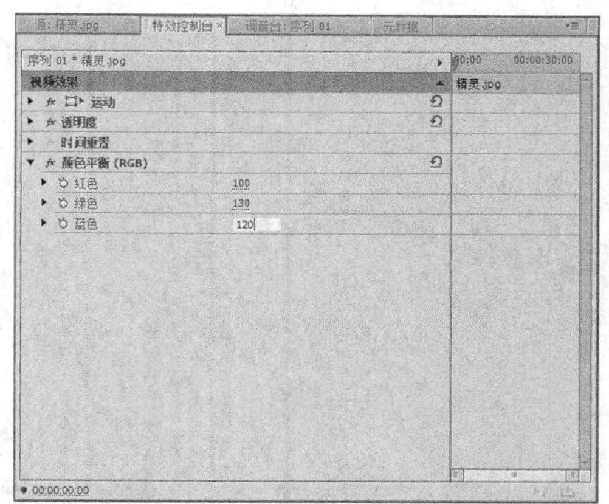

图5-107

04 执行操作后，即可调整图像的颜色平衡RGB，单击“播放-停止切换”按钮，即可预览图像效果。

技巧与提示

在Premiere Pro CS6中，“图像控制”视频特效组可以用来调整图像色调的效果，以弥补素材在前期采集时存在的缺陷，该视频特效组提供了5种视频特效效果，通过使用这些视频特效，可以调整出不同的色彩。

5.4 本章小结

本章全面介绍了如何校正与调整影视画面色彩，包括色彩的基础知识、色彩校正的各种技巧，以及如何调整色彩及色调等内容。通过本章的学习，读者应可以熟练掌握运用Premiere Pro CS6校正与调整影视画面色彩的方法和技巧。

5.5 习题测试——运用色彩校正特效

案例位置	效果\第5章\习题测试\星光.prproj
难易指数	★★★☆☆
学习目标	掌握运用色彩校正特效的操作方法

本习题目的是让读者掌握运用色彩校正特效的操作方法，素材如图5-108所示，最终效果如图5-109所示。

图5-108

图5-109

第6章

视频特效的添加与制作

内容摘要

随着数字时代的到来，添加影视特效这一原先复杂的工作已经得到了简化。Premiere Pro CS6提供了大量的视频特效以增强影片的效果。通过制作视频特效，可以产生很多奇特的艺术效果。本章主要介绍制作精彩视频效果的方法和技巧。

课堂学习目标

- 熟悉管理视频特效的方法
- 掌握视频特效参数的设置方法
- 学会本章的视频特效案例实战

6.1 管理视频特效

Premiere Pro CS6为用户提供了100多种视频特效，并分为18个文件夹分别放置在“效果”面板中的“视频特效”文件夹中。本节将向大家介绍视频特效的基本操作方法。

6.1.1 单个视频特效的添加

在Premiere Pro CS6的“效果”面板中，展开“视频特效”选项，在其中提供了所有的视频特效，如图6-1所示，用户可以直接将需要的视频特效拖曳至视频轨道中的素材上。

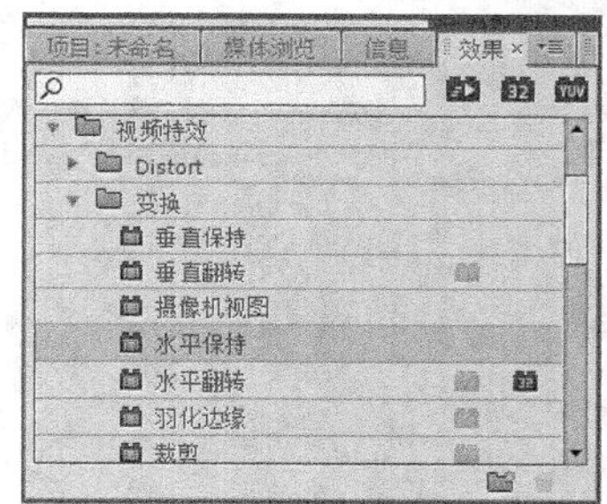

图6-1

执行上述操作后，在“时间线”面板中单击素材右侧的下三角按钮，在弹出的列表框中可查看添加的视频特效，如图6-2所示。

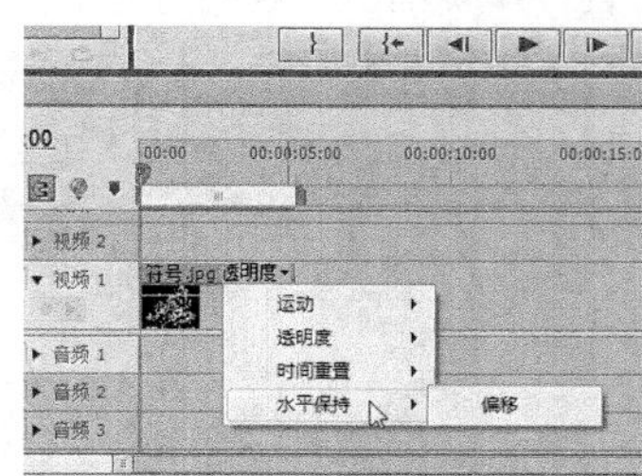

图6-2

技巧与提示

在Premiere Pro CS6中，所有已添加视频特效的素材上都会出现一条紫色线条，以便于用户区分素材是否添加了视频特效。

6.1.2 多个视频特效的添加

在Premiere Pro CS6中，将素材拖入“时间线”面板后，用户可以将“效果”面板中的视频特效依次拖曳至“时间线”面板的素材中，实现多个视频特效的添加。下面介绍添加多个视频特效的方法。

单击“窗口”|“效果”命令，展开“效果”面板，如图6-3所示，并展开“视频特效”文件夹，为素材添加“扭曲”子文件夹中的“放大”视频特效，如图6-4所示。

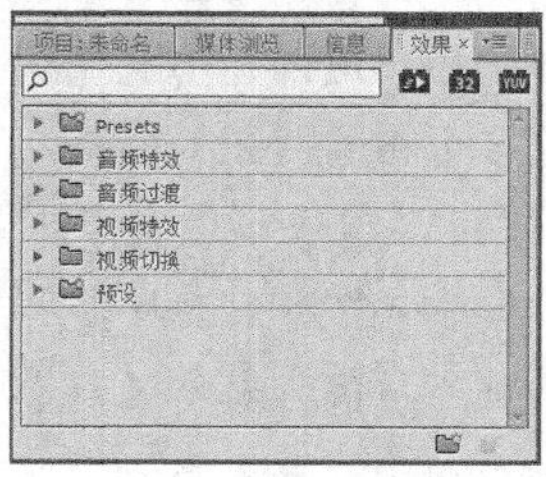

图6-3

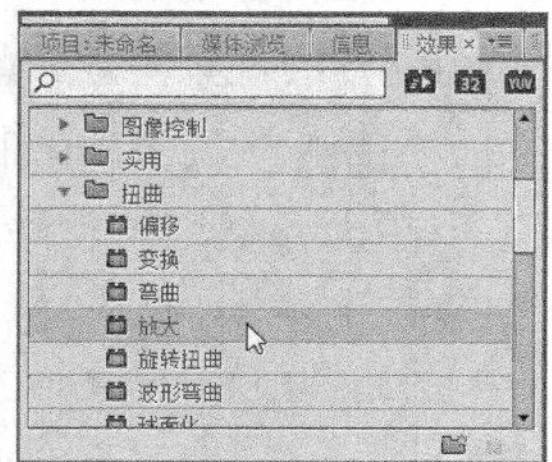

图6-4

当用户完成单个视频特效的添加后，可以在“特效控制台”面板中查看到已添加的视频特效，如图6-5所示。接下来，用户可以继续拖曳其他视频特效来完成多视频特效的添加。执行操作后，“特效控制台”面板中即可显示添加的其他视频特效，如图6-6所示。

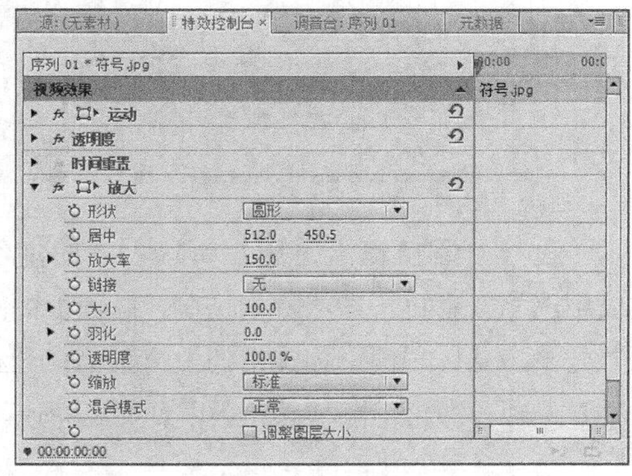

图6-5

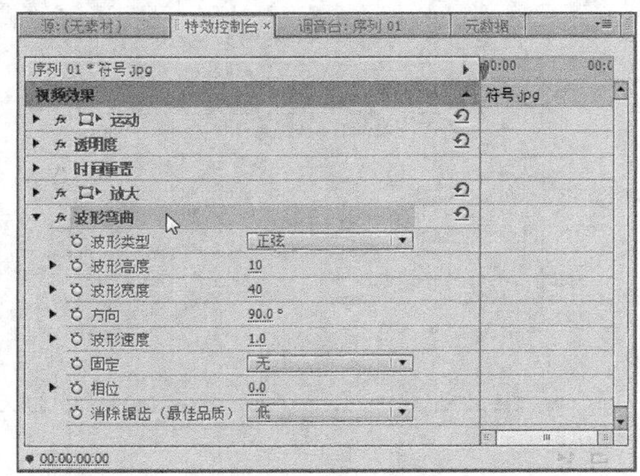

图6-6

技巧与提示

在“特效控制台”面板中，用户可以随意拖曳各个视频特效，调整视频特效的排列顺序，这些操作可能会影响到视频特效的最终效果。

6.1.3 复制与粘贴视频特效

在编辑视频的过程中，往往会需要对多个素材使用同样的视频特效。此时，用户可以使用复制和粘贴视频特效的方法来制作多个相同的视频特效。

在执行复制与粘贴操作时，用户可以在“时间线”面板中选择已添加视频特效的源素材，并在“特效控制台”面板中选择添加的视频特效，单击鼠标右键，在弹出的快捷菜单中选择“复制”选项，如图6-7所示。

特效控制台
序列 01 * 彩虹.jpg
视频效果
运动
透明度
时间重置
快速模糊
保存预设...
还原
剪切
复制
粘贴
清除
全选

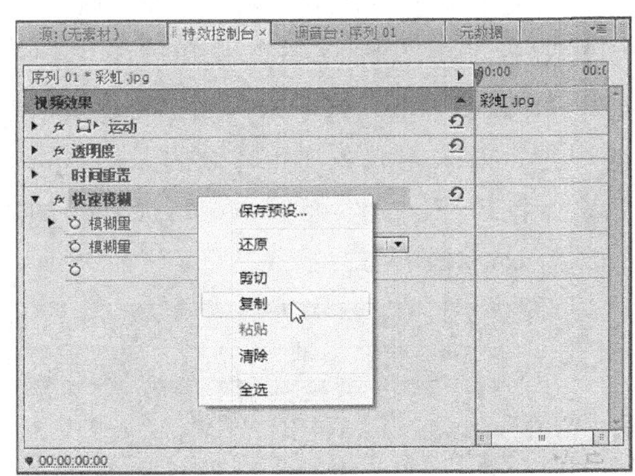

图6-7

执行复制操作后，用户可以在“时间线”面板中选择新素材，在“特效控制台”面板的空白位置处单击鼠标右键，在弹出的快捷菜单中选择“粘贴”选项，即可粘贴视频特效，如图6-8所示。

特效控制台
序列 01 * 挂表.jpg
视频效果
运动
透明度
时间重置
保存预设...
还原
剪切
复制
粘贴
清除
全选

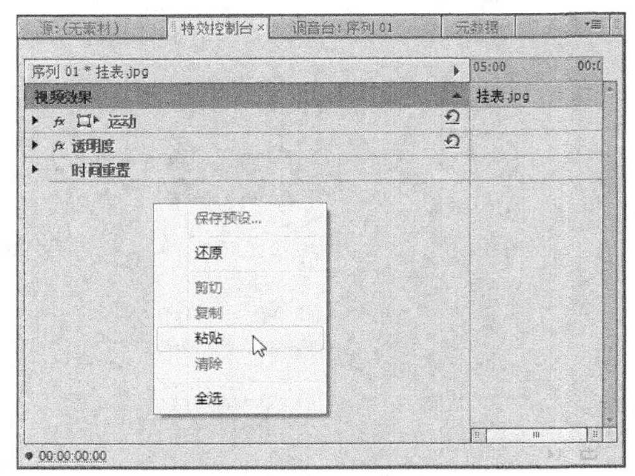

图6-8

技巧与提示

在Premiere Pro CS6中，为素材应用视频特效后，可以将该特效效果及具体的参数设置复制到另一个素材中，从而提高视频的编辑效率。

6.1.4 删除不需要的视频特效

在进行视频特效添加的过程中，如果用户对添加的视频特效不满意，可以通过“清除”命令将其删除。删除视频特效的操作很简单，只需要在“特效控制台”面板中，选择需要删除的视频特效，单击鼠标右键，在弹出的快捷菜单中选择“清除”选项，如图6-9所示，即可删除视频特效。

特效控制台
序列 01 * 天堂.jpg
视频效果
运动
透明度
时间重置
高斯模糊
保存预设...
还原
剪切
复制
粘贴
清除
全选

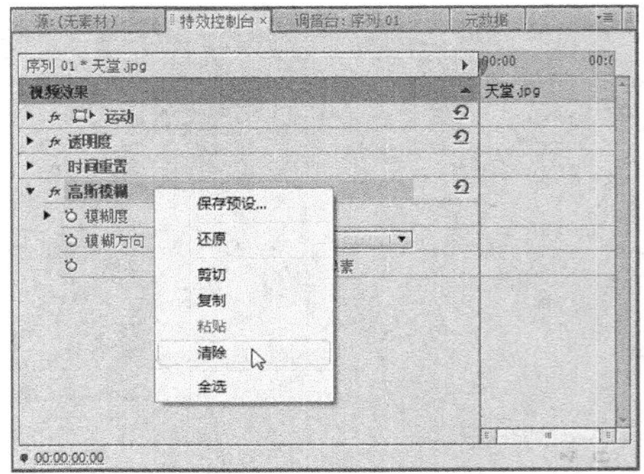

图6-9

另外，还可以在“特效控制台”面板中，选择需要删除的视频特效，单击“编辑”|“清除”命令，如图6-10所示，也可删除视频特效。

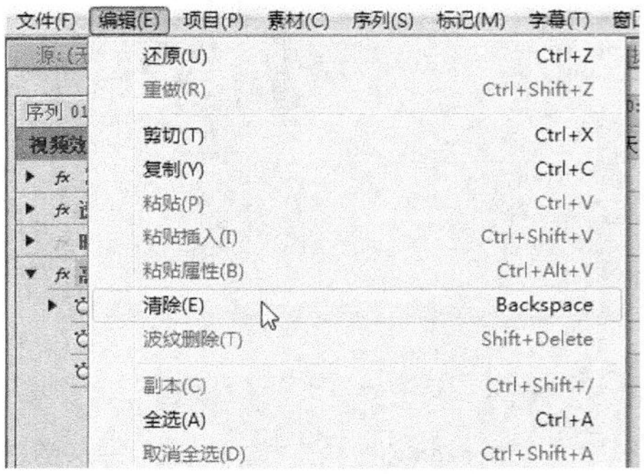

文件(F)
编辑(E)
项目(P)
素材(C)
序列(S)
标记(M)
字幕(T)
还原(U) Ctrl+Z
重做(R) Ctrl+Shift+Z
剪切(T) Ctrl+X
复制(Y) Ctrl+C
粘贴(P) Ctrl+V
粘贴插入(I) Ctrl+Shift+V
粘贴属性(B) Ctrl+Alt+V
清除(E) Backspace
波纹删除(T) Shift+Delete
副本(C) Ctrl+Shift+/
全选(A) Ctrl+A
取消全选(D) Ctrl+Shift+A

图6-10

技巧与提示

除了使用上述方法删除视频特效外，还可以在“特效控制台”面板中选择视频特效后，按Delete键或者按Backspace键，将选择的视频特效删除。

6.1.5 关闭与显示视频特效

关闭视频特效是指将已添加的视频特效暂时隐藏，如果需要再次显示该特效，用户可以重新启用，而无需再次添加。

在Premiere Pro CS6中，用户可以单击“特效控制台”面板中的“切换效果开关”按钮，如图6-11所示，即可隐藏该素材的视频特效效果。

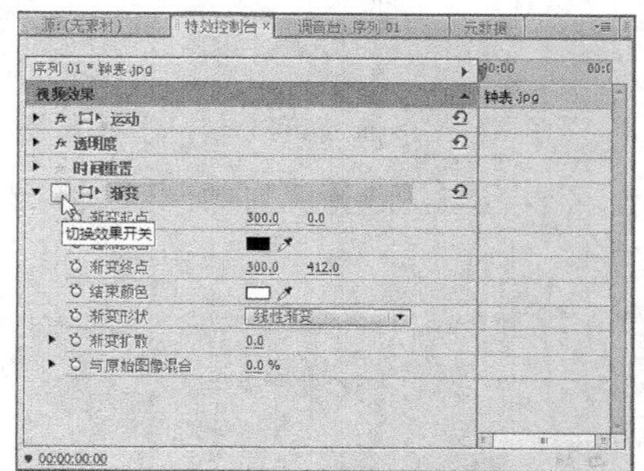

图6-11

当用户再次单击“切换效果开关”按钮，即可重新显示视频特效，如图6-12所示。

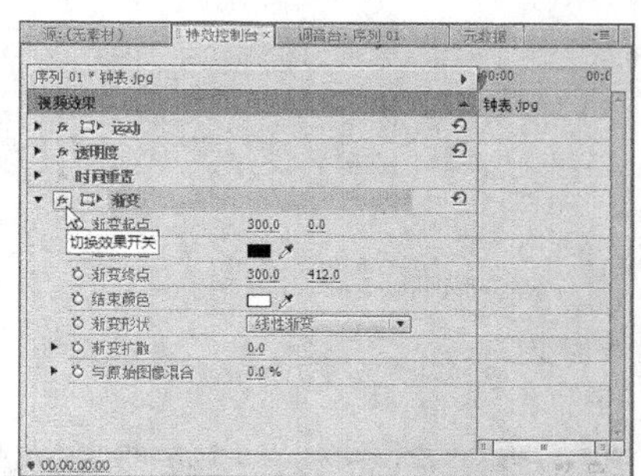

图6-12

6.2 视频特效参数的设置方法

在Premiere Pro CS6中，每一个独特的特效都具有各自的参数，用户可以通过合理设置这些参数，让这些特效达到最佳效果。本节主要介绍视频特效参数的设置方法。

6.2.1 通过对话框设置参数

在Premiere Pro CS6中，用户可以根据需要运用对话框设置视频特效的参数。下面介绍运用对话框设置参数的操作方法。

课堂案例	通过对话框设置参数
案例位置	效果\第6章\色彩.prproj
视频位置	视频\第6章\课堂案例——通过对话框设置参数.mp4
难易指数	★★★☆☆
学习目标	掌握通过对话框设置参数的操作方法

本实例最终效果如图6-13所示。

图6-13

01 按Ctrl＋O组合键，打开一个项目文件，如图6-14所示，在“视频1”轨道上，选择素材文件。

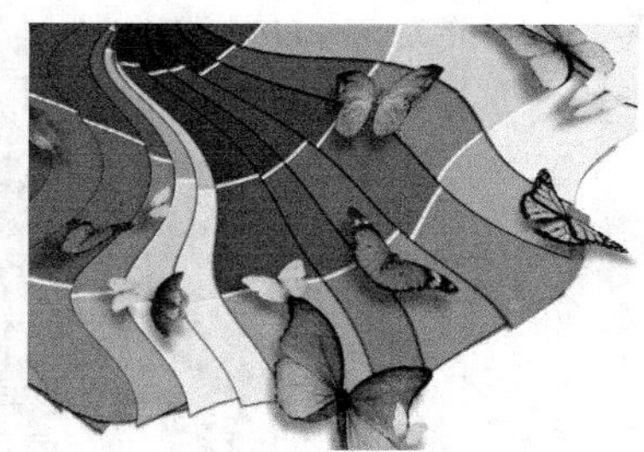

图6-14

02 展开“特效控制台”面板，单击“弯曲”特效右侧的“设置”按钮，如图6-15所示。

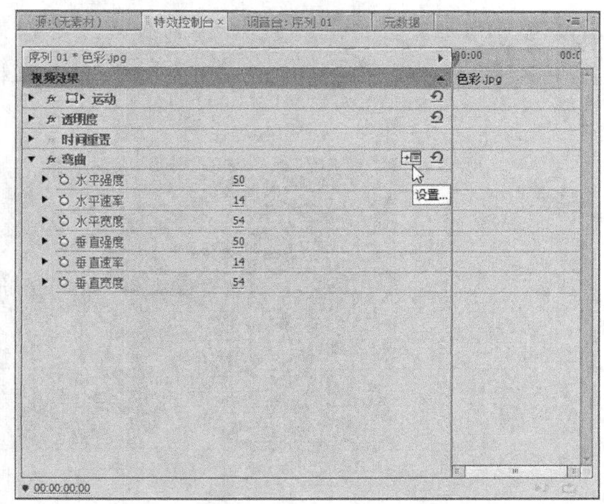

图6-15

03 弹出“弯曲设置”对话框，设置各参数，单击“确定”按钮，如图6-16所示。

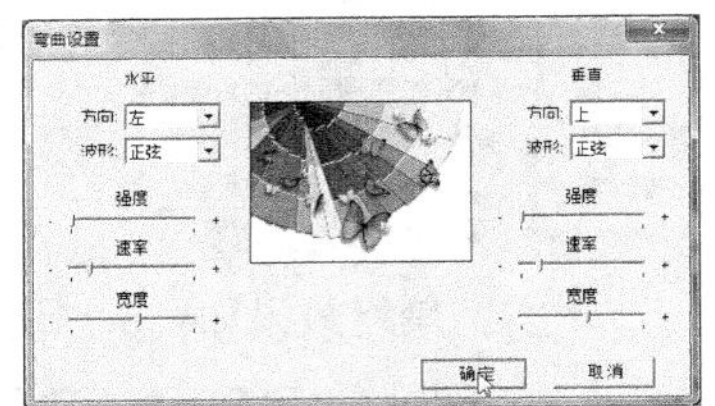

图6-16

04 执行操作后，即可通过对话框设置参数。

6.2.2 通过特效控制区设置参数

在Premiere Pro CS6中，用户除了可以使用对话框设置参数，还可以运用特效控制区设置视频特效的参数。

课堂案例	通过特效控制区设置参数
案例位置	效果\第6章\礼物.prproj
视频位置	视频\第6章\课堂案例——通过特效控制区设置参数.mp4
难易指数	★★★☆☆
学习目标	掌握通过特效控制区设置参数的操作方法

本实例最终效果如图6-17所示。

图6-17

01 按Ctrl+O组合键，打开一个项目文件，如图6-18所示，在“视频1”轨道上，选择素材文件。

图6-18

02 展开“特效控制台”面板，单击“Cineon转换”特效前的三角形按钮，展开“Cineon转换”特效，如图6-19所示。

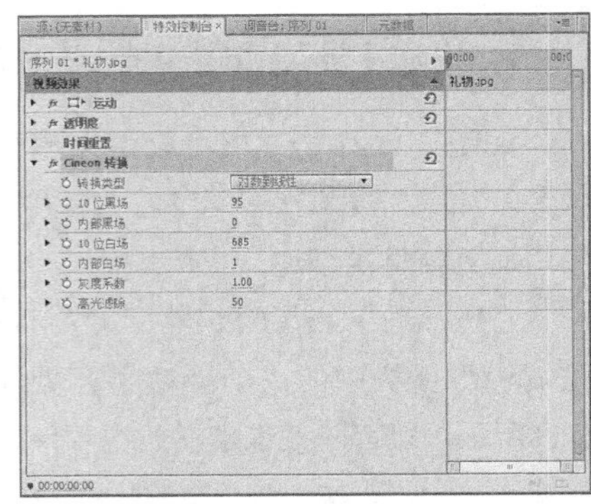

图6-19

03 单击“转换类型”右侧的下拉按钮，在弹出的列表框中，选择“对数到对数”选项，如图6-20所示。

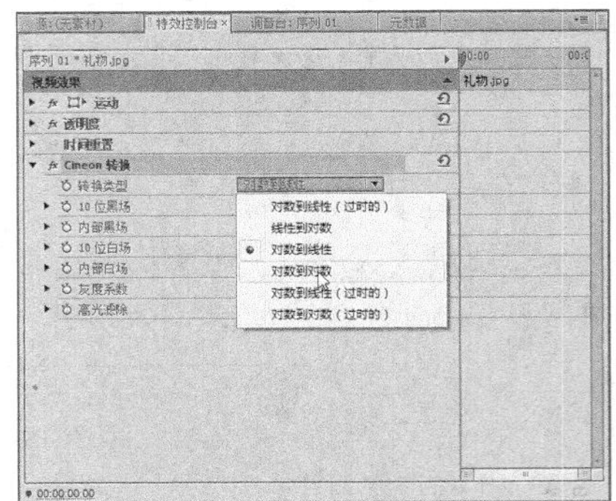

图6-20

04 执行操作后，即可运用特效控制台设置视频特效参数。

6.3 视频特效案例实战精通

Premiere Pro CS6根据视频特效的作用和效果，将视频特效分为了“变换”“图像控制”“实用”“扭曲”及“时间”等多种类别。接下来将为读者介绍几种常用的视频特效的添加方法。

6.3.1 运用色度键特效

“色度键”视频特效用于将图像上的某种颜色及其相似范围的颜色设定为透明，从而可以看见低层的图像。

课堂案例	运用色度键特效
案例位置	效果\第6章\美女.prproj
视频位置	视频\第6章\课堂案例——运用色度键特效.mp4
难易指数	★★★☆☆
学习目标	掌握运用色度键特效的操作方法

本实例最终效果如图6-21所示。

图6-21

01 按Ctrl＋O组合键，打开一个项目文件，如图6-22所示，在“效果”面板中，展开“视频特效”选项。

图6-22

02 在“键控”列表框中，选择“色度键”选项，如图6-23所示，单击鼠标左键并将其拖曳至“视频2”轨道上。

图6-23

03 选择“视频2”轨道上的素材，在“特效控制台”面板中，单击“颜色”右侧的按钮，吸取蓝色，并设置“相似性”为50，如图6-24所示。

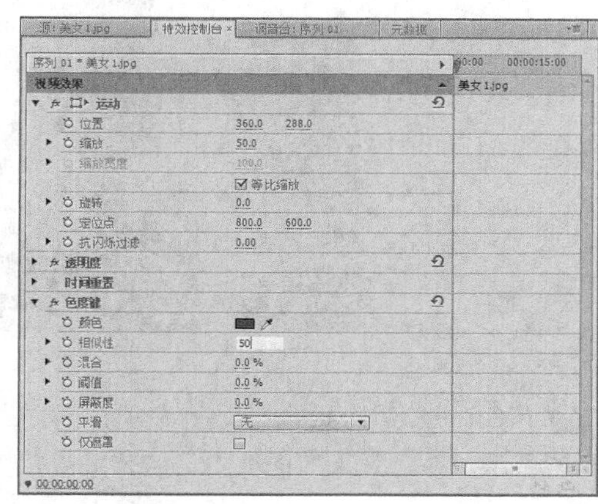

图6-24

04 执行操作后，即可添加色度键视频特效，在“节目监视器”窗口中，单击“播放-停止切换”按钮，可预览色度键视频特效效果，如图6-25所示。

图6-25

技巧与提示

在“键控”列表框中，各主要选项的含义如下。

亮度键：用于将叠加图像的灰度值设置为透明，且保持色度不变。

Alpha调整：用于对Alpha透明位置的图像做多种处理。

RGB差异键：用于将视频素材中的一种颜色差值做透明处理。

6.3.2 运用镜头光晕特效

“镜头光晕”视频特效用于修改明暗分界点的差值，以产生模糊效果。

课堂案例	运用镜头光晕特效
案例位置	效果\第6章\远望.prproj
视频位置	视频\第6章\课堂案例——运用镜头光晕特效.mp4
难易指数	★★★☆☆
学习目标	掌握运用镜头光晕特效的操作方法

本实例最终效果如图6-26所示。

图6-26

01 按Ctrl＋O组合键，打开一个项目文件，如图6-27所示，在“效果”面板中，展开“视频特效”选项。

图6-27

02 在“生成”列表框中选择“镜头光晕”选项，如图6-28所示，将其拖曳至“视频1”轨道上。

图6-28

技巧与提示

在Premiere Pro CS6中，“生成”特效可以在素材上创建具有特色的图形或渐变颜色，并可以与素材合成。它包含12种特效，“镜头光晕”特效是其中的一种。下面对部分特效进行介绍。

“书写”特效：用于在图像上产生移动点的效果。

“吸色管填充”特效：用于在影像上填充颜色，并可以设置Alpha通道及不透明参数。

“四色渐变”特效：用于模拟霓虹灯、流光溢彩等梦幻效果。

03 展开“特效控制台”面板，设置“光晕中心”为1076.6、329.6，“光晕亮度”为136，如图6-29所示。

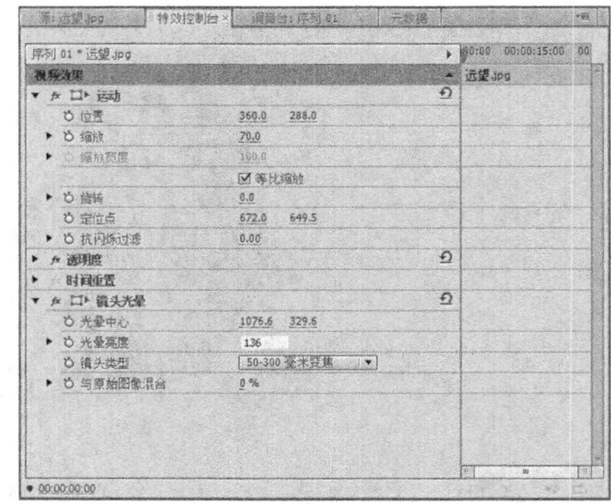

图6-29

04 执行操作后，即可添加镜头光晕视频特效，在“节目监视器”面板中可以预览镜头光晕效果，如图6-30所示。

图6-30

6.3.3 运用固态合成特效

“固态合成”视频特效用于将一种颜色与图像混合。下面将介绍添加固态合成特效的操作方法。

课堂案例	运用固态合成特效
案例位置	效果\第6章\米老鼠.prproj
视频位置	视频\第6章\课堂案例——运用固态合成特效.mp4
难易指数	★★★☆☆
学习目标	掌握运用固态合成特效的操作方法

本实例最终效果如图6-31所示。

图6-31

01 按Ctrl＋O组合键，打开一个项目文件，如图6-32所示，在“效果”面板中，展开“视频特效”选项。

图6-32

02 在“通道”列表框中选择“固态合成”选项，如图6-33所示，将其拖曳至“视频1”轨道上。

图6-33

03 展开“特效控制台”面板，单击“源透明度”和“颜色”所对应的“切换动画”按钮，如图6-34所示。

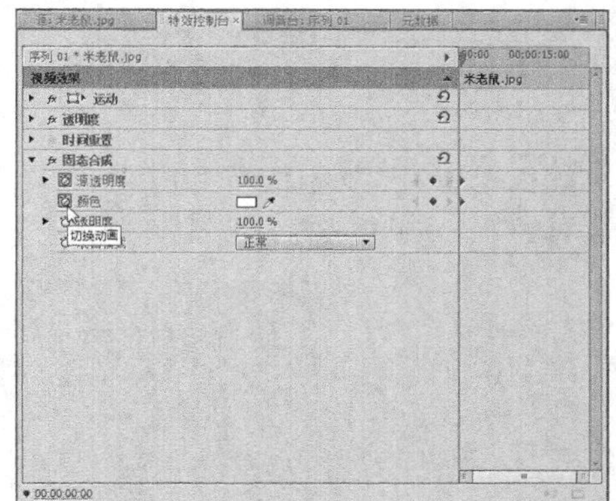

图6-34

04 设置时间为00:00:05:10，“源透明度”为50，“颜色”RGB参数为0、204、255，如图6-35所示。

05 执行操作后，即可添加固态合成特效，单击“播放-停止切换”按钮，即可查看视频特效效果，如图6-36所示。

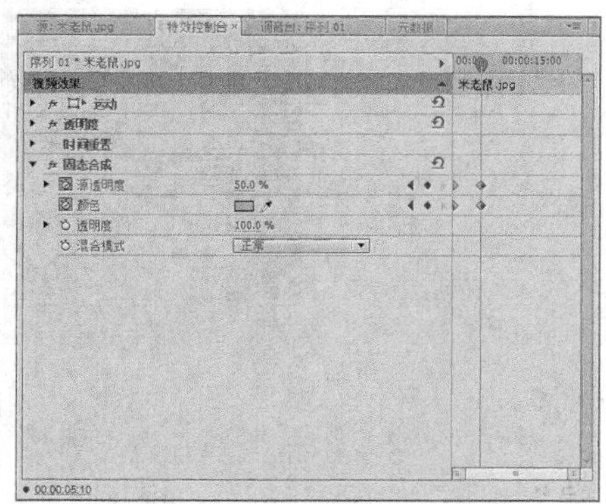

图6-35

图6-36

6.3.4 运用灰尘与划痕特效

“灰尘与划痕”特效用于产生一种朦胧的模糊效果，下面将介绍添加灰尘与划痕特效的操作方法。

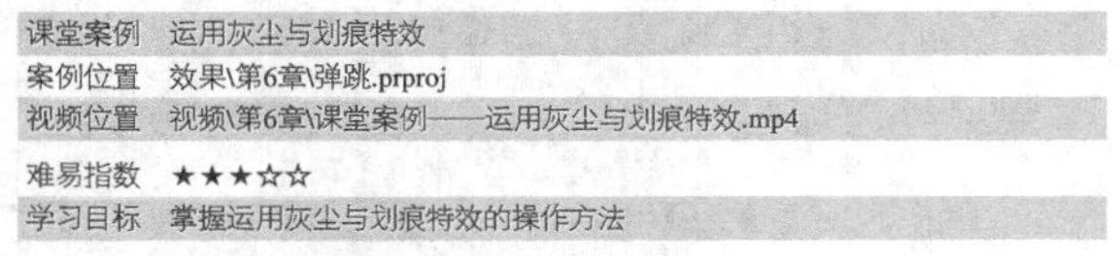

课堂案例	运用灰尘与划痕特效
案例位置	效果\第6章\弹跳.prproj
视频位置	视频\第6章\课堂案例——运用灰尘与划痕特效.mp4
难易指数	★★★☆☆
学习目标	掌握运用灰尘与划痕特效的操作方法

本实例最终效果如图6-37所示。

图6-37

01 按Ctrl＋O组合键，打开一个项目文件，如图6-38所示，在“效果”面板中，展开“视频特效”选项。

图6-38

02 在“杂波与颗粒”列表框中选择“灰尘与划痕”选项，如图6-39所示，将其拖曳至“视频1”轨道上。

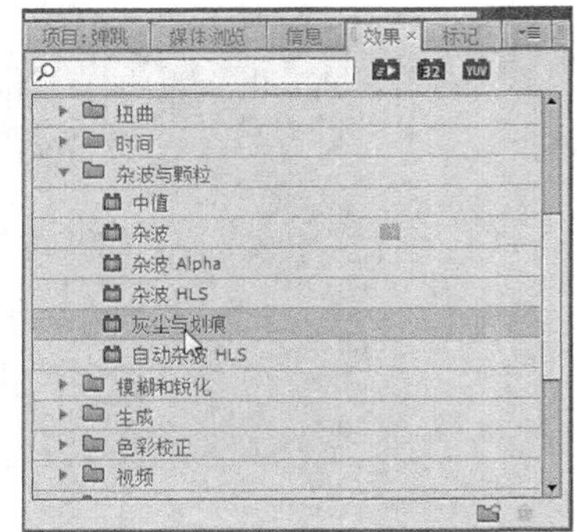

图6-39

03 展开“特效控制台”面板，设置“半径”为8，如图6-40所示。

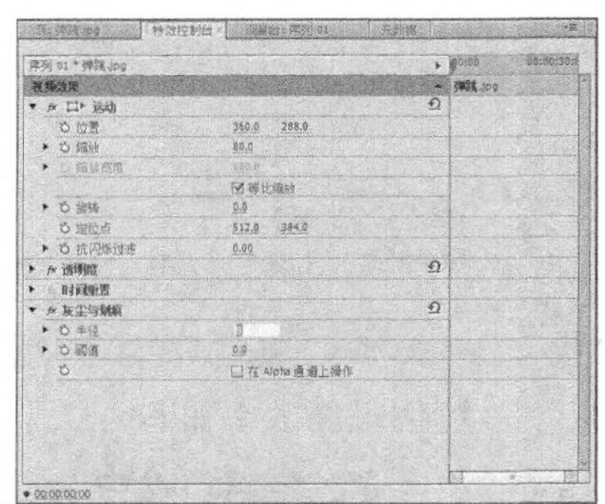

图6-40

04 执行操作后，即可添加灰尘与划痕特效，如图6-41所示。

图6-41

6.3.5 运用时间码视频特效

“时间码”特效可以在视频画面中添加一个时间码，常常运用在节目情节十分紧张的情况下，表现出一种时间紧迫感。

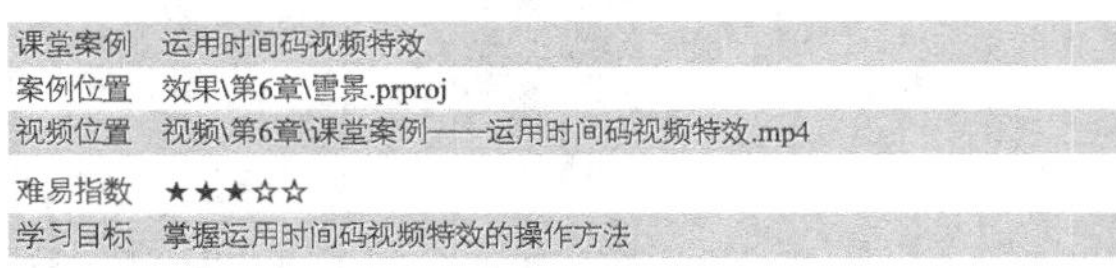

课堂案例	运用时间码视频特效
案例位置	效果\第6章\雪景.prproj
视频位置	视频\第6章\课堂案例——运用时间码视频特效.mp4
难易指数	★★★☆☆
学习目标	掌握运用时间码视频特效的操作方法

本实例最终效果如图6-42所示。

图6-42

01 按Ctrl＋O组合键，打开一个项目文件，如图6-43所示，在“效果”面板中，展开“视频特效”选项。

图6-43

02 在视频列表框中选择“时间码”选项，如图6-44所示，将其拖曳至“视频1”轨道上。

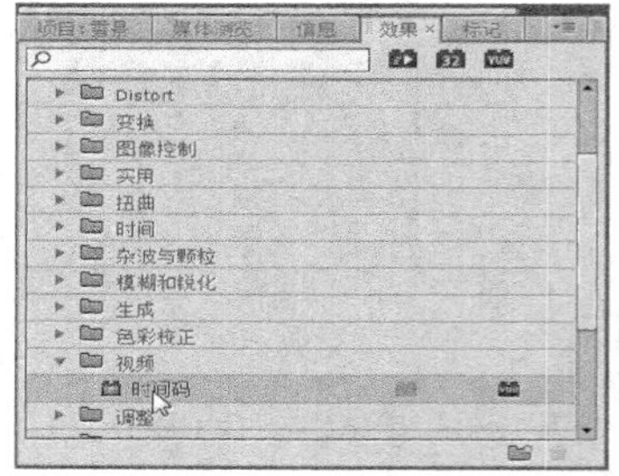

图6-44

03 展开“特效控制台”面板，设置“大小”为16，“透明度”为5，“偏移”为287，如图6-45所示。

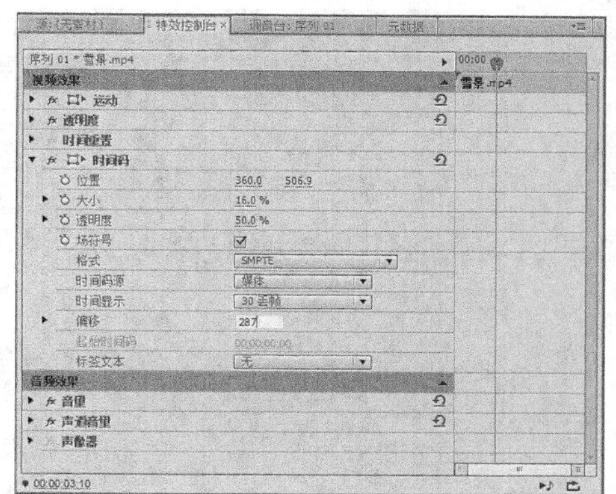
图6-45

04 执行操作后，即可添加时间码视频特效，单击“播放-停止切换”按钮，即可查看视频特效效果，如图6-46所示。

图6-46

6.3.6 运用波形弯曲特效

“波形弯曲”视频特效用于使图像形成波浪式的变形效果。下面将介绍添加波形扭曲特效的操作方法。

课堂案例	运用波形弯曲特效
案例位置	效果\第6章\彩色铅笔.prproj
视频位置	视频\第6章\课堂案例——运用波形弯曲特效.mp4
难易指数	★★★☆☆
学习目标	掌握运用波形弯曲特效的操作方法

本实例最终效果如图6-47所示。

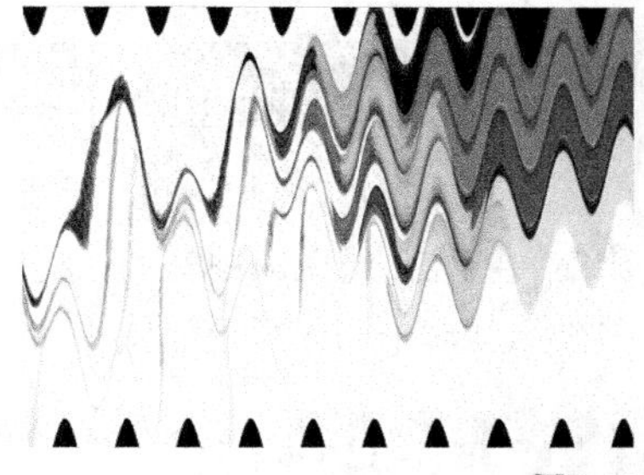
图6-47

01 按Ctrl＋O组合键，打开一个项目文件，如图6-48所示，在“效果”面板中，展开“视频特效”选项。

图6-48

02 在“扭曲”列表框中选择“波形弯曲”选项，如图6-49所示，将其拖曳至“视频1”轨道上。

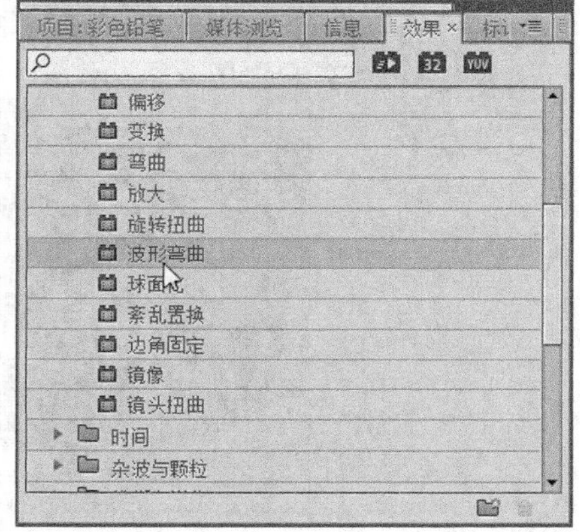

图6-49

03 展开“特效控制台”面板，设置“波形宽度”为50，如图6-50所示。

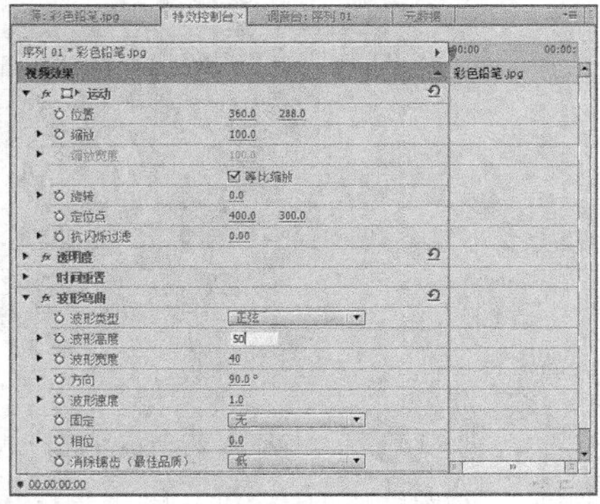
图6-50

04 执行操作后，即可添加波形弯曲视频特效，效果如图6-51所示。

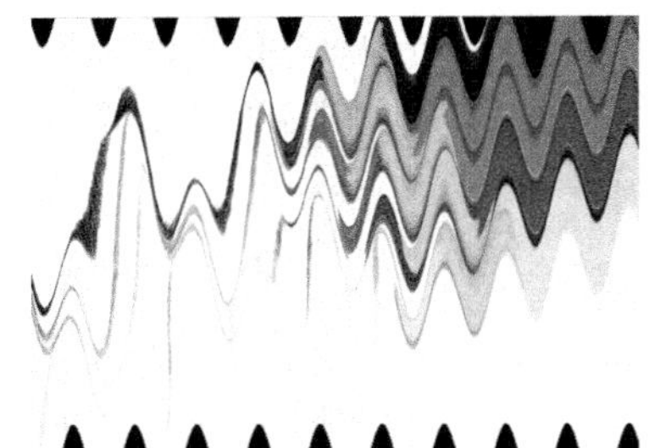
图6-51

6.3.7 运用彩色浮雕特效

“彩色浮雕”视频特效用于生成彩色的浮雕效果，图像中颜色对比越强烈，浮雕效果越明显。

课堂案例	运用彩色浮雕特效
案例位置	效果\第6章\美食.prproj
视频位置	视频\第6章\课堂案例——运用彩色浮雕特效.mp4
难易指数	★★★☆☆
学习目标	掌握运用彩色浮雕特效的操作方法

本实例最终效果如图6-52所示。

图6-52

01 按Ctrl＋O组合键，打开一个项目文件，如图6-53所示，在“效果”面板中，展开“视频特效”选项。

图6-53

02 在“风格化”列表框中选择“彩色浮雕”选项，如图6-54所示，将其拖曳至“视频1”轨道上。

03 展开“特效控制台”面板，设置“凸现”为20，如图6-55所示。

图6-54

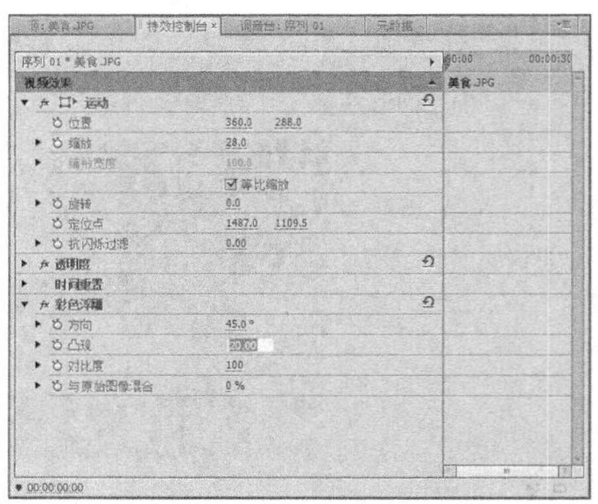
图6-55

04 执行操作后，即可添加彩色浮雕视频特效，如图6-56所示。

图6-56

6.3.8 运用基本3D视频特效

“基本3D”视频特效用于建立一个虚拟的三维空间，在三维空间中对图像进行操作，可以沿水平坐标移动来制作远近效果。

课堂案例	运用基本3D视频特效
案例位置	效果\第6章\江湖侠女.prproj
视频位置	视频\第6章\课堂案例——运用基本3D视频特效.mp4
难易指数	★★★☆☆
学习目标	掌握运用基本3D视频特效的操作方法

本实例最终效果如图6-57所示。

图6-57

01 按Ctrl＋O组合键，打开一个项目文件，如图6-58所示，在“效果”面板中，展开“视频特效”选项。

图6-58

02 在“透视”列表框中选择“基本3D”选项，如图6-59所示，将其拖曳至“视频2”轨道上。

图6-59

03 展开“特效控制台”面板，单击“旋转”左侧的“切换动画”按钮，设置“旋转”为-100，如图6-60所示。

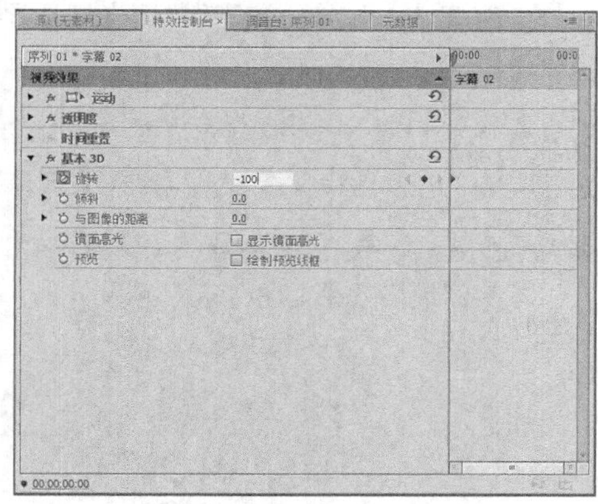

图6-60

04 将时间线移至00:00:04:00的位置，在“旋转”右侧的文本框中输入0，如图6-61所示。

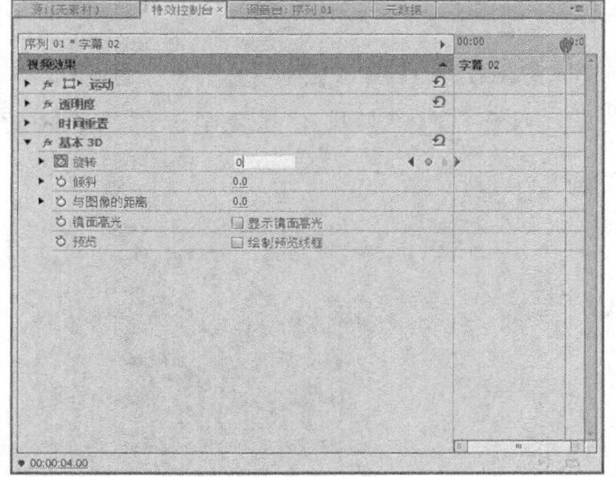

图6-61

05 执行操作后，即可添加基本3D视频特效，单击“播放-停止切换”按钮，即可查看视频特效效果，如图6-62所示。

图6-62

6.3.9 运用闪光灯视频特效

“闪光灯”视频特效可以使图像产生一种周期性的频闪效果，下面将介绍添加闪光灯视频特效的操作方法。

课堂案例	运用闪光灯视频特效
案例位置	效果\第6章\执弓少女.prproj
视频位置	视频\第6章\课堂案例——运用闪光灯视频特效.mp4
难易指数	★★★☆☆
学习目标	掌握运用闪光灯视频特效的操作方法

本实例最终效果如图6-63所示。

图6-63

01 按Ctrl＋O组合键，打开一个项目文件，如图6-64所示，在“效果”面板中，展开“视频特效”选项。

图6-64

02 在“风格化”列表框中选择“闪光灯”选项，如图6-65所示，将其拖曳至“视频1”轨道上。

图6-65

03 展开“特效控制台”面板，设置“明暗闪动颜色”的RGB参数为214、234、45，“与原始图像混合”为80，如图6-66所示。

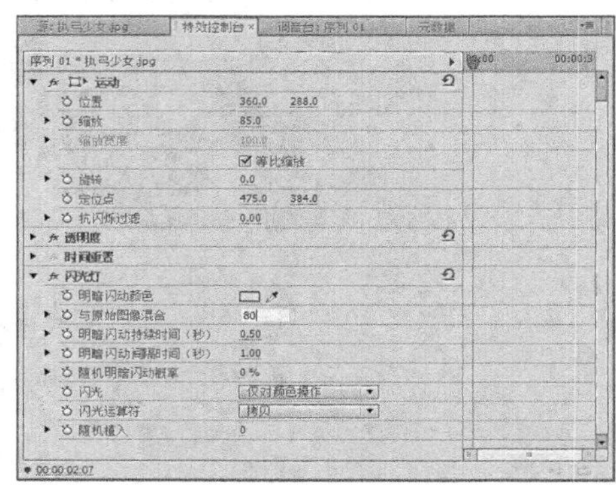

图6-66

04 执行操作后，即可添加闪光灯视频特效，单击“播放-停止切换”按钮，即可查看视频特效效果，如图6-67所示。

图6-67

技巧与提示

在Premiere Pro CS6中，“风格化”视频特效包含了“Alpha辉光”“彩色浮雕”“曝光过度”“材质”“查找边缘”及“闪光灯”等13种不同的特效。下面对部分特效进行介绍。

“Alpha辉光”特效：可以为影像Alpha通道边缘添加彩色的辉光。

“曝光过度”特效：可以实现类似于底片显示过程中的曝光效果。

“查找边缘”特效：用于强化颜色变化区域的过渡像素，模仿铅笔勾边的效果。

6.3.10 运用垂直翻转特效

“垂直翻转”视频特效用于将图像上下垂直反转，下面将介绍添加垂直翻转特效的操作方法。

课堂案例	运用垂直翻转特效
案例位置	效果\第6章\森林女神.prproj
视频位置	视频\第6章\课堂案例——运用垂直翻转特效.mp4
难易指数	★★☆☆☆
学习目标	掌握运用垂直翻转特效的操作方法

本实例最终效果如图6-68所示。

图6-68

01 按Ctrl＋O组合键，打开一个项目文件，如图6-69所示，在“效果”面板中，展开“视频特效”选项。

图6-69

02 在“变换”列表框中选择“垂直翻转”选项，将其拖曳至“视频1”轨道上，即可添加垂直翻转特效。

6.3.11 运用水平翻转特效

“水平翻转”视频特效用于将图像中的每一帧从左向右翻转，下面将介绍添加水平翻转特效的操作方法。

课堂案例	运用水平翻转特效
案例位置	效果\第6章\钢琴.prproj
视频位置	视频\第6章\课堂案例——运用水平翻转特效.mp4
难易指数	★★☆☆☆
学习目标	掌握运用水平翻转特效的操作方法

本实例最终效果如图6-70所示。

01 新建一个项目文件，单击“文件”|“导入”命令，弹出“导入”对话框，导入一个素材文件，如图6-71所示。

图6-70

图6-71

02 在“项目”面板中拖曳素材至“视频1”轨道中，在“效果”面板中展开“视频特效”|“变换”选项，选择“水平翻转”特效，如图6-72所示。

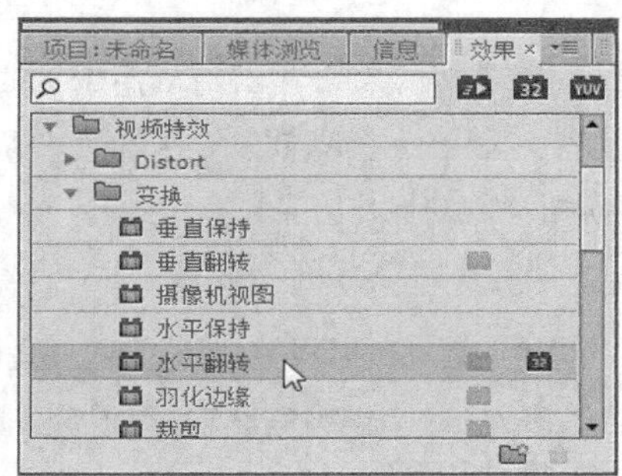

图6-72

03 单击鼠标左键并拖曳至“时间线”面板中的“视频1”轨道上，添加视频特效，如图6-73所示。

图6-73

04 执行上述操作后，即可为图像添加水平翻转特效，在“节目监视器”面板中可以预览水平翻转效果，如图6-74所示。

图6-74

技巧与提示

在Premiere Pro CS6中，“变换”列表框中的视频特效主要是使素材的形状产生二维或者三维的变化，其效果包括“垂直保持”“垂直翻转”“摄像机视图”“水平保持”“水平翻转”“羽化边缘”及“裁剪”7种视频特效。

6.3.12 运用高斯模糊特效

“高斯模糊”视频特效用于修改明暗分界点的差值，以产生模糊效果。下面为大家介绍添加高斯模糊特效的操作方法。

课堂案例	运用高斯模糊特效
案例位置	效果\第6章\福字.prproj
视频位置	视频\第6章\课堂案例——运用高斯模糊特效.mp4
难易指数	★★★☆☆
学习目标	掌握运用高斯模糊特效的操作方法

本实例最终效果如图6-75所示。

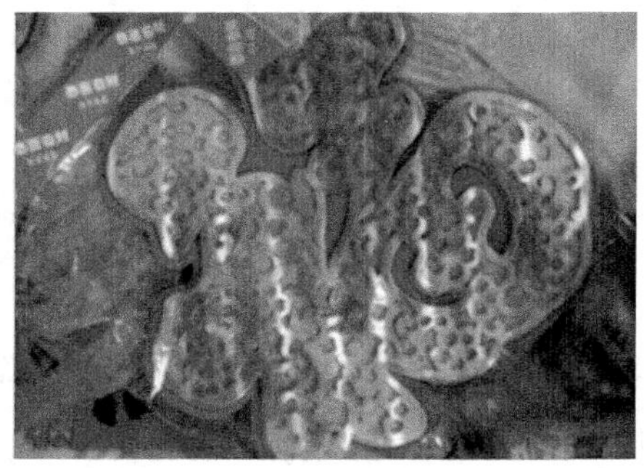

图6-75

01 按Ctrl＋O组合键，打开一个项目文件，如图6-76所示，在“效果”面板中，展开“视频特效”选项。

图6-76

02 在“模糊和锐化”列表框中选择“高斯模糊”选项，如图6-77所示，将其拖曳至“视频1”轨道上。

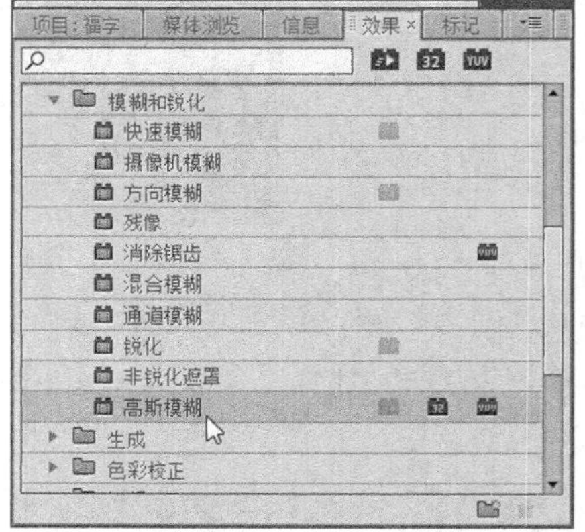

图6-77

03 展开“特效控制台”面板，设置“模糊度”为20，如图6-78所示。

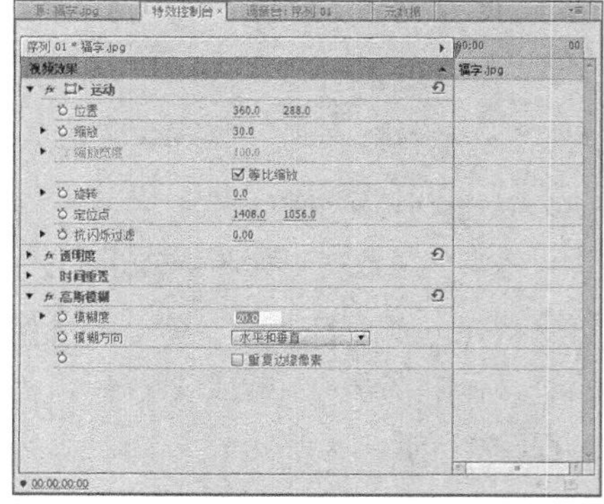

图6-78

04 执行操作后，即可添加高斯模糊特效，如图6-79所示。

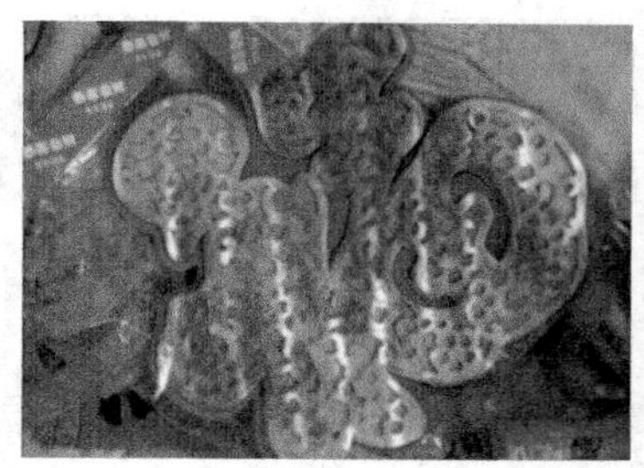

图6-79

技巧与提示

在Premiere Pro CS6中，“模糊和锐化”特效中包含“快速模糊”“摄像机模糊”“方向模糊”“残像”“消除锯齿”“混合模糊”“通道模糊”“锐化”“非锐化遮罩”及“高斯模糊”10种模糊锐化特效。

6.3.13 运用模糊和锐化特效

“模糊和锐化”视频特效可以对镜头画面进行模糊化或清晰化处理。下面介绍添加模糊和锐化特效的操作方法。

课堂案例	运用模糊和锐化特效
案例位置	效果\第6章\机械.prproj
视频位置	视频\第6章\课堂案例——运用模糊和锐化特效.mp4
难易指数	★★★☆☆
学习目标	掌握运用模糊和锐化特效的操作方法

本实例最终效果如图6-80所示。

图6-80

01 新建一个项目文件，单击“文件”|“导入”命令，弹出“导入”对话框，导入一个素材文件，如图6-81所示。

图6-81

02 在“项目”面板中拖曳素材文件至“视频1”轨道中，在“效果”面板中展开“视频特效”|“模糊和锐化”选项，选择“快速模糊”特效，如图6-82所示。

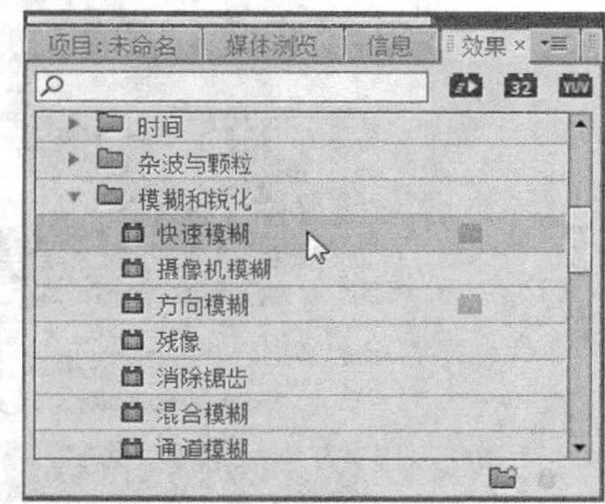

图6-82

03 单击鼠标左键并拖曳至“时间线”面板中的“视频1”轨道上，在“特效控制台”面板中展开“快速模糊”选项，单击“模糊量”选项前的“切换动画”按钮，添加关键帧，如图6-83所示。

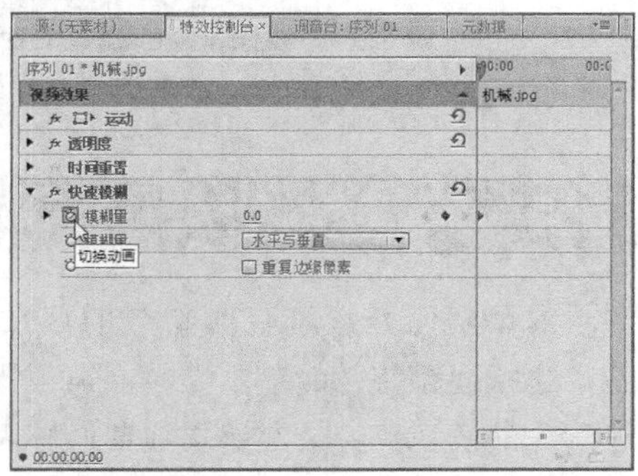

图6-83

04 执行上述操作后，拖曳“当前时间指示器”至00:00:03:00的位置，设置“模糊量”为38，添加第2个关键帧，如图6-84所示。

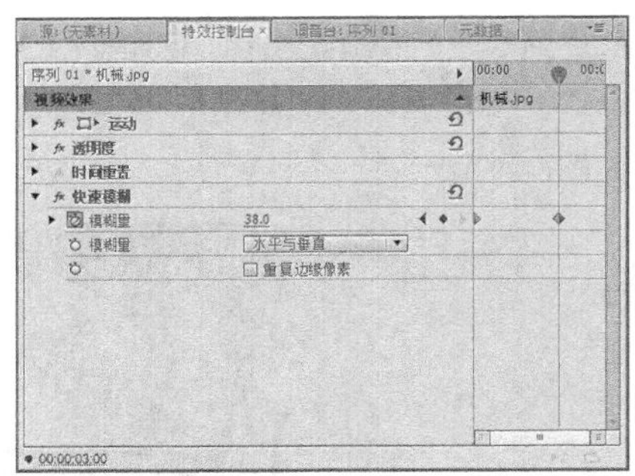

图6-84

05 用与上述相同的方法，拖曳“当前时间指示器”至00:00:04:00的位置，并设置“模糊量”为182，添加第3个关键帧。执行上述操作后，单击“播放-停止切换”按钮，即可预览快速模糊效果，如图6-85所示。

图6-85

6.4 本章小结

本章全面介绍了视频特效的添加与制作方法，包括视频特效的基本操作、视频特效参数的设置方法及视频特效案例实战精通等内容。通过本章的学习，读者应熟练掌握Premiere Pro CS6视频特效的添加与制作的方法和技巧。

6.5 习题测试——制作键控视频特效

案例位置	效果\第6章\习题测试\阿狸.prproj
难易指数	★★★☆☆
学习目标	掌握制作键控视频特效的操作方法

本习题目的在于让读者掌握制作键控视频特效的操作方法，素材如图6-86所示，最终效果如图6-87所示。

图6-86

图6-87

第7章

视频转场特效的制作

内容摘要

转场主要是利用Premiere Pro CS6的转场功能在素材与素材之间产生自然、平滑、美观及流畅的过渡效果，让视频画面更富有表现力。合理地运用转场效果，可以制作出让人赏心悦目的视频影片。本章主要介绍制作影视转场特效的方法和技巧。

课堂学习目标

- 掌握转场特效的基本操作方法
- 掌握管理视频转场效果的方法
- 掌握在视频中应用简单转场特效的方法
- 掌握在视频中应用高级转场特效的方法

7.1 转场特效的基本操作

视频影片是由镜头与镜头链接组建起来的，因此在许多镜头与镜头之间的切换过程中，难免会显得过于僵硬。此时，用户可以在两个镜头之间添加转场效果，使得镜头与镜头之间的过渡更为平滑。本节主要介绍编辑转场特效的基本操作方法。

7.1.1 视频转场效果的添加

转场效果被放置在“效果”面板的“视频切换”文件夹中，并分别用11个文件夹进行分类，方面用户进行查找。

课堂案例	视频转场效果的添加
案例位置	效果\第7章\儿童.prproj
视频位置	视频\第7章\课堂案例——视频转场效果的添加.mp4
难易指数	★★★☆☆
学习目标	掌握视频转场效果的添加的操作方法

本实例最终效果如图7-1所示。

图7-1

01 按Ctrl＋O组合键，打开一个项目文件，如图7-2所示。

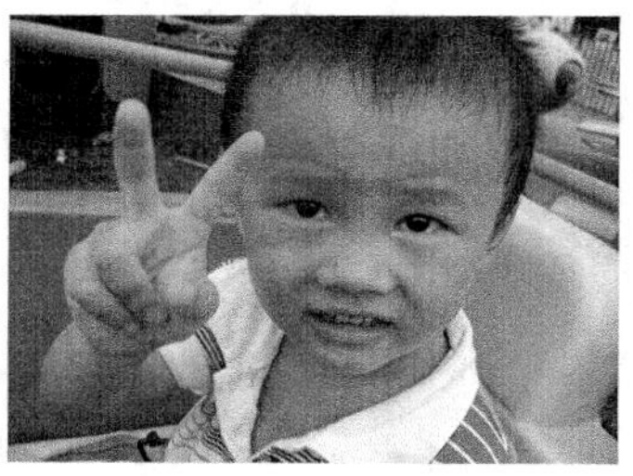

图7-2

02 在“效果”面板中，展开“视频切换”选项，如图7-3所示。

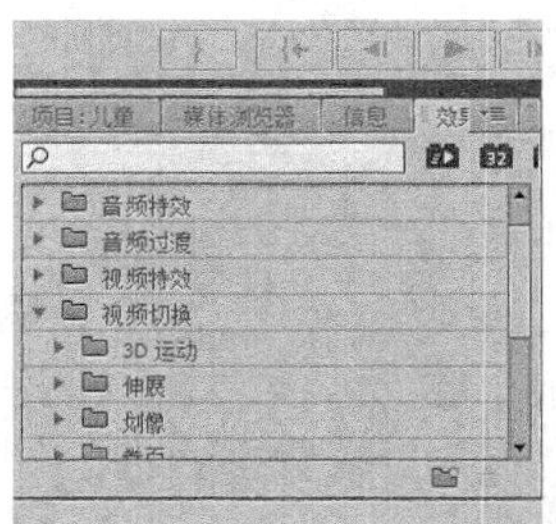

图7-3

03 在“3D运动”列表框中，选择“帘式”选项，如图7-4所示。

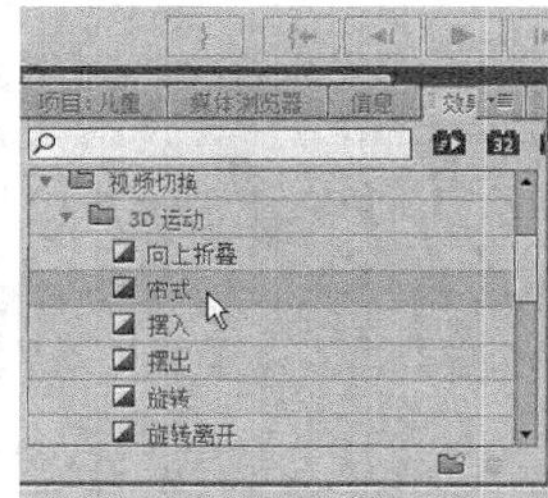

图7-4

04 单击鼠标左键并拖曳至“视频1”轨道的两个素材之间，如图7-5所示。

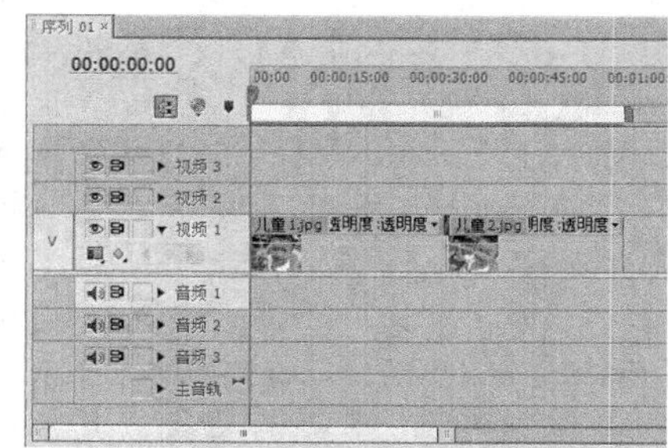

图7-5

05 执行上述操作后，即可添加转场效果，在“节目监视器”面板中，单击“播放-停止切换”按钮，预览转场图像效果。

技巧与提示

转场除了平滑两个镜头的过渡外，还能起到画面和视角之间的切换作用。

视频影片是由镜头与镜头链接组建起来的，为了避免镜头切换显得过于僵硬，许多镜头之间的切换需要选择不同的转场效果来达到过渡，如图7-6所示。

图7-6

7.1.2 视频转场效果的替换和删除

下面介绍替换和删除转场效果的操作方法。

1. 转场效果的替换

当用户发现添加的转场效果并不满意时，可以删除或替换转场效果。

课堂案例	转场效果的替换
案例位置	效果\第7章\光线.prproj
视频位置	视频\第7章\课堂案例——转场效果的替换.mp4
难易指数	★★☆☆☆
学习目标	掌握转场效果的替换的操作方法

本实例最终效果如图7-7所示。

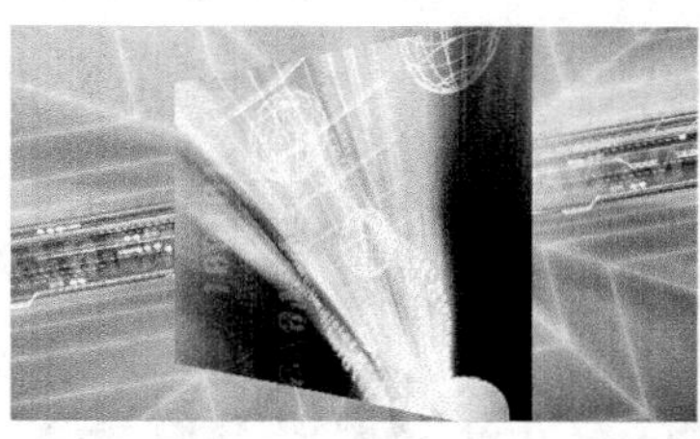

图7-7

01 按Ctrl＋O组合键，打开一个项目文件，如图7-8所示，在“效果”面板中，展开“视频切换”选项。

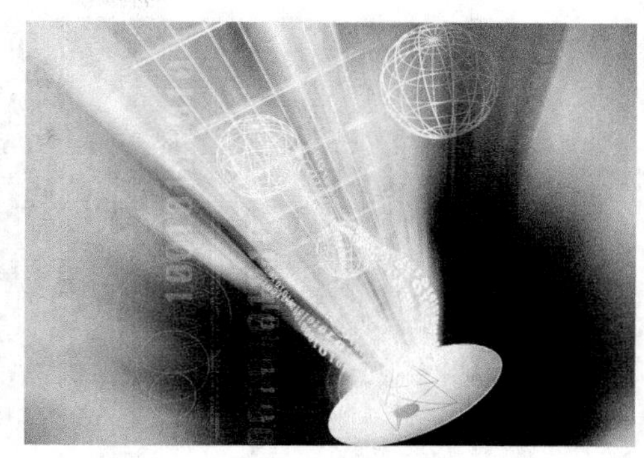

图7-8

02 在“3D运动”列表框中，选择“筋斗过渡”选项，单击鼠标左键并拖曳至“视频1”轨道上，如图7-9所示。

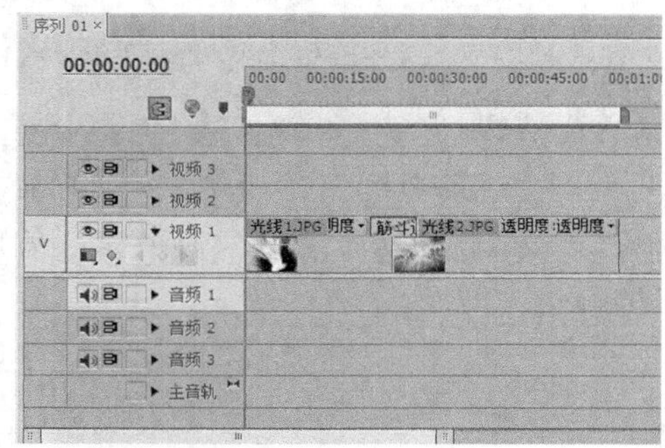

图7-9

03 执行操作后，即可替换当前转场效果，在“节目监视器”面板中，单击“播放-停止切换”按钮，预览替换转场后的图像效果。

技巧与提示

Premiere Pro CS6中提供了多种多样的转场效果，根据不同的类型，系统将其分别归类在不同的文件夹中。

Premiere Pro CS6中包含的转场效果分别为3D转场效果、过渡效果、伸展效果、划像效果、卷页效果、叠化效果、擦除效果、映射效果、滑动效果、缩放效果及其他的特殊效果等。图7-10所示为“卷页”转场效果。

图7-10

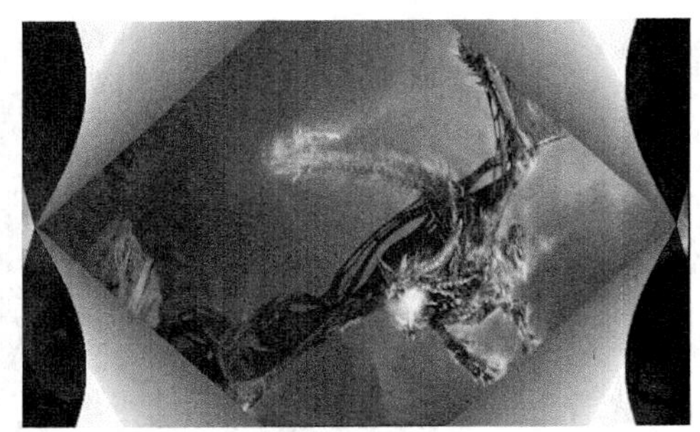

图7-10（续）

2. 转场效果的删除

在Premiere Pro CS6中，用户可以根据需要将转场效果进行清除。

课堂案例	转场效果的删除
案例位置	效果\第7章\格斗.prproj
视频位置	视频\第7章\课堂案例——转场效果的删除.mp4
难易指数	★★☆☆☆
学习目标	掌握转场效果的删除的操作方法

01 按Ctrl＋O组合键，打开一个项目文件，在“视频1”轨道上选择转场效果，如图7-11所示。

图7-11

02 单击鼠标右键，弹出快捷菜单，选择“清除”选项，如图7-12所示，即可删除转场效果。

图7-12

技巧与提示

在Premiere Pro CS6中，如果用户不再需要某个转场效果，在“时间线”面板中选择该转场效果，按Delete键删除即可。

7.1.3 在不同轨道中添加转场效果

在Premiere Pro CS6中，不仅可以在同一个轨道中添加转场效果，还可以在不同的轨道中添加转场效果。

课堂案例	在不同轨道中添加转场效果
案例位置	效果\第7章\金色鱼.prproj
视频位置	视频\第7章\课堂案例——在不同轨道中添加转场效果.mp4
难易指数	★★☆☆☆
学习目标	掌握在不同轨道中添加转场效果的操作方法

本实例最终效果如图7-13所示。

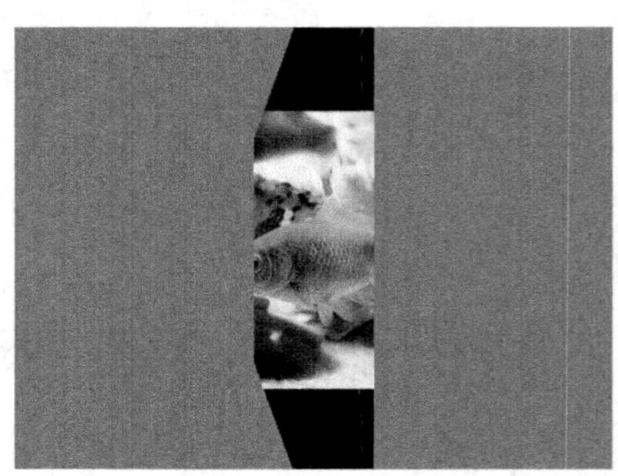

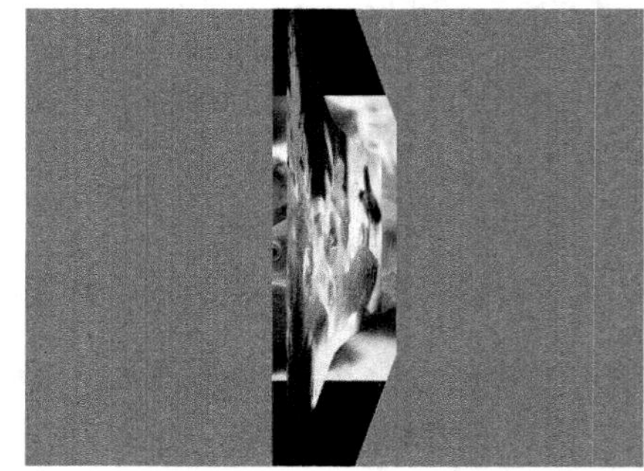

图7-13

01 按Ctrl＋O组合键，打开一个项目文件，如图7-14所示，在“效果”面板中，展开“视频切换”选项。

图7-14

02 在“3D运动”列表框中，选择“翻转”选项，单击鼠标左键并拖曳至“视频2”轨道上，如图7-15所示。

图7-15

技巧与提示

不同的转场效果应用在不同的领域，可以使其效果更佳。

构成电视片的最小单位是镜头，一个个镜头连接在一起形成的镜头序列叫做段落。每个段落都具有某个单一的、相对完整的意思。而段落与段落之间、场景与场景之间的过渡或转换，就叫作转场。

在影视科技不断发展的今天，转场的应用已经从单纯的影视效果发展到许多商业的动态广告、游戏的开场动画及一些网络视频的制作中。如3D转场中的“帘式”转场，多用于娱乐节目的MTV中，让节目看起来更加生动；而在叠化转场中的“白场过渡与黑场过渡”转场效果就常用在影视节目的片头和片尾处，这种缓慢的过渡可以避免让观众产生过于突然的感觉。

03 执行操作后，即可为不同的轨道添加转场，在“节目监视器”面板中，单击“播放-停止切换”按钮，预览添加不同轨道的转场后的图像效果。

7.2 管理视频转场特效属性

在Premiere Pro CS6中，可以对添加后的转场效果进行相应设置，从而达到美化转场效果的目的。本节主要介绍设置转场效果属性的方法。

7.2.1 调整转场播放时间

在默认状态下，添加的视频切换效果默认为30帧的播放时间。用户可以根据需要对转场的时间进行调整。

下面介绍调整转场播放时间的操作方法。

课堂案例	调整转场播放时间
案例位置	效果\第7章\美女.prproj
视频位置	视频\第7章\课堂案例——调整转场播放时间.mp4
难易指数	★★☆☆☆
学习目标	掌握调整转场播放时间的操作方法

01 按Ctrl＋O组合键，打开一个项目文件，如图7-16所示，在“视频1”轨道上，选择转场效果。

图7-16

02 执行上述操作后，双击鼠标左键，展开“特效控制台”面板，设置“持续时间”为00:00:05:00，如图7-17所示，即可设置转场时间。

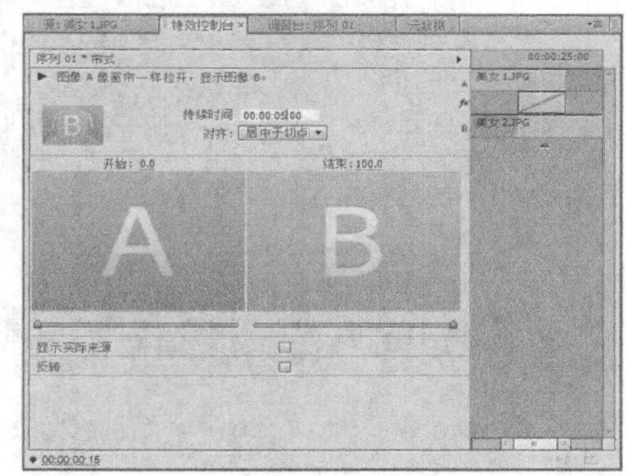

图7-17

7.2.2 对转场效果进行反转

在Premiere Pro CS6中，可以将转场效果的方向、顺序、样式等进行反转，方便用户实现各种效果。

下面介绍反转转场效果的操作方法。

课堂案例	对转场效果进行反转
案例位置	效果\第7章\美女1.prproj
视频位置	视频\第7章\课堂案例——对转场效果进行反转.mp4
难易指数	★★☆☆☆
学习目标	掌握对转场效果进行反转的操作方法

01 以上一个实例的素材为例，在“视频1”轨道上，选择中间位置的转场效果，如图7-18所示。

02 双击鼠标左键，展开“特效控制台”面板，选中“反转”复选框，如图7-19所示，即可反转转场效果。

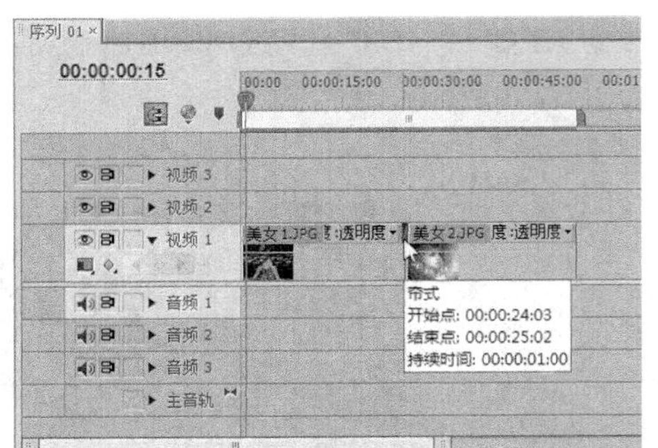

图7-18

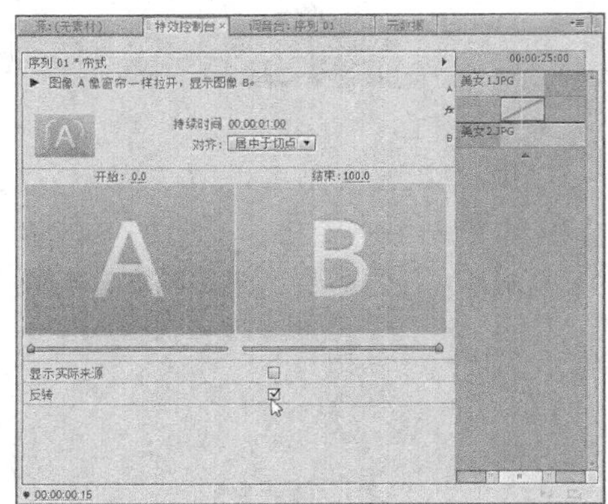

图7-19

7.2.3 通过控制台设置对齐效果

在Premiere Pro CS6中，转场效果在系统默认设置下的校准方式为“居中于切点”，用户可以通过特效控制台来设置其他的对齐方式。

下面介绍通过控制台设置对齐效果的操作方法。

课堂案例	通过控制台设置对齐效果
案例位置	效果\第7章\飞马.prproj
视频位置	视频\第7章\课堂案例——通过控制台设置对齐效果.mp4
难易指数	★★☆☆☆
学习目标	掌握通过控制台设置对齐效果的操作方法

本实例最终效果如图7-20所示。

图7-20

图7-20（续）

01 按Ctrl＋O组合键，打开一个项目文件，如图7-21所示，在“视频1”轨道上，选择转场效果。

图7-21

02 双击鼠标左键，展开相应面板，单击“对齐”右侧的下拉按钮，弹出列表框，选择“开始于切点”这一选项，如图7-22所示。

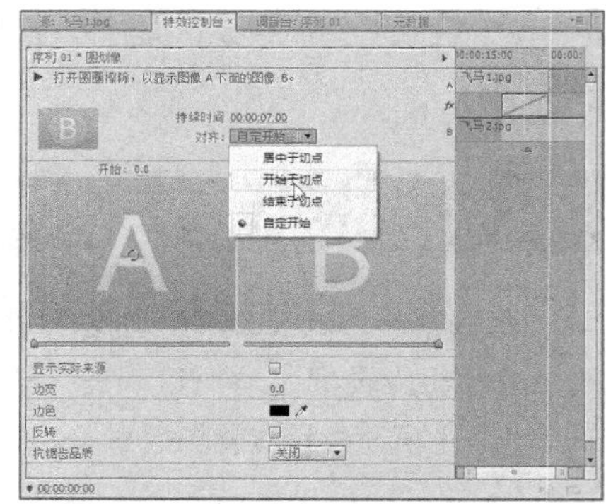

图7-22

03 执行操作后，“视频1”轨道上的转场效果即可对齐到“开始于切点”位置，单击“节目监视器”面板中的“播放-停止切换”按钮，即可预览转场效果。

7.2.4 通过控制台显示素材来源

在Premiere Pro CS6中，系统默认的转场效果并不会显示原始素材，用户可以通过设置“特效控制台”面板来显示素材来源。

下面为大家介绍显示素材来源的操作方法。

课堂案例	通过控制台显示素材来源
案例位置	无
视频位置	视频\第7章\课堂案例——通过控制台显示素材来源.mp4
难易指数	★★☆☆☆
学习目标	掌握通过控制台显示素材来源的操作方法

01 以上一个案例的素材为例，在“视频1”轨道上，选择转场效果，双击鼠标左键，如图7-23所示。

图7-23

技巧与提示

在“特效控制台”面板中选中“显示实际来源”复选框，则大写A和B两个预览区中显示的分别是视频轨道上第1段素材转场的开始帧和第2段素材的结束帧。

02 展开“特效控制台”面板，选中“显示实际来源”复选框，即可显示实际素材的来源，如图7-24所示。

图7-24

7.2.5 设置转场边框与颜色

在Premiere Pro CS6中，不仅可以对齐转场、设置转场播放时间、反转效果等，还可以设置边框宽度及边框颜色。

下面介绍设置边框与颜色的操作方法。

1. 设置转场边框

在Premiere Pro CS6中，除了可以添加转场效果外，还可以为转场设置边框。

课堂案例	设置转场边框
案例位置	效果\第7章\花纹.prproj
视频位置	视频\第7章\课堂案例——设置转场边框.mp4
难易指数	★★★☆☆
学习目标	掌握设置转场边框的操作方法

本实例最终效果如图7-25所示。

图7-25

01 按Ctrl＋O组合键，打开一个项目文件，如图7-26所示。

图7-26

02 在“视频1”轨道上，选择转场效果，如图7-27所示。

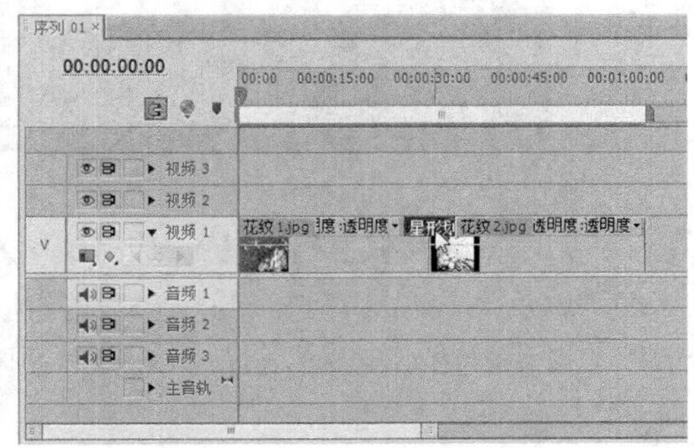

图7-27

03 展开“特效控制台”面板，设置“边宽”为2，如图7-28所示。

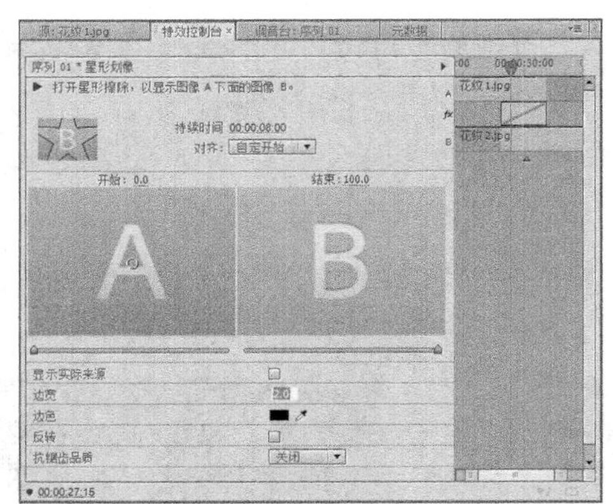

图7-28

04 执行操作后，即可设置转场的边框。

2. 设置边框颜色

在Premiere Pro CS6中，在对转场效果的边框进行设置后，用户还可以根据需要对边框的颜色进行设置。

下面为大家介绍设置边框颜色的操作方法。

课堂案例	设置边框颜色
案例位置	效果\第7章\花纹1.prproj
视频位置	视频\第7章\课堂案例——设置边框颜色.mp4
难易指数	★★☆☆☆
学习目标	掌握设置边框颜色的操作方法

本实例最终效果如图7-29所示。

图7-29

01 以上一个案例的效果为例，选择转场效果，单击“边色”右侧的色块，弹出“颜色拾取”对话框，设置RGB颜色值为60、255、0，如图7-30所示。

02 执行上述操作后，单击“确定”按钮，即可设置转场边框颜色，单击“节目监视器”面板中的“播放-停止切换”按钮，即可预览转场效果。

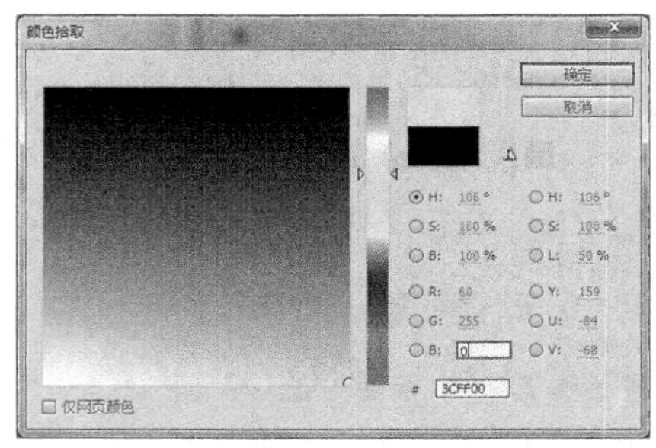

图7-30

7.3 在视频中应用简单转场特效

在Premiere Pro CS6中提供了多样化的转场效果，用户可以通过这些常用的转场让镜头之间的衔接更加完美。本节主要介绍在视频中应用简单转场特效的基本操作方法。

7.3.1 应用风车转场特效

在Premiere Pro CS6中，“风车”转场效果是第2幅图像像风车旋转一样覆盖在第1幅图像上，以实现图像的转场。

课堂案例	应用风车转场特效
案例位置	效果\第7章\数码.prproj
视频位置	视频\第7章\课堂案例——应用风车转场特效.mp4
难易指数	★★☆☆☆
学习目标	掌握应用风车转场特效的操作方法

本实例最终效果如图7-31所示。

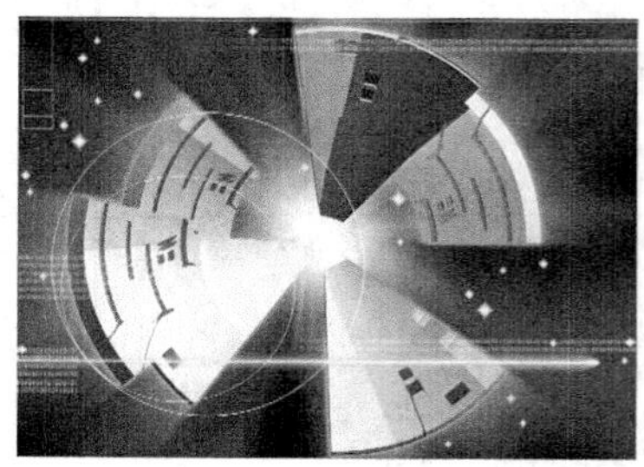

图7-31

01 按Ctrl＋O组合键，打开一个项目文件，如图7-32所示，在“效果”面板中，展开“视频切换”选项。

图7-32

02 在“擦除”列表框中选择“风车”选项，将其拖曳至“视频1”轨道上，设置时间为00:00:07:00，如图7-33所示。

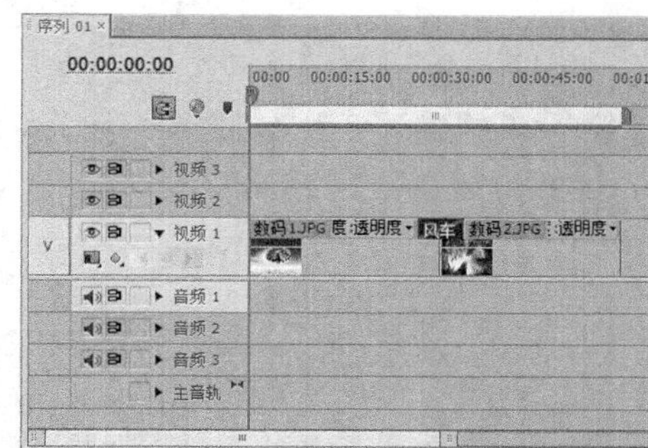

图7-33

03 执行操作后，即可添加风车转场效果，在“节目监视器”面板中，单击“播放-停止切换”按钮，预览添加转场后的图像效果。

7.3.2 应用百叶窗转场特效

在Premiere Pro CS6中，“百叶窗”转场效果是指第2幅图像从上至下或从左至右以百叶窗形式显示。

课堂案例	应用百叶窗转场特效
案例位置	效果\第7章\数码1.prproj
视频位置	视频\第7章\课堂案例——应用百叶窗转场特效.mp4
难易指数	★☆☆☆☆
学习目标	掌握应用百叶窗转场特效的操作方法

本实例最终效果如图7-34所示。

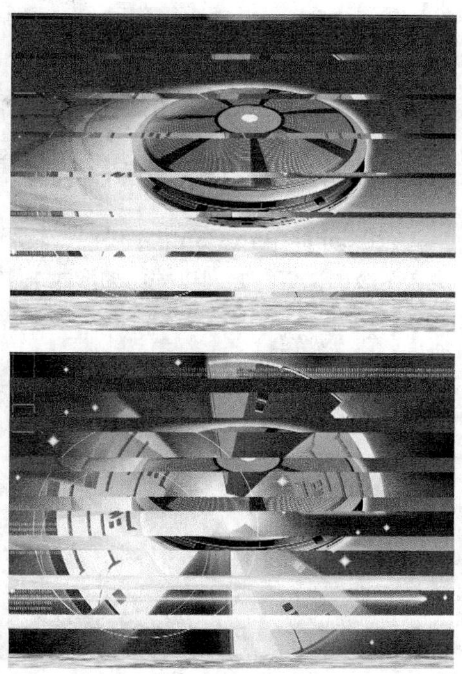

图7-34

01 以上一个实例的素材为例，在“效果”面板中，展开“视频切换”选项，在“擦除”列表框中选择“百叶窗”选项，如图7-35所示。

图7-35

02 单击鼠标左键并将其拖曳至“视频1”轨道上，设置时间为00:00:09:00，如图7-36所示。

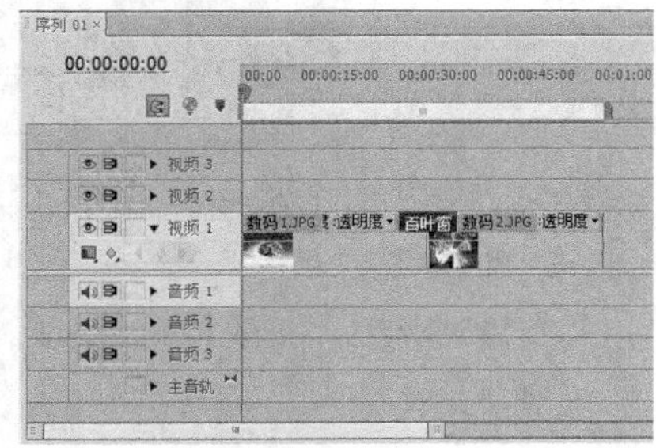

图7-36

03 执行操作后，即可添加百叶窗转场效果，在“节目监视器”面板中，单击“播放-停止切换”按钮，预览添加转场后的图像效果。

7.3.3 应用门转场特效

在Premiere Pro CS6中，“门”转场效果主要是在两个图像素材之间以关门的形式来实现过渡。

课堂案例	应用门转场特效
案例位置	效果\第7章\蛋糕.prproj
视频位置	视频\第7章\课堂案例——应用门转场特效.mp4
难易指数	★★★☆☆
学习目标	掌握应用门转场特效的操作方法

本实例最终效果如图7-37所示。

图7-37

01 按Ctrl＋O组合键，打开一个项目文件，如图7-38所示。

图7-38

02 在“效果”面板中，展开“视频切换”选项，如图7-39所示。

03 在“3D运动”列表框中，选择“门”选项，如图7-40所示。

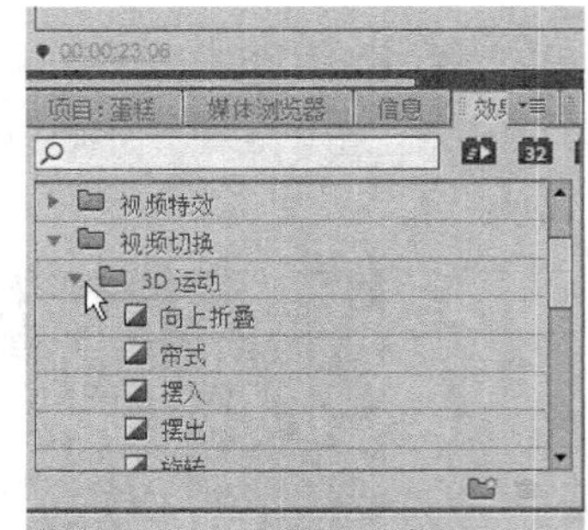

图7-39

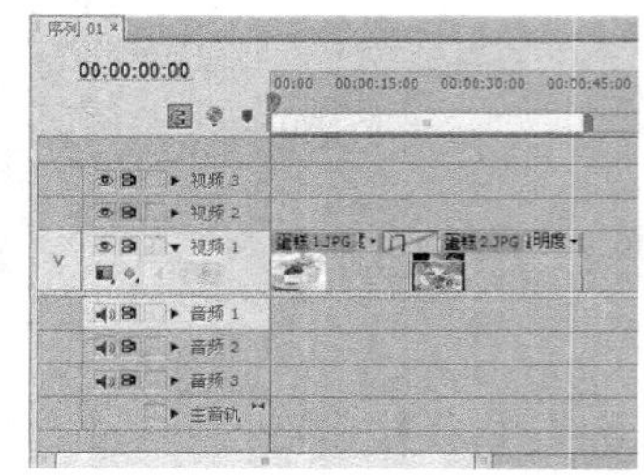

图7-40

04 将其拖曳至两个素材之间，设置持续时间为00:00:08:00，如图7-41所示。

图7-41

05 执行操作后，即可添加门转场效果，在“节目监视器”面板中，单击“播放-停止切换”按钮，预览添加转场后的图像效果。

7.3.4 应用卷走转场特效

在Premiere Pro CS6中，“卷走”转场效果是将第1个镜头中的画面像纸张一样地卷出镜头，最终显示出第2个镜头。

课堂案例	应用卷走转场特效
案例位置	效果\第7章\蛋糕1.prproj
视频位置	视频\第7章\课堂案例——应用卷走转场特效.mp4
难易指数	★★★☆☆
学习目标	掌握应用卷走转场特效的操作方法

本实例最终效果如图7-42所示。

图7-42

01 以上一个实例的素材为例，在“效果”面板中，展开“视频切换”选项，在“卷页”列表框中，选择“卷走”选项，如图7-43所示。

图7-43

02 单击鼠标左键并拖曳至“视频1”轨道上的两个素材之间，设置持续时间为00:00:08:00，如图7-44所示。

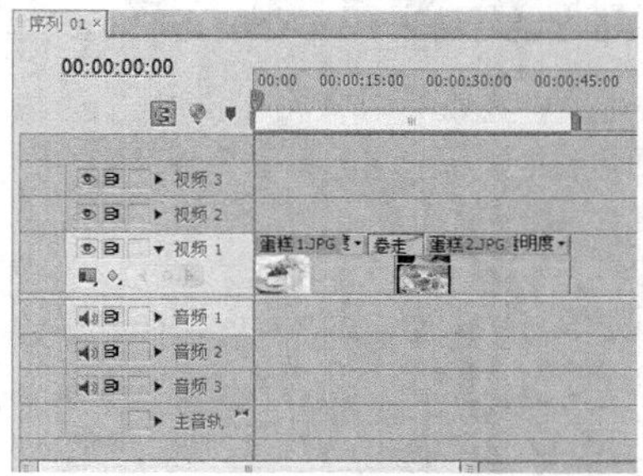

图7-44

03 执行操作后，即可添加卷走转场效果，在“节目监视器”面板中，单击“播放-停止切换”按钮，预览添加转场后的图像效果。

7.3.5 应用旋转转场特效

在Premiere Pro CS6中，“旋转”转场效果是第2幅图像以旋转的形式出现在第1幅图像上以实现过渡。

课堂案例	应用旋转转场特效
案例位置	效果\第7章\月季花.prproj
视频位置	视频\第7章\课堂案例——应用旋转转场特效.mp4
难易指数	★★☆☆☆
学习目标	掌握应用旋转转场特效的操作方法

本实例最终效果如图7-45所示。

图7-45

01 按Ctrl＋O组合键，打开一个项目文件，如图7-46所示，在“效果”面板中，展开“视频切换”选项。

图7-46

02 在“3D运动”列表框中选择“旋转”选项，将其拖曳至“视频1”轨道上，设置时间为00:00:08:00，如图7-47所示。

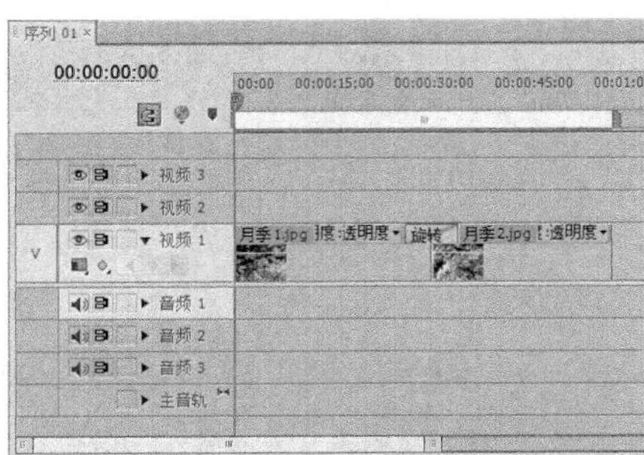

图7-47

03 执行操作后，即可添加旋转转场效果，在“节目监视器”面板中，单击“播放-停止切换”按钮，预览添加转场后的图像效果。

7.3.6 应用摆入转场特效

在Premiere Pro CS6中，“摆入”转场效果是第2幅图像像钟摆一样从画面外侧摆入，并取代第1幅图像在屏幕中的位置以实现过渡。

课堂案例	应用摆入转场特效
案例位置	效果\第7章\水滴.prproj
视频位置	视频\第7章\课堂案例——应用摆入转场特效.mp4
难易指数	★★☆☆☆
学习目标	掌握应用摆入转场特效的操作方法

本实例最终效果如图7-48所示。

图7-48

01 按Ctrl＋O组合键，打开一个项目文件，如图7-49所示，在“效果”面板中，展开“视频切换”选项。

图7-49

02 接下来在“3D运动”列表框中选择“摆入”选项，将其拖曳至“视频1”轨道上，设置时间为00:00:07:00，如图7-50所示。

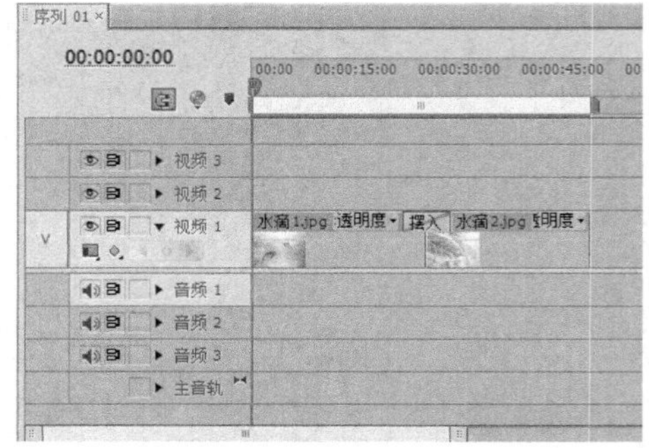

图7-50

03 执行操作后，即可添加摆入转场效果，在“节目监视器”面板中，单击“播放-停止切换”按钮，预览添加转场后的图像效果。

7.3.7 应用摆出转场特效

在Premiere Pro CS6中，“摆出”转场效果与“摆入”转场效果有些类似，只是过渡的方式有些不同。

课堂案例	应用摆出转场特效
案例位置	效果\第7章\水滴1.prproj
视频位置	视频\第7章\课堂案例——应用摆出转场特效.mp4
难易指数	★★☆☆☆
学习目标	掌握应用摆出转场特效的操作方法

本实例最终效果如图7-51所示。

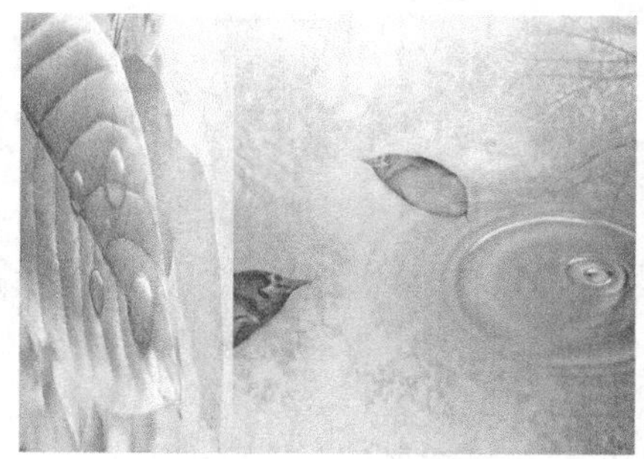

图7-51

01 以上一个实例的素材为例，在“效果”面板中，展开“视频切换”选项，在“3D运动”列表框中选择“摆出”选项，如图7-52所示。

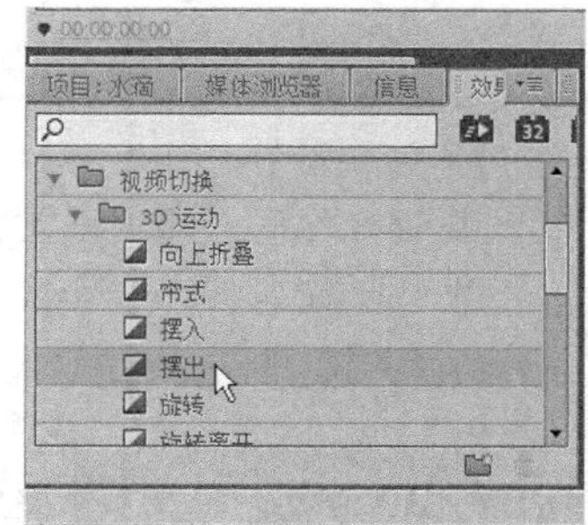

图7-52

02 单击鼠标左键并将其拖曳至“视频1”轨道上，设置时间为00:00:09:00，如图7-53所示。

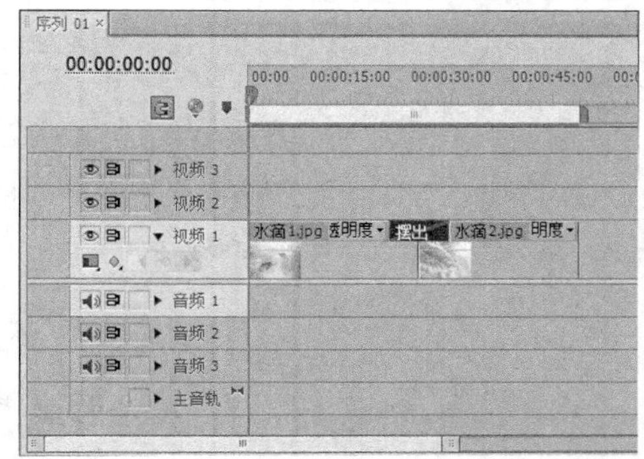

图7-53

03 执行操作后，即可添加摆出转场效果，在“节目监视器”面板中，单击“播放-停止切换”按钮，预览添加转场后的图像效果。

7.3.8 应用棋盘转场特效

在Premiere Pro CS6中，“棋盘”转场效果是第2幅图像以棋盘格的形式逐渐出现在第1幅图像上以实现过渡。

下面为大家介绍应用棋盘转场特效的操作方法。

课堂案例	应用棋盘转场特效
案例位置	效果\第7章\水果.prproj
视频位置	视频\第7章\课堂案例——应用棋盘转场特效.mp4
难易指数	★★☆☆☆
学习目标	掌握应用棋盘转场特效的操作方法

本实例最终效果如图7-54所示。

图7-54

01 按Ctrl＋O组合键，打开一个项目文件，如图7-55所示。在“效果”面板中，展开“视频切换”选项。

图7-55

02 在“擦除”列表框中选择“棋盘”选项，将其拖曳至“视频1”轨道上，设置时间为00:00:09:00，如图7-56所示。

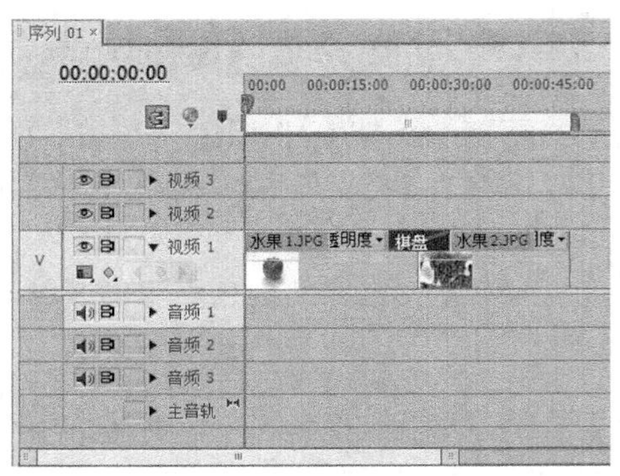

图7-56

03 执行操作后，即可添加棋盘转场效果，在“节目监视器”面板中，单击“播放-停止切换”按钮，预览添加转场后的图像效果。

7.3.9 应用交叉伸展转场特效

在Premiere Pro CS6中，“交叉伸展”转场效果是一种将第1个镜头的画面进行收缩，然后逐渐过渡至第2个镜头的转场效果。

下面介绍应用交叉伸展转场特效的操作方法。

课堂案例	应用交叉伸展转场特效
案例位置	效果\第7章\空间.prproj
视频位置	视频\第7章\课堂案例——应用交叉伸展转场特效.mp4
难易指数	★★☆☆☆
学习目标	掌握应用交叉伸展转场特效的操作方法

本实例最终效果如图7-57所示。

图7-57

01 按Ctrl＋O组合键，打开一个项目文件，如图7-58所示。在“效果”面板中，展开“视频切换”选项。

图7-58

02 在“伸展”列表框中选择“交叉伸展”选项，将其拖曳至“视频1”轨道上，设置时间为00:00:07:00，如图7-59所示。

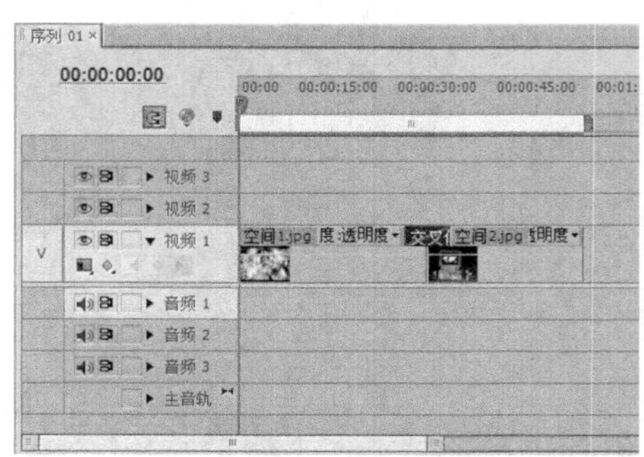

图7-59

03 执行操作后，即可添加交叉伸展转场效果，在“节目监视器”面板中，单击“播放-停止切换”按钮，预览添加转场后的图像效果。

7.3.10 应用划像交叉转场特效

在Premiere Pro CS6中，“划像交叉”转场是一种将第1个镜头的画面从中心向四角划开，然后逐渐过渡至第2个镜头的转场效果。

课堂案例	应用划像交叉转场特效
案例位置	效果\第7章\装饰.prproj
视频位置	视频\第7章\课堂案例——应用划像交叉转场特效.mp4
难易指数	★★☆☆☆
学习目标	掌握应用划像交叉转场特效的操作方法

本实例最终效果如图7-60所示。

图7-60

图7-60（续）

01 按Ctrl＋O组合键，打开一个项目文件，如图7-61所示，在“效果”面板中，展开“视频切换”选项。

图7-61

02 接下来在“划像”列表框中选择“划像交叉”选项，将其拖曳至“视频1”轨道上，设置时间为00:00:07:00，如图7-62所示。

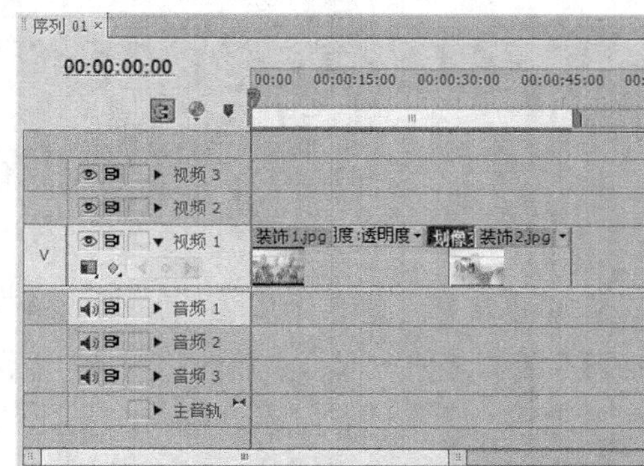

图7-62

03 执行操作后，即可添加划像交叉转场效果，在“节目监视器”面板中，单击“播放-停止切换”按钮，预览添加转场后的图像效果。

技巧与提示

在Premiere Pro CS6中，“划像”转场特效包含“划像交叉”“划像形状”“圆划像”“星形划像”“点划像”“盒形划像”及“菱形划像”转场类型。

7.3.11 应用中心剥落转场特效

在Premiere Pro CS6中，“中心剥落”转场效果是以第1个镜头从中心分裂成4块并卷起而显示第2个镜头的形式来实现转场效果。

课堂案例	应用中心剥落转场特效
案例位置	效果\第7章\装饰1.prproj
视频位置	视频\第7章\课堂案例——应用中心剥落转场特效.mp4
难易指数	★★☆☆☆
学习目标	掌握应用中心剥落转场特效的操作方法

本实例最终效果如图7-63所示。

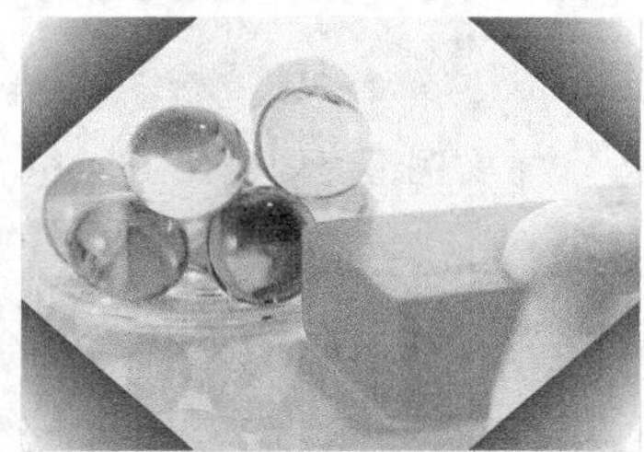

图7-63

01 以上一个案例的素材为例，在“效果”面板的“卷页”列表框中选择“中心剥落”选项，如图7-64所示。

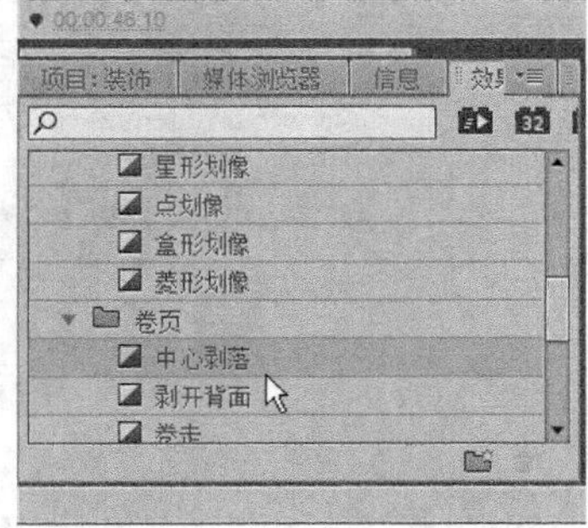

图7-64

02 单击鼠标左键并将其拖曳至“视频1”轨道上，设置时间为00:00:08:00，如图7-65所示。

03 执行操作后，即可添加中心剥落转场效果，在“节目监视器”面板中，单击“播放-停止切换”按钮，预览添加转场后的图像效果。

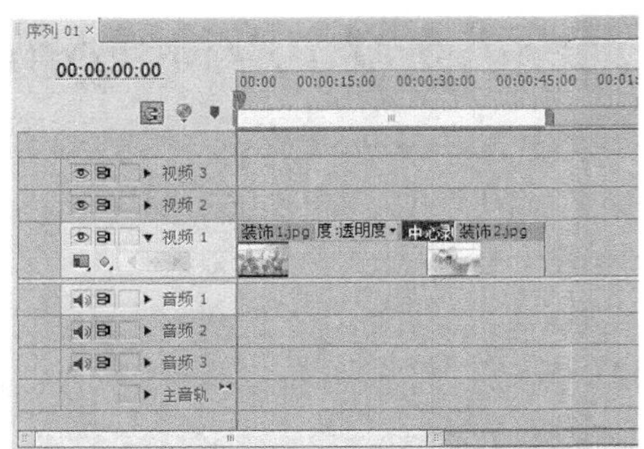

图7-65

7.3.12 应用交叉叠化转场特效

在Premiere Pro CS6中，“交叉叠化（标准）”转场效果是一种第1个镜头的透明度逐渐降低随后直至消失，最终显示出第2个镜头的转场效果。

课堂案例	应用交叉叠化转场特效
案例位置	效果\第7章\少女.prproj
视频位置	视频\第7章\课堂案例——应用交叉叠化转场特效.mp4
难易指数	★★★☆☆
学习目标	掌握应用交叉叠化转场特效的操作方法

本实例最终效果如图7-66所示。

图7-66

01 新建一个项目文件，单击“文件”|“导入”命令，弹出“导入”对话框，导入两幅素材图像，如图7-67所示。

02 在“项目”面板中拖曳素材至“视频1”轨道中，在“特效控制台”面板中调整素材的缩放比例，在“效果”面板中展开“视频切换”|“叠化”选项，选择“交叉叠化（标准）”转场效果，如图7-68所示。

图7-67

图7-68

03 单击鼠标左键并将其拖曳至“视频1”轨道的两个素材之间，即可添加转场效果，如图7-69所示。

图7-69

04 执行上述操作后，单击“节目监视器”面板中的“播放-停止切换”按钮，即可预览交叉叠化转场效果。

7.3.13 应用向上折叠转场特效

在Premiere Pro CS6中，“向上折叠”视频切换效果是一种3D转场效果，这种转场会在第1个镜头中出现类似“折纸”一样折叠效果，并逐渐显示出第2个镜头。

下面介绍应用向上折叠转场特效的操作方法。

课堂案例	应用向上折叠转场特效
案例位置	效果\第7章\舞动.prproj
视频位置	视频\第7章\课堂案例——应用向上折叠转场特效.mp4
难易指数	★★★☆☆
学习目标	掌握应用向上折叠转场特效的操作方法

本实例最终效果如图7-70所示。

图7-70

01 新建一个项目文件，单击“文件”|“导入”命令，导入两幅素材图像，如图7-71所示。然后将其拖曳至“视频1”轨道中。

图7-71

02 完成操作后，在“特效控制台”面板中设置素材的“缩放比例”为135，在“效果”面板中展开“视频切换”|“3D运动”选项，选择“向上折叠”转场效果，如图7-72所示。

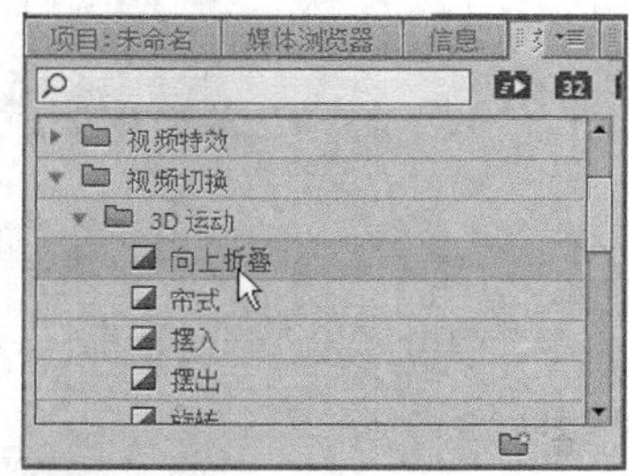

图7-72

03 单击鼠标左键并将其拖曳至“视频1”轨道的两个素材之间，即可添加转场效果，如图7-73所示。

图7-73

04 执行上述操作后，单击“节目监视器”面板中的“播放-停止切换”按钮，即可预览向上折叠转场效果。

7.3.14 应用附加叠化转场特效

在Premiere Pro CS6中，“附加叠化”转场效果是将素材B中亮度较高的区域直接叠加到素材A上，从而使素材B逐渐显示出来。

课堂案例	应用附加叠化转场特效
案例位置	效果\第7章\魔幻.prproj
视频位置	视频\第7章\课堂案例——应用附加叠化转场特效.mp4
难易指数	★★★☆☆
学习目标	掌握应用附加叠化转场特效的操作方法

本实例最终效果如图7-74所示。

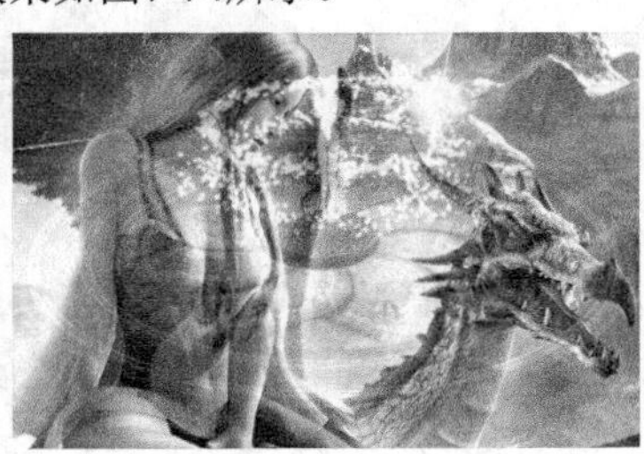

图7-74

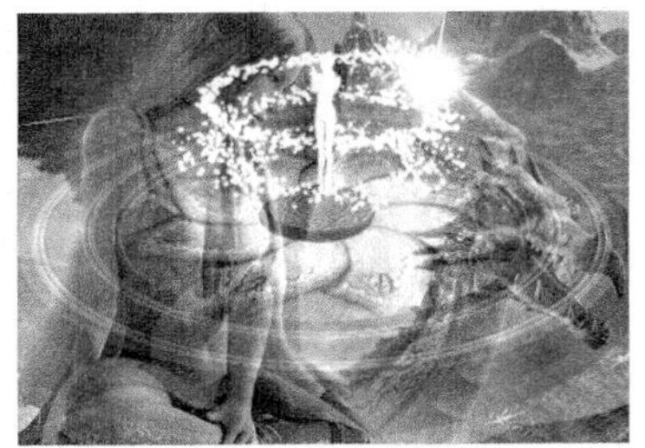

图7-74（续）

01 新建一个项目文件，单击“文件”|“导入”命令，弹出“导入”对话框，导入两幅素材图像，如图7-75所示。

图7-75

02 拖曳素材至“视频1”轨道中，在“特效控制台”面板中调整缩放比例，在“效果”面板中展开“视频切换”|“叠化”选项，选择“附加叠化”转场效果，如图7-76所示。

图7-76

03 单击鼠标左键并将其拖曳至“视频1”轨道的两个素材之间，即可添加转场效果，如图7-77所示。

图7-77

04 执行上述操作后，单击“节目监视器”面板中的“播放-停止切换”按钮，即可预览附加叠化转场效果。

7.4 在视频中应用高级转场特效

高级视频转场效果主要是指Premiere Pro CS6自身附带的特定转场效果，用户可以根据需要在影片素材之间添加高级转场特效。本节主要介绍在视频中应用高级转场特效的操作方法，以供读者掌握。

7.4.1 应用交叉缩放转场特效

在Premiere Pro CS6中，“交叉缩放”转场效果是一种将第1个镜头的画面放大，并过渡至第2个镜头，最终达到与第1个镜头同样比例的转场效果。

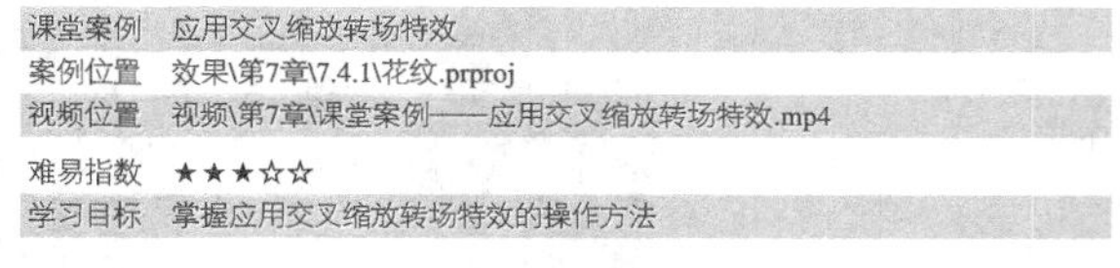

课堂案例	应用交叉缩放转场特效
案例位置	效果\第7章\7.4.1\花纹.prproj
视频位置	视频\第7章\课堂案例——应用交叉缩放转场特效.mp4
难易指数	★★★☆☆
学习目标	掌握应用交叉缩放转场特效的操作方法

本实例最终效果如图7-78所示。

图7-78

图7-78（续）

01 新建一个项目文件，单击“文件”|“导入”命令，导入两幅素材图像，如图7-79所示。然后将其拖曳至“视频1”轨道中。

图7-79

02 完成操作后，接下来在“特效控制台”面板中设置素材的“缩放比例”为135，在“效果”面板中展开“视频切换”|“缩放”选项，选择“交叉缩放”转场效果，如图7-80所示。

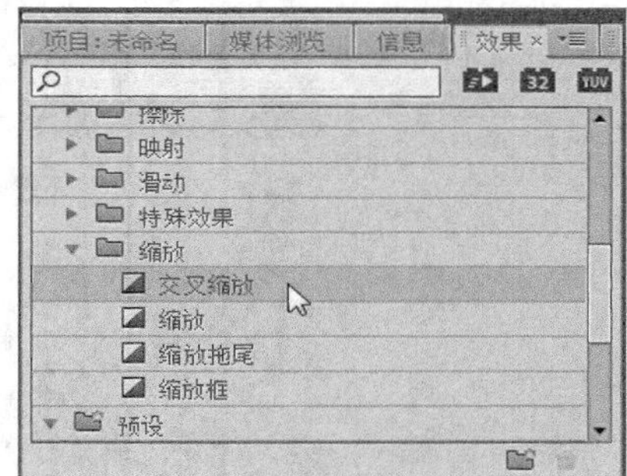

图7-80

03 单击鼠标左键并将其拖曳至“视频1”轨道的两个素材之间，即可添加转场效果，如图7-81所示。

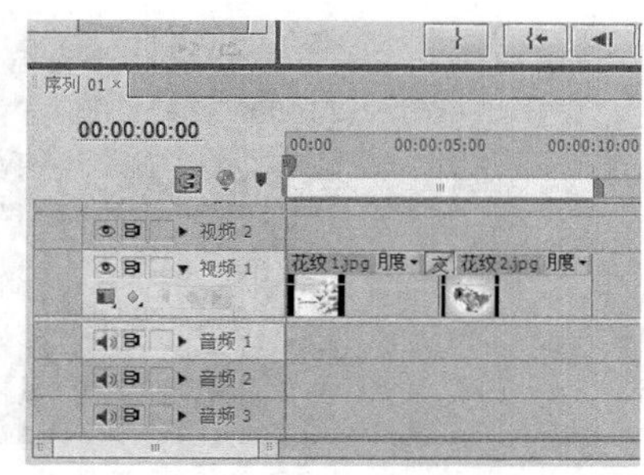

图7-81

04 执行上述操作后，单击“节目监视器”面板中的“播放-停止切换”按钮，即可预览交叉缩放转场效果。

7.4.2 应用中心拆分转场特效

在Premiere Pro CS6中，“中心拆分”转场效果是一种将第1个镜头的画面拆分为4个画面，并向4个角落移动的转场效果。下面介绍应用中心拆分转场特效的操作方法。

课堂案例	应用中心拆分转场特效
案例位置	效果\第7章\另类.prproj
视频位置	视频\第7章\课堂案例——应用中心拆分转场特效.mp4
难易指数	★★★☆☆
学习目标	掌握应用中心拆分转场特效的操作方法

本实例最终效果如图7-82所示。

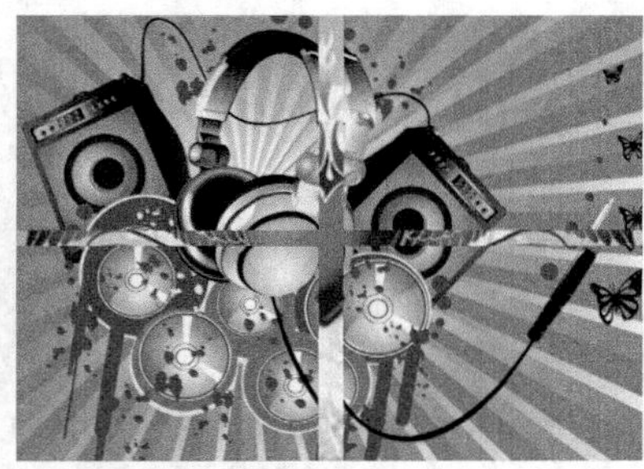

图7-82

01 新建一个项目文件，单击“文件”|“导入”命令，导入两幅素材图像，如图7-83所示。然后将其拖曳至“视频1”轨道中。

图7-83

02 在“特效控制台”面板中设置素材的“缩放比例”为120，在“效果”面板中展开“视频切换”|“滑动”选项，选择“中心拆分”转场效果，如图7-84所示。

图7-84

03 单击鼠标左键并将其拖曳至“视频1”轨道的两个素材之间，即可添加转场效果，如图7-85所示。

图7-85

04 执行上述操作后，单击“节目监视器”面板中的“播放-停止切换”按钮，即可预览中心拆分转场效果。

7.4.3 应用3D运动转场特效

在Premiere Pro CS6中，“3D运动”转场效果就是将前后两个要运用“3D运动”转场效果的镜头进行层次化，给人以3D立体的视觉效果。

课堂案例	应用3D运动转场特效
案例位置	效果\第7章\情侣.prproj
视频位置	视频\第7章\课堂案例——应用3D运动转场特效.mp4
难易指数	★★★☆☆
学习目标	掌握应用3D运动转场特效的操作方法

本实例最终效果如图7-86所示。

图7-86

01 新建一个项目文件，单击“文件”|“导入”命令，导入两幅素材图像，如图7-87所示。然后将其拖曳至“视频1”轨道中。

图7-87

02 接下来在“特效控制台”面板中分别设置素材的“缩放比例”为90、110，在“效果”面板中展开“视频切换”|“3D运动”选项，选择“帘式”转场效果，如图7-88所示。

03 单击鼠标左键并将其拖曳至“视频1”轨道的两个素材之间，即可添加转场效果，如图7-89所示。

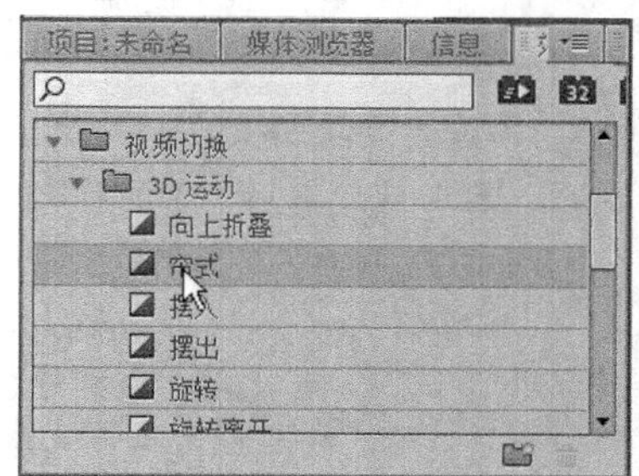

图7-88

图7-89

04 执行上述操作后，单击“节目监视器”面板中的“播放-停止切换”按钮，即可预览3D运动转场效果。

7.4.4 应用伸展进入转场特效

在Premiere Pro CS6中，“伸展进入”转场效果是以一种覆盖的方式来完成转场效果的，在将第2个镜头画面被无限放大的同时，逐渐恢复到正常比例和透明度，最终覆盖在第1个镜头画面上。

课堂案例	应用伸展进入转场特效
案例位置	效果\第7章\男孩.prproj
视频位置	视频\第7章\课堂案例——应用伸展进入转场特效.mp4
难易指数	★★★☆☆
学习目标	掌握应用伸展进入转场特效的操作方法

本实例最终效果如图7-90所示。

图7-90

01 新建一个项目文件，单击“文件”|“导入”命令，导入两幅素材图像，如图7-91所示。

图7-91

02 在“项目”面板中将素材拖曳至“视频1”轨道中，在“效果”面板中展开“视频切换”|“伸展”选项，选择“伸展进入”转场效果，如图7-92所示。

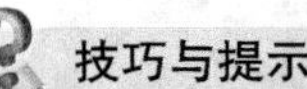

技巧与提示

在Premiere Pro CS6中，“伸展”转场效果包含“交叉伸展”“伸展”“伸展覆盖”及“伸展进入”转场类型。

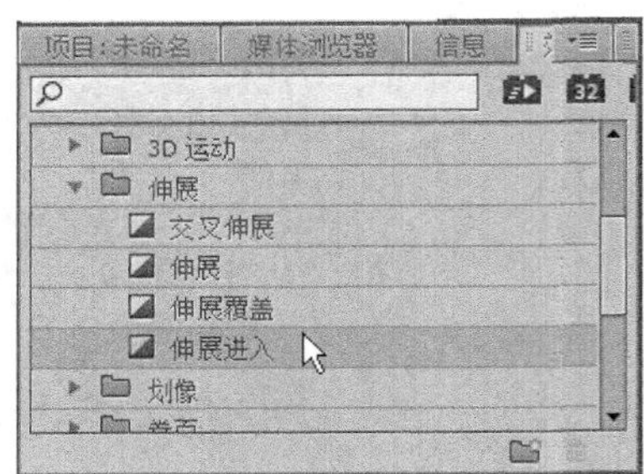

图7-92

03 单击鼠标左键并将其拖曳至“视频1”轨道的两个素材之间，即可添加转场效果，如图7-93所示。

图7-93

04 执行上述操作后，单击“节目监视器”面板中的“播放-停止切换”按钮，即可预览伸展转场效果。

7.4.5 应用星形划像转场特效

在Premiere Pro CS6中，“星形划像”转场效果是将两个相邻的剪辑，以图像B呈星形在图像A上展开进行过渡的。下面介绍应用星形划像转场特效的操作方法。

课堂案例	应用星形划像转场特效
案例位置	效果\第7章\色彩.prproj
视频位置	视频\第7章\课堂案例——应用星形划像转场特效.mp4
难易指数	★★★☆☆
学习目标	掌握应用星形划像转场特效的操作方法

本实例最终效果如图7-94所示。

图7-94

图7-94（续）

01 新建一个项目文件，单击“文件”|“导入”命令，导入两幅素材图像，如图7-95所示。然后将其拖曳至“视频1”轨道中。

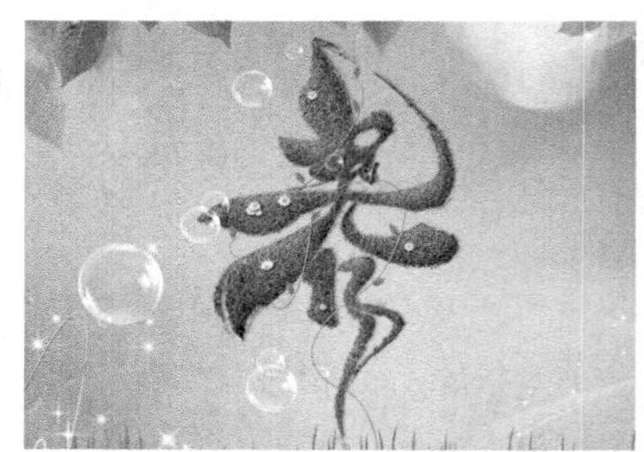

图7-95

02 在“特效控制台”面板中分别设置素材的“缩放比例”为55、45，在“效果”面板中展开“视频切换”|“划像”选项，选择“星形划像”转场效果，如图7-96所示。

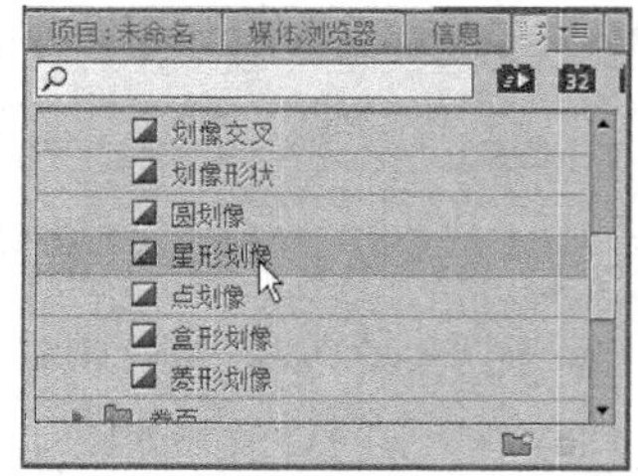

图7-96

03 单击鼠标左键并将其拖曳至“视频1”轨道的两个素材之间，即可添加转场效果，如图7-97所示。

图7-97

04 执行上述操作后，单击“节目监视器”面板中的“播放-停止切换”按钮，即可预览星型划像转场效果。

7.4.6 应用渐变擦除转场特效

在Premiere Pro CS6中，“渐变擦除”转场效果是将第1个镜头从画面的左上角向右下角进行溶解渐变，最终逐渐转换为第2个镜头。

课堂案例	应用渐变擦除转场特效
案例位置	效果\第7章\梦幻.prproj
视频位置	视频\第7章\课堂案例——应用渐变擦除转场特效.mp4
难易指数	★★★☆☆
学习目标	掌握应用渐变擦除转场特效的操作方法

本实例最终效果如图7-98所示。

图7-98

01 新建一个项目文件，单击“文件”|“导入”命令，导入两幅素材图像，如图7-99所示。然后将其拖曳至“视频1”轨道中。

02 在“特效控制台”面板中分别设置素材的“缩放比例”为95、105，在“效果”面板中展开“视频切换”|“擦除”选项，选择“渐变擦除”转场效果，如图7-100所示。

图7-99

图7-100

03 单击鼠标左键并将其拖曳至“视频1”轨道的两个素材之间，弹出“渐变擦除设置”对话框，在其中设置“柔和度”值为30，如图7-101所示。

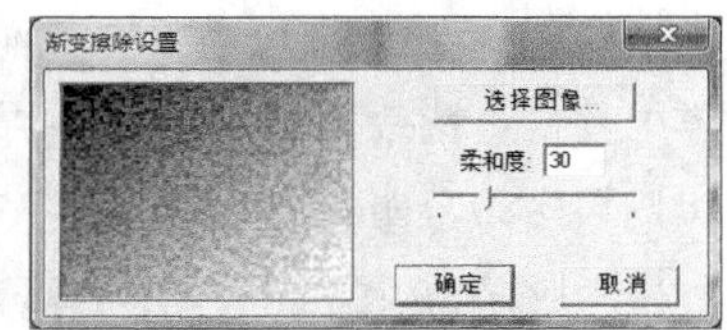

图7-101

04 设置完成后，单击“确定”按钮，即可添加转场效果，在“节目监视器”面板中单击“播放-停止切换”按钮，预览擦除转场效果。

7.4.7 应用黑场过渡转场特效

在Premiere Pro CS6中，“黑场过渡”转场效果是指图像A透明度变小且色调变黑直到消失，B

透明度变大直到完全显示出来。

课堂案例	应用黑场过渡转场特效
案例位置	效果\第7章\文字.prproj
视频位置	视频\第7章\课堂案例——应用黑场过渡转场特效.mp4
难易指数	★★★☆☆
学习目标	掌握应用黑场过渡转场特效的操作方法

本实例最终效果如图7-102所示。

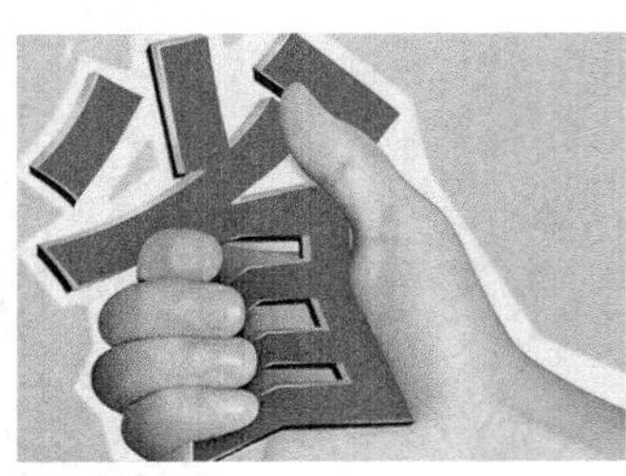

图7-102

01 新建一个项目文件，单击“文件”|“导入”命令，导入一幅素材图像，如图7-103所示。

图7-103

02 在“项目”面板中将素材拖曳至“视频1”轨道中，在“特效控制台”面板中设置素材的“缩放比例”为80，如图7-104所示。

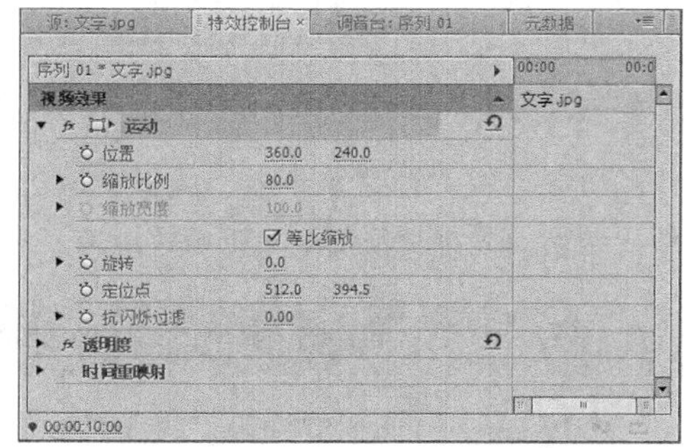

图7-104

03 在“效果”面板中展开“视频切换”|“叠化”选项，选择“黑场过渡”转场效果，如图7-105所示。

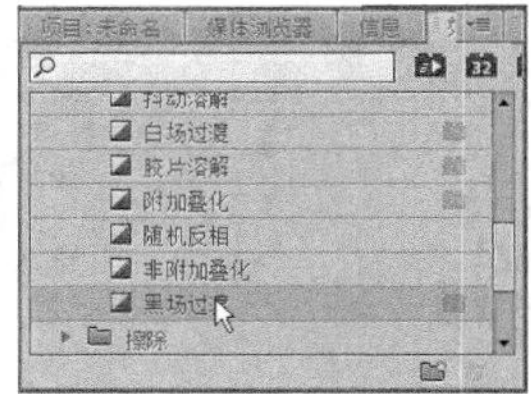

图7-105

04 单击鼠标左键并将其拖曳至“视频1”轨道的素材上，即可添加转场效果，如图7-106所示。

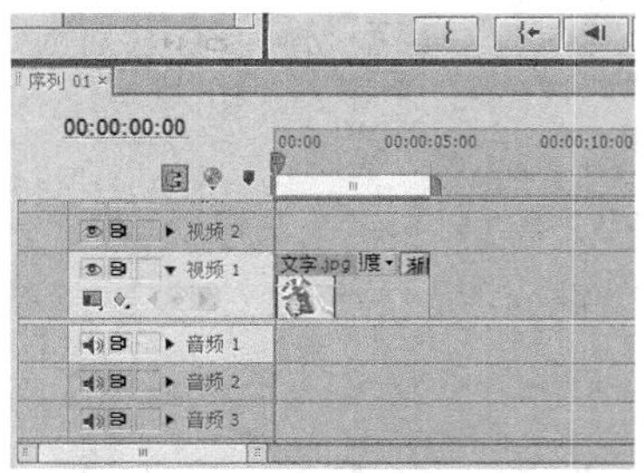

图7-106

05 执行上述操作后，单击“节目监视器”面板中的“播放-停止切换”按钮，即可预览叠化转场效果。

7.4.8 应用通道映射转场特效

在Premiere Pro CS6中，“映射”转场效果提供了两种类型的转场特效，一种是“明亮度映射”转场，另一种是“通道映射”转场。下面介绍应用通道映射转场特效的方法。

课堂案例	应用通道映射转场特效
案例位置	效果\第7章\游戏.prproj
视频位置	视频\第7章\课堂案例——应用通道映射转场特效.mp4
难易指数	★★★☆☆
学习目标	掌握应用通道映射转场特效的操作方法

本实例最终效果如图7-107所示。

图7-107

01 新建一个项目文件，单击“文件”|“导入”命令，导入两幅素材图像，如图7-108所示。然后将其拖曳至“视频1”轨道中。

图7-108

02 在“特效控制台”面板中设置素材的“缩放比例”为80，在“效果”面板中展开“视频切换”|“映射”选项，选择“通道映射”转场效果，如图7-109所示。

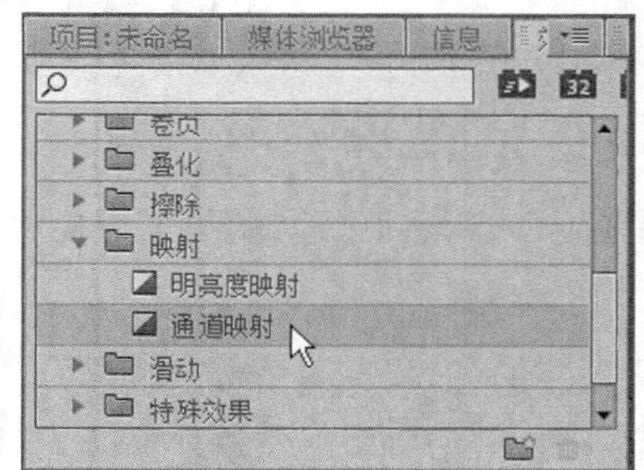

图7-109

03 单击鼠标左键并将其拖曳至“视频1”轨道的两个素材之间，弹出“通道映射设置”对话框，在其中选中“至目标蓝色”右侧的“反相”复选框，如图7-110所示。

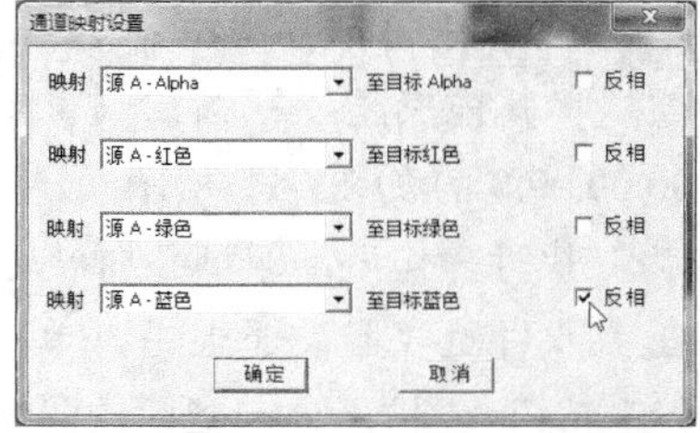

图7-110

04 执行上述操作后，单击“确定”按钮，即可添加转场效果，如图7-111所示。

图7-111

05 之后单击“节目监视器”面板中的“播放-停止切换”按钮，预览映射转场效果。

7.4.9 应用缩放拖尾转场特效

在Premiere Pro CS6中，“缩放拖尾”转场效果是将第1个镜头画面逐渐缩小，并在缩小的过程中留下缩小前的部分画面，直到第1个镜头画面完全消失。

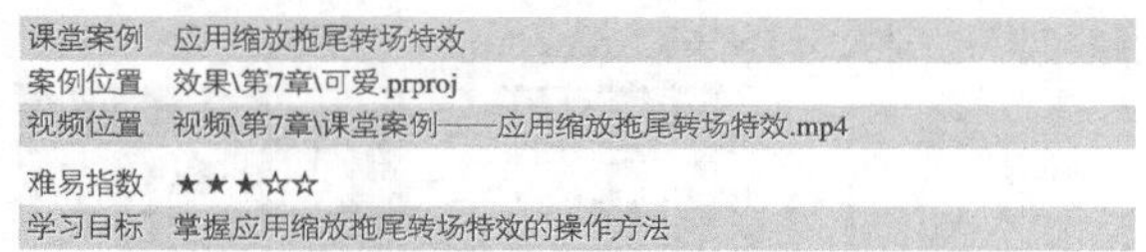

课堂案例	应用缩放拖尾转场特效
案例位置	效果\第7章\可爱.prproj
视频位置	视频\第7章\课堂案例——应用缩放拖尾转场特效.mp4
难易指数	★★★☆☆
学习目标	掌握应用缩放拖尾转场特效的操作方法

本实例最终效果如图7-112所示。

图7-112

01 新建一个项目文件，单击“文件”|“导入”命令，导入两幅素材图像，如图7-113所示。然后将其拖曳至“视频1”轨道中。

图7-113

02 在“特效控制台”面板中设置第1个素材的“缩放比例”为180，在“效果”面板中展开“视频切换”|“缩放”选项，选择“缩放拖尾”转场效果，如图7-114所示。

图7-114

03 单击鼠标左键并将其拖曳至“视频1”轨道的素材上，即可添加转场效果，如图7-115所示。

图7-115

04 执行上述操作后，单击“节目监视器”面板中的“播放-停止切换”按钮，即可预览缩放转场效果。

7.4.10 应用抖动溶解转场特效

在Premiere Pro CS6中，“抖动溶解”转场效果是在第1个镜头画面中出现点状矩阵，最终第1个镜头中的画面完全被替换为第2个镜头的画面。

课堂案例	应用抖动溶解转场特效
案例位置	效果\第7章\黄金.prproj
视频位置	视频\第7章\课堂案例——应用抖动溶解转场特效.mp4
难易指数	★★☆☆☆
学习目标	掌握应用抖动溶解转场特效的操作方法

本实例最终效果如图7-116所示。

图7-116

01 按Ctrl+O组合键，打开一个项目文件，如图7-117所示。在“效果”面板中，展开“视频切换”选项。

图7-117

02 在“叠化”列表框中选择“抖动溶解”选项，将其拖曳至“视频1”轨道上，设置时间为00:00:09:00，如图7-118所示。

03 执行操作后，即可添加抖动溶解转场效果，在“节目监视器”面板中，单击“播放-停止切换”按钮，预览添加转场后的图像效果。

图7-118

7.4.11 应用滑动带转场特效

在Premiere Pro CS6中，“滑动带”转场效果能够将第2个镜头画面以百叶窗的形式用水平线逐渐显示出来。

课堂案例	应用滑动带转场特效
案例位置	效果\第7章\风景.prproj
视频位置	视频\第7章\课堂案例——应用滑动带转场特效.mp4
难易指数	★★☆☆☆
学习目标	掌握应用滑动带转场特效的操作方法

本实例最终效果如图7-119所示。

图7-119

01 按Ctrl＋O组合键，打开一个项目文件，如图7-120所示。在“效果”面板中，展开“视频切换”选项。

图7-120

02 在“滑动”列表框中选择“滑动带”选项，将其拖曳至“视频1”轨道上，设置时间为00:00:09:00，如图7-121所示。

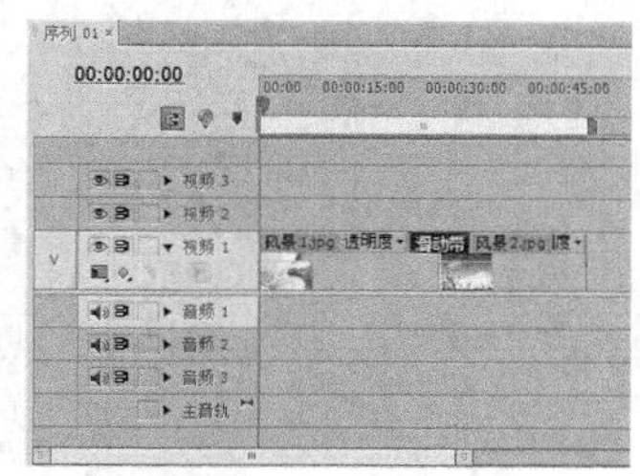

图7-121

03 执行操作后，即可添加滑动带转场效果，在“节目监视器”面板中，单击“播放-停止切换”按钮，预览添加转场后的图像效果。

7.4.12 应用滑动转场特效

在Premiere Pro CS6中，“滑动”转场效果则是不改变第1个镜头画面，将第2个画面滑入第1个镜头中。

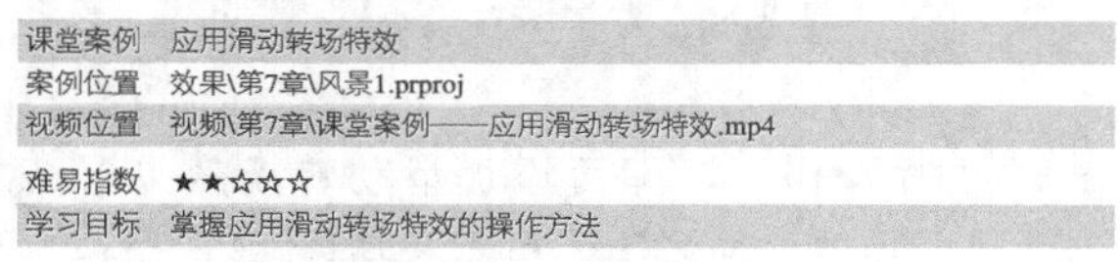

课堂案例	应用滑动转场特效
案例位置	效果\第7章\风景1.prproj
视频位置	视频\第7章\课堂案例——应用滑动转场特效.mp4
难易指数	★★☆☆☆
学习目标	掌握应用滑动转场特效的操作方法

本实例最终效果如图7-122所示。

图7-122

01 以上一个案例的素材为例，在“效果”面板的“滑动”列表框中选择“滑动”选项，如图7-123所示。

02 单击鼠标左键并将其拖曳至“视频1”轨道上，设置时间为00:00:08:00，如图7-124所示。

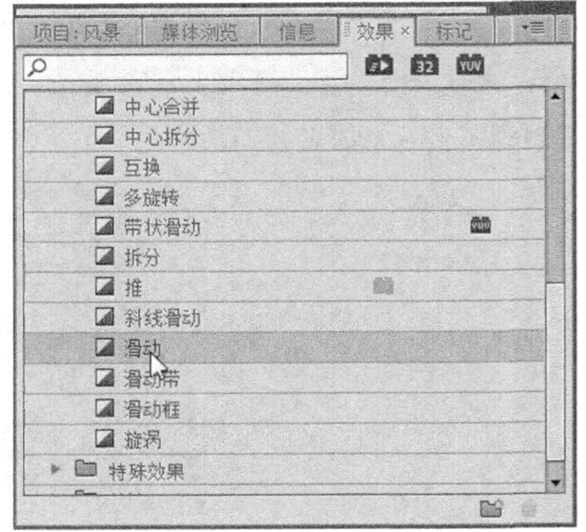

图7-123

图7-124

03 执行操作后，即可添加滑动转场效果，在“节目监视器”面板中，单击“播放-停止切换”按钮，预览添加转场后的图像效果。

7.4.13 应用翻页转场特效

在Premiere Pro CS6中，“翻页”转场效果是将第1幅图像以翻页的形式从一角卷起，最终将第2幅图像显示出来。

课堂案例	应用翻页转场特效
案例位置	效果\第7章\猫咪.prproj
视频位置	视频\第7章\课堂案例——应用翻页转场特效.mp4
难易指数	★★☆☆☆
学习目标	掌握应用翻页转场特效的操作方法

本实例最终效果如图7-125所示。

图7-125

图7-125（续）

01 按Ctrl＋O组合键，打开一个项目文件，如图7-126所示。在“效果”面板中，展开“视频切换”选项。

图7-126

02 在“卷页”列表框中选择“翻页”选项，将其拖曳至“视频1”轨道上，设置时间为00:00:07:00，如图7-127所示。

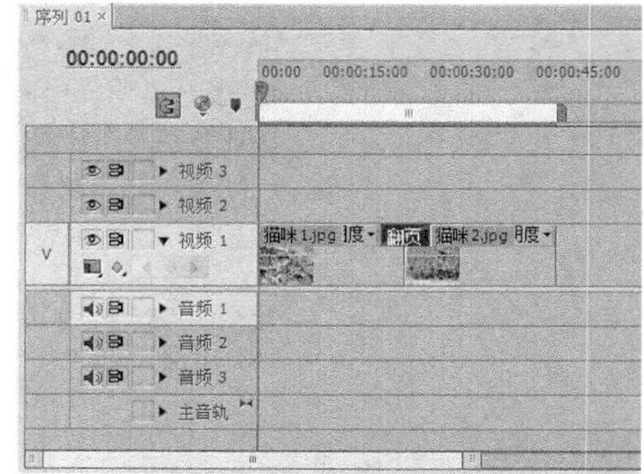

图7-127

03 执行操作后，即可添加翻页转场效果，在“节目监视器”面板中，单击“播放-停止切换”按钮，预览添加转场后的图像效果。

技巧与提示

在“效果”面板的“卷页”列表框中，选择“翻页”转场效果后，可以单击鼠标右键，弹出快捷菜单，选择“设置所选择为默认过渡”选项，即可将“翻页”转场效果设置为默认转场。

7.4.14 应用纹理转场特效

在Premiere Pro CS6中，“纹理”转场效果是通过图像A与图像B的亮度值叠加来实现过渡效果的。

课堂案例	应用纹理转场特效
案例位置	效果\第7章\飘逸.prprojj
视频位置	视频\第7章\课堂案例——应用纹理转场特效.mp4
难易指数	★★★☆☆
学习目标	掌握应用纹理转场特效的操作方法

本实例最终效果如图7-128所示。

图7-128

01 新建一个项目文件，单击“文件”|“导入”命令，导入两幅素材图像，如图7-129所示。然后将其拖曳至“视频1”轨道中。

图7-129

02 在“效果”面板中展开“视频切换”|“特殊效果”选项，选择“纹理”转场效果，如图7-130所示。

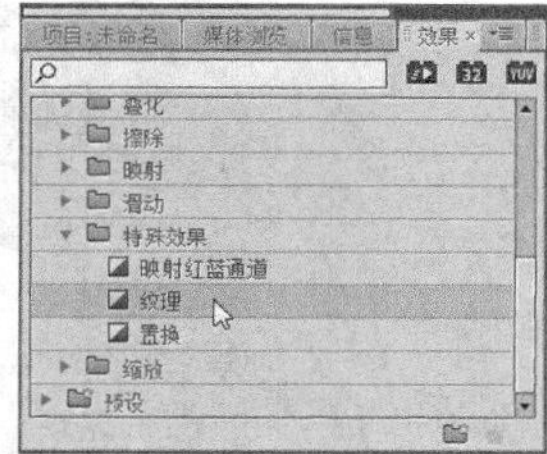

图7-130

03 单击鼠标左键并将其拖曳至“视频1”轨道的素材上，单击“节目监视器”面板中的“播放-停止切换”按钮，即可预览纹理转场效果。

7.4.15 应用划像形状转场特效

在Premiere Pro CS6中，“划像形状”转场效果可以在第1个镜头画面中出现一种形状的透明部分，然后逐渐展现出第2个镜头。

课堂案例	应用划像形状转场特效
案例位置	效果\第7章\电影.prproj
视频位置	视频\第7章\课堂案例——应用划像形状转场特效.mp4
难易指数	★★☆☆☆
学习目标	掌握应用划像形状转场特效的操作方法

本实例最终效果如图7-131所示。

图7-131

01 按Ctrl＋O组合键，打开一个项目文件，如图7-132所示。在“效果”面板中，展开“视频切换”选项。

图7-132

02 在“划像”列表框中选择“划像形状”选项，将其拖曳至“视频1”轨道上，设置时间为00:00:06:00，如图7-133所示。

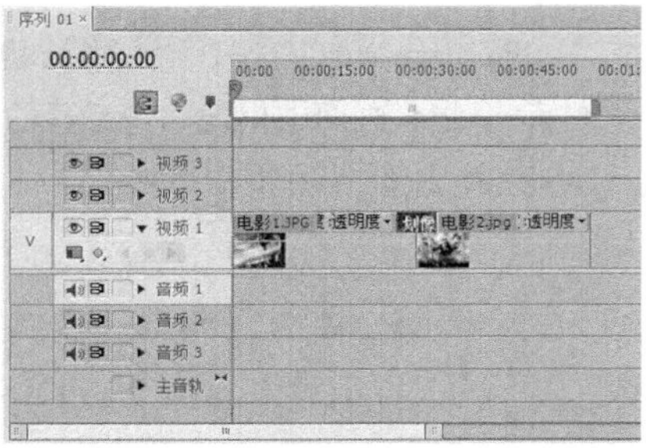

图7-133

03 执行操作后，即可添加划像形状转场效果，在“节目监视器”面板中，单击“播放-停止切换”按钮，预览添加转场后的图像效果。

7.4.16 应用立方体旋转转场特效

在Premiere Pro CS6中，“立方体旋转”是一种比较高级的3D转场效果，该效果将第1个镜头与第2个镜头以某个立方体的一面变到另一面进行旋转转换。下面介绍添加立方体旋转转场特效的操作方法。

课堂案例	应用立方体旋转转场特效
案例位置	效果\第7章\婚纱.prproj
视频位置	视频\第7章\课堂案例——应用立方体旋转转场特效.mp4
难易指数	★★☆☆☆
学习目标	掌握应用立方体旋转转场特效的操作方法

本实例最终效果如图7-134所示。

图7-134

01 按Ctrl＋O组合键，打开一个项目文件，如图7-135所示。在“效果”面板中，展开“视频切换”选项。

图7-135

02 在“3D运动”列表框中选择“立方体旋转”选项，将其拖曳至“视频1”轨道上，并设置持续时间，如图7-136所示。

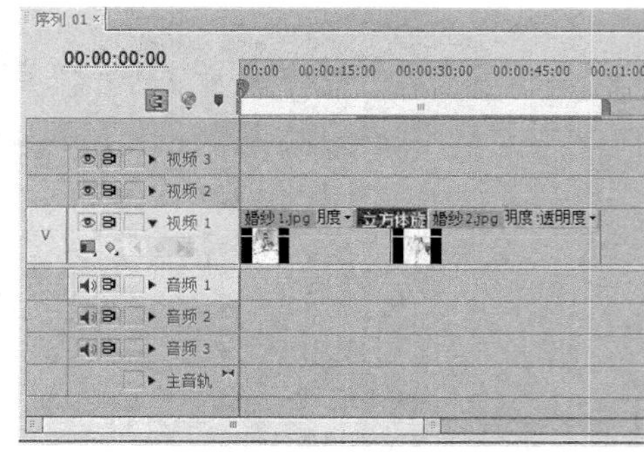

图7-136

03 执行操作后，即可添加立方体旋转转场效果，在“节目监视器”面板中，单击“播放-停止切换”按钮，预览添加转场后的图像效果。

7.4.17 应用映射红蓝通道转场特效

在Premiere Pro CS6中，“映射红蓝通道”转场效果是将第1个镜头与第2个镜头画面的通道信息生成一段全新画面内容后，将其应用至镜头之间的转场效果中。

课堂案例	应用映射红蓝通道转场特效
案例位置	效果\第7章\休闲.prproj
视频位置	视频\第7章\课堂案例——应用映射红蓝通道转场特效.mp4
难易指数	★★☆☆☆
学习目标	掌握应用映射红蓝通道转场特效的操作方法

本实例最终效果如图7-137所示。

图7-137

01 按Ctrl＋O组合键，打开一个项目文件，如图7-138所示。在“效果”面板中，展开“视频切换”选项。

图7-138

02 在“特殊效果”列表框中选择“映射红蓝通道”选项，将其拖曳至“视频1”轨道上，并设置持续时间，如图7-139所示。

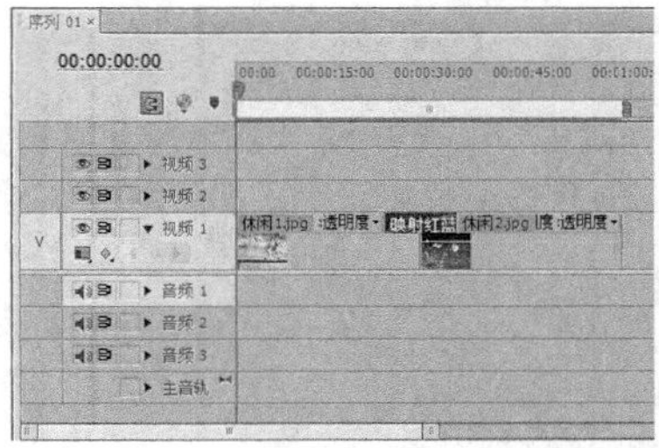

图7-139

03 执行操作后，即可添加映射红蓝通道转场效果，在“节目监视器”面板中，单击“播放-停止切换”按钮，预览添加转场后的图像效果。

7.5 本章小结

本章使用大量篇幅，全面介绍了Premiere Pro CS6转场效果的添加、移动、替换及删除的具体操作方法和技巧，同时对常用及高级转场效果以实例的形式向读者做了详尽的说明和效果展示。通过本章的学习，读者应该全面、熟练地掌握Premiere Pro CS6转场效果的添加、设置及应用方法，并对不同转场所产生的画面效果有所了解。

7.6 习题测试——应用卷页转场特效

案例位置	效果\第7章\习题测试\动漫.prproj
难易指数	★★★☆☆
学习目标	掌握应用卷页转场特效的操作方法

本习题目的在于让读者掌握应用“卷页”转场特效的操作方法，最终效果如图7-140所示。

图7-140

第8章

视频覆叠特效的制作

内容摘要

所谓覆叠特效，是Premiere Pro CS6提供的一种视频编辑效果，将视频素材添加到视频轨中之后，系统会对视频素材的大小、位置及透明度等属性进行调节，从而产生视频叠加效果。本章就主要介绍这个覆叠特效的制作方法与技巧。

课堂学习目标

- 认识Alpha通道及遮罩
- 掌握本章的覆叠效果案例实战

8.1 Alpha通道及遮罩的认识

Alpha通道是图像额外的灰度图层，利用Alpha通道可以将视频轨道中的图像、文字等素材与其他视频轨道中的素材进行组合。而遮罩则能够根据自身灰阶的不同，有选择地隐藏素材画面中的内容。

本节主要介绍Alpha通道及遮罩的基本知识。

8.1.1 Alpha通道的概述

通道就如同摄影胶片一样，主要作用是记录图像内容和颜色信息，然而随着图像的颜色模式改变，通道的数量也会随着改变。

在Premiere Pro CS6中，颜色模式主要以RGB模式为主，Alpha通道可以把所需要的图像分离出来，让画面达到最佳的透明效果。为了更好地理解通道，接下来我们将通过同样由Adobe公司开发的Photoshop来进行更深的了解。

在启动Photoshop后，打开一副RGB模式的图像，如图8-1所示。接下来，用户可以单击“窗口”|“通道”命令，展开RGB颜色模式下的“通道”面板，此时“通道”面板中除了RGB混合通道外，还分别有“红”“绿”“蓝”3个专色通道。

图8-1

当用户打开一副颜色模式为CMYK的素材图像时，在“通道”面板中的专色通道将会变为青色、洋红、黄色及黑色，如图8-2所示。

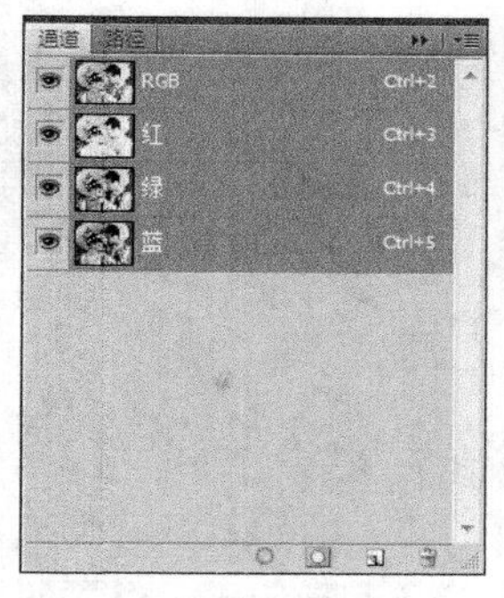

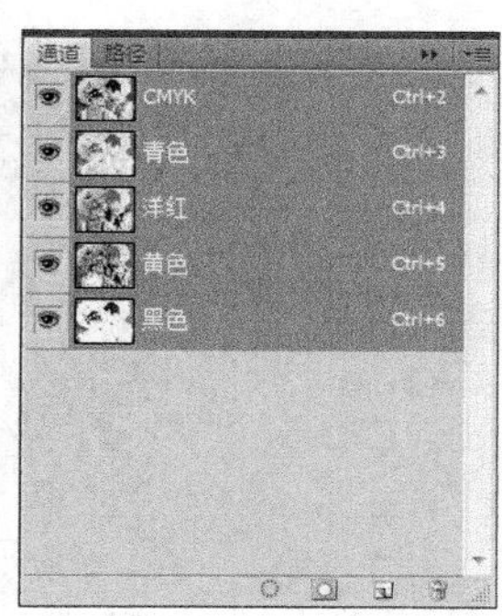

图8-2

8.1.2 Alpha通道视频叠加

在Premiere Pro CS6中，一般情况下，利用通道进行视频叠加的方法很简单，用户可以根据需要运用Alpha通道进行视频叠加。

下面介绍运用Alpha通道进行视频叠加的操作方法。

课堂案例	Alpha通道视频叠加
案例位置	效果\第8章\卡通少女.prproj
视频位置	视频\第8章\课堂案例——Alpha通道视频叠加.mp4
难易指数	★★★★☆
学习目标	掌握Alpha通道视频叠加的操作方法

本实例最终效果如图8-3所示。

图8-3

01 按Ctrl＋O组合键，打开一个项目文件，如图8-4所示。

02 在“效果”面板中，依次选择“视频特效”|“键控”|“Alpha调整”选项，如图8-5所示。

图8-4

图8-5

03 单击鼠标左键，并将其拖曳至“视频2”轨道的素材上，添加视频特效，如图8-6所示。

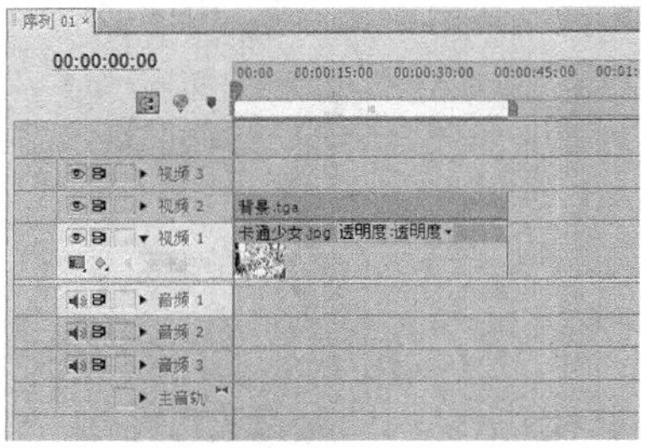

图8-6

04 在“特效控制台”面板中，选中“反相Alpha”复选框，单击“反相Alpha”和“仅蒙版”左侧的“切换动画”按钮，添加一组关键帧，如图8-7所示。

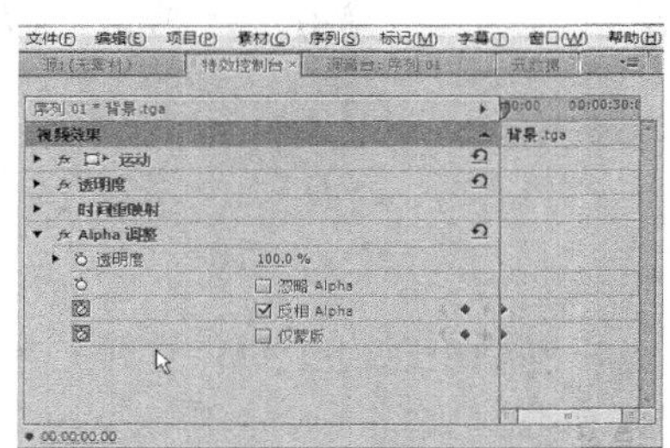

图8-7

05 将时间线移至00:00:03:00的位置，取消选中“反相Alpha”复选框，选中“仅蒙版”复选框，添加第2组关键帧，如图8-8所示。

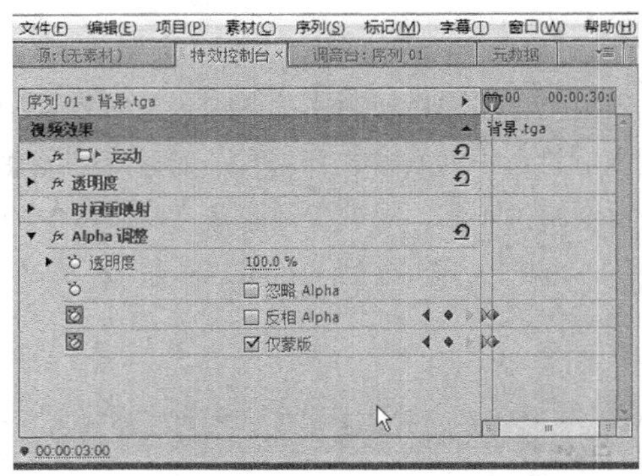

图8-8

技巧与提示

Alpha通道信息都是静止的图像信息，因此需要运用Photoshop这一类图像编辑软件来生成带有通道信息的图像文件。

在创建完带有通道信息的图像文件后，接下来只需要将带有Alpha通道信息的文件拖入到Premiere Pro CS6的“时间线”面板的视频轨道上即可，视频轨道中编号较低的内容将自动透过Alpha通道显示出来。

06 将时间线移至00:00:14:10的位置，单击“Alpha调整”特效右侧的“重置”按钮，添加第3组关键帧，设置“透明度”为50，如图8-9所示。

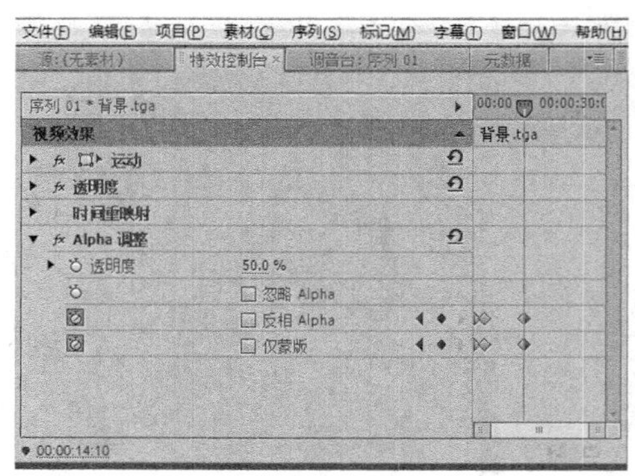

图8-9

07 将时间线移至素材的开始位置，在“节目监视器”面板中，单击“播放-停止切换”按钮，即可预览视频叠加后的图像效果，如图8-10所示。

图8-10

8.1.3 熟悉遮罩的基础知识

1. 无用信号遮罩

无用信号遮罩主要是针对视频图像的特定键进行处理，下面将介绍无用信号遮罩的基础概念。

“无用信号遮罩”是运用多个遮罩点，并在素材画面中连成一个固定的区域，用来隐藏画面中的部分图像。系统提供了4点、8点及16点无信号遮罩特效。

2. 色度键

“色度键”特效用于将图像上的某种颜色及其相似范围的颜色设定为透明，从而可以看见低层的图像。

“色度键”的作用是利用颜色来制作遮罩效果，这种特效多运用于画面中有大量近似色的素材中。“色度键”特效也常常用于其他文件的Alpha通道或填充，如果输入的素材是包含背景的Alpha，可能需要去除图像中的光晕，而光晕通常和背景及图像有很大的差异。

3. 亮度键

“亮度键”特效用于将叠加图像的灰度值设置为透明。

“亮度键”可用来去除素材画面中较暗的部分图像，所以该特效常运用于画面明暗差异化特别明显的素材中。

4. 非红色键

非红色键与蓝屏键的作用类似，二者的区别在于蓝屏键去除的是画面中的蓝色图像，而非红色键不仅可以去除蓝色背景，还可以去除绿色背景。

5. 图像遮罩键

“图像遮罩键”特效可以用一幅静态的图像作为蒙版。

在Premiere Pro CS6中，“图像遮罩键”是将素材作为划定遮罩的范围，或者为图像导入一张带有Alpha通道的图像素材来指定遮罩的范围。

6. 差异遮罩键

“差异遮罩键”特效可以将两个图像相同区域进行叠加。

“差异遮罩键”作用于对比两个相似的图像剪辑，并去除图像剪辑在画面中的相似部分，最终只留下有差异的图像内容。

7. 颜色键

运用“颜色键”可设置出需要透明的颜色来设置透明效果。

“颜色键”主要运用于大量相似色的素材画面中，其作用是隐藏素材画面中指定的色彩范围。

8.2 覆叠效果案例实战精通

在Premiere Pro CS6中可以通过对素材透明度进行设置，制作出各种透明混合叠加的效果。透明度叠加是将一个素材的部分显示在另一个素材画面上，利用半透明的画面来呈现下一张画面。除了上述叠加方式外，还有“字幕”叠加方式、“淡入淡出”叠加方式及“RGB差异键”叠加方式等，这些叠加方式都是相当实用的。本节主要介绍运用各种叠加方式的基本操作方法。

8.2.1 制作透明度叠加效果

在Premiere Pro CS6中，用户可以直接在特效控制台中降低或提高素材的透明度，这样可以让两个轨道的素材同时显示在画面中。下面介绍制作透明度叠加效果的操作方法。

课堂案例	制作透明度叠加效果
案例位置	效果\第8章\光线.prproj
视频位置	视频\第8章\课堂案例——制作透明度叠加效果.mp4
难易指数	★★★☆☆
学习目标	掌握制作透明度叠加效果的操作方法

本实例最终效果如图8-11所示。

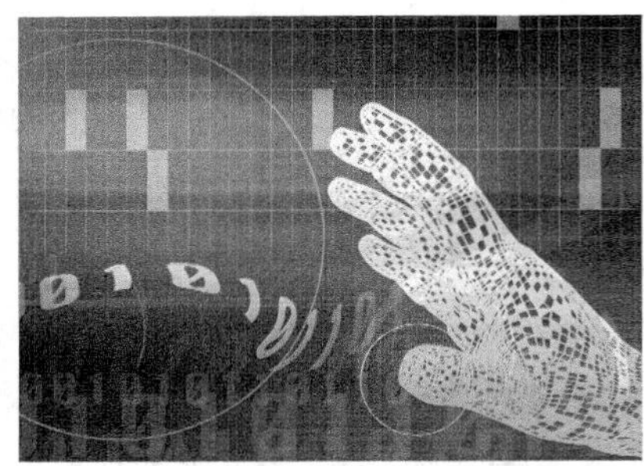

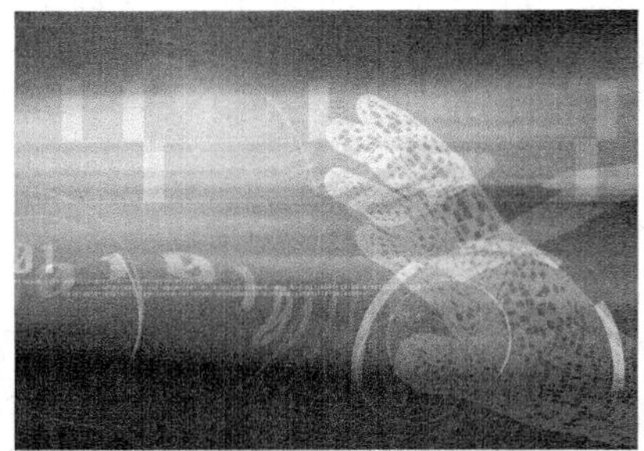

图8-11

01 按Ctrl＋O组合键，打开一个项目文件，如图8-12所示。

图8-12

02 在“视频2”轨道上，选择图像素材，如图8-13所示。

图8-13

03 在“特效控制台”面板中，展开“透明度”选项，单击“透明度”左侧的“切换动画”按钮，添加关键帧，如图8-14所示。

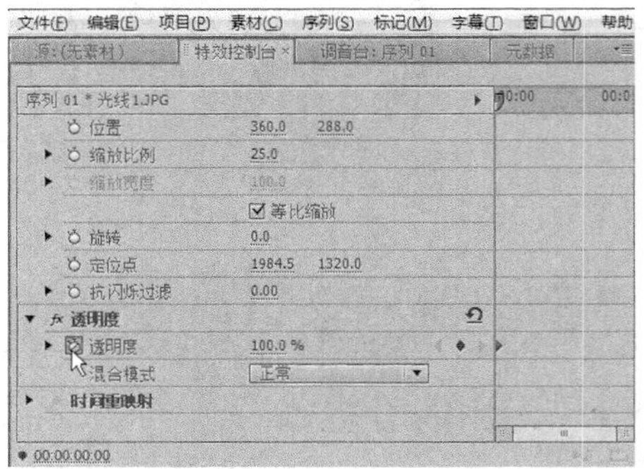

图8-14

04 将时间线移至00:00:04:00的位置，设置“透明度”为50，添加关键帧，如图8-15所示。

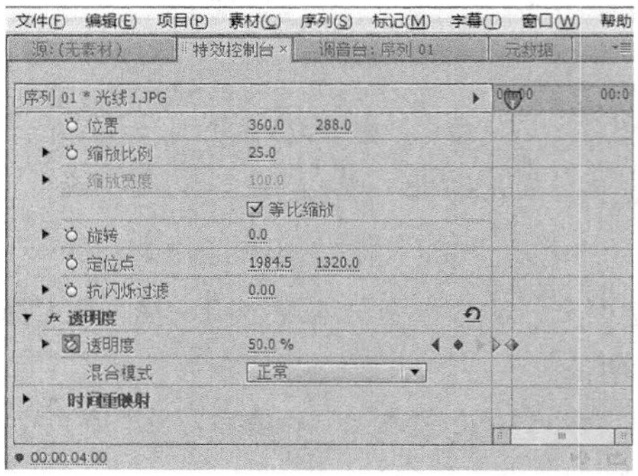

图8-15

05 用与上同样的方法，分别在00:00:06:00、00:00:08:00和00:00:10:00位置，为素材添加关键帧，并分别设置“透明度”为25、40和80。设置完成后，将时间线移至素材的开始位置，在“节目监视器”面板中，单击“播放-停止切换”按钮，预览透明化叠加效果，如图8-16所示。

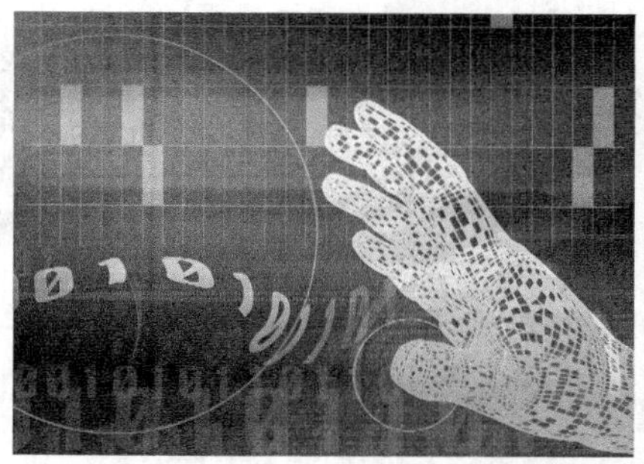

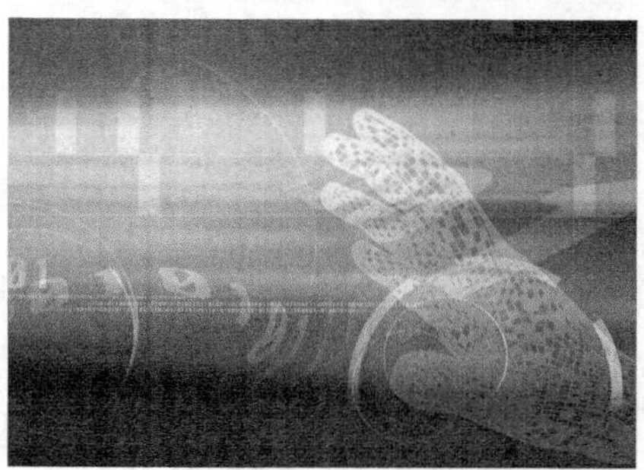

图8-16

8.2.2　制作蓝屏键透明叠加效果

在Premiere Pro CS6中，蓝屏键可以去除画面中的所有蓝色部分，这样可以为画面添加更加特殊的叠加效果。

下面介绍制作蓝屏键透明叠加效果的操作方法。

课堂案例	制作蓝屏键透明叠加效果
案例位置	效果\第8章\光圈.prproj
视频位置	视频\第8章\课堂案例——制作蓝屏键透明叠加效果.mp4
难易指数	★★★☆☆
学习目标	掌握制作蓝屏键透明叠加效果的操作方法

本实例最终效果如图8-17所示。

图8-17

01 按Ctrl＋O组合键，打开一个项目文件，如图8-18所示。

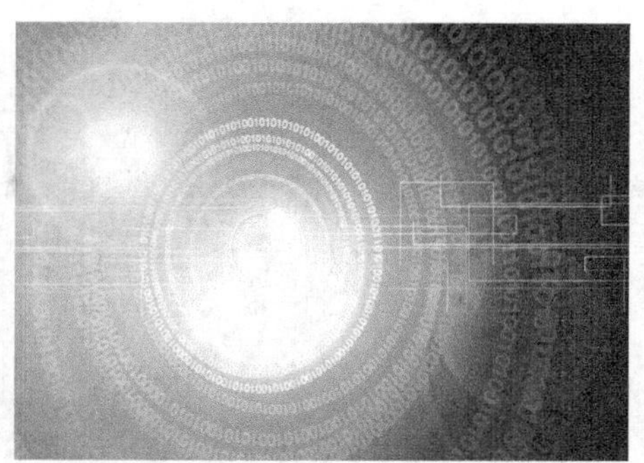

图8-18

02 在“效果”面板中，选择“蓝屏键”选项，如图8-19所示。

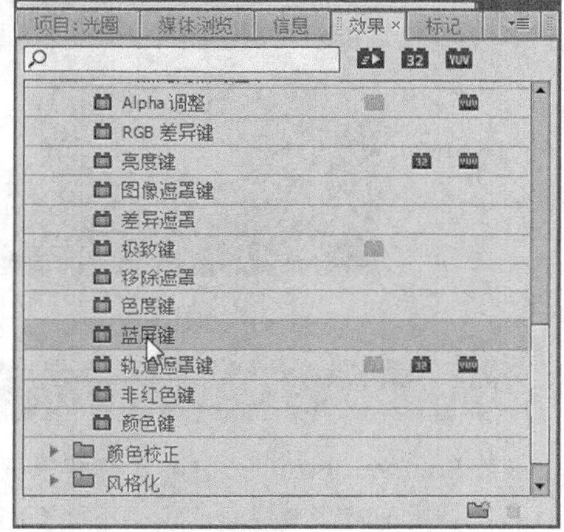

图8-19

03 单击鼠标左键，并将其拖曳至“视频2”的素材图像上，添加视频特效，如图8-20所示。

图8-20

04 展开“特效控制台”面板，展开“蓝屏键”选项，设置“阈值”为50，如图8-21所示。

05 设置完成后，将时间线移至素材的开始位置，在“节目监视器”面板中，单击“播放-停止切换”按钮，预览蓝屏键叠加效果，如图8-22所示。

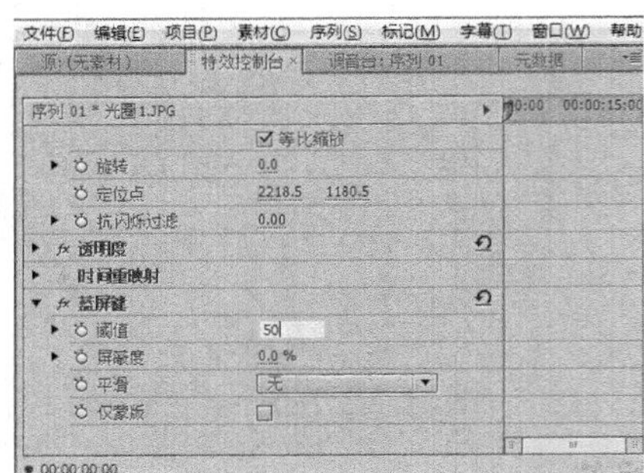

图8-21

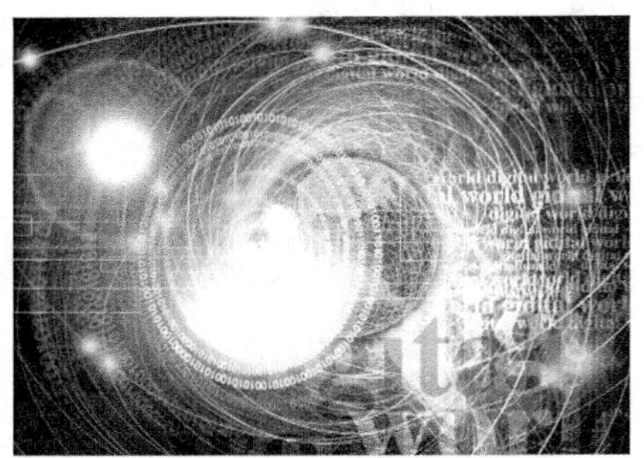

图8-22

8.2.3 制作非红色键叠加素材效果

在Premiere Pro CS6中，“非红色键”特效可以将图像上的背景变成透明色。下面介绍制作非红色键叠加素材的操作方法。

课堂案例	制作非红色键叠加素材效果
案例位置	效果\第8章\沉思.prproj
视频位置	视频\第8章\课堂案例——制作非红色键叠加素材效果.mp4
难易指数	★★★☆☆
学习目标	掌握制作非红色键叠加素材效果的操作方法

本实例最终效果如图8-23所示。

图8-23

01 按Ctrl＋O组合键，打开一个项目文件，如图8-24所示。

02 在“效果”面板中，选择“非红色键”选项，如图8-25所示。

图8-24

图8-25

03 单击鼠标左键，并将其拖曳至“视频2”的素材图像上，如图8-26所示。

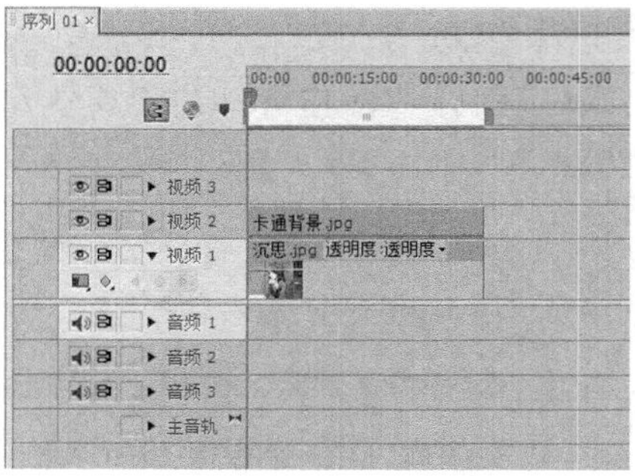

图8-26

04 在“特效控制台”面板中，设置“阈值”为0，“屏蔽度”为1.5，即可运用非红色键叠加素材，如图8-27所示。

图8-27

8.2.4　制作颜色键叠加素材效果

在Premiere Pro CS6中，对颜色键有了初步的了解后，我们就可以运用该特效制作出一些比较特别的效果叠加了。

下面介绍制作颜色键叠加素材效果的操作方法。

课堂案例	制作颜色键叠加素材效果
案例位置	效果\第8章\水果.prproj
视频位置	视频\第8章\课堂案例——制作颜色键叠加素材效果.mp4
难易指数	★★★☆☆
学习目标	掌握制作颜色键叠加素材效果的操作方法

本实例最终效果如图8-28所示。

图8-28

01 按Ctrl＋O组合键，打开一个项目文件，如图8-29所示。

图8-29

02 在“效果”面板中，选择“颜色键”选项，如图8-30所示。

图8-30

03 单击鼠标左键，并将其拖曳至“视频2”的素材图像上，添加视频特效，如图8-31所示。

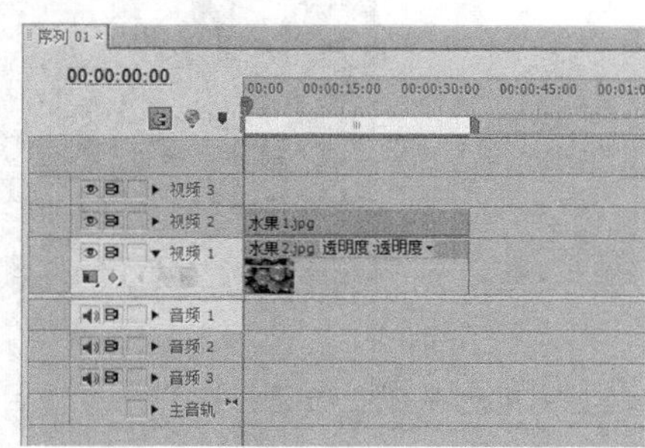

图8-31

04 在“特效控制台”面板中，设置各参数，即可运用颜色键叠加素材，如图8-32所示。

图8-32

技巧与提示

在“颜色键”特效中的各选项含义如下。

“颜色宽容度”选项主要是用于扩展所选颜色的范围。

“薄化边缘”选项能够在选定色彩的基础上，扩大或缩小“主要颜色”的范围。

“羽化边缘”选项可以在图像边缘产生平滑过渡，其参数越大，羽化的效果越明显。

8.2.5　制作亮度键叠加素材效果

在Premiere Pro CS6中，亮度键是用来去除素材画面中较暗的部分图像，所以亮度键叠加素材效果常运用于画面明暗差异化特别明显的素材中。

下面介绍制作亮度键叠加素材效果的操作方法。

课堂案例	制作亮度键叠加素材效果
案例位置	效果\第8章\小狗.prproj
视频位置	视频\第8章\课堂案例——制作亮度键叠加素材效果.mp4
难易指数	★★★☆☆
学习目标	掌握制作亮度键叠加素材效果的操作方法

本实例最终效果如图8-33所示。

图8-33

01 按Ctrl＋O组合键，打开一个项目文件，如图8-34所示。

图8-34

02 在“效果”面板中，选择“亮度键”选项，如图8-35所示。

项目:小狗　媒体浏览　信息　效果　标记
键控
16 点无用信号遮罩
4 点无用信号遮罩
8 点无用信号遮罩
Alpha 调整
RGB 差异键
亮度键
图像遮罩键
差异遮罩
极致键
移除遮罩
色度键
蓝屏键
轨道遮罩键

图8-35

03 单击鼠标左键，并将其拖曳至“视频2”的素材图像上，添加视频特效，如图8-36所示。

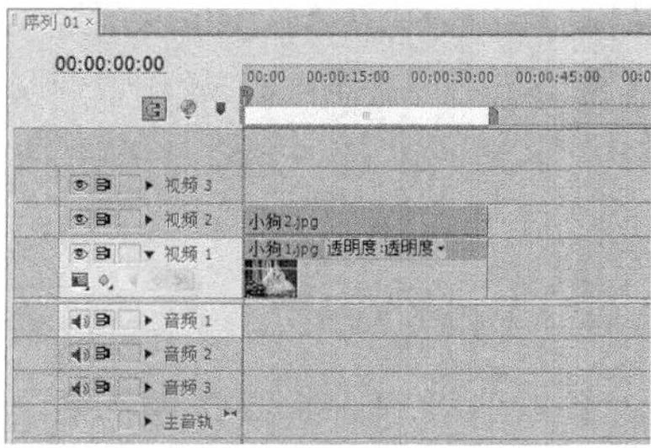

图8-36

04 在“特效控制台”面板中，设置“阈值”和“屏蔽度”均为100，即可运用亮度键叠加素材，效果如图8-37所示。

图8-37

8.2.6 制作字幕叠加效果

华丽的字幕效果往往会让整个影视素材显得更加耀眼，下面就为大家介绍运用字幕叠加效果的操作方法。

课堂案例	制作字幕叠加效果
案例位置	效果\第8章\与我共舞.prproj
视频位置	视频\第8章\课堂案例——制作字幕叠加效果.mp4
难易指数	★★★☆☆
学习目标	掌握制作字幕叠加效果的操作方法

本实例最终效果如图8-38所示。

图8-38

01 按Ctrl＋O组合键，打开一个项目文件，如图8-39所示。

图8-39

02 在“效果”面板中，选择“轨道遮罩键”选项，如图8-40所示。

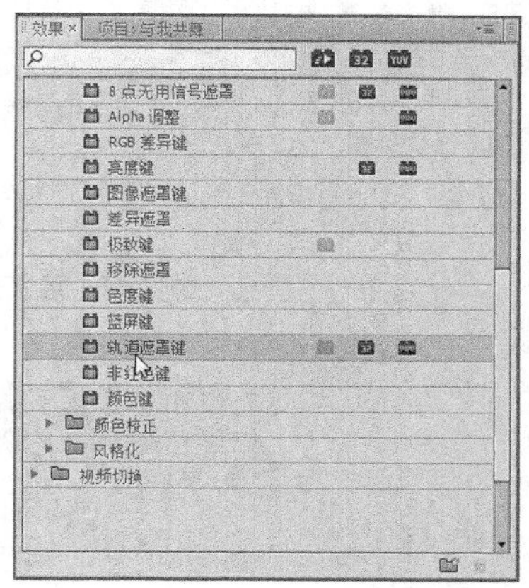

图8-40

03 单击鼠标左键，并将其拖曳至“视频2”的素材图像上，添加视频特效，如图8-41所示。

图8-41

04 然后在“特效控制台”面板中，单击“合成方式”右侧的下拉按钮，弹出列表框，选择“Luma遮罩”选项，如图8-42所示。

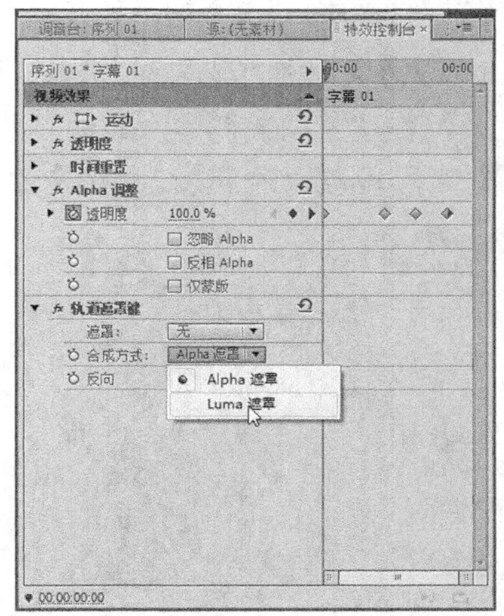

图8-42

05 执行操作后，即可运用字幕叠加特效，在“节目监视器”面板中，单击“播放-停止切换”按钮，预览字幕叠加效果，如图8-43所示。

图8-43

技巧与提示

在创建字幕的时候，Premiere Pro CS6会自动为字幕加上Alpha通道，所以也能带来透明叠加的效果。在需要进行视频叠加的时候，利用字幕创建工具制作出文字或者图形的可叠加视频内容，然后再利用“时间线”面板进行编辑即可。

8.2.7 制作RGB差异键效果

在Premiere Pro CS6中，“RGB差异键”特效主要用于将视频素材中的一种颜色差值做透明处理。

下面介绍制作RGB差异键效果的操作方法。

课堂案例	制作RGB差异键效果
案例位置	效果\第8章\女孩.prproj
视频位置	视频\第8章\课堂案例——制作RGB差异键效果.mp4
难易指数	★★★☆☆
学习目标	掌握制作RGB差异键效果的操作方法

本实例最终效果如图8-44所示。

图8-44

01 新建一个项目文件，单击“文件”|“导入”命令，导入两幅素材图像，如图8-45所示。

02 在“效果”面板中展开“视频特效”|“键控”选项，选择“RGB差异键”视频特效，如图8-46所示。

图8-45

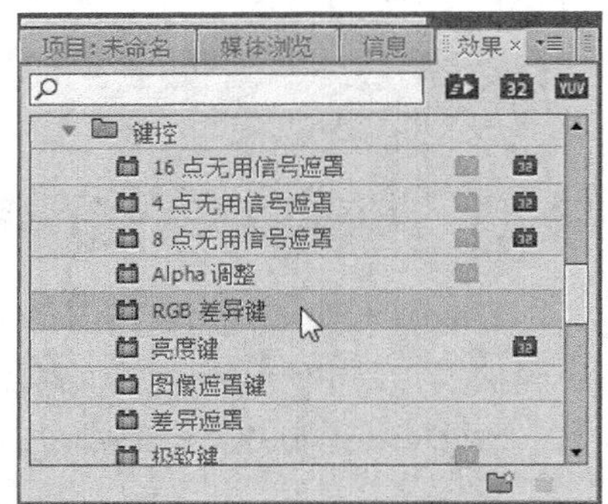

图8-46

03 单击鼠标左键并将其拖曳至“视频2”轨道的素材上，添加视频特效，如图8-47所示。

图8-47

04 在“特效控制台”面板中展开“RGB差异键”选项，设置相应参数，如图8-48所示。

05 执行上述操作后，即可运用RGB差异键制作叠加效果，在“节目监视器”面板中可以预览其效果，如图8-49所示。

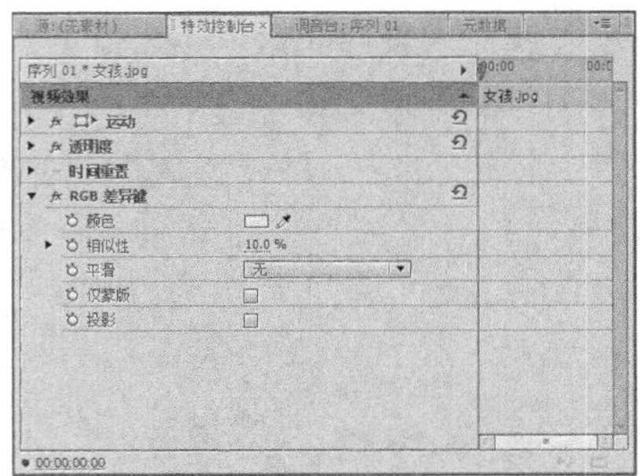

图8-48

图8-49

8.2.8 制作淡入淡出叠加效果

在Premiere Pro CS6中，“淡入淡出叠加”效果通过对两个或两个以上的素材文件添加“透明度”特效，并为素材添加关键帧来实现素材之间的叠加转换。

下面介绍制作淡入淡出叠加效果的操作方法。

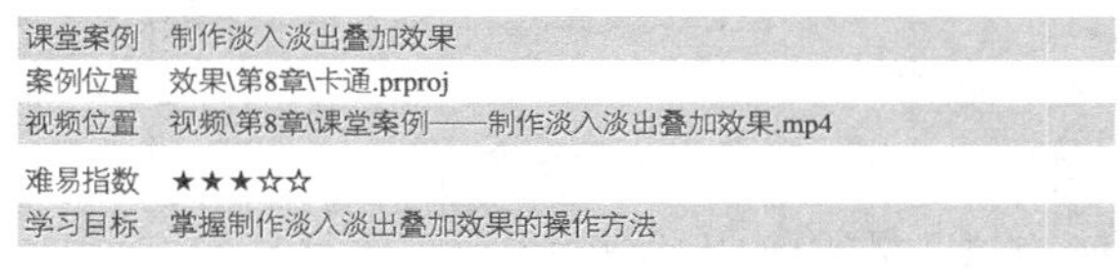

课堂案例	制作淡入淡出叠加效果
案例位置	效果\第8章\卡通.prproj
视频位置	视频\第8章\课堂案例——制作淡入淡出叠加效果.mp4
难易指数	★★★☆☆
学习目标	掌握制作淡入淡出叠加效果的操作方法

本实例最终效果如图8-50所示。

01 按Ctrl+O组合键，打开一个项目文件，如图8-51所示，选择“视频2”轨道中的素材。

02 在“特效控制台”面板中，展开“透明度”选项，设置“透明度”为0，添加关键帧，如图8-52所示。

图8-50

图8-50（续）

图8-51

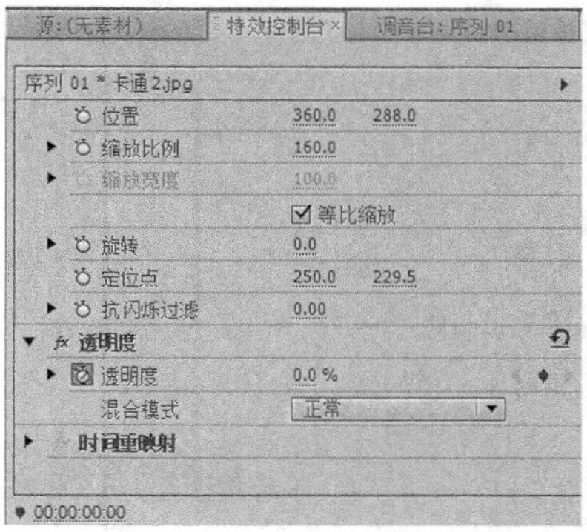

图8-52

03 将时间线拖曳至00:00:02:04的位置，设置“透明度”为100，添加第2个关键帧，如图8-53所示。

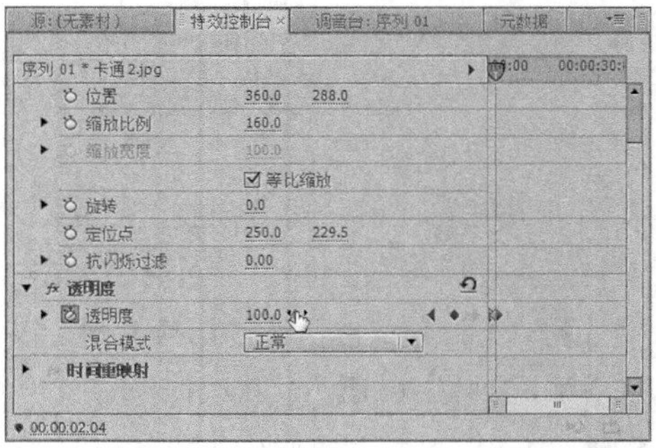

图8-53

04 将时间线拖曳至00:00:04:05的位置，设置“透明度”为0，添加第3个关键帧，如图8-54所示。

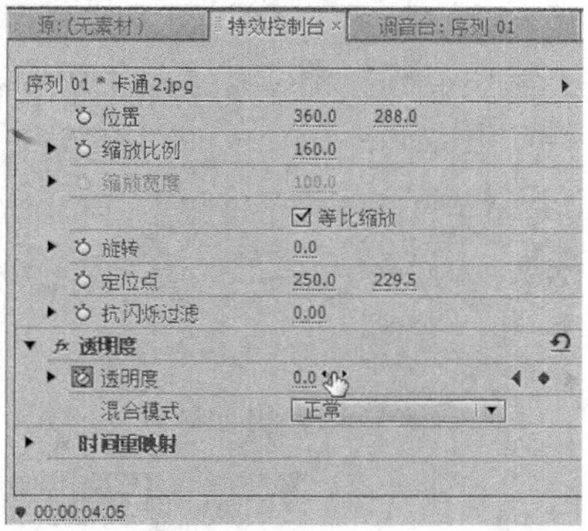

图8-54

05 执行操作后，即可运用淡入淡出叠加特效。在“节目监视器”面板中，单击“播放-停止切换”按钮，预览淡入淡出叠加效果，如图8-55所示。

图8-55

技巧与提示

在Premiere Pro CS6中，淡出是指一段视频剪辑结束时由亮变暗的过程；淡入是指一段视频剪辑开始时由暗变亮的过程。应用淡入淡出叠加效果会增加影视内容本身的一些主观气氛，而不像无技巧剪接那么生硬。

8.2.9 制作4点无用信号遮罩效果

在Premiere Pro CS6中，4点无用信号遮罩可以在素材画面中设定4个遮罩点，并利用这些遮罩点连成的区域来隐藏部分图像。下面介绍运用4点无用信号遮罩的操作方法。

课堂案例	制作4点无用信号遮罩效果
案例位置	效果\第8章\夏日清晨.prproj
视频位置	视频\第8章\课堂案例——制作4点无用信号遮罩效果.mp4
难易指数	★★★★☆
学习目标	掌握制作4点无用信号遮罩效果的操作方法

本实例最终效果如图8-56所示。

图8-56

01 新建一个项目文件，单击"文件"|"导入"命令，导入两幅素材图像，如图8-57所示。

图8-57

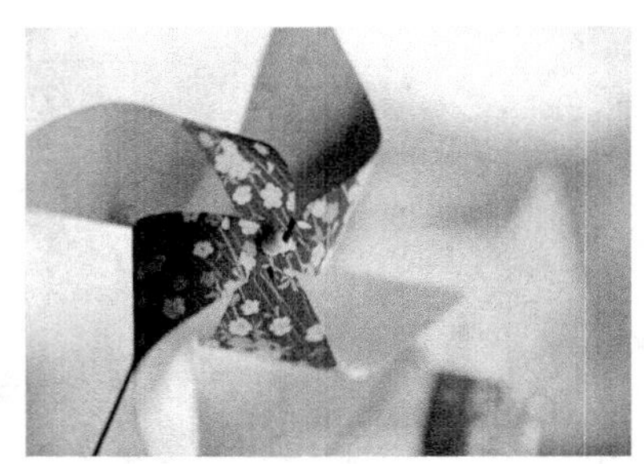

图8-57（续）

02 在"项目"面板中，将导入的素材分别添加至"视频1"和"视频2"轨道中，并设置素材的"缩放比例"均为80，即可添加素材文件，如图8-58所示。

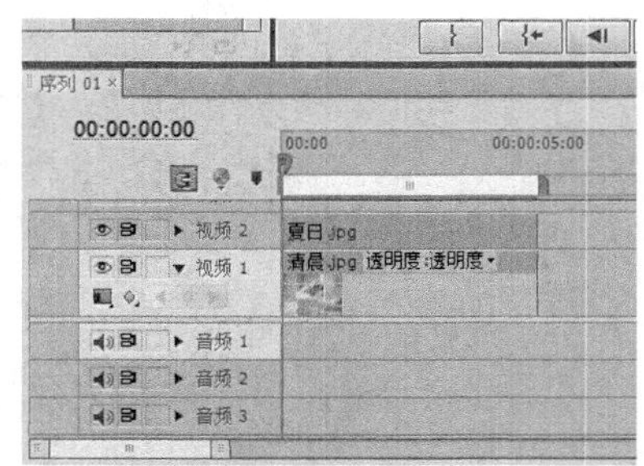

图8-58

03 在"效果"面板中展开"视频特效"|"键控"选项，选择"4点无用信号遮罩"视频特效，如图8-59所示。

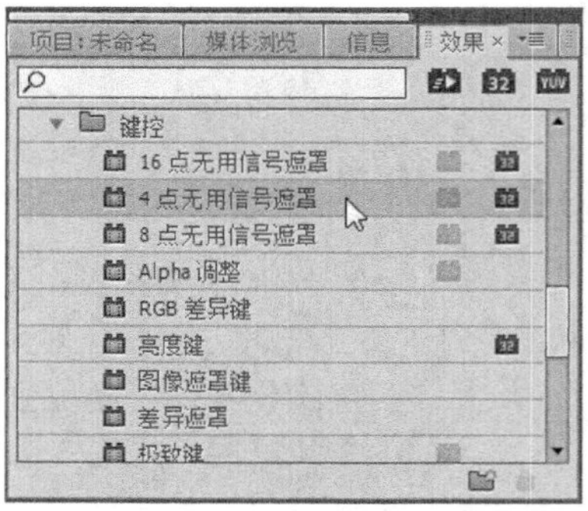

图8-59

04 单击鼠标左键并将其拖曳至"视频2"轨道的素材上，在"特效控制台"面板中单击"4点无用信号遮罩"选项中的所有"切换动画"按钮，创建关键帧，如图8-60所示。

05 然后将"当前时间指示器"拖曳至00:00:02:00的位置，设置相应参数，添加第2组关键帧，如图8-61所示。

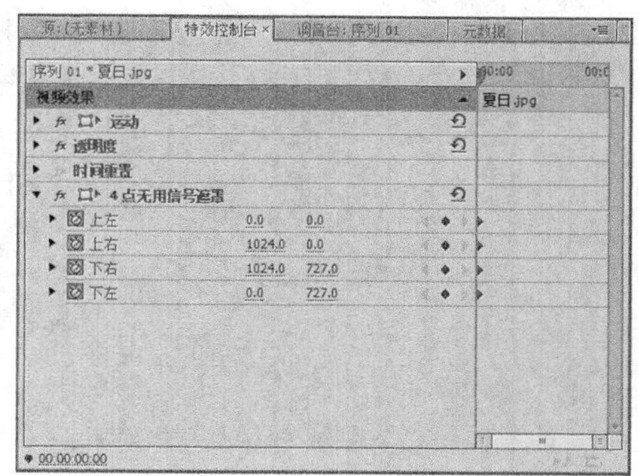

图8-60

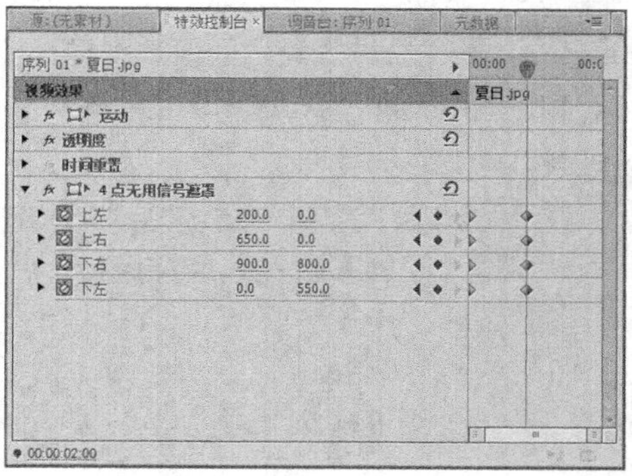

图8-61

06 然后将“当前时间指示器”拖曳至00:00:03:10的位置，设置相应参数，添加第3组关键帧，如图8-62所示。

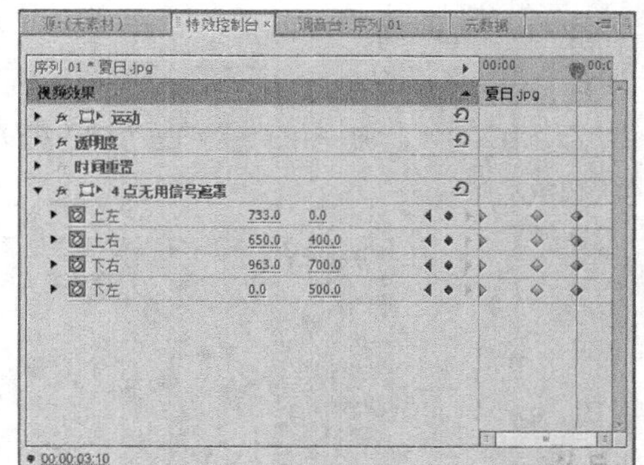

图8-62

07 然后将“当前时间指示器”拖曳至00:00:04:12的位置，设置相应参数，添加第4组关键帧，效果如图8-63所示。

08 执行上述操作后，将时间线移至素材的开始位置，在“节目监视器”面板中单击“播放-停止切换”按钮，即可预览4点无用信号遮罩效果，如图8-64所示。

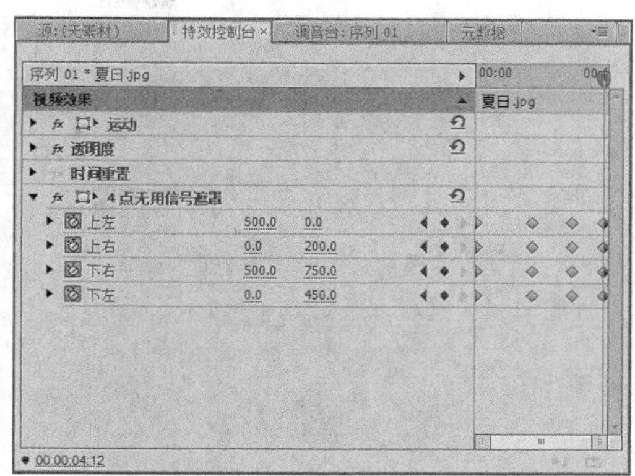

图8-63

图8-64

8.2.10 制作8点无用信号遮罩效果

在Premiere Pro CS6中，8点无用信号遮罩与4点无用信号遮罩的作用一样，该效果包含了4点无用信号遮罩特效的所有遮罩点，并增加了4个调节点。

制作8点无用信号遮罩效果时，在“特效控制台”面板中展开“8点无用信号遮罩”选项，用户可以根据需要在面板中添加相应关键帧，并且可以移动关键帧的位置，制作不同的8点无用信号遮罩效果。

下面介绍运用8点无用信号遮罩的操作方法。

课堂案例	制作8点无用信号遮罩效果
案例位置	效果\第8章\欢庆.prproj
视频位置	视频\第8章\课堂案例——制作8点无用信号遮罩效果.mp4
难易指数	★★★☆☆
学习目标	掌握制作8点无用信号遮罩效果的操作方法

本实例最终效果如图8-65所示。

图8-65

01 新建一个项目文件，单击“文件”|“导入”命令，导入两幅素材图像，如图8-66所示。

图8-66

02 将导入的素材分别添加至“视频1”和“视频2”轨道中，在“效果”面板中展开“视频特效”|“键控”选项，选择“8点无用信号遮罩”视频特效，如图8-67所示。

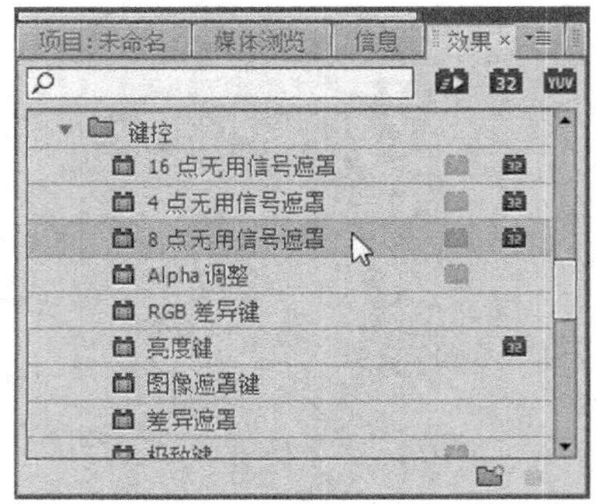

图8-67

03 单击鼠标左键并将其拖曳至“视频2”轨道的素材上，在“特效控制台”面板中单击“8点无用信号遮罩”选项中的相应“切换动画”按钮，创建关键帧，如图8-68所示。

图8-68

04 然后将“当前时间指示器”拖曳至00:00:01:00的位置，设置“上左顶点”为200，“右上顶点”为600，“下右顶点”为600，“左下顶点”为200，此时系统会自动添加第2组关键帧，如图8-69所示。

图8-69

05 然后用与上述相同的方法，分别将“当前时间指示器”拖曳至00:00:02:00、00:00:03:00和00:00:04:00的位置，并分别设置“上左顶点”为400、600和1000，“右上顶点”为400、200和-200，“下右顶点”为400、600和 -200，“左下顶点”为400、200和1000，设置完成后，即可添加关键帧，如图8-70所示。

图8-70

06 执行上述操作后，将时间线移至素材的开始位置，在“节目监视器”面板中单击“播放-停止切换”按钮，即可预览8点无用信号遮罩效果，如图8-71所示。

图8-71

技巧与提示

在Premiere Pro CS6中，使用“8点无用信号遮罩”视频特效后，将在“节目监视器”面板中显示带有控制柄的蒙版，通过移动控制柄可以调整蒙版的形状。

8.2.11 制作16点无用信号遮罩效果

在Premiere Pro CS6中，16点无用信号遮罩包含了8点无用信号遮罩的所有遮罩点，并在8点无用信号遮罩的基础上增加了8个遮罩点。

下面介绍运用16点无用信号遮罩的方法。

课堂案例	制作16点无用信号遮罩效果
案例位置	效果\第8章\鲜花.prproj
视频位置	视频\第8章\课堂案例——制作16点无用信号遮罩效果.mp4
难易指数	★★★☆☆
学习目标	掌握制作16点无用信号遮罩效果的操作方法

本实例最终效果如图8-72所示。

图8-72

01 新建一个项目文件，单击“文件”|“导入”命令，导入两幅素材图像，如图8-73所示。

图8-73

02 在“项目”面板中，将导入的素材分别添加至“视频1”和“视频2”轨道中，并分别设置素材的“缩放”为133、115，即可添加素材文件，如图8-74所示。

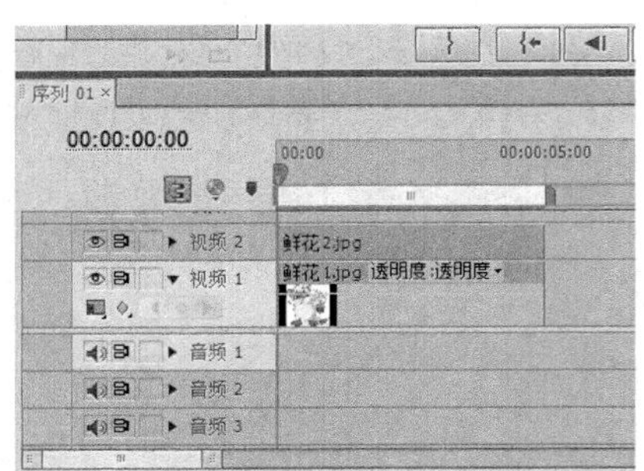

图8-74

03 在“效果”面板中展开“视频特效”|“键控”选项，选择“16点无用信号遮罩”视频特效，如图8-75所示。

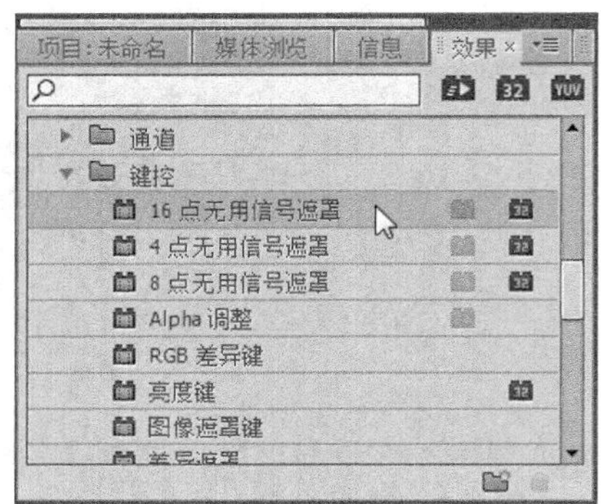

图8-75

04 单击鼠标左键并将其拖曳至“视频2”轨道的素材上，在“特效控制台”面板中单击“16点无用信号遮罩”选项中的所有“切换动画”按钮，创建关键帧，如图8-76所示。

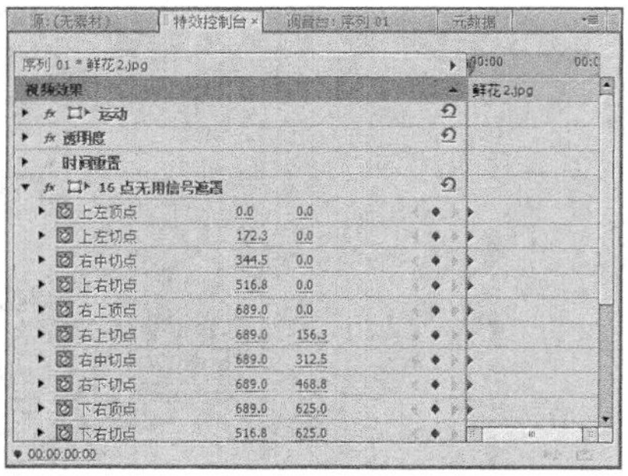

图8-76

05 然后将“当前时间指示器”拖曳至00:00:01:20的位置，设置相应参数，添加第2组关键帧，如图8-77所示。

06 然后将“当前时间指示器”拖曳至00:00:03:20的位置，设置相应参数，添加第3组关键帧，如图8-78所示。

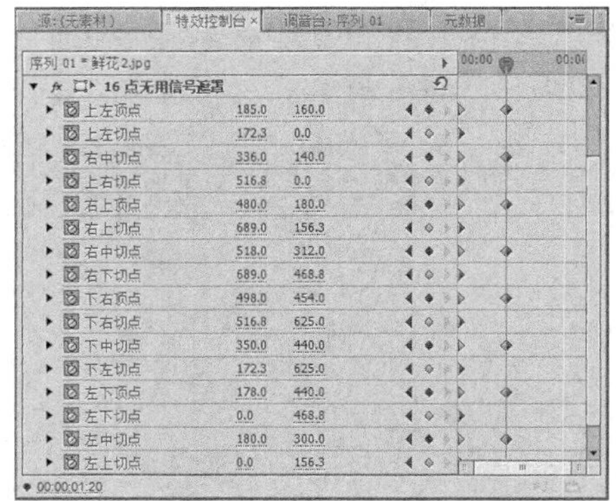

图8-77

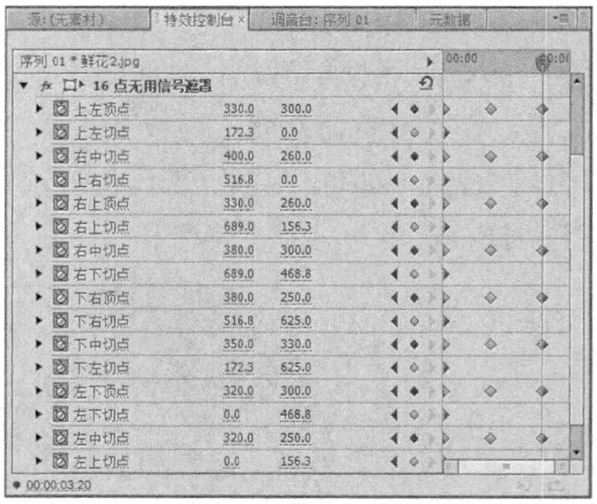

图8-78

07 在“时间线”面板中将“当前时间指示器”拖曳至素材的开始位置，如图8-79所示。

图8-79

08 执行上述操作后，在“节目监视器”面板中单击“播放-停止切换”按钮，即可预览16点无用信号遮罩效果，如图8-80所示。

技巧与提示

在Premiere Pro CS6中，使用“16点无用信号遮罩”视频特效后，将在“节目监视器”面板中显示带有控制柄的蒙版，通过移动控制柄可以调整蒙版的形状。

图8-80

8.3 本章小结

本章以实例的形式全面介绍了如何制作视频覆叠特效，包括Alpha通道及遮罩的基础知识及覆叠效果的制作等内容。通过本章的学习，读者应熟练掌握使用Premiere Pro CS6制作视频覆叠特效的操作方法，这对于读者在实际的视频编辑工作中，制作丰富的视频叠加效果将起到很大的作用。

希望读者在学完本章之后能够举一反三，制作出更多精彩的覆叠效果。

8.4 习题测试——运用字幕叠加效果

案例位置	效果\第8章\习题测试\花纹.prproj
难易指数	★★★★☆
学习目标	掌握运用字幕叠加效果的操作方法

本习题目的是让读者掌握运用字幕叠加效果的操作方法，素材如图8-81所示，最终效果如图8-82所示。

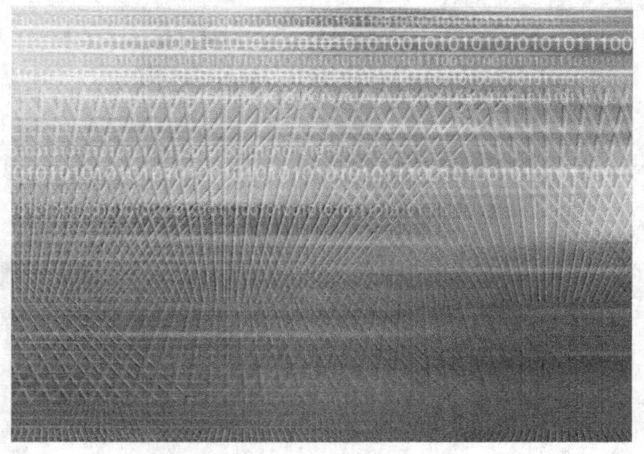

图8-81

图8-82

第9章

影视动态效果的制作

内容摘要

动态效果是指在原有的视频画面中合成或创建移动、变形和缩放等运动效果。在Premiere Pro CS6中，为静态的素材加入适当的运动效果，可以让画面活动起来，显得更加逼真、生动。本章主要介绍影视动态效果的制作方法与技巧。

课堂学习目标

- 熟悉运动关键帧的基本操作
- 能制作素材的运动特效
- 熟悉画中画的应用与制作

9.1 运动关键帧的基本操作

在Premiere Pro CS6中，设置关键帧可以帮助用户控制视频或音频特效的变化，并形成一个变化的过渡效果。本节主要介绍运动关键帧的基本操作方法。

9.1.1 添加视频关键帧

添加关键帧是为了让影片素材形成运动效果，因此一段运动的画面通常需要两个以上的关键帧。

在Premiere Pro CS6中，用户可以直接通过“时间线”面板来添加关键帧，也可以在“特效控制台”面板内添加关键帧。下面介绍添加关键帧的两种方法。

1. 通过“时间线”面板添加关键帧

用户在“时间线”面板中可以针对应用与素材的任意特效添加关键帧，也可以指定添加关键帧的可见性。在“时间线”面板中单击相应按钮，在弹出的列表框中选择“显示关键帧”选项，如图9-1所示，即可显示关键帧。

图9-1

在“时间线”面板中为素材添加关键帧之前，用户需要展开“特效控制台”面板，并单击面板中相应特效属性左侧的“切换动画”按钮，如图9-2所示，此时系统将为特效添加第1个关键帧。

接下来，用户可以拖曳“当前时间指示器”至合适位置，选择“时间线”面板中的对应素材，然后单击“透明度：透明度”右侧的下三角按钮，在弹出的列表框中选择“运动”|“位置”选项，如图9-3所示。

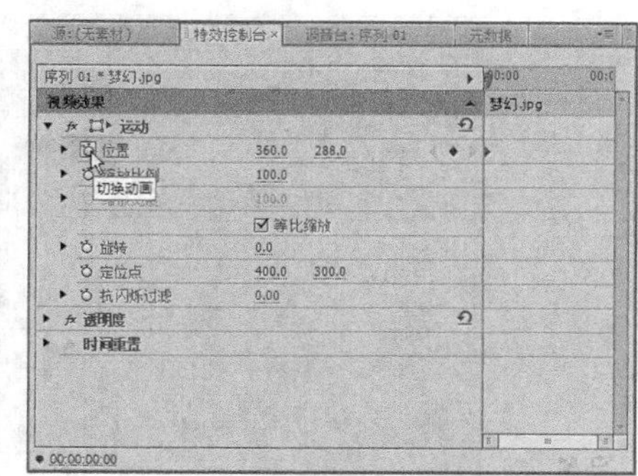

图9-2

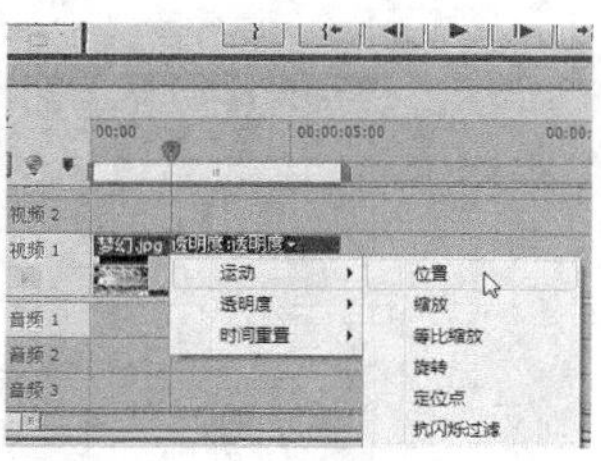

图9-3

执行上述操作后，即可在“时间线”面板中添加关键帧，如图9-4所示。

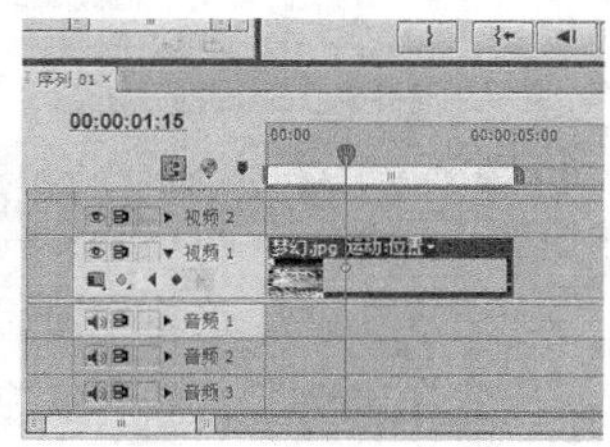

图9-4

技巧与提示

在Premiere Pro CS6中，用户可以在“时间线”面板中单击“显示关键帧”按钮，在弹出的列表框中选择“显示透明度控制”选项。执行上述操作后，即可在“时间线”面板的相应轨道内隐藏除素材名称外的所有文字信息。

2. 通过“特效控制台”面板添加关键帧

在“特效控制台”面板中除了可以添加各种视频和音频特效外，还可以通过设置选项参数来创建关键帧。

首先，选择“时间线”面板中的素材，并展开“特效控制台”面板，单击“旋转”选项左侧的“切换动画”按钮，如图9-5所示。

接下来，用户只需要拖曳“当前时间指示器”至合适位置，并设置“旋转”选项的参数，即可添加对应选项的关键帧，如图9-6所示。

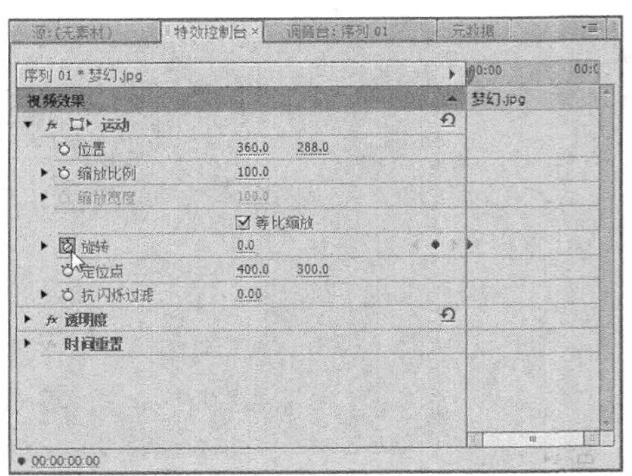

图9-5

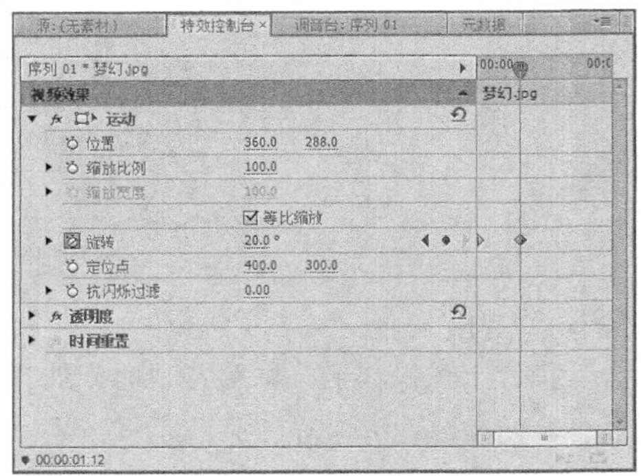

图9-6

9.1.2 调节视频关键帧

用户在添加完关键帧后，可以适当调节关键帧的位置和属性，这样可以使运动效果更加流畅。下面介绍调节关键帧的方法。

在Premiere Pro CS6中，调节关键帧同样可以通过“时间线”面板和“特效控制台”面板两种方法来完成。

在“特效控制台”面板中，用户只需要选择需要调节的关键帧，如图9-7所示，然后单击鼠标左键将其拖曳至合适位置，即可完成关键帧的调节，如图9-8所示。

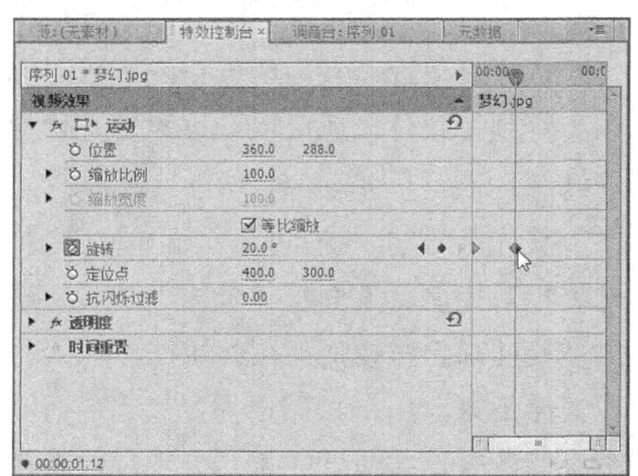

图9-7

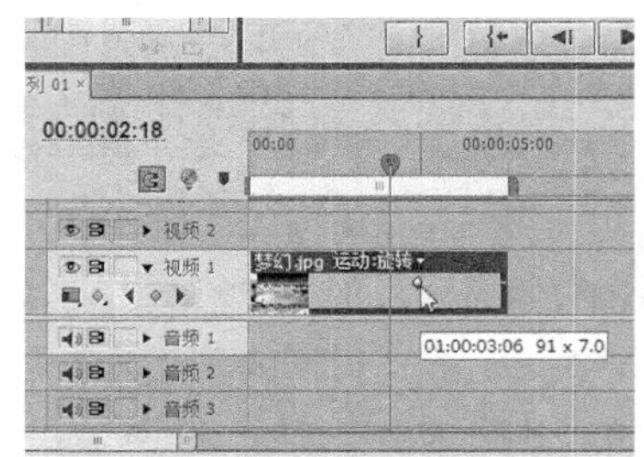

图9-8

在“时间线”面板中调节关键帧时，不仅可以调整其位置，同时可以调节其参数的变化。当用户向上拖曳关键帧时，对应参数将增加，如图9-9所示；反之，用户向下拖曳关键帧时，则对应参数将减少，如图9-10所示。

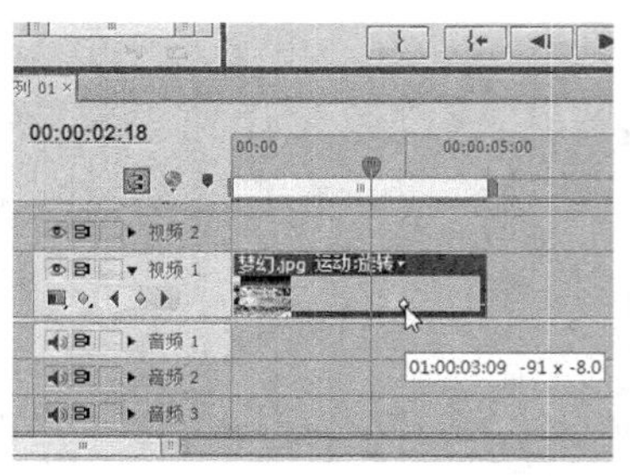

图9-9

图9-10

9.1.3 复制与粘贴视频关键帧

当用户需要创建多个相同参数的关键帧时，可以使用复制与粘贴关键帧的方法快速添加关键帧。下面介绍复制与粘贴关键帧的方法。

技巧与提示

在Premiere Pro CS6中，用户还可以通过以下两种方法复制和粘贴关键帧。

单击“编辑”|“复制”命令或者按Ctrl+C组合

键，复制关键帧。

单击“编辑”|“粘贴”命令或者按Ctrl＋V组合键，粘贴关键帧。

在Premiere Pro CS6中，用户首先需要复制关键帧。选择需要复制的关键帧后，单击鼠标右键，在弹出的快捷菜单中，选择“复制”选项，如图9-11所示。

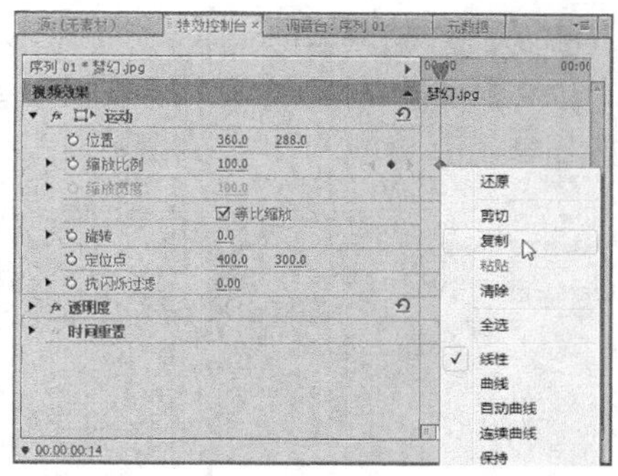

图9-11

接下来，拖曳“当前时间指示器”至合适位置，在“特效控制台”面板内单击鼠标右键，在弹出的快捷菜单中，选择“粘贴”选项，如图9-12所示。执行上述操作后，即可复制一个相同的关键帧。

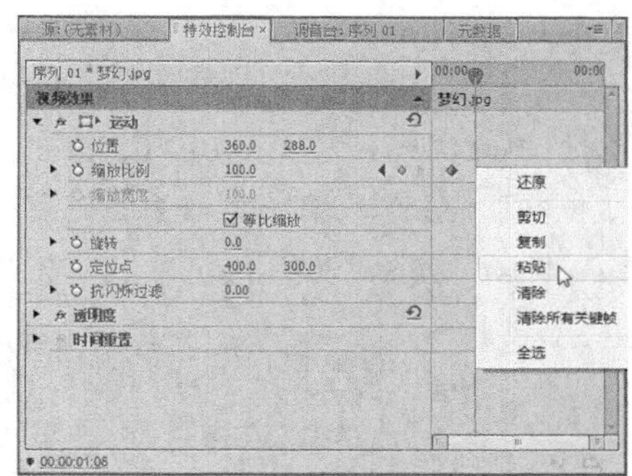

图9-12

9.1.4 切换视频关键帧

在Premiere Pro CS6中，用户可以在已添加的关键帧之间进行快速切换。下面介绍如何进行关键帧之间的切换。

在“时间线”面板中选择已添加关键帧的素材后，单击“转到下一关键帧”按钮，即可快速切换至第2关键帧，如图9-13所示。当单击“转到前一关键帧”时，即可切换至第1关键帧，如图9-14所示。

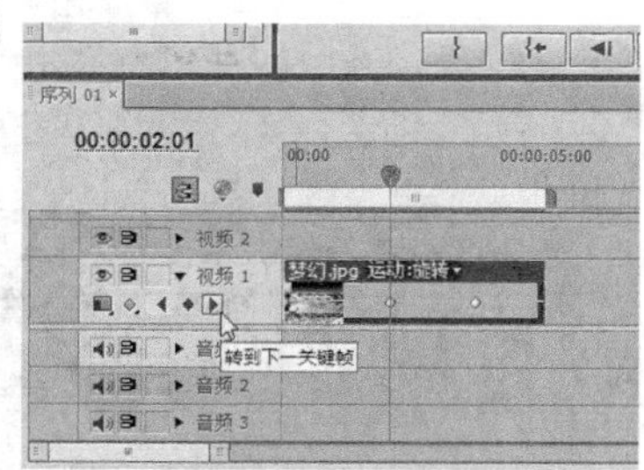

图9-13

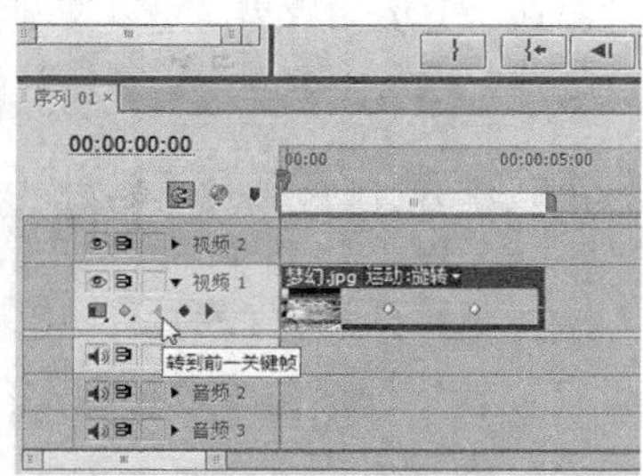

图9-14

9.1.5 删除视频关键帧

当用户对添加的关键帧不满意时，可以将其删除，并重新添加新的关键帧。下面介绍删除关键帧的方法。

用户要删除关键帧时，可以单击“时间线”面板中的“添加-移除关键帧”按钮，如图9-15所示，即可删除关键帧。在操作过程中，用户可以单击“转到下一关键帧”按钮，快速且精确地选择需要的关键帧。

如果用户需要删除素材中的所有关键帧，除了运用上述方法外，还可以直接单击“特效控制台”面板中对应选项左侧的“切换动画”按钮，此时系统将弹出提示信息框，如图9-16所示，单击“确定”按钮，即可清除素材中的所有关键帧。

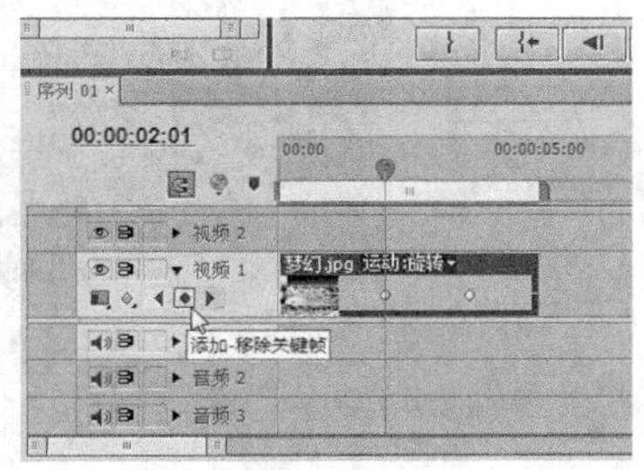

图9-15

图9-16

9.2 运动特效案例实战精通

在Premiere Pro CS6中制作视频作品时，适当地添加一些运动效果，可以增强和丰富影视节目的生动性。本节主要介绍运动特效的基本操作方法。

9.2.1 应用飞行运动特效

在制作运动特效的过程中，用户可以通过设置“位置”选项的参数得到一段镜头飞过的画面效果。

课堂案例	应用飞行运动特效
案例位置	效果\第9章\绽放.prproj
视频位置	视频\第9章\课堂案例——应用飞行运动特效.mp4
难易指数	★★★☆☆
学习目标	掌握应用飞行运动特效的操作方法

本实例最终效果如图9-17所示。

图9-17

01 按Ctrl＋O组合键，打开一个项目文件，如图9-18所示。在“视频2”轨道上，选择图像素材。

图9-18

02 在“特效控制台”面板中单击“位置”左侧的“切换动画”按钮，设置“位置”为130、90，添加第1组关键帧，如图9-19所示。

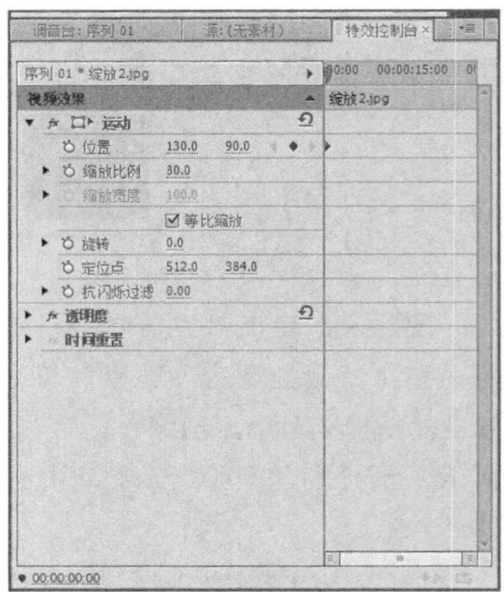

图9-19

03 将时间线拖曳至00:00:05:00的位置，设置“位置”为360、220，此时系统将会自动添加第2组关键帧，如图9-20所示。

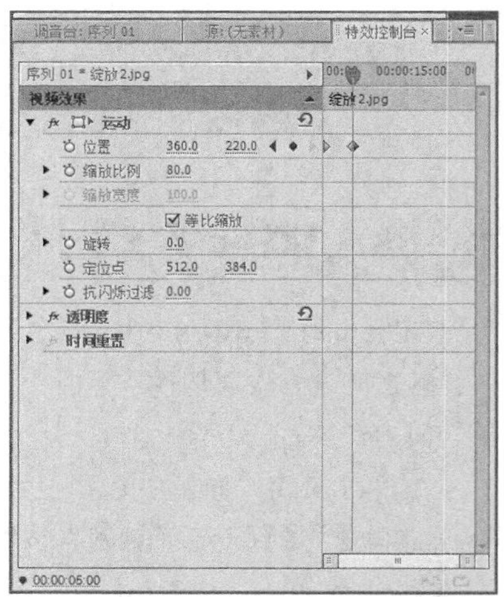

图9-20

04 将时间线拖曳至00:00:12:00的位置，设置“位置”为590、390，此时系统将会自动添加第3组关键帧，如图9-21所示。

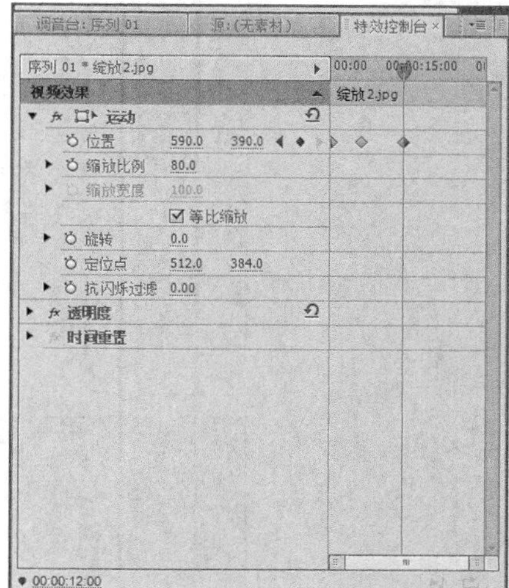

图9-21

技巧与提示

在Premiere Pro CS6制作的视频中经常会看到在一些镜头画面的上面飞过其他的镜头，同时两个镜头的视频内容照常进行，这就是运用飞行运动特效的效果。在Premiere Pro CS6中，视频运动方向的设置可以在“特效控制台”面板的“运动”特效中完成，而“运动”特效是视频素材自带的特效，不需要在“效果”面板中选择特效即可进行应用。

05 执行操作后，即制作完成飞行运动效果，将时间线移至素材的开始位置，在“节目监视器”面板中，单击“播放-停止切换”按钮，即可预览飞行运动效果，如图9-22所示。

图9-22

图9-22（续）

9.2.2 应用缩放运动特效

缩放运动效果是指对象以从小到大或从大到小的形式展现在用户的眼前。

课堂案例	应用缩放运动特效
案例位置	效果\第9章\男孩.prproj
视频位置	视频\第9章\课堂案例——应用缩放运动特效.mp4
难易指数	★★★☆☆
学习目标	掌握应用缩放运动特效的操作方法

本实例最终效果如图9-23所示。

图9-23

01 按Ctrl＋O组合键，打开一个项目文件，如图9-24所示。在“视频2”轨道上，选择图像素材。

图9-24

02 在“特效控制台”面板中单击“缩放比例”左侧的“切换动画”按钮，设置“缩放”为80，添加关键帧，如图9-25所示。

图9-25

03 将时间线拖曳至00:00:07:15的位置，设置“缩放比例”为60，此时系统将自动添加第2组关键帧，如图9-26所示。

技巧与提示

缩放运动效果在影视节目中运用得比较频繁，该效果不仅操作简单，而且制作的画面对比较强，表现力丰富。在Premiere Pro CS6的工作界面中，为影片素材制作缩放运动效果后，如果对效果不满意，可以展开“特效控制台”面板，在其中设置相应“缩放”参数，即可改变缩放运动效果。

04 将时间线拖曳至00:00:15:10的位置，设置“缩放比例”为30，此时系统将自动添加第3组关键帧，如图9-27所示。

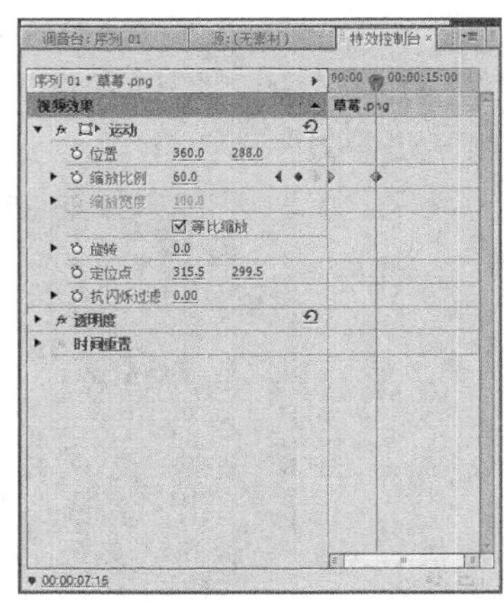

图9-26

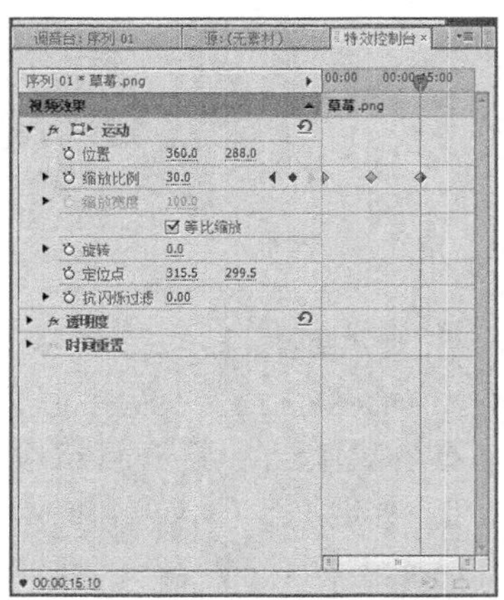

图9-27

05 执行操作后，即制作完成缩放运动效果，将时间线移至素材的开始位置，在“节目监视器”面板中，单击“播放-停止切换”按钮，即可预览缩放运动效果，如图9-28所示。

图9-28

9.2.3 应用旋转降落特效

在Premiere Pro CS6中，运用旋转运动特效可以将素材围绕指定的轴进行旋转。

课堂案例	应用旋转降落特效
案例位置	效果\第9章\命运之夜.prproj
视频位置	视频\第9章\课堂案例——应用旋转降落特效.mp4
难易指数	★★★☆☆
学习目标	掌握应用旋转降落特效的操作方法

本实例最终效果如图9-29所示。

图9-29

01 按Ctrl＋O组合键，打开一个项目文件，如图9-30所示。在“视频2”轨道上，选择图像素材。

图9-30

02 在“特效控制台”面板中单击“缩放比例”和“旋转”左侧的“切换动画”按钮，添加关键帧，如图9-31所示。

03 将时间线拖曳至00:00:03:00的位置，设置“缩放比例”为50，“旋转”为90，系统将自动添加第2组关键帧，如图9-32所示。

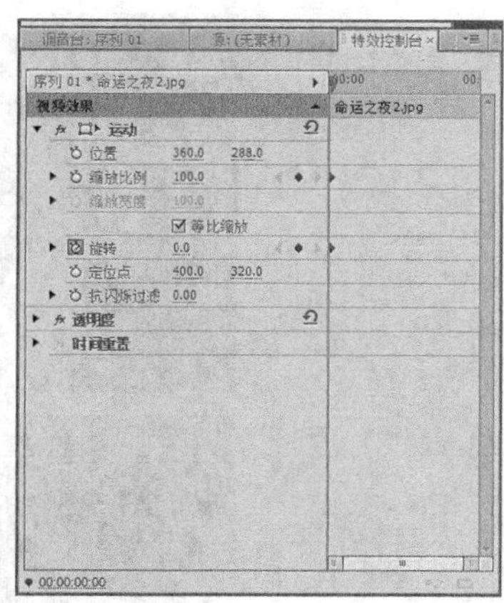

图9-31

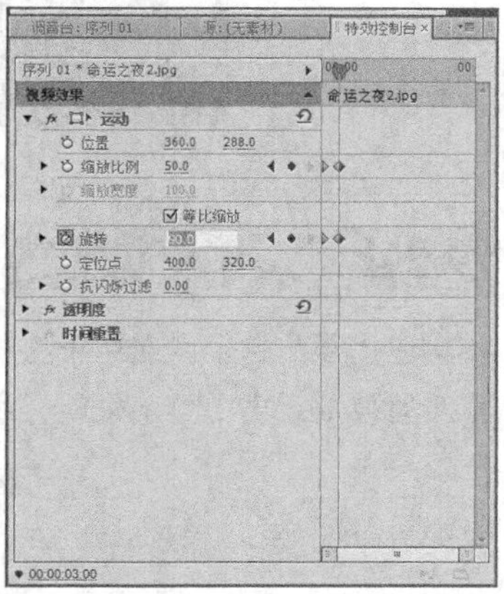

图9-32

04 将时间线拖曳至00:00:12:00的位置，设置“缩放比例”为0，“旋转”为180，系统将自动添加第3组关键帧，如图9-33所示。

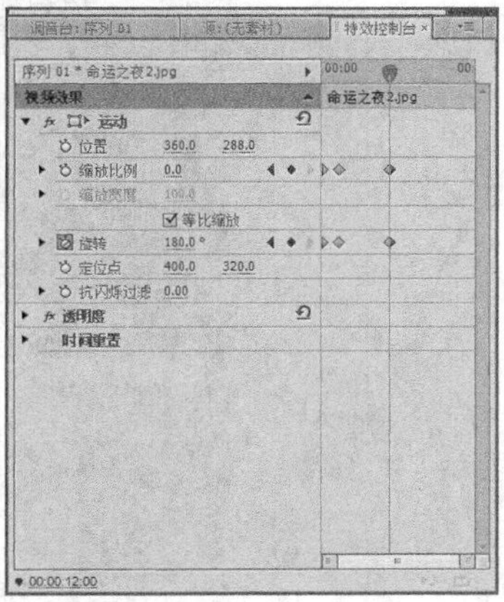

图9-33

05 执行操作后，即制作完成旋转降落效果，将时间线移至素材的开始位置，在“节目监视器”面板中，单击“播放-停止切换”按钮，即可预览旋转降落效果，如图9-34所示。

图9-34

9.2.4 应用镜头推拉特效

在视频节目中，应用镜头的推拉特效可以增加画面的视觉效果。接下来将介绍如何制作镜头的推拉效果。

课堂案例	应用镜头推拉特效
案例位置	效果\第9章\汽车.prproj
视频位置	视频\第9章\课堂案例——应用镜头推拉特效.mp4
难易指数	★★★☆☆
学习目标	掌握应用镜头推拉特效的操作方法

本实例最终效果如图9-35所示。

图9-35

01 按Ctrl＋O组合键，打开一个项目文件，如图9-36所示。在“视频2”轨道上，选择图像素材。

图9-36

02 在“特效控制台”面板中，单击“位置”和“缩放比例”左侧的“切换动画”按钮，设置“位置”分别为320和390，“缩放”为20，添加关键帧，如图9-37所示。

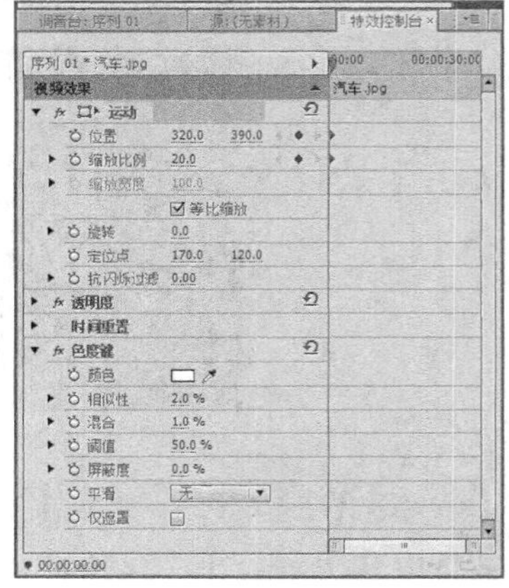

图9-37

03 将时间线移至00:00:04:00的位置，设置“位置”为350和400，“缩放比例”为50，添加第2组关键帧，如图9-38所示。

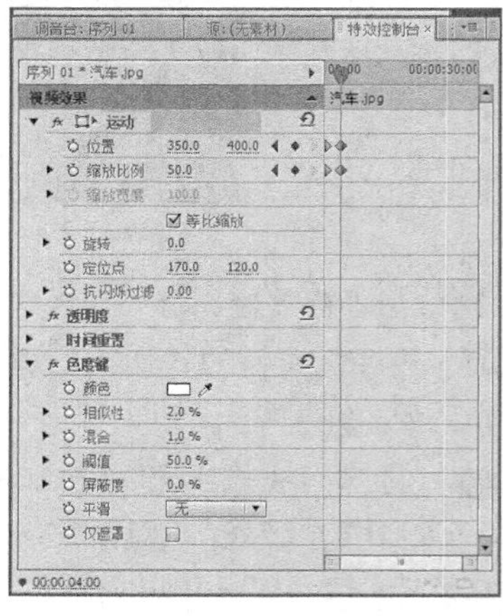

图9-38

04 将时间线移至00:00:12:00的位置，设置“位置”为340和410，“缩放比例”为70，添加第3组关键帧，如图9-39所示。

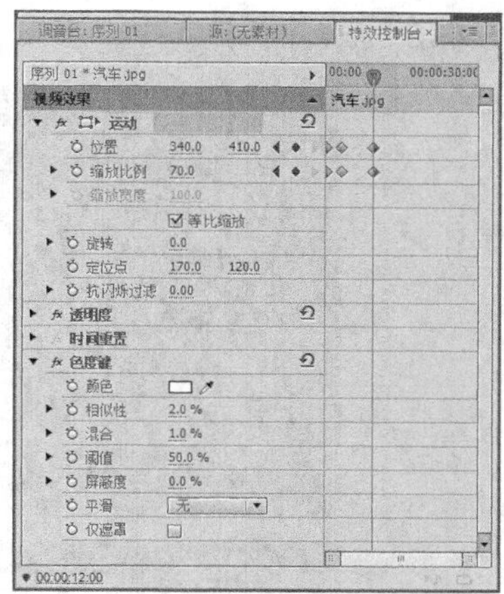

图9-39

05 将时间线移至00:00:20:00的位置，在“特效控制台”面板中的“运动”选项下，设置“位置”为310和415，“缩放比例”为100，添加第4组关键帧，即制作完成镜头推拉效果。将时间线移至素材的开始位置，在“节目监视器”面板中，单击“播放-停止切换”按钮，即可预览镜头推拉效果，如图9-40所示。

图9-40

9.2.5 应用字幕漂浮特效

字幕漂浮效果主要是通过调整字幕的位置来制作运动效果，然后为字幕添加透明度来制作漂浮的效果。

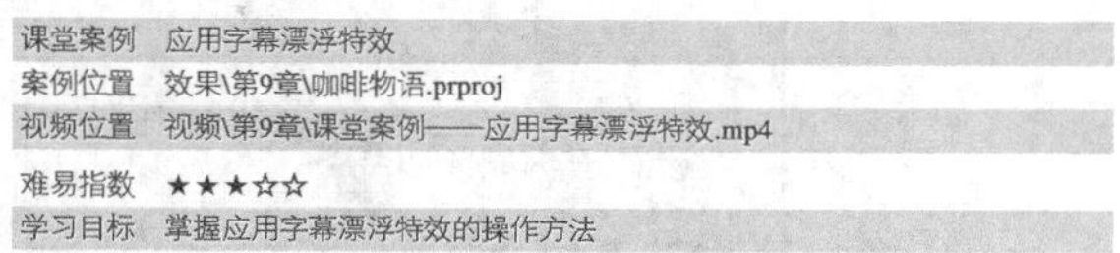

课堂案例	应用字幕漂浮特效
案例位置	效果\第9章\咖啡物语.prproj
视频位置	视频\第9章\课堂案例——应用字幕漂浮特效.mp4
难易指数	★★★☆☆
学习目标	掌握应用字幕漂浮特效的操作方法

本实例最终效果如图9-41所示。

图9-41

01 按Ctrl＋O组合键，打开一个项目文件，如图9-42所示。在“视频2”轨道上选择图像素材。

图9-42

02 单击“位置”左侧的“切换动画”按钮，设置“位置”为360、-214，“透明度”为0，即可添加第1组关键帧，如图9-43所示。

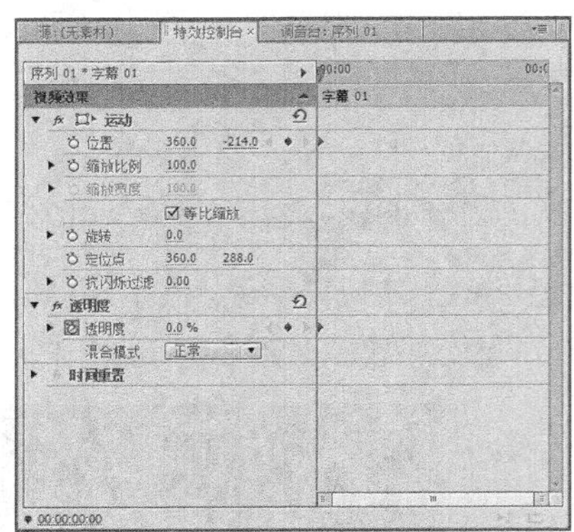

图9-43

03 将时间线移至00:00:01:10的位置，设置“位置”为360和216，“透明度”为100，即可添加第2组关键帧，如图9-44所示。

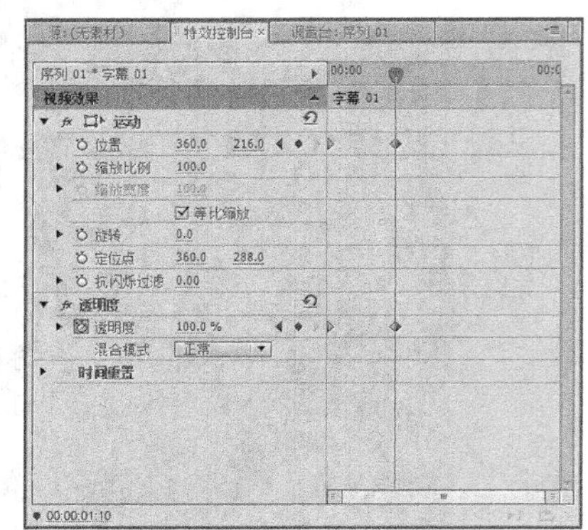

图9-44

04 然后将时间线移至00:00:03:11位置，设置“位置”为360和452，“透明度”为100，即可添加第3组关键帧，如图9-45所示。

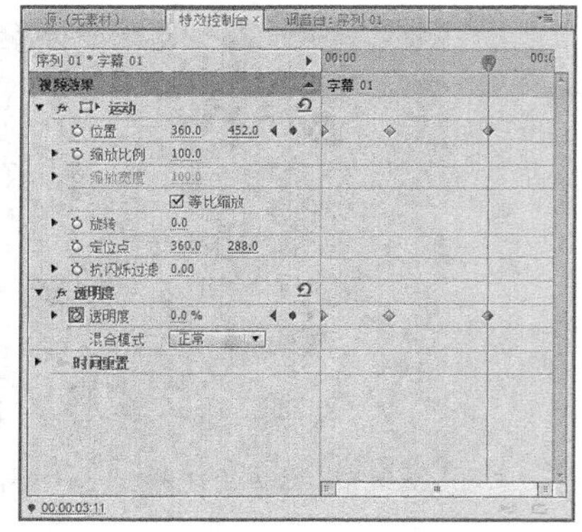

图9-45

05 执行操作后，即制作完成字幕漂浮效果，将时间线移至素材的开始位置，在“节目监视器”面板中，单击“播放-停止切换”按钮，即可预览字幕漂浮效果，如图9-46所示。

图9-46

9.2.6 应用字幕旋转特效

在Premiere Pro CS6中，旋转字幕效果是字幕以旋转的方式出现在视频中。下面介绍制作字幕旋转效果的操作方法。

课堂案例	应用字幕旋转特效
案例位置	效果\第9章\圣诞雪人.prproj
视频位置	视频\第9章\课堂案例——应用字幕旋转特效.mp4
难易指数	★★★☆☆
学习目标	掌握应用字幕旋转特效的操作方法

本实例最终效果如图9-47所示。

图9-47

图9-47（续）

01 单击“文件”|“打开项目”命令，打开一个项目文件，如图9-48所示。

图9-48

02 选择“视频2”轨道上的素材，在“特效控制台”面板中展开“运动”选项，如图9-49所示。

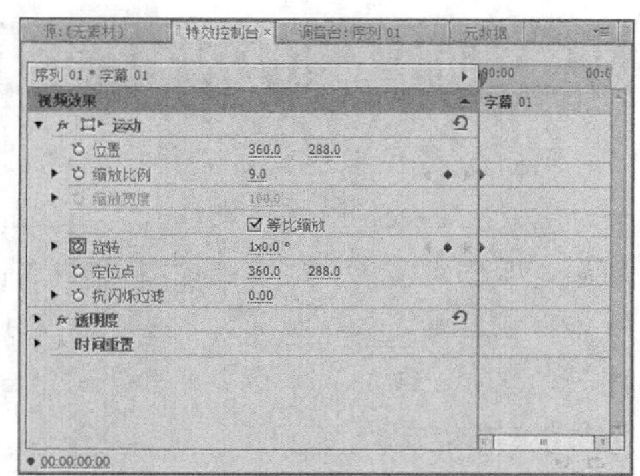

图9-49

03 单击“缩放比例”和“旋转”选项左侧的“切换动画”按钮，并设置“缩放比例”为9.0，“旋转”为1×0.0°，如图9-50所示。

04 然后将“当前时间指示器”拖曳至00:00:03:20的位置，分别设置“缩放比例”为100.0，“旋转”为0.0°，如图9-51所示。

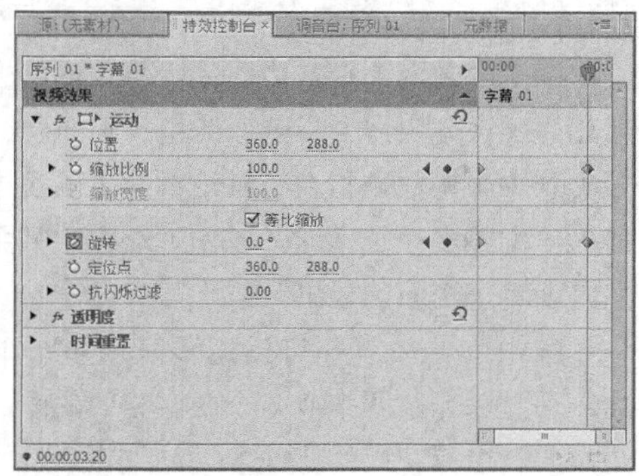

图9-50

图9-51

05 设置完成后，将时间线移至素材的开始位置，在“节目监视器”面板中单击“播放-停止切换”按钮，即可预览字幕旋转效果，如图9-52所示。

图9-52

9.3 画中画的应用与制作

画中画是在影视节目制作中常用的技巧之一，它是利用数字技术，在同一屏幕上显示两个画面，即在正常观看的主画面上，同时插入一个或多个经过压缩的子画面，以便在欣赏主画面的同时，观看子画面。本节主要介绍画中画效果的应用与制作方法。

9.3.1 了解画中画特效

画中画是以高科技为载体，将普通的平面图像转化为层次分明，全景多变的精彩画面。

画中画特效是指在正常观看的主画面中，同时插入一个或多个子画面，以便观众在欣赏主画面的同时观看子画面的效果。

画中画特效不仅可以同步显示多个不同的画面，还可以显示两个或多个内容相同的画面效果，让画面产生万花筒的特殊效果。

9.3.2 画中画特效的应用

下面向大家介绍画中画效果在各个领域之中的应用。

1. 画中画在天气预报的应用

随着计算机技术的普及，画中画逐渐成为天气预报节目的常用的播放技巧。

现在的天气预报节目，几乎大部分都是运用了画中画效果来进行播放的。工作人员通过后期的制作，将两个画面合成至一个背景中，得到最终天气预报的效果。

2. 画中画在新闻播报的应用

画中画效果在新闻播报节目中的应用也十分广泛。

在新闻联播中，常常会看到主播的左上角出来一个新的画面。这些画面通常是为了配合主播报道的新闻内容而设的。

3. 画中画在影视广告宣传的应用

影视广告是非常奏效而且覆盖面较广的广告传播方法之一。随着数码科技的发展，带有画中画效果的广告被许多广告商搬到了银幕中。加入了画中画效果的宣传动画，常常可以表现出更加明显的宣传效果。

4. 画中画在显示器中的应用

随着计算机的普及，显示器的性能也在不断升级。画中画作为电视行业中应用较为普及的技术，在显示器中也得以引用。

如今随着网络电视的不断普及和大屏显示器的出现，画中画在显示器中的应用也并非人们想象中的那么鸡肋。在市场上，以华硕VE276Q和三星P2370HN为代表的带有画中画功能的显示器受到了用户的一致认可，同时也将显示器的娱乐功能进一步增强。

9.3.3 画中画素材的导入

作为专业的影视视频编辑软件，Premiere自然带有强大的画中画制作功能。在使用Premiere Pro CS6中制作画中画效果之前，首先需要导入影片素材。

下面介绍导入画中 画素材的操作方法。

课堂案例	画中画素材的导入
案例位置	效果\第9章\星藤学园.prproj
视频位置	视频\第9章\课堂案例——画中画素材的导入.mp4
难易指数	★★☆☆☆
学习目标	掌握画中画素材的导入的操作方法

01 按Ctrl＋Alt＋N组合键，新建一个项目文件，单击“文件”|“导入”命令，导入两幅素材图像，如图9-53所示。

02 将导入的素材分别添加至“视频1”和“视频2”轨道上，拖动控制条调整视图，如图9-54所示。

03 将时间线移至00:00:02:00的位置，将“视频2”轨道的素材向右拖曳至2秒处，如图9-55所示。

图9-53

图9-54

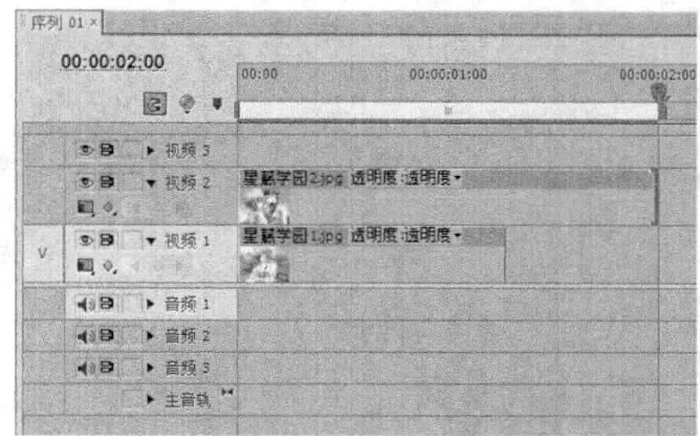

图9-55

9.3.4 画中画特效的制作

在Premiere Pro CS6中添加素材后，用户可以继续对画中画素材设置运动效果。

所谓画中画，实际上就是在一个背景的画面上叠加一个或几个小的背景画面。不论是静态的文件还是动态的文件，都可以实现画中画的效果，并且可以实现缩放、旋转或者在任意方向上的运动等。注意在将复制的素材拖曳至新的视频轨道中时，应该将新的素材剪辑与当前序列的其他素材对齐，这样才不会出现画面丢失的现象。

下面介绍画中画特效的制作方法。

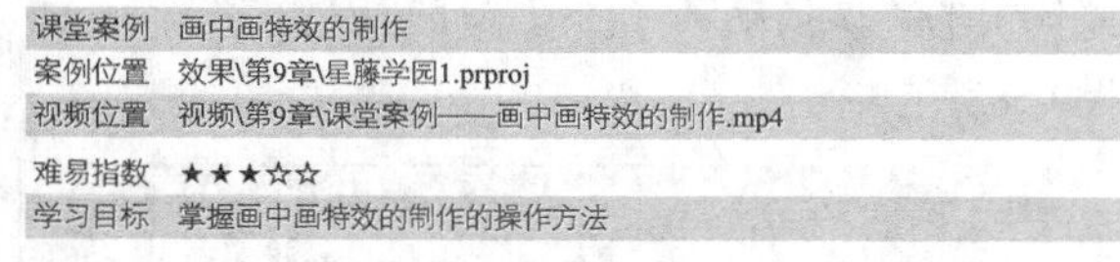

课堂案例	画中画特效的制作
案例位置	效果\第9章\星藤学园1.prproj
视频位置	视频\第9章\课堂案例——画中画特效的制作.mp4
难易指数	★★★☆☆
学习目标	掌握画中画特效的制作的操作方法

本实例最终效果如图9-56所示。

图9-56

01 以上一个案例的效果为例，将时间线移至素材的开始位置，选择“视频1”轨道上的素材，在“特效控制台”面板中，单击“位置”和“缩放”左侧的“切换动画”按钮，即可添加一组关键帧，如图9-57所示。

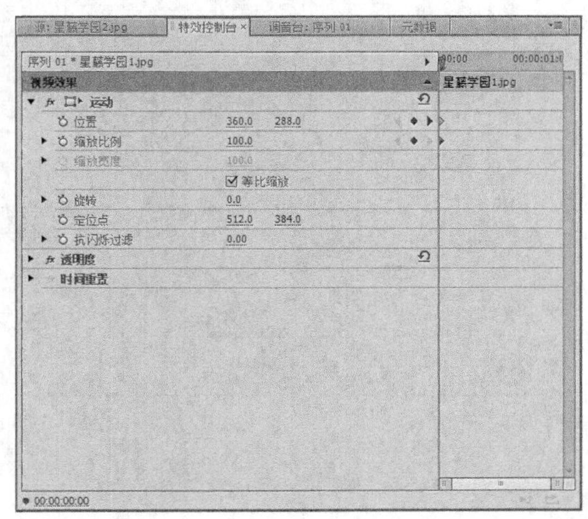

图9-57

02 选择“视频2”轨道上的素材，设置“缩放比例”为20。在“节目监视器”面板中，将选择的素材拖曳至面板左上角，单击“位置”和“缩放比例”左侧前的“切换动画”按钮，即可添加关键帧，如图9-58所示。

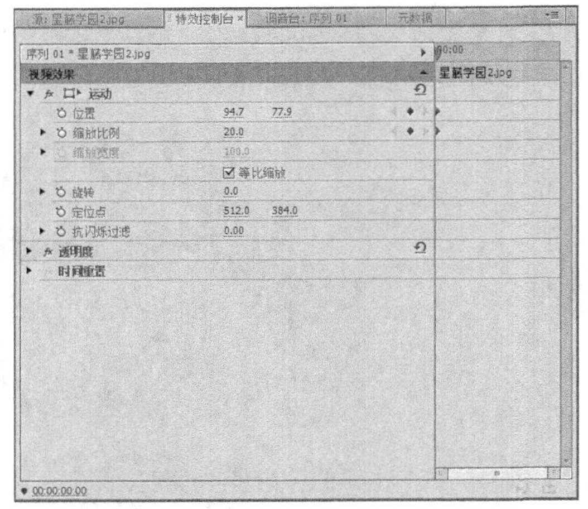

图9-58

03 将时间线移至00:00:00:18的位置，选择“视频2”轨道中的素材，在“节目监视器”面板中沿水平方向向右拖曳素材，系统将会自动添加一个关键帧，如图9-59所示。

04 将时间线移至00:00:01:00的位置，然后选择“视频2”轨道中的素材，在“节目监视器”面板中垂直向下方拖曳素材，系统将会自动添加一个关键帧，如图9-60所示。

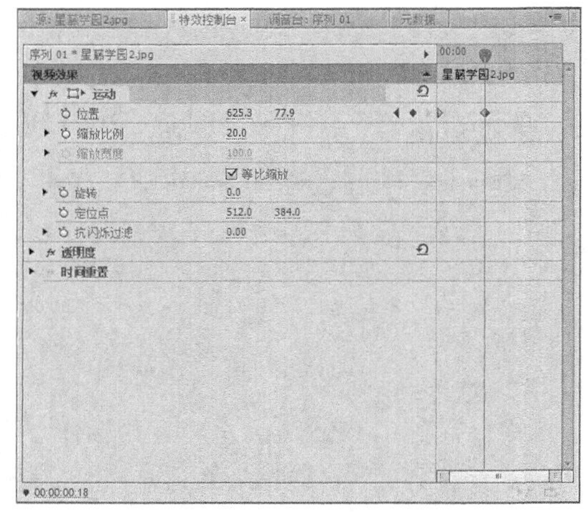

图9-59

图9-59（续）

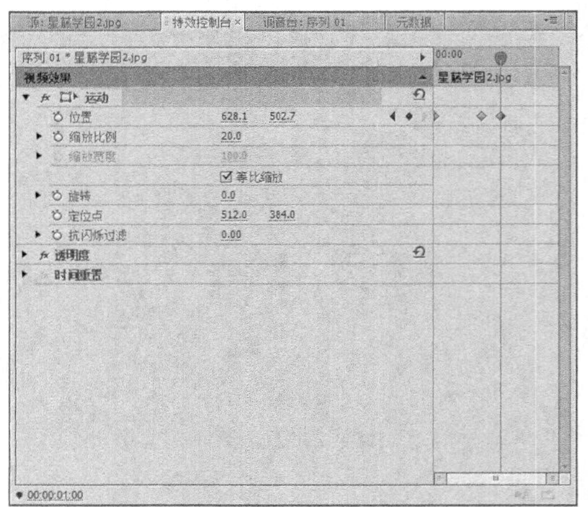

图9-60

05 将“星藤学院1”素材图像添加至“视频3”轨道00:00:01:04的位置中，选择“视频3”轨道上的素材，将时间线移至00:00:01:05的位置，在“特效控制台”面板中，展开“运动”选项，设置“缩放比例”为40，在“节目监视器”窗口中向右上角拖曳素材，系统会自动添加一组关键帧，如图9-61所示。

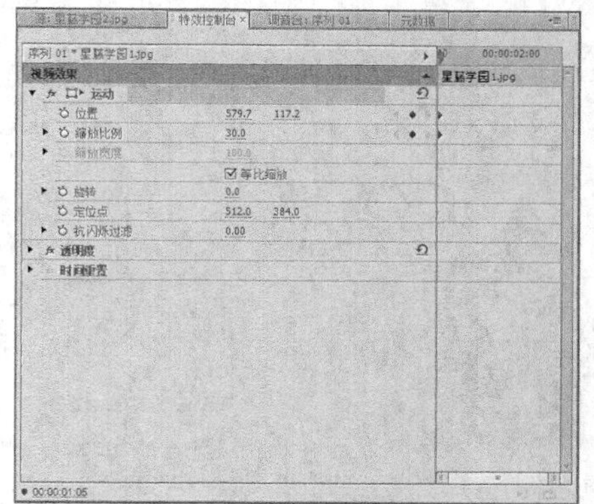

图9-61

06 执行操作后，即可制作画中画效果，在“节目监视器”面板中，单击“播放-停止切换”按钮，即可预览画中画效果，如图9-62所示。

图9-62

9.4 本章小结

本章全面介绍了如何制作影视动态效果，包括运动关键帧的基本操作、运动特效案例，以及画中画的应用与制作等内容。通过本章的学习，读者应熟练掌握运用Premiere Pro CS6制作影视动态效果的方法和技巧。

9.5 习题测试——制作镜头推拉与平移

案例位置	效果\第9章\习题测试\文字.prproj
难易指数	★★★★☆
学习目标	掌握制作镜头推拉与平移的操作方法

本习题目的在于让读者掌握制作镜头推拉与平移的操作方法，最终效果如图9-63、图9-64所示。

图9-63

图9-64

第10章

设置与美化影视字幕

内容摘要

字幕是影视作品中不可缺少的重要组成部分，漂亮的字幕设计可以使影片更具吸引力和感染力，Premiere Pro CS6带有高质量的字幕功能，用户使用起来会更加得心应手。本章将向读者详细介绍设置与美化影视字幕的操作方法。

课堂学习目标

- 熟悉影视字幕的基本操作方法
- 学会编辑影视字幕的基本属性
- 学会制作字幕填充效果
- 学会添加字幕描边与阴影效果

10.1 影视字幕的基本操作

字幕是以各种字体，以浮雕或动画等形式出现在画面中的文字的总称，字幕设计与书写是影视造型的艺术手段之一。本节主要介绍影视字幕的基本操作方法。

10.1.1 熟悉字幕的基本知识

下面介绍字幕的一些基本知识，以帮助大家更好地了解影视字幕。

1. “字幕”窗口

在Premiere Pro CS6中，字幕是一个独立的文件，用户可以通过创建新的字幕来添加字幕效果，也可以将字幕文件拖入“时间线”面板中的视频轨道中添加字幕效果。

在默认的Premiere Pro CS6工作界面中，并没有打开“字幕编辑”窗口。此时，用户需要单击“文件”|“新建”|“字幕”命令，弹出“新建字幕”对话框，如图10-1所示，在其中可根据需要设置新字幕的名称。单击“确定”按钮，即可打开“字幕编辑”窗口，如图10-2所示。

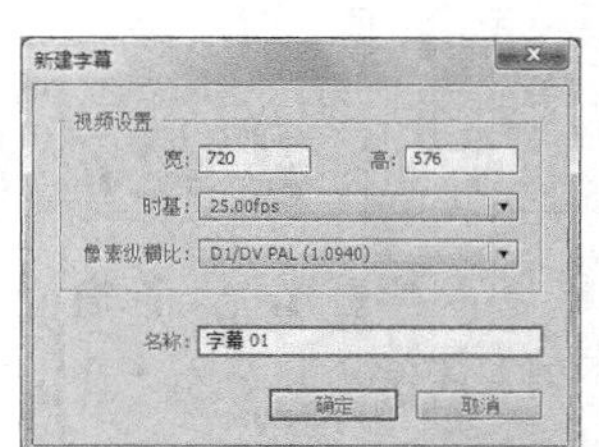

图10-1

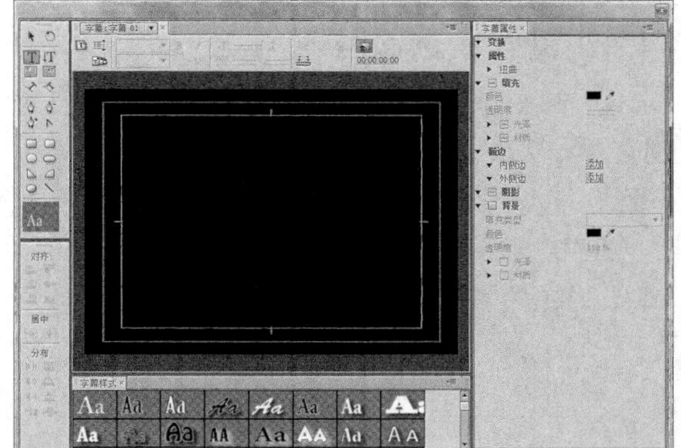

图10-2

技巧与提示

除了运用上述方法打开字幕编辑窗口外，用户还可以按Ctrl+T组合键，快速弹出“新建字幕”对话框，并在对话框中输入名称，单击“确定”按钮打开。

“字幕编辑”窗口主要包括工具箱、字幕动作、字幕样式、字幕属性和工作区5个部分组成，各部分的主要含义如下。

（1）工具箱：主要包括创建各种字幕、图形的工具。

（2）字幕动作：主要用于对字幕、图形进行移动、旋转等操作。

（3）字幕样式：用于设置字幕的样式。

（4）字幕属性：主要用于设置字幕、图形的一些特性。

（5）工作区：用于创建字幕、图形的工作区域，在这个区域中有两个线框，外侧的线框为动作安全区；内侧的线框为标题安全区，在创建字幕时，字幕不能超过这个范围。

“字幕编辑”窗口右上角的字幕工具箱中的各种工具，主要用于输入、移动各种文本和绘制各种图形，其中各主要按钮的含义如下。

- 选择工具：选择该工具，可以对已经存在的图形及文字进行选择，以及对位置和控制点进行调整。
- 旋转工具：选择该工具，可以对已经存在的图形及文字进行旋转。
- 输入工具：选择该工具，可以在绘图区中输入文本。
- 垂直文字工具：选择该工具，可以在绘图区中输入垂直文本。
- 区域文字工具：选择该工具，可以制作段落文本，适用于文本较多的时候。
- 垂直区域文字工具：选择该工具，可以制作垂直段落文本。
- 路径文字工具：选择该工具，可以制作出水平路径效果文本。
- 垂直路径文字工具：选择该工具，可以制作出垂直路径效果文本。
- 钢笔工具：选择该工具，可以勾画复杂的轮廓和定义多个锚点。

- 删除定位点工具：选择该工具，可以在轮廓线上删除锚点。
- 添加定位点工具：选择该工具，可以在轮廓线上添加锚点。
- 转换定位点工具：选择该工具，可以调整轮廓线上锚点的位置和角度。
- 矩形工具：选择该工具，可以创建矩形。
- 切角矩形工具：选择该工具，可以绘制出切角的矩形。
- 圆矩形工具：选择该工具，可以绘制出圆角的矩形。
- 楔形工具：选择该工具，可以绘制出楔形的图形。
- 弧形工具：选择该工具，可以绘制出弧形。
- 椭圆形工具：选择该工具，可以绘制出椭圆形图形。
- 直线工具：选择该工具，可以绘制出直线图形。

2. 打开字幕

在了解如何创建字幕后，接下来可以学习如何打开一个字幕文件。

打开字幕文件与导入素材文件的方法一样，用户可以运用“文件”菜单中的“导入”命令，还可以运用Ctrl＋I组合键两种方法来打开字幕。

3. 字幕样式

添加“字幕样式”能够帮助用户快速设置字幕的属性，从而获得精美的字幕效果。

设置合理的字幕样式可以使影片的整体效果更具有吸引力和感染力。

Premiere Pro CS6为用户提供了大量的字幕样式，如图10-3所示。同样，用户也可以自己创建字幕，单击面板右上方的按钮，弹出列表框，选择“保存样式库”选项即可，如图10-4所示。

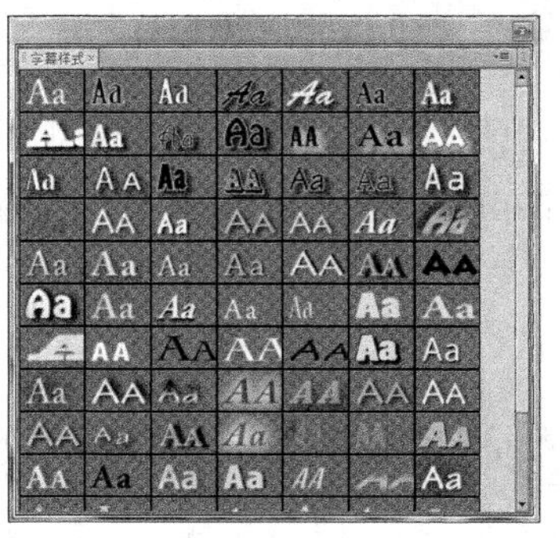

图10-3

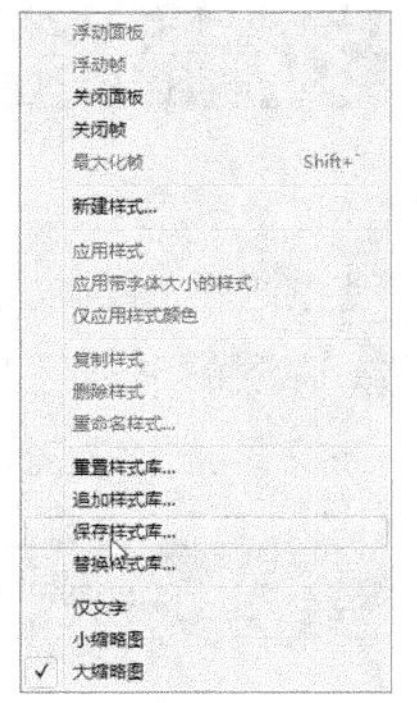

图10-4

技巧与提示

根据字体类型的不同，某些字体拥有多种不同的形态效果，而“字体样式”选项便是用于指定当前所要显示的字体形态。

4. “字幕”面板

“字幕”面板的主要功能是创建和编辑字幕，并可以直观地预览到字幕应用到视频影片中的效果。

“字幕”面板由属性栏和编辑窗口两部分组成，其中编辑窗口是用户创建和编辑字幕的场所，在编辑完成后可以通过属性栏改变字体和字体样式。

10.1.2 认识字幕的属性面板

“字幕属性”面板位于“字幕编辑”面板的右侧，系统将其分为“变换”“属性”“填充”“描边”及“阴影”等属性类型，下面将对各选项区进行详细介绍。

1. “变换”选项区

“变换”选项区主要用于控制字幕的“透明度”“X/Y轴位置”“宽/高”及“旋转”等属性。

单击“变换”选项左侧的三角形按钮，展开该选项，其中各参数如图10-5所示。

▼ 变换	
透明度	100.0 %
X 轴位置	294.9
Y 轴位置	127.6
宽	0.0
高	99.0
▶ 旋转	0.0 °

图10-5

在“变换”选项区中，各主要选项的含义如下。

- 透明度：用于设置字幕的不透明度。
- X轴位置：用于设置字幕在x轴的位置。
- Y轴位置：用于设置字幕在y轴的位置。
- 宽：用于设置字幕的宽度。
- 高：用于设置字幕的高度。
- 旋转：用于设置字幕的旋转角度。

2. “属性”选项

利用“属性”选项区可以调整字幕文本的“字体类型”“大小”“颜色”“行距”“字句”等属性及为字幕添加下划线。

单击“属性”选项左侧的三角形按钮，展开该选项，其中各参数如图10-6所示。

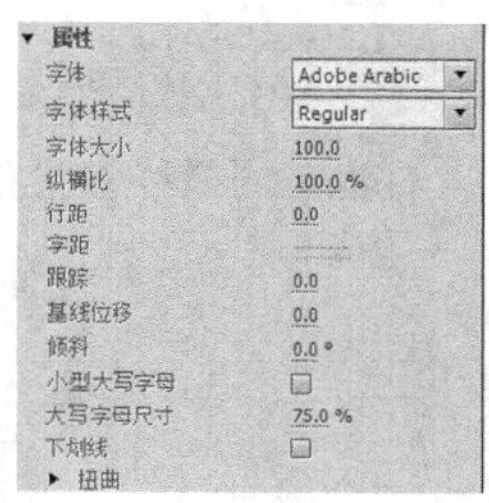

图10-6

在“属性”选项区中，各主要选项的含义如下。

- 字体：单击“字体”右侧的按钮，在弹出的下拉列表框中可选择所需要的字体，显示的字体取决于Windows中安装的字库。
- 字体大小：用于设置当前选择的文本字体大小。
- 字距：用于设置文本的字距，数值越大，文字的距离越大。
- 基线位移：在保持文字行距和大小不变的情况下，改变文本在文字块内的位置，或将文本更远地偏离路径。
- 倾斜：用于调整文本的倾斜角度，当数值为0时，表示文本没有任何倾斜度；当数值大于0时，表示文本向右倾斜；当数值小于0时，表示文本向左倾斜。
- 小型大写字母：选中该复选框，则选择的所有字母将变为大写。
- 大写字母尺寸：用于设置大写字母的尺寸。
- 下划线：选中该复选框，则可为文本添加下划线。

3. “填充”选项区

“填充”效果是一个可选属性效果，因此，当用户关闭字幕的“填充”属性后，必须通过其他方式将字幕元素呈现在画面中。

“填充”选项区主要是用来控制字幕的“填充类型”“颜色”“透明度”及为字幕添加“材质”和“光泽”属性，如图10-7所示。

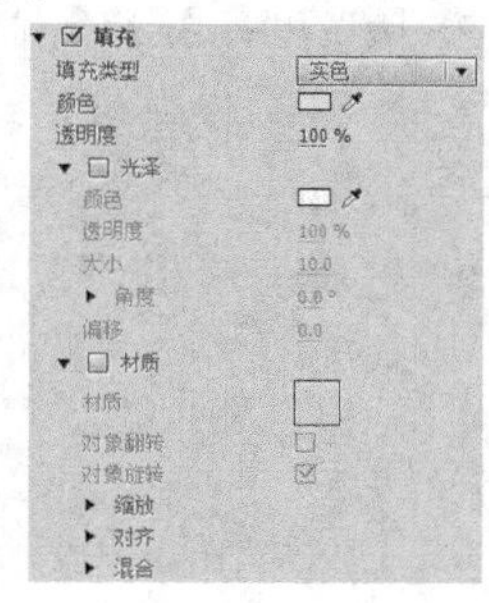

图10-7

下面将介绍“填充”选项区中各主要选项的含义。

- 填充类型：单击“填充类型”右侧的下三角按钮，在弹出的列表框中可选择不同的选项，可以制作出不同的填充效果。
- 颜色：单击其右侧的颜色色块，可以调整文本的颜色。
- 透明度：用于调整文本颜色的透明度。
- 光泽：选中该复选框，并单击左侧的“展开”按钮▶，展开具体的“光泽”参数设置，可以在文本上加入光泽效果。
- 材质：选中该复选框，并单击左侧的“展开”按钮▶，展开具体的“材质”参数设置，可以对文本进行纹理贴图方面的设置，从而使字幕更加生动和美观。

4. “描边”选项区

在“描边”选项区中可以为字幕添加描边效果，下面将介绍“描边”选项区的相关基础知识。

在Premiere Pro CS6中，系统将描边分为“内侧边”和“外侧边”两种类型。单击“描边”选项左侧的“展开”按钮，展开该选项，然后再展开其中相应的选项，如图10-8所示。

在“描边”选项区中，各主要选项的含义如下。

- 类型：单击“类型”右侧的下三角按钮，弹出下拉列表，该列表中包括“边缘”“凸出”和“凹进”3个选项。
- 大小：用于设置轮廓线的大小。
- 填充类型：用于设置轮廓的填充类型。
- 颜色：单击右侧的颜色色块，可以改变轮廓线的颜色。
- 透明度：用于设置文本轮廓的透明度。
- 光泽：选中该复选框，可为轮廓线加入光泽效果。
- 材质：选中该复选框，可为轮廓线加入材质效果。

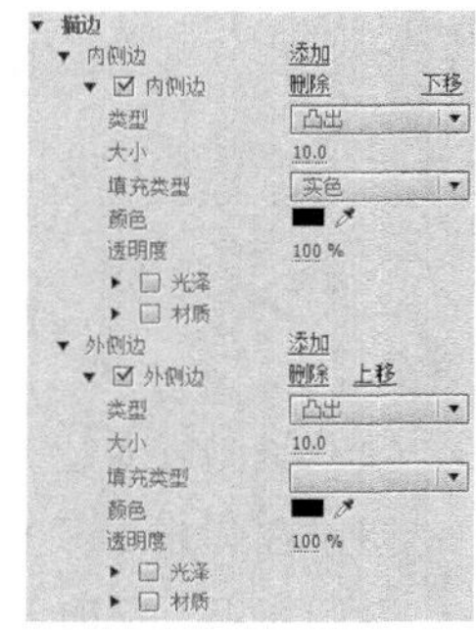

图10-8

5. “阴影”选项区

在“阴影”选项组中可以为字幕设置阴影属性，该选项组是一个可选效果，用户只有在选中“阴影”复选框后，才可以添加阴影效果。

选中“阴影”复选框，将激活“阴影”选项区中的各参数，如图10-9所示。

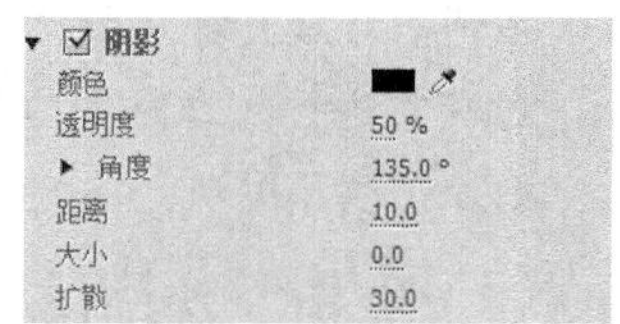

图10-9

在“阴影”选项区中，各主要选项的含义如下。

- 颜色：用于设置阴影的颜色。
- 透明度：用于设置阴影的透明度。
- 角度：用于设置阴影的角度。
- 距离：用于调整阴影和文字的距离，数值越大，阴影与文字的距离越远。
- 大小：用于放大或缩小阴影的尺寸。
- 扩散：为阴影效果添加羽化并产生扩散效果。

10.1.3 新建字幕文件

使用“字幕编辑”窗口中的文字工具，可以在编辑区中输入文本。下面介绍新建字幕的操作方法。

1. 新建水平字幕

水平字幕是指沿水平方向进行分布的字幕类型。用户可以使用字幕工具中的“文字工具”进行创建。

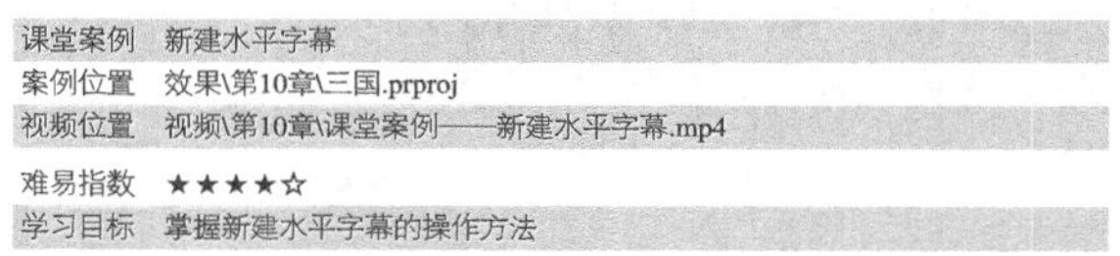

课堂案例	新建水平字幕
案例位置	效果\第10章\三国.prproj
视频位置	视频\第10章\课堂案例——新建水平字幕.mp4
难易指数	★★★★☆
学习目标	掌握新建水平字幕的操作方法

本实例最终效果如图10-10所示。

图10-10

01 按Ctrl＋O组合键，打开一个项目文件，如图10-11所示。

图10-11

02 单击“文件”|“新建”|“字幕”命令，如图10-12所示。

03 弹出“新建字幕”对话框，设置“名称”为“字幕01”，如图10-13所示。

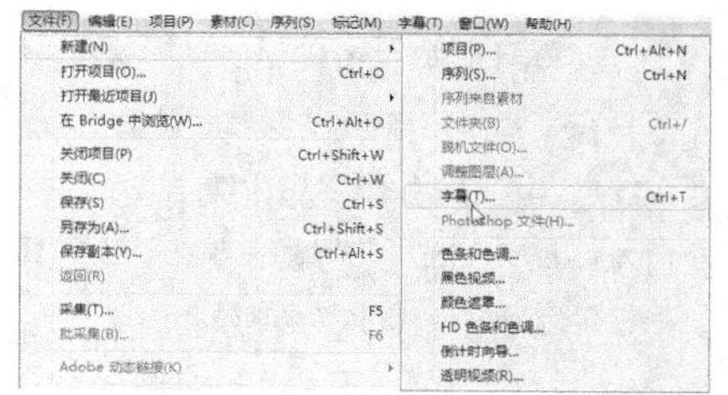

图10-12

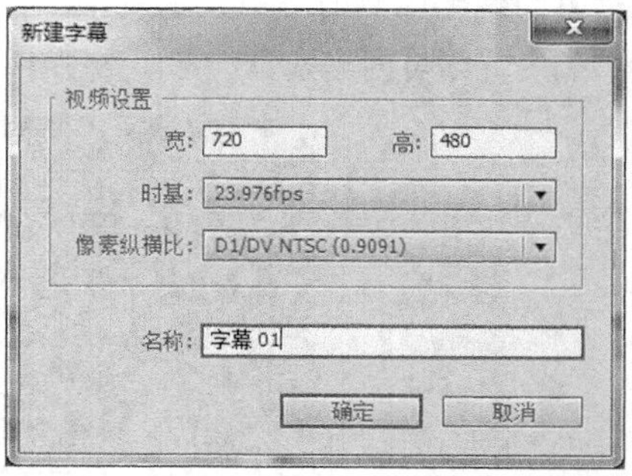

图10-13

04 单击“确定”按钮，打开字幕编辑窗口，然后选取输入工具T，如图10-14所示。

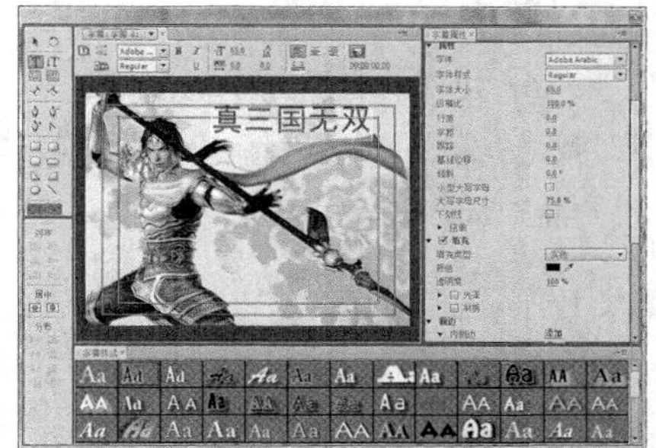

图10-14

05 设置“填充颜色”为黑色，“字体大小”为65，在绘图区中的合适位置输入相应的文字，如图10-15所示。

图10-15

06 关闭字幕编辑窗口，在“项目”面板中将显示新创建的字幕对象，如图10-16所示。

07 将新创建的字幕拖曳至“时间线”面板的“视频2”轨道上，调整控制条大小，如图10-17所示。

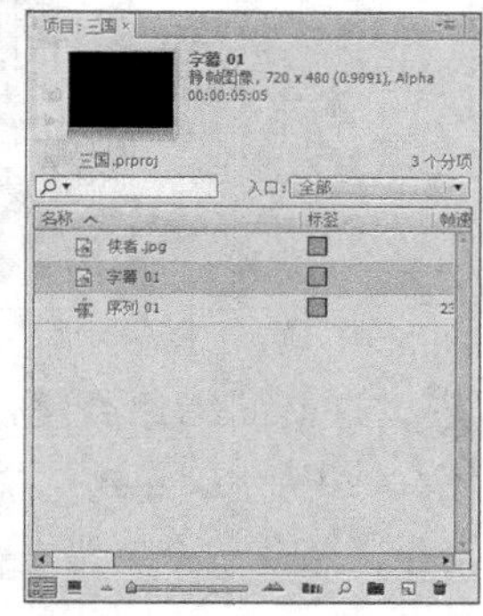

图10-16

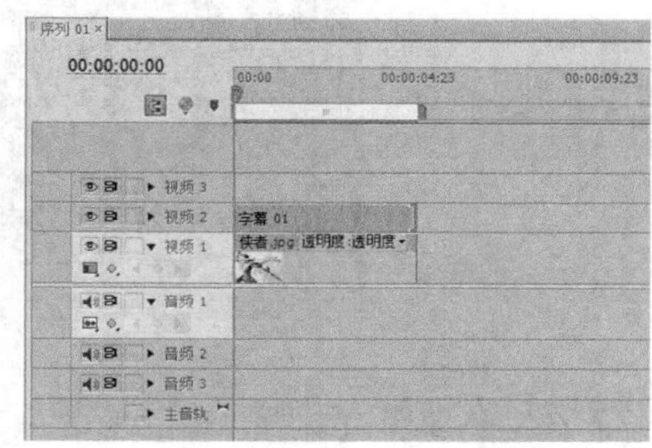

图10-17

08 执行上述操作后，即可创建水平字幕，新创建的字幕效果如图10-18所示。

图10-18

2. 新建垂直字幕

在了解如何创建水平文本字幕后，创建垂直文本字幕就变得十分简单了。下面将介绍创建垂直字幕的操作方法。

课堂案例	新建垂直字幕
案例位置	效果\第10章\变形金刚.prproj
视频位置	视频\第10章\课堂案例——新建垂直字幕.mp4
难易指数	★★★☆☆
学习目标	掌握新建垂直字幕的操作方法

本实例最终效果如图10-19所示。

图10-19

01 按Ctrl＋O组合键，打开一个项目文件，如图10-20所示。单击“文件”|“新建”|“字幕”命令，新建一个字幕文件。

图10-20

02 在字幕编辑窗口中，选取垂直文字工具，在绘图区中合适的位置输入相应的文字，如图10-21所示。

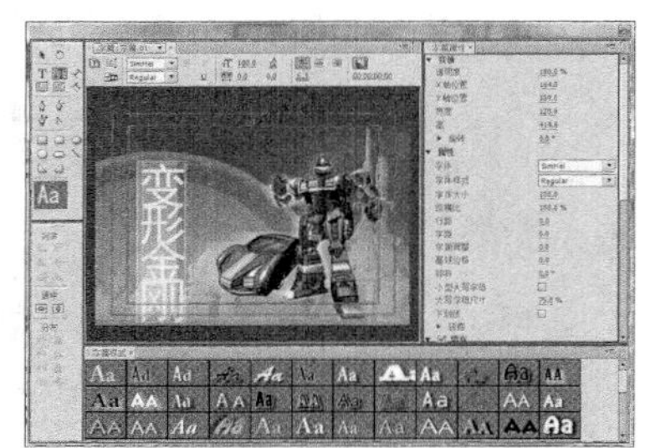

图10-21

03 在“字幕属性”面板中，设置“字体”为HYLingXinj，“字体大小”为50，“字距”为10，“色彩”为红色（RGB为167、10、4），如图10-22所示。

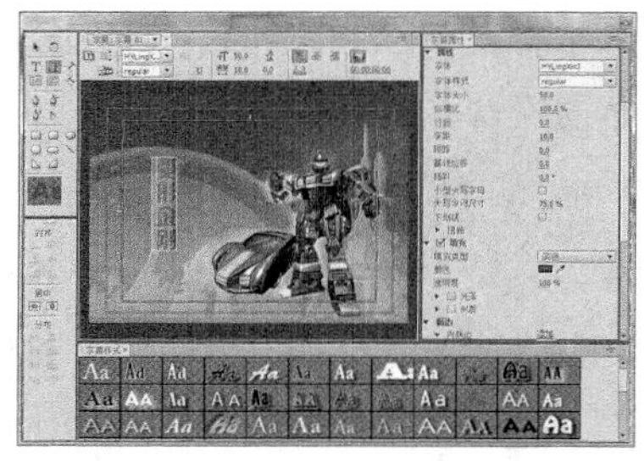

图10-22

技巧与提示

在字幕编辑窗口中创建字幕时，在工作区中有两个线框，外侧的线框以内为动作安全区；内侧的线框以内为标题安全区，在创建字幕时，字幕不能超过相应范围，否则导出影片时将不能显示。

04 关闭字幕编辑窗口，将新创建的字幕拖曳至“时间线”面板的“视频2”轨道上，调整控制条的长度，即可创建垂直字幕，如图10-23所示。

图10-23

10.1.4 打开字幕文件

在了解了如何新建字幕后，接下来我们可以学习如何打开一个字幕文件。

打开字幕文件与导入素材文件的方法一样，可以运用“文件”菜单中的“导入”命令，还可以运用Ctrl＋I组合键两种方法来打开字幕。

10.1.5 导出与导入字幕文件

下面为大家介绍导出与导入字幕文件的操作方法。

1．导出字幕文件

为了让用户更加方便地创建字幕，系统允许用户将设置好的字幕导出到字幕样式库中，这样方便用户随时调用这种字幕。

课堂案例	导出字幕文件
案例位置	效果\第10章\魔兽世界.prtl
视频位置	视频\第10章\课堂案例——导出字幕文件.mp4
难易指数	★★★☆☆
学习目标	掌握导出字幕文件的操作方法

01 按Ctrl＋O组合键，打开一个项目文件，如图10-24所示。

02 在“项目”面板中，选择字幕文件，如图10-25所示。

图10-24

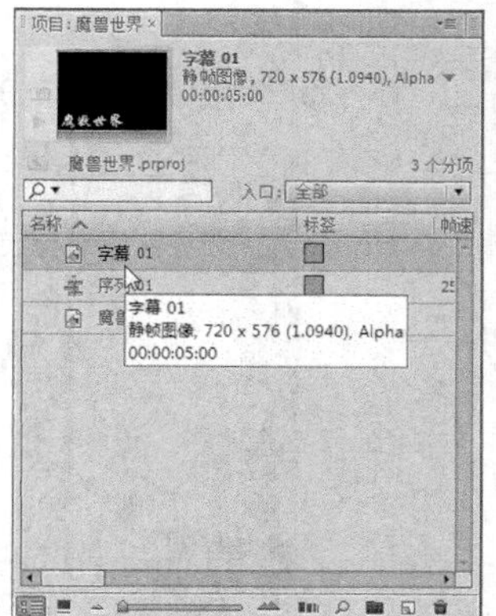

图10-25

03 单击“文件”|“导出”|“字幕”命令，如图10-26所示。

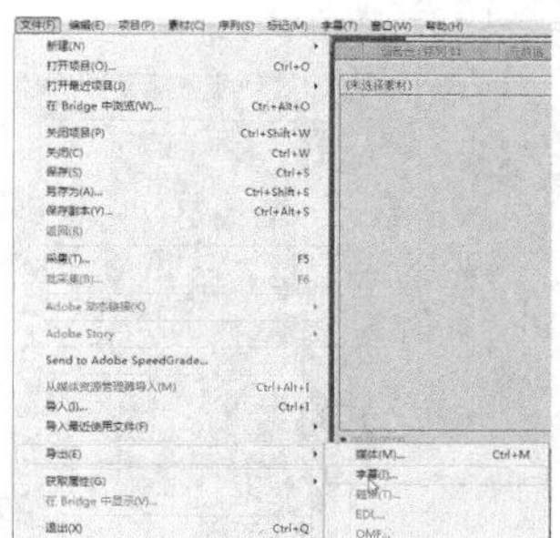

图10-26

04 弹出“存储字幕”对话框，设置文件名和保存路径，单击“保存”按钮，如图10-27所示。执行操作后，即可导出字幕文件。

图10-27

2. 导入字幕文件

导入字幕功能可以快速地将用户储存的字幕文件导入到项目文件中。

导入字幕的具体方法是：单击“文件”|“导入”命令，在弹出的“导入”对话框中，选择合适的字幕文件，单击“打开”按钮即可。

10.2 编辑影视字幕的基本属性

在Premiere Pro CS6中编辑影片时，为了让字幕的整体效果更具有吸引力和感染力，需要对字幕属性进行用心的编辑。本节主要介绍字幕属性的编辑方法。

10.2.1 应用预设字幕样式

字幕样式是Premiere Pro CS6为用户预设的字幕属性设置方案，让用户能够快速地设置字幕的属性。

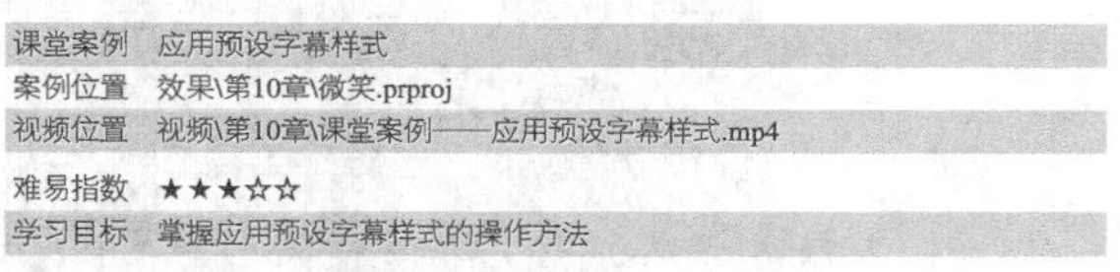

课堂案例	应用预设字幕样式
案例位置	效果\第10章\微笑.prproj
视频位置	视频\第10章\课堂案例——应用预设字幕样式.mp4
难易指数	★★★☆☆
学习目标	掌握应用预设字幕样式的操作方法

本实例最终效果如图10-28所示。

图10-28

01 按Ctrl＋O组合键，打开一个项目文件，如图10-29所示。

02 在“项目”面板的字幕文件上，双击鼠标左键，如图10-30所示。

图10-29

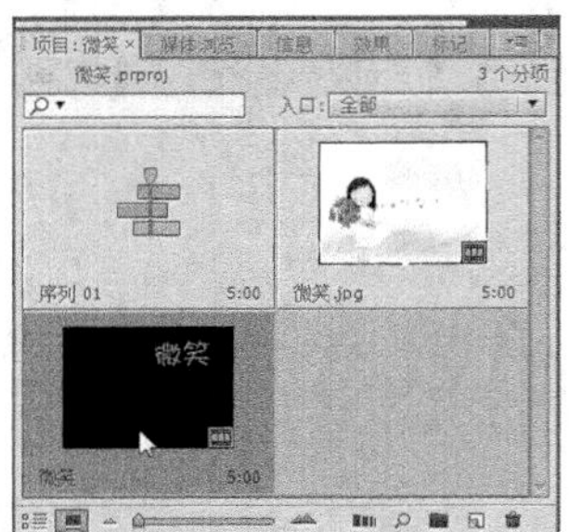

图10-30

03 打开字幕编辑窗口，在“字幕样式”面板中选择相应字幕样式，如图10-31所示。

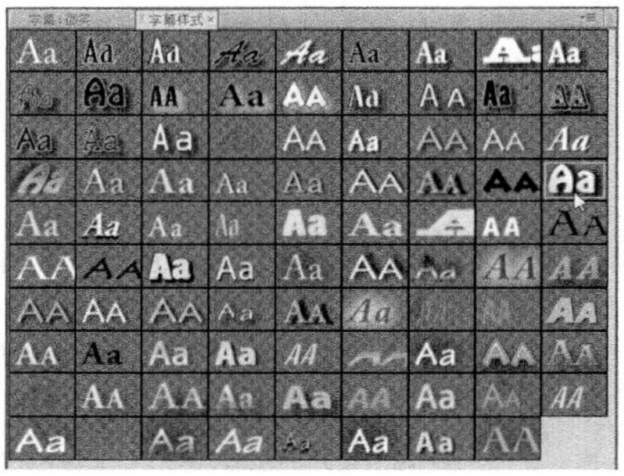

图10-31

04 执行操作后，即可应用字幕样式，其图像效果如图10-32所示。

图10-32

10.2.2 设置字幕变换效果

在Premiere Pro CS6中，设置字幕变换效果即是对文本或图形的透明度和位置等参数进行设置。

课堂案例	设置字幕变换效果
案例位置	效果\第10章\节日.prproj
视频位置	视频\第10章\课堂案例——设置字幕变换效果.mp4
难易指数	★★★☆☆
学习目标	掌握设置字幕变换效果的操作方法

本实例最终效果如图10-33所示。

图10-33

01 按Ctrl＋O组合键，打开一个项目文件，如图10-34所示。

图10-34

02 在“时间线”面板中的“视频2”轨道中，选择字幕文件，双击鼠标左键，如图10-35所示。

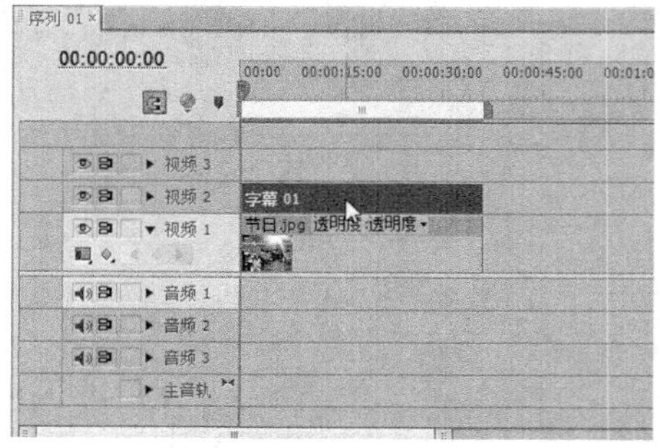

图10-35

03 打开字幕编辑窗口，在“变换”选项区中，设置“X轴位置”为524，“Y轴位置”为85.9，如图10-36所示。

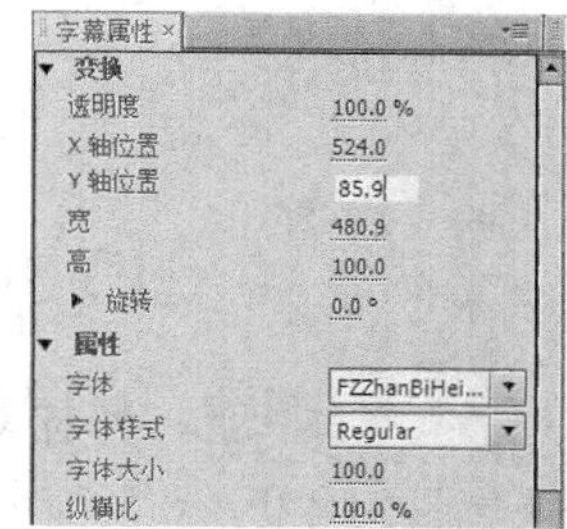

图10-36

04 执行操作后，即可设置变换效果，其图像效果如图10-37所示。

图10-37

10.2.3 调整影视字幕间距

在Premiere Pro CS6中，字幕间距主要是指文字之间的间隔距离。下面将介绍设置字幕间距的操作方法。

课堂案例	调整影视字幕间距
案例位置	效果\第10章\春语.prproj
视频位置	视频\第10章\课堂案例——调整影视字幕间距.mp4
难易指数	★★☆☆☆
学习目标	掌握调整影视字幕间距的操作方法

本实例最终效果如图10-38所示。

图10-38

01 按Ctrl＋O组合键，打开一个项目文件，如图10-39所示。

图10-39

02 在“视频2”轨道上，双击字幕文件，如图10-40所示。

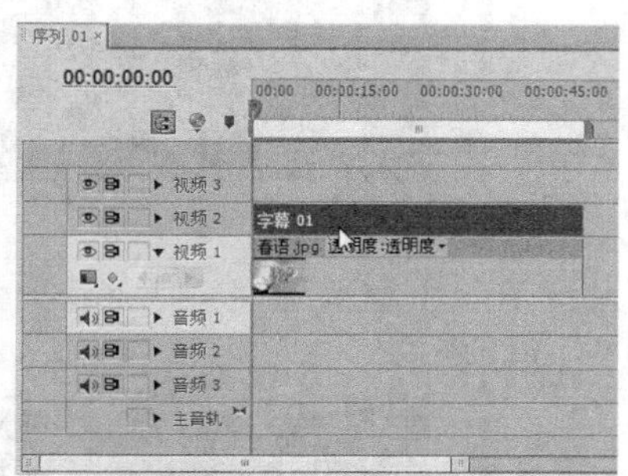

图10-40

03 打开字幕编辑窗口，然后在“属性”选项区中设置“字距”为12，如图10-41所示。

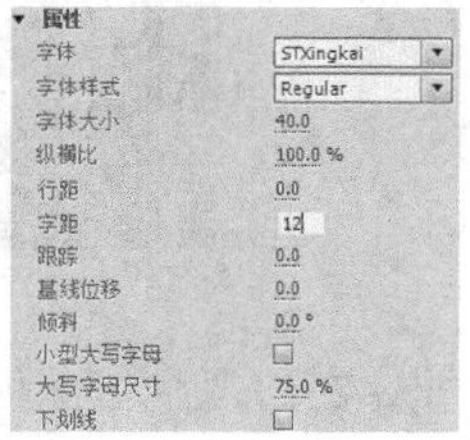

图10-41

04 执行操作后，即可设置字幕间距，其图像效果如图10-42所示。

图10-42

10.2.4 调整影视字体属性

在“属性”选项区中，可以重新设置字幕的字体。下面将介绍设置字体属性的操作方法。

课堂案例	调整影视字体属性
案例位置	效果\第10章\烟花.prproj
视频位置	视频\第10章\课堂案例——调整影视字体属性.mp4
难易指数	★★★☆☆
学习目标	掌握调整影视字体属性的操作方法

本实例最终效果如图10-43所示。

图10-43

01 按Ctrl+O组合键，打开一个项目文件，如图10-44所示。

图10-44

02 在“项目”面板的字幕文件上，双击鼠标左键，如图10-45所示。

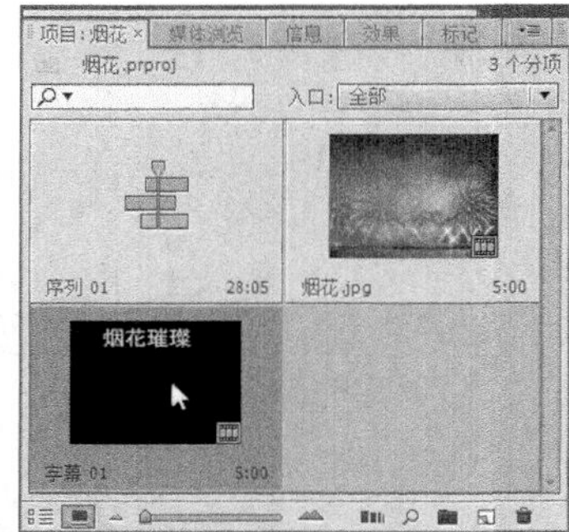

图10-45

03 打开字幕编辑窗口，然后在“属性”选项区中，设置相应的各种参数，如图10-46所示。

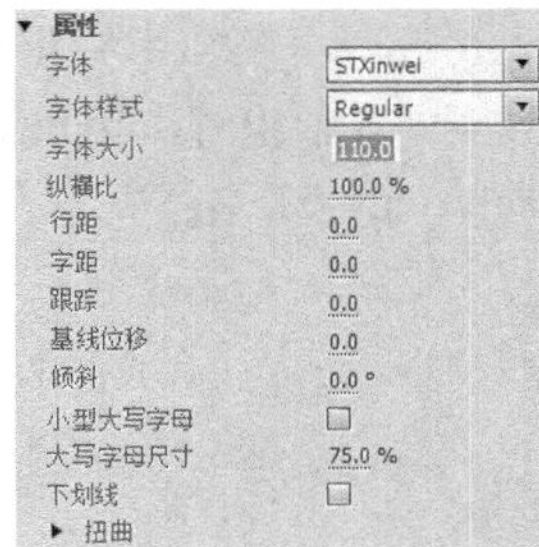

图10-46

04 执行操作后，即可设置字体属性，其图像效果如图10-47所示。

图10-47

10.2.5 调整影视字幕角度

在Premiere Pro CS6中，创建字幕对象后，可以将创建的字幕进行旋转操作，以得到更好的字幕效果。

课堂案例	调整影视字幕角度
案例位置	效果\第10章\花纹.prproj
视频位置	视频\第10章\课堂案例——调整影视字幕角度.mp4
难易指数	★★★☆☆
学习目标	掌握调整影视字幕角度的操作方法

本实例最终效果如图10-48所示。

图10-48

01 按Ctrl+O组合键，打开一个项目文件，如图10-49所示。

图10-49

02 在“项目”面板的字幕文件上，双击鼠标左键，如图10-50所示。

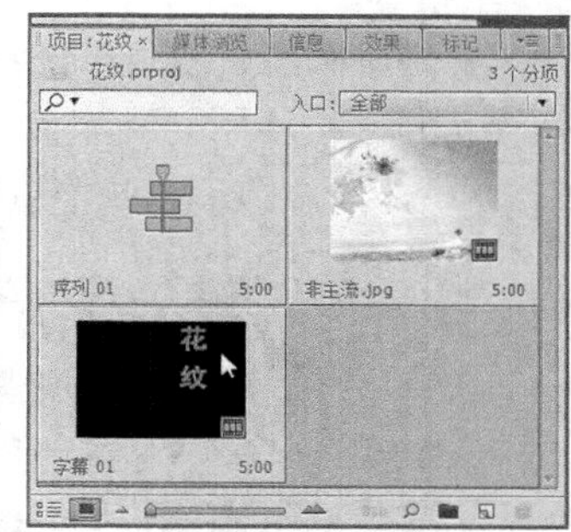

图10-50

03 打开字幕编辑窗口，在“字幕属性”面板的“变换”选项区中，设置“旋转”为330，如图10-51所示。

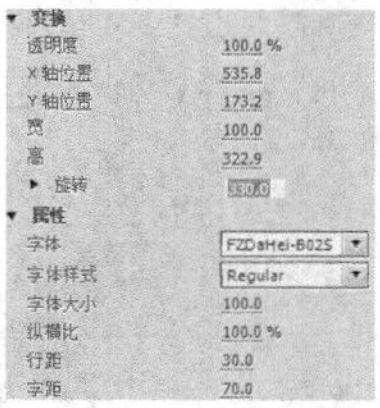

图10-51

04 执行操作后，即可旋转字幕角度。在“节目监视器”面板中可预览旋转字幕角度后的效果，如图10-52所示。

图10-52

10.2.6 更改影视字幕大小

如果字幕中的字体太小，可以对其进行调整。下面将介绍设置字幕大小的操作方法。

课堂案例	更改影视字幕大小
案例位置	效果\第10章\剑魂.prproj
视频位置	视频\第10章\课堂案例——更改影视字幕大小.mp4
难易指数	★★★☆☆
学习目标	掌握更改影视字幕大小的操作方法

本实例最终效果如图10-53所示。

图10-53

01 按Ctrl＋O组合键，打开一个项目文件，如图10-54所示。

图10-54

02 在“项目”面板的字幕文件上，双击鼠标左键，如图10-55所示。

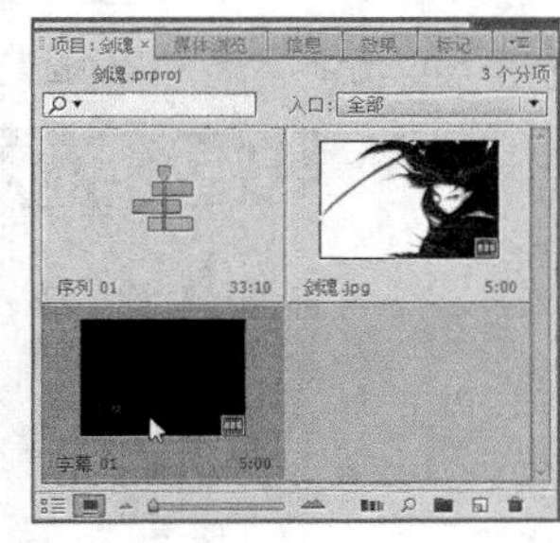

图10-55

03 打开字幕编辑窗口，在“字幕属性”面板中，设置“字体大小”为120，如图10-56所示。

▼ 属性	
字体	STXinwei
字体样式	Regular
字体大小	120
纵横比	100.0 %
行距	0.0
字距	0.0
跟踪	0.0
基线位移	0.0
倾斜	0.0 °
小型大写字母	☐
大写字母尺寸	75.0 %
下划线	☐

图10-56

04 执行操作后，即可设置字幕大小，在“节目监视器”面板中可预览设置字幕大小后的效果，如图10-57所示。

图10-57

10.2.7 排列影视字幕文件

使用Premiere Pro CS6制作字幕文件之前，还可以对字幕进行排序，使字幕文件更加美观。

课堂案例	排列影视字幕文件
案例位置	效果\第10章\夜幕.prproj
视频位置	视频\第10章\课堂案例——排列影视字幕文件.mp4
难易指数	★★★☆☆
学习目标	掌握排列影视字幕文件的操作方法

01 按Ctrl＋O组合键，打开一个项目文件，如图10-58所示。

图10-58

02 在“项目”面板的字幕文件上，双击鼠标左键，如图10-59所示。

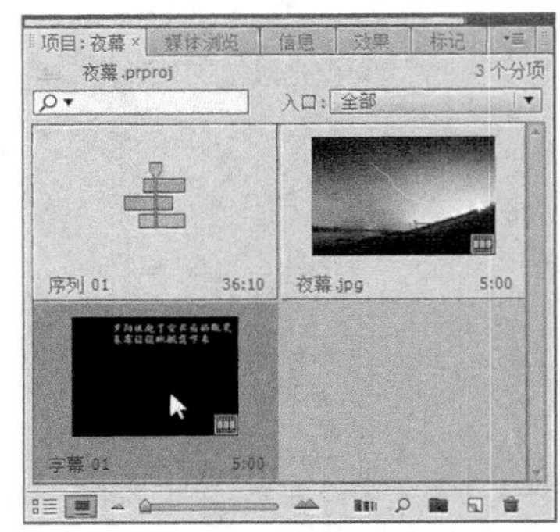

图10-59

03 打开字幕编辑窗口，选择最下方的字幕，如图10-60所示。

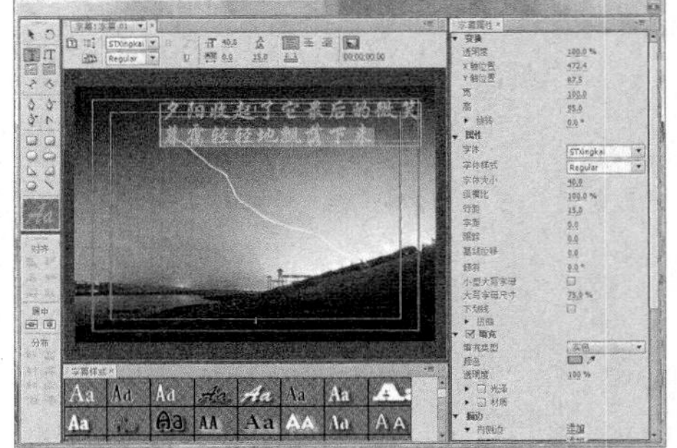

图10-60

04 单击鼠标右键，弹出快捷菜单，选择“排列”|“上移一层”选项，如图10-61所示。

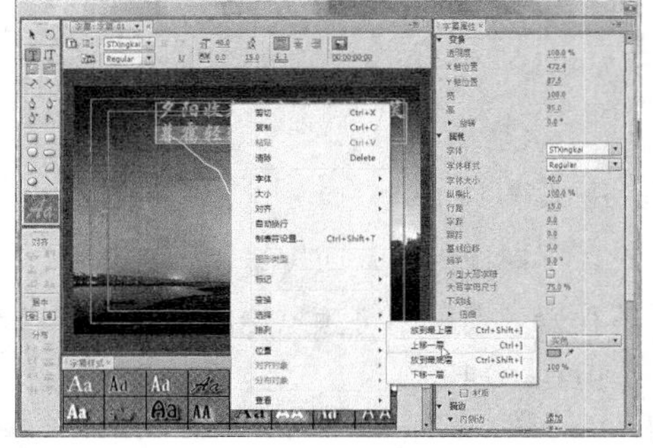

图10-61

05 执行操作后，即可设置排列属性。

10.3 制作字幕填充效果

运用“填充”属性中除了可以为字幕添加实色填充外，还可以添加“线性渐变填充”“放射性渐变”“四色渐变”等复杂的色彩渐变填充效果。同时该属性还提供了“光泽”与“纹理”字幕填充效果。本节将详细介绍制作字幕填充效果的操作方法。

10.3.1 制作实色填充效果

“实色填充”是指在字体内填充一种单独的颜色。下面将介绍制作实色填充效果的操作方法。

课堂案例	制作实色填充效果
案例位置	效果\第10章\花朵.prproj
视频位置	视频\第10章\课堂案例——制作实色填充效果.mp4
难易指数	★★★☆☆
学习目标	掌握制作实色填充效果的操作方法

本实例最终效果如图10-62所示。

图10-62

01 按Ctrl＋O组合键，打开一个项目文件，如图10-63所示。

图10-63

02 在“视频2”轨道上，双击字幕文件，如图10-64所示。

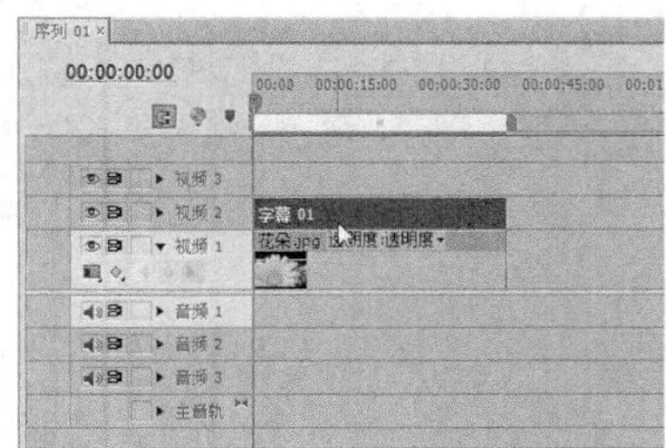

图10-64

03 打开字幕编辑窗口，设置“填充”选项区的“颜色”为白色，如图10-65所示。

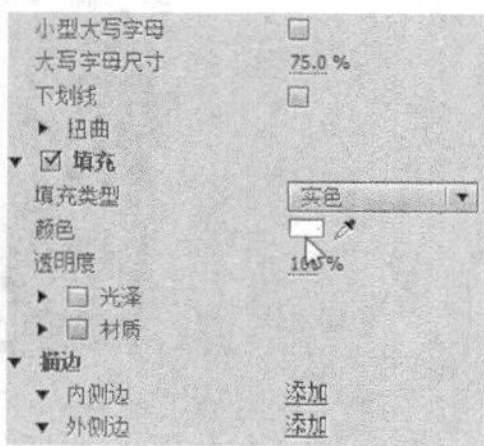

图10-65

04 执行操作后，即可设置实色填充效果，效果如图10-66所示。

图10-66

10.3.2 制作渐变填充效果

渐变填充是指从一种颜色逐渐向另一种颜色过渡的填充方式。下面将介绍设置渐变填充的操作方法。

课堂案例	制作渐变填充效果
案例位置	效果\第10章\春天的味道.prproj
视频位置	视频\第10章\课堂案例——制作渐变填充效果.mp4
难易指数	★★★☆☆
学习目标	掌握制作渐变填充效果的操作方法

本实例最终效果如图10-67所示。

图10-67

01 按Ctrl＋O组合键，打开一个项目文件，如图10-68所示。

图10-68

02 在“视频2”轨道上，双击字幕文件，如图10-69所示。

图10-69

03 打开字幕编辑窗口，设置“填充类型”为“线性渐变”，并设置其渐变颜色，如图10-70所示。

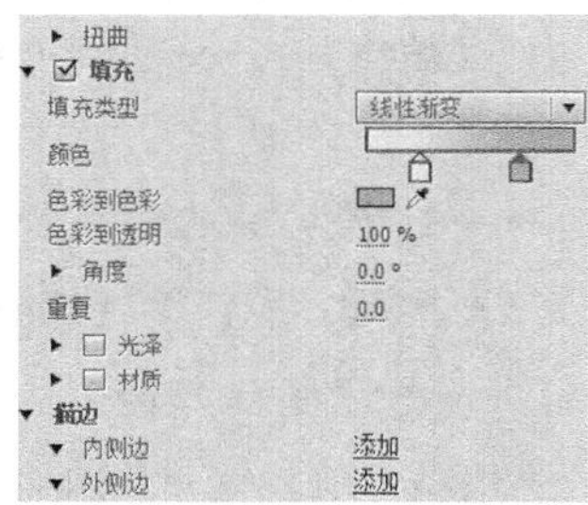

图10-70

04 执行操作后，即可设置渐变效果，在“节目监视器”面板中预览图像效果，如图10-71所示。

图10-71

10.3.3 制作斜面填充效果

斜面填充是通过设置阴影色彩的方式，模拟一种中间较亮、边缘较暗的三维浮雕填充效果。

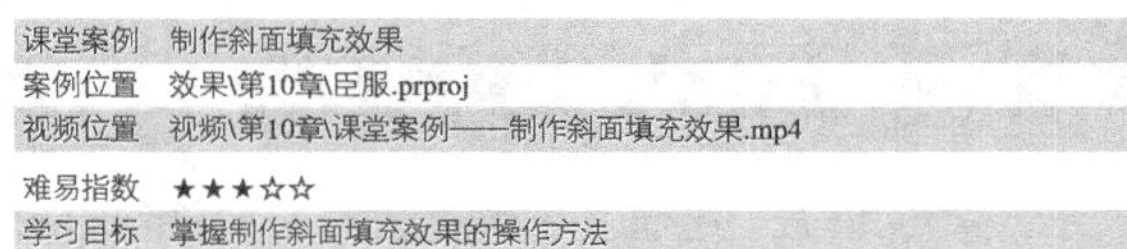

课堂案例	制作斜面填充效果
案例位置	效果\第10章\臣服.prproj
视频位置	视频\第10章\课堂案例——制作斜面填充效果.mp4
难易指数	★★★☆☆
学习目标	掌握制作斜面填充效果的操作方法

本实例最终效果如图10-72所示。

图10-72

01 按Ctrl＋O组合键，打开一个项目文件，如图10-73所示。

图10-73

02 在“视频2”轨道上，双击字幕文件，如图10-74所示。

图10-74

03 打开字幕编辑窗口，单击“填充类型”右侧的下拉按钮，弹出列表框，选择“斜面”选项，如图10-75所示。

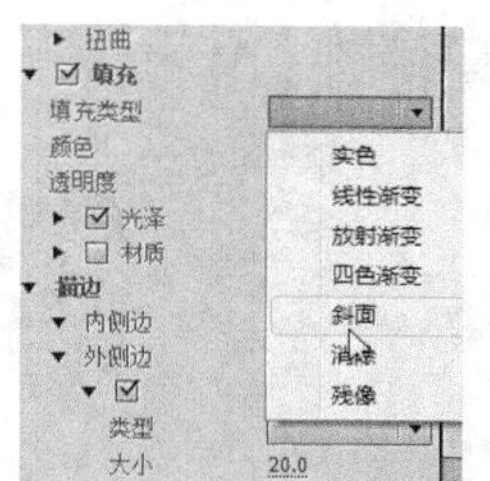

图10-75

04 设置“高光色”的RGB参数分别为48、88、151，“阴影色”的RGB参数分别为205、156、6，如图10-76所示。

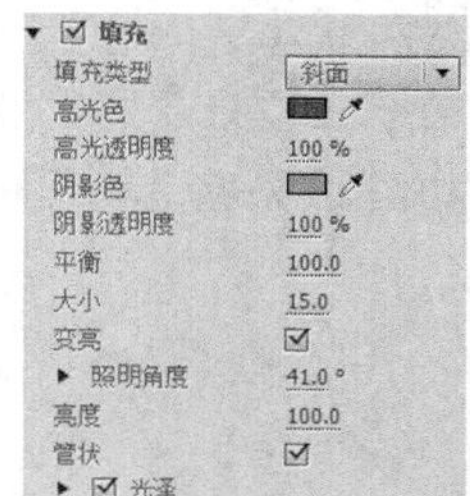

图10-76

05 执行操作后，即可设置斜面填充，在“节目监视器”面板中可预览设置斜面填充后的图像效果，如图10-77所示。

图10-77

10.3.4 制作消除填充效果

在Premiere Pro CS6中，消除是用来暂时性地隐藏字幕，包括该字幕的阴影和描边效果。

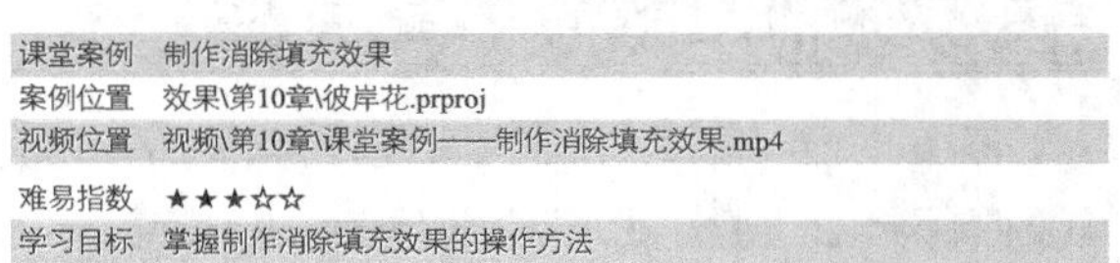

课堂案例	制作消除填充效果
案例位置	效果\第10章\彼岸花.prproj
视频位置	视频\第10章\课堂案例——制作消除填充效果.mp4
难易指数	★★★☆☆
学习目标	掌握制作消除填充效果的操作方法

本实例最终效果如图10-78所示。

图10-78

01 按Ctrl＋O组合键，打开一个项目文件，如图10-79所示。

图10-79

02 在“视频2”轨道上，双击字幕文件，如图10-80所示。

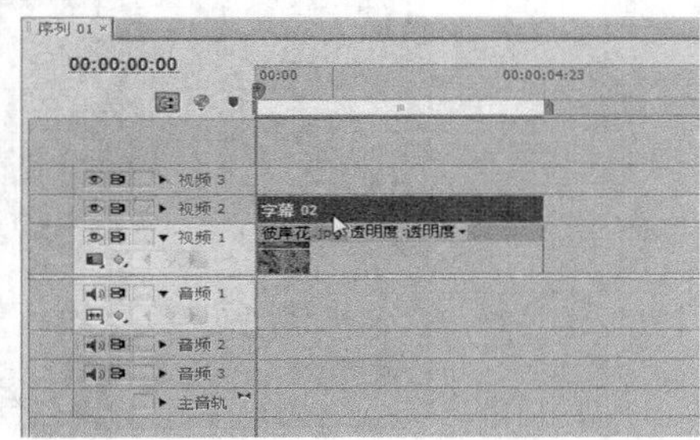

图10-80

03 打开字幕编辑窗口，单击“填充类型”右侧的下拉按钮，弹出列表框，选择“消除”选项，如图10-81所示。

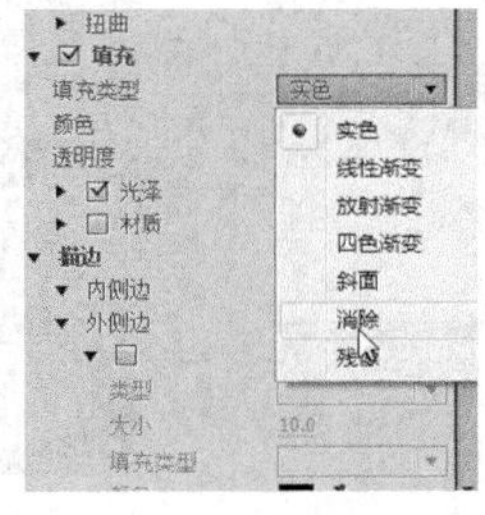

图10-81

04 执行操作后，即可设置消除填充效果，在“节目监视器”面板中可预览设置消除填充后的图像效果，如图10-82所示。

图10-82

10.3.5 制作残像填充效果

残像与消除拥有类似的效果，两者都可以隐藏字幕，区别在于残像只能隐藏字幕本身，无法隐藏阴影效果。

课堂案例	制作残像填充效果
案例位置	效果\第10章\飞舞.prproj
视频位置	视频\第10章\课堂案例——制作残像填充效果.mp4
难易指数	★★★☆☆
学习目标	掌握制作残像填充效果的操作方法

本实例最终效果如图10-83所示。

图10-83

01 按Ctrl＋O组合键，打开一个项目文件，如图10-84所示。

图10-84

02 在“视频2”轨道上，双击字幕文件，如图10-85所示。

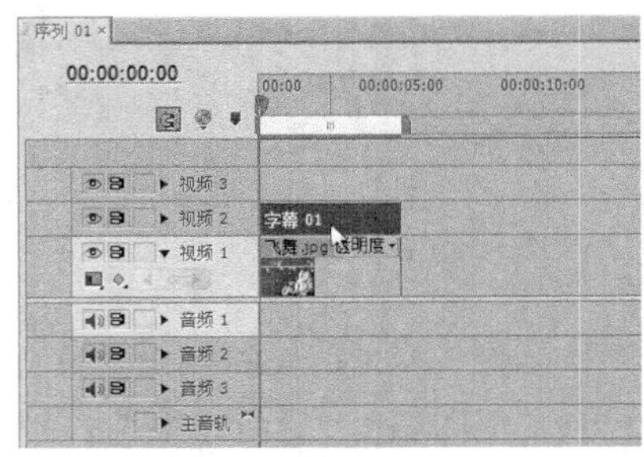

图10-85

03 打开字幕编辑窗口，单击“填充类型”右侧的下拉按钮，弹出列表框，选择“残像”选项，如图10-86所示。

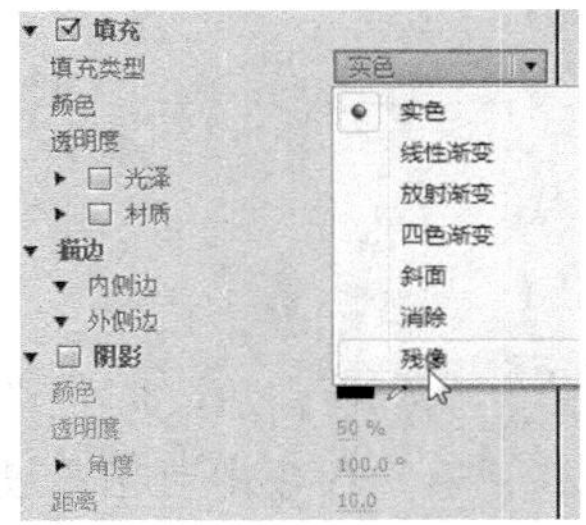

图10-86

04 执行操作后，即可设置残像填充效果，在“节目监视器”面板中可预览设置残像填充后的图像效果，如图10-87所示。

图10-87

10.3.6 制作光泽填充效果

添加“光泽”效果的作用主要是为字幕叠加一层逐渐向两侧淡化的颜色，用来模拟物体表面的光泽感。

课堂案例	制作光泽填充效果
案例位置	效果\第10章\命运之夜.prproj
视频位置	视频\第10章\课堂案例——制作光泽填充效果.mp4
难易指数	★★★☆☆
学习目标	掌握制作光泽填充效果的操作方法

本实例最终效果如图10-88所示。

图10-88

01 按Ctrl＋O组合键，打开一个项目文件，如图10-89所示。

图10-89

02 在“视频2”轨道上，双击字幕文件，如图10-90所示。

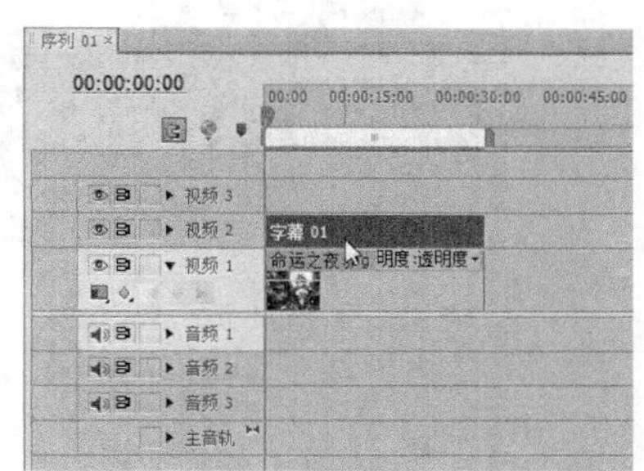

图10-90

03 打开字幕编辑窗口，在“填充”选项区中，选中“光泽”复选框，设置“颜色”的RGB参数为247、203、196，“大小”为100，如图10-91所示。

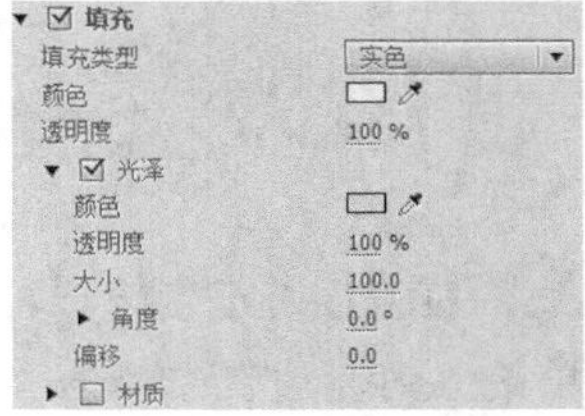

图10-91

04 执行操作后，即可设置光泽填充效果，在“节目监视器”面板中可预览设置光泽填充后的图像效果，如图10-92所示。

图10-92

10.3.7 制作材质填充效果

添加“材质”效果的作用主要是为字幕设置背景纹理效果，材质的文件可以是位图，也可以是矢量图。

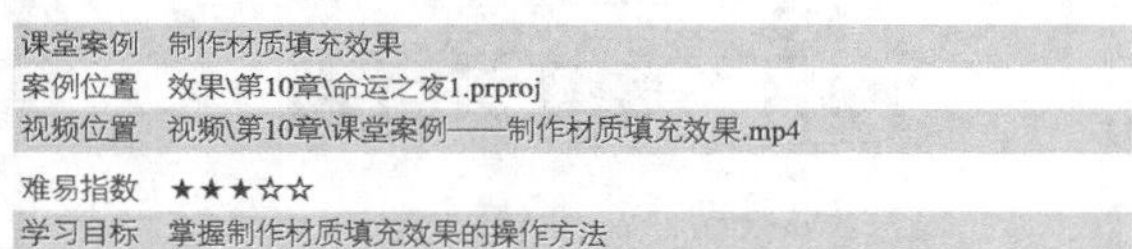

课堂案例	制作材质填充效果
案例位置	效果\第10章\命运之夜1.prproj
视频位置	视频\第10章\课堂案例——制作材质填充效果.mp4
难易指数	★★★☆☆
学习目标	掌握制作材质填充效果的操作方法

本实例最终效果如图10-93所示。

图10-93

01 以上一个实例的素材为例，在“项目”面板中，选择字幕文件，双击鼠标左键，如图10-94所示。

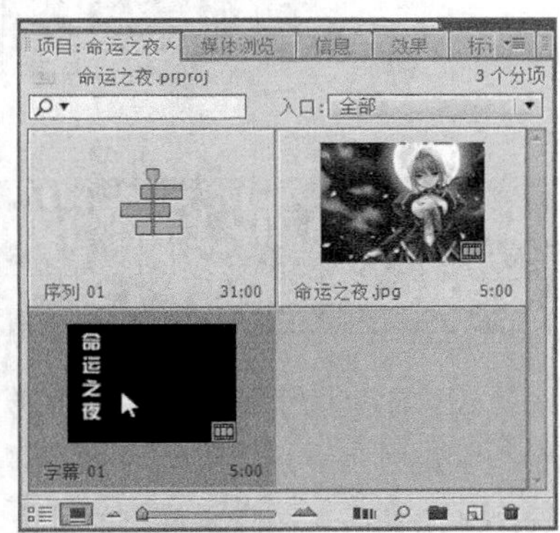

图10-94

02 打开字幕编辑窗口，在“填充”选项区中，选中“材质”复选框，单击“材质”右侧的按钮 ■，如图10-95所示。

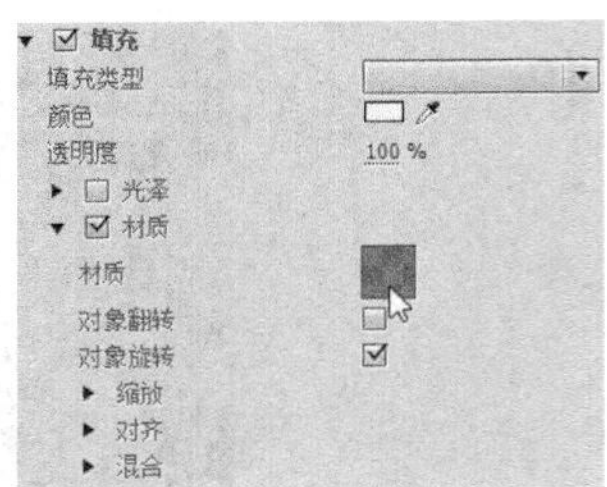

图10-95

03 弹出“选择材质图像”对话框，选择合适的材质，如图10-96所示。

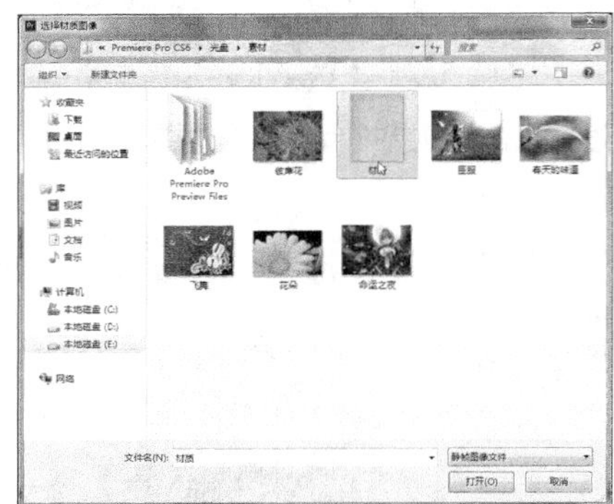

图10-96

04 单击“打开”按钮，即可设置材质效果，如图10-97所示。

图10-97

10.4 添加字幕描边与阴影效果

添加字幕的“描边”与“阴影”主要作用是为了让字幕效果更加突出、醒目。因此，用户可以有选择地添加或者删除字幕中的描边或阴影效果。

10.4.1 添加内侧边描边效果

“内侧边”描边主要是从字幕边缘向内进行扩展，这种描边效果可能会覆盖字幕的原有填充效果。

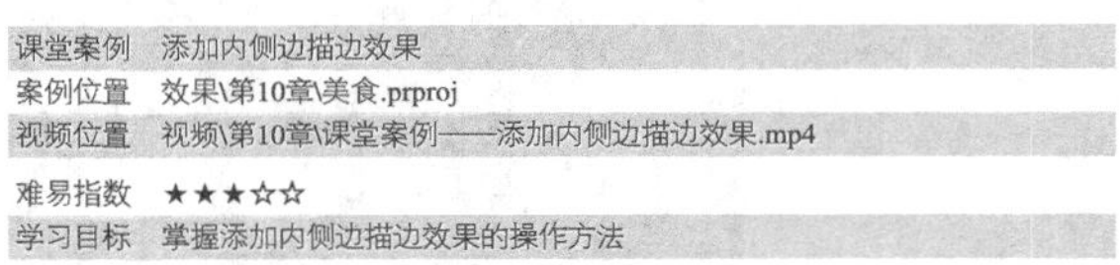

课堂案例	添加内侧边描边效果
案例位置	效果\第10章\美食.prproj
视频位置	视频\第10章\课堂案例——添加内侧边描边效果.mp4
难易指数	★★★☆☆
学习目标	掌握添加内侧边描边效果的操作方法

本实例最终效果如图10-98所示。

图10-98

01 按Ctrl＋O组合键，打开一个项目文件，如图10-99所示。

图10-99

02 在“视频2”轨道上，双击字幕文件，如图10-100所示。

图10-100

03 打开字幕编辑窗口，在“描边”选项区中，单击“内侧边”右侧的“添加”链接，添加一个内侧边选项，如图10-101所示。

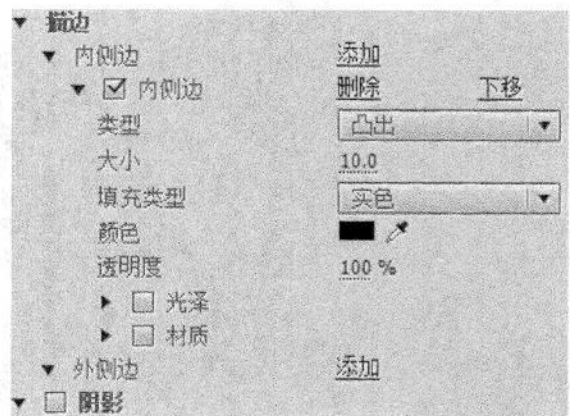

图10-101

04 在“内侧边”选项区中，单击“类型”右侧的下拉按钮，弹出列表框，选择“深度”选项，如图10-102所示。

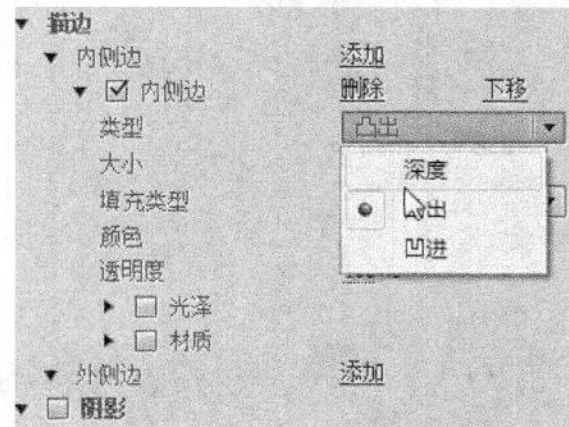

图10-102

05 单击“颜色”右侧的颜色色块，弹出“颜色拾取”对话框，设置RGB参数为199、1、19，如图10-103所示。

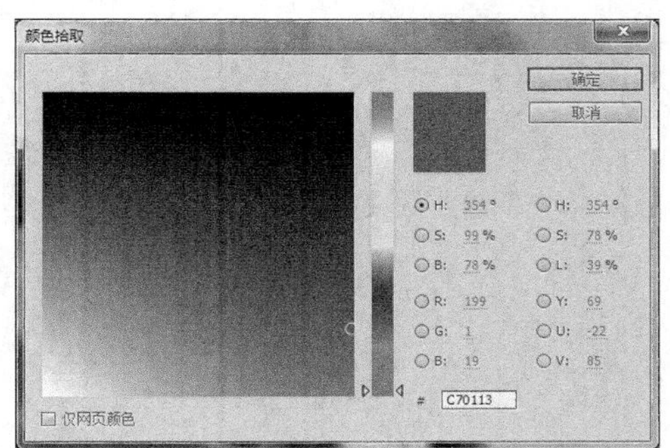

图10-103

06 单击“确定”按钮，返回到字幕编辑窗口，即可设置内侧边的描边效果，如图10-104所示。

图10-104

10.4.2 添加外侧边描边效果

“外侧边”描边效果是从字幕的边缘向外扩展，并增加字幕占据画面的范围。

课堂案例	添加外侧边描边效果
案例位置	效果\第10章\世间绝色.prproj
视频位置	视频\第10章\课堂案例——添加外侧边描边效果.mp4
难易指数	★★★☆☆
学习目标	掌握添加外侧边描边效果的操作方法

本实例最终效果如图10-105所示。

图10-105

01 按Ctrl＋O组合键，打开一个项目文件，如图10-106所示。

图10-106

02 在“视频2”轨道上，双击字幕文件，如图10-107所示。

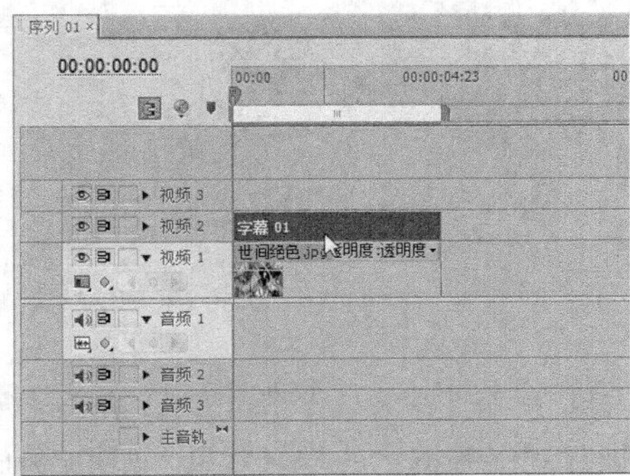

图10-107

03 打开字幕编辑窗口，在“描边”选项区中，单击“外侧边”右侧的“添加”链接，添加一个外侧边选项，如图10-108所示。

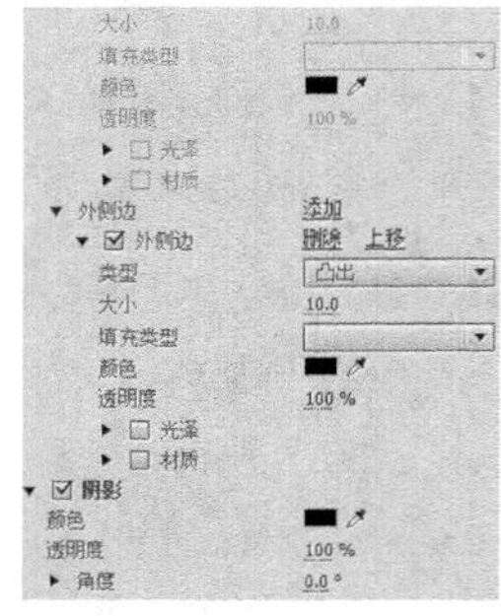

图10-108

04 在“外侧边”选项区中，单击“类型”右侧的下拉按钮，弹出列表框，选择“凹进”选项，如图10-109所示。

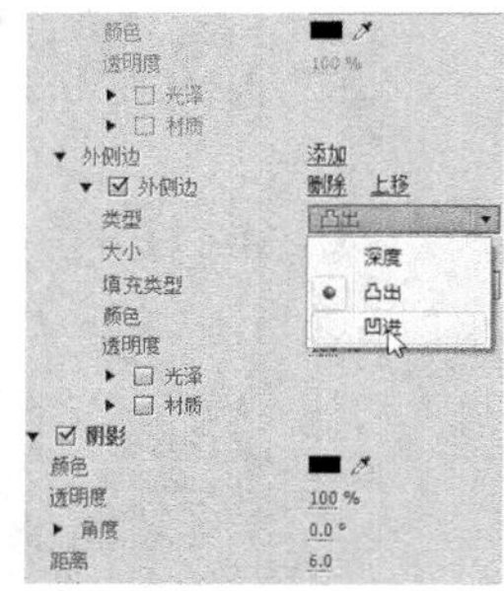

图10-109

05 单击“颜色”右侧的颜色色块，弹出“颜色拾取”对话框，设置RGB参数为90、46、26，如图10-110所示。

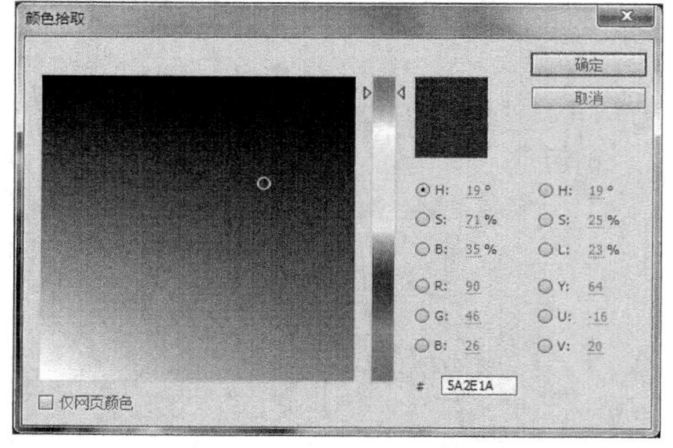

图10-110

06 单击“确定”按钮，返回到字幕编辑窗口，即可设置外侧边的描边效果，如图10-111所示。

图10-111

技巧与提示

在“类型”列表框中，“凸出”描边模式是最正统的描边模式，选择“凸出”模式后，可以设置其大小、色彩、透明度及填充类型等。

10.4.3 添加字幕阴影效果

由于“阴影”是可选效果，因此只有在选中“阴影”复选框的状态下，Premiere Pro CS6才会显示用户添加的字幕阴影效果。

课堂案例	字幕阴影效果的添加
案例位置	效果\第10章\楼梯一角.prproj
视频位置	视频\第10章\课堂案例——字幕阴影效果的添加.mp4
难易指数	★★★☆☆
学习目标	掌握字幕阴影效果的添加的操作方法

本实例最终效果如图10-112所示。

图10-112

01 按Ctrl＋O组合键，打开一个项目文件，如图10-113所示。

图10-113

02 在“视频2”轨道上，双击字幕文件，如图10-114所示。

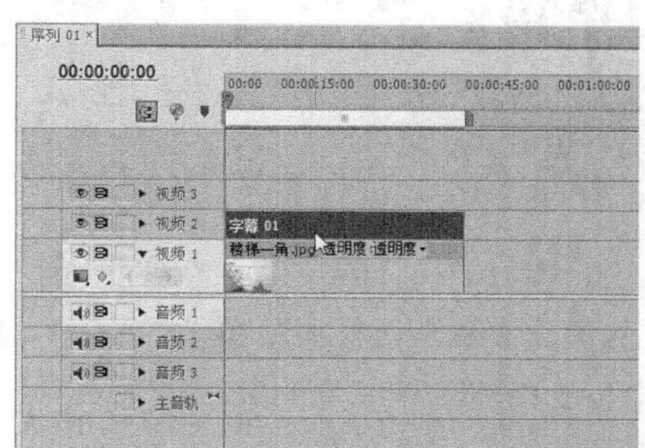

图10-114

03 打开字幕编辑窗口，选中“阴影”复选框，如图10-115所示。

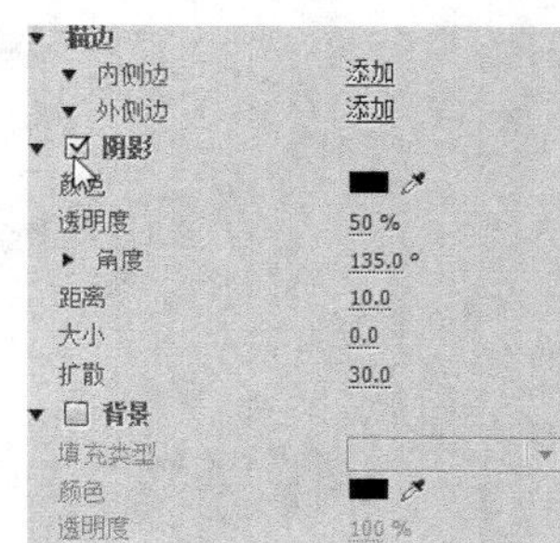

图10-115

04 执行操作后，即可添加字幕阴影效果，如图10-116所示。

图10-116

10.4.4 设置字幕阴影参数

在添加字幕阴影效果后，可以对“阴影”选项区中各参数进行设置，以得到更好的阴影效果。

课堂案例	字幕阴影参数的设置
案例位置	效果\第10章\樱桃.prproj
视频位置	视频\第10章\课堂案例——字幕阴影参数的设置.mp4
难易指数	★★★☆☆
学习目标	掌握字幕阴影参数的设置的操作方法

本实例最终效果如图10-117所示。

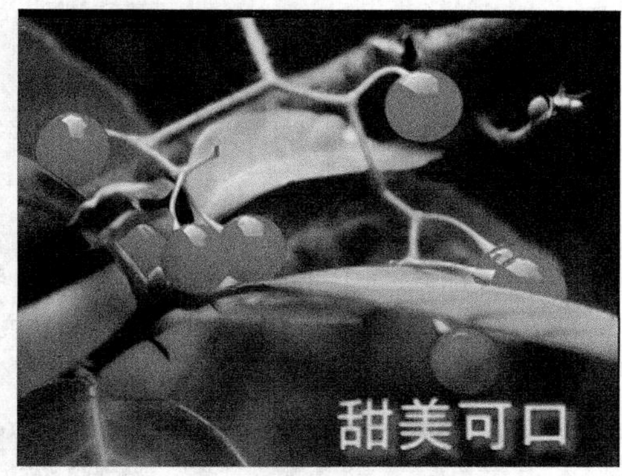

图10-117

01 按Ctrl＋O组合键，打开一个项目文件，如图10-118所示。

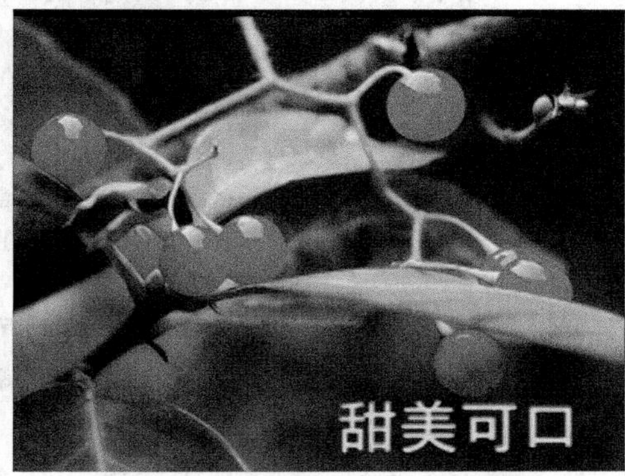

图10-118

02 在“视频2”轨道上，双击字幕文件，如图10-119所示。

图10-119

03 打开字幕编辑窗口，选中“阴影”复选框，设置“颜色”的RGB参数为121、237、132，“大小”为10，如图10-120所示。

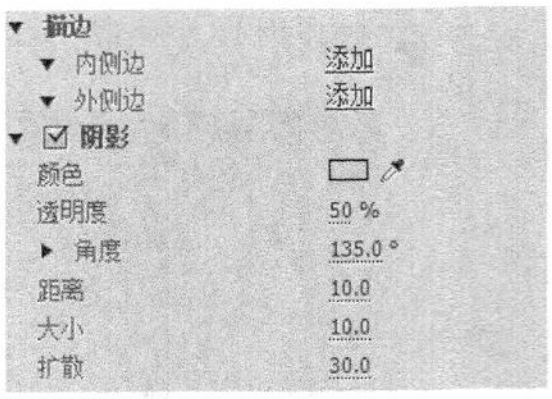

▼ 描边
▼ 内侧边 添加
▼ 外侧边 添加
▼ ☑ 阴影
颜色
透明度 50 %
▶ 角度 135.0 °
距离 10.0
大小 10.0
扩散 30.0

图10-120

04 执行操作后，即可设置字幕阴影参数，在“节目监视器”面板中可预览设置后的字幕效果，如图10-121所示。

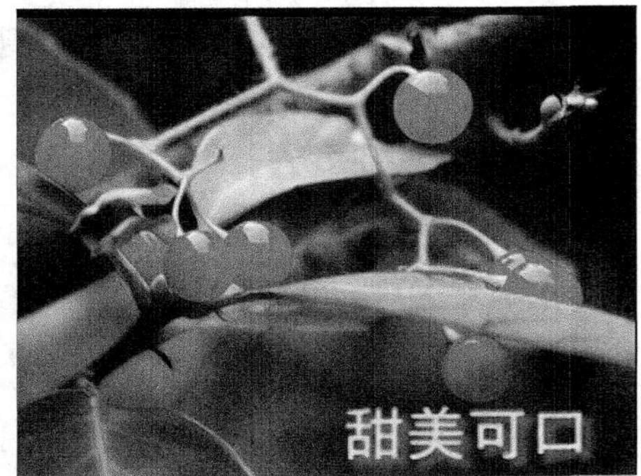

图10-121

10.5 本章小结

本章全面介绍了如何设置与美化影视字幕，包括影视字幕的基本操作、编辑影视字幕基本属性、制作字幕填充效果，以及添加字幕描边与阴影效果等内容。本章通过大量的实例，向读者讲解了运用Premiere Pro CS6设置与美化影视字幕的方法和技巧，希望读者掌握好，以便为后续学习打好基础。

10.6 习题测试——设置字幕变换效果

案例位置	效果\第10章\习题测试\粉色之恋.prproj
难易指数	★★★☆☆
学习目标	掌握设置字幕变换效果的操作方法

本习题的目的是让读者掌握设置字幕变换效果的操作方法，素材如图10-122所示，最终效果如图10-123所示。

图10-122

图10-123

第11章

制作影视字幕动态特效

内容摘要

在影视节目中，字幕起着解释画面、补充内容等作用。由于字幕本身是静止的，因此在某些时候无法完美地表达画面的主题。本章将运用Premiere Pro CS6来制作各种文字特效，让画面中的文字更加生动。

课堂学习目标

- 学会创建影视字幕路径
- 学会制作影视动态字幕
- 掌握编辑字幕样式的相关操作
- 掌握本章的字幕动画特效实战

11.1 创建影视字幕路径

字幕特效的种类很多，其中最常见的一种是通过“字幕路径”使字幕按用户创建的路径移动。本节将详细介绍字幕路径的创建方法。

11.1.1 运用绘图工具绘制直线

“直线”是所有图形中最简单且最基本的图形，在Premiere Pro CS6中，用户可以运用绘图工具直接绘制出直线图形。

课堂案例	运用绘图工具绘制直线
案例位置	效果\第11章\远眺.prproj
视频位置	视频\第11章\课堂案例——运用绘图工具绘制直线.mp4
难易指数	★★★☆☆
学习目标	掌握运用绘图工具绘制直线的操作方法

本实例最终效果如图11-1所示。

图11-1

01 按Ctrl＋O组合键，打开一个项目文件，如图11-2所示。

图11-2

02 在“视频2”轨道上，双击字幕文件，如图11-3所示。

03 打开字幕编辑窗口，选取直线工具，如图11-4所示。

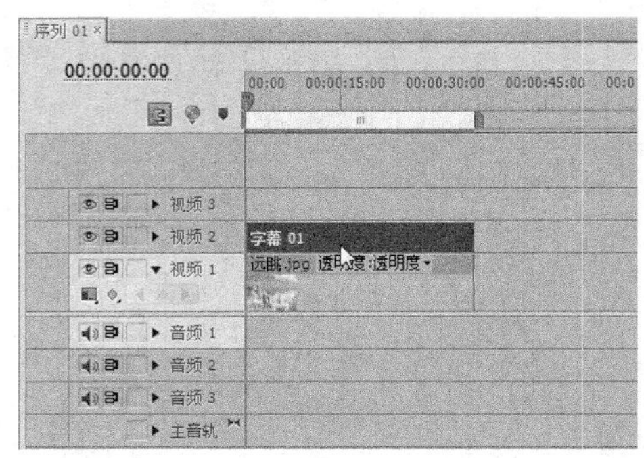

图11-3

图11-4

04 执行上述操作后，在绘图区的合适位置单击鼠标左键并拖曳，绘制直线，如图11-5所示。

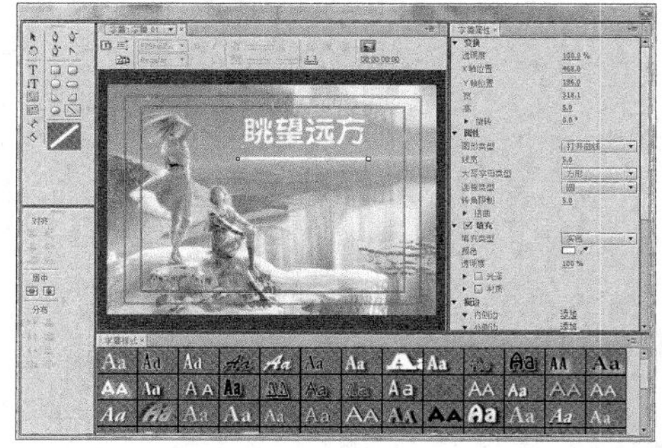

图11-5

05 选取选择工具，然后将直线移至合适位置，并设置“线宽”为3，如图11-6所示。

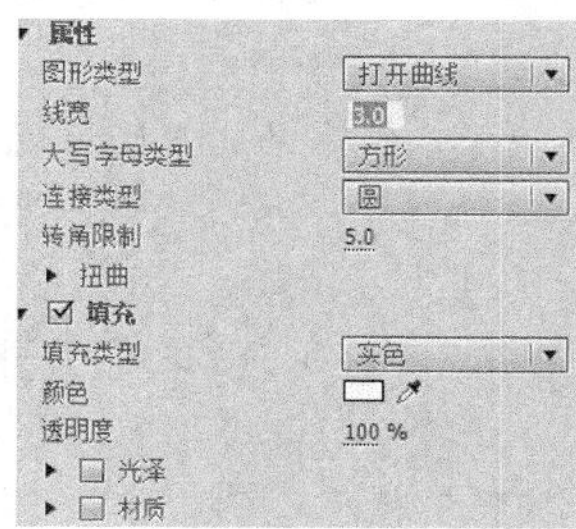

图11-6

06 执行操作后，即可绘制直线，效果如图11-7所示。

图11-7

11.1.2 在面板中调整直线颜色

在Premiere Pro CS6中，在绘制直线后，用户可以在“字幕属性”面板中设置“填充”属性，调整直线的颜色。

课堂案例	在面板中调整直线颜色
案例位置	效果\第章\远眺1.prproj
视频位置	视频\第11章\课堂案例——在面板中调整直线颜色.mp4
难易指数	★★☆☆☆
学习目标	掌握在面板中调整直线颜色的操作方法

本实例最终效果如图11-8所示。

图11-8

01 以上一个实例的效果为例，在“视频2”轨道上，双击字幕文件，打开字幕编辑窗口，单击“颜色”右侧的色块，如图11-9所示。

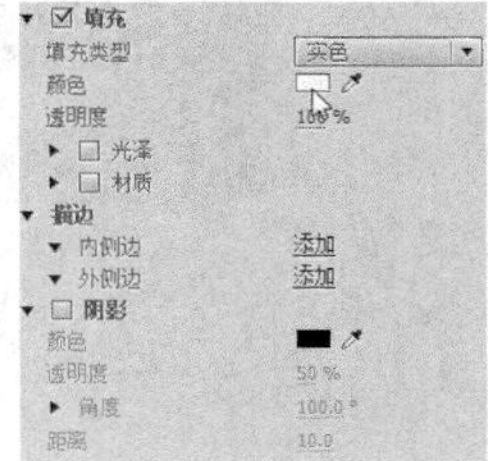

图11-9

02 弹出“颜色拾取”对话框，设置RGB参数为233、220、13，单击“确定”按钮，即可调整直线颜色。

11.1.3 运用钢笔工具转换直线

使用钢笔工具可以直接将直线转换为简单的曲线，下面将介绍使用钢笔工具转换直线的操作方法。

课堂案例	运用钢笔工具转换直线
案例位置	效果\第11章\携手.prproj
视频位置	视频\第11章\课堂案例——运用钢笔工具转换直线.mp4
难易指数	★★★☆☆
学习目标	掌握运用钢笔工具转换直线的操作方法

本实例最终效果如图11-10所示。

图11-10

01 按Ctrl＋O组合键，打开一个项目文件，如图11-11所示。

图11-11

02 在“视频2”轨道上，双击字幕文件，如图11-12所示。

03 打开字幕编辑窗口，选取钢笔工具，如图11-13所示。

04 在绘图区合适位置，依次单击鼠标左键，绘制直线，如图11-14所示。

图11-12

图11-13

图11-14

05 在“字幕属性”面板中，删除“外侧边”选项，取消选中“阴影”复选框，如图11-15所示。

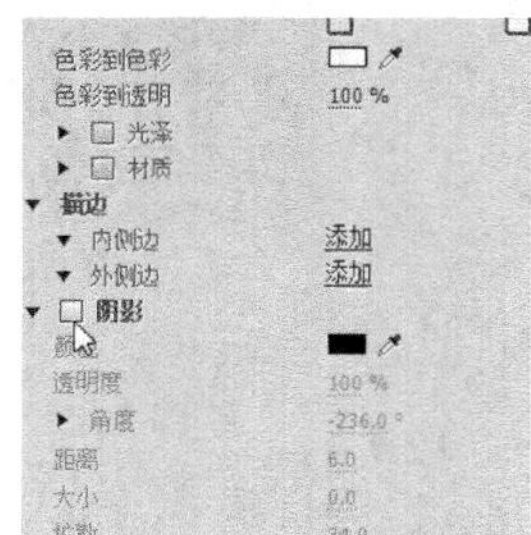

图11-15

06 执行操作后，即可使用钢笔工具转换直线，效果如图11-16所示。

图11-16

11.1.4 运用转换定位点工具添加节点

当需要将直线转换一条比较复杂的曲线时，就需要用到转换定位点工具来调整直线了。转换定位点工具可以为直线添加两个或两个以上的节点，用户可以通过这些节点调节出更为复杂的曲线图形。

选取转换定位点工具，在需要添加节点的曲线上单击鼠标左键即可。图11-17所示为添加节点的前后对比效果。

图11-17

11.1.5 运用椭圆工具创建圆

在Premiere Pro CS6中，当用户需要创建圆时，可以使用椭圆工具在绘图区中绘制一个正圆对象。

课堂案例	运用椭圆工具创建圆
案例位置	效果\第11章\环形.prproj
视频位置	视频\第11章\课堂案例——运用椭圆工具创建圆.mp4
难易指数	★★★☆☆
学习目标	掌握运用椭圆工具创建圆的操作方法

本实例最终效果如图11-18所示。

图11-18

01 按Ctrl＋O组合键，打开一个项目文件，如图11-19所示。在“视频1”轨道上，双击字幕文件。

图11-19

02 打开字幕编辑窗口，选取椭圆形工具，在按住Shift键的同时，在绘图区中创建一个圆，如图11-20所示。

03 在“变换”选项区中，设置“宽”和“高”均为390，如图11-21所示。

04 调整圆形的位置，效果如图11-22所示。

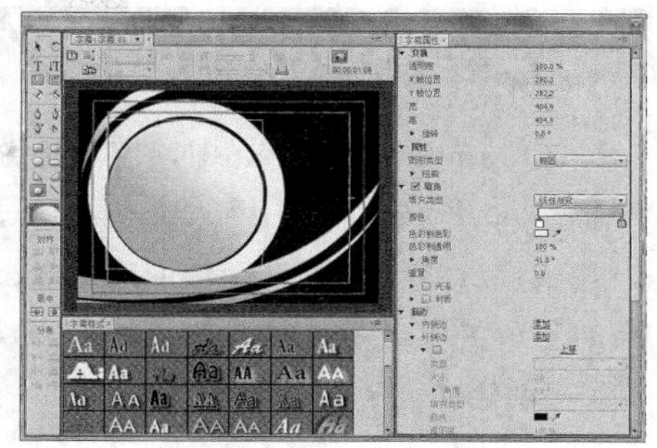

图11-20

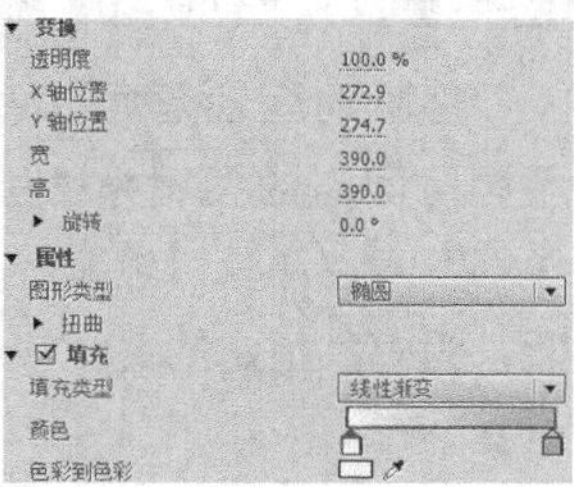

图11-21

图11-22

11.1.6 运用圆弧工具创建圆弧

当用户需要创建一个圆弧对象时，可以通过圆弧工具进行创建操作。

创建圆弧的具体方法为：在字幕编辑窗口中选取弧形工具，在绘图区中，单击鼠标左键并拖曳，即可创建，如图11-23所示。

图11-23

11.2 制作影视动态字幕

在Premiere Pro CS6中，字幕被分为“静态字幕”和“动态字幕”两大类型。通过前面的学习，我们应该已经可以轻松创建出静态字幕及静态的复杂图形。接下来将介绍如何在Premiere Pro CS6中创建动态字幕。

11.2.1 了解字幕运动原理

字幕的运动是通过关键帧实现的，通过对应不同时间点的关键帧来引导目标运动、缩放、旋转等，并在计算机中随着时间点变化发生变化。因此，为对象指定的关键帧越多，所产生的运动变化越复杂。

技巧与提示

在制作动态字幕时，除了添加“运动”特效的关键帧外，还可以添加比例、旋转、透明度等选项的关键帧来丰富动态字幕的效果。

11.2.2 熟悉“运动”面板

Premiere Pro CS6的运动设置是通过特效控制台来实现的。

当用户将素材拖入轨道后，可以切换到特效控制台，此时可以看到Premiere Pro CS6的“运动”设置面板，如图11-24所示。

图11-24

为了使文字在画面中运动，用户必须为字幕添加关键帧，然后，通过设置字幕的关键帧得到一个运动的字幕效果，如图11-25所示。

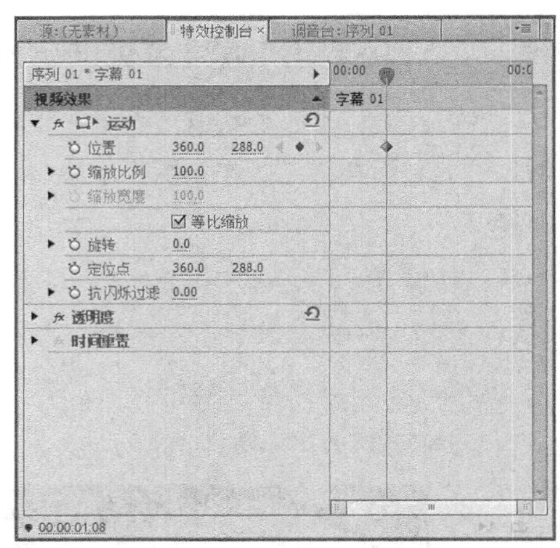

图11-25

11.2.3 制作游动动态字幕

在Premiere Pro CS6中，“游动字幕”是指字幕在画面中进行水平运动的动态字幕类型，用户可以设置字幕游动的方向和位置。

课堂案例	制作游动动态字幕
案例位置	效果\第11章\烟花.prproj
视频位置	视频\第11章\课堂案例——制作游动动态字幕.mp4
难易指数	★★★☆☆
学习目标	掌握制作游动动态字幕的操作方法

本实例最终效果如图11-26所示。

图11-26

01 按Ctrl＋O组合键，打开一个项目文件，如图11-27所示。在“视频2”轨道上，双击字幕文件。

图11-27

02 打开字幕编辑窗口，单击“滚动/游动选项”按钮，弹出“滚动/游动选项”对话框，选中“左游动”单选按钮，如图11-28所示。

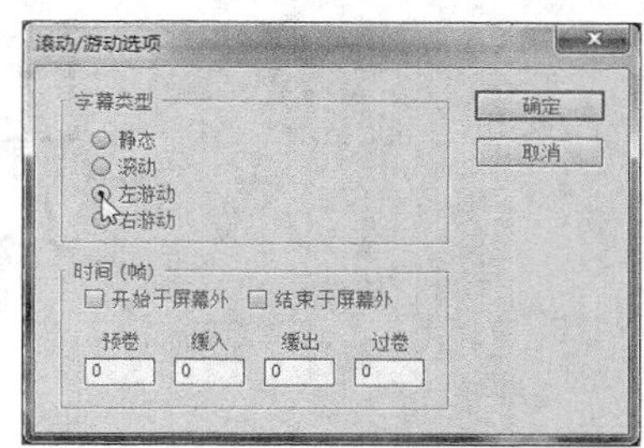

图11-28

03 选中“开始于屏幕外”复选框，并设置“缓入”为3，“过卷”为7，如图11-29所示。

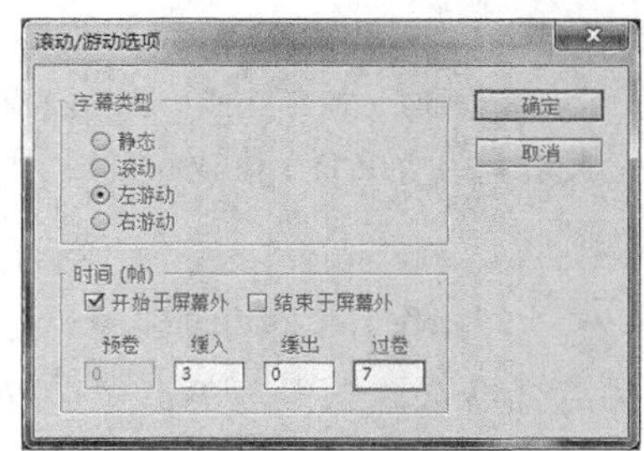

图11-29

04 单击“确定”按钮，返回到字幕编辑窗口，选取选择工具，将文字向右拖曳至合适位置，如图11-30所示。

05 执行操作后，即可创建游动运动字幕，在“节目监视器”面板中，单击“播放-停止切换”按钮，即可预览字幕游动效果，如图11-31所示。

图11-30

图11-31

技巧与提示

字幕的运动是通过关键帧实现的，为对象指定的关键帧越多，所产生的运动变化越复杂。在Premiere Pro CS6中，可以通过在不同的时间点添加关键帧来引导目标运动、缩放、旋转等，目标会随着各时间点到来而发生变化。

11.2.4 制作滚动动态字幕

在Premiere Pro CS6中，“滚动字幕”是指字幕从画面的下方逐渐向上移动的动态字幕类型，这种类型的动态字幕常运用在电视节目中。

课堂案例	制作滚动动态字幕
案例位置	效果\第11章\果实.prproj
视频位置	视频\第11章\课堂案例——制作滚动动态字幕.mp4
难易指数	★★★☆☆
学习目标	掌握制作滚动动态字幕的操作方法

本实例最终效果如图11-32所示。

图11-32

01 按Ctrl＋O组合键，打开一个项目文件，如图11-33所示。在“视频2”轨道上，双击字幕文件。

图11-33

02 打开字幕编辑窗口，单击“滚动/游动选项”按钮，弹出相应对话框，选中“滚动”单选按钮，如图11-34所示。

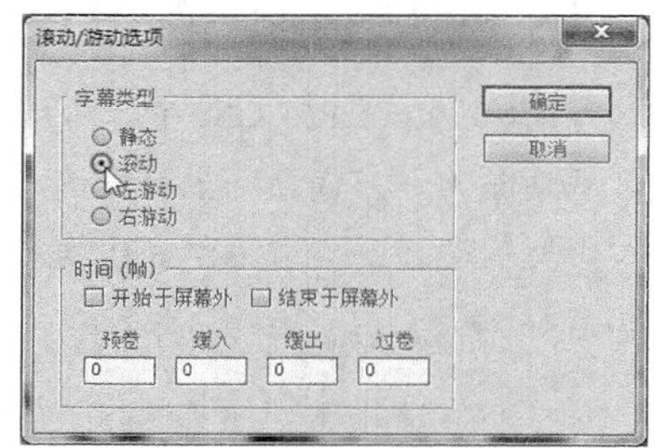

图11-34

03 选中“开始于屏幕外”复选框，并设置“缓入”为4，“过卷”为8，如图11-35所示。

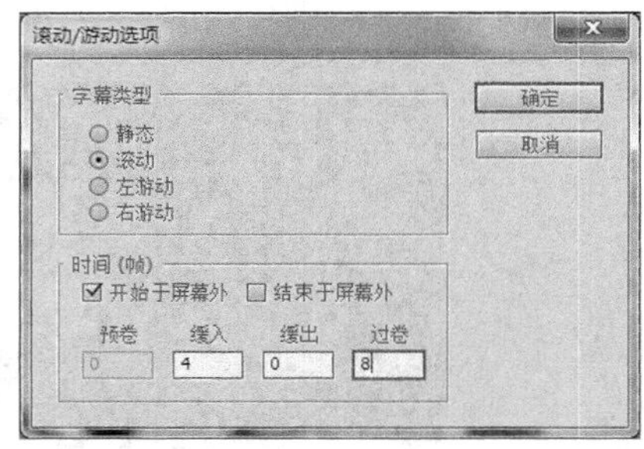

图11-35

04 单击“确定”按钮，返回到字幕编辑窗口，选取选择工具，将文字向下拖曳至合适位置，如图11-36所示。

图11-36

技巧与提示

影视节目中运动的字幕能起到突出主题、画龙点睛的妙用，比如在影视广告中均是通过文字说明向观众强化产品的品牌、性能等信息。以前只有在耗资数万的专业编辑系统中才能实现的滚动字幕效果，现在即使在业余条件下，在PC机上使用Premiere视频编辑软件就能实现制作出来。

05 执行操作后，即可创建滚动运动字幕，在“节目监视器”面板中，单击“播放-停止切换”按钮，即可预览字幕滚动效果，如图11-37所示。

图11-37

图11-37（续）

11.3 编辑字幕样式的相关操作

在Premiere Pro CS6中，用户可以为文字应用多种字幕样式，使字幕变得更加美观；应用字幕模板功能，可以高质、高效地制作专业品质字幕。本节主要介绍编辑字幕样式的相关操作。

11.3.1 字幕样式的创建及复制

在Premiere Pro CS6中，用户可根据需要手动创建字幕样式，还可以对创建的字幕样式进行复制操作。下面介绍创建与复制字幕样式的方法。

1. 字幕样式的创建

在“字幕编辑”窗口中创建字幕，并在“字幕属性”面板设置四色渐变颜色，如图11-38所示。单击“字幕样式”面板右上角的下三角按钮，在弹出的列表框中选择“新建样式”选项，如图11-39所示。

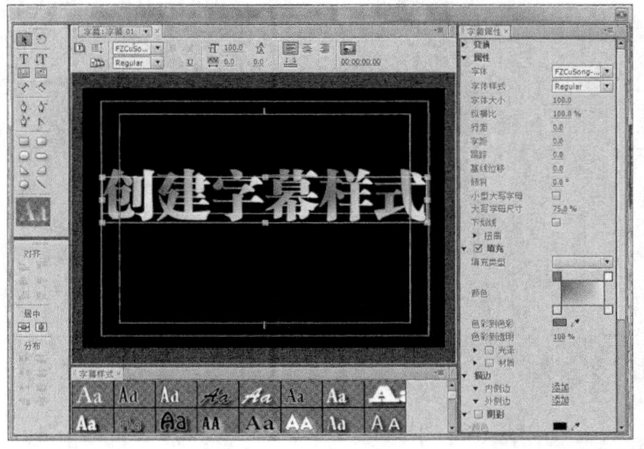

图11-38

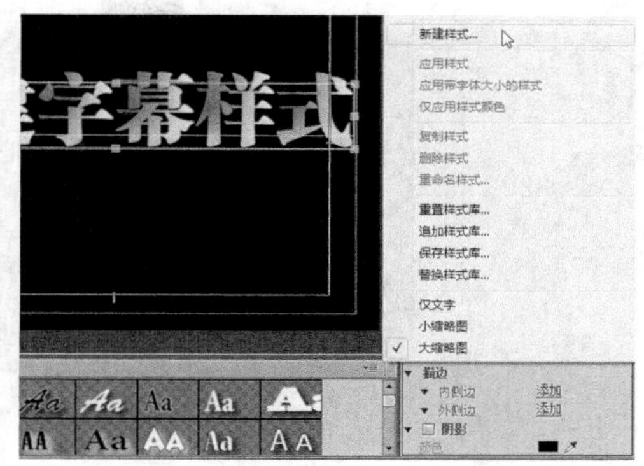

图11-39

弹出“新建样式”对话框，在其中输入名称，如图11-40所示。单击“确定”按钮，即可在“字幕样式”面板中新建一个字幕样式，如图11-41所示。

图11-40

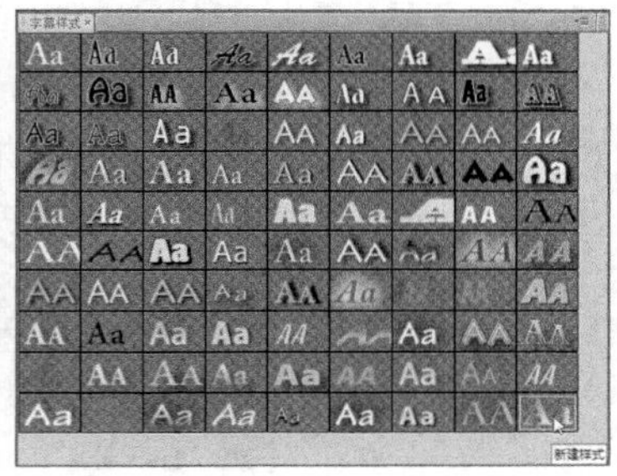

图11-41

2. 字幕样式的复制

在“字幕样式”面板中选择创建的字幕，单击鼠标右键，在弹出的快捷菜单中选择“复制样式”选项，如图11-42所示。执行上述操作后，即可在“字幕样式”面板中得到复制的字幕样式，如图11-43所示。

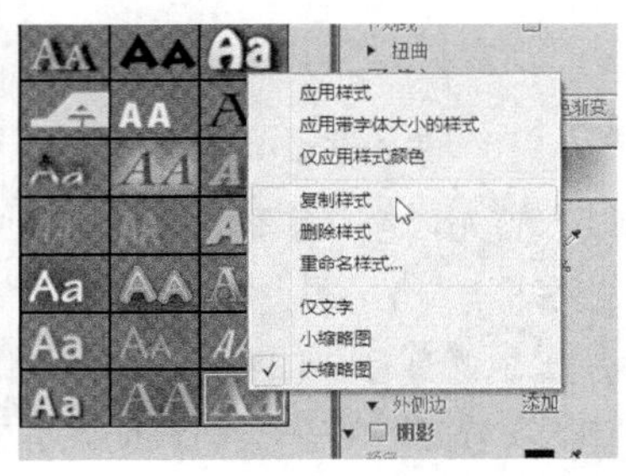

图11-42

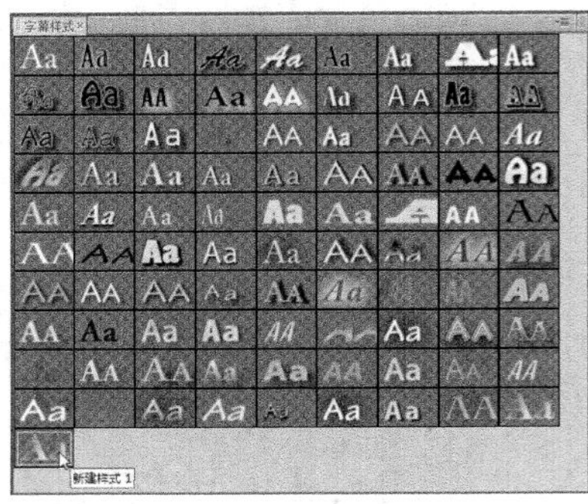

图11-43

11.3.2 字幕样式的删除及重命名

在Premiere Pro CS6中，用户可以为创建好的字幕样式进行重命名，如果觉得不满意，还可以通过删除操作来删除该字幕样式。

1. 字幕样式的删除

在Premiere Pro CS6中，删除字幕样式的方法很简单，在“字幕样式”面板中选择不需要的字幕样式后，单击鼠标右键，在弹出的快捷菜单中选择“删除样式”选项，如图11-44所示。此时系统将弹出提示信息框，如图11-45所示，单击“确定”按钮，即可删除当前选择的字幕样式。

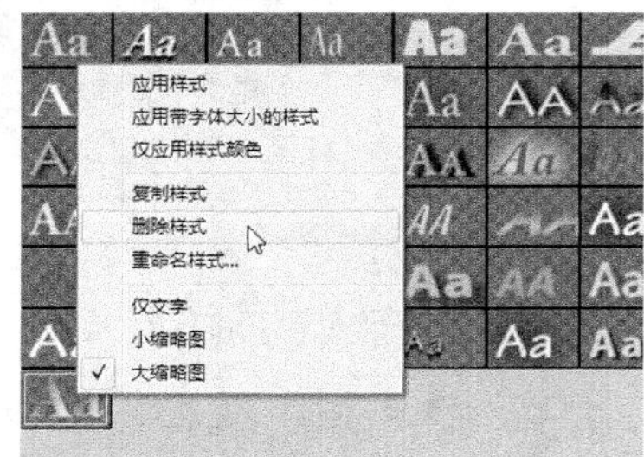

图11-44

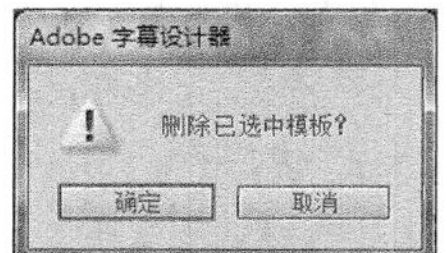

图11-45

2. 字幕样式的重命名

首先，在“字幕样式”面板中选择需要重命名的字幕样式，鼠标指针停留此处等待数秒后，可以查看到字幕样式的名称，如图11-46所示。然后单击鼠标右键，在弹出的快捷菜单中选择“重命名样式”选项，如图11-47所示。

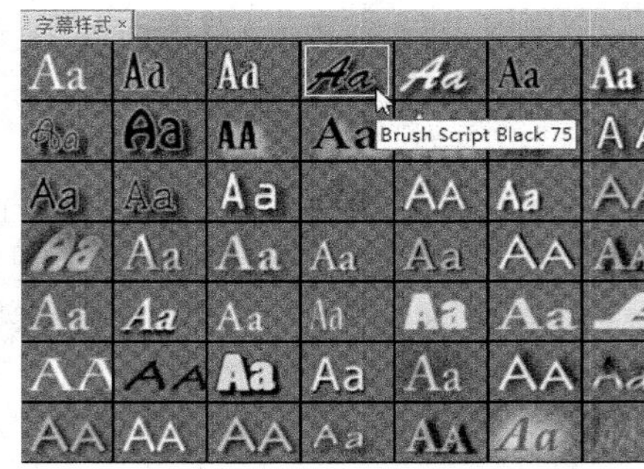

图11-46

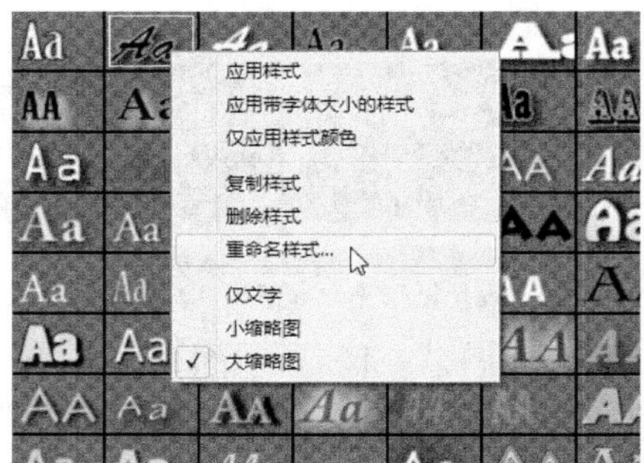

图11-47

执行上述操作后，系统将弹出“重命名样式”对话框，在其中输入名称，如图11-48所示。单击“确定”按钮，可以在“字幕样式”面板中再次选择该字幕样式，即可查看到重命名后的样式名称，如图11-49所示。

图11-48

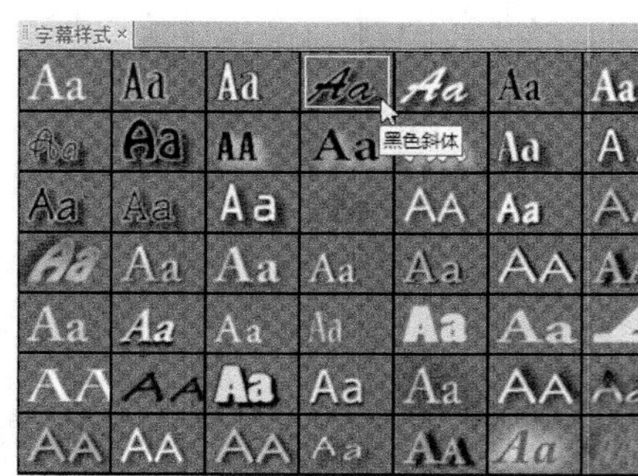

图11-49

11.3.3 字幕样式库的重置及追加

在Premiere Pro CS6中，重置字幕样式库可以让用户得到最新的样式库，追加字幕样式库可以追加需要的字幕样式到“字幕样式”面板中。

1. 字幕样式库的重置

单击“字幕样式”面板右上角的下三角按钮，在弹出的列表框中选择“重置样式库”选项，如图11-50所示。执行上述操作后，系统将弹出提示信息框，如图11-51所示，单击“确定”按钮，即可重置字幕样式库。

图11-50

图11-51

2. 字幕样式库的追加

单击“字幕样式”面板右上角的下三角按钮，在弹出的列表框中选择“追加样式库”选项，如图11-52所示。执行上述操作后，系统将弹出“打开样式库”对话框，选择需要追加的样式，如图11-53所示，单击“打开”按钮即可。

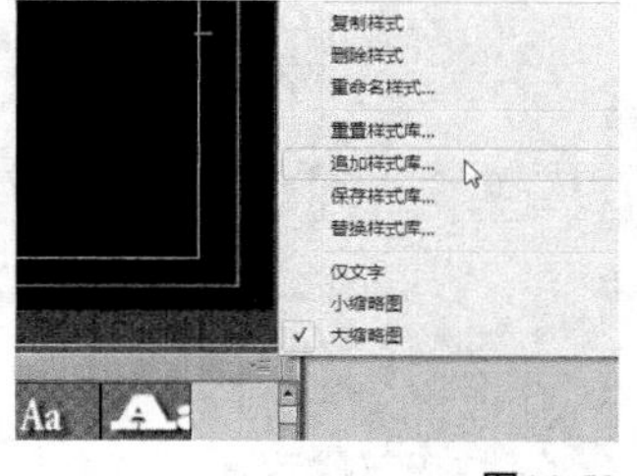

图11-52

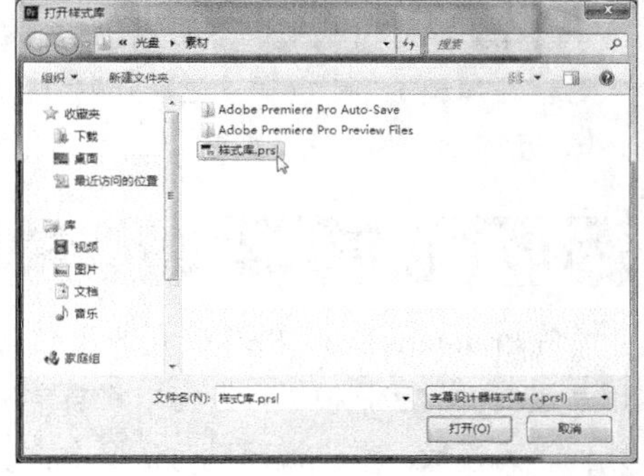

图11-53

11.3.4 字幕样式库的保存及替换

在Premiere Pro CS6中，保存和替换字幕样式库可以让用户再次快速应用同样的字幕样式，提高工作效率。

1. 字幕样式库的保存

单击“字幕样式”面板右上角的下三角按钮，在弹出的列表框中选择“保存样式库”选项，如图11-54所示。执行上述操作后，弹出“保存样式库”对话框，如图11-55所示，输入存储的文件名，单击“保存”按钮，即可保存字幕样式库。

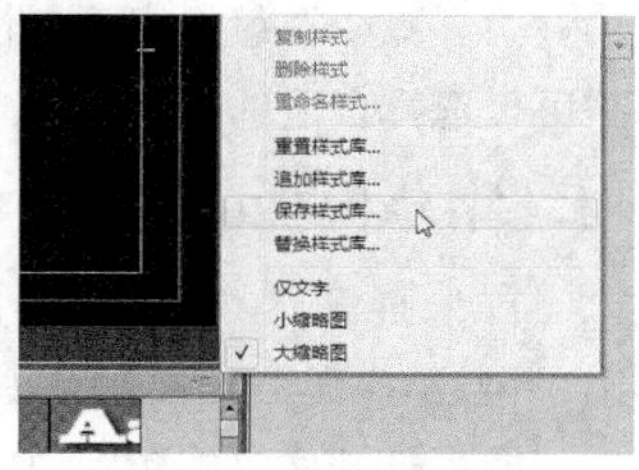

图11-54

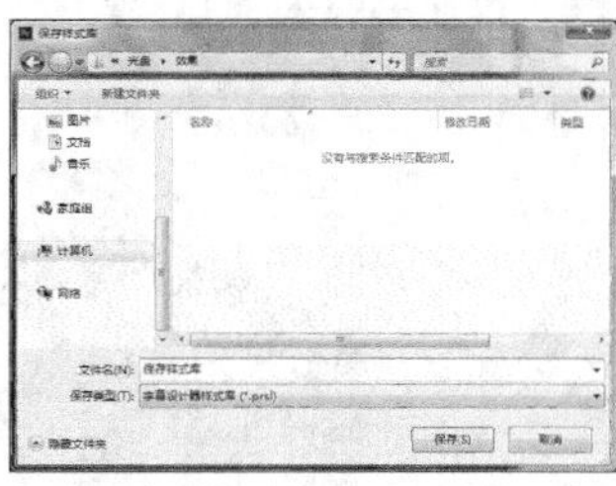

图11-55

2. 字幕样式库的替换

替换样式库操作可以让用户将不满意的字幕样式进行替换。单击“字幕样式”面板右上角的下三角按钮，在弹出的列表框中选择“替换样式库”选项，如图11-56所示。执行上述操作后，即可弹出“打开样式库”对话框，选择需要替换的字幕样式库，如图11-57所示，单击“打开”按钮，即可完成字幕样式库的替换操作。

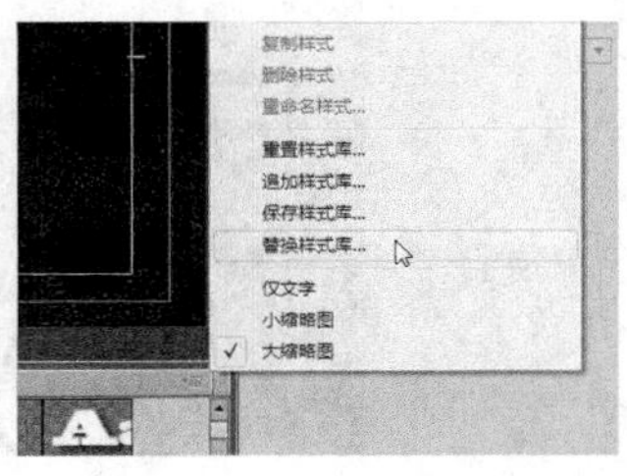

图11-56

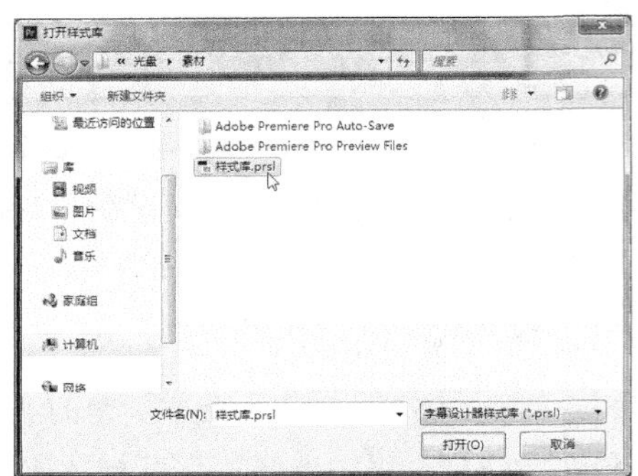

图11-57

11.3.5 字幕模板的创建及应用

为了减少在编辑字幕属性上花费大量时间，用户可以选择合适的字幕模板来提高工作效率。

1. 字幕模板的创建

首先打开一个项目文件，在“视频1”轨道上，双击字幕文件，如图11-58所示。执行操作后，即可打开字幕编辑窗口，单击窗口上方的“模板”按钮，如图11-59所示。

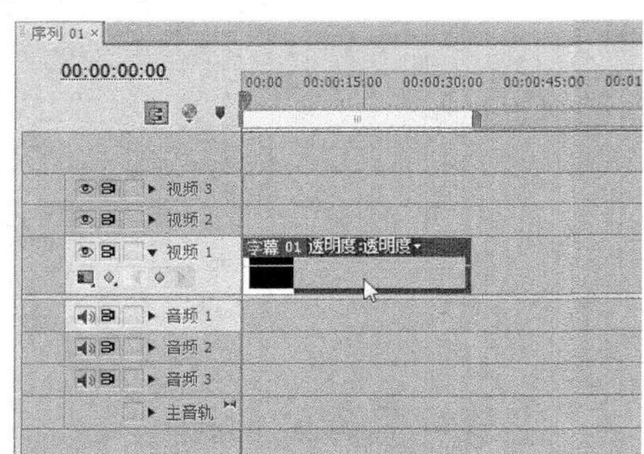

图11-58

弹出“模板”对话框，单击相应的按钮，弹出列表框，选择“导入当前字幕为模板”选项，如图11-60所示。弹出“另存为”对话框，设置名称，单击“确定”按钮，如图11-61所示，即可创建字幕模板。

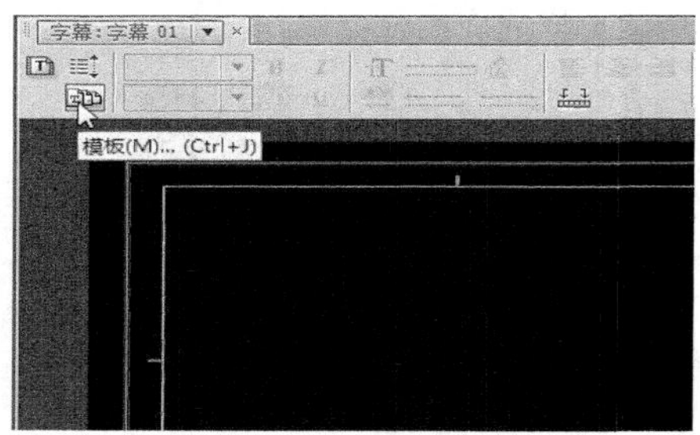

图11-59

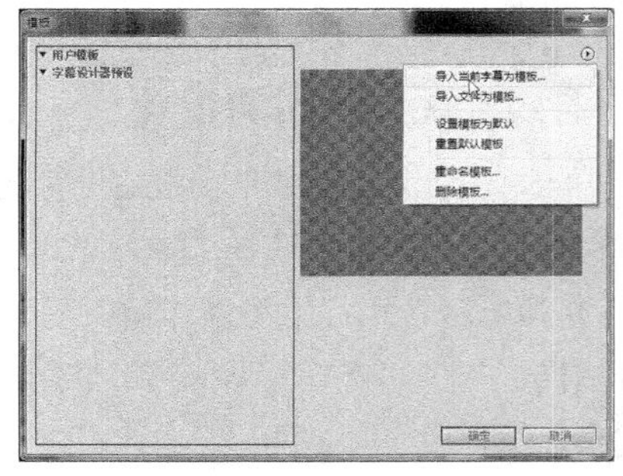

图11-60

图11-61

2. 字幕模板的应用

使用Premiere Pro CS6除了可以直接从字幕模板来创建字幕外，还可以在编辑字幕的过程中应用模板。

在字幕编辑窗口中，单击窗口上方的“模板”按钮，弹出“模板”对话框，选择需要的模板样式，如图11-62所示，单击“确定”按钮，即可将选择的模板导入到工作区中。

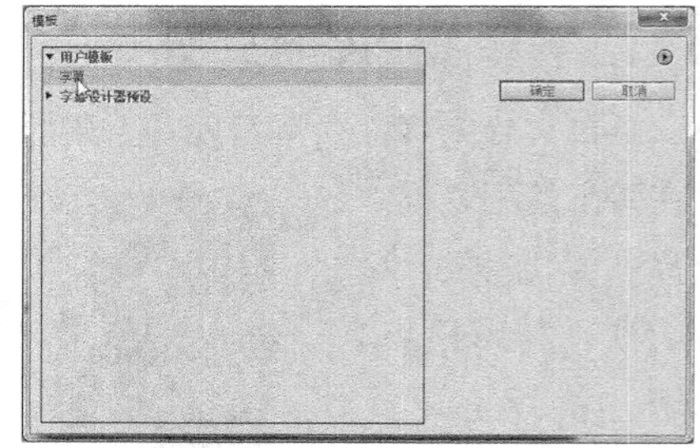

图11-62

技巧与提示

在“模板”对话框中，包括了两大类模板：一类是“用户模板”，用户可以将自己认为满意的模板保存为一个新模板，也可以创建一个新模板以方便使用；另一类是“字幕预置设置”模板，这里提供了所有的模板类型，用户可根据需要进行选择。

11.3.6 保存字幕文件为模板

在Premiere Pro CS6中，用户不仅可以直接应用系统提供的字幕模板，还可以将自定义的字幕样式保存为模板。在“模板”对话框中将字幕属性与布局方式作为字幕模板保存到“用户模板”中。

首先，在“字幕编辑”窗口中单击工作区中的“模板”按钮，如图11-63所示，弹出“模板”对话框。单击对话框右上角的黑色三角形按钮，在弹出的列表框中选择“导入文件为模版”选项，如图11-64所示。

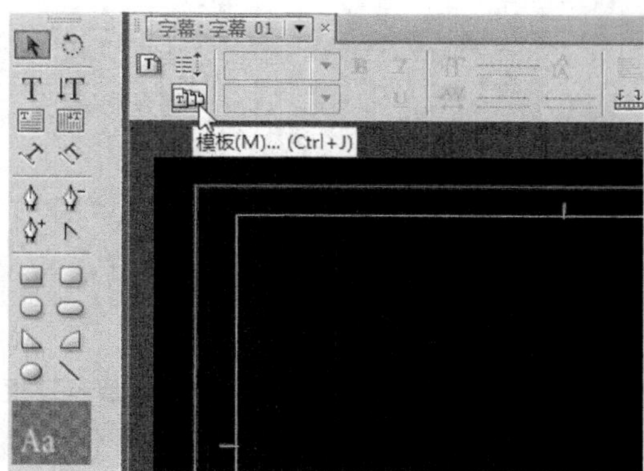

图11-63

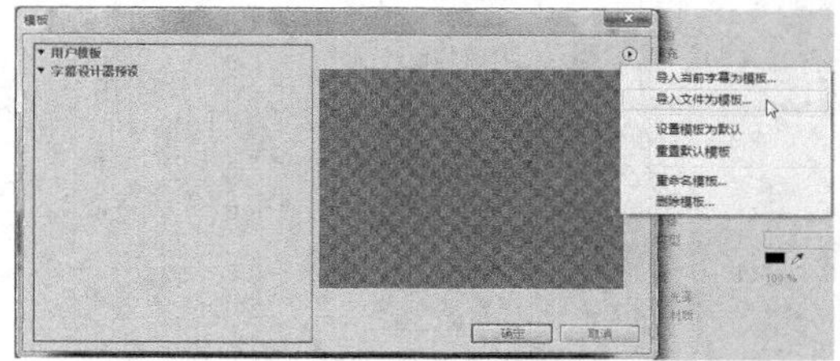

图11-64

执行上述操作后，系统将弹出“导入字幕为模板”对话框，选择需要导入的字幕文件，如图11-65所示。单击“打开”按钮，即可弹出“另存为”对话框，在对话框中输入需要的文件名称，如图11-66所示。

执行上述操作后，单击“确定”按钮，此时，在“用户模板”中即可查看最新保存的模板，如图11-67所示。

图11-65

图11-66

图11-67

11.4 字幕动画特效实战精通

随着动态视频技术的发展，动态字幕的应用也越来越普遍了，这些精美的字幕特效不仅能够点明影视视频的主题，让影片更加生动，具有感染力，还能够为观众传递一种艺术信息。本节主要介绍精彩字幕特效的制作方法。

11.4.1 设置流动路径字幕

在Premiere Pro CS6中，用户可以使用钢笔工具绘制路径，制作字幕路径特效。下面介绍制作字幕路径特效的操作方法。

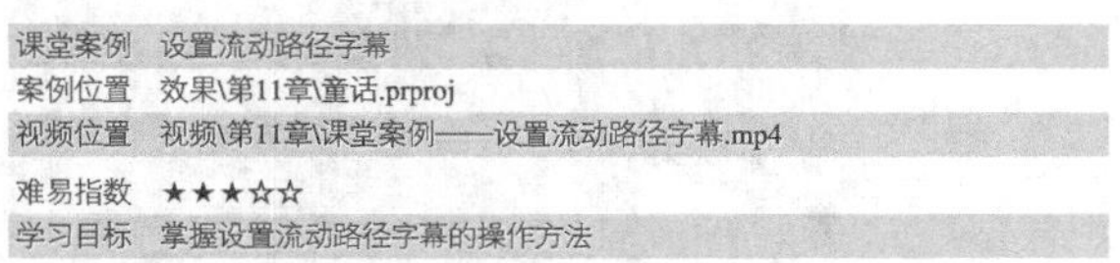

课堂案例	设置流动路径字幕
案例位置	效果\第11章\童话.prproj
视频位置	视频\第11章\课堂案例——设置流动路径字幕.mp4
难易指数	★★★☆☆
学习目标	掌握设置流动路径字幕的操作方法

本实例最终效果如图11-68所示。

图11-68

图11-68（续）

01 按Ctrl＋O组合键，打开一个项目文件，如图11-69所示。

图11-69

02 在“视频2”轨道上，选择字幕文件，如图11-70所示。

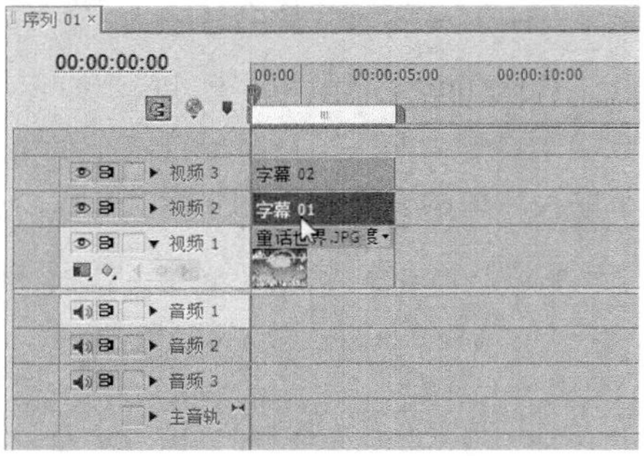

图11-70

03 展开“特效控制台”面板，分别为“运动”选项区中的“位置”和“旋转”选项及“透明度”选项设置关键帧，如图11-71所示。

04 将时间线拖曳至00:00:00:12的位置，设置“位置”分别为420和260，“旋转”为20，“透明度”为100，添加一组关键帧，如图11-72所示。

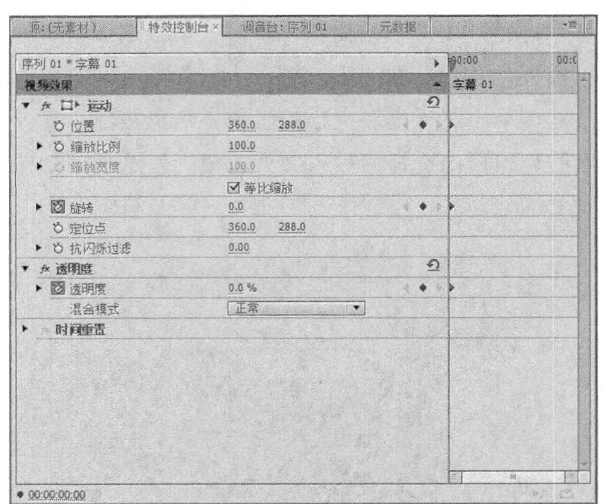

图11-71

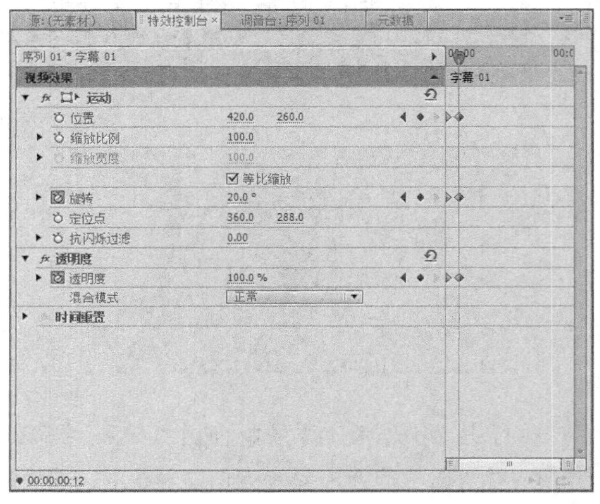

图11-72

05 用与上述相同的方法，继续创建关键帧和其他字幕效果，制作完成后，单击“节目监视器”面板中的“播放-停止切换”按钮，即可预览字幕路径特效，如图11-73所示。

图11-73

图11-73（续）

11.4.2 设置水平翻转字幕

字幕的翻转效果主要是运用了“嵌套”序列将多个视频效果合并在一起，然后通过“摄像机视图”特效让其整体翻转。

课堂案例	设置水平翻转字幕
案例位置	效果\第11章\蜀山情缘.prproj
视频位置	视频\第11章\课堂案例——设置水平翻转字幕.mp4
难易指数	★★★☆☆
学习目标	掌握设置水平翻转字幕的操作方法

本实例最终效果如图11-74所示。

图11-74

01 按Ctrl＋O组合键，打开一个项目文件，如图11-75所示。

图11-75

02 在“视频2”轨道上，选择字幕文件，如图11-76所示。

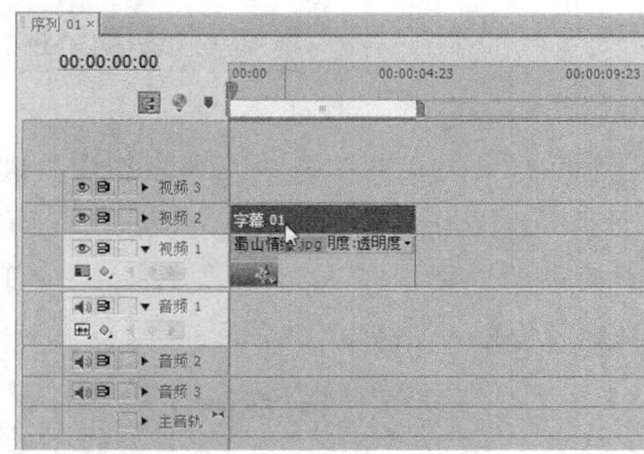

图11-76

03 在“特效控制台”面板中，展开“运动”选项，将时间线移至00:00:00:00的位置，分别单击“缩放”和“旋转”左侧的“切换动画”按钮，并设置“缩放比例”为50，“旋转”为0，添加一组关键帧，如图11-77所示。

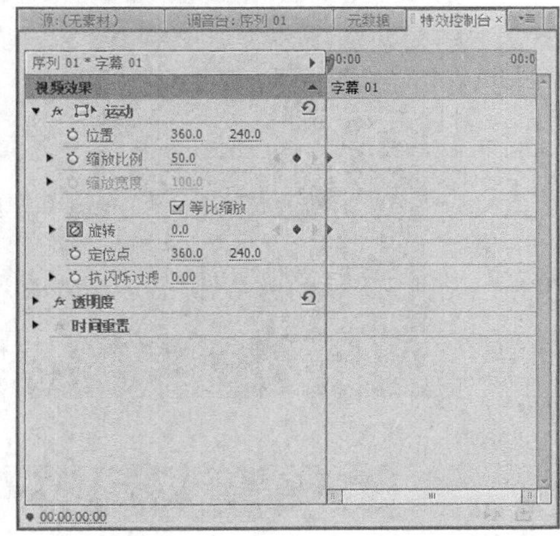

图11-77

04 将时间线移至00:00:02:00的位置，设置“缩放比例”为70，“旋转”为90；单击“定位点”左侧的“切换动画”按钮，设置“定位点”为420和100，添加第2组关键帧，如图11-78所示。

图11-78

05 用与上述相同的方法，继续创建关键帧和其他字幕效果，制作完成后，单击“节目监视器”面板中的“播放-停止切换”按钮，即可预览字幕翻转特效，如图11-79所示。

图11-79

11.4.3 设置旋转特效字幕

在Premiere Pro CS6中，“旋转”字幕效果主要是通过用户设置的“运动”特效中“旋转”选项的参数，让字幕在画面中旋转的。

课堂案例	设置旋转特效字幕
案例位置	效果\第11章\女人节.prproj
视频位置	视频\第11章\课堂案例——设置旋转特效字幕.mp4
难易指数	★★★☆☆
学习目标	掌握设置旋转特效字幕的操作方法

本实例最终效果如图11-80所示。

图11-80

01 按Ctrl＋O组合键，打开一个项目文件，如图11-81所示。

图11-81

02 在“视频2”轨道上，选择字幕文件，如图11-82所示。

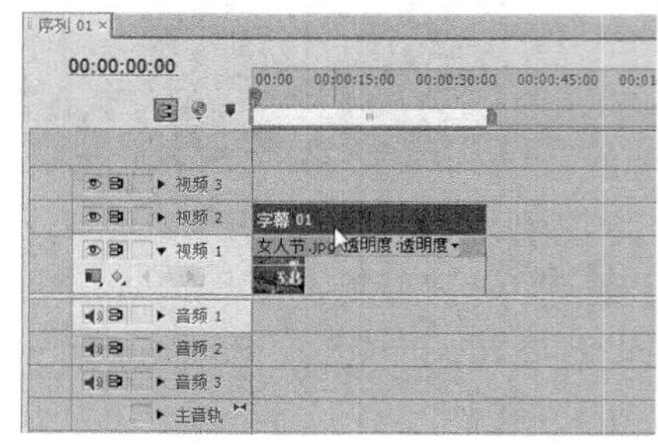

图11-82

03 在“特效控制台”面板中，单击“旋转”左侧的“切换动画”按钮，然后设置“旋转”为30，添加一个关键帧，如图11-83所示。

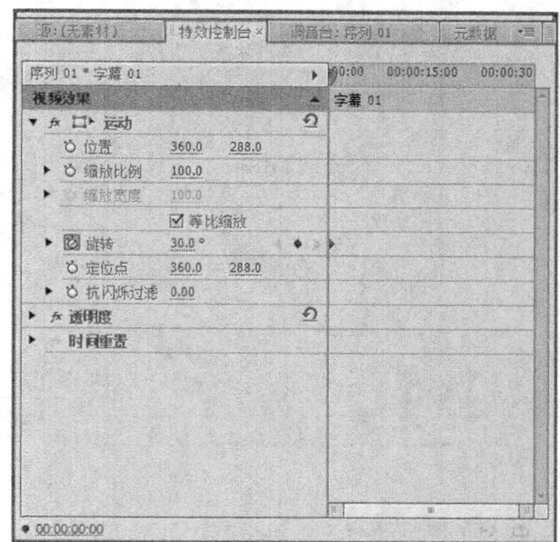

图11-83

04 将时间线移至00:00:06:15的位置处，设置“旋转”参数为180，添加关键帧，如图11-84所示。

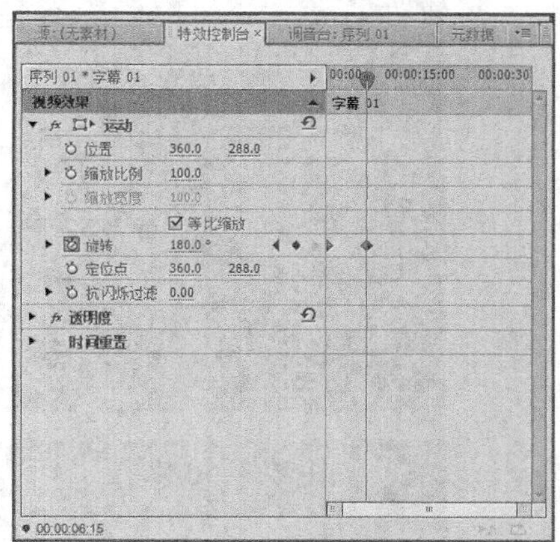

图11-84

05 用与上述相同的方法，继续创建关键帧和其他字幕效果。制作完成后，单击“节目监视器”面板中的“播放-停止切换”按钮，即可预览字幕旋转特效，如图11-85所示。

图11-85

图11-85（续）

11.4.4 设置拉伸特效字幕

“拉伸”字幕效果常常运用于大型的视频广告中，如电影广告、衣服广告和汽车广告等。

课堂案例	设置拉伸特效字幕
案例位置	效果\第11章\汽车广告.prproj
视频位置	视频\第11章\课堂案例——设置拉伸特效字幕.mp4
难易指数	★★★☆☆
学习目标	掌握将拉伸字幕效果运用于视频广告中的操作方法

本实例最终效果如图11-86所示。

图11-86

01 按Ctrl＋O组合键，打开一个项目文件，如图11-87所示。在“视频2”轨道上，选择字幕文件。

图11-87

02 在“特效控制台”面板中，单击“缩放”左侧的“切换动画”按钮，添加关键帧，如图11-88所示。

图11-88

03 将时间线移至00:00:07:03的位置处，设置“缩放”参数为70，添加关键帧，如图11-89所示。

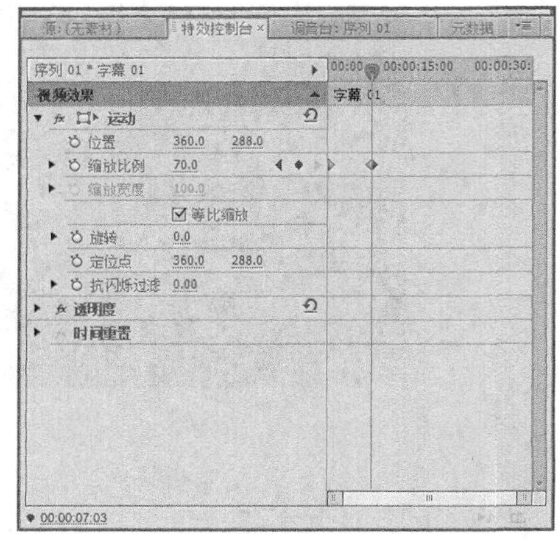

图11-89

04 将时间线移至00:00:24:00的位置处，设置“缩放”参数为90，添加关键帧，如图11-90所示。

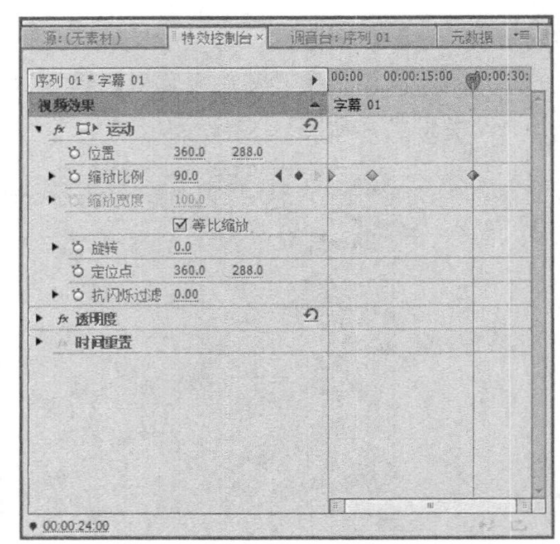

图11-90

05 执行操作后，即制作出拉伸特效字幕效果，单击“节目监视器”面板中的“播放-停止切换”按钮，即可预览字幕拉伸特效，如图11-91所示。

图11-91

11.4.5 设置扭曲特效字幕

“扭曲”特效字幕主要是运用了“弯曲”特效会让画面产生扭曲、变形效果的特点，让用户制作的字幕发生扭曲变形。

课堂案例	设置扭曲特效字幕
案例位置	效果\第11章\海底世界.prproj
视频位置	视频\第11章\课堂案例——设置扭曲特效字幕.mp4
难易指数	★★★☆☆
学习目标	掌握设置扭曲特效字幕的操作方法

本实例最终效果如图11-92所示。

图11-92

01 按Ctrl＋O组合键，打开一个项目文件，如图11-93所示。

图11-93

02 在“效果”面板中，展开“视频特效”|“扭曲”选项，选择“弯曲”选项，如图11-94所示。

03 单击鼠标左键，将其拖曳至“视频2”轨道上，添加扭曲特效，如图11-95所示。

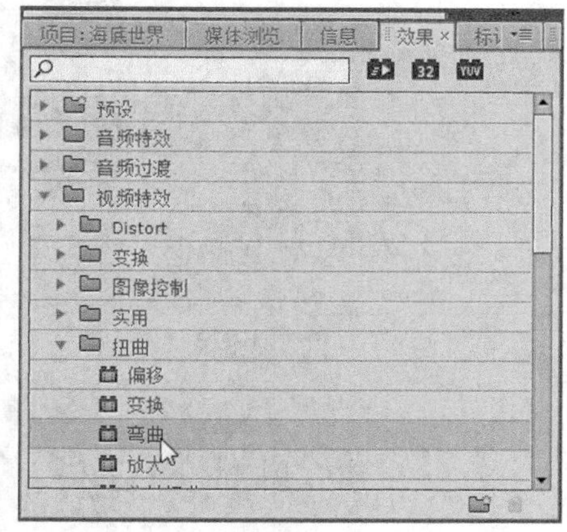

图11-94

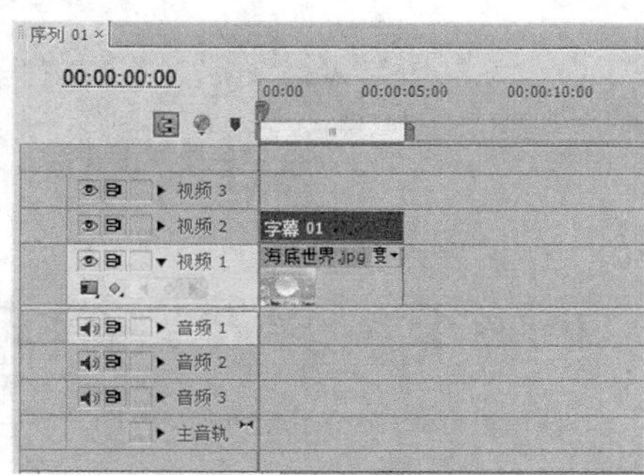

图11-95

04 在“特效控制台”面板中，查看添加扭曲特效的相应参数，如图11-96所示。

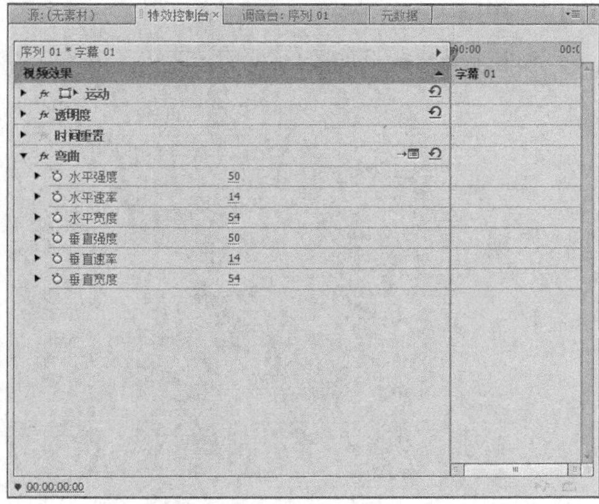

图11-96

05 执行操作后，即制作出扭曲特效字幕效果，单击“节目监视器”面板中的“播放-停止切换”按钮，即可预览字幕扭曲特效，如图11-97所示。

图11-97

11.4.6 设置发光特效字幕

在Premiere Pro CS6中，运用“镜头光晕”特效可以让字幕产生发光的效果。

课堂案例	设置发光特效字幕
案例位置	效果\第11章\绿色春天.prproj
视频位置	视频\第11章\课堂案例——设置发光特效字幕.mp4
难易指数	★★★☆☆
学习目标	掌握设置发光特效字幕的操作方法

本实例最终效果如图11-98所示。

图11-98

01 按Ctrl+O组合键，打开一个项目文件，如图11-99所示。

图11-99

02 为“视频2”轨道上的字幕添加“镜头光晕”视频特效，如图11-100所示。

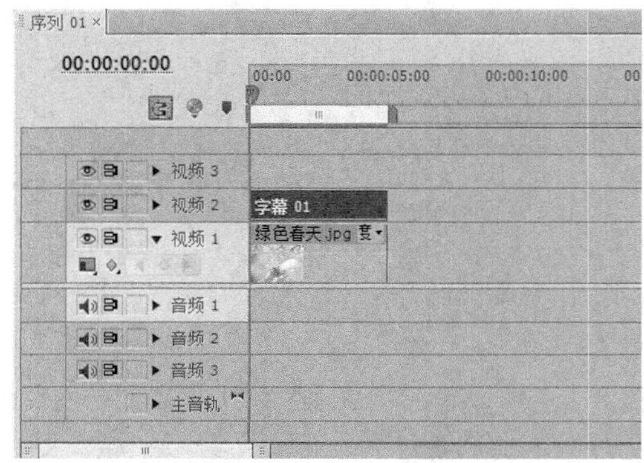

图11-100

03 将时间线拖曳至00:00:01:00的位置，选择字幕文件，在“特效控制台”面板中设置相应参数，添加关键帧，如图11-101所示。

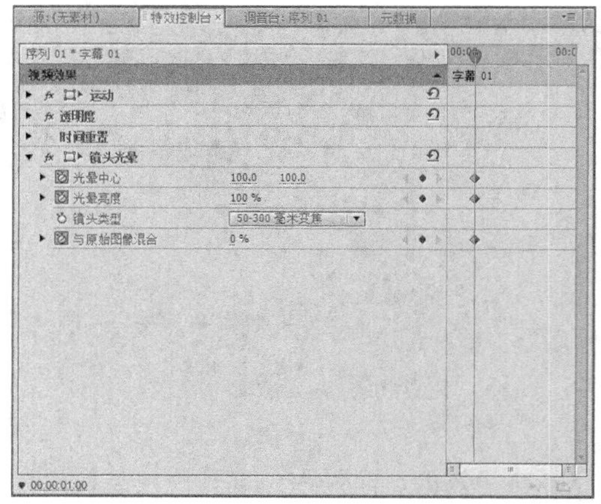

图11-101

04 将时间线拖曳至00:00:02:00的位置，在“特效控制台”面板中设置相应参数，添加第2组关键帧，如图11-102所示。

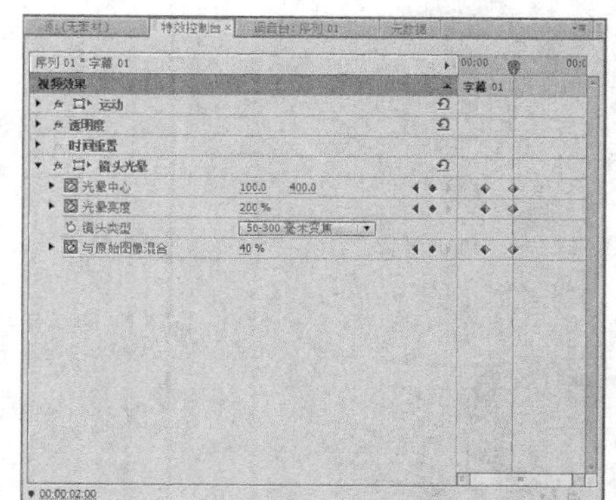

图11-102

05 执行操作后，即可制作发光特效字幕效果，单击“节目监视器”面板中的“播放-停止切换”按钮，即可预览字幕发光特效，如图11-103所示。

图11-103

11.5 本章小结

在各类视频设计中，字幕设计是不可缺少的元素，它可以直接传达设计者的表达意图，好的字幕布局和设计效果会起到画龙点睛的作用。因此，对字幕的设计与编排是不容忽视的。制作字幕本身并不复杂，但是要制作出好的字幕还需要读者发挥想象力并多加练习。

本章通过大量的实例，全面、详尽地讲解了Premiere Pro CS6的影视字幕路径的创建、影视动态字幕的制作、字幕样式及模板的编辑，以及字幕动画特效制作的操作与技巧，以便读者更深入地掌握字幕的制作方法。

11.6 习题测试——制作字幕翻转特效

案例位置	效果\第11章\习题测试\彩虹.prproj
难易指数	★★★★☆
学习目标	掌握制作字幕翻转特效的操作方法

本习题的目的是让读者掌握制作字幕翻转特效的操作方法，素材如图11-104所示，最终效果如图11-105所示。

图11-104

图11-105

第12章

影视背景音乐的制作

内容摘要

在影视、游戏及多媒体的制作开发中，音频和视频具有同样重要的地位，音频质量的好坏直接影响到作品的质量。本章主要介绍运用Premiere Pro CS6制作影视背景音乐的方法和技巧。

课堂学习目标

- 了解音频的基本知识
- 熟悉编辑音频的基本操作
- 熟悉音频效果的基本操作
- 掌握处理音频效果的方法
- 掌握制作立体声音频效果的方法

12.1 了解音频的基本知识

人类听到的所有声音，如对话、歌声、乐器音等都可以被称为音频，然而这些声音都需要通过一定的处理才能运用到影视节目中。接下来我们将从声音的最基本概念开始介绍，逐渐深入讲解音频编辑的核心技巧。

12.1.1 声音的6个基本概念

1. 声音原理

声音是由物体振动产生的，正在发声的物体叫声源，声音以声波的形式传播。

声音是一种压力波，当演奏乐器、拍打一扇门或者敲击桌面时，它们的振动会引起介质——空气分子——有节奏的振动，使周围的空气产生疏密变化，形成疏密相间的纵波，这就产生了声波，这种现象会一直延续到振动消失为止。

2. 响度

“响度”是用于表达声音强弱程度的重要指标，其大小取决于声波振幅的大小。

响度是人耳判别声音由轻到强的强度等级概念，它不仅取决于声音的强度（如声压级），还与它的频率及波形有关。响度的单位为“宋”，1宋的定义为声压级为40dB，频率为1000Hz，且来自听者正前方的平面波形的强度。如果另一个声音听起来比1宋的声音大*n*倍，即该声音的响度为*n*宋。

3. 音高

音高就是通常大家所说的“音调”，它是声音的一个重要物理特性，用来表示人耳对声音高低的主观感受。

通常较大的物体振动所发出的音调会较低，而轻巧的物体则可以发出较高的音调。音调的高低决定于声音频率的高低，频率越高音调越高，频率越低音调越低。为了得到影视动画中某些特殊效果，可以将声音频率刻意变高或变低。

4. 音色

“音色”主要是由声音波形的谐波频谱和包络决定，也被称为“音品”。

音色就好像是绘图中的颜色，发音体和发音环境的不同都会影响声音的质量。声音可分为基音和泛音，音色是由混入基音的泛音所决定的，泛音越高谐波越丰富，音色就越有明亮感和穿透力，不同的谐波具有不同的幅值和相位偏移，由此产生各种音色。

音色的不同取决于不同的泛音，每一种乐器、不同的人及所有能发声的物体发出的声音，除了一个基音外，还有许多不同频率（振动的速度）的泛音伴随，正是这些泛音决定了其不同的音色，使人能辨别出是不同的乐器甚至不同的人发出的声音。每一个人即使说相同的话也有不同的音色，因此可以根据其音色辨别出是不同的人。

5. 失真

失真是指声音经录制加工后产生的一种畸变，一般分为非线性失真和线性失真两种。

非线性失真是指声音在录制加工后出现了一种新的频率，与原声产生了差异。而线性失真则没有产生新的频率，但是原有声音的比例发生了变化，要么增加了高频成分的音量，要么减少了低频成分的音量等。

6. 静音和增益

静音和增益是声音中的两种表现方式。

所谓静音就是无声，在影视作品中没有声音是一种具有积极意义的表现手段。增益是“放大量”的统称，它包括功率的增益、电压的增益和电流的增益。通过调整音响设备的增益量，可以对音频信号电平进行调节，使系统的信号电平处于一种最佳状态。

12.1.2 声音的5种常见类型

在通常情况下，人类能够听到20Hz～20kHz范围之间的声音频率。因此，按照内容、频率范围及时间的不同，可以将声音分为自然音、纯音、复合音、协和音及噪声5种不同的类型。

1. 自然音

自然音就是指大自然所发出的声音，如下雨、刮风、流水等。之所以称为“自然音”，是因为其概念与名称相同。自然音的结构是不以人的意志为转移的音之宇宙属性，当地球还没有出现人类时，这种现象就已经存在。

2. 纯音

“纯音”是指声音中只存在一种频率的声波，此时，发出的声音便称为“纯音”。

纯音具有单一频率的正弦波，而一般的声音是由几种频率的波组成的。常见的纯音如金属撞击的声音。

3. 复合音

由基音和泛音结合在一起形成的声音叫做复合音。复合音是物体振动时产生的，物体不仅整体在振动，它的部分同时也在振动。因此，平时所听到的声音，都不只是一个声音，而是由许多个声音组合而成的，于是便产生了复合音。用户可以试着在钢琴上弹出一个较低的音，用心聆听，不难发现，除了最响的音之外，还有一些非常弱的声音同时在响，这就是全弦的振动和弦的部分振动所产生的结果。

4. 协和音

协和音也是声音类型的一种，它同样是由多个音频所构成的组合音频，不同之处是构成协和音组合音频的频率是两个单独的纯音。

5. 噪音

噪音是指音高和音强变化混乱、听起来不和谐的声音，是由发音体不规则振动产生的。噪声主要来源于交通运输、车辆鸣笛、工业生产、建筑施工和社会噪音（如音乐厅、高音喇叭、早市和人的大声说话等）。

噪音可以对人的正常听觉产生一定的干扰，它通常是由不同频率和不同强度的声波无规律组合所形成的声音，即物体无规律的振动所产生的声音。噪音不仅由声音的物理特性决定，而且还与人们的生理和心理状态有关。

12.1.3 数字音频技术的应用

随着数字音频储存和传输功能的提高，许多模拟音频已经无法与之比拟。因此数字音频技术已经广泛应用于数字录影机、调音台及数字音频工作站等音频制作中。

1. 数字录音机

“数字录音机”与模拟录音机相比，加强了剪辑功能和自动编辑功能。

数字录音机采用了数字化的方式来记录音频信号，因此实现了很高的动态范围和频率响应。

2. 数字调音台

“数字调音台”是一种同时拥有A/D和D/A转换器及DSP处理器的音频控制台。

数字调音台作为音频设备的新生力量已经在专业录音领域占据重要的席位，特别是近一两年来数字调音台开始涉足扩声场所，足见调音台由模拟向数字转移是一般不可忽视的潮流。数字调音台主要有个7个功能，下面进行介绍。

- 操作过程可存储性。
- 信号的数字化处理。
- 数字调音台的信噪比和动态范围高。
- 20bit的44.1kHz取样频率，可以保证20Hz～20kHz范围内的频响不均匀度小于±1dB，总谐波失真小于0.015%。
- 每个通道都可以方便地设置高质量的数字压缩限制器和降噪扩展器。
- 数字通道的位移寄存器，可以给出足够的信号延迟时间，以便对各声部的节奏同步做出调整。
- 立体声的两个通道的联动调整十分方便。

3. 数字音频工作站

数字音频工作站是计算机控制的，以硬磁盘为主要记录媒体，性能优异的人机界面的设备。

数字音频工作站是一种可以根据需要对轨道进行扩充，从而能够方便地进行音频、视频同步编辑的数字音频工作站。

数字音频工作站用于节目录制、编辑、播出时，与传统的模拟方式相比，具有节省人力、物力、提高节目质量、节目资源共享、操作简单、编辑方便、播出及时安全等优点，因此音频工作站的建立可以认为是声音节目制作由模拟走向数字的必由之路。

12.2 编辑音频的基本操作

在Premiere Pro CS6中，音频素材是指可以持续一段时间，含有各种音乐音响效果的声音。

用户在编辑音频前，首先需要了解音频的一些基本操作，如运用"项目"面板添加音频、运用菜单命令删除音频、分割音频文件及音频轨道的相关操作等。

本节主要介绍音频的基本操作方法。

12.2.1 音频文件的添加

添加音频文件的方法与添加视频素材及图片素材的方法基本相同，用户可以运用"项目"面板和"菜单"命令两种方法来添加音频文件。

1. 通过"项目"面板添加音频

在Premiere Pro CS6中，通过"项目"面板添加音频文件的方法与添加视频素材及图片素材的方法基本相同。

课堂案例	通过"项目"面板添加音频
案例位置	效果\第12章\花瓣.prproj
视频位置	视频\第12章\课堂案例——通过"项目"面板添加音频.mp4
难易指数	★★★☆☆
学习目标	掌握通过"项目"面板添加音频的操作方法

01 按Ctrl+O组合键，打开一个项目文件，如图12-1所示。

图12-1

02 在"项目"面板上，选择音频文件，如图12-2所示。

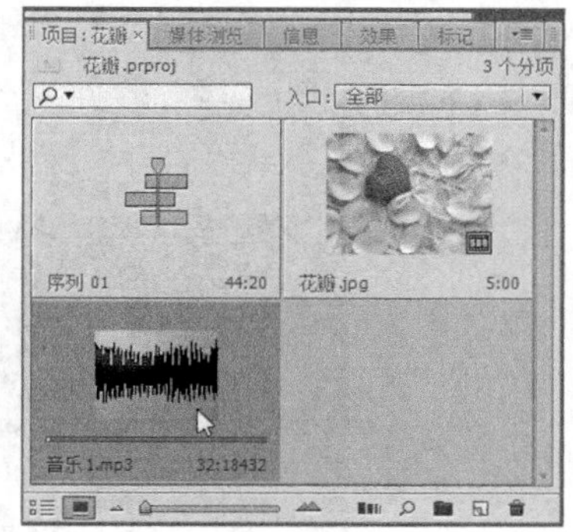

图12-2

03 单击鼠标右键，在弹出的快捷菜单中，选择"插入"选项，如图12-3所示。

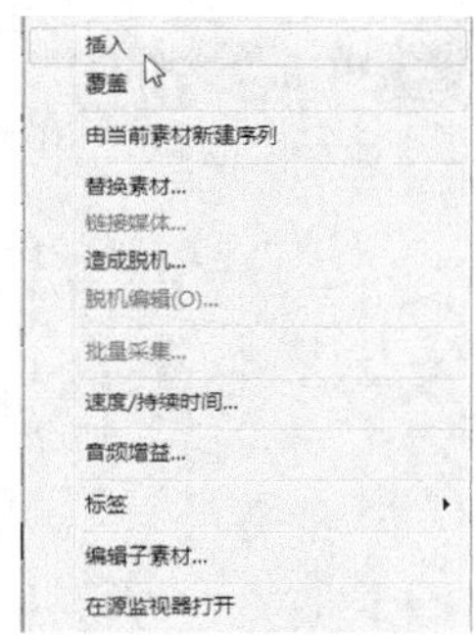

图12-3

04 执行操作后，即可运用"项目"面板添加音频，如图12-4所示。

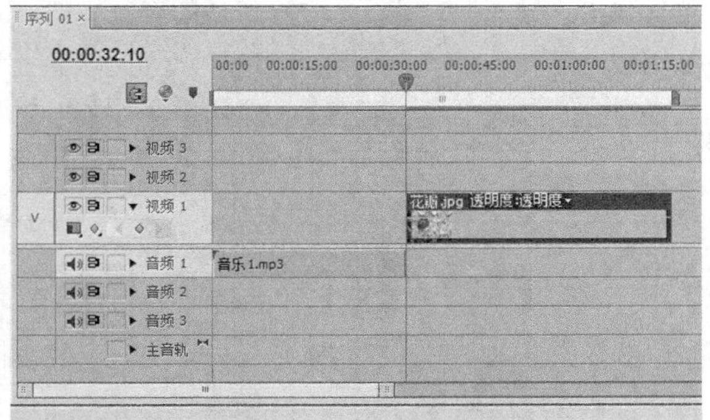

图12-4

2. 通过"菜单"命令添加音频

在Premiere Pro CS6中，用户在通过"菜单"命令添加音频素材之前，首选需要激活音频轨道。

课堂案例	通过“菜单”命令添加音频
案例位置	光盘\效果\第12章\糕点.prproj
视频位置	光盘\视频\第12章\课堂案例——通过“菜单”命令添加音频.mp4
难易指数	★★★☆☆
学习目标	掌握通过“菜单”命令添加音频的操作方法

01 按Ctrl＋O组合键，打开一个项目文件，如图12-5所示。

图12-5

02 单击“文件”|“导入”命令，如图12-6所示。

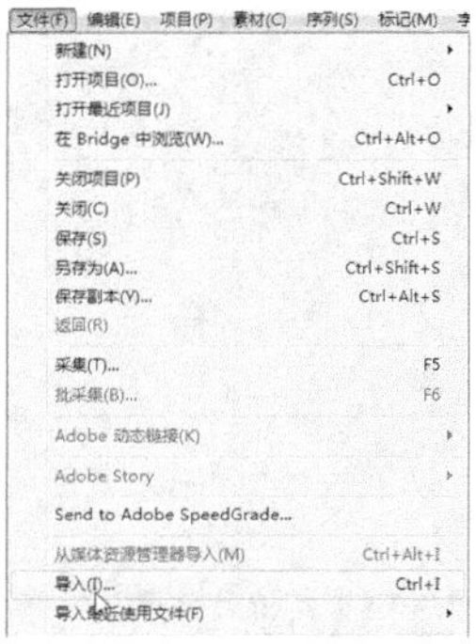

图12-6

03 弹出“导入”对话框，选择合适的音频文件，如图12-7所示。

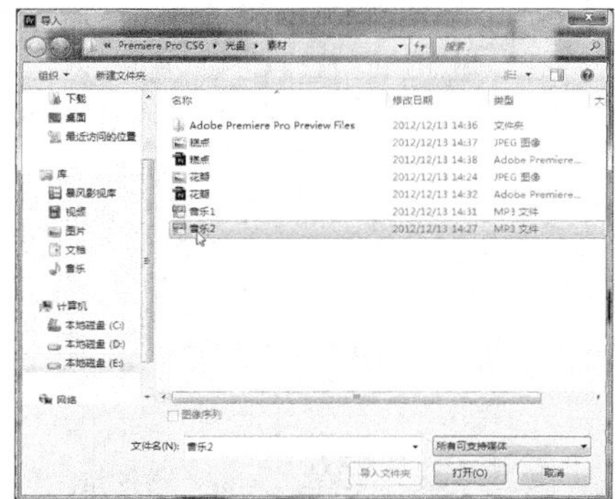

图12-7

04 单击“打开”按钮，将音频文件拖曳至“时间线”面板中，如图12-8所示。

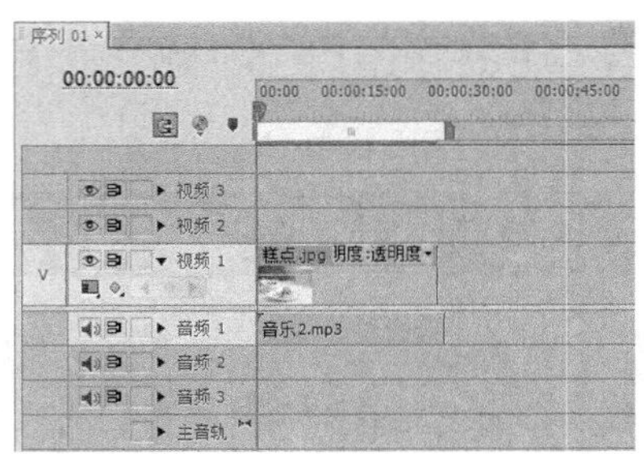

图12-8

12.2.2 音频文件的删除

用户在删除音频文件时可以使用两种方法，分别是在“项目”面板和“时间线”面板中删除音频文件。

1. 通过“项目”面板删除音频

在Premiere Pro CS6中，用户若想删除多余的音频文件，可以在“项目”面板中进行音频删除操作。

课堂案例	通过“项目”面板删除音频
案例位置	效果\第12章\音乐3.prproj
视频位置	视频\第12章\课堂案例——通过“项目”面板删除音频.mp4
难易指数	★★★☆☆
学习目标	掌握通过“项目”面板删除音频的操作方法

01 按Ctrl＋O组合键，打开一个项目文件，如图12-9所示。

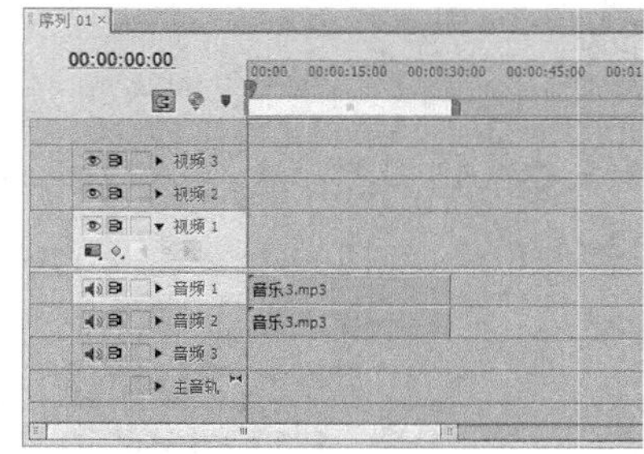

图12-9

02 在“项目”面板上，选择音频文件，如图12-10所示。

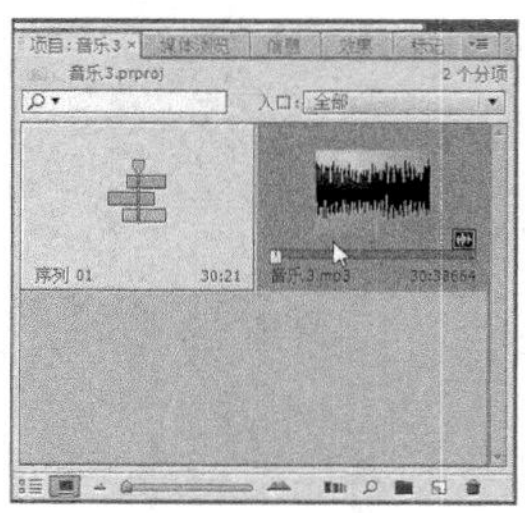

图12-10

03 单击鼠标右键，在弹出的快捷菜单中，选择“清除”选项，如图12-11所示。

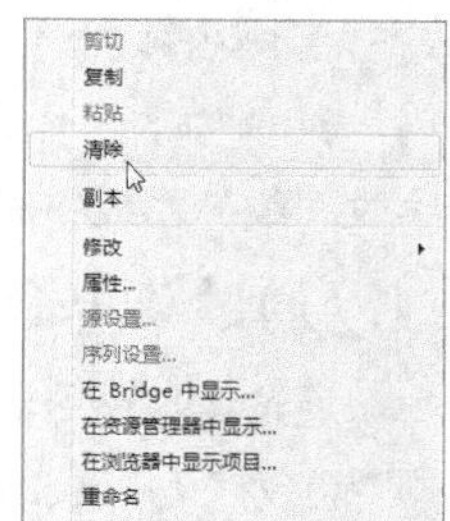

图12-11

04 弹出信息提示框，单击“是”按钮，如图12-12所示，即可删除音频。

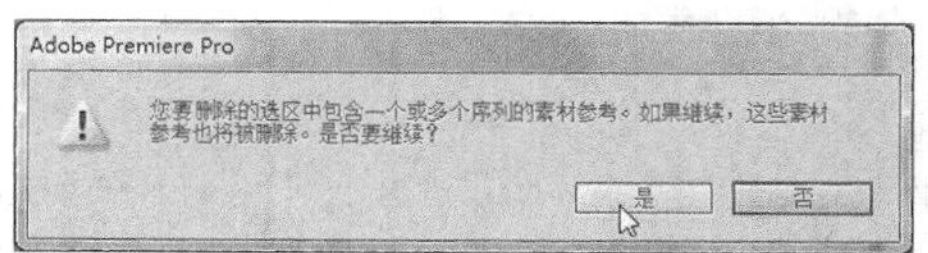

图12-12

2. 通过“时间线”面板删除音频

在Premiere Pro CS6的“时间线”面板中，用户可以根据需要将多余轨道上的音频文件删除。

课堂案例	通过“时间线”面板删除音频
案例位置	效果\第12章\音乐4.prproj
视频位置	视频\第12章\课堂案例——通过“时间线”面板删除音频.mp4
难易指数	★★☆☆☆
学习目标	掌握通过“时间线”面板删除音频的操作方法

01 按Ctrl＋O组合键，打开一个项目文件，如图12-13所示。

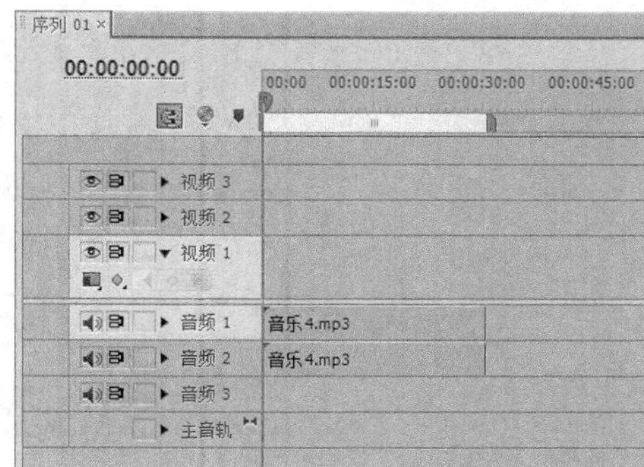

图12-13

02 在“时间线”面板中，选择“音频2”轨道上的素材，如图12-14所示。

03 按Delete键，即可删除音频文件，如图12-15所示。

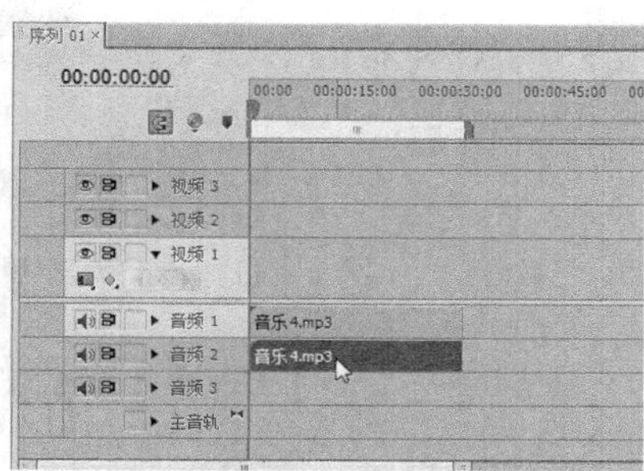

图12-14

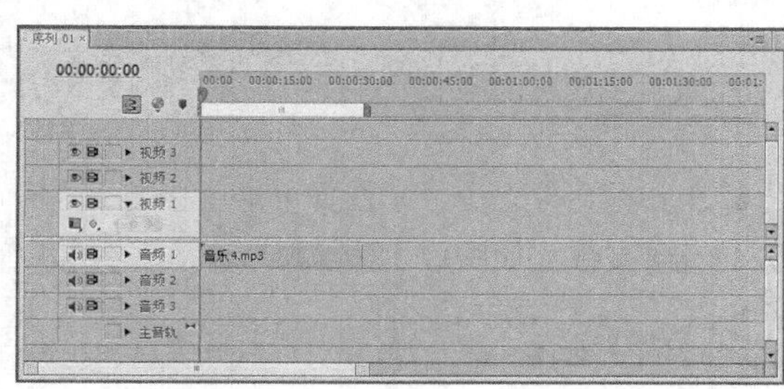

图12-15

技巧与提示

在上述两种方法中，运用“项目”面板删除音频文件会彻底将文件从Premiere Pro CS6的工作界面中删除，即如果用户需要再次使用该素材，则需要重新导入该音频素材至“项目”面板中。

12.2.3 音频文件的分割

在Premiere Pro CS6中，运用剃刀工具可以将音频素材分割成两段或多段音频素材，这样可以让用户更好地将音频与其他素材相结合。

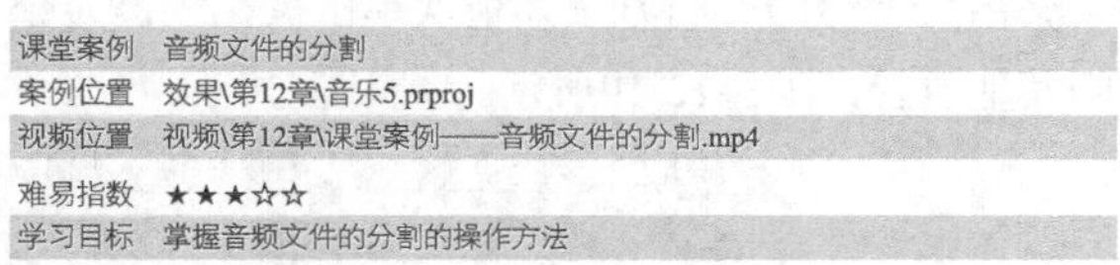

课堂案例	音频文件的分割
案例位置	效果\第12章\音乐5.prproj
视频位置	视频\第12章\课堂案例——音频文件的分割.mp4
难易指数	★★★☆☆
学习目标	掌握音频文件的分割的操作方法

01 按Ctrl＋O组合键，打开一个项目文件，如图12-16所示。

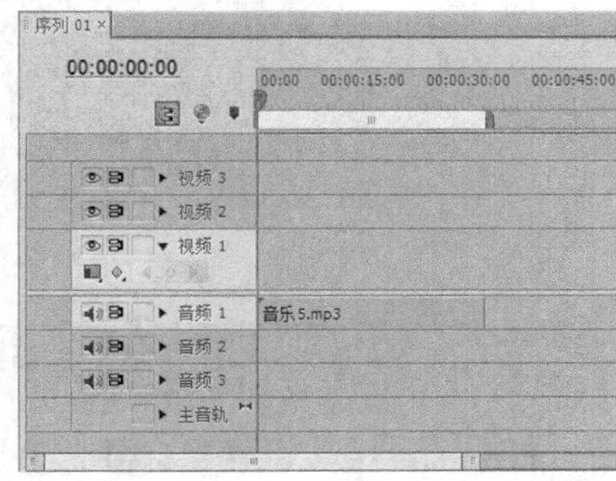

图12-16

02 在“时间线”面板中，选取剃刀工具，如图12-17所示。

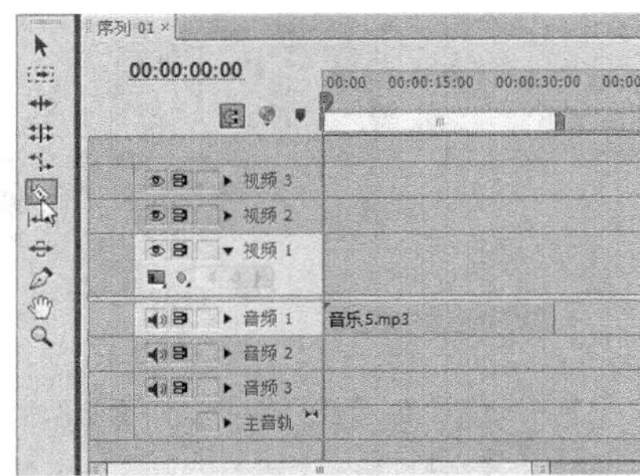

图12-17

03 在音频文件上的合适位置单击鼠标左键，即可分割音频文件，如图12-18所示。

技巧与提示

在Premiere Pro CS6中，运用剃刀工具对音频文件进行分割后，如果用户需要还原音频文件，只能通过“历史记录”面板进行还原。

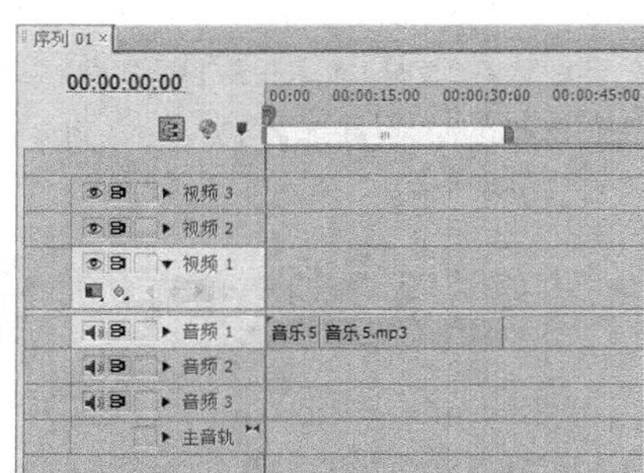

图12-18

04 用与上述同样的方法，依次单击鼠标左键，分割其他位置，如图12-19所示。

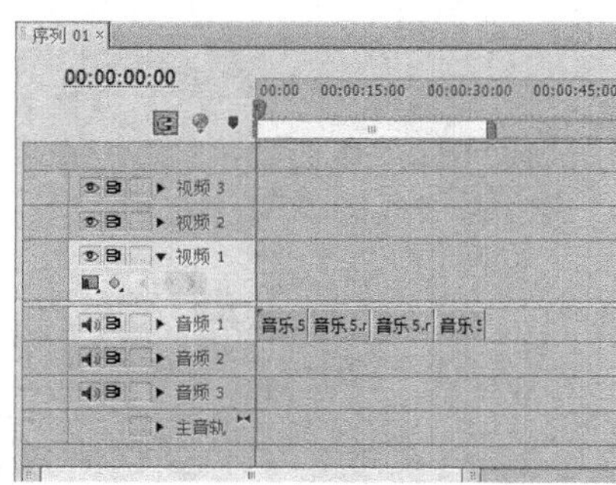

图12-19

12.2.4 音频轨道的添加

Premiere Pro CS6在默认情况下将自动创建3个音频轨道和一个主音轨，当用户添加的音频素材过多时，可以有选择地添加1个或多个音频轨道。

用户在添加音频轨道时，可以选择运用“序列”菜单中的“添加轨道”命令，也可以直接在“时间线”面板中添加音频轨道。

1. 通过菜单命令添加音频轨道

通过菜单命令添加音频轨道的具体方法是：单击“序列”|“添加轨道”命令，如图12-20所示。在弹出的“添加视音轨”对话框中，设置“视频轨”的添加参数为0，“音频轨”的添加参数为1，如图12-21所示。单击“确定”按钮，即可完成音频轨道的添加。

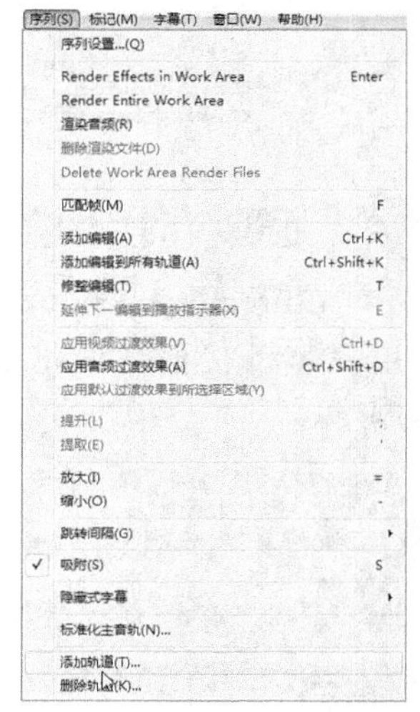

图12-20

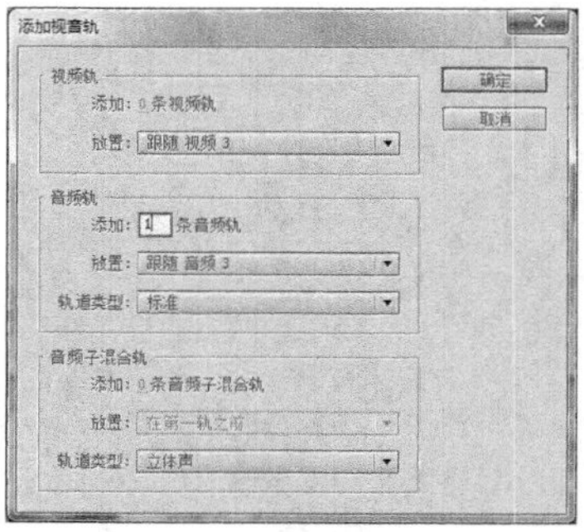

图12-21

2. 通过“时间线”面板添加音频轨道

通过“时间线”面板添加音频轨道的具体方法是：首先拖曳鼠标至“时间线”面板中的“音频1”轨道，单击鼠标右键，在弹出的快捷菜单中选择“添加轨道”选项，如图12-22所示。

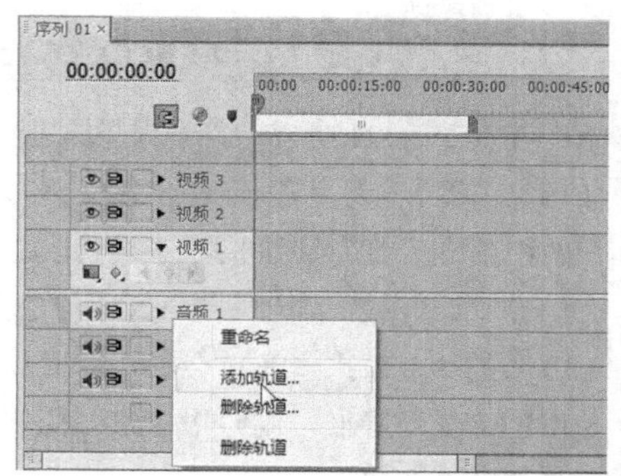

图12-22

技巧与提示

在“添加视音轨”对话框的“音频轨”选项区中，单击“轨道类型”右侧的下三角按钮，弹出列表框，其中有单声道、立体声和5.1等3种轨道类型，这3种类型的声道在音频轨道上用不同的图标来区别。

执行上述操作后，系统将弹出“添加视音轨”对话框，用户可以选择需要添加的音频数量，并单击“确定”按钮，此时用户可以在时间线面板中查看到添加的音频轨道，如图12-23所示。

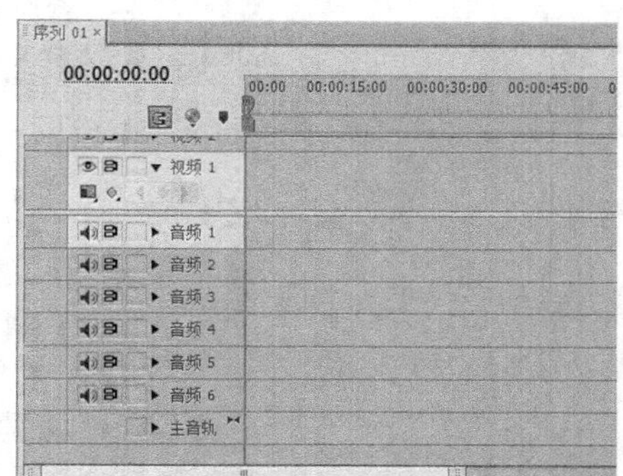

图12-23

12.2.5 音频轨道的删除

当用户添加的音频轨道过多时，可以删除部分音频轨道。接下来将介绍如何删除音频轨道。

课堂案例	音频轨道的删除
案例位置	效果\第12章\删除音轨.prproj
视频位置	视频\第12章\课堂案例——音频轨道的删除.mp4
难易指数	★★☆☆☆
学习目标	掌握音频轨道的删除的操作方法

01 按Ctrl＋N组合键，新建一个项目文件，单击“序列”|“删除轨道”命令，如图12-24所示。

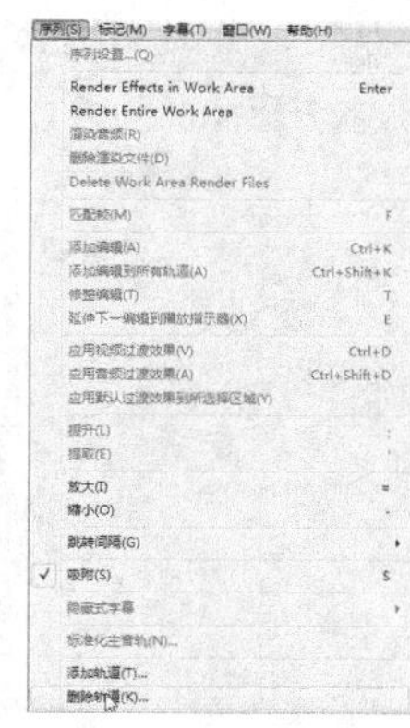

图12-24

02 弹出“删除轨道”对话框，选中“删除音频轨”复选框，并设置需要删除的音频轨道，如图12-25所示。

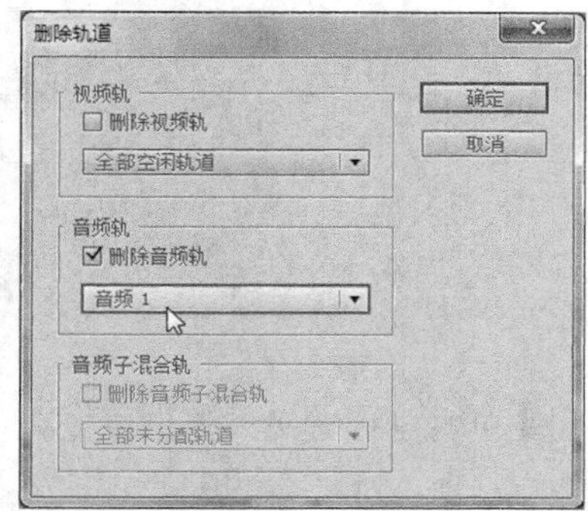

图12-25

03 单击“确定”按钮，即可删除音频轨道，如图12-26所示。

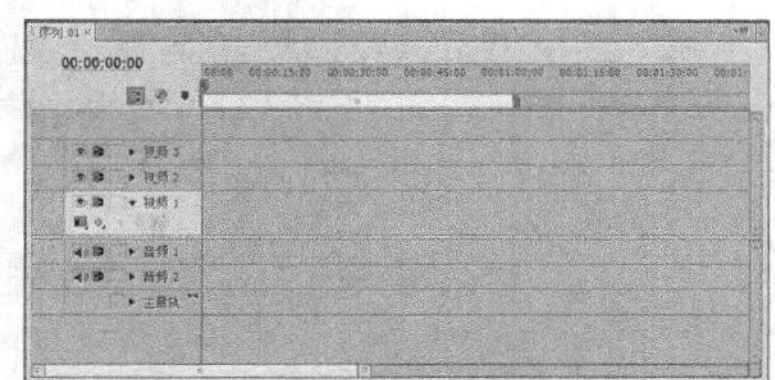

图12-26

12.2.6 音频轨道的重命名

为了更好地管理音频轨道，用户可以为新添加的音频轨道设置名称。接下来将介绍如何重命名音频轨道。

课堂案例	音频轨道的重命名
案例位置	效果\第12章\音乐6.prproj
视频位置	视频\第12章\课堂案例——音频轨道的重命名.mp4
难易指数	★★★☆☆
学习目标	掌握音频轨道的重命名的操作方法

01 按Ctrl＋O组合键，打开一个项目文件，如图12-27所示。

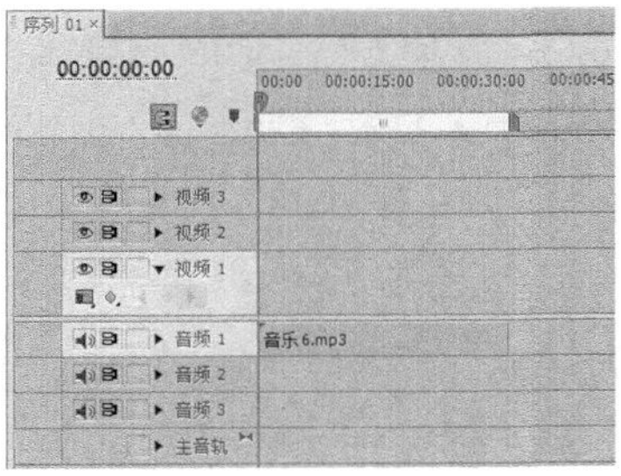

图12-27

02 在“时间线”面板中，选择“音频1”轨道，如图12-28所示。

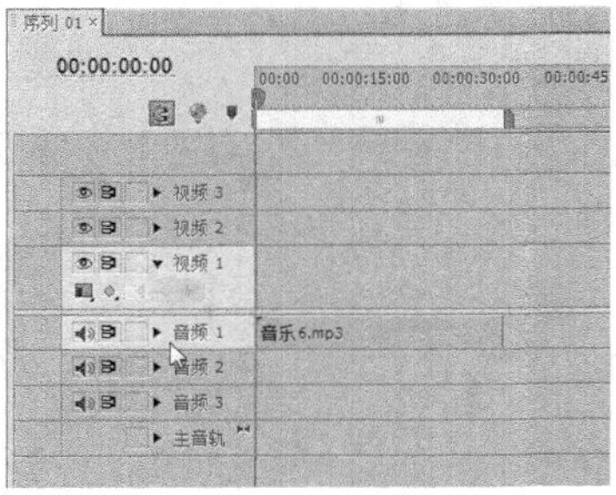

图12-28

03 单击鼠标右键，弹出快捷菜单，选择“重命名”选项，如图12-29所示。

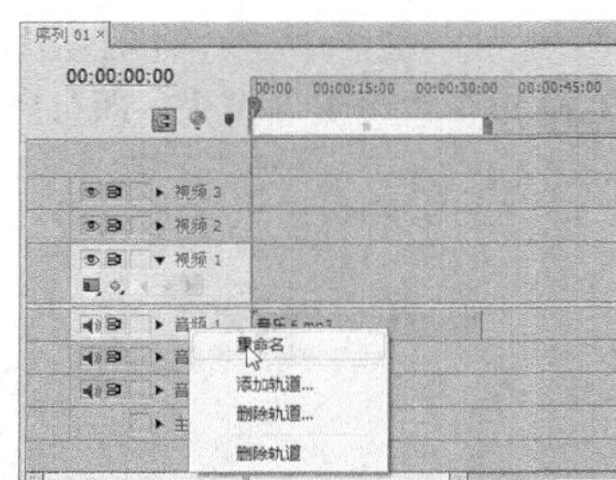

图12-29

04 输入名称后按Enter键，即可完成轨道的重命名操作，如图12-30所示。

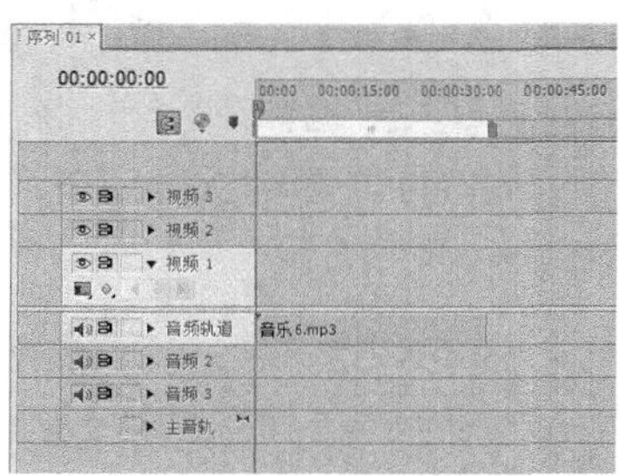

图12-30

12.2.7 调整音频播放长度

在Premiere Pro CS6中，音频播放速度和持续时间的调整都属于音频片段长度的调整，速度用于调整片段的相对长度，持续时间用于调整片段的绝对长度。

在“时间线”面板中改变音频的播放速度会影响音频的播放效果，音调会因速度提高而升高，因速度的降低而降低，同时播放速度变化了，播放时间也会随着变化。

调整音频播放长度的具体方法是：首先进入Premiere Pro CS6的界面中，确认当前需要编辑的项目文件，并将其添加至“音频1”轨道上，如图12-31所示。在“音频1”轨道的音频素材上，单击鼠标右键，在弹出的快捷菜单中选择“速度/持续时间”选项，如图12-32所示。

图12-31

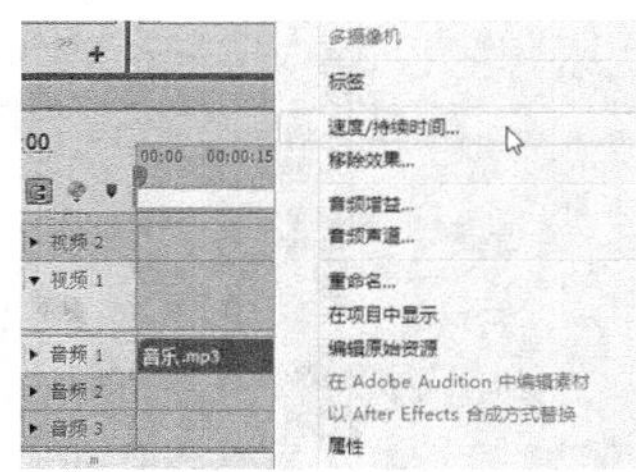

图12-32

接下来系统将会弹出“素材速度/持续时间”对话框，设置“速度”为60，则“持续时间”自动变长，如图12-33所示。执行上述操作后，单击“确定”按钮，即可调整音频速度和持续时间，在“时间线”面板中的“音频1”轨道的音频素材将变长，如图12-34所示。

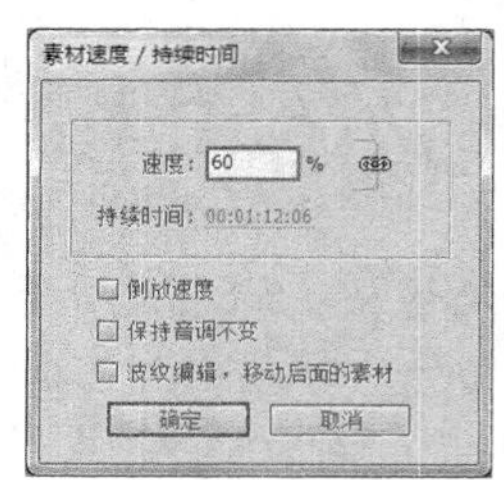

图12-33

图12-34

技巧与提示

在Premiere Pro CS6中，除了可以使用上述方法调整音频速度和持续时间外，还可以在“时间线”面板中拖曳音频素材来延长或缩短音频的持续时间，不过这种方法很可能会影响到音频素材的完整性。

当用户在调整素材长度时，向左拖曳鼠标指针可以缩短持续时间，向右拖曳鼠标指针则可以增长持续时间。如果该音频处于最长持续时间状态，则无法继续增加其长度。

12.3 音频效果的基本操作

在Premiere Pro CS6中，用户可以对音频素材进行适当的处理，让音频达到更好的视听效果。本节将详细介绍编辑音频效果的操作方法。

12.3.1 添加音频过渡效果

在Premiere Pro CS6中，用户可以根据需要在“效果”面板中为音频文件添加“音频过渡”效果。下面介绍添加音频过渡的操作方法。

课堂案例	添加音频过渡效果
案例位置	效果\第12章\音乐7.prproj
视频位置	视频\第12章\课堂案例——添加音频过渡效果.mp4
难易指数	★★☆☆☆
学习目标	掌握添加音频过渡效果的操作方法

01 按Ctrl＋O组合键，打开一个项目文件，如图12-35所示。

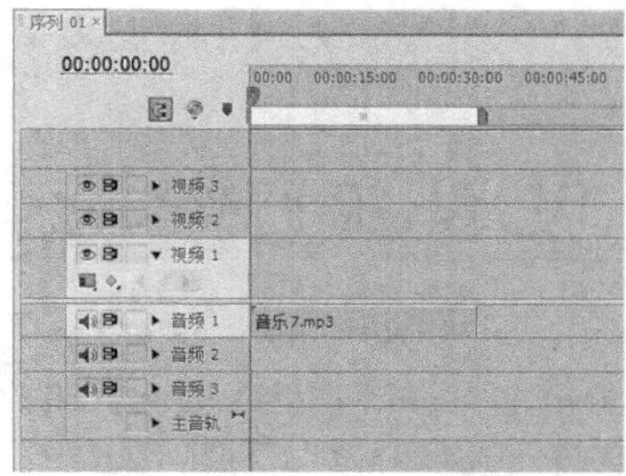

图12-35

02 在“效果”面板中展开“音频过渡”|“交叉渐隐”选项，在其中选择“指数型淡入淡出”特效，如图12-36所示。

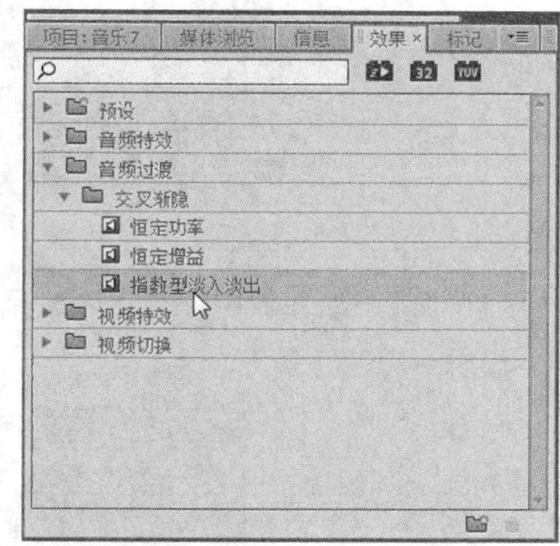

图12-36

03 单击鼠标左键，并将其拖曳至“音频1”轨道上，如图12-37所示，即可添加音频过渡效果。

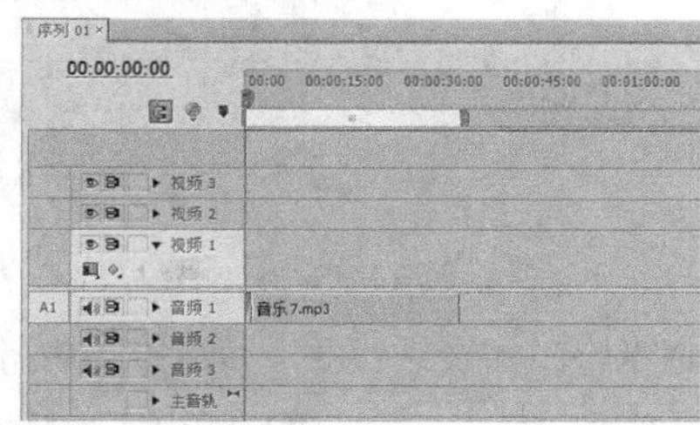

图12-37

技巧与提示

在Premiere Pro CS6中，添加音频的过渡与添加视频的过渡相同，系统为用户预设了“持续声量”“恒定增益”和“指数型淡入淡出”3种音频过渡效果。在“时间线”面板中为音频文件添加交叉渐隐的音频过渡效果，可以使音频的过渡效果更加自然。

12.3.2 添加系统音频特效

由于Premiere Pro CS6是一款视频编辑软件，因此在音频特效的编辑方面并不是表现得那么突出，但系统仍然提供了大量的音频特效。下面就介绍添加系统音频特效的方法

课堂案例	添加系统音频特效
案例位置	效果\第12章\音乐8.prproj
视频位置	视频\第12章\课堂案例——添加系统音频特效.mp4
难易指数	★★★☆☆
学习目标	掌握添加系统音频特效的操作方法

01 按Ctrl＋O组合键，打开一个项目文件，如图12-38所示。

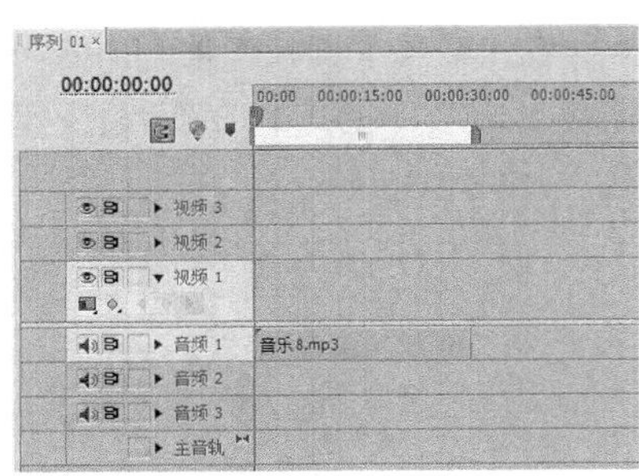

图12-38

02 在“效果”面板中，选择“选频”选项，如图12-39所示。

图12-39

03 然后单击鼠标左键，将其拖曳至“音频1”轨道上，添加音频特效，如图12-40所示。

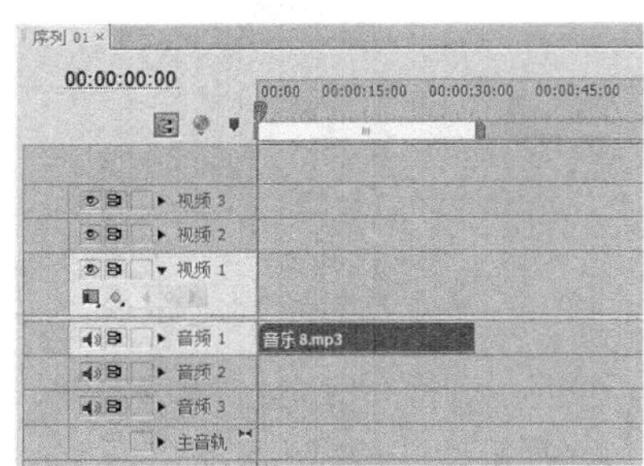

图12-40

04 执行上述操作后，接下来在“特效控制台”面板中设置各参数即可，如图12-41所示。

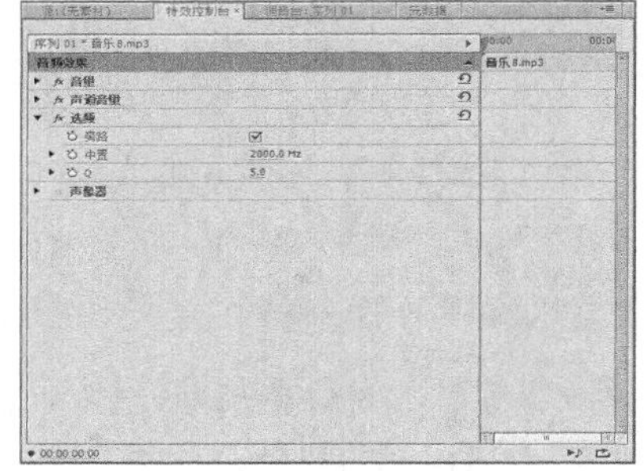

图12-41

12.3.3 删除不需要的音频特效

如果用户对添加的音频特效不满意，可以选择删除音频特效。用户除了可以在“特效控制台”面板中删除音频特效外，还可以在“时间线”面板中删除特效。下面来分别向大家介绍其操作方法。

1. 通过“特效控制台”面板删除

通过“特效控制台”面板删除音频特效的方法是：选择“特效控制台”面板中的音频特效，单击鼠标右键，在弹出的快捷菜单中，选择“清除”选项，即可删除音频特效，如图12-42所示。

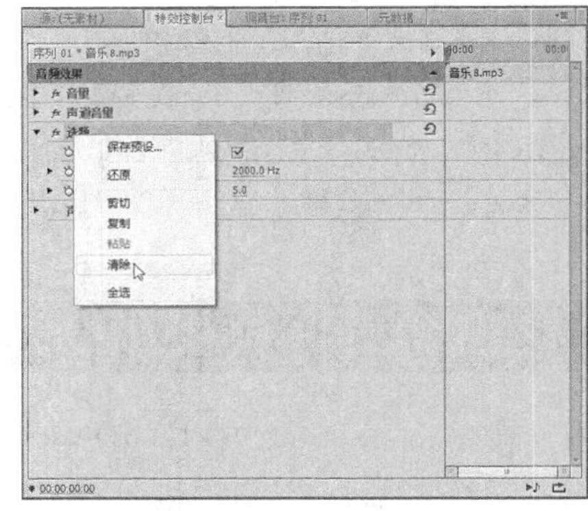

图12-42

2. 通过“时间线”面板删除

通过“时间线”面板删除音频特效的方法是：在“时间线”面板中，右击需要删除特效的音频素材，在弹出的快捷菜单中选择“移除效果”选项，即可弹出“移除效果”对话框，如图12-43所示。单击“确定”按钮，即可删除特效。

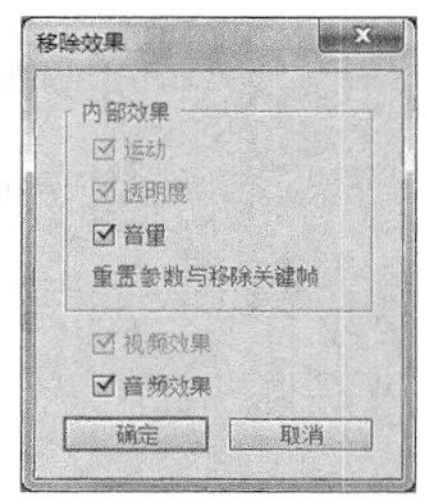

图12-43

12.3.4 调整音频增益效果

在运用Premiere Pro CS6调整音频时，往往会使用多个音频素材。因此，用户需要通过调整增益效果来控制音频的最终效果。

课堂案例	调整音频增益效果
案例位置	效果\第12章\音乐9.prproj
视频位置	视频\第12章\课堂案例——调整音频增益效果.mp4
难易指数	★★★☆☆
学习目标	掌握调整音频增益效果的操作方法

01 按Ctrl＋O组合键，打开一个项目文件，如图12-44所示。

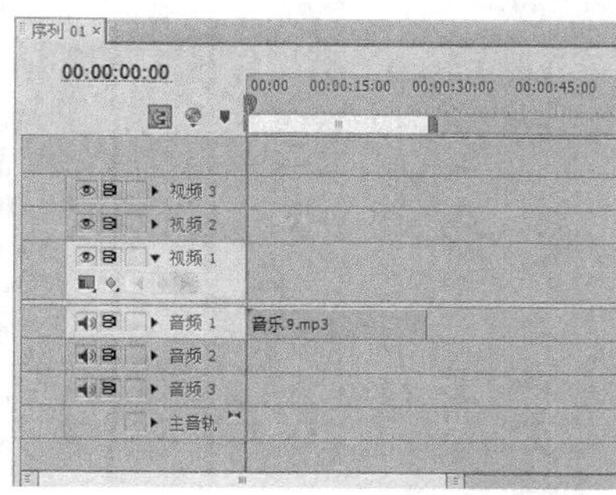

图12-44

02 在“时间线”面板中，选择“音频1”轨道上的素材，如图12-45所示。

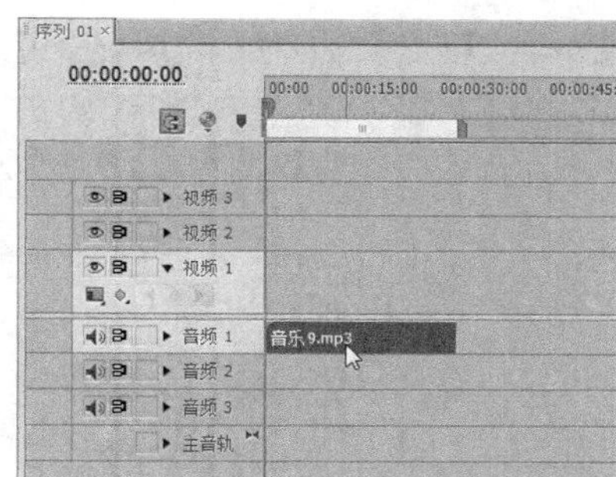

图12-45

03 单击“素材”|“音频选项”|“音频增益”命令，如图12-46所示。

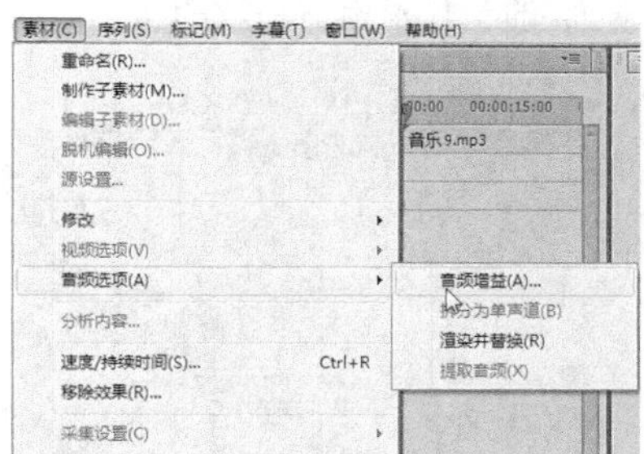

图12-46

04 弹出“音频增益”对话框，选中“设置增益为”单选按钮，并设置其参数为12，如图12-47所示。

05 单击“确定”按钮，即可设置音频的增益。

图12-47

技巧与提示

在Premiere Pro CS6中，音频素材的增益是指音频信号的声调高低。在编辑节目时经常要处理声音的声调，特别是当同一个视频同时出现几个音频素材时，就要平衡几个素材的增益，否则一个素材的音频信号或高或低，都会影响整个效果。

12.3.5 通过关键帧淡化音频

淡化效果可以让音频随着播放，背景的音乐逐渐较弱，直到完全消失。这种淡化效果需要通过两个以上的关键帧来实现。

选择“时间线”面板中的音频素材，在“特效控制台”中的“音量”特效中添加一个关键帧，如图12-48所示。拖曳“当前时间指示器”至合适位置，并降低“音量”特效的参数值，创建另一个关键帧，如图12-49所示。执行上述操作后，即可完成对音频素材的淡化设置。

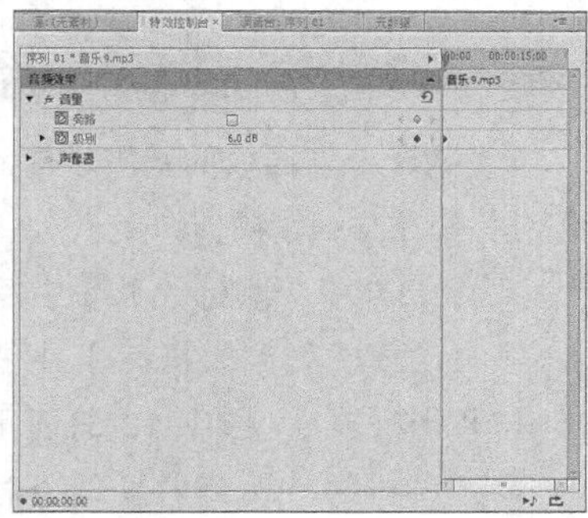

图12-48

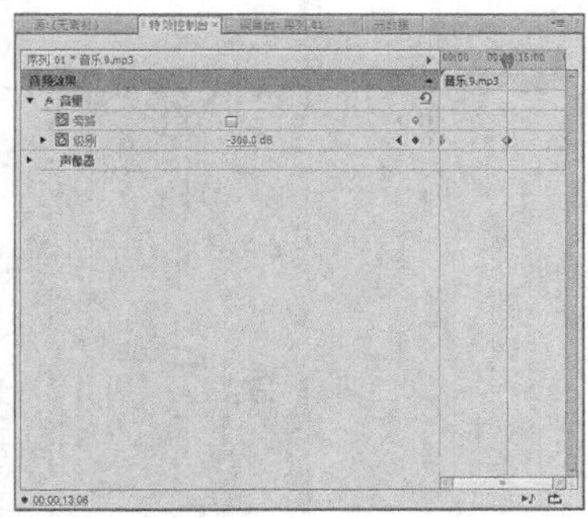

图12-49

12.3.6 通过调音台调整音频

“调音台”是Premiere Pro CS6为制作高质量音频效果准备的多功能音频处理平台。接下来将介绍调音台的一些基本知识及运用这些调音台来调整音频素材的方法。

1. “调音台”面板

“调音台”是由许多音频轨道控制器和播放控制器组成的。

单击“窗口”|“调音台”|“序列01”命令，展开“调音台”面板，如图12-50所示。在默认情况下，“调音台”面板中只会显示当前“时间线”面板中激活的音频轨道。如果用户需要在“调音台”面板中显示其他轨道，则必须将序列中的轨道激活。

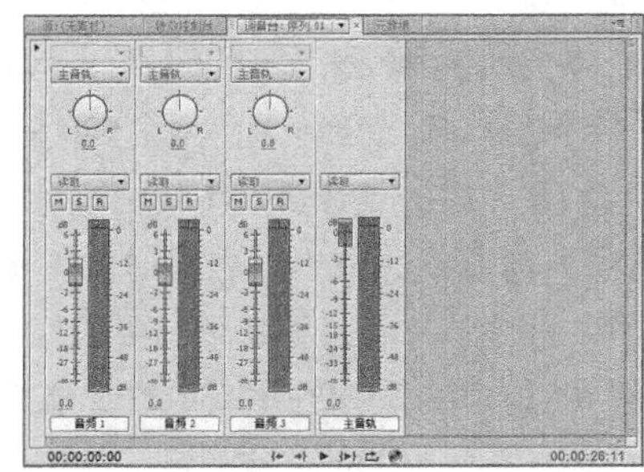

图12-50

2. “调音台”的基本功能

“调音台”面板的基本功能主要用来对音频文件进行修改与编辑操作。

下面将介绍“调音台”面板中各选项的主要功能。

- “自动模式”列表框：主要是用来调节音频素材和音频轨道，如图12-51所示。当调节对象是音频素材时，调节效果只会对当前素材有效，如果当调节对象是音频轨道，则音频特效将应用于整个音频轨道。

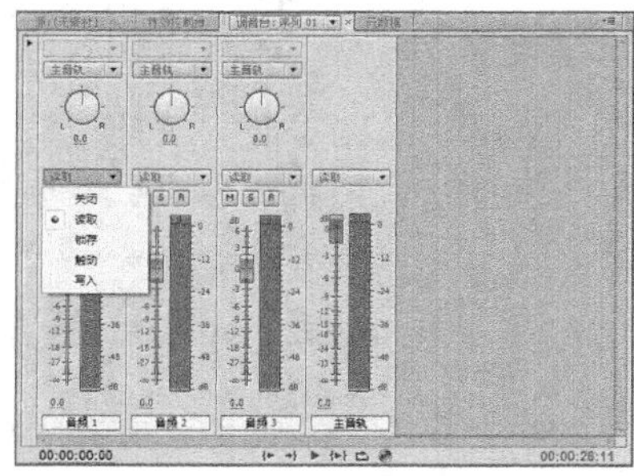

图12-51

- “轨道控制”按钮组：该类型的按钮包括“静音轨道”按钮、“独奏轨”按钮、“激活录制轨”按钮等，如图12-52所示。这些按钮的主要作用是让音频或素材在预览时，其指定的轨道完全以静音或独奏的方式进行播放。

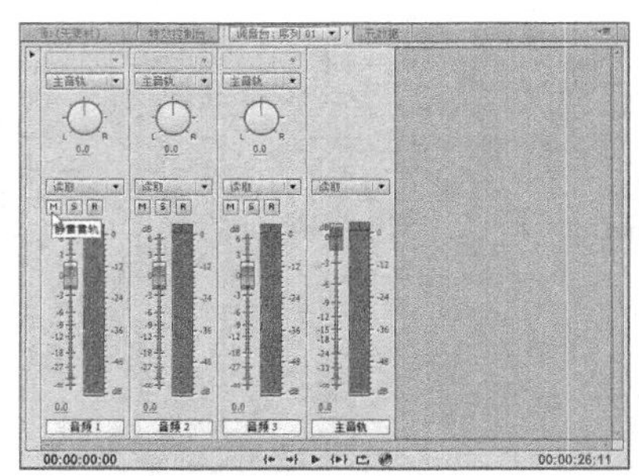

图12-52

- “声道调节”滑轮：可以用来调节只有左、右两个声道的音频素材，当用户向左拖动滑轮时，左声道音量将提升；反之向右拖动滑轮时，右声道将提升，如图12-53所示。

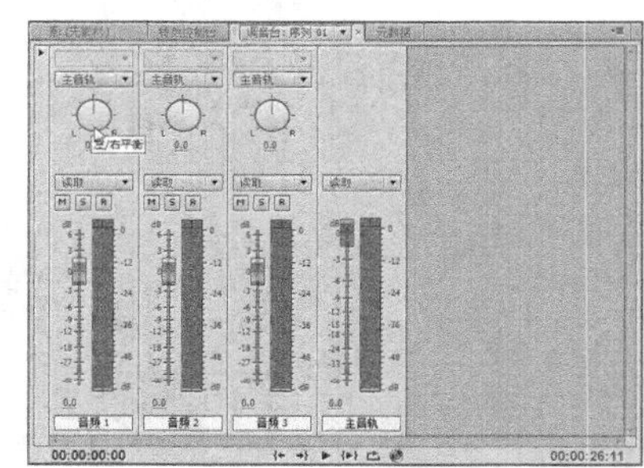

图12-53

- “音量控制器”按钮：分别控制着音频素材播放的音量及素材播放的状态，如图12-54所示。

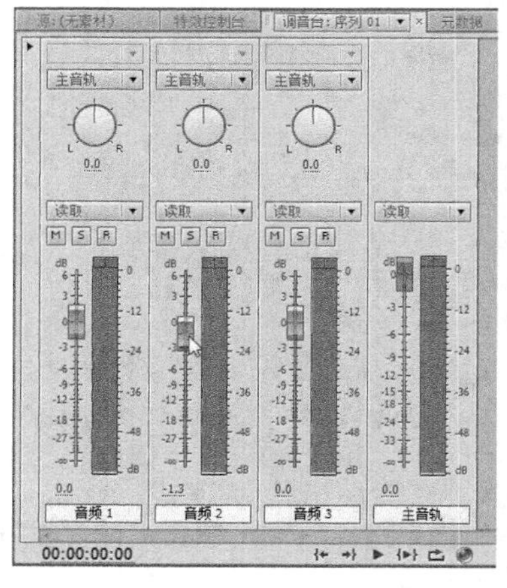

图12-54

3. “调音台”的面板菜单

通过对“调音台”面板的基本认识，用户应该对“调音台”面板的组成有了一定了解。接下来将介绍“调音台”的面板菜单。

在“调音台”调板中，单击调板右上角的下三角按钮，将弹出面板菜单，如图12-55所示。

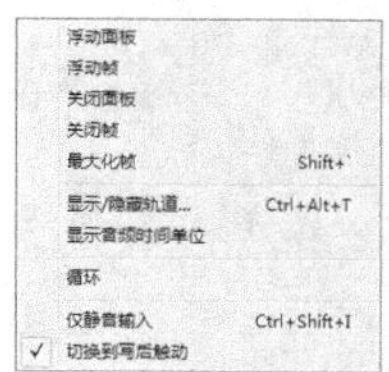

图12-55

下面将介绍面板菜单中各主要选项的含义。

- 显示/隐藏轨道：该选项可以对“调音台”调板中的轨道进行隐藏或者显示设置。选择该选项，或按Ctrl＋T组合键，弹出“显示/隐藏轨道”对话框，在左侧列表框中，处于选中状态的轨道属于显示状态，未被选中的轨道则处于隐藏状态。
- 显示音频时间单位：选择该选项，可以在“时间线”窗口的时间标尺上显示音频单位。
- 循环：选择该选项，则系统会循环播放音乐。
- 仅静音输入：如果在VU表上显示硬件输入电平，而不是轨道电平，则选择该选项来监控音频，以确定是否所有的轨道都被录制。
- 转换到写后触动：选择该选项，则回放结束后，或一个回放循环完成后，所有的轨道设置将记录模式转换到接触模式。

4. 使用调音台调整音频素材

在Premiere Pro CS6中，用户可以根据需要使用调音台调整音频的效果。下面介绍使用调音台调整音频的操作方法。

使用调音台调整音频的具体方法是：在Premiere Pro CS6界面中，确认需要编辑的项目文件，如图12-56所示。然后将导入的素材拖曳至“音频1”轨道中，展开“音频1”轨道，如图12-57所示。

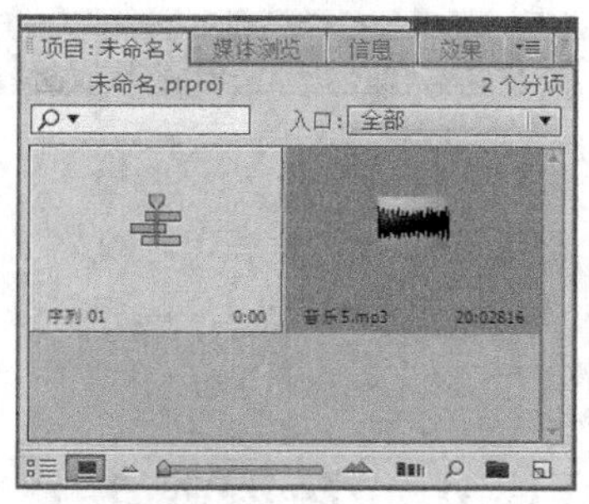

图12-56

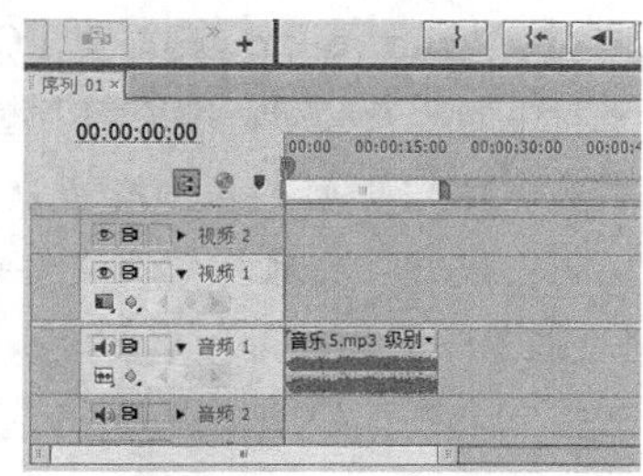

图12-57

选择“音频1”轨道上的音频素材，打开“调音台：序列01”面板，单击面板中的“播放-停止切换”按钮，如图12-58所示。执行上述操作后，开始播放音乐，然后拖曳音量滑块，调节音乐音量，如图12-59所示，即可使用调音台调整音频。

图12-58

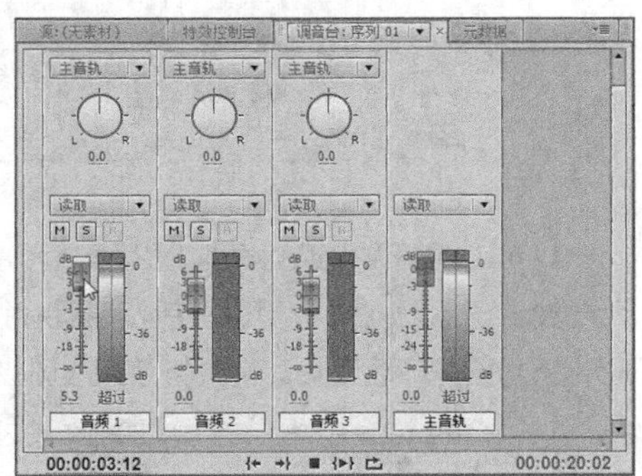

图12-59

12.4 处理音频效果的方法

在Premiere Pro CS6中，用户可以对音频素材进行适当的处理，通过对音频的高低音进行调节，让素材达到更好的视听效果。本节主要介绍音频效果的处理方法。

12.4.1 运用EQ特效

在Premiere Pro CS6中，EQ特效用于平衡音频素材中的声音频率、波段和多重波段均衡等内容。首先，用户需要导入一段音频素材，在“效果”面板中展开“音频特效”文件夹，选择EQ特效，如图12-60所示。为音频素材添加EQ特效，在“特效控制台”面板中，展开EQ选项中的“自定义设置”选项，如图12-61所示。

图12-60

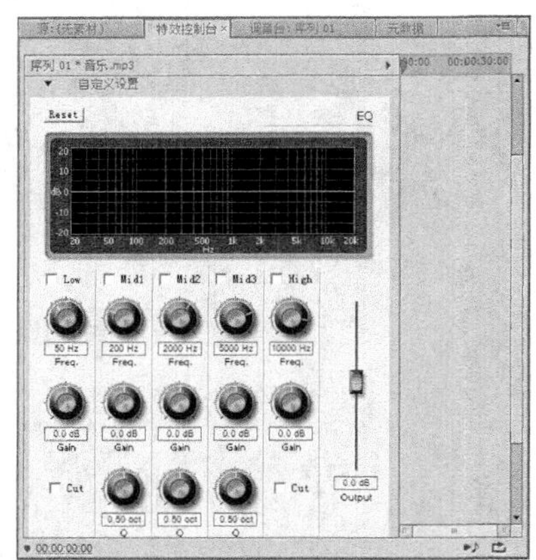

图12-61

Low、Mid和High这3个选项用于显示或隐藏自定义滤波器，用户在选中复选框后，用鼠标指针拖曳相应的控制点，可以调整该音频特效，如图12-62所示。

调节Output选项可以补偿过滤效果之后造成的频率波段的增加或减少，用户可以直接拖曳滑块来调整频率波段，如图12-63所示。

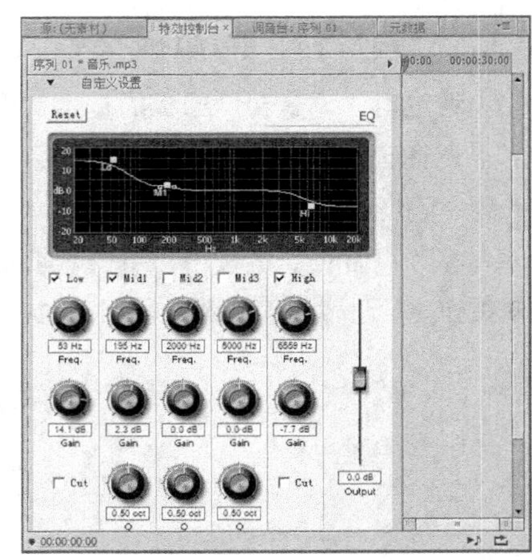

图12-62

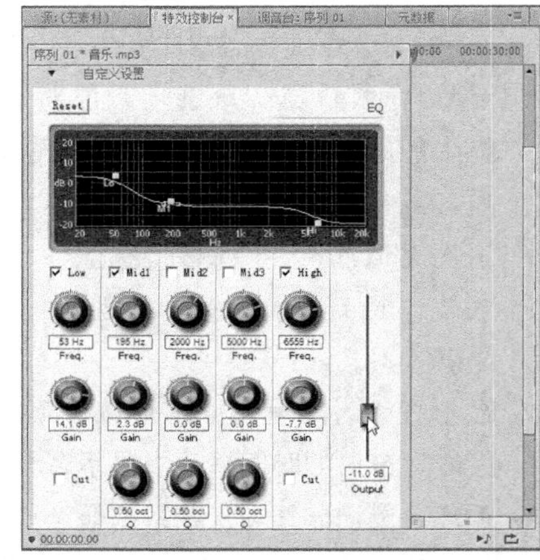

图12-63

12.4.2 运用Dynamics特效

在Premiere Pro CS6中，高低音之间的转换是运用Dynamics特效对组合的或独立的音频进行调整实现的。下面将介绍如何使用Dynamics特效来实现高低音之间的转换。

首先，用户应先确认当前需要编辑的项目文件，如图12-64所示。然后在“效果”面板中为音频素材添加Dynamics特效，如图12-65所示。接下来单击鼠标左键，将其拖曳至“音频1”轨道上，添加音频特效，如图12-66所示。

在“特效控制台”面板的Dynamics选项中，展开“自定义设置”选项，并单击Dynamics右侧的“预设”按钮，在弹出的列表框中选择hard limiting选项，如图12-67所示。

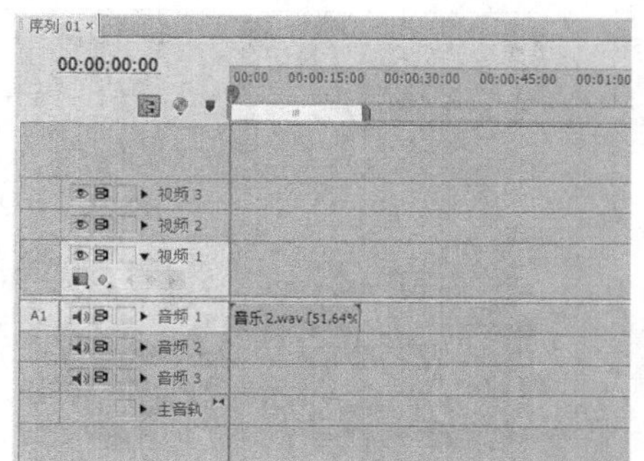

图12-64

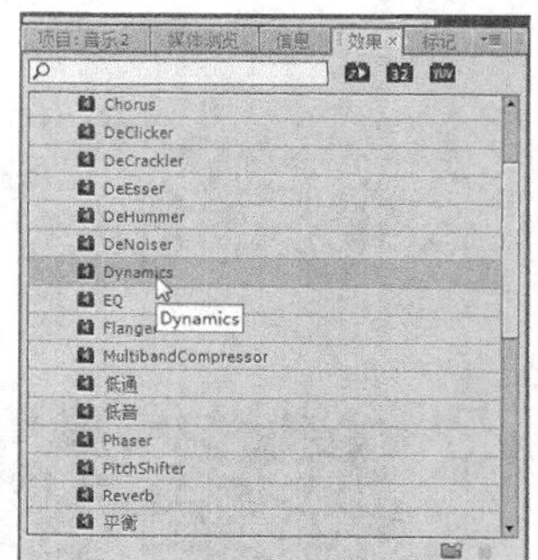

图12-65

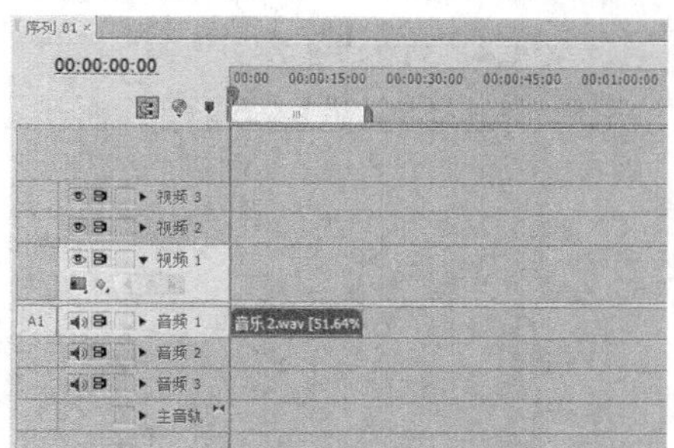

图12-66

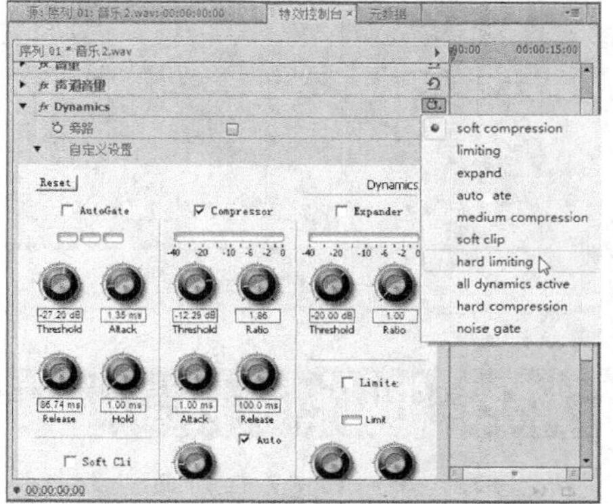

图12-67

执行上述操作后，即可快速设置参数，接下来，用户需要单击每一个参数前的“切换动画”按钮，为音频素材添加关键帧，如图12-68所示。

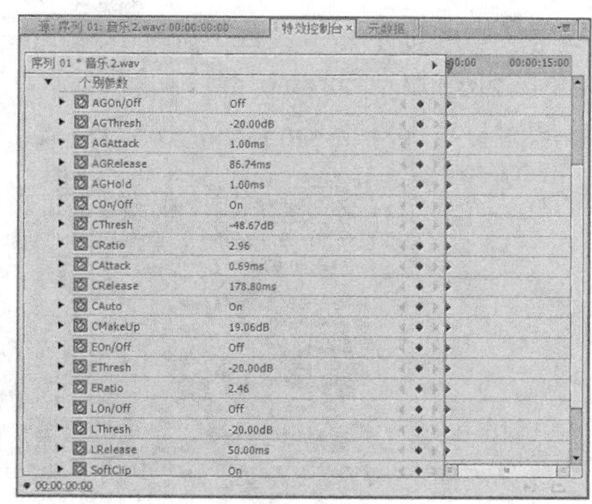

图12-68

将时间线移至00:00:08:00位置处，单击Dynamics选项右侧的“预设”按钮，在弹出的列表框中选择Soft clip选项，此时系统将自动插入一组关键帧，如图12-69所示。设置完成后，将时间线移至开始位置，单击“播放-停止切换”按钮，可以听出原本开始的柔弱部分变得具有一定的力度，而原来具有力度的后半部分，也因为设置了Soft Clip效果而变得柔和了。

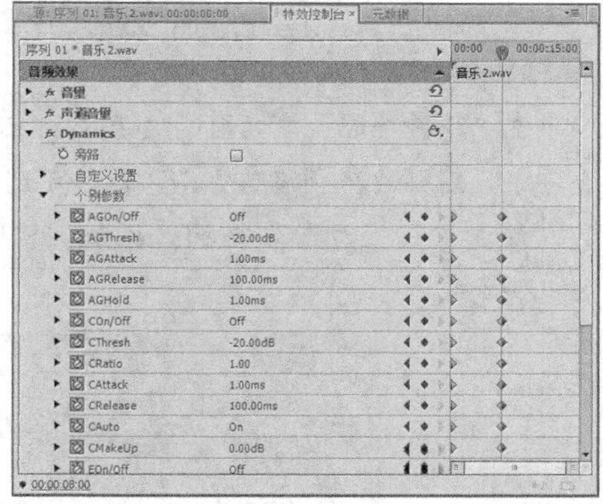

图12-69

12.4.3 运用Multiband Compressor特效

在Premiere Pro CS6中，用户可以运用Multiband Compressor特效设置声音波段，该特效可以对音频的高、中、低3个波段进行压缩控制，让音频的效果更加理想。下面介绍如何使用Multiband Compressor特效设置声音波段。

首先，用户需要导入一段音频素材，并将音频素材拖入“音频1”轨道中，如图12-70所示。在

“效果”面板中展开“音频特效”选项，在其中选择Multiband Compressor特效，如图12-71所示，为音频素材添加Multiband Compressor特效。

图12-70

图12-71

在“特效控制台”面板的Multiband Compressor选项中，展开“个别参数”选项，并单击每一个参数左侧的“切换动画”按钮，添加关键帧，如图12-72所示。

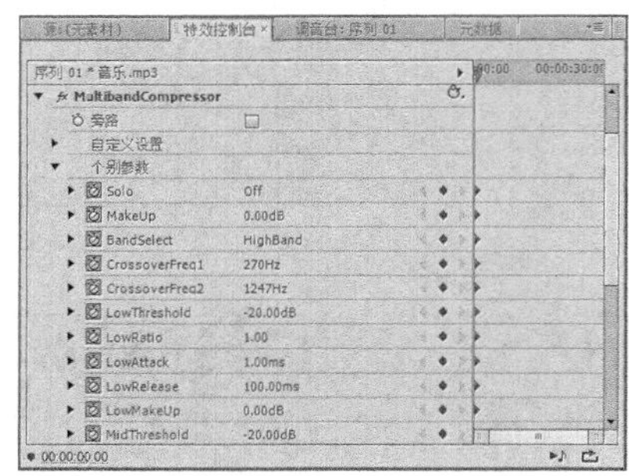

图12-72

展开“自定义设置”选项，在波段调整窗口提高High选项的位置，提高音频的波段，如图12-73所示。

接下来，用户可以拖曳“当前时间指示器”至合适位置，并适当地调整波段的高低位置，如图12-74所示，系统将自动在所编辑的素材中添加关键帧，如图12-75所示。

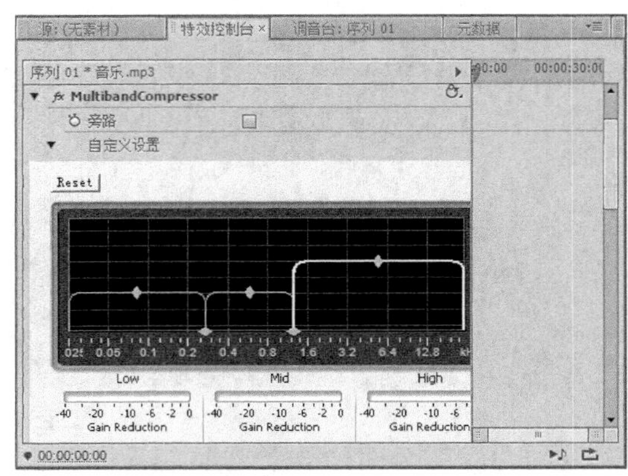

图12-73

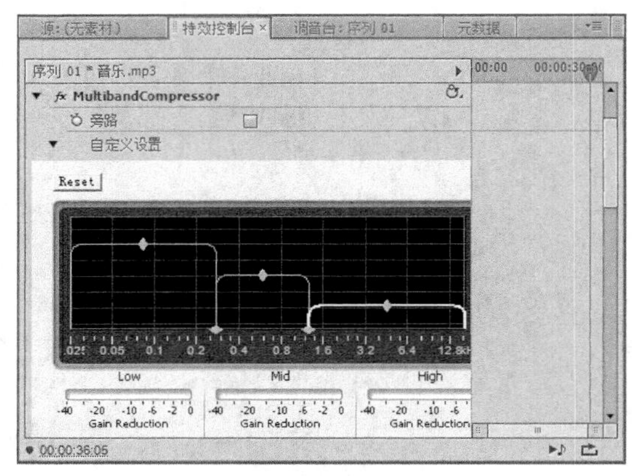

图12-74

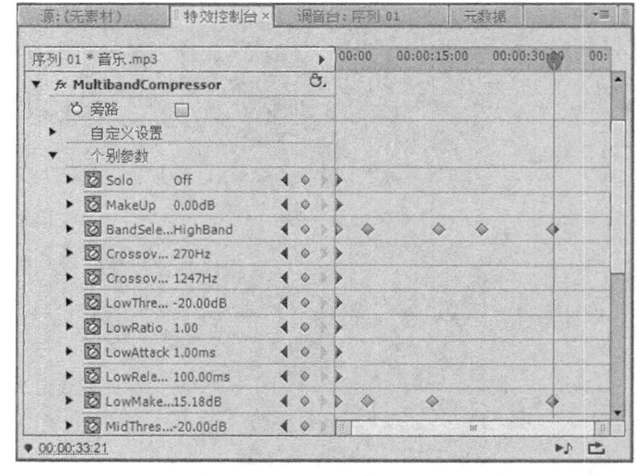

图12-75

12.5 制作立体声音频效果

Premiere Pro CS6拥有强大的立体声音频处理能力，在使用的素材为立体声道时，Premiere Pro CS6可以在两个声道间实现立体声音频特效的效果。本节主要介绍立体声音频效果的制作方法。

12.5.1 导入与添加视频素材

在制作立体声音频效果之前，用户首先需要导入一段音频或有声音的视频素材，并将其拖曳至“时间线”面板中。

课堂案例	导入与添加视频素材
案例位置	效果\第12章\英雄.prproj
视频位置	视频\第12章\课堂案例——导入与添加视频素材.mp4
难易指数	★★☆☆☆
学习目标	掌握导入与添加视频素材的操作方法

01 新建一个项目文件，单击“文件”|“导入”命令，弹出“导入”对话框，导入一段视频素材，如图12-76所示。

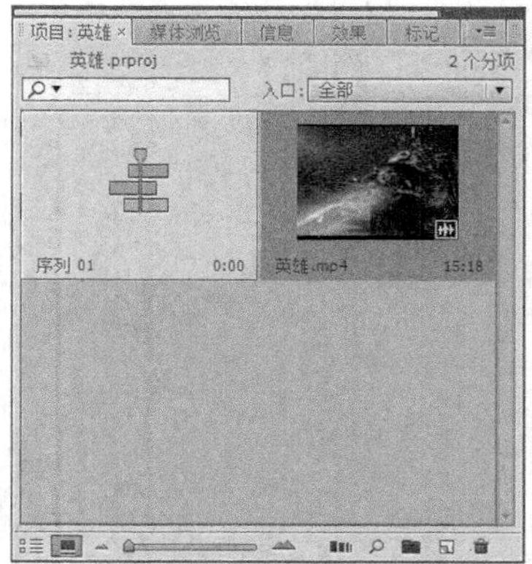

图12-76

02 选择导入的视频素材，将其拖曳至“时间线”面板中的“视频1”视频轨道上，即可添加视频素材，如图12-77所示。

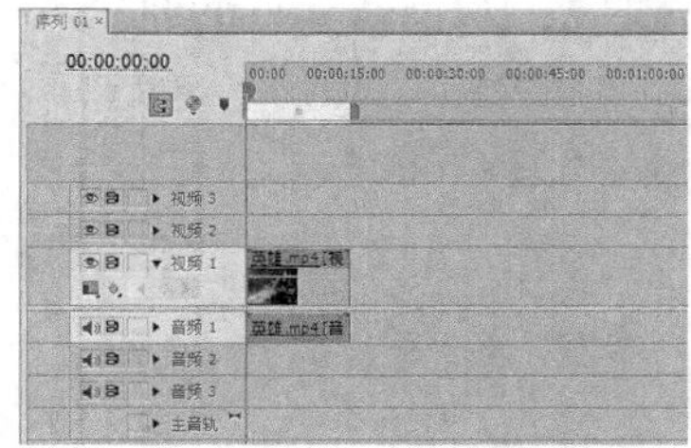

图12-77

技巧与提示

在Premiere Pro CS6中，因为导入的视频素材中包含了音频素材，所以不需要在“项目”面板中导入音频素材。

12.5.2 使用剃刀工具分割音频

在导入一段视频文件后，接下来需要对视频素材文件的音频与视频进行分割。

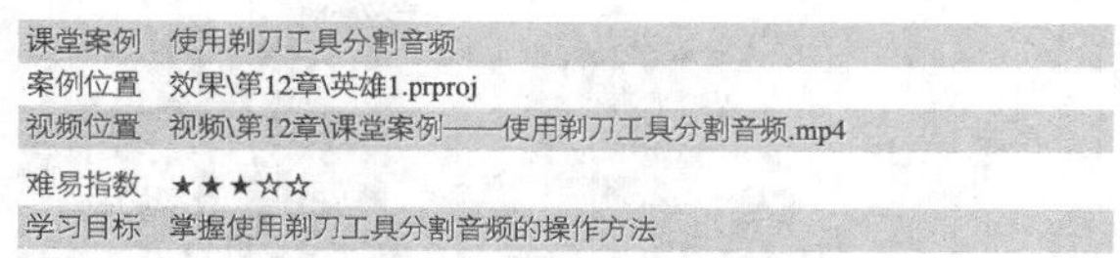

课堂案例	使用剃刀工具分割音频
案例位置	效果\第12章\英雄1.prproj
视频位置	视频\第12章\课堂案例——使用剃刀工具分割音频.mp4
难易指数	★★★☆☆
学习目标	掌握使用剃刀工具分割音频的操作方法

01 以上一个实例的效果为例，选择视频文件，单击鼠标右键，弹出快捷菜单，选择“解除视音频链接”选项，如图12-78所示。

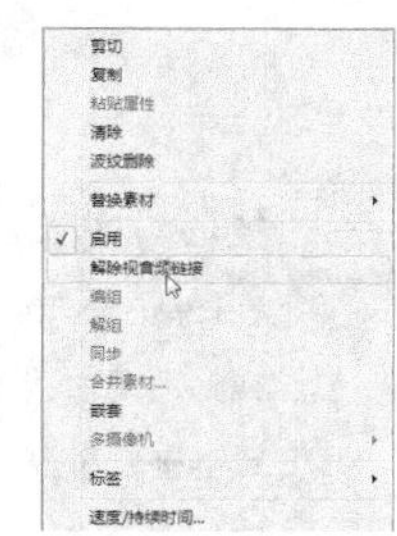

图12-78

02 执行操作后，即可解除音频和视频之间链接，并选择“音频1”轨道中的音频素材，如图12-79所示。

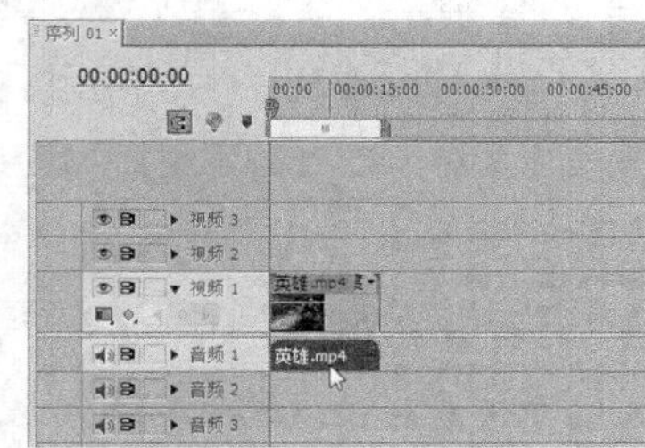

图12-79

03 在“工具”面板中选取剃刀工具，如图12-80所示。

图12-80

04 在音频素材的合适位置处单击鼠标左键，即可将音频分割成两段，如图12-81所示。

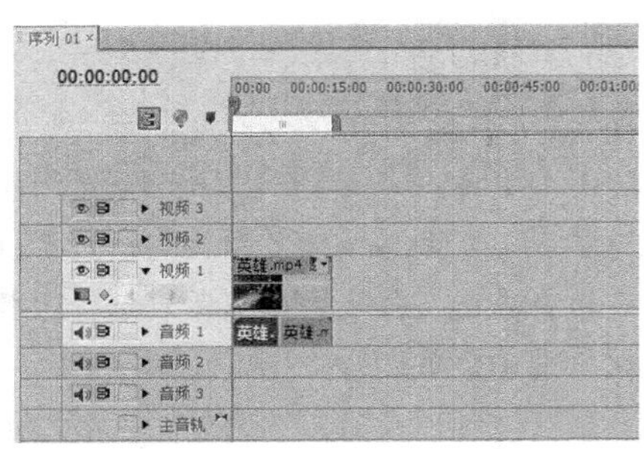

图12-81

技巧与提示

在Premiere Pro CS6中，除了使用以上方法可以解除音频和视频之间的链接外，用户还可以单击“素材”|“解除视音频链接”命令，解除音频和视频之间的链接。

在“时间线”面板中解除完音频和视频之间的链接后，用户还可以使用同样的方法将视频与音频重新链接起来。

12.5.3 添加与设置音频特效

在Premiere Pro CS6中分割音频素材后，接下来可以为分割的音频素材添加音频特效。

课堂案例	添加与设置音频特效
案例位置	效果\第12章\英雄2.prproj
视频位置	视频\第12章\课堂案例——添加与设置音频特效.mp4
难易指数	★★★☆☆
学习目标	掌握添加与设置音频特效的操作方法

01 以上一个实例的效果为例，在“效果”面板中展开“音频特效”选项，选择“多功能延迟”选项，如图12-82所示。

图12-82

02 单击鼠标左键，并将其拖曳至“音频1”轨道中的后段音频素材上，拖曳时间线至00:00:08:00位置，如图12-83所示。

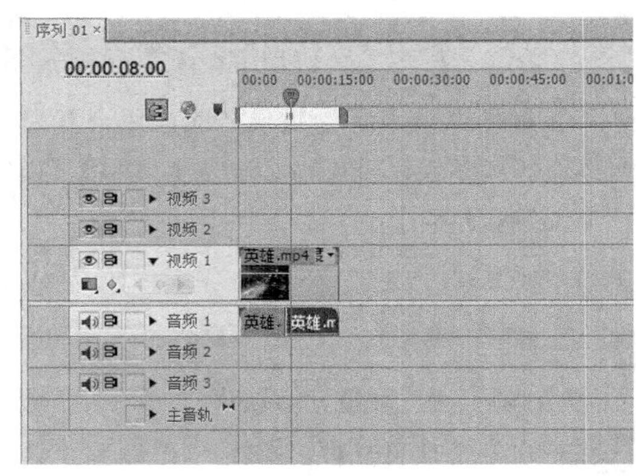

图12-83

03 在“特效控制台”面板中展开“多功能延迟”选项，选中“旁路”复选框，并设置“延迟1”为1.000秒，如图12-84所示。

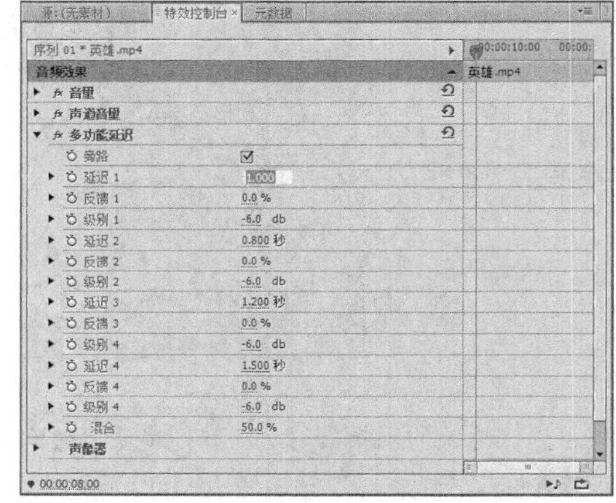

图12-84

04 拖曳时间线至00:00:09:20位置，单击“旁路”和“延迟1”左侧的“切换动画”按钮，添加关键帧，如图12-85所示。

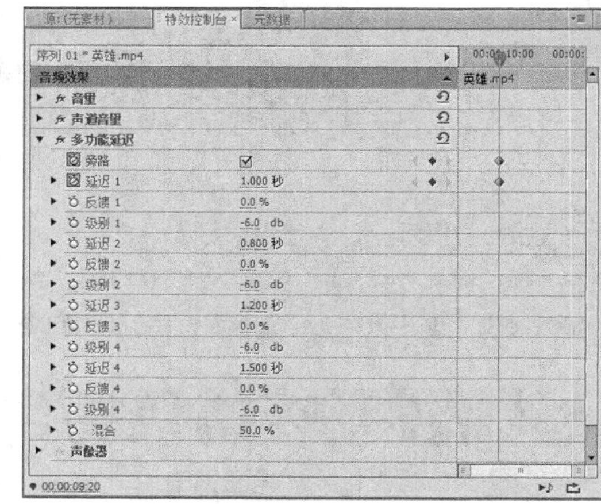

图12-85

05 取消选中“旁路”复选框，并将时间线拖曳至00:00:13:00位置，如图12-86所示。

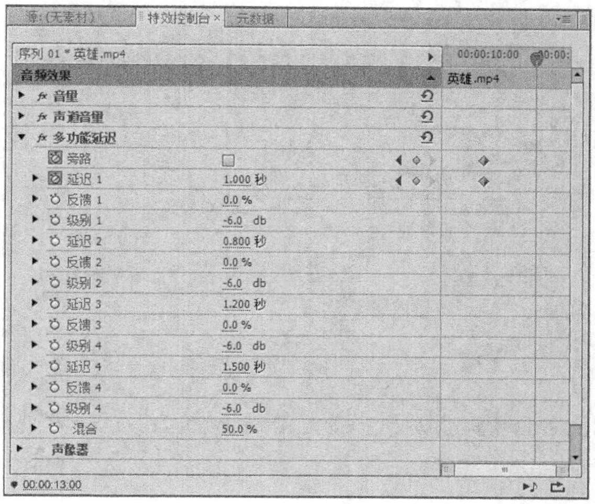

图12-86

06 执行操作后，选中“旁路”复选框，添加第2个关键帧，如图12-87所示，即可添加音频特效。

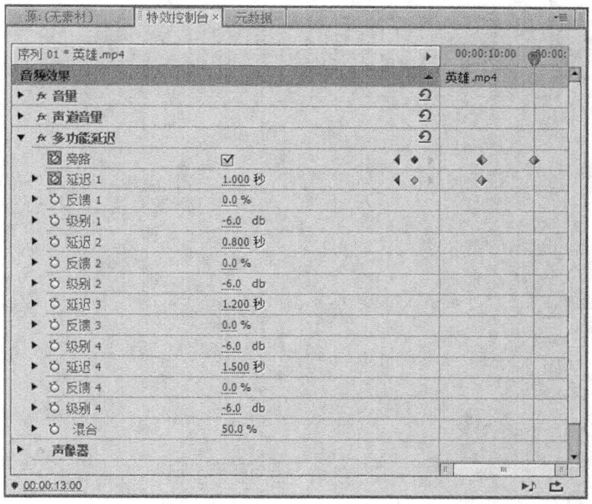

图12-87

12.5.4 调整与控制音频特效

音频特效添加完成后，接下来需要使用调音台来控制添加的音频特效。

课堂案例	调整与控制音频特效
案例位置	效果\第12章\英雄3.prproj
视频位置	视频\第12章\课堂案例——调整与控制音频特效.mp4
难易指数	★★★☆☆
学习目标	掌握调整与控制音频特效的操作方法

01 以上一个实例的效果为例，展开“调音台：序列01”面板，设置“音频1”选项的参数为3.1，“左/右平衡”为10.0，如图12-88所示。

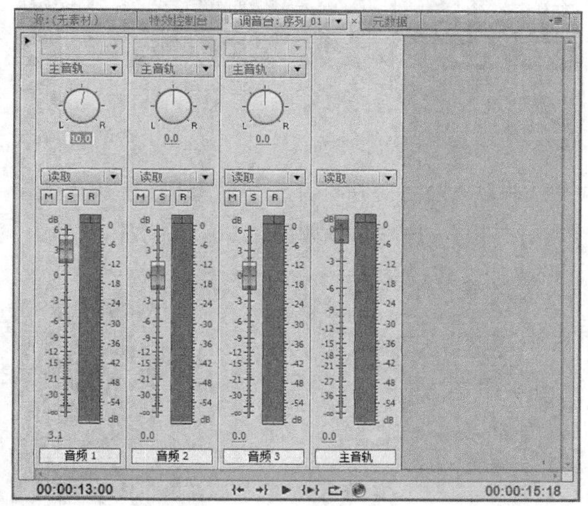

图12-88

02 执行操作后，单击“调音台：序列01”面板底部的“播放-停止切换”按钮，即可播放音频，如图12-89所示。

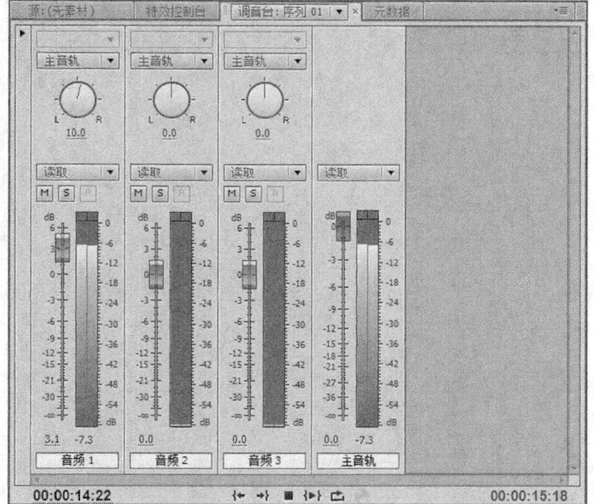

图12-89

12.6 本章小结

本章全面介绍了音频的基础知识及如何制作影视背景音乐，包括编辑音频的基本操作、音频效果的基本操作、处理音频效果的方法及如何制作立体声音频效果等内容。通过本章的学习，用户应熟练掌握运用Premiere Pro CS6制作影视背景音乐的方法和技巧。

12.7 习题测试——删除音频轨道4

案例位置 无
难易指数 ★★☆☆☆
学习目标 掌握删除音频轨道4的操作方法

本习题的目的在于让读者掌握删除音频轨道4的操作方法，操作过程如图12-90、图12-91所示。

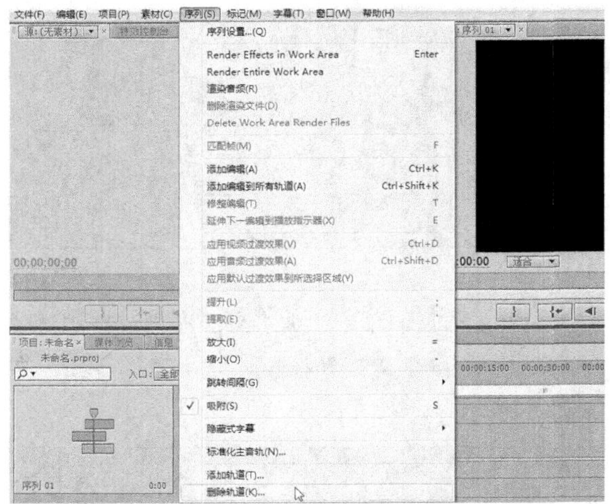

图12-90

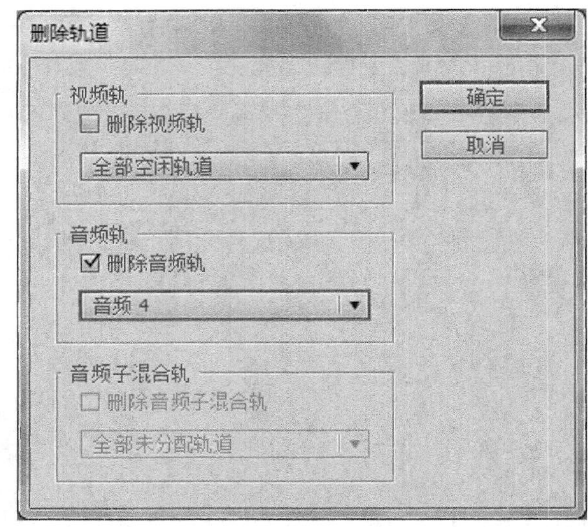

图12-91

第13章 视频音乐特效的制作

内容摘要

在Premiere Pro CS6中，为影片添加优美动听的音乐，可以使制作的影片品质更上一个台阶。因此，音频的编辑是完成影视节目编辑必不可少的重要环节。本章主要介绍视频音乐特效的制作方法和技巧。

课堂学习目标

- 应用常用音频特效
- 应用高级音频特效

13.1 应用常用音频特效

在Premiere Pro CS6中，音频在影片中是一个不可或缺的元素，用户可以根据需要为音频添加合适的音频特效。本节主要介绍常用音频特效的制作方法。

13.1.1 应用音量特效

在Premiere Pro CS6中，用户在导入一段音频素材后，对应的“特效控制台”面板中将会显示“音量”选项，用户可以根据需要制作音量特效。下面介绍应用音量特效的操作方法。

课堂案例	应用音量特效
案例位置	效果\第13章\音乐1.prproj
视频位置	视频\第13章\课堂案例——应用音量特效.mp4
难易指数	★★☆☆☆
学习目标	掌握应用音量特效的操作方法

01 按Ctrl＋O组合键，打开一个项目文件，在“音频1”轨道上，选择音频素材，如图13-1所示。

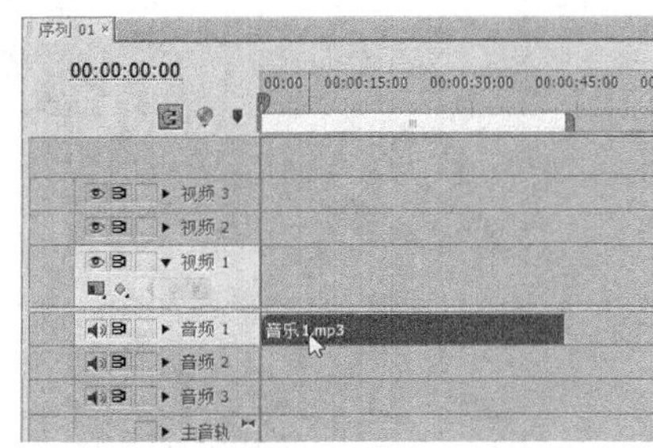

图13-1

02 选择该音频素材，在“特效控制台”面板中，依次单击“旁路”“级别”选项右侧的“添加/移除关键帧”按钮，如图13-2所示。

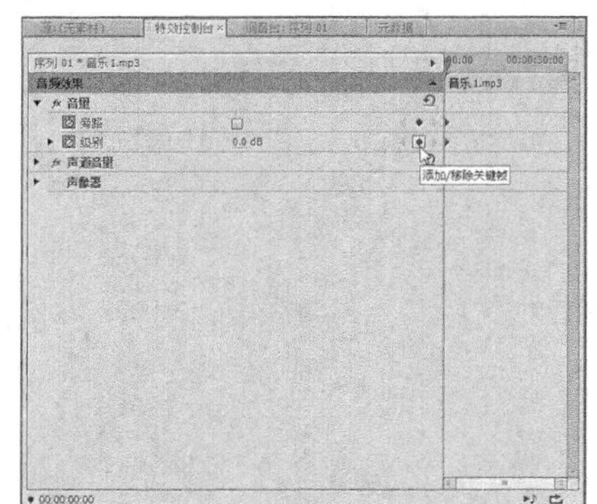

图13-2

03 执行上述操作后，拖曳时间线至00:00:07:18位置，设置“级别”为-20，如图13-3所示，即可完成音量特效的制作。单击“播放-停止切换”按钮，即可试听音量特效。

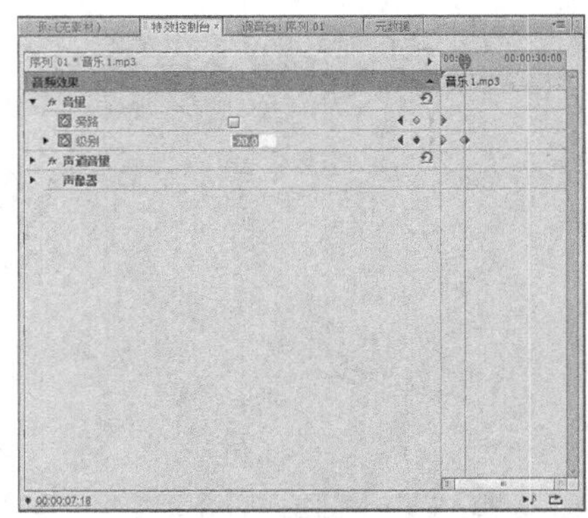

图13-3

13.1.2 应用降噪特效

在Premiere Pro CS6中，用户可以通过“消除噪音”特效来降低音频素材中的机器噪音、环境噪音和外音等不应有的杂音。下面介绍应用降噪特效的操作方法。

课堂案例	应用降噪特效
案例位置	效果\第13章\音乐2.prproj
视频位置	视频\第13章\课堂案例——应用降噪特效.mp4
难易指数	★★★☆☆
学习目标	掌握应用降噪特效的操作方法

01 按Ctrl＋O组合键，打开一个项目文件，如图13-4所示。

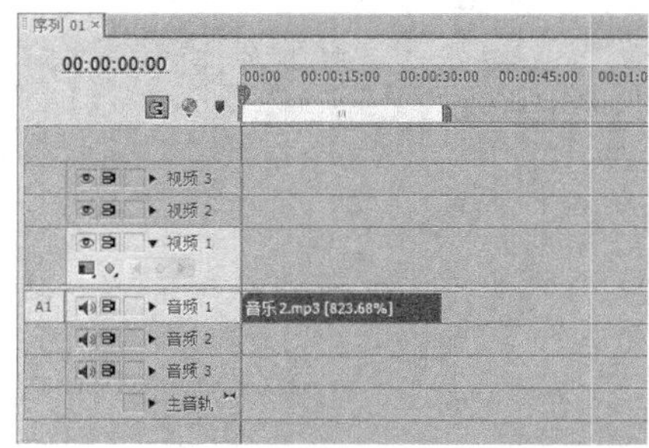

图13-4

02 在“效果”面板中展开“音频特效”选项，在其中选择“消除噪音”音频特效，如图13-5所示。

03 单击鼠标左键，并将其拖曳至“音频1”轨道的音频素材上，释放鼠标左键，即可添加降噪特效，如图13-6所示。

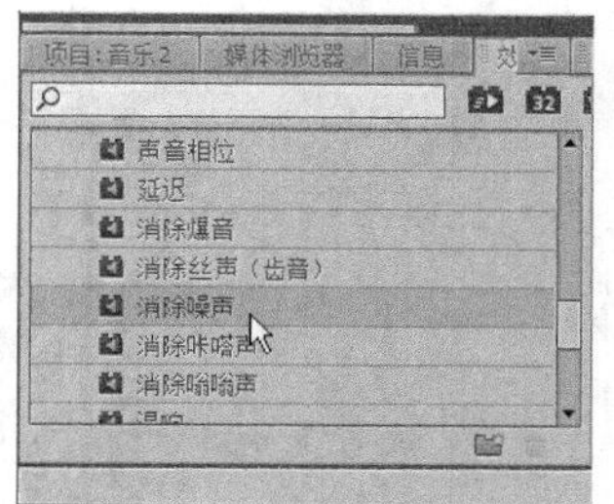

图13-5

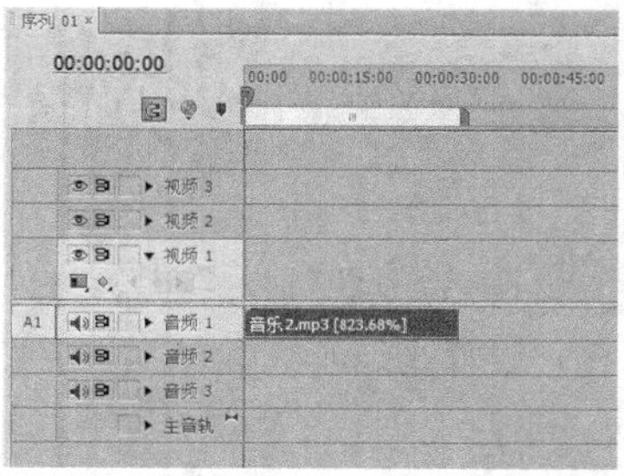

图13-6

04 展开“特效控制台”面板，在其中展开“自定义设置”选项，设置Reduction为-20，Offset为10，如图13-7所示，即可完成降噪特效的制作。

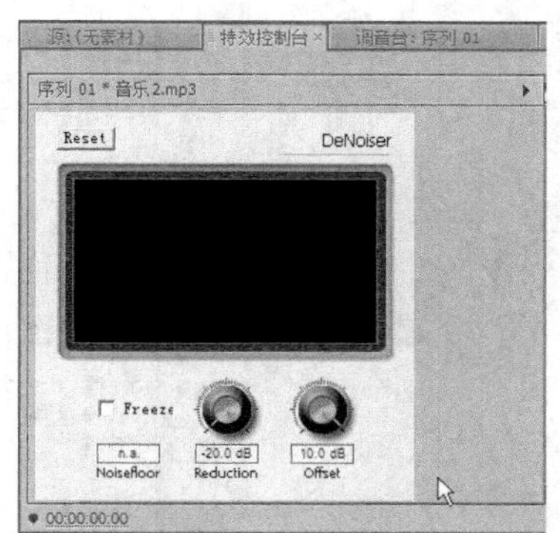

图13-7

技巧与提示

在Premiere Pro CS6中，降低或消除音频素材上的杂音，一般可以使用快速傅氏变换算法（FFT）采样降噪，可以使用噪音门和调整均衡等方法实现。

用户在使用摄像机拍摄素材时，常常会出现一些电流的声音，此时用户便可以添加“消除噪音”特效来消除这些噪音。

13.1.3 应用平衡特效

在Premiere Pro CS6中，用户可以通过音质均衡器对素材进行音量的提升或衰减。下面介绍应用平衡特效的操作方法。

课堂案例	应用平衡特效
案例位置	效果\第13章\音乐3.prproj
视频位置	视频\第13章\课堂案例——应用平衡特效.mp4
难易指数	★★★☆☆
学习目标	掌握应用平衡特效的操作方法

01 按Ctrl＋O组合键，打开一个项目文件，如图13-8所示。

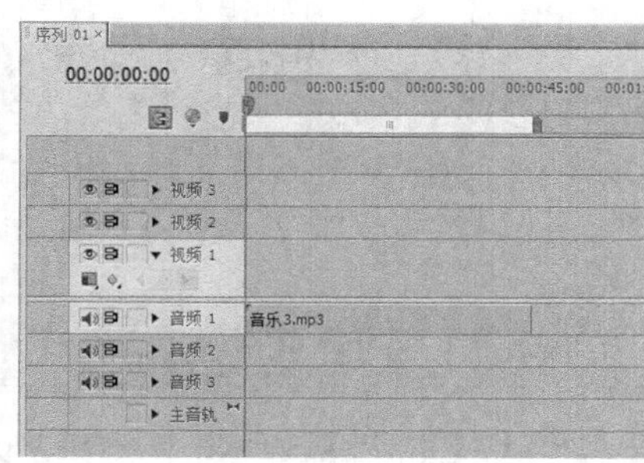

图13-8

02 在“效果”面板中，选择“平衡”选项，如图13-9所示。

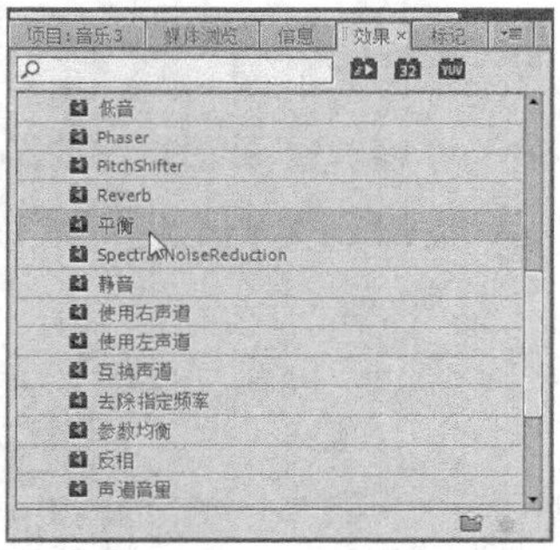

图13-9

03 单击鼠标左键，并将其拖曳至“音频1”轨道的音频素材上，释放鼠标左键，即可添加平衡特效，如图13-10所示。

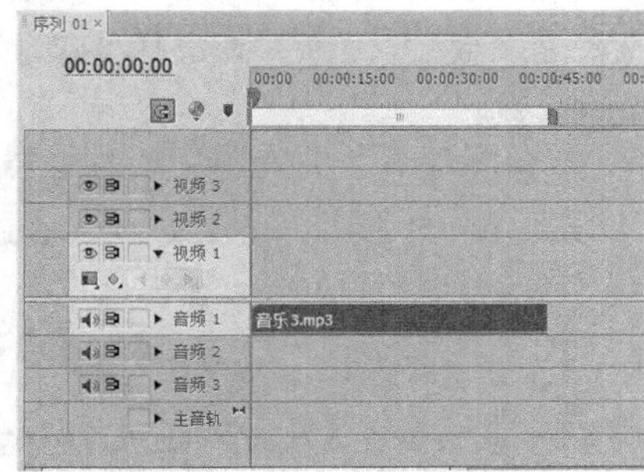

图13-10

04 在“特效控制台”面板中，选中“旁路”复选框，设置“平衡”为-50，如图13-11所示，即可完成平衡特效的制作。

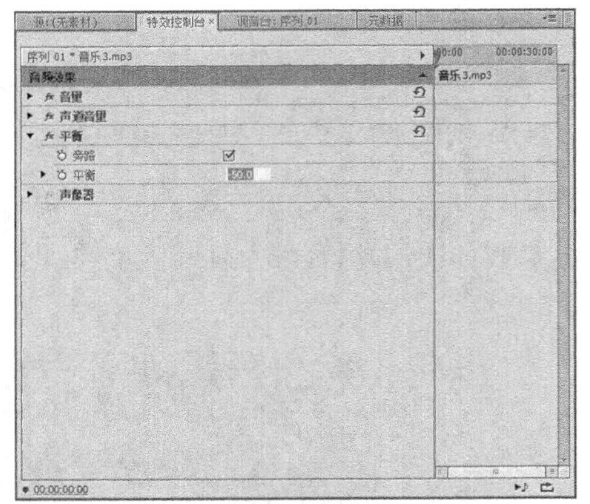

图13-11

13.1.4 应用延迟特效

在Premiere Pro CS6中，用户可以根据需要为音频文件制作延迟特效。下面介绍应用延迟特效的操作方法。

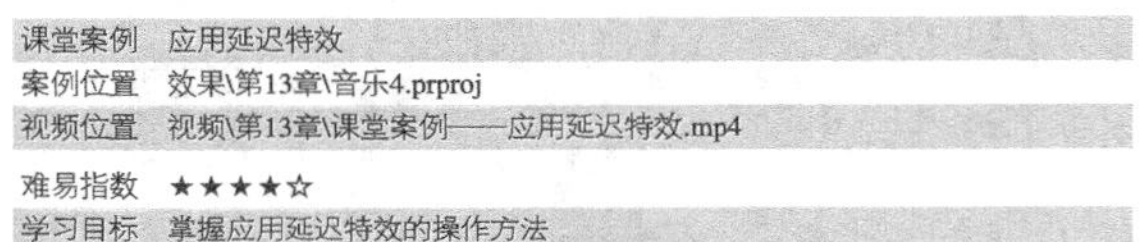

课堂案例	应用延迟特效
案例位置	效果\第13章\音乐4.prproj
视频位置	视频\第13章\课堂案例——应用延迟特效.mp4
难易指数	★★★★☆
学习目标	掌握应用延迟特效的操作方法

01 按Ctrl＋O组合键，打开一个项目文件，如图13-12所示。

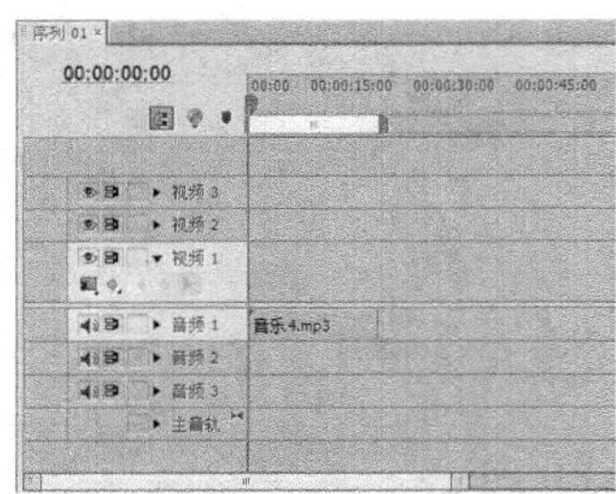

图13-12

02 在“效果”面板中，选择“延迟”选项，如图13-13所示。

图13-13

03 执行操作后，单击鼠标左键，并将其拖曳至“音频1”轨道的音频素材上，释放鼠标左键，即可添加延迟特效，如图13-14所示。

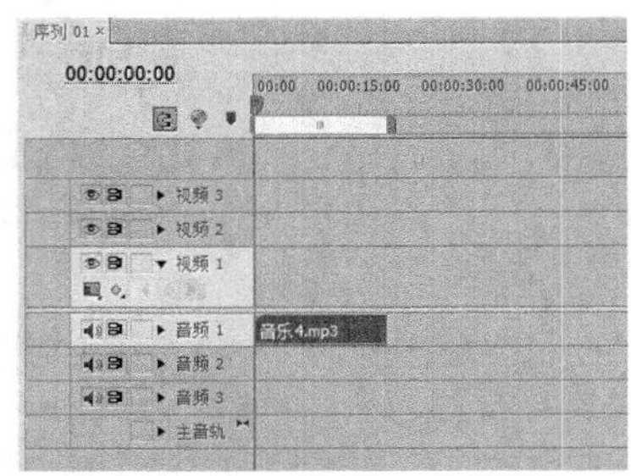

图13-14

04 在“特效控制台”面板中，选中“旁路”复选框，设置“延迟”为0.5，如图13-15所示。

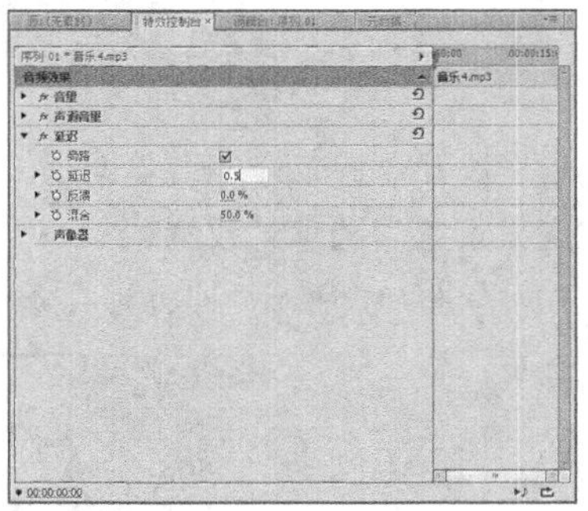

图13-15

05 拖曳时间线至00:00:06:00位置，取消选中“旁路”复选框，添加关键帧，如图13-16所示。

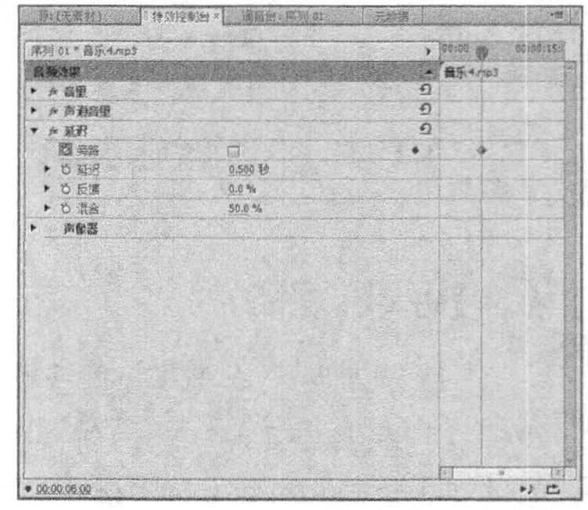

图13-16

06 将时间线拖曳至00:00:17:00位置，选中“旁路”复选框，添加另一个关键帧，如图13-17所示。

07 执行操作后，即可制作延迟特效，单击“播放-停止切换”按钮，即可试听“延迟”效果。

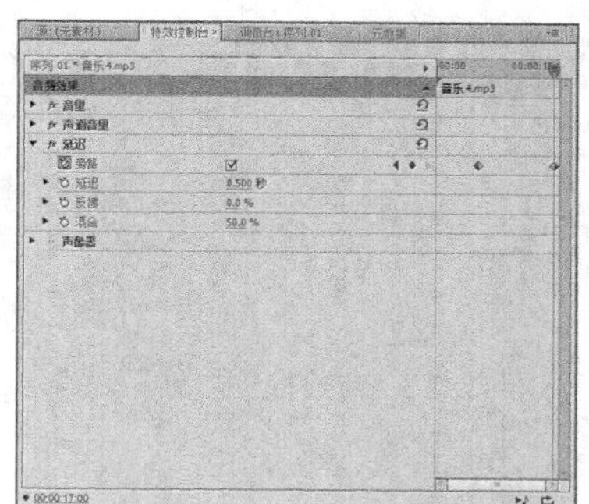

图13-17

技巧与提示

在Premiere Pro CS6中，“延迟”音频特效是室内声音特效中常用的一种效果。因为声音是以一定的速度进行传播的，当遇到障碍物后就会反射回来，与原声之间形成差异。

在前期录音或后期制作中，用户可以利用延时器来模拟不同的延时时间的反射声，从而造成一种空间感。运用“延迟”特效可以为音频素材添加一个回声效果，回声的长度可根据需要进行设置。

13.1.5 应用混响特效

在Premiere Pro CS6中，“混响”特效可以模拟房间内部的声波传播方式，生出一种室内回声效果，能够体现出宽阔回声的真实效果。下面介绍应用混响特效的操作方法。

课堂案例	应用混响特效
案例位置	效果\第13章\13.1.5\音乐4.prproj
视频位置	视频\第13章\课堂案例——应用混响特效.mp4
难易指数	★★★☆☆
学习目标	掌握应用混响特效的操作方法

01 在Premiere Pro CS6界面中，单击“文件”|“导入”命令，导入一段音频素材。选择音频素材，单击鼠标左键并拖曳至“音频1”轨道上，添加音频素材，如图13-18所示。

图13-18

02 在“效果”面板中展开“音频特效”选项，在其中选择“混响”音频特效，如图13-19所示。

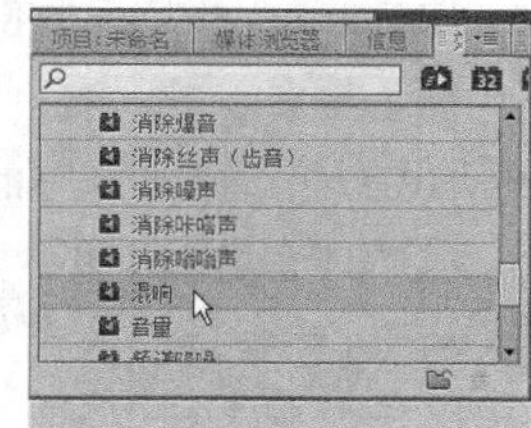

图13-19

03 单击鼠标左键，并将其拖曳至“音频1”轨道的音频素材上，在“特效控制台”面板中展开“混响”选项，选中“旁路”复选框，将“当前时间指示器”拖曳至00:00:20:10位置，取消选中“旁路”复选框，单击“切换动画”按钮，添加关键帧，如图13-20所示。

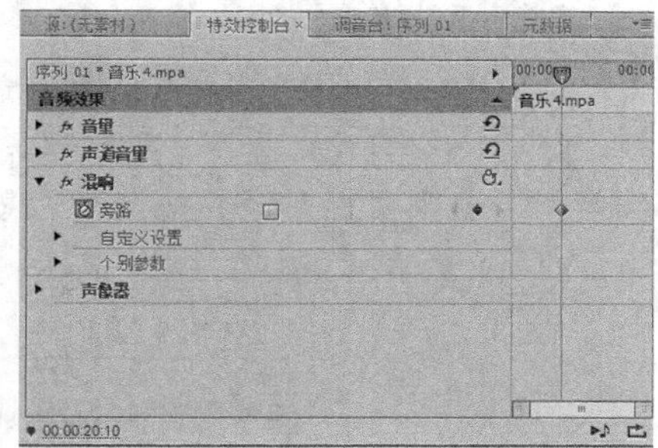

图13-20

04 执行上述操作后，将“当前时间指示器”拖曳至00:00:40:00位置，选中“旁路”复选框，添加另一个关键帧，如图13-21所示。

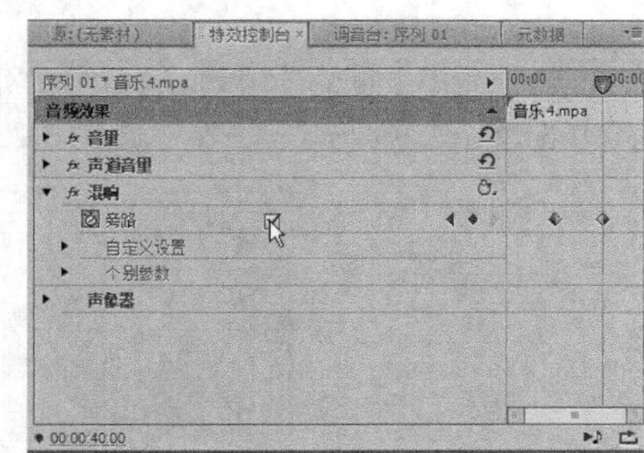

图13-21

05 执行上述操作后，即可完成混响特效的制作。

Reverb音频特效的“个别参数”选项区中各参数含义如下。

- PreDelay：指定信号与回响之间的时间。
- Absorption：指定声音被吸收的百分比。

- Size：指定空间大小的百分比。
- Density：指定回响拖尾的密度。
- LoDamp：指定低频的衰减，衰减低频可以防止环境声音造成回响。
- HiDamp：指定高频的衰减，高频的衰减可以使回响声音更加柔和。
- Mix：控制回响的力度。

13.1.6 应用选频特效

在Premiere Pro CS6中，“选频”特效主要是用来过滤特定频率范围之外的一切频率。下面介绍应用选频特效的操作方法。

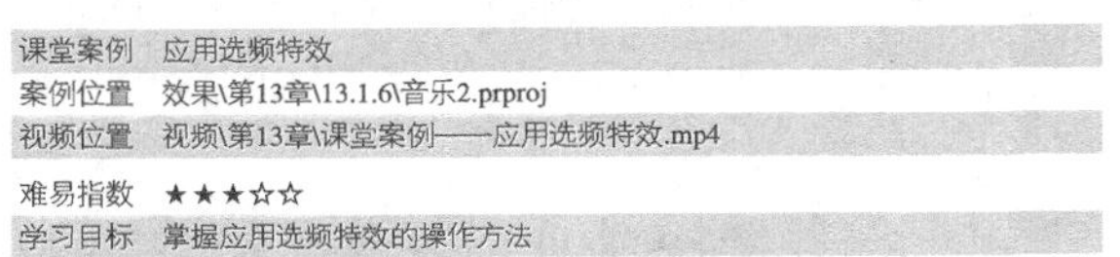

课堂案例	应用选频特效
案例位置	效果\第13章\13.1.6\音乐2.prproj
视频位置	视频\第13章\课堂案例——应用选频特效.mp4
难易指数	★★★☆☆
学习目标	掌握应用选频特效的操作方法

01 在Premiere Pro CS6界面中，单击“文件”|“导入”命令，导入一段音频素材。选择音频素材，单击鼠标左键并拖曳至“音频1”轨道上，添加音频素材，如图13-22所示。

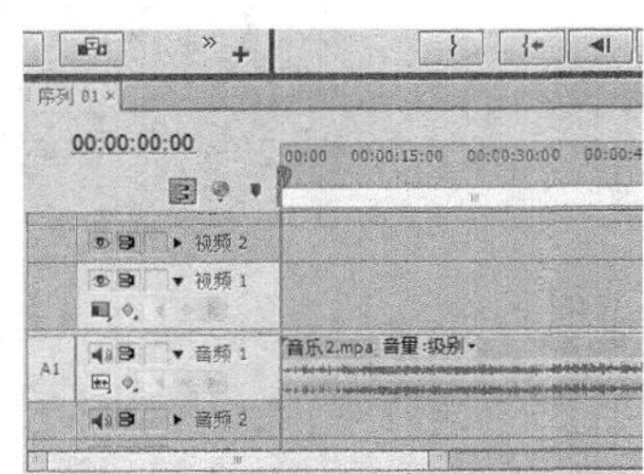

图13-22

02 在“效果”面板中展开“音频特效”选项，在其中选择“选频”音频特效，如图13-23所示。

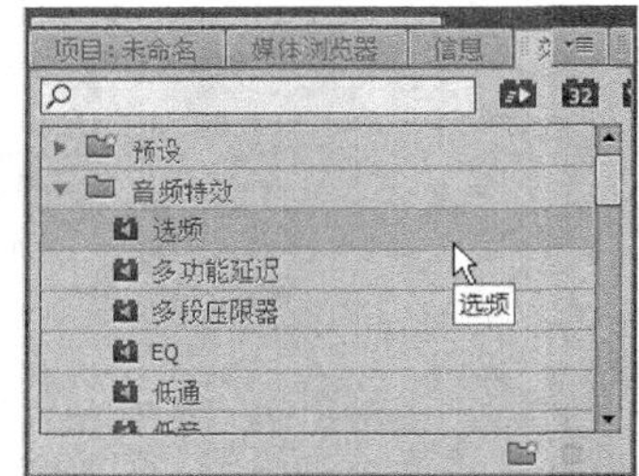

图13-23

03 单击鼠标左键，并将其拖曳至“音频1”轨道的音频素材上，释放鼠标左键，即可添加音频特效，如图13-24所示。

图13-24

04 在“特效控制台”面板展开“选频”选项，选中“旁路”复选框，设置“中置”为200，如图13-25所示。

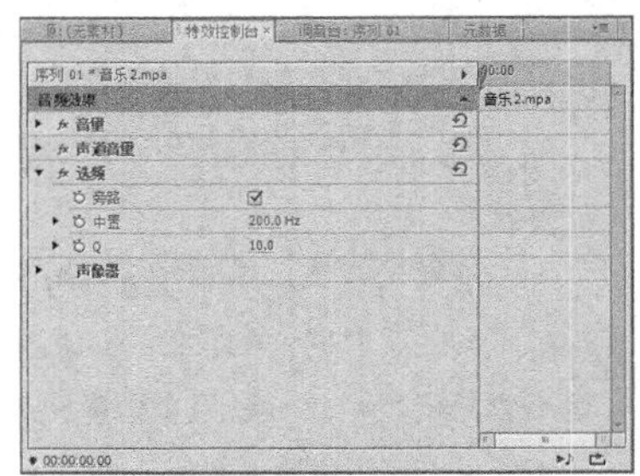

图13-25

05 执行上述操作后，即可完成“选频”特效的制作。

13.2 应用高级音频特效

在掌握一些常用的音频特效后，接下来需要了解其他高级的音频特效的制作方法，如和声（合成）特效、消除爆音（降爆声）特效、低通特效及高音特效等。本节主要介绍高级音频特效的制作方法。

13.2.1 应用合成特效

对于仅包含单一乐器或语音的音频信号来说，运用和声（合成）音频滤镜特效通常可以取得较好的效果。下面介绍应用和声特效的操作方法。

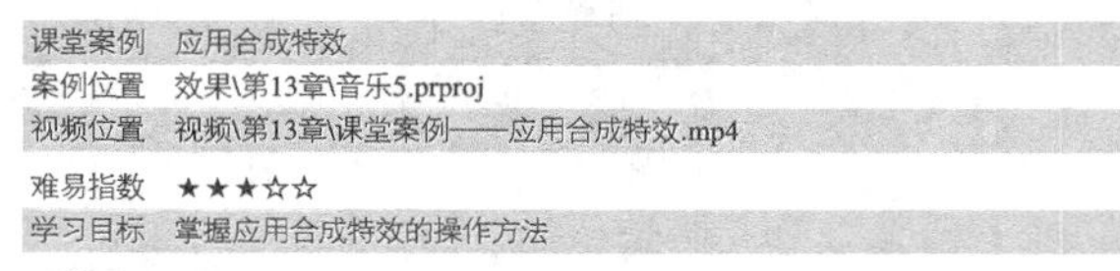

课堂案例	应用合成特效
案例位置	效果\第13章\音乐5.prproj
视频位置	视频\第13章\课堂案例——应用合成特效.mp4
难易指数	★★★☆☆
学习目标	掌握应用合成特效的操作方法

01 按Ctrl＋O组合键，打开一个项目文件，如图13-26所示。

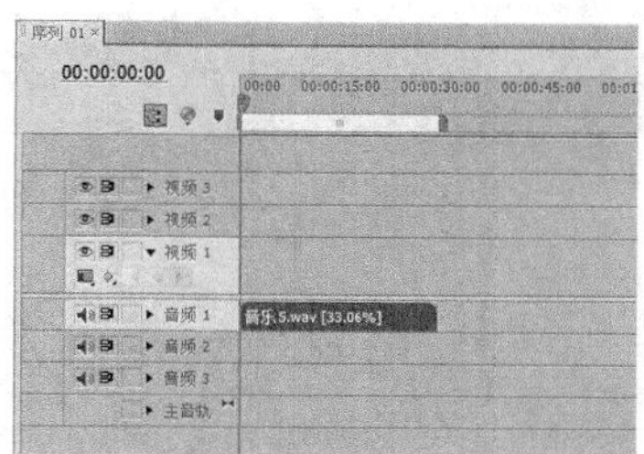

图13-26

02 在“效果”面板中，选择和声（Chorous）选项，如图13-27所示。

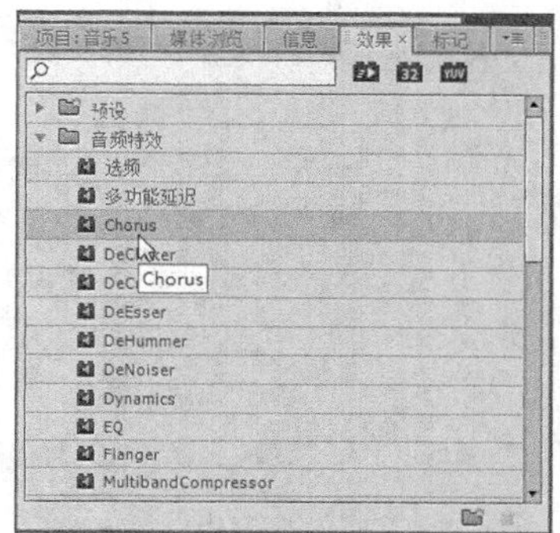

图13-27

03 单击鼠标左键，并将其拖曳至“音频1”轨道的音频素材上，释放鼠标左键，即可添加合成特效，如图13-28所示。

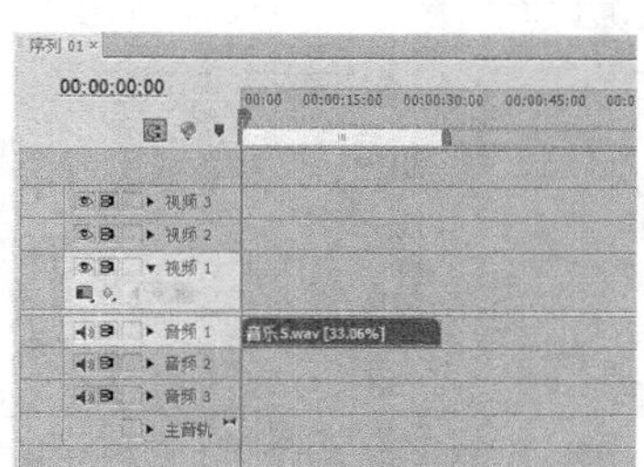

图13-28

04 在“特效控制台”面板中，设置相应参数，如图13-29所示，即可完成合成特效的制作。

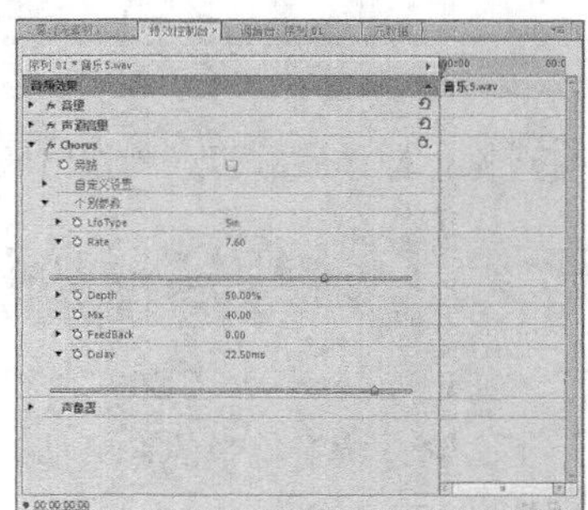

图13-29

13.2.2 应用反相特效

在Premiere Pro CS6中，“反相”特效可以模拟房间内部的声音情况，能表现出宽阔、空旷的真实效果。下面介绍应用反相特效的操作方法。

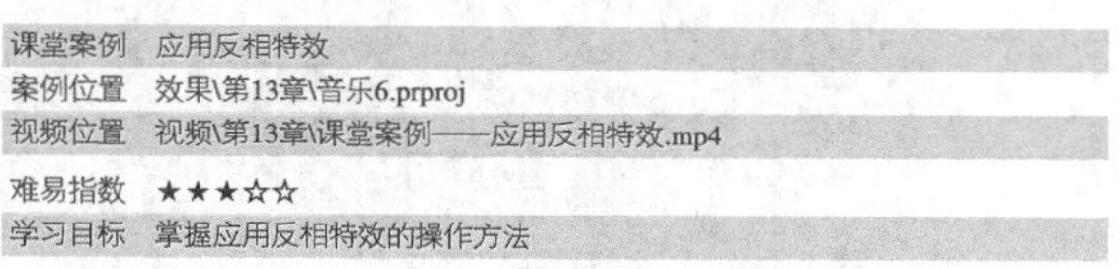

课堂案例	应用反相特效
案例位置	效果\第13章\音乐6.prproj
视频位置	视频\第13章\课堂案例——应用反相特效.mp4
难易指数	★★★☆☆
学习目标	掌握应用反相特效的操作方法

01 按Ctrl＋O组合键，打开一个项目文件，如图13-30所示。

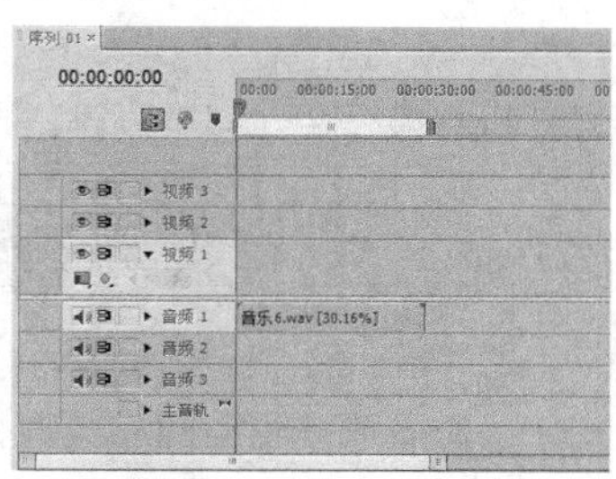

图13-30

02 在“效果”面板中，选择“反相”选项，如图13-31所示。

图13-31

03 单击鼠标左键，并将其拖曳至“音频1”轨道的音频素材上，释放鼠标左键，即可添加反相特效，如图13-32所示。

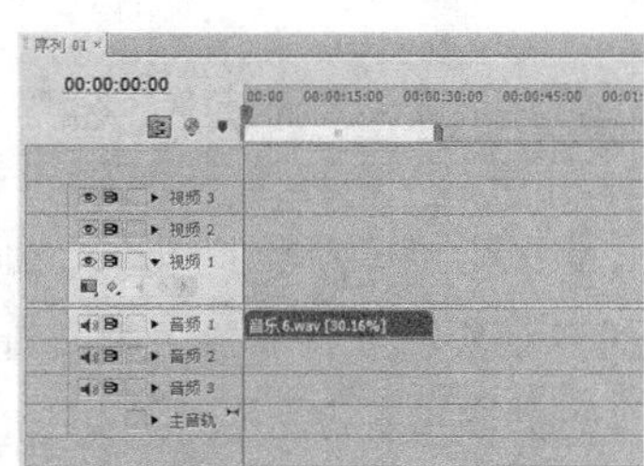

图13-32

04 展开轨道，单击“音量：级别”右侧的下三角按钮，在弹出的列表框中选择“反相”|“旁路”选项，如图13-33所示。

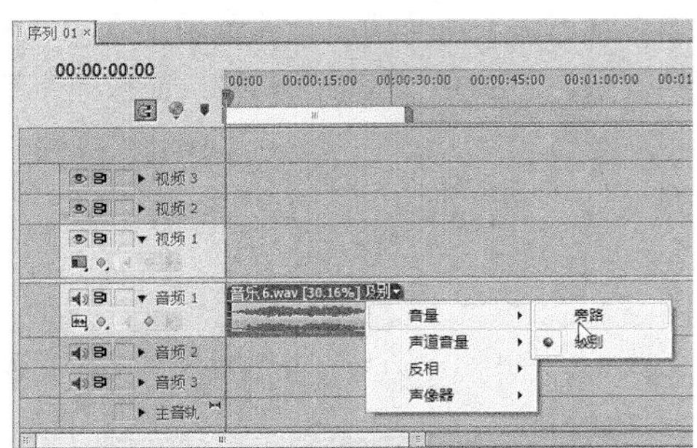

图13-33

05 执行操作后，即可制作出反相特效。

13.2.3 应用低通特效

在Premiere Pro CS6中，“低通”特效主要是用于去除音频素材中的高频部分。下面介绍应用低通特效的操作方法。

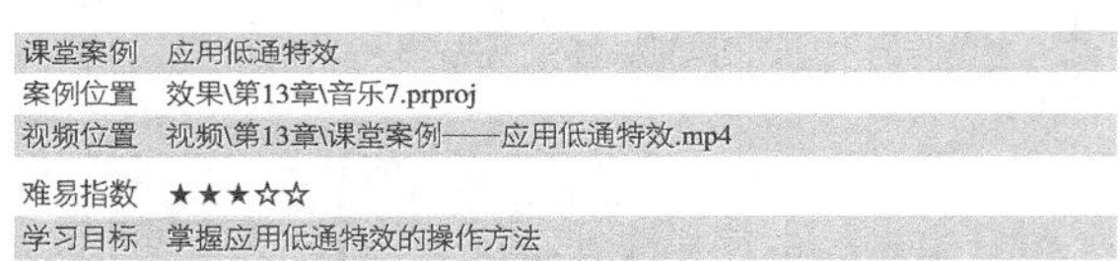

课堂案例	应用低通特效
案例位置	效果\第13章\音乐7.prproj
视频位置	视频\第13章\课堂案例——应用低通特效.mp4
难易指数	★★★☆☆
学习目标	掌握应用低通特效的操作方法

01 按Ctrl＋O组合键，打开一个项目文件，如图13-34所示。

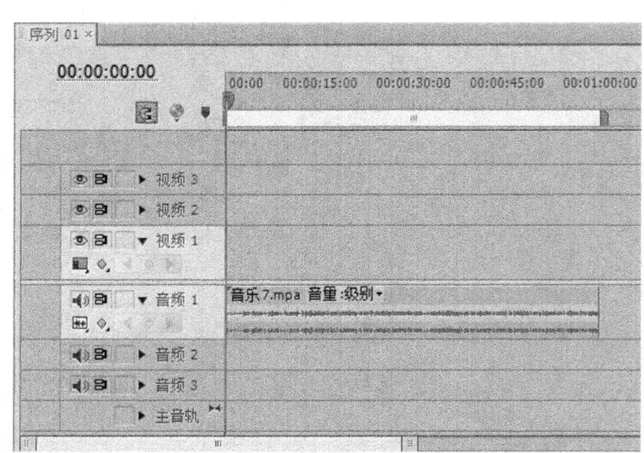

图13-34

02 在“效果”面板中，选择“低通”选项，如图13-35所示。

03 单击鼠标左键，并将其拖曳至“音频1”轨道的音频素材上，释放鼠标左键，即可添加低通特效，如图13-36所示。

图13-35

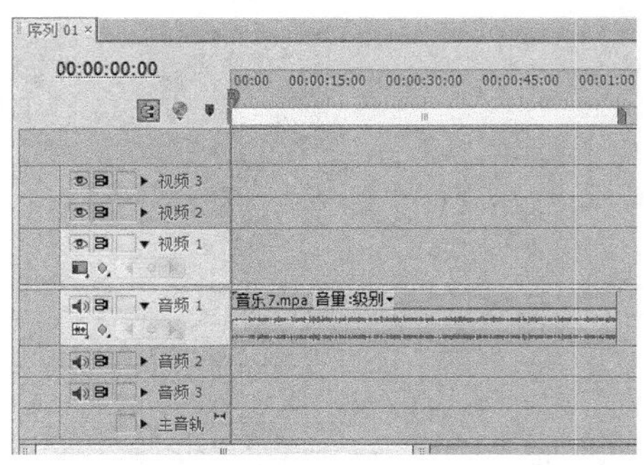

图13-36

04 在“特效控制台”面板中展开“低通”选项，设置“屏蔽度”为300，如图13-37所示。

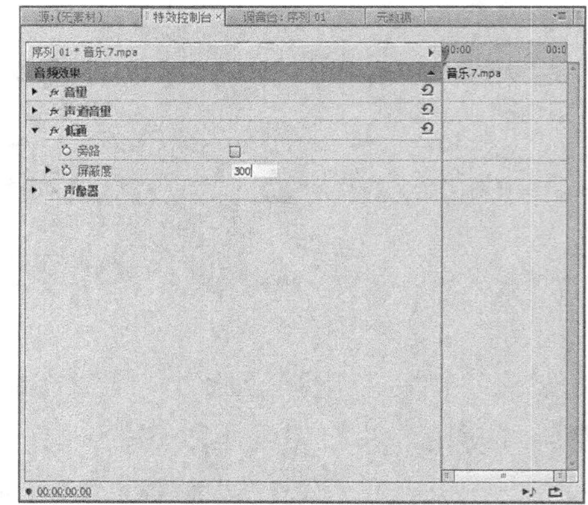

图13-37

05 执行操作后，即可制作出低通特效。

13.2.4 应用高通特效

在Premiere Pro CS6中，“高通”特效主要是用于去除音频素材中的低频部分。下面介绍应用高通特效的操作方法。

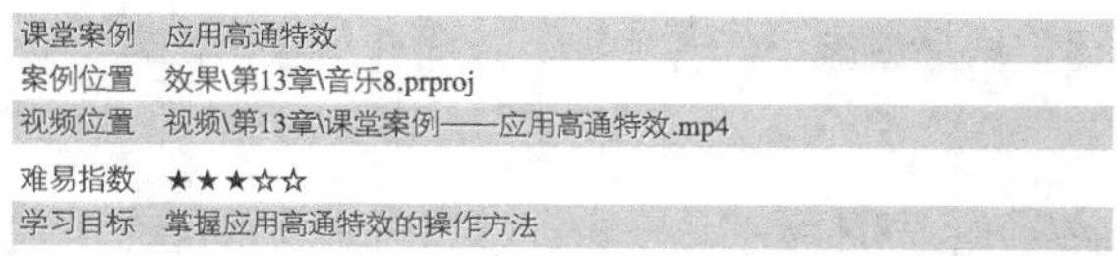

课堂案例	应用高通特效
案例位置	效果\第13章\音乐8.prproj
视频位置	视频\第13章\课堂案例——应用高通特效.mp4
难易指数	★★★☆☆
学习目标	掌握应用高通特效的操作方法

01 按Ctrl＋O组合键，打开一个项目文件，如图13-38所示。

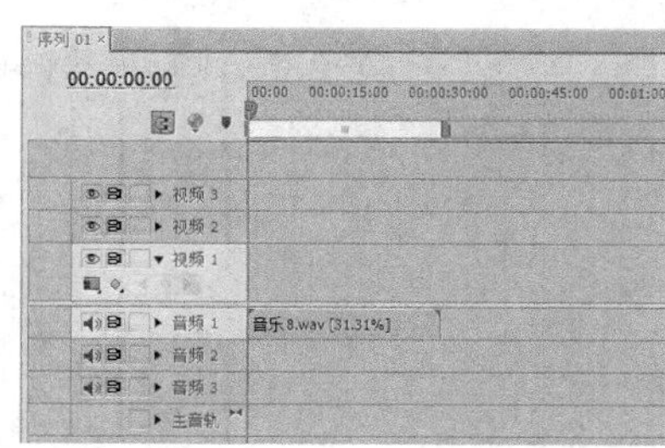

图13-38

02 在“效果”面板中，选择“高通”选项，如图13-39所示。

图13-39

03 单击鼠标左键，并将其拖曳至“音频1”轨道的音频素材上，释放鼠标左键，即可添加高通特效，如图13-40所示。

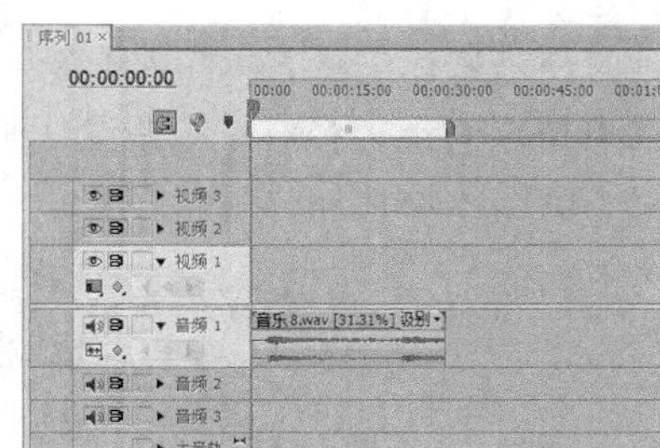

图13-40

04 在“特效控制台”面板中展开“高通”选项，设置“屏蔽度”为3500，如图13-41所示。

05 执行操作后，即可制作出高通特效。

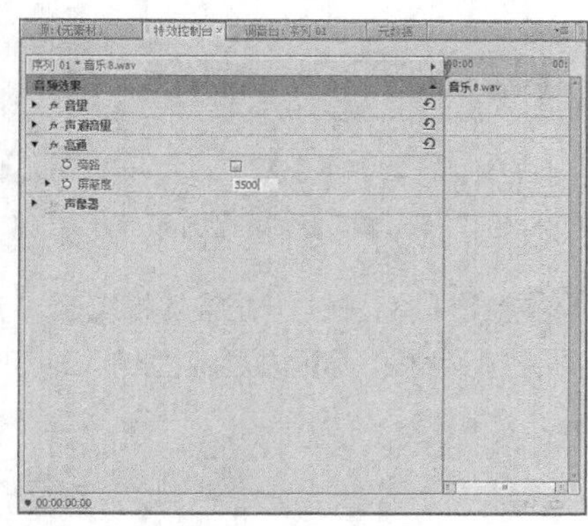

图13-41

13.2.5 应用高音特效

在Premiere Pro CS6中，用户可以根据需要为音频素材添加“高音”特效。下面介绍应用高音特效的操作方法。

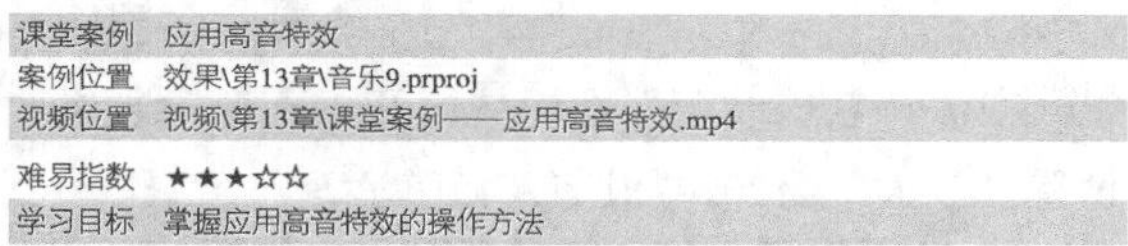

课堂案例	应用高音特效
案例位置	效果\第13章\音乐9.prproj
视频位置	视频\第13章\课堂案例——应用高音特效.mp4
难易指数	★★★☆☆
学习目标	掌握应用高音特效的操作方法

01 按Ctrl＋O组合键，打开一个项目文件，如图13-42所示。

图13-42

02 在“效果”面板中，选择“高音”选项，如图13-43所示。

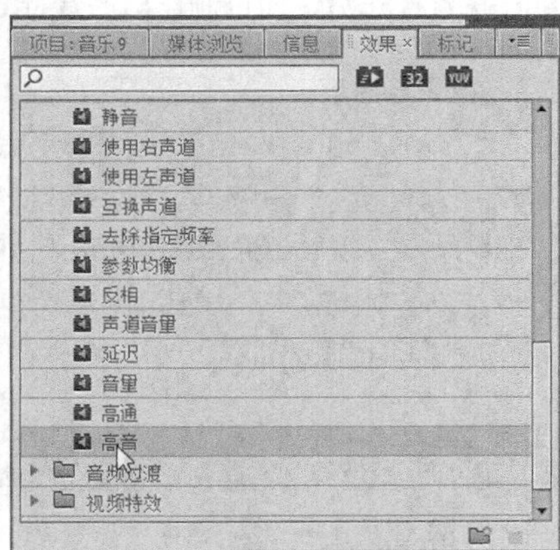

图13-43

技巧与提示

在Premiere Pro CS6中，“高音”特效主要用于对素材音频中的高音部分进行处理，可以增强或衰减重音部分，同时不影响素材的其他音频部分的效果。

03 单击鼠标左键，并将其拖曳至“音频1”轨道的音频素材上，释放鼠标左键，即可添加高音特效，如图13-44所示。

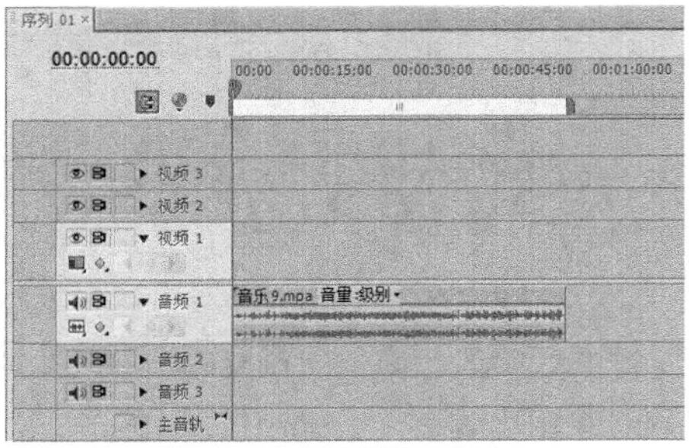

图13-44

04 在“特效控制台”面板中展开“高音”选项，设置“放大”为20，如图13-45所示。

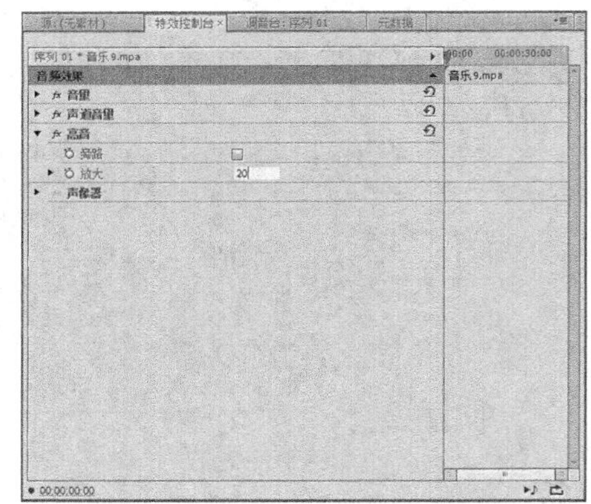

图13-45

05 执行操作后，即可制作出高音特效。

技巧与提示

在Premiere Pro CS6中，为音乐素材添加“高音”特效后，如果不再需要该特效，可以选择该音乐素材，单击鼠标右键，在弹出的快捷菜单中选择“移除效果”选项，弹出“移除效果”对话框，单击“确定”按钮，即可删除“高音”特效。

13.2.6 应用低音特效

在Premiere Pro CS6中，“低音”特效主要是用于增加或减少低音频率。下面介绍应用低音特效的操作方法。

课堂案例	应用低音特效
案例位置	效果\第13章\音乐10.prproj
视频位置	视频\第13章\课堂案例——应用低音特效.mp4
难易指数	★★★☆☆
学习目标	掌握应用低音特效的操作方法

01 按Ctrl＋O组合键，打开一个项目文件，如图13-46所示。

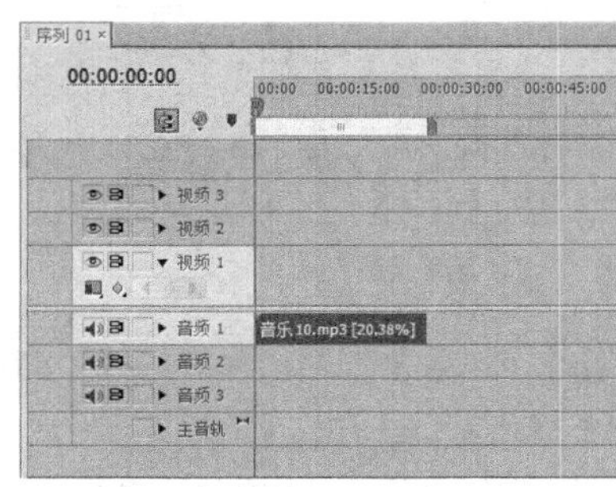

图13-46

02 在“效果”面板中，选择“低音”选项，如图13-47所示。

图13-47

03 单击鼠标左键，并将其拖曳至“音频1”轨道的音频素材上，释放鼠标左键，即可添加低音特效，如图13-48所示。

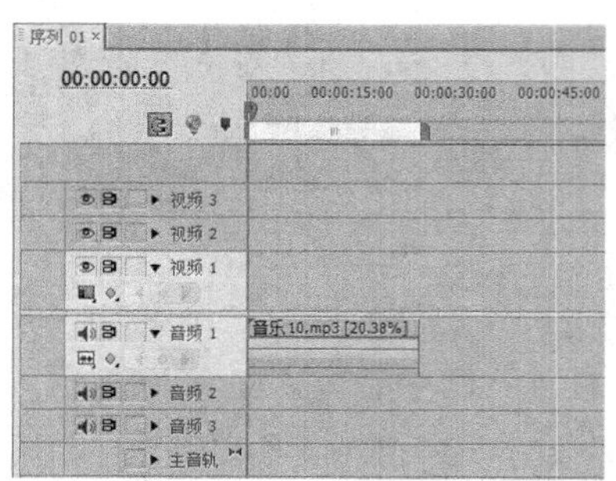

图13-48

04 在“特效控制台”面板中展开“低音”选项，设置“放大”为-10，如图13-49所示。

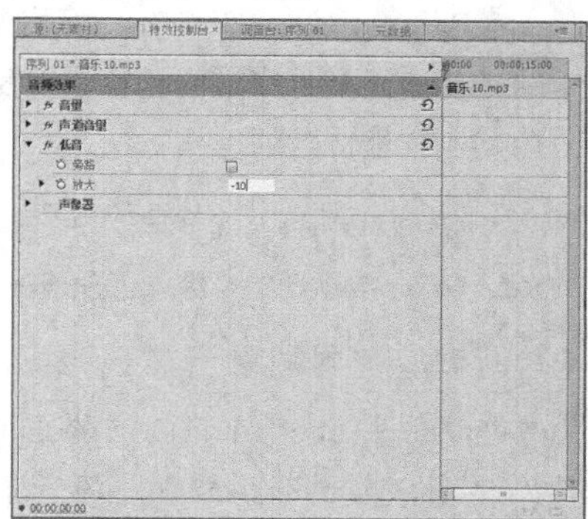

图13-49

05 执行操作后，即可制作出低音特效。

13.2.7 应用降爆声特效

在Premiere Pro CS6中，消除爆音（降爆声）特效可以消除音频中无声部分的背景噪声。下面介绍应用消除爆音（降爆声）特效的操作方法。

课堂案例	应用降爆声特效
案例位置	效果\第13章\音乐11.prproj
视频位置	视频\第13章\课堂案例——应用降爆声特效.mp4
难易指数	★★★☆☆
学习目标	掌握应用降爆声特效的操作方法

01 按Ctrl＋O组合键，打开一个项目文件，如图13-50所示。

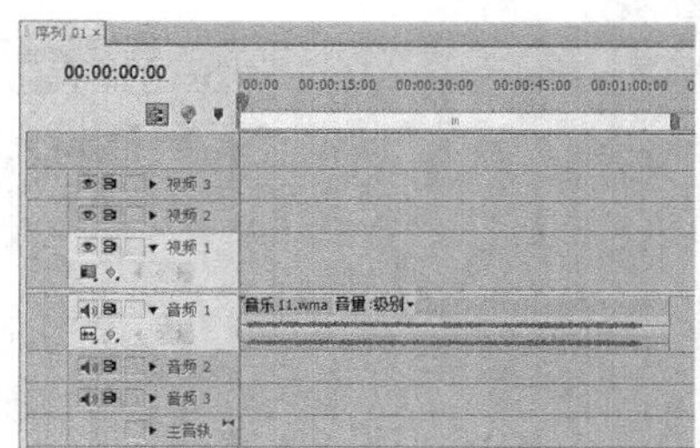

图13-50

02 在“效果”面板中，选择消除爆音（DeCracKler）选项，如图13-51所示。

图13-51

03 单击鼠标左键，并将其拖曳至“音频1”轨道的音频素材上，释放鼠标左键，即可添加降爆声特效，如图13-52所示。

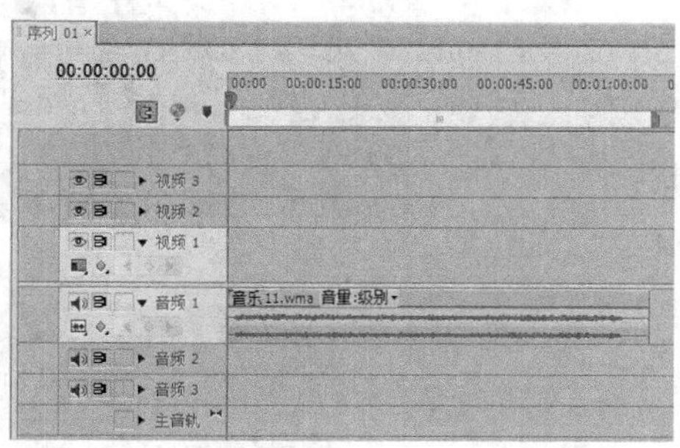

图13-52

04 在“特效控制台”面板中，设置Threshold为15%，Reduction为28%，如图13-53所示。

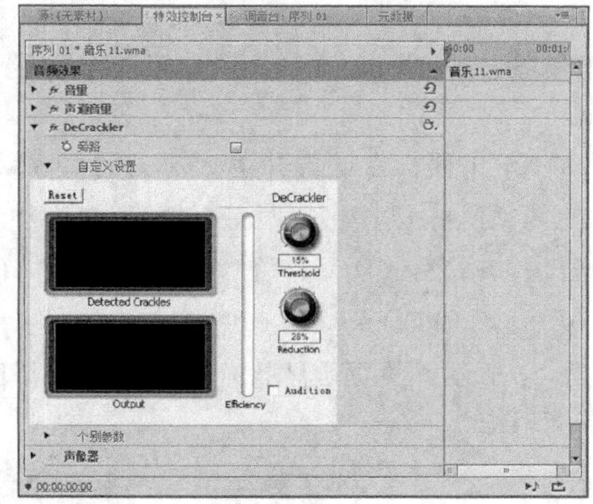

图13-53

05 执行操作后，即可制作出降爆声特效。

技巧与提示

在“特效控制台”面板展开“DeCracKler”|“自定义设置”选项，在其中可以为Threshold参数设定一个值，低于此值的噪声将被消除。在Premiere Pro CS6中，消除爆音特效用于去除声音恒定的背景爆裂声。

13.2.8 应用滴答声特效

在Premiere Pro CS6中，滴答声（Declicker）特效可以消除音频素材中的滴答声。

应用滴答声特效的具体方法是：在Premiere Pro CS6界面中，确认需要编辑的项目文件，如图13-54所示。在“效果”面板中，选择Declicker选项，如图13-55所示。

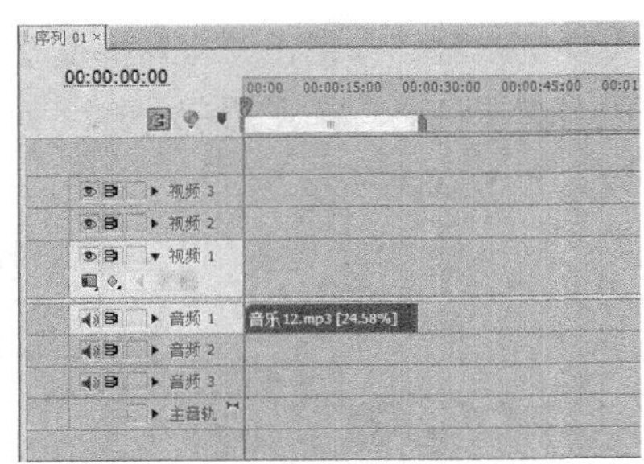

图13-54

图13-55

单击鼠标左键，并将其拖曳至“音频1”轨道的音频素材上，释放鼠标左键，即可添加滴答声特效，如图13-56所示。在“特效控制台”面板中，展开Declicker选项，选中Classj单选按钮，如图13-57所示。执行上述操作后，即可制作出滴答声特效。

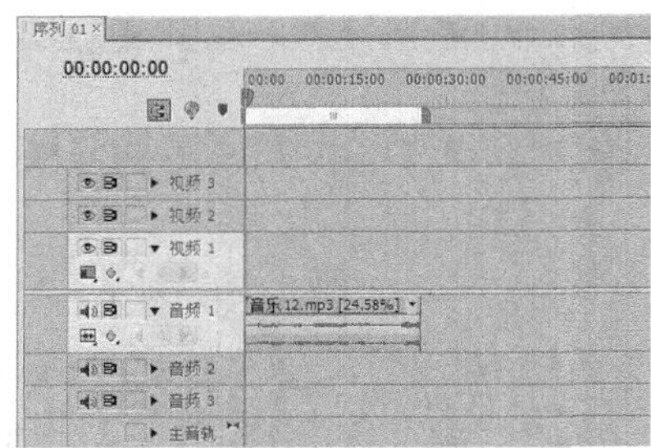

图13-56

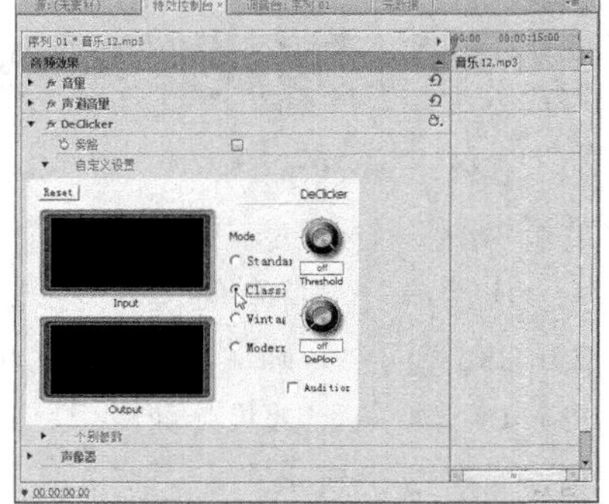

图13-57

13.2.9 应用互换声道特效

在Premiere Pro CS6中，“互换声道”音频特效的主要功能是将声道的相位进行反转。下面介绍应用互换声道特效的操作方法。

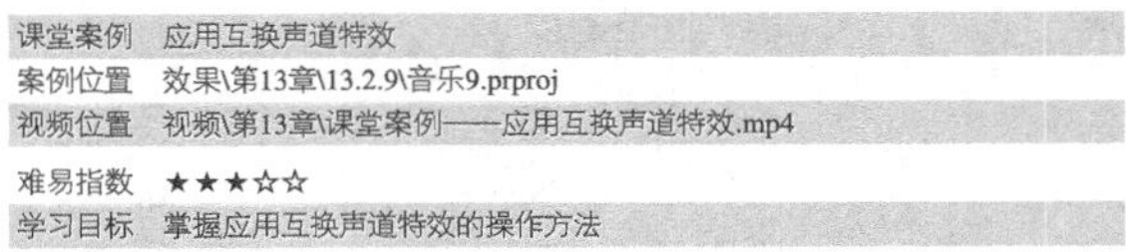

课堂案例	应用互换声道特效
案例位置	效果\第13章\13.2.9\音乐9.prproj
视频位置	视频\第13章\课堂案例——应用互换声道特效.mp4
难易指数	★★★☆☆
学习目标	掌握应用互换声道特效的操作方法

01 在Premiere Pro CS6界面中，单击“文件”|“导入”命令，导入一段音频素材。选择音频素材，单击鼠标左键并拖曳至“音频1”轨道上，添加音频素材，如图13-58所示。

图13-58

02 在“效果”面板中展开“音频特效”选项，在其中选择“互换声道”音频特效，如图13-59所示。

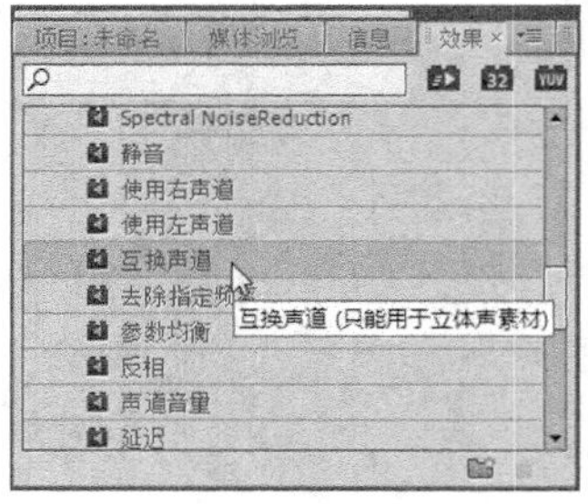

图13-59

03 单击鼠标左键，并将其拖曳至“音频1”轨道的音频素材上，在“特效控制台”面板中展开“互换声道”选项，单击“旁路”左侧的“切换动画”按钮，添加关键帧，如图13-60所示。

04 然后将“当前时间指示器”拖曳至00:00:20:00的位置，选中“旁路”复选框，添加另一个关键帧，如图13-61所示。

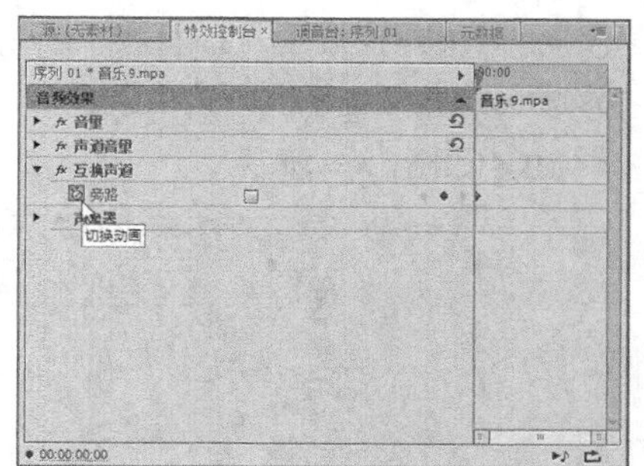

图13-60

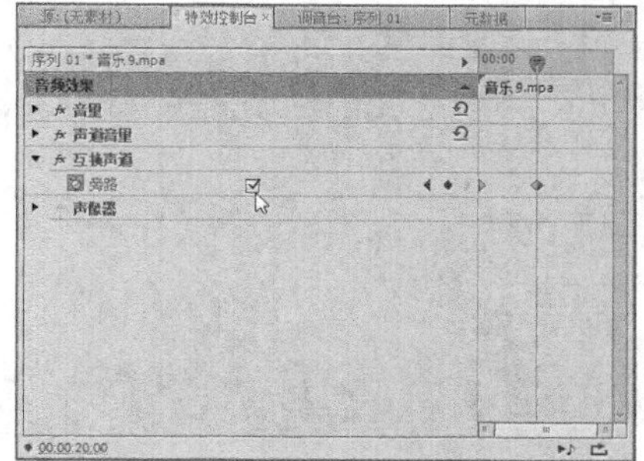

图13-61

05 执行上述操作后，即可完成“互换声道”特效的制作。

13.2.10 应用去除指定频率特效

在Premiere Pro CS6中，“去除指定频率”特效主要是用来消除用户导入的部分音频素材频率。下面介绍应用去除指定频率特效的操作方法。

课堂案例	应用去除指定频率特效
案例位置	效果\第13章\13.2.10\音乐10.prproj
视频位置	视频\第13章\课堂案例——应用去除指定频率特效.mp4
难易指数	★★★☆☆
学习目标	掌握应用去除指定频率特效的操作方法

01 在Premiere Pro CS6界面中，单击“文件”|“导入”命令，导入一段音频素材，选择音频素材，单击鼠标左键并拖曳至“音频1”轨道上，添加音频素材，如图13-62所示。

图13-62

02 在“效果”面板中展开“音频特效”选项，在其中选择“去除指定频率”音频特效，如图13-63所示。

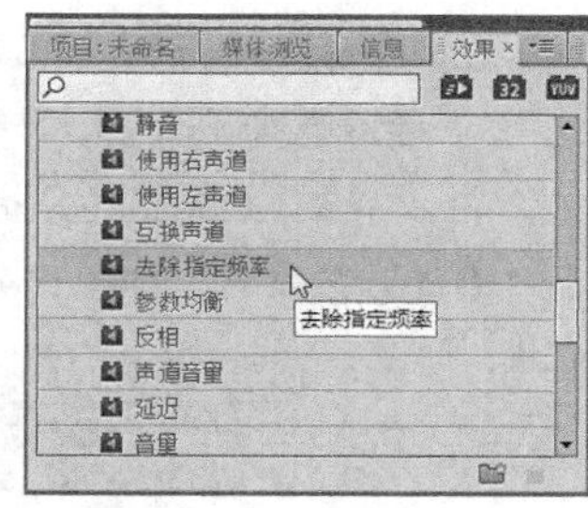

图13-63

03 单击鼠标左键，并将其拖曳至“音频1”轨道的音频素材上，释放鼠标左键，即可添加音频特效，如图13-64所示。

图13-64

04 在“特效控制台”面板中展开“去除指定频率”选项，设置“中置”为280，如图13-65所示。

05 执行上述操作后，即可完成“去除指定频率”特效的制作。

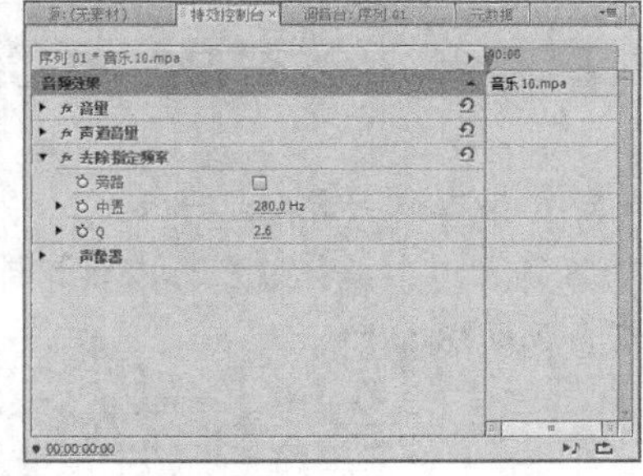

图13-65

13.2.11 应用参数均衡特效

在Premiere Pro CS6中，用户可以根据需要为音频文件添加“参数均衡”音频特效。下面介绍应用参数均衡特效的操作方法。

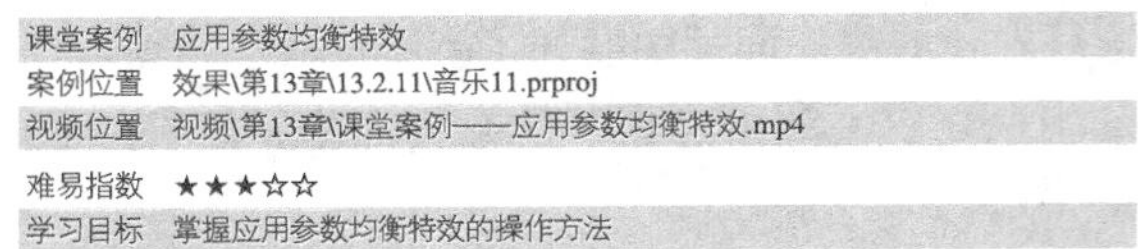

课堂案例	应用参数均衡特效
案例位置	效果\第13章\13.2.11\音乐11.prproj
视频位置	视频\第13章\课堂案例——应用参数均衡特效.mp4
难易指数	★★★☆☆
学习目标	掌握应用参数均衡特效的操作方法

01 在Premiere Pro CS6界面中，单击“文件”|“导入”命令，导入一段音频素材，选择音频素材，单击鼠标左键并拖曳至“音频1”轨道上，添加音频素材，如图13-66所示。

图13-66

02 在“效果”面板中展开“音频特效”选项，在其中选择“参数均衡”音频特效，如图13-67所示。

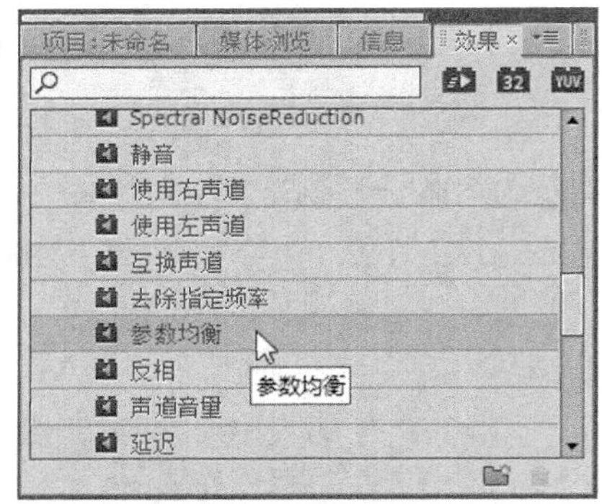

图13-67

03 单击鼠标左键，并将其拖曳至“音频1”轨道的音频素材上，释放鼠标左键，即可添加音频特效，如图13-68所示。

图13-68

04 在“特效控制台”面板中展开“参数均衡”选项，设置“中置”为12000.0Hz，“放大”为24.0dB，如图13-69所示。

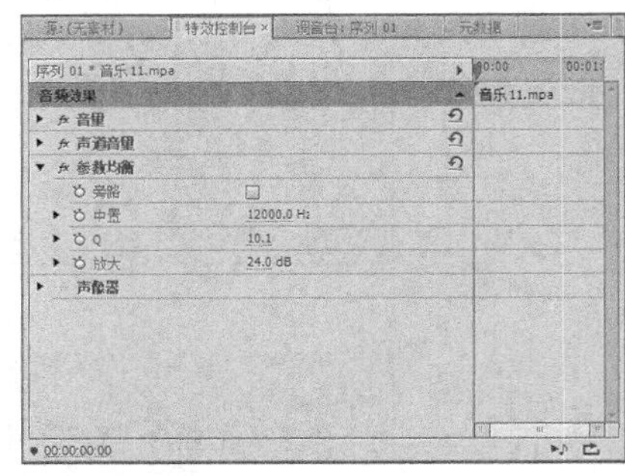

图13-69

05 执行上述操作后，即可完成“参数均衡”特效的制作。

13.2.12 应用“变调”特效

在Premiere Pro CS6中，“变调”（PitchShifter）特效主要是用来调整引入音频信号的高音。下面介绍应用“变调”特效的操作方法。

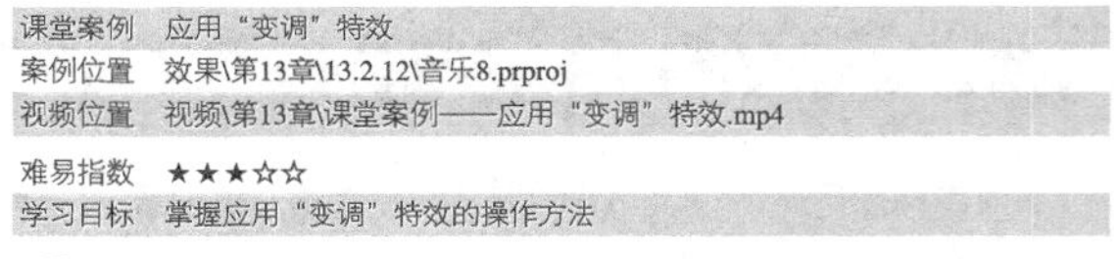

课堂案例	应用“变调”特效
案例位置	效果\第13章\13.2.12\音乐8.prproj
视频位置	视频\第13章\课堂案例——应用“变调”特效.mp4
难易指数	★★★☆☆
学习目标	掌握应用“变调”特效的操作方法

01 在Premiere Pro CS6界面中，单击“文件”|“导入”命令，导入一段音频素材，选择音频素材，单击鼠标左键并拖曳至“音频1”轨道上，添加音频素材，如图13-70所示。

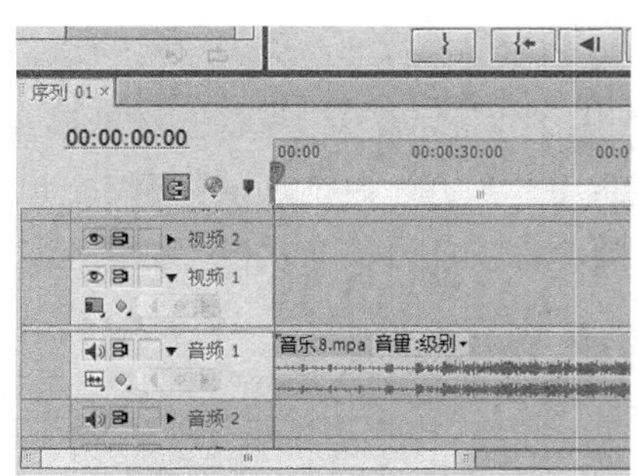

图13-70

02 在“效果”面板中展开“音频特效”选项，在其中选择“变调”（PitchShifter）音频特效，如图13-71所示。

03 单击鼠标左键，并将其拖曳至“音频1”轨道的音频素材上，释放鼠标左键，即可添加音频特效，如图13-72所示。

图13-71

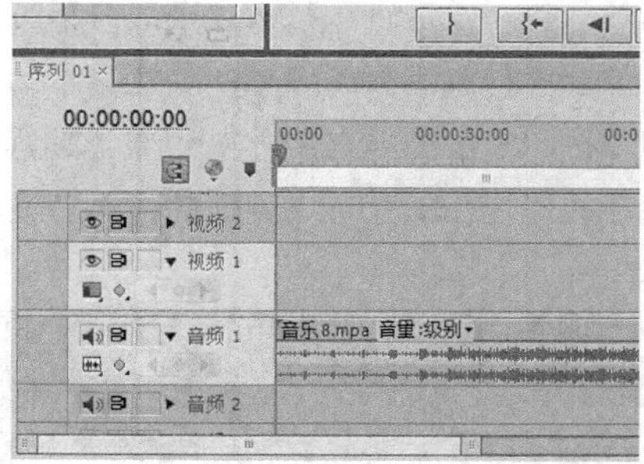

图13-72

技巧与提示

在Premiere Pro CS6中，“变调”特效又称音高转换器，该特效可以加深或减少原始音频素材的高音，可以用来调整输入信号的定调。在“特效控制台”面板中用户还可以使用“自定义设置”选项中的图标来调整各属性。

04 然后在“特效控制台”面板中展开“变调”|“个别参数”选项，并单击各选项左侧的“切换动画”按钮，如图13-73所示。

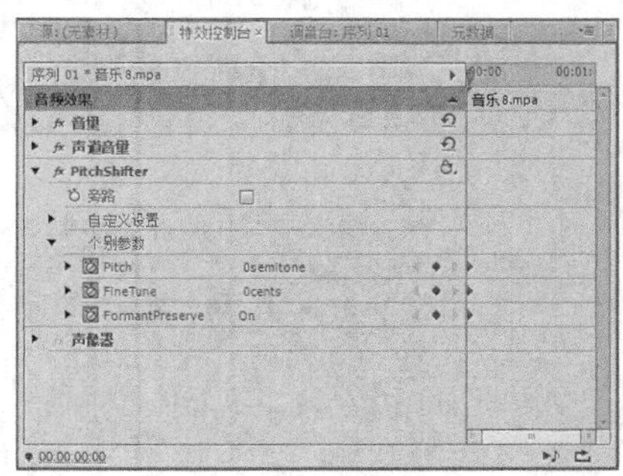

图13-73

05 执行上述操作后，拖曳“当前时间指示器”至00:00:27:00的位置，单击“预设”按钮，在弹出的列表框中选择A quint up选项，如图13-74所示。

06 设置完成后，系统将自动为素材添加关键帧，如图13-75所示。执行上述操作后，即可完成“变调”特效的制作。

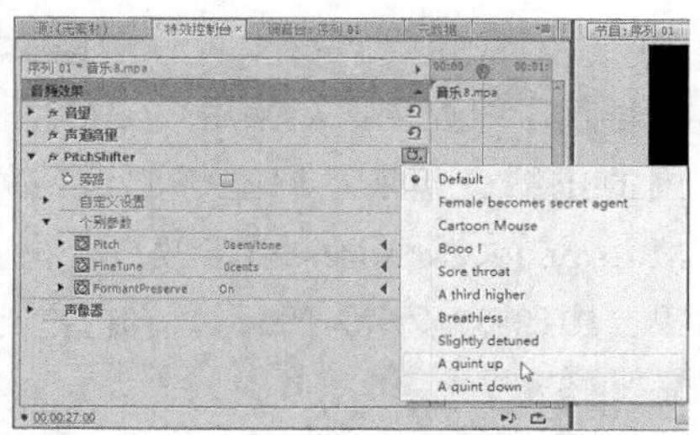

图13-74

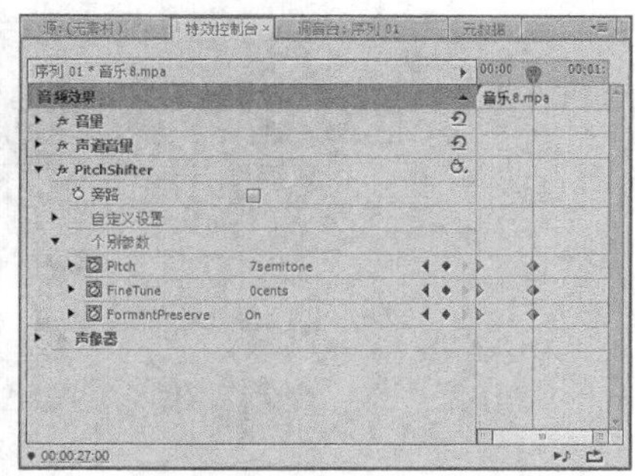

图13-75

13.2.13 应用EQ特效

EQ特效是Premiere Pro CS6提供的VST（Virtual Stoudio Technology）音频插件之一。

应用EQ特效可以起到优化的作用，它与其他音频调节特效的不同之处在于，它将同时作用在素材音频的高音部分和低音部分。用户可以使用带有图形的“自定义设置”展开项进行设定，也可以通过“个人参数”进行设定，其“自定义设置”展开项如图13-76所示。

图13-76

13.2.14 应用多段压缩特效

“多段压缩”（Multiband Compressor）特效是Premiere Pro新引入的标准音频插件之一。

“多段压缩”特效可以对高、中、低3个波段进行压缩控制。如果用户觉得用前面的动态范围的压缩调整还不够理想的话，可以尝试使用Multiband Compressor特效来获得较为理想的效果。图13-77所示为“特效控制台”面板中的“自定义设置”选项区。

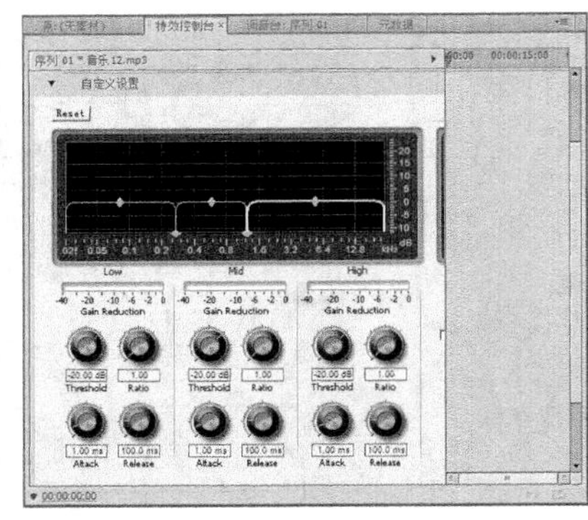

图13-77

在“自定义设置”选项区中，各主要参数的含义如下。

- Threshold（1～3）：设置一个值，当导入的素材信号超过这个值的时候开始调用压缩，范围为-60～0dB。
- Ratio（1～3）：设置一个压缩比率，最高为8:1。
- Attack（1～3）：设定一个时间，即导入素材的信号超过Threshold参数值以后到压缩开始进行的时间。
- Release（1～3）：指定一个时间，当信号电平低于Threshold参数值以后到压缩重新取样的响应时间。

13.2.15 应用光谱减少噪声特效

在Premiere Pro CS6中，“光谱减少噪声”Spectral NoiseReduction特效用于以光谱方式对噪音进行处理。

应用光谱减少噪声特效的具体方法是：在“效果”面板中，依次选择“音频特效”|“Spectral NoiseReduction”选项，单击鼠标左键并将其拖曳至“音频1”轨道的音频素材上，释放鼠标左键，在“特效控制台”面板中，设置各关键帧，即可制作出光谱减少噪声特效。

13.6 本章小结

优美动听的背景音乐和款款深情的配音不仅可以为影片起到锦上添花的作用，更能使影片颇有感染力，从而使影片更上一个台阶。本章主要介绍了如何使用Premiere Pro CS6来为影片制作音频特效，包括常用音频特效及高级音频特效的制作，以便读者得到满意的效果。通过本章的学习，读者应掌握和了解如何在影片中制作音频特效，从而为自己的影视作品营造出完美的音乐环境。

13.7 习题测试——制作高通特效

案例位置	效果\第13章\习题测试\音乐13.prproj
难易指数	★★★☆☆
学习目标	掌握制作高通特效的操作方法

本习题目的在于让读者掌握制作高通特效的操作方法，操作过程如图13-78、图13-79所示。

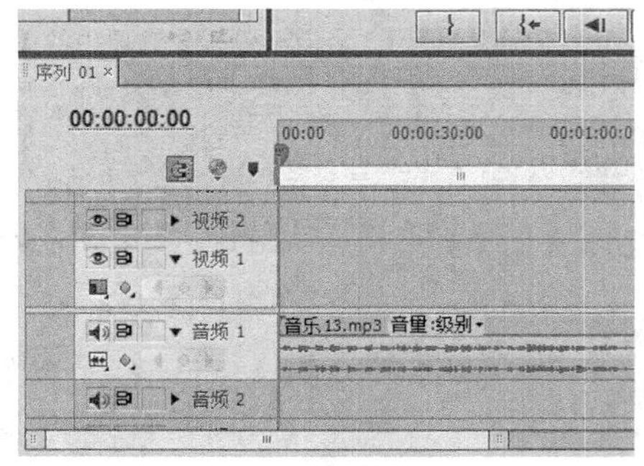

图13-78

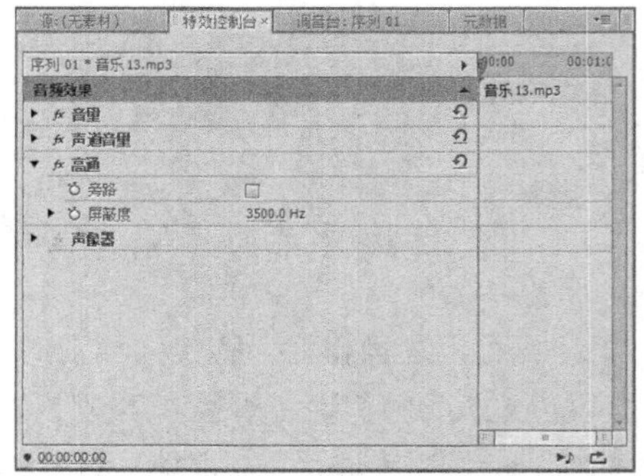

图13-79

第14章

影视媒体文件的导出

内容摘要

在Premiere Pro CS6中，当用户完成一段影视内容的编辑，并且对编辑的效果感到满意时，可以将其输出成各种不同格式的文件。本章主要介绍如何设置影片输出的参数，并输出成各种不同格式的文件。

课堂学习目标

- 熟悉媒体导出参数的基本设置
- 学会导出不同格式的媒体文件

14.1 媒体导出参数的基本设置

当用户完成Premiere Pro CS6中的各项编辑操作后，即可将项目导出为各种格式类型的视频或音频文件。本节主要介绍媒体导出参数的设置方法。

14.1.1 视频参数的基本设置

在导出视频文件时，用户需要对视频的格式、预设、输出名称和位置以及其他选项进行设置。下面介绍“导出设置”对话框及导出视频所需要设置的参数。

1. 视频预览区域

在Premiere Pro CS6中，单击“文件”|“导出”|“媒体”命令，即可弹出“导出设置”对话框，如图14-1所示。对话框“左侧”为视频预览区域，用户可以拖曳窗口底部的“当前时间指示器”查看导出的影视效果，如图14-2所示。

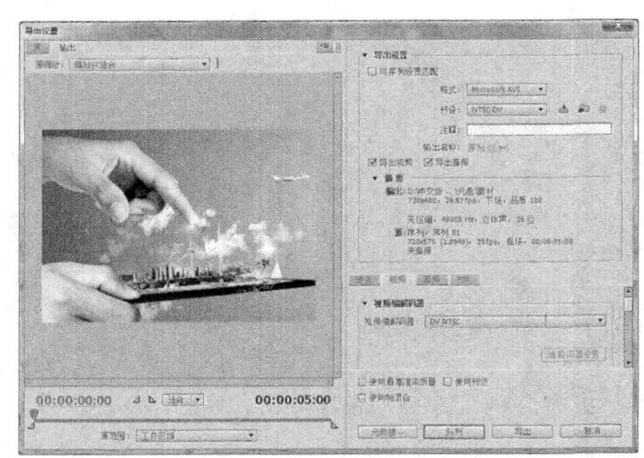

图14-1

图14-2

如果用户觉得导出视频的范围过大，可以切换至“源”选项卡，单击对话框左上角的“裁剪输出视频”按钮，如图14-3所示。此时视频预览区域中的画面将显示4个调节点，拖曳其中的某个点，即可裁剪输出视频的范围，如图14-4所示。

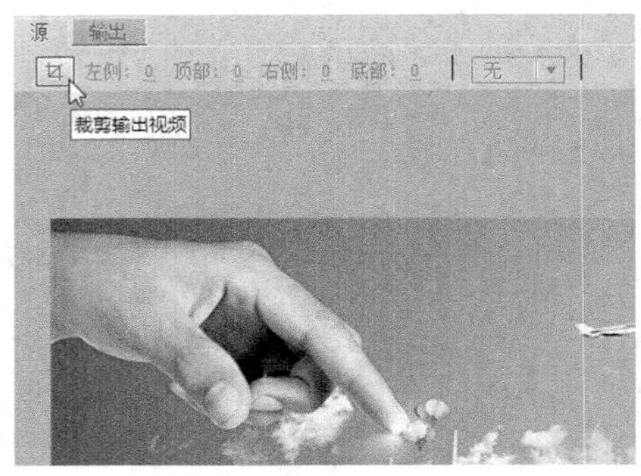

图14-3

图14-4

2. 参数设置区域

“参数设置区域”选项区中的各参数决定着影片的最终效果，用户可以在这里设置视频参数。首先，用户需要设置导出视频的格式，单击“格式”选项右侧的下三角按钮，在弹出的列表框中选择MPEG4作为当前导出的视频格式，如图14-5所示。

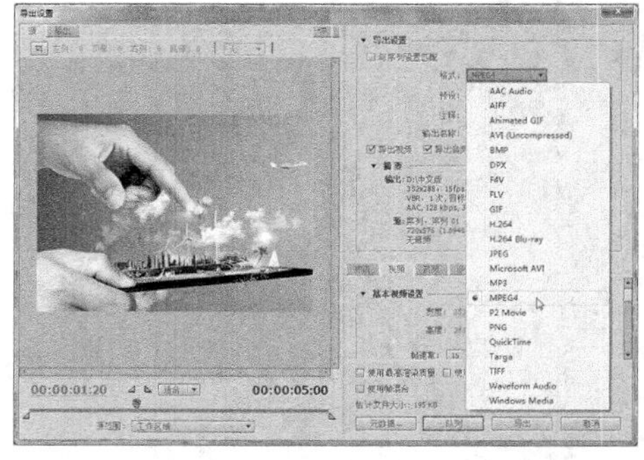

图14-5

接下来，用户需要根据导出视频格式的不同，设置“预设”选项。单击“预设”选项右侧的下三角按钮，在弹出的列表框中选择相应选项，如图14-6所示。

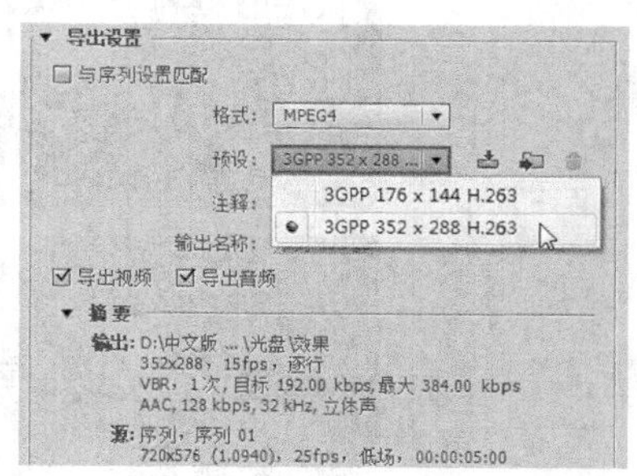

图14-6

最后，用户还需要设置导出视频的保存名称和位置。单击“输出名称”右侧的超链接，如图14-7所示，弹出“另存为”对话框，设置文件名和储存位置，如图14-8所示，单击“保存”按钮，即可完成视频参数的设置。

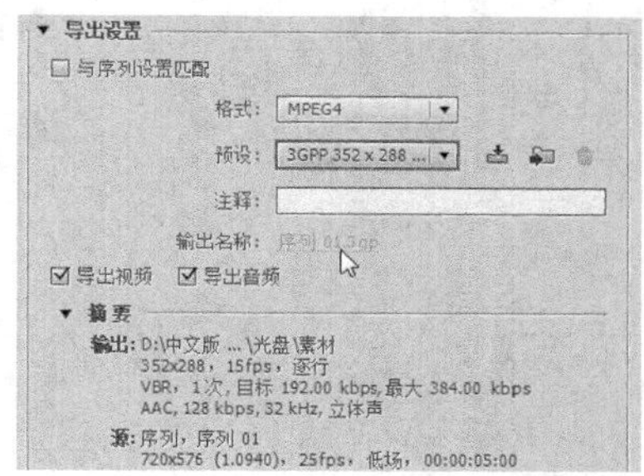

图14-7

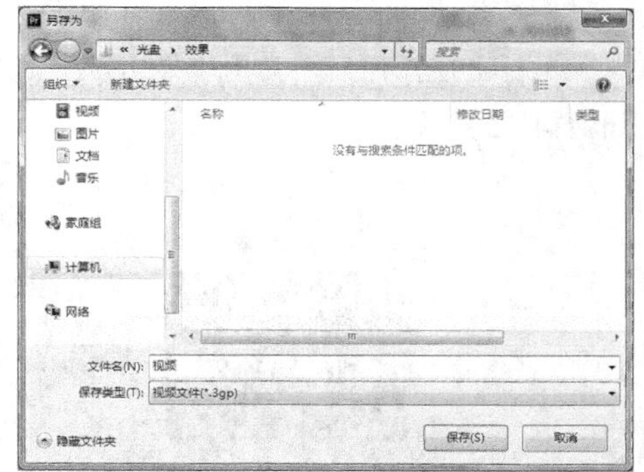

图14-8

14.1.2 音频参数的基本设置

使用Premiere Pro CS6还可以将素材输出为音频，下面介绍导出MP3格式的音频文件需要进行的音频参数设置。

首先，需要在“导出设置”对话框中设置“格式”为MP3，并设置“预设”为“MP3 256kbit/s高质量”，如图14-9所示。接下来，用户只需要设置导出音频的文件名和保存位置，单击“输出名称”右侧的相应超链接，弹出“另存为”对话框，设置文件名和储存位置，如图14-10所示，单击“保存”按钮，即可完成音频参数的设置。

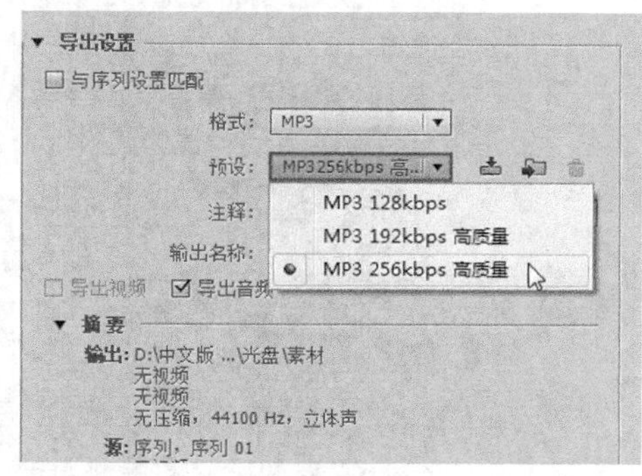

图14-9

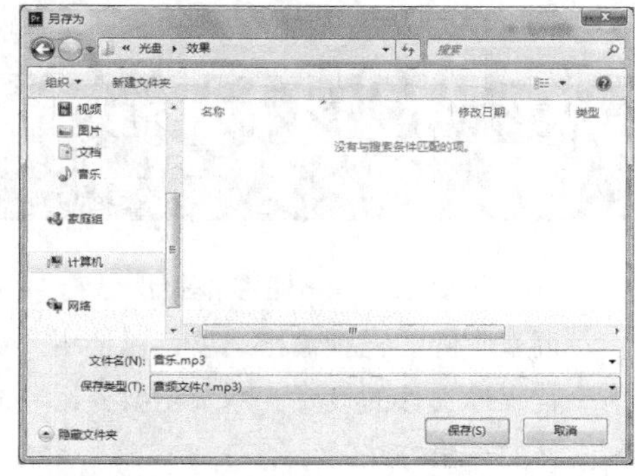

图14-10

14.1.3 滤镜参数的基本设置

在Premiere Pro CS6中，用户还可以为需要导出的视频添加“高斯模糊”滤镜效果，让画面产生朦胧的模糊效果。

首先，用户需要设置导出视频的“格式”为Microsoft AVI，“预设”为PAL DV。接下来，切换至“滤镜”选项卡，选中“高斯模糊”复选框，设置“模糊度”为11，“模糊尺寸”为“水平和垂直”，如图14-11所示。

设置完成后，用户可以在“视频预览区域”中单击“输出”标签，切换至“输出”选项卡，查看输出视频的模糊效果，如图14-12所示。

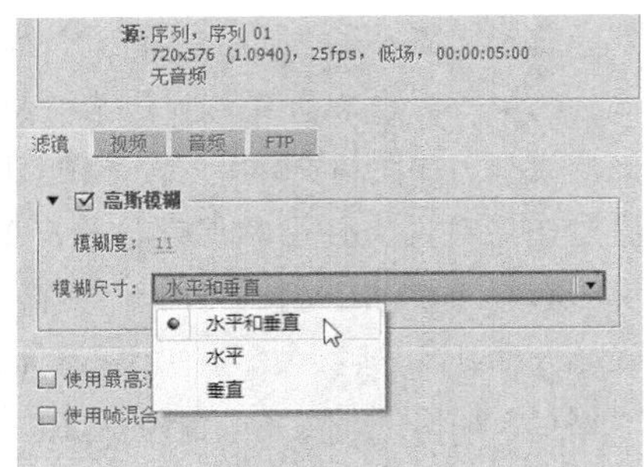

图14-11

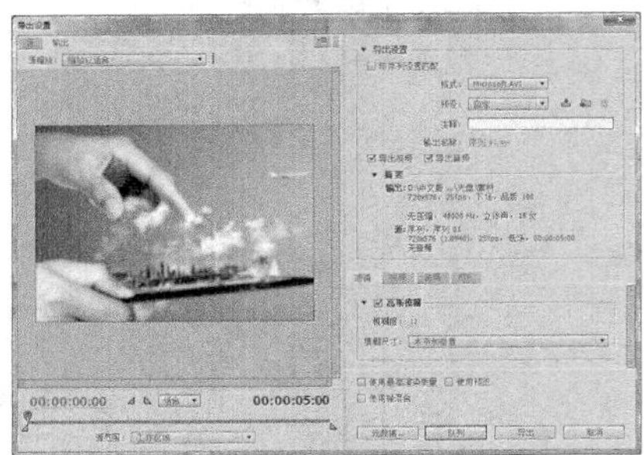

图14-12

14.2 导出不同格式的媒体文件

Premiere Pro CS6能够根据所选媒体文件的不同，调整不同的视频输出选项，以便用户更为快捷地调整媒体文件的设置。本节主要介绍不同格式媒体文件的导出方法。

14.2.1 AVI格式文件的导出操作

现在常见的AVI格式文件是一种编码文件，这种格式的文件兼容性好、调用方便而且图像质量好。下面介绍导出AVI文件格式的操作方法。

课堂案例	AVI格式文件的导出操作
案例位置	效果\第14章\星空轨迹.avi
视频位置	视频\第14章\课堂案例——AVI格式文件的导出操作.mp4
难易指数	★★★★☆
学习目标	掌握AVI格式文件的导出操作的操作方法

01 在Premiere Pro CS6界面中，单击“文件”|“打开项目”命令，打开一个项目文件，单击“节目监视器”面板中的“播放-停止切换”按钮，预览项目效果，如图14-13所示。

图14-13

02 单击“文件”|“导出”|“媒体”命令，如图14-14所示。

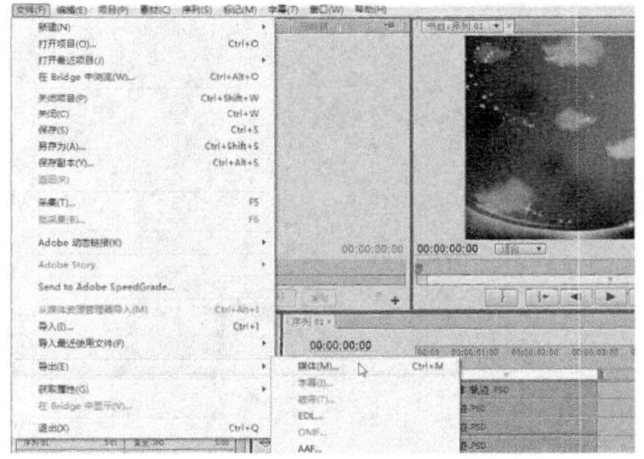

图14-14

03 执行上述操作后，弹出“导出设置”对话框，如图14-15所示。

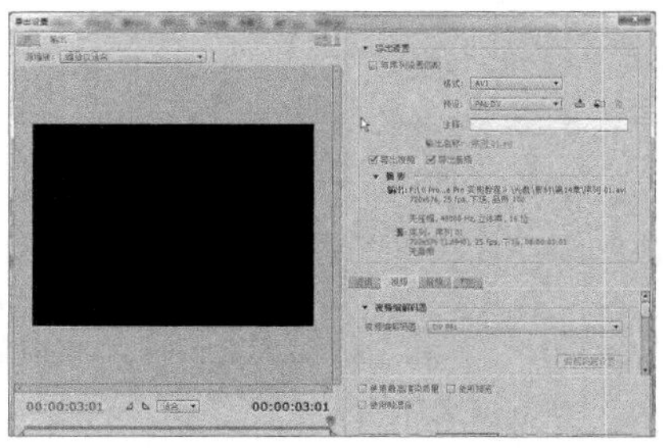

图14-15

04 在“导出设置”选项区中设置“格式”为AVI，“预设”为“NTSC DV宽银幕”，如图14-16所示。

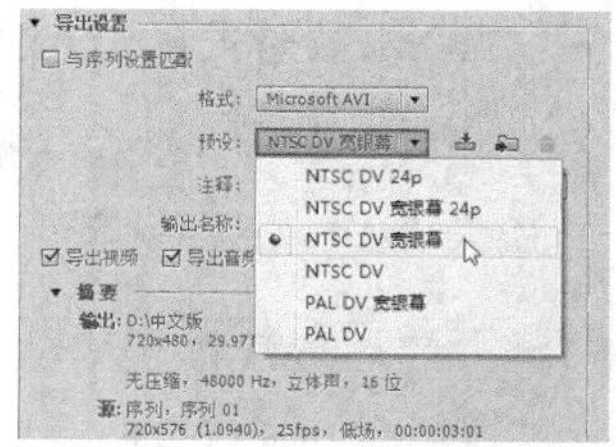

图14-16

05 单击“输出名称”右侧的超链接，弹出“另存为”对话框，在其中设置保存位置和文件名，如图14-17所示。

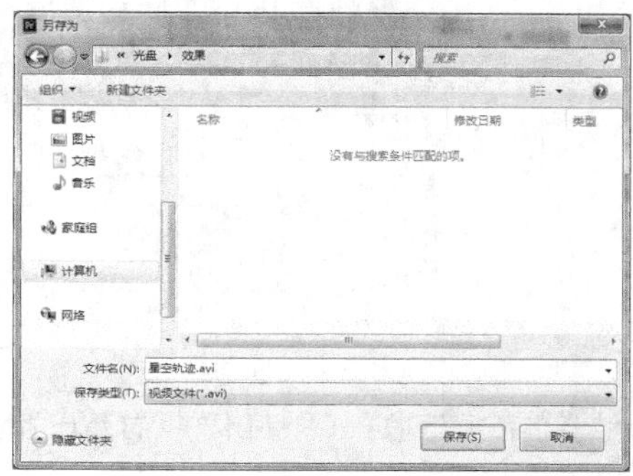

图14-17

06 设置完成后，单击“保存”按钮，然后单击对话框右下角的“导出”按钮，如图14-18所示。

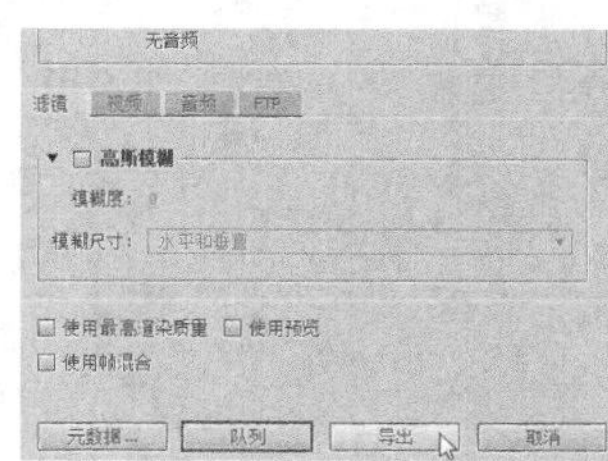

图14-18

07 执行上述操作后，弹出“编码 序列01”对话框，开始导出编码文件，并显示导出进度，如图14-19所示。导出完成后，即可完成编码文件的导出。

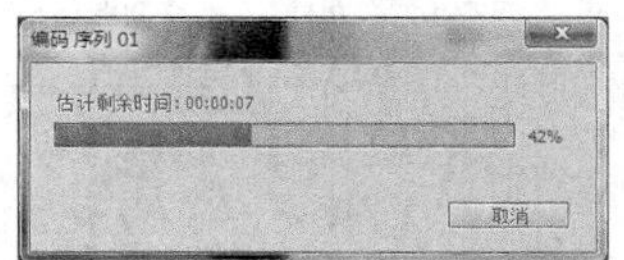

图14-19

14.2.2 EDL视频文件的导出操作

在Premiere Pro CS6中，用户不仅可以将视频导出为编码文件，还可以根据需要将其导出为EDL视频文件。下面介绍导出EDL文件的操作方法。

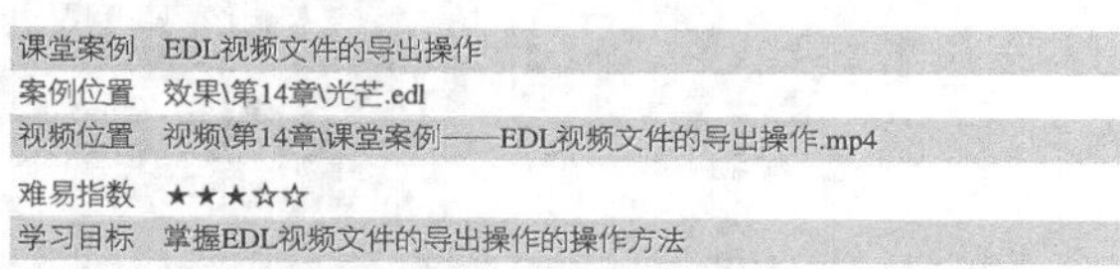

课堂案例	EDL视频文件的导出操作
案例位置	效果\第14章\光芒.edl
视频位置	视频\第14章\课堂案例——EDL视频文件的导出操作.mp4
难易指数	★★★☆☆
学习目标	掌握EDL视频文件的导出操作的操作方法

01 在Premiere Pro CS6界面中，新建一个项目文件，单击“文件”|“导入”命令，导入一段视频素材，如图14-20所示。

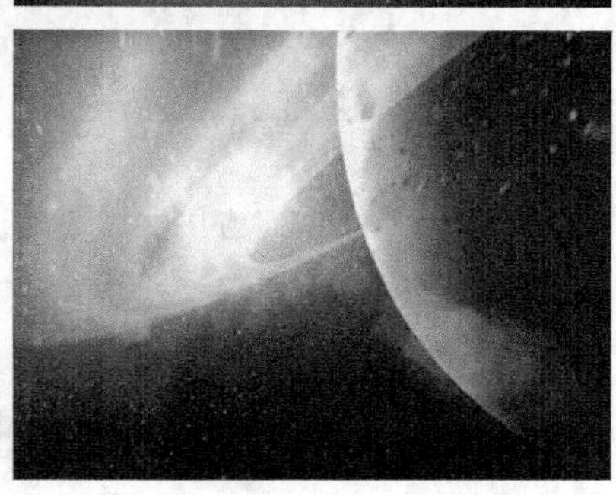

图14-20

02 在“项目”面板中将导入的视频素材添加至“视频1”轨道上，拖动控制条调整视图，添加视频素材，如图14-21所示。

图14-21

03 单击“文件”|“导出”|“EDL”命令，如图14-22所示。

04 弹出“EDL输出设置”对话框，单击“确定”按钮，如图14-23所示。

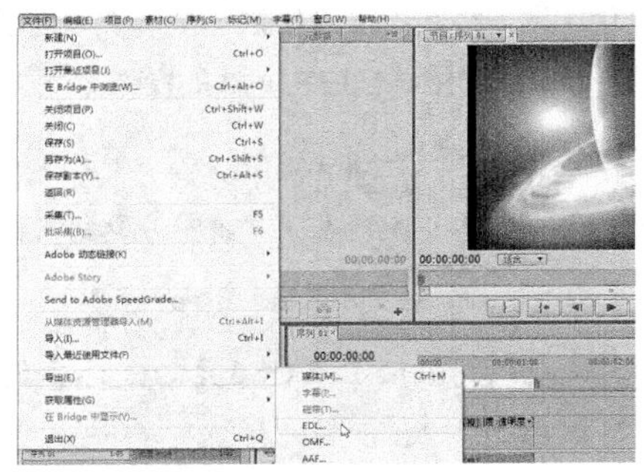

图14-22

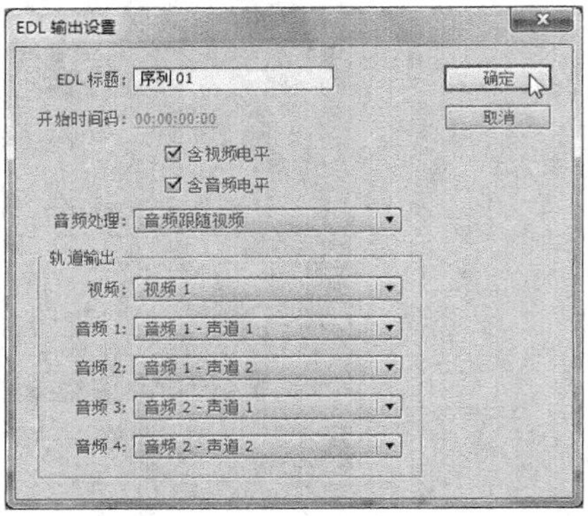

图14-23

05 弹出“存储序列为 EDL”对话框，设置文件名和保存路径，如图14-24所示。单击“保存”按钮，即可导出EDL文件。

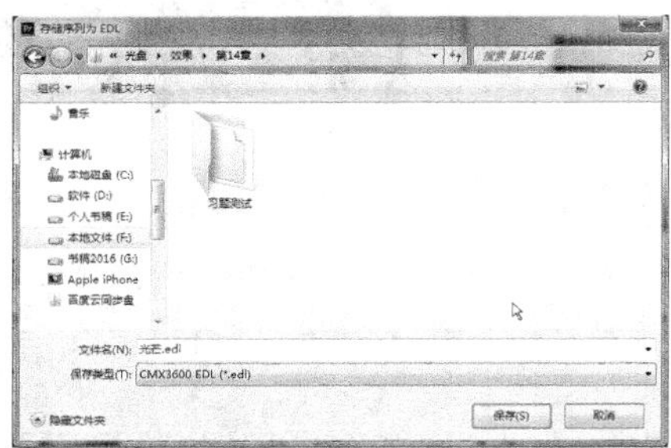

图14-24

技巧与提示

在Premiere Pro CS6中，EDL是一种广泛应用于视频编辑领域的编辑交换文件，其作用是记录用户对素材的各种编辑操作。这样，用户便可以在所有支持EDL文件的编辑软件内共享编辑项目，或通过替换素材来实现影视节目的快速编辑与输出。

14.2.3 OMF格式文件的导出操作

OMF是由Avid推出的一种音频封装格式，能够在多种不同的专业音频软件中进行编辑。下面介绍导出OMF文件的操作方法。

课堂案例	OMF格式文件的导出操作
案例位置	效果\第14章\音乐1.omf
视频位置	视频\第14章\课堂案例——OMF格式文件的导出操作.mp4
难易指数	★★☆☆
学习目标	掌握OMF格式文件的导出操作的操作方法

01 按Ctrl＋O组合键，打开一个项目文件，如图14-25所示。

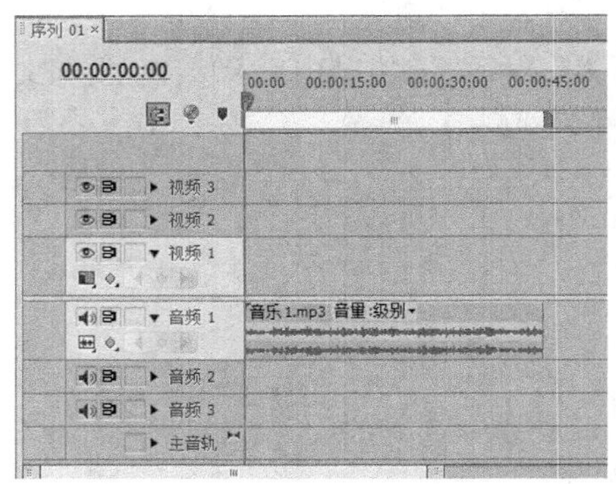

图14-25

02 单击“文件”|“导出”|“OMF”命令，如图14-26所示。

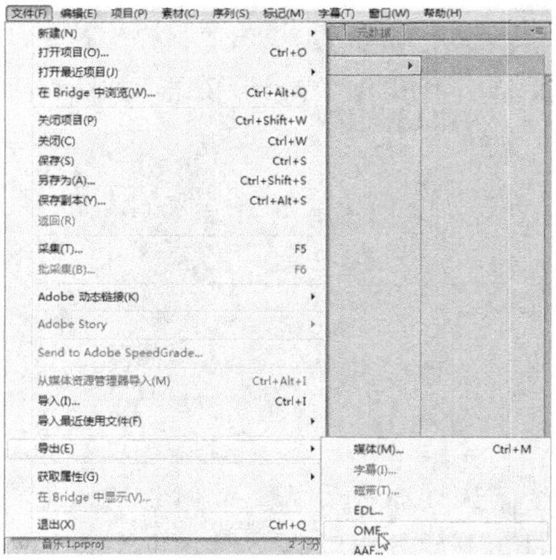

图14-26

03 弹出“OMF导出设置”对话框，单击“确定”按钮，如图14-27所示。

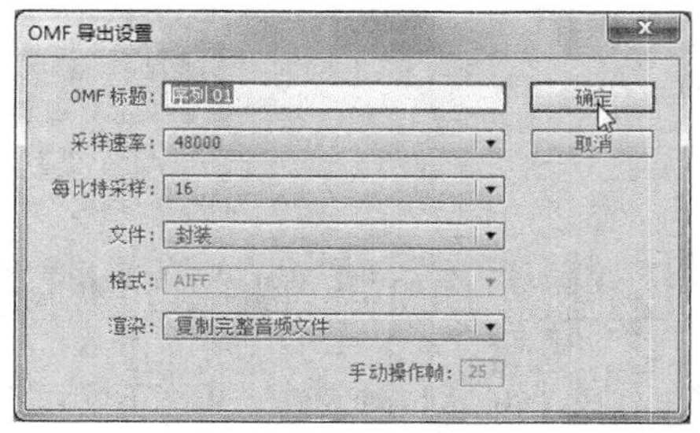

图14-27

04 弹出“存储序列为 OMF”对话框，设置文件名和路径，如图14-28所示。

图14-28

05 单击“保存”按钮，弹出“输出媒体文件到OMF 文件夹”对话框，显示输出进度，如图14-29所示。

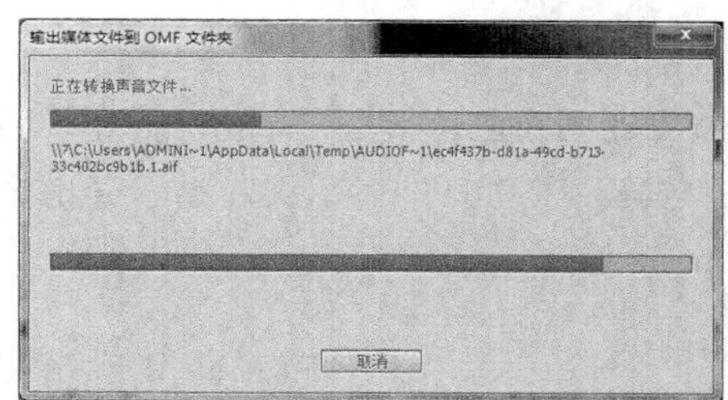

图14-29

06 输出完成后，弹出“OMF 输出信息”对话框，显示OMF的输出信息，如图14-30所示，单击“确定”按钮即可。

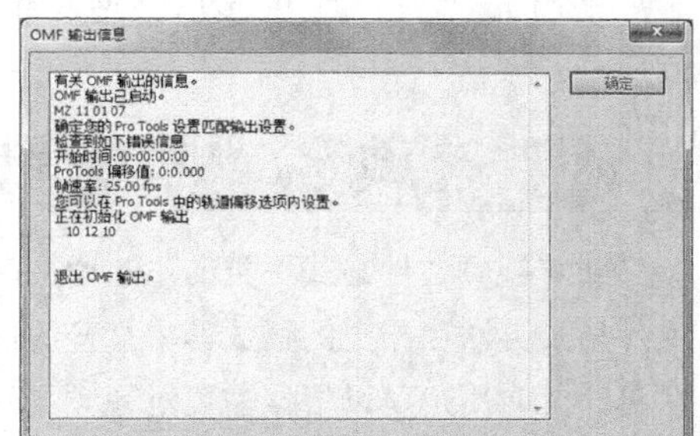

图14-30

14.2.4 MP3音频文件的导出操作

MP3格式的音频文件凭借音质采样率高，占用空间少的特性，成为了目前最为流行的一种音乐文件。下面介绍导出MP3音频文件的操作方法。

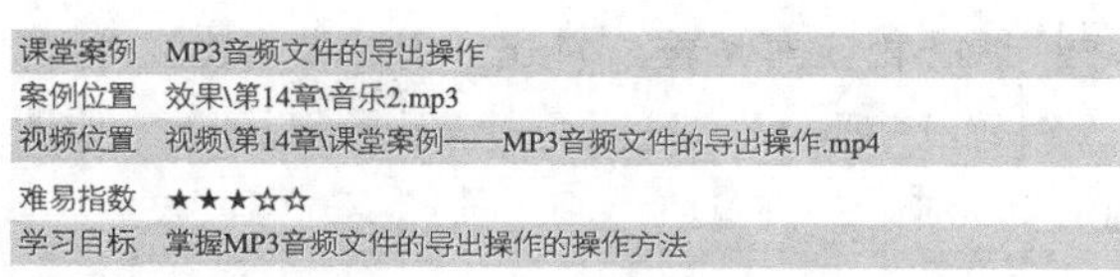

课堂案例	MP3音频文件的导出操作
案例位置	效果\第14章\音乐2.mp3
视频位置	视频\第14章\课堂案例——MP3音频文件的导出操作.mp4
难易指数	★★★☆☆
学习目标	掌握MP3音频文件的导出操作的操作方法

01 按Ctrl＋O组合键，打开项目文件，如图14-31所示，单击“文件”|“导出”|“媒体”命令，弹出“导出设置”对话框。

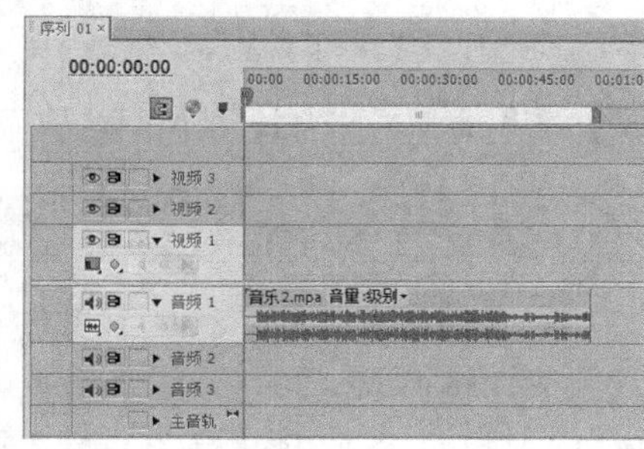

图14-31

02 单击“格式”选项右侧的下三角按钮，在弹出的列表框中选择MP3选项，如图14-32所示。

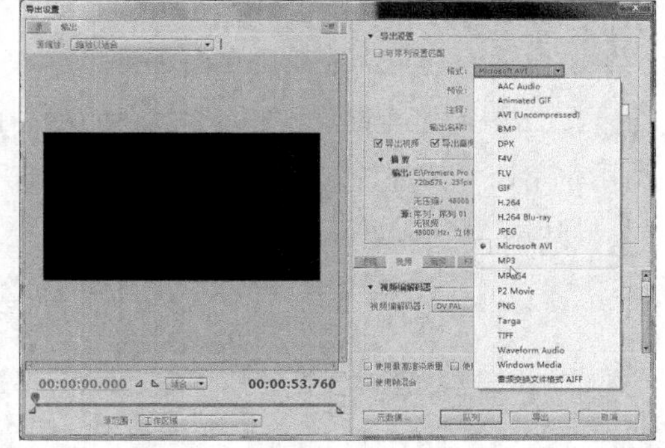

图14-32

03 单击“输出名称”右侧的超链接，弹出“另存为”对话框，设置保存位置和文件名，单击“保存”按钮，如图14-33所示。

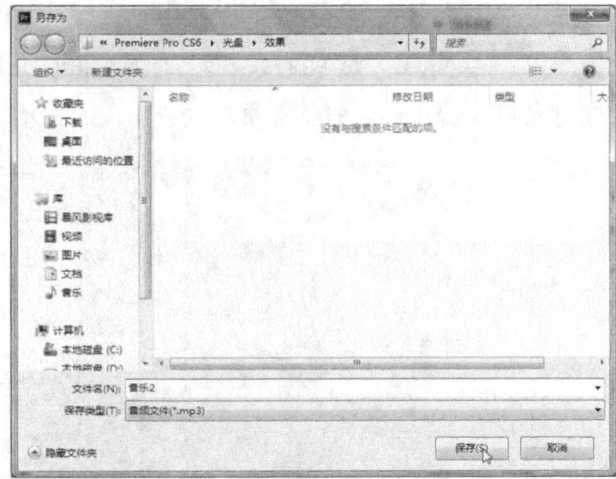

图14-33

04 返回相应对话框，单击“导出”按钮，弹出“编码 序列01”对话框，显示导出进度，如图14-34所示。

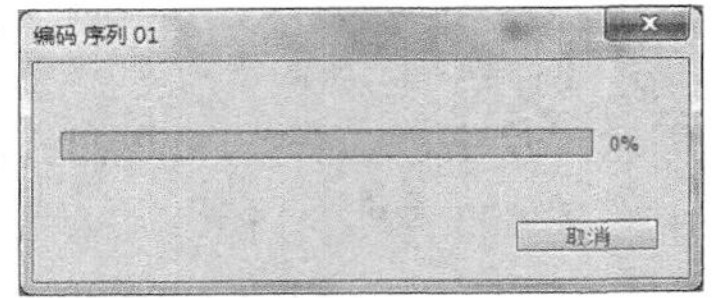

图14-34

05 导出完成后，即可完成MP3音频文件的导出。

14.2.5 WMA音频文件的导出操作

在Premiere Pro CS6中，用户不仅可以将音频文件转换成MP3格式，还可以将其转换为WMA格式。下面介绍导出WMA文件的操作方法。

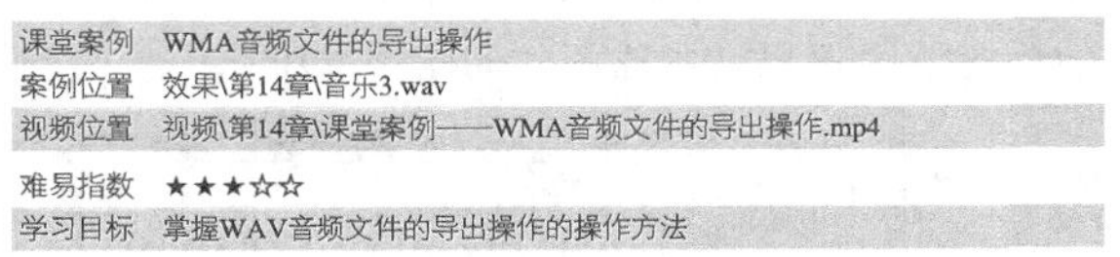

课堂案例	WMA音频文件的导出操作
案例位置	效果\第14章\音乐3.wav
视频位置	视频\第14章\课堂案例——WMA音频文件的导出操作.mp4
难易指数	★★★☆☆
学习目标	掌握WAV音频文件的导出操作的操作方法

01 按Ctrl＋O组合键，打开项目文件，如图14-35所示，单击“文件”|“导出”|“媒体”命令，弹出“导出设置”对话框。

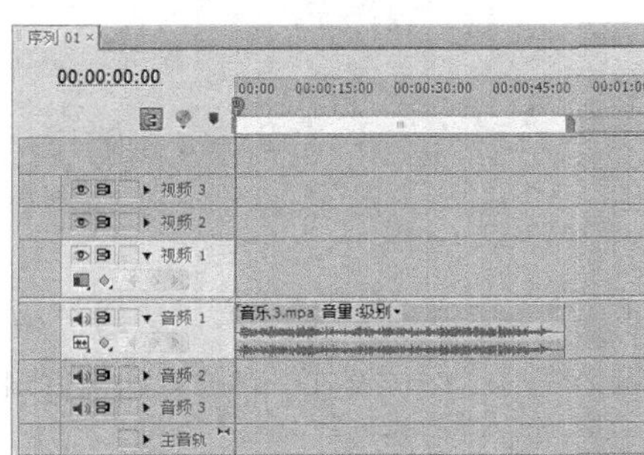

图14-35

02 单击“格式”选项右侧的下三角按钮，在弹出的列表框中选择合适的选项，如图14-36所示。

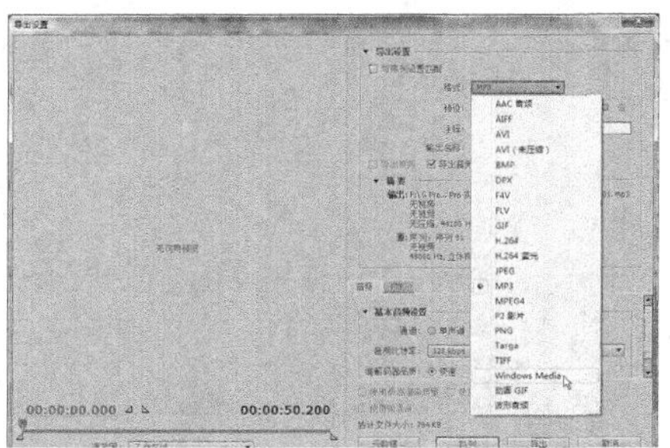

图14-36

03 单击“输出名称”右侧的超链接，弹出“另存为”对话框，设置保存位置和文件名，单击“保存”按钮，如图14-37所示。

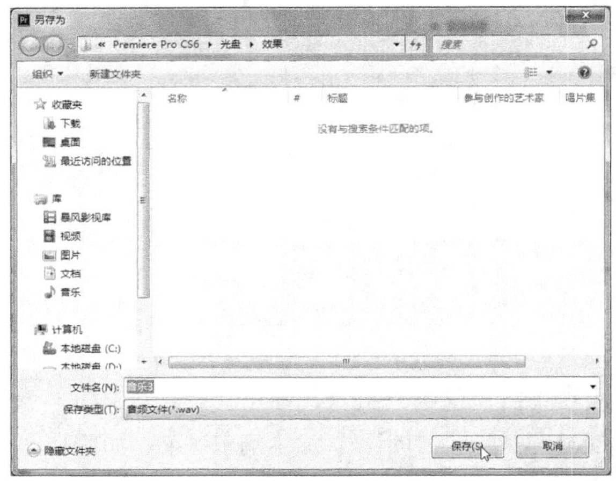

图14-37

04 返回相应对话框，单击“导出”按钮，弹出“编码 序列01”对话框，显示导出进度，如图14-38所示。

图14-38

05 导出完成后，即可完成WMA音频文件的导出。

14.2.6 视频文件格式的转换操作

随着视频文件格式种类的不断增加，许多新的文件格式无法在指定的播放器中打开的情况也变得常见，此时用户可以根据需要对视频文件格式进行转换。下面就介绍转换视频文件格式的操作方法。

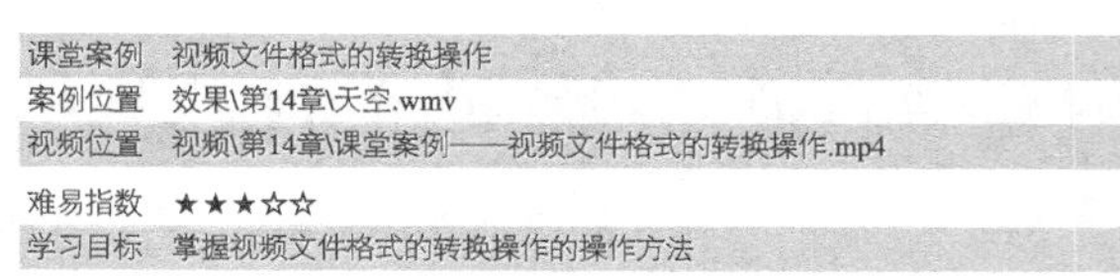

课堂案例	视频文件格式的转换操作
案例位置	效果\第14章\天空.wmv
视频位置	视频\第14章\课堂案例——视频文件格式的转换操作.mp4
难易指数	★★★☆☆
学习目标	掌握视频文件格式的转换操作的操作方法

01 在Premiere Pro CS6界面中，单击“文件”|“导入”命令，导入视频素材，并将其拖曳至“视频1”轨道中，如图14-39所示。

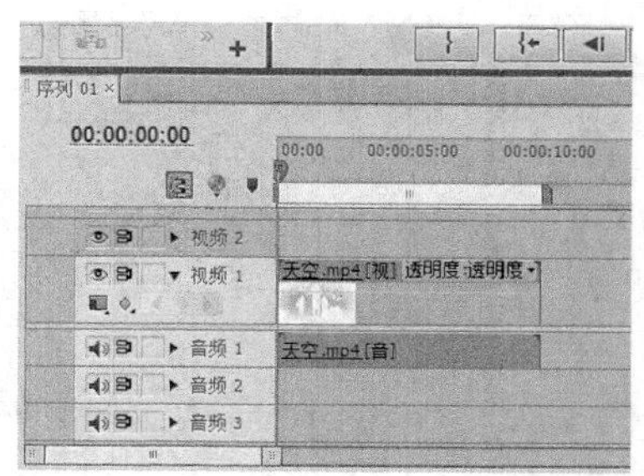

图14-39

02 然后单击“文件”|“导出”|“媒体”命令，弹出“导出设置”对话框，如图14-40所示。

图14-40

03 单击“格式”选项右侧的下三角按钮，在弹出的列表框中选择Windows Media选项，如图14-41所示。

图14-41

04 执行操作后，取消选中“导出音频”复选框，单击“输出名称”右侧的超链接，如图14-42所示。

05 弹出“另存为”对话框，在其中设置保存位置和文件名，单击“保存”按钮，如图14-43所示。

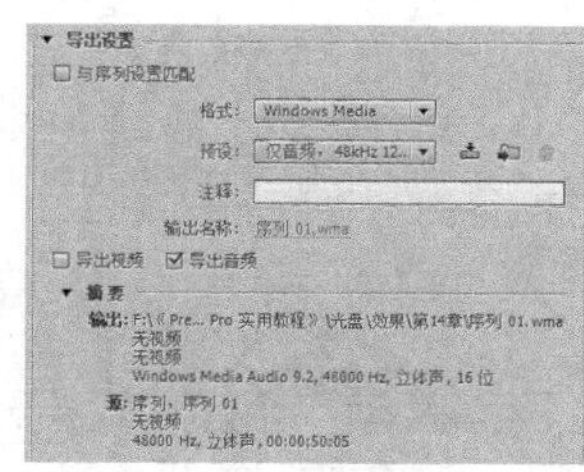

图14-42

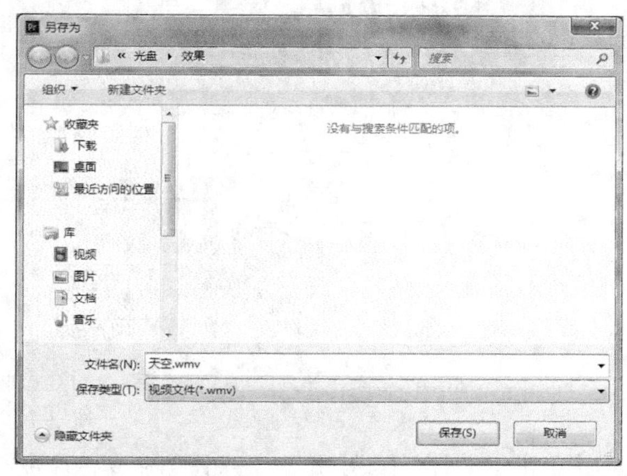

图14-43

06 设置完成后，单击“导出”按钮，弹出“编码序列01”对话框，并显示导出进度，如图14-44所示。完成后，即可完成视频文件格式的转换。

图14-44

14.2.7 FLV流媒体文件的导出操作

网络视频技术的发展使得用户可以将制作的视频导出为FLV流媒体文件，然后再将其上传到网络中。下面介绍导出FLV流媒体文件的操作方法。

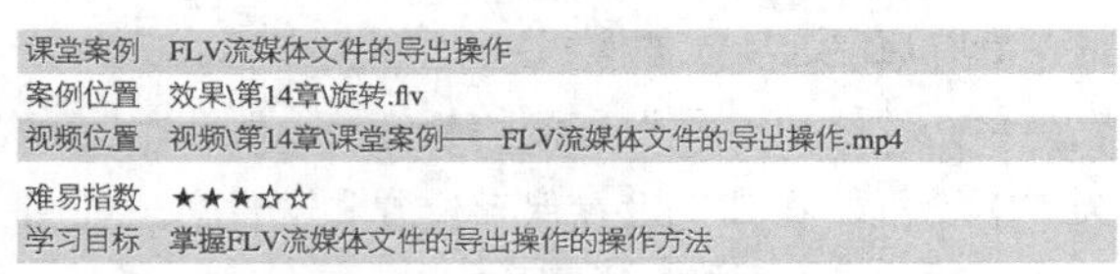

课堂案例	FLV流媒体文件的导出操作
案例位置	效果\第14章\旋转.flv
视频位置	视频\第14章\课堂案例——FLV流媒体文件的导出操作.mp4
难易指数	★★★☆☆
学习目标	掌握FLV流媒体文件的导出操作的操作方法

01 在Premiere Pro CS6界面中，新建一个项目文件，单击“文件”|“导入”命令，导入一段视频素材，如图14-45所示。

02 在“项目”面板中将素材拖曳至“视频1”轨道中，添加选择的视频素材，如图14-46所示。

图14-45

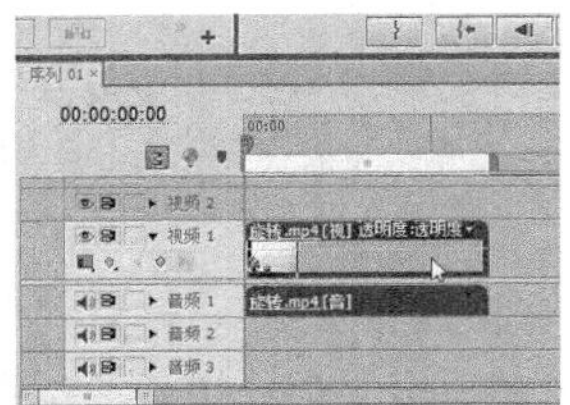

图14-46

03 单击“文件”|“导出”|“媒体”命令，即可弹出“导出设置”对话框，如图14-47所示。

图14-47

04 单击“格式”右侧的下三角按钮，弹出列表框，选择FLV选项，如图14-48所示。

05 单击“输出名称”右侧的超链接，弹出“另存为”对话框，在其中设置保存位置和文件名，如图14-49所示，单击“保存”按钮。

06 设置完成后，单击“导出”按钮，弹出“编码 序列01”对话框，并显示导出进度，如图14-50所示。完成后，即可完成FLV流媒体文件的导出。

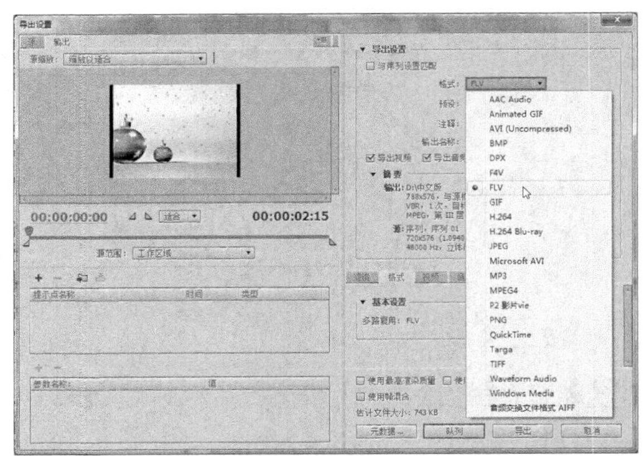

图14-48

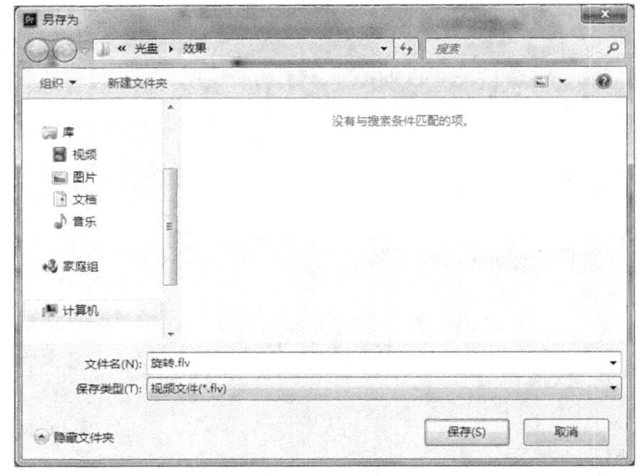

图14-49

图14-50

14.3 本章小结

本章全面介绍了导出影视媒体文件的基本知识，包括媒体导出参数的基本设置及导出不同格式的媒体文件的操作方法等内容。通过本章的学习，读者应熟练掌握在Premiere Pro CS6中导出影视媒体文件的方法和技巧。

14.4 习题测试——导出EDL视频文件

案例位置　效果\第14章\习题测试\公园.edl
难易指数　★★★☆☆
学习目标　掌握导出EDL视频文件的操作方法

本习题目的是让读者掌握导出EDL视频文件的操作方法，操作过程如图14-51、图14-52所示。

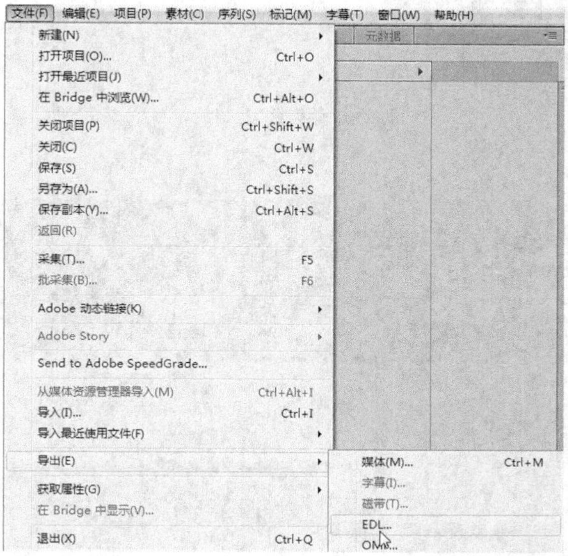

图14-51

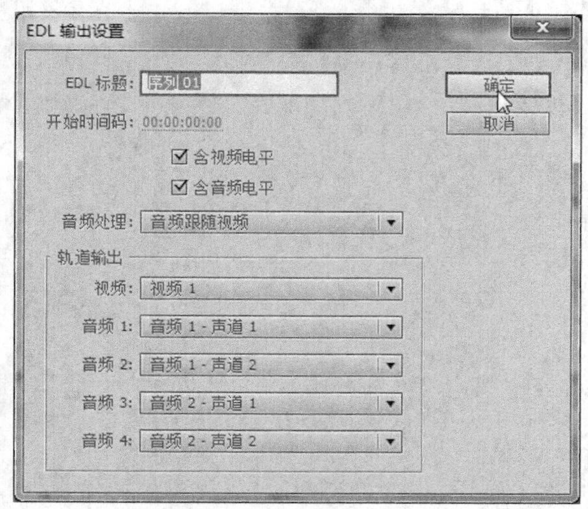

图14-52

第15章

案例实训

内容摘要

网络广告作为一种全新的广告形式，具有交互性好、快捷、多样及可重复性强等优点。运用Premiere Pro CS6制作的各种宣传广告经常在网页中出现，这种广告形式在节省广告费的同时又能达到推广宣传的目的，并且影响范围非常广泛。运用Premiere Pro CS6还能制作出精美的电子相册，如结婚照、旅游照，都能制作成电子相册永久保存。本章将运用大量的实例来详细介绍宣传广告及电子相册的制作方法。

课堂学习目标

- 掌握课堂案例——制作冰朝王后字幕
- 掌握课堂案例——制作生化危机字幕
- 掌握课堂案例——制作影视频道片头
- 掌握课堂案例——制作真爱一生电子相册
- 掌握课堂案例——制作凉鞋广告海报
- 掌握课堂案例——制作汽车广告案例

15.1 课堂案例——制作冰朝王后字幕

随着游戏产业的不断发展，除了游戏本身具有更强的娱乐性之外，新奇多变的宣传画面更是为游戏添色不少，其中的绚丽字幕自然也起到了画龙点睛的作用。绚丽的字幕除了可以运用在华丽的视频效果中，也可以添加到精美的图片中，为画面增添不同的气氛。本实例以“冰朝王后”为背景，制作出了绚丽多彩的发光字幕效果。

在制作冰朝王后字幕之前，首先来预览一下案例效果。

案例位置	效果\第15章\冰朝王后.prproj
视频位置	视频\第15章\15.1\课堂案例——导入图片背景.mp4、制作发光字幕.mp4、制作交叉叠化. mp4
难易指数	★★★★★
学习目标	掌握课堂案例——制作冰朝王后字幕的操作方法

本实例最终效果如图15-1所示。

图15-1

图15-1（续）

15.1.1 导入图片背景

在制作字幕之前，用户首先要导入一张素材图片。下面介绍导入图片背景的操作方法。

01 单击“文件”|“导入”命令，导入一幅图像素材，如图15-2所示。

图15-2

02 在“项目”面板中选择导入的素材，单击鼠标左键，并将其拖曳至“视频1”轨道中，添加素材图像，如图15-3所示。

图15-3

15.1.2 制作发光字幕

在Premiere Pro CS6中添加图片素材后，接下来就可以创建主题字幕，并设置字幕的属性参数及制作发光字幕特效。下面介绍制作发光字幕的操作方法。

01 单击“字幕”|“新建字幕”|“默认静态字幕”命令，弹出“新建字幕”对话框，如图15-4所示。

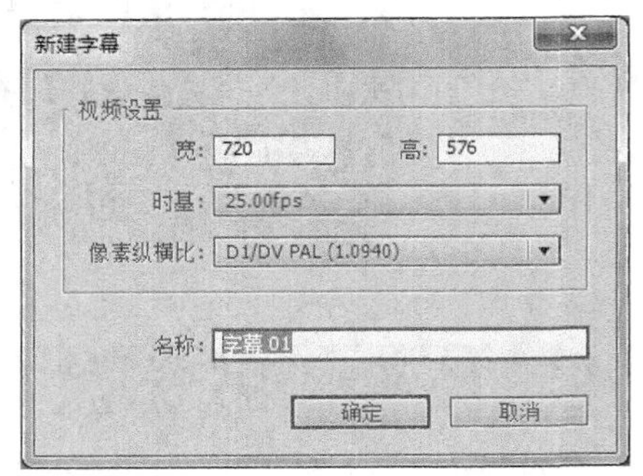

图15-4

02 单击“确定”按钮，打开“字幕编辑”窗口，选择垂直文字工具，在字幕编辑窗口中输入文字“冰朝”，如图15-5所示。

图15-5

技巧与提示

在Premiere Pro CS6中，单击“文件”|“新建”|“字幕”命令，弹出“新建字幕”对话框，单击“确定”按钮，即可快速打开“字幕编辑”窗口。另外，如果用户在“字幕编辑”窗口中选择输入工具，在窗口中输入的将是水平文本字幕；如果选择垂直文字工具，输入的将是垂直文本字幕。

03 在“字幕属性”面板中设置“字体”为FZShuiZhu-M08S，“字体大小”为91，“填充类型”为“线性渐变”，“颜色”为“淡蓝色”到“蓝色”的双色线性渐变（RGB参数分别为177、251、253，134、235、252），如图15-6所示。

04 在“描边”选项区中设置相应外侧边参数。选中“阴影”复选框，并设置相应阴影参数，如图15-7所示。

图15-6

图15-7

05 调整字幕的位置后，关闭“字幕编辑”窗口，此时字幕文件将自动添加至“项目”面板中，如图15-8所示。

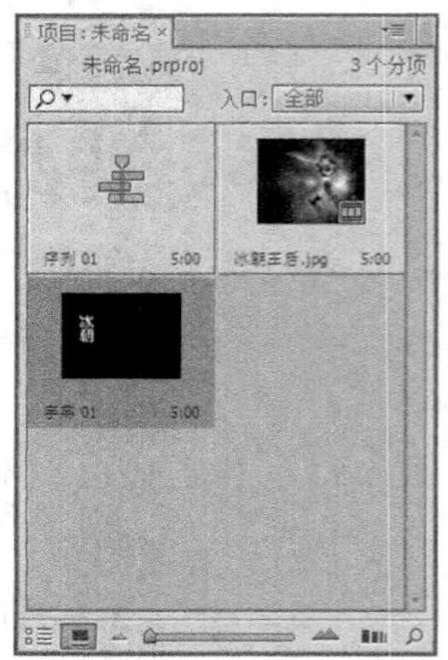

图15-8

06 执行上述操作后，在“项目”面板中复制“字幕01”，并将复制的字幕重命名为“字幕02”，如图15-9所示。

07 在“项目”面板中双击“字幕02”，打开“字幕编辑”窗口，将“冰朝”改为“王后”，调整字幕的位置，如图15-10所示。

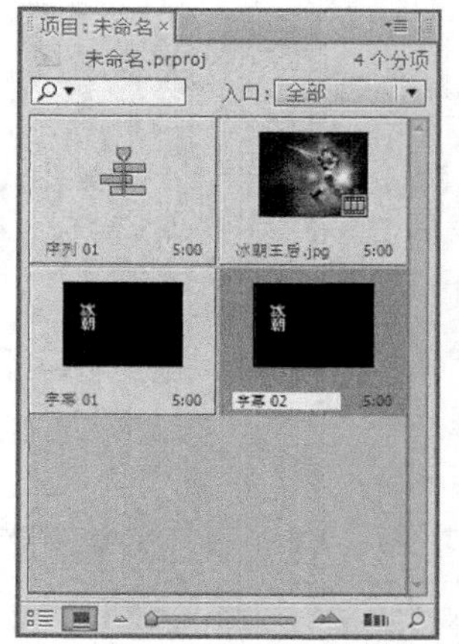

图15-9

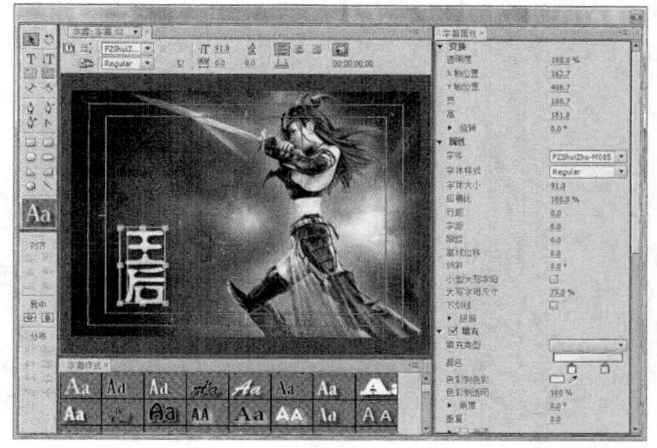

图15-10

08 在“时间线”面板中拖曳“当前时间指示器”至00:00:01:03位置，拖曳“字幕01”至“视频3”轨道的时间线位置处，拖曳“字幕02”至“视频2”轨 道的时间线位置处，并调整字幕的持续时间，如图15-11所示。

图15-11

09 在“时间线”面板中选择“字幕01”，展开“特效控制台”面板，设置“透明度”为0%。将“当前时间指示器”拖曳至00:00:01:08位置，设置“透明度”为100%，添加淡入效果，如图15-12所示。

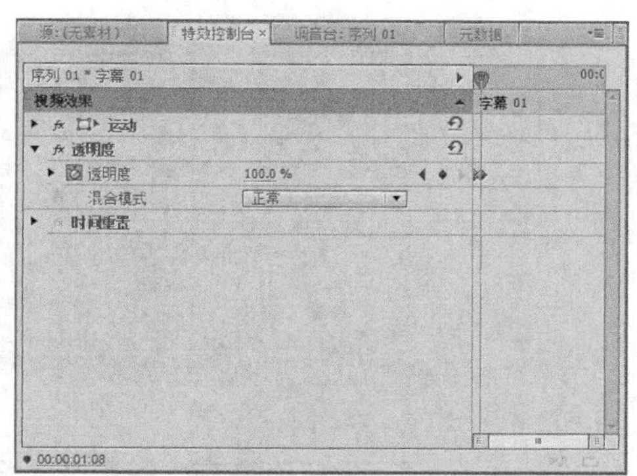

图15-12

10 用与上述相同的方法，为“字幕02”添加同样的淡入效果，如图15-13所示。

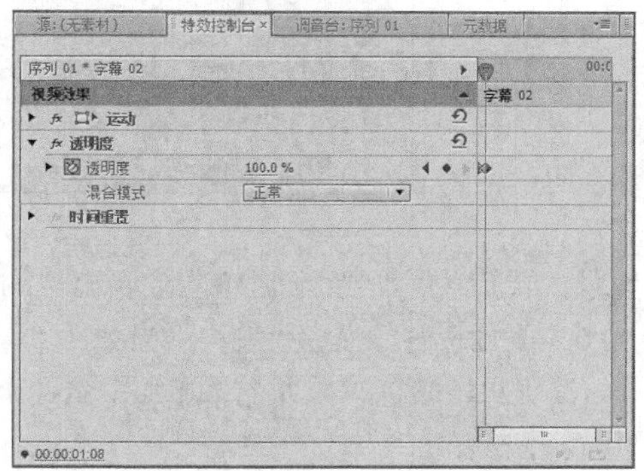

图15-13

11 在“效果”面板中展开“视频特效”|“风格化”选项，选择“Alpha辉光”视频特效，如图15-14所示。

图15-14

12 单击鼠标左键，并将其拖曳至“视频3”轨道的字幕上，添加视频特效，如图15-15所示。

13 然后将“当前时间指示器”拖曳至00:00:01:03位置，选择“字幕01”，在“特效控制台”面板中单击“Alpha辉光”选项中所有的“切换动画”按钮，如图15-16所示。

图15-15

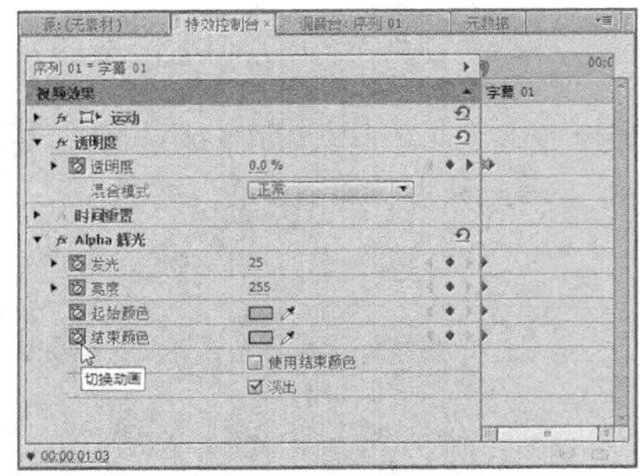

图15-16

14 然后将“当前时间指示器”拖曳至00:00:01:12位置，设置“发光”为67，“亮度”为253，“起始颜色”为红色，添加一组关键帧，如图15-17所示。

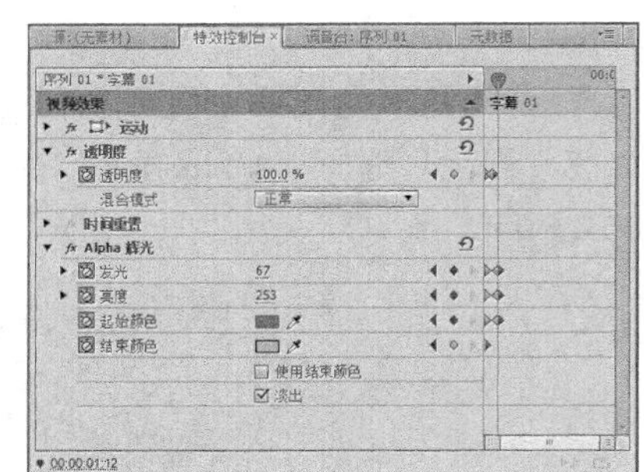

图15-17

15 然后拖曳“当前时间指示器”至00:00:02:02位置，单击“发光”和“亮度”选项右侧的“添加/移除关键帧”按钮，设置“起始颜色”为白色，如图15-18所示。

16 然后拖曳“当前时间指示器”至00:00:02:20位置，设置“发光”为0，如图15-19所示。

17 在“特效控制台”面板中选择“Alpha辉光”选项，单击鼠标右键，在弹出的快捷菜单中选择“复制”选项，如图15-20所示。

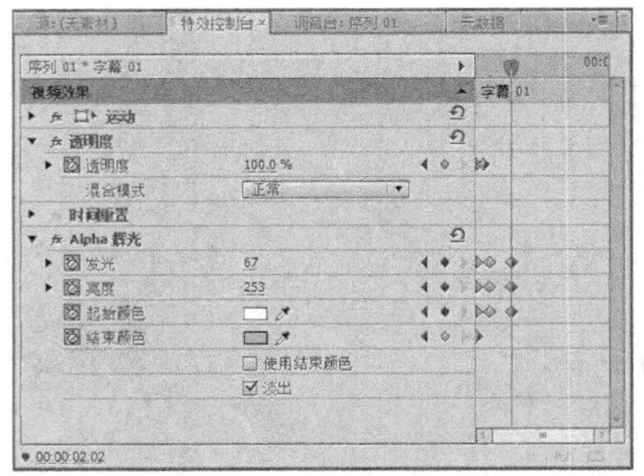

图15-18

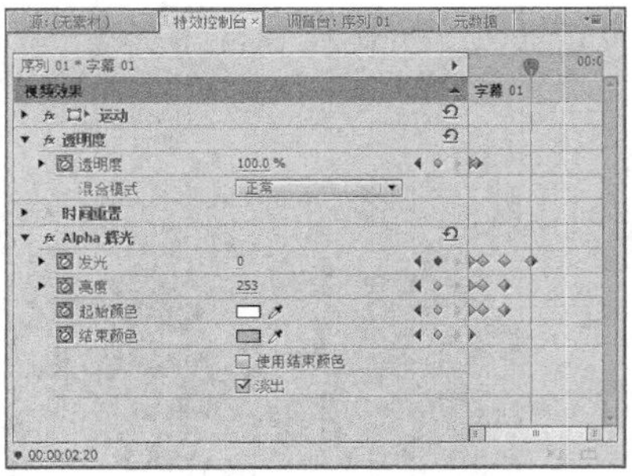

图15-19

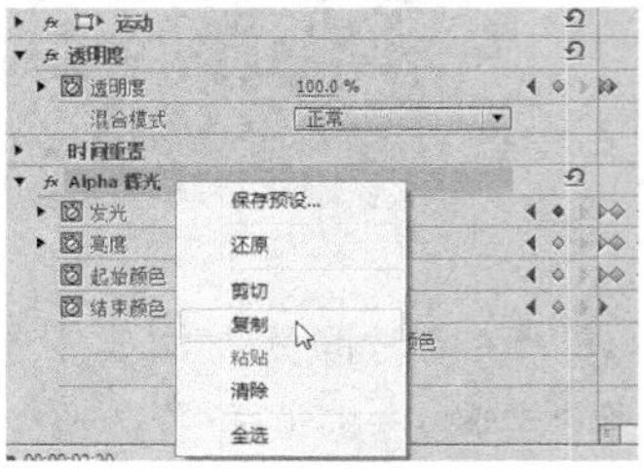

图15-20

18 在“时间线”面板的“视频2”轨道中选择“字幕02”，展开“特效控制台”面板，将“Alpha辉光”特效粘贴至“特效控制台”面板中，如图15-21所示。

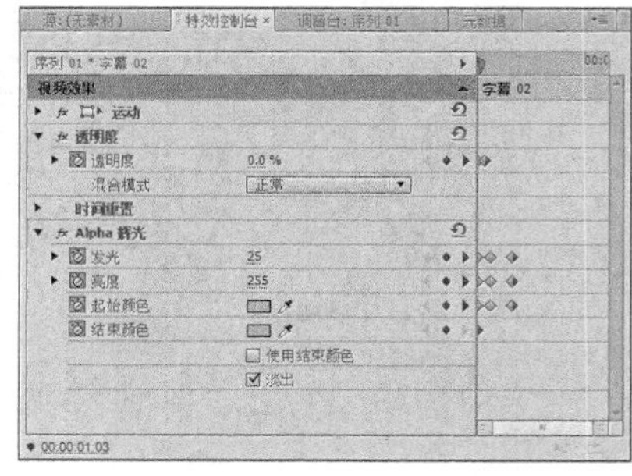

图15-21

19 然后拖曳“当前时间指示器”至00:00:01:15位置，按住Shift键的同时，选择“Alpha辉光”特效中所有的关键帧，并将其拖曳至时间线位置，如图15-22所示。

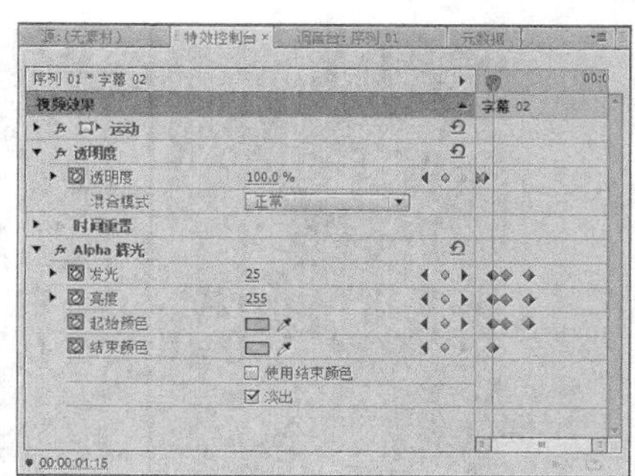

图15-22

20 执行上述操作后，即可添加字幕发光效果，在“节目监视器”面板中预览字幕发光效果，如图15-23所示。

图15-23

15.1.3 制作交叉叠化

在Premiere Pro CS6中完成整个素材的编辑操作后，还需要为整个效果添加交叉叠化淡入淡出效果。下面介绍添加交叉叠化的操作方法。

01 在“效果”面板中，展开“视频切换”|“叠化”选项，在其中选择“交叉叠化（标准）”特效，如图15-24所示。

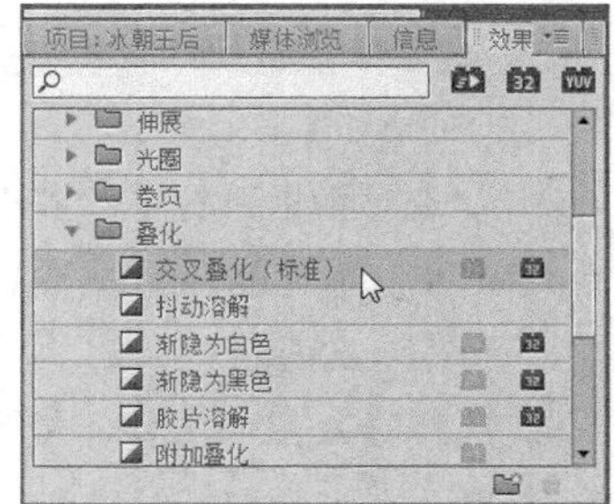

图15-24

02 单击鼠标左键，并将其拖曳至“视频1”轨道中的起始位置和结束位置，然后拖曳该特效至“字幕01”和“字幕02”的结束位置，如图15-25所示。

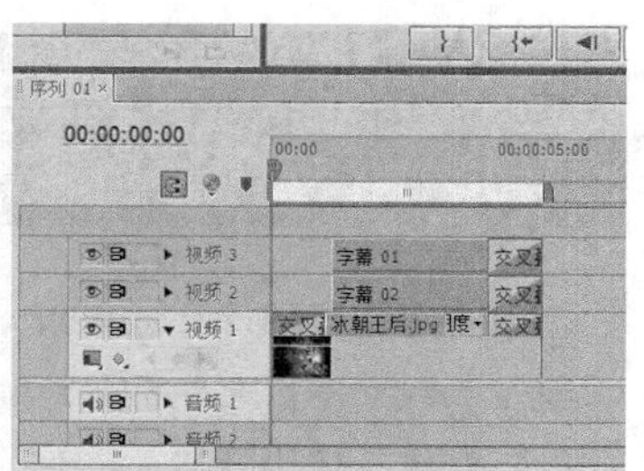

图15-25

03 执行上述操作后，单击“节目监视器”面板中的“播放-停止切换”按钮，预览制作的冰朝王后效果，如图15-26所示。

图15-26

15.2 课堂案例——制作生化危机字幕

随着电影产业的不断发展，电影宣传片也已经逐渐走入观众的日常生活中。本实例以电影《生化危机》宣传影像为背景，制作了一个立体的字幕动态效果，让宣传片的片头效果更加华丽。

案例位置	效果\第15章\生化危机.prproj
视频位置	视频\第15章\15.2\课堂案例——制作字幕文件.mp4、制作动态特效.mp4、制作视频特效.mp4
难易指数	★★★★★
学习目标	掌握课堂案例——制作生化危机字幕的操作方法

本实例最终效果如图15-27所示。

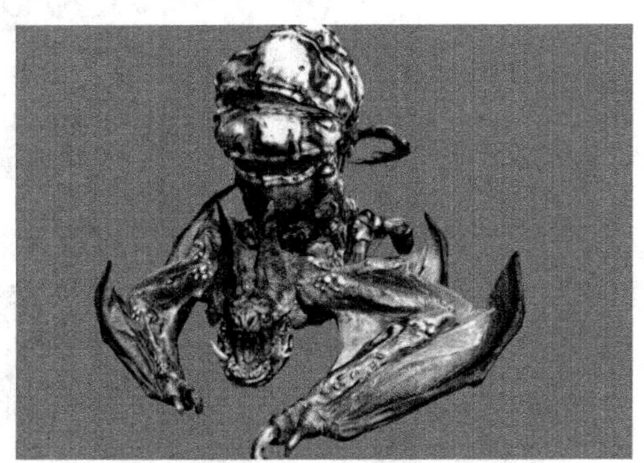

图15-27

图15-27（续）

15.2.1 制作字幕文件

惊悚题材电影的宣传片大多都需要震撼的效果来承托整个影片，在制作影片宣传片效果之前，用户需要导入两张影片的素材图片作为背景。导入素材后，就可以开始制作“生化危机”字幕效果了。

01 新建一个名为“生化危机”的项目文件，单击“文件”|“导入”命令，弹出“导入”对话框，从中选择合适的图像，如图15-28所示。

图15-28

02 单击对话框下方的“打开”按钮，执行操作后，即可将选择的图像文件导入到“项目”面板中，如图15-29所示。

03 选择导入图像文件，依次将其添加至“视频1”轨道上，并调整持续时间，如图15-30所示。

04 在“特效控制台”面板中，依次设置“缩放比例”分别为80、72，其图像效果如图15-31所示。

图15-29

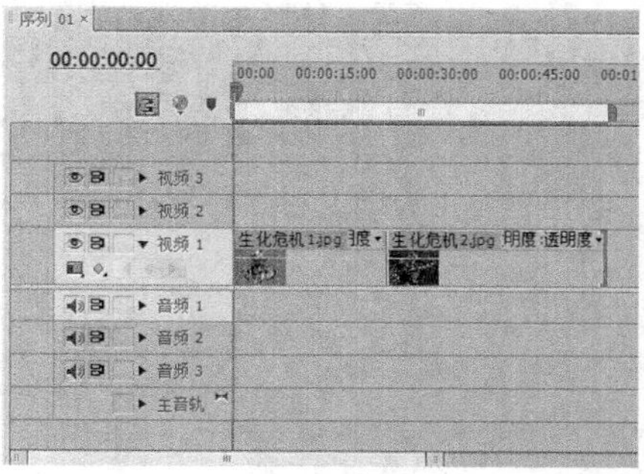

图15-30

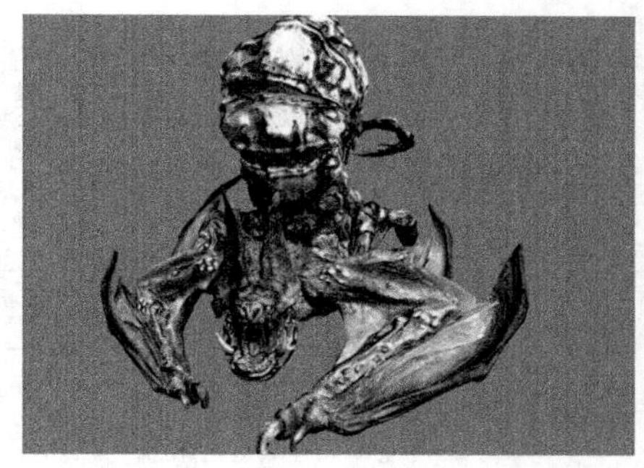

图15-31

05 接下来开始制作“生化危机”字幕效果，首先新建一个字幕文件，打开字幕编辑窗口，选取垂直文字工具，输入文字“生”，如图15-32所示。

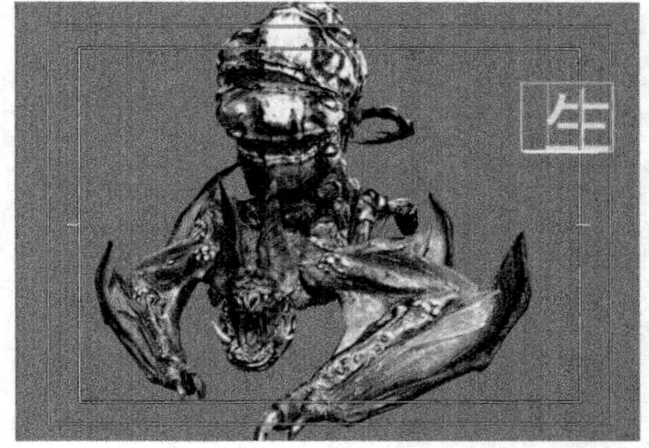

图15-32

06 设置“字体”为FZZongYi-M05S，“填充类型”为“四色渐变”，“颜色”分别为深蓝、蓝色、黑色和蓝色，如图15-33所示。

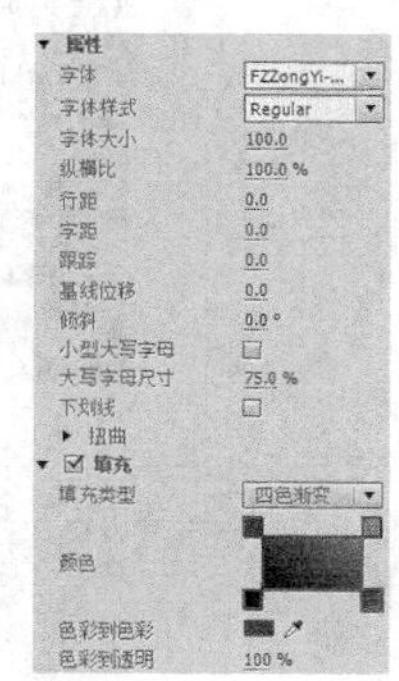

图15-33

07 在“描边”选项区中设置相应外侧边参数，选中“阴影”复选框，并设置相应阴影参数，如图15-34所示。

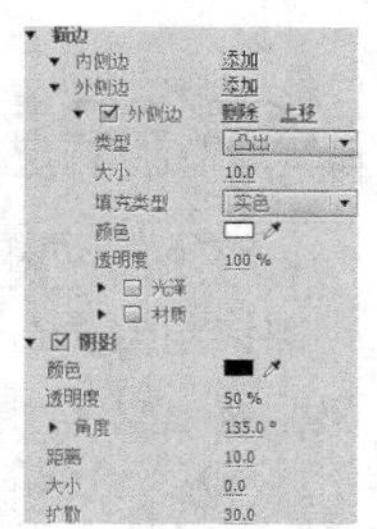

图15-34

08 关闭字幕编辑窗口，选择“项目”面板中的“字幕01”文件，复制字幕3份，并按顺序重命名，如图15-35所示。

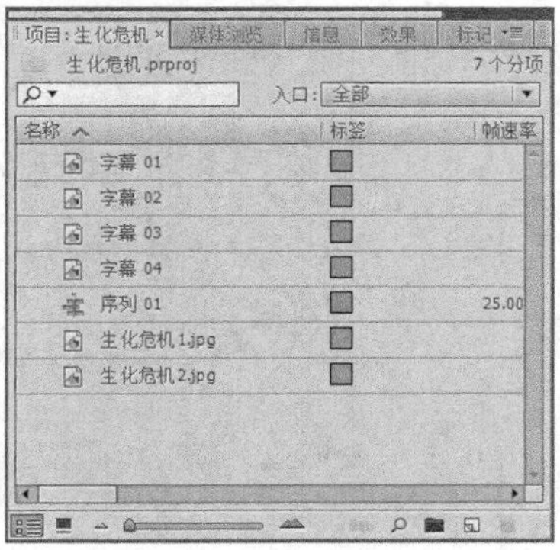

图15-35

09 双击复制后的字幕文件，然后打开字幕编辑窗口，修改文字效果，如图15-36所示。

10 接下来可以拖曳字幕至不同的轨道中，并调整字幕的时间长度，如图15-37所示。

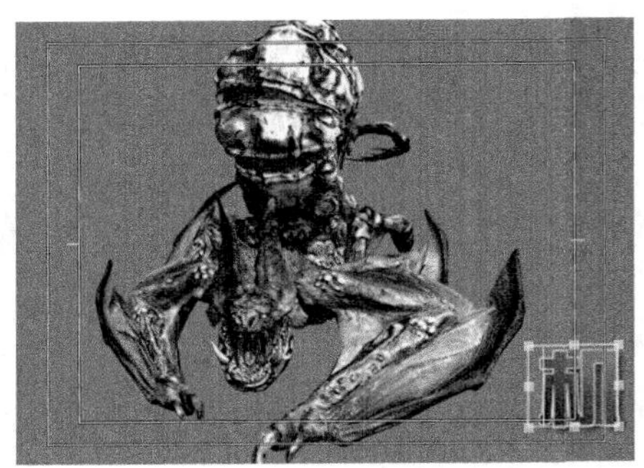

图15-36

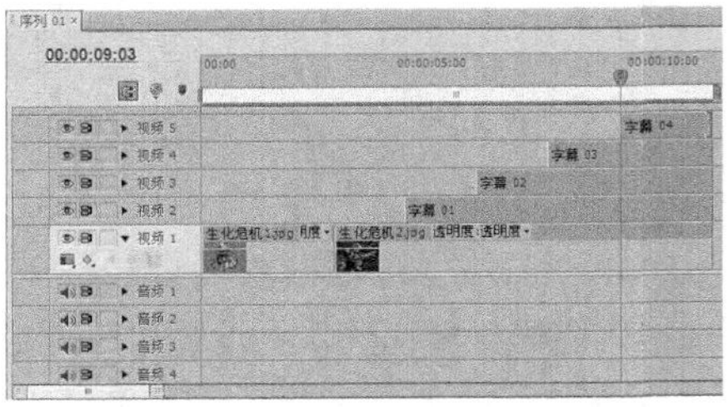

图15-37

15.2.2 制作动态特效

震撼的动态字幕能够让影片气氛更加浓烈，为图像添加动态变化效果，可以更好地展示图像效果。接下来将为字幕及图像添加一些动态效果。

01 选择“字幕01”，展开“特效控制台”面板，单击“缩放比例”左侧的“切换动画”按钮，设置“缩放比例”为339，如图15-38所示。

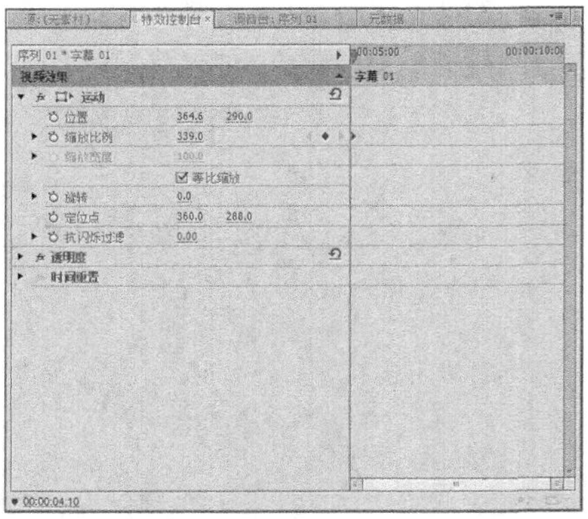

图15-38

02 将时间线拖曳至00:00:04:20的位置，设置“缩放比例”为280，添加关键帧，如图15-39所示。

03 将时间线拖曳至00:00:05:07的位置，设置“缩放比例”为100，添加关键帧，如图15-40所示。

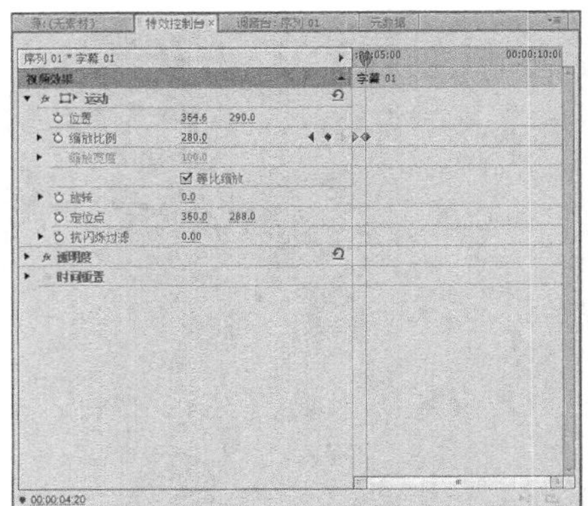

图15-39

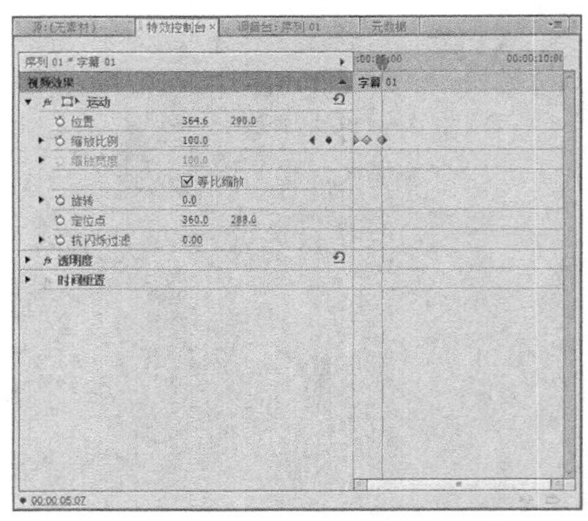

图15-40

04 用与上面同样的方法，为“字幕02”“字幕03”和“字幕04”文件依次添加关键帧，如图15-41所示。

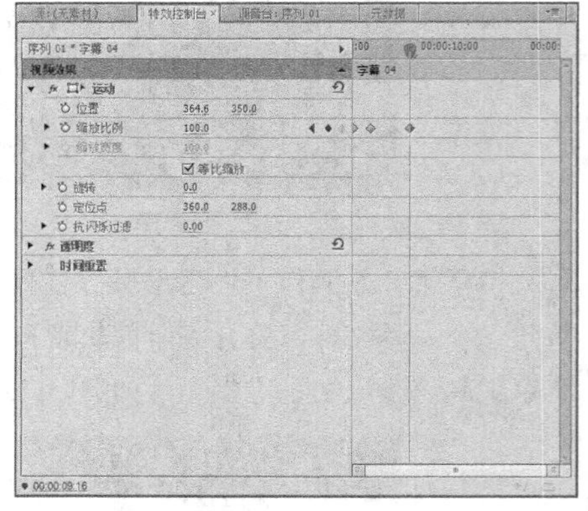

图15-41

05 选择生化危机2，展开“特效控制台”面板，单击“缩放比例”左侧的“切换动画”按钮，设置“缩放比例”为80，如图15-42所示。

06 将时间线拖曳至00:00:05:09的位置，设置“缩放比例”为113，添加关键帧，如图15-43所示。

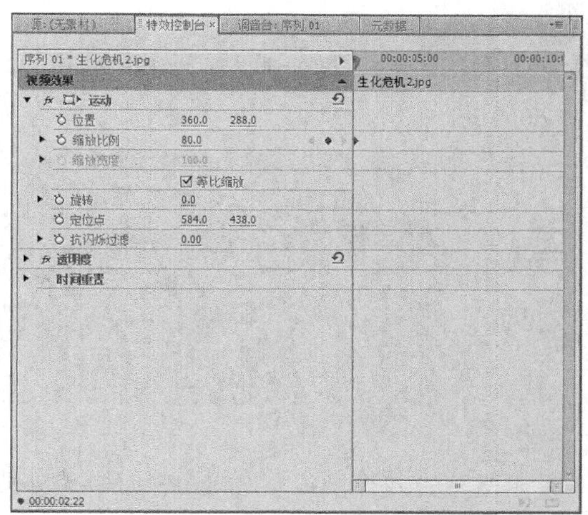

图15-42

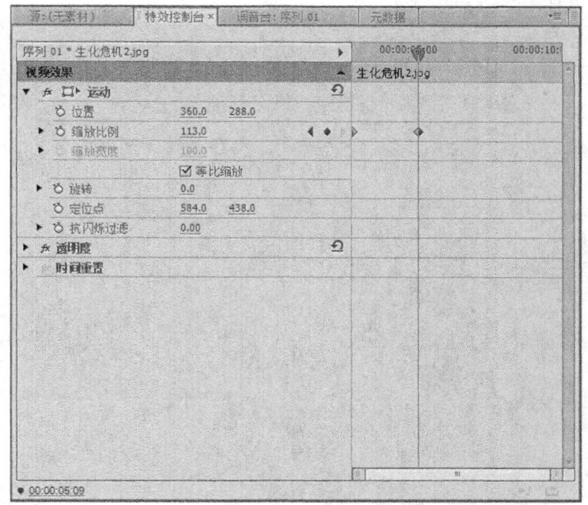

图15-43

07 将时间线拖曳至00:00:05:13的位置，设置“缩放比例”为110，添加关键帧，如图15-44所示。

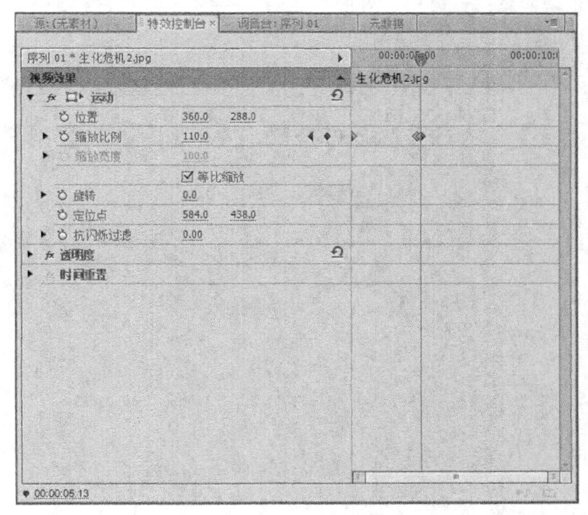

图15-44

08 用与上面同样的方法，依次在合适位置添加相应的关键帧，效果如图15-45所示。

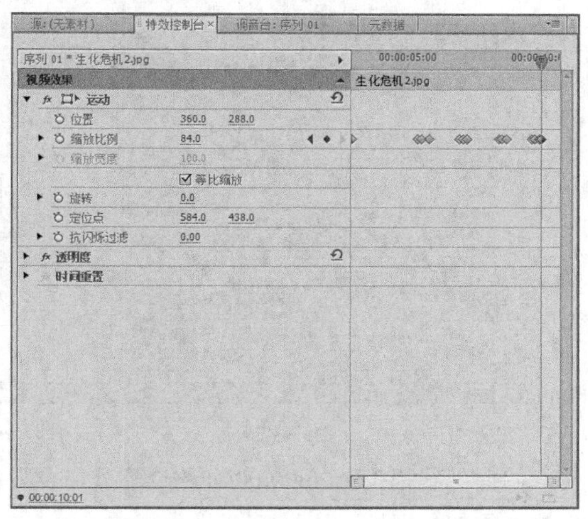

图15-45

15.2.3 制作视频特效

为图像添加视频特效，可以凸显出震撼的效果，同样，为图像添加视频转场效果，也可以让影片中的切换变得生动。下面将介绍添加图像视频特效及视频转场效果的方法。

01 在“效果”面板中，展开“视频特效”|“键控”选项，选择“颜色键”选项，如图15-46所示。

图15-46

02 在“生化危机1”图像上，添加选择的视频特效。在“特效控制台”面板中，设置各参数，添加关键帧，如图15-47所示。

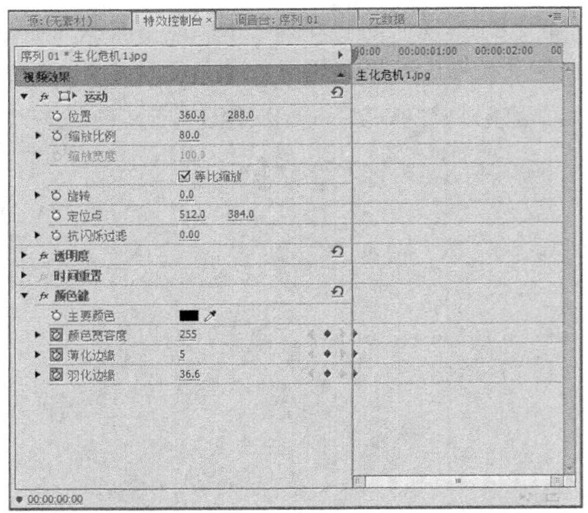

图15-47

03 将时间线拖曳至00:00:00:18的位置处，设置各参数，添加关键帧，如图15-48所示。

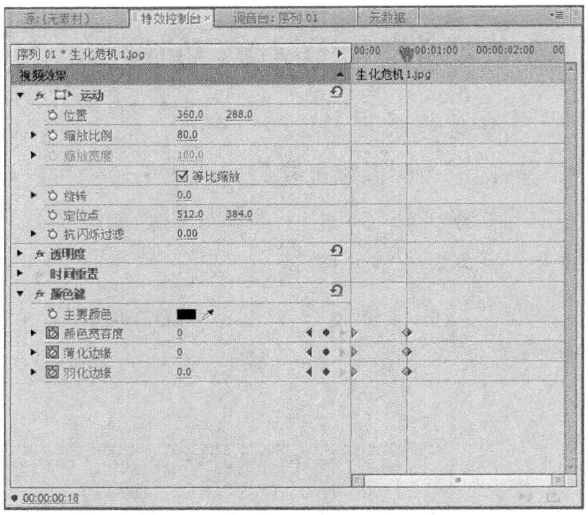

图15-48

04 在“效果”面板中，展开“视频特效”|“键控”选项，选择“8点无用信号遮罩”选项，如图15-49所示。

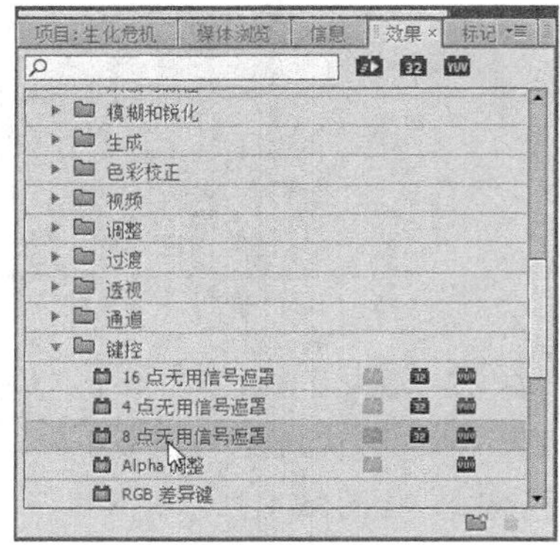

图15-49

05 单击鼠标左键，并将其拖曳至“视频1”轨道的“生化危机2”图像上，添加视频特效，如图15-50所示。

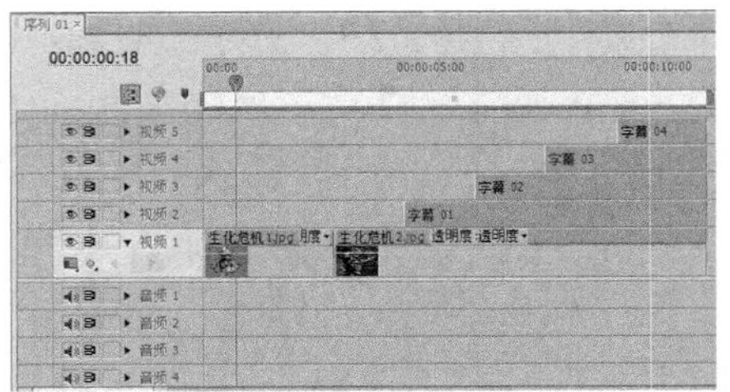

图15-50

06 展开“特效控制台”面板，将时间线拖曳至00:00:02:22的位置处，设置各参数，添加关键帧，如图15-51所示。

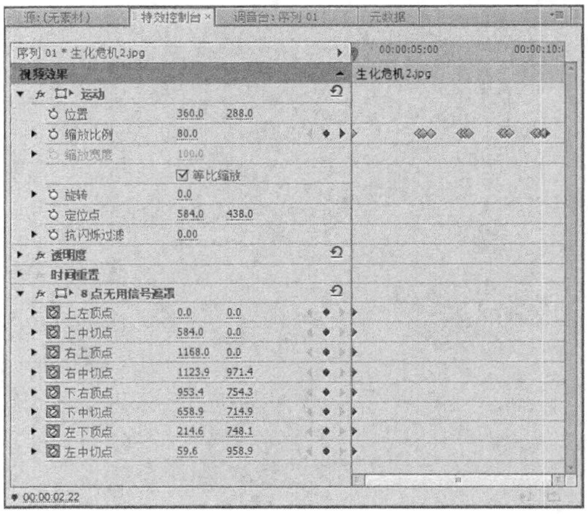

图15-51

07 将时间线拖曳至00:00:08:18的位置处，展开“特效控制台”面板，设置各参数，添加关键帧，如图15-52所示。

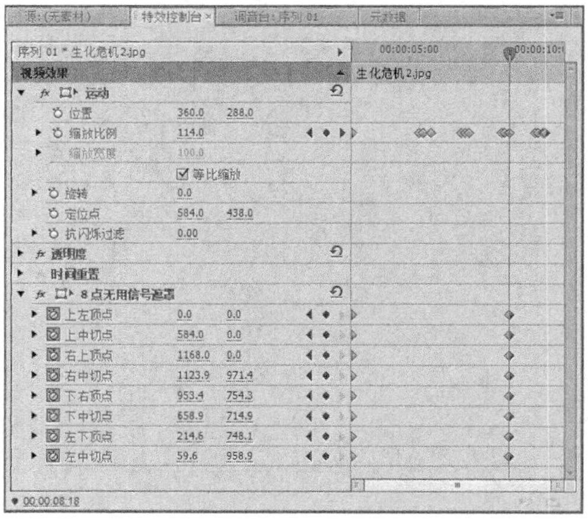

图15-52

08 将时间线拖曳至00:00:10:11的位置处，展开“特效控制台”面板，设置各参数，添加关键帧，如图15-53所示。

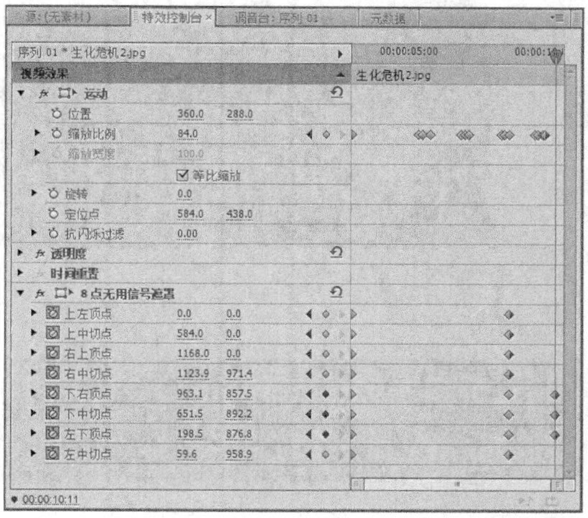

图15-53

09 在“效果”面板中，展开“视频特效”|“生成”选项，选择“镜头光晕”选项，如图15-54所示。

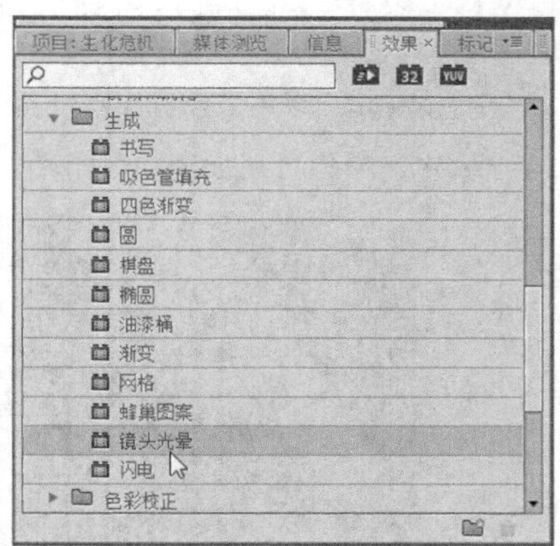

图15-54

10 单击鼠标左键，并将其拖曳至“视频1”轨道的“生化危机2”图像上，添加视频特效，其图像效果如图15-55所示。

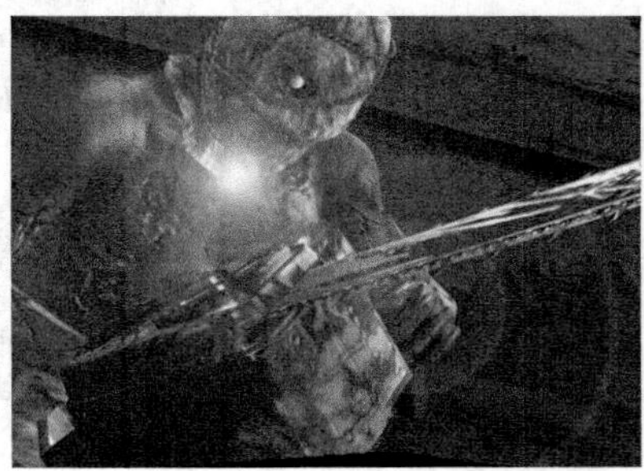

图15-55

11 将时间线拖曳至00:00:09:24的位置处，设置各参数，添加关键帧，如图15-56所示。

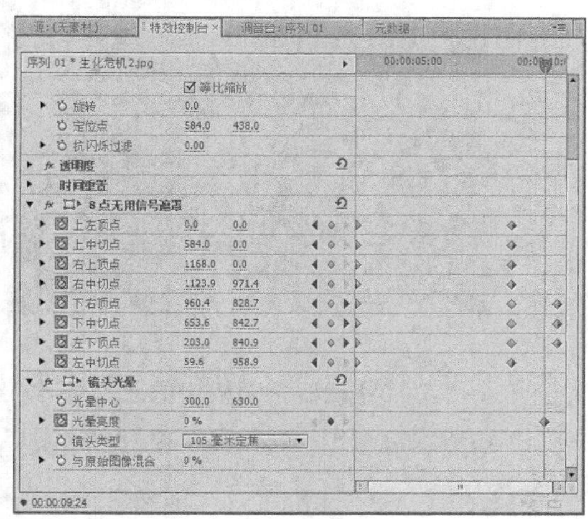

图15-56

12 将时间线拖曳至00:00:10:17的位置处，设置各参数，添加关键帧，如图15-57所示。

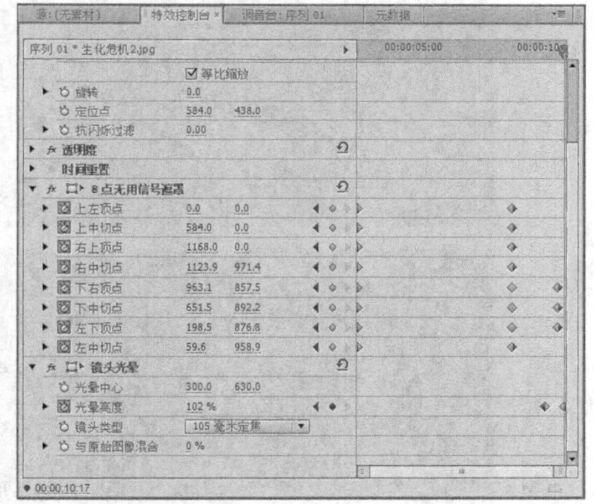

图15-57

13 在“效果”面板中，展开“视频切换”|“3D运动”选项，选择“门”选项，如图15-58所示。

图15-58

⑭ 单击鼠标左键并拖曳至“视频1”轨道上，添加转场效果，如图15-59所示。

图15-59

⑮ 单击“节目监视器”面板中的“播放-停止切换”按钮，预览制作的生化危机效果，如图15-60所示。

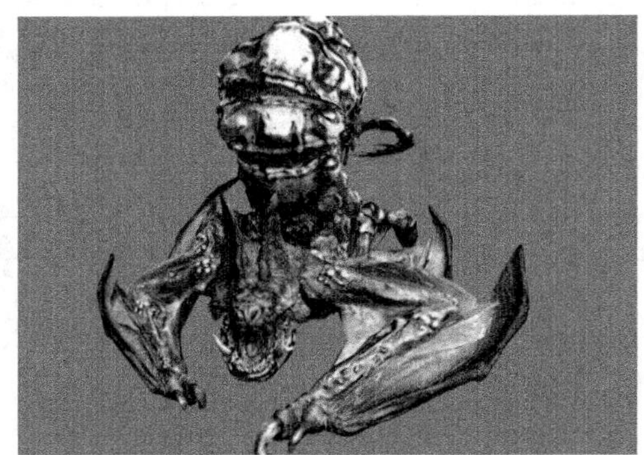

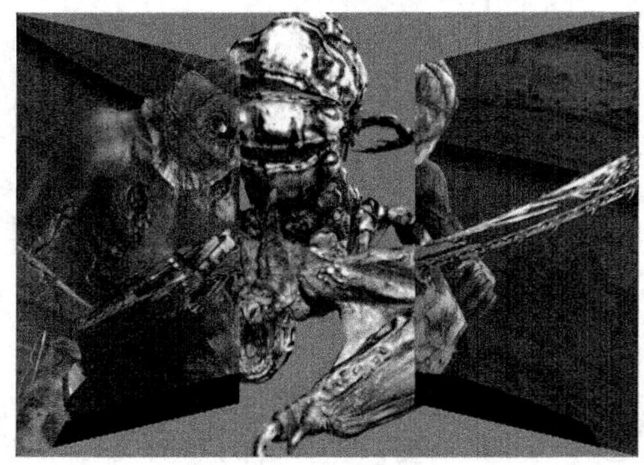

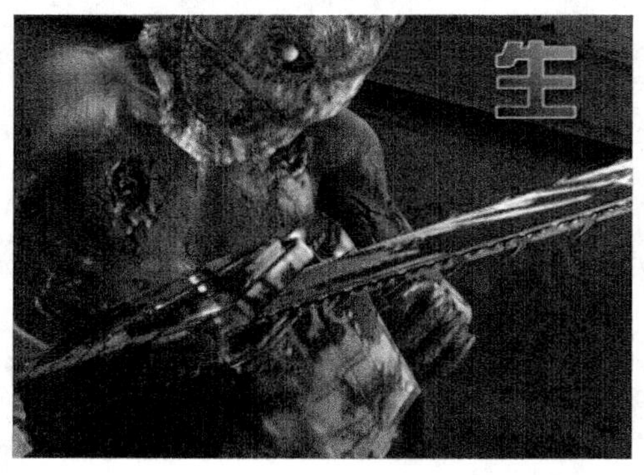

图15-60

图15-60（续）

15.3 课堂案例——制作影视频道片头

片头是电视节目的重要组成部分，好的片头可以给广大电视观众留下深刻的印象，从而提高收视率。本节主要介绍制作影视频道片头的具体操作方法。

案例位置	效果\第15章\影视频道.prproj
视频位置	视频\第15章\15.3\课堂案例——导入影视视频.mp4、制作影视场.mp4、制作影视特效.mp4、制作影视音频.mp4
难易指数	★★★★★
学习目标	掌握课堂案例——制作影视频道片头的操作方法

本实例最终效果如图15-61所示。

图15-61

15.3.1 导入影视视频

在制作影视频道片头之前，首先需要将影视视频文件添加到项目文件中，下面将介绍其操作方法。

01 新建一个名为“影视频道”的项目文件，单击“文件”|“导入”命令，弹出“导入”对话框，从中选择合适的视频，如图15-62所示。

图15-62

02 单击对话框下方的“打开”按钮，即可将选择的视频文件导入到“项目”面板中，如图15-63所示。

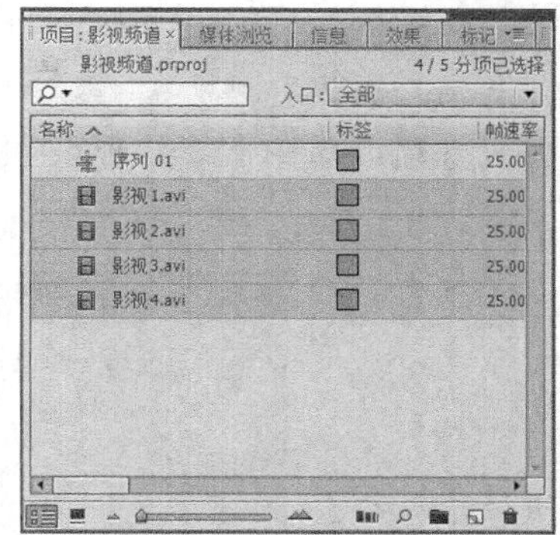

图15-63

03 选择导入视频文件，将其拖曳至“视频1”轨道上，如图15-64所示。

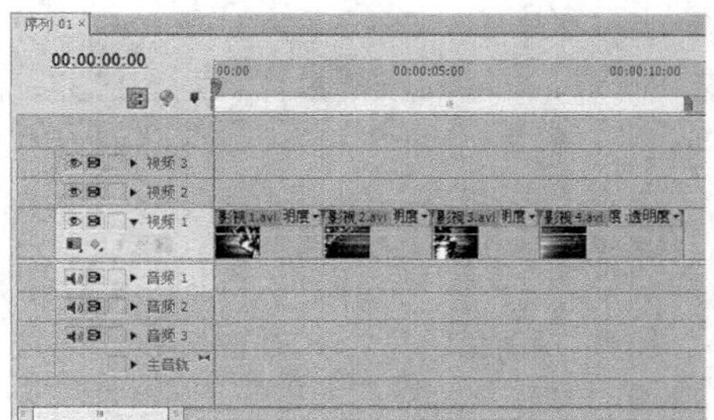

图15-64

04 在“节目监视器”面板中预览视频效果，如图15-65所示。

图15-65

15.3.2 制作影视转场

视频片头往往需要一些转场的过渡来表现整个效果，下面将介绍制作影视转场的操作方法。

01 在“效果”面板中，展开“视频切换”|“叠化”选项，选择“交叉叠化（标准）”选项，如图15-66所示。

图15-66

02 单击鼠标左键并拖曳至“影视1”与“影视2”视频之间，添加转场效果，如图15-67所示。

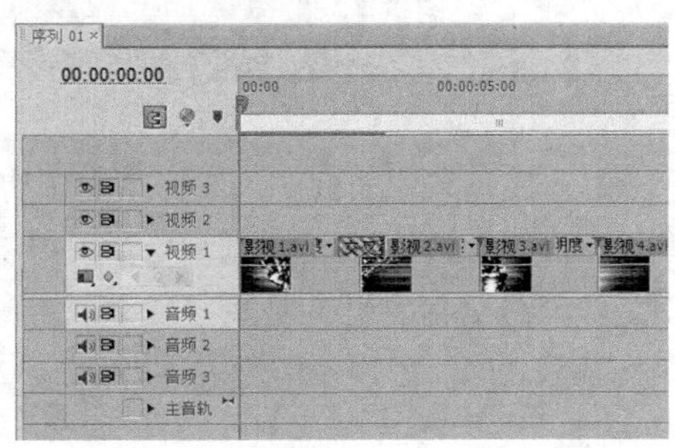

图15-67

03 在“特效控制台”面板中，单击“对齐”右侧的下拉按钮，弹出列表框，选择“结束于切点”选项，如图15-68所示。

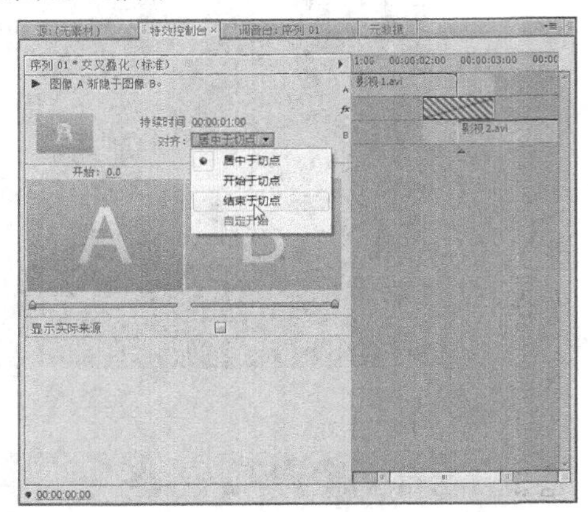

图15-68

04 在“效果”面板中，展开“视频切换”|“叠化”选项，选择“黑场过渡”选项，如图15-69所示。

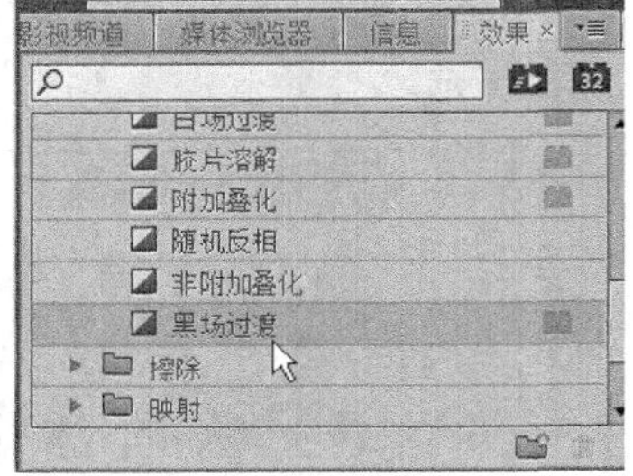

图15-69

05 单击鼠标左键并拖曳至“影视2”与“影视3”视频之间，添加转场效果，如图15-70所示。

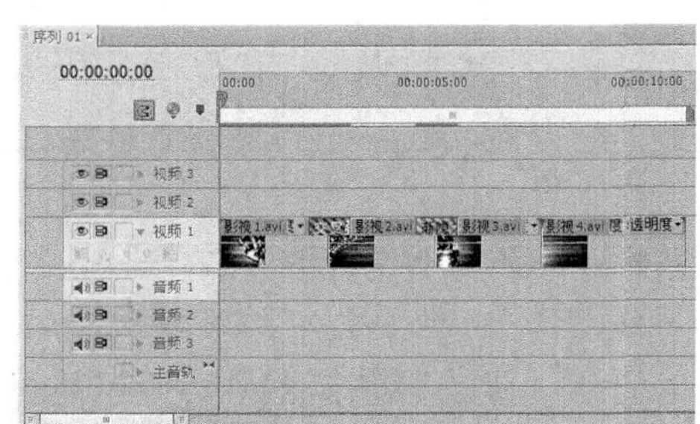

图15-70

06 在“效果”面板中，展开“视频切换”|“滑动”选项，选择“拆分”选项，如图15-71所示。

07 单击鼠标左键并拖曳至“影视3”与“影视4”视频之间，添加转场效果，如图15-72所示。

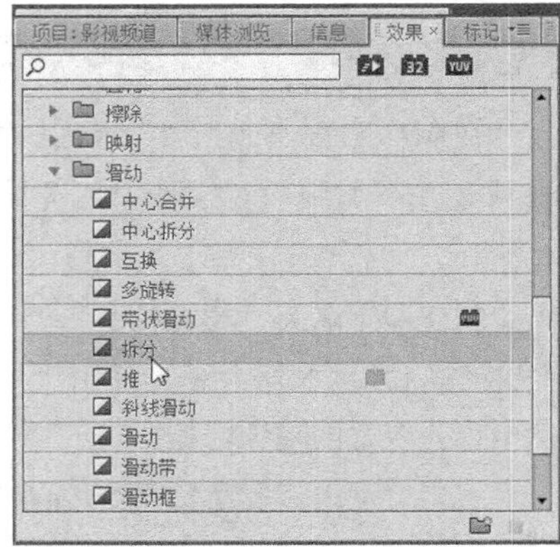

图15-71

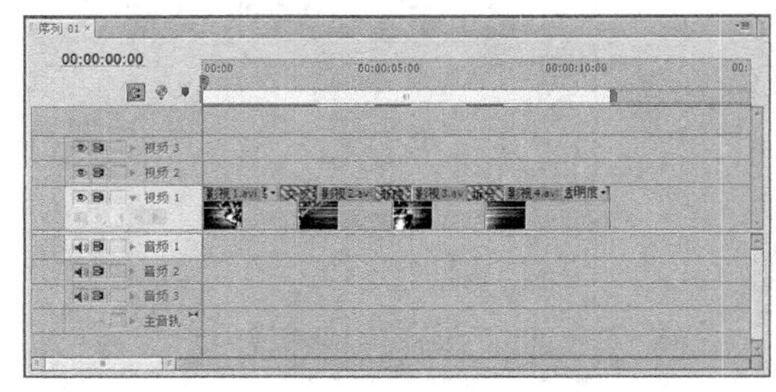

图15-72

15.3.3 制作影视特效

在影视频道片头中添加“镜头光晕”和“闪电”视频特效，可以增加片头的生动性。

01 在“效果”面板中，展开“视频特效”|“生成”选项，选择“镜头光晕”选项，如图15-73所示。

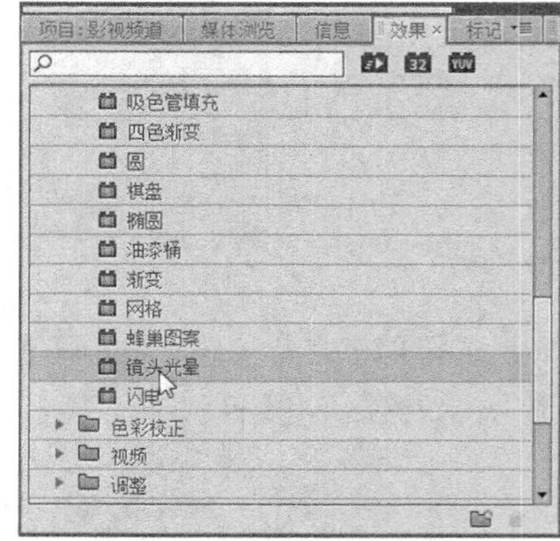

图15-73

02 单击鼠标左键并将其拖曳至“视频1”轨道上的“影视2”视频图像上，并显示一条紫色直线，如图15-74所示。

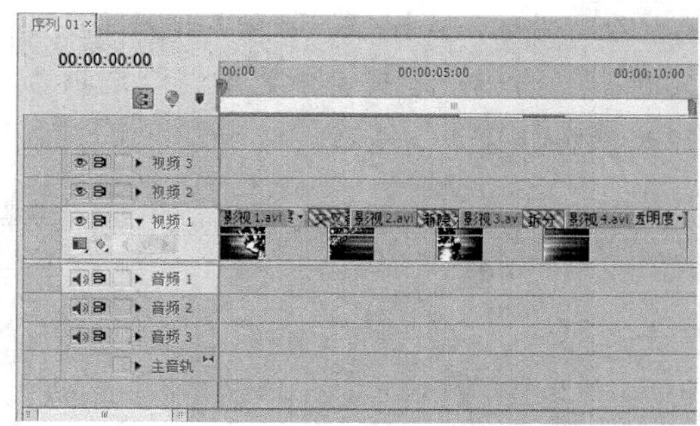

图15-74

03 将时间线移至00:00:02:14的位置，选择“影视2”素材，如图15-75所示。

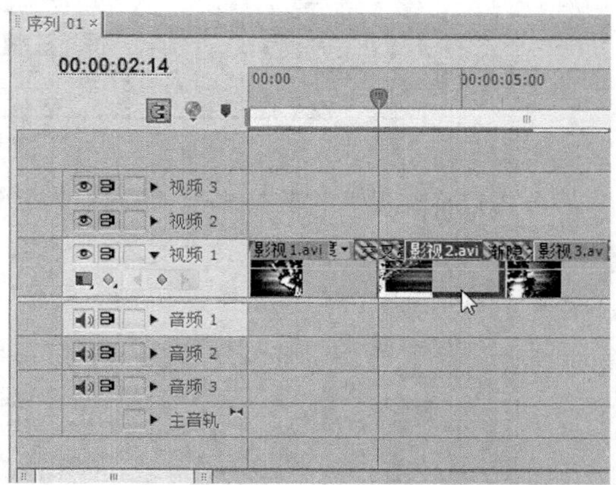

图15-75

04 在“特效控制台”面板中，设置合适的参数值，如图15-76所示。

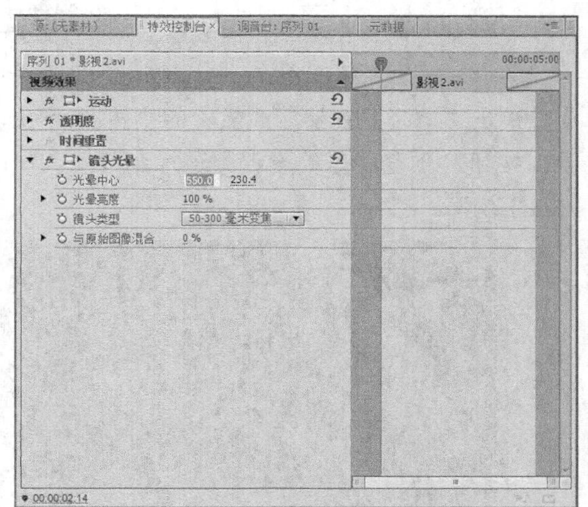

图15-76

05 在“效果”面板中，展开“视频特效”|“生成”选项，选择“闪电”选项，如图15-77所示。

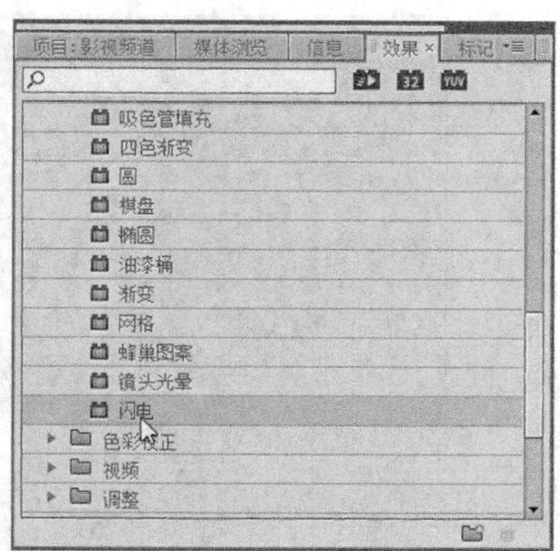

图15-77

06 将其拖曳至“影视3”视频图像上，在“特效控制台”面板中设置各参数，如图15-78所示。

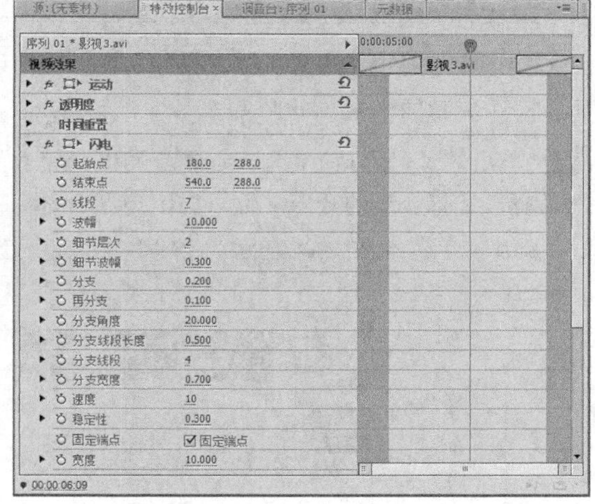

图15-78

07 在“效果”面板中展开“视频特效”|“生成”选项，选择“镜头光晕”选项，将其添加至“影视4”素材上，如图15-79所示。

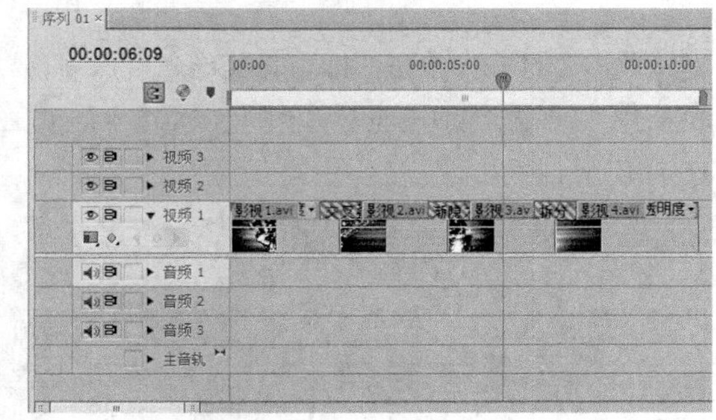

图15-79

08 在“特效控制台”面板中，展开“镜头光晕”选项，设置“光晕中心”为620、100，如图15-80所示。

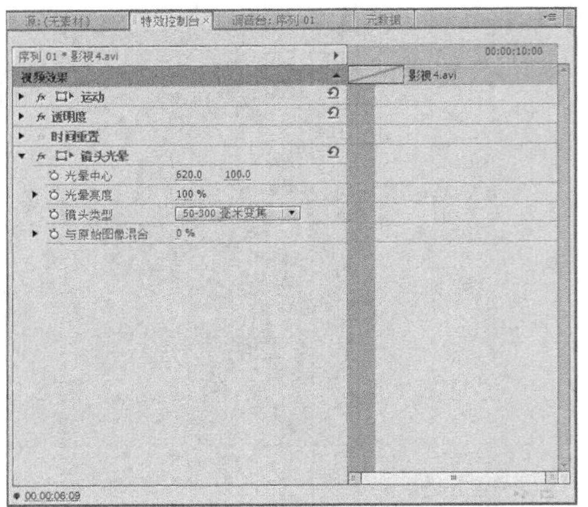

图15-80

15.3.4 制作影视音频

接下来为影视频道片头添加音频文件，就可以得到一个完整的电视节目片头了。

01 单击“文件”|“导入”命令，弹出“导入”对话框，选择合适的音乐文件，如图15-81所示。

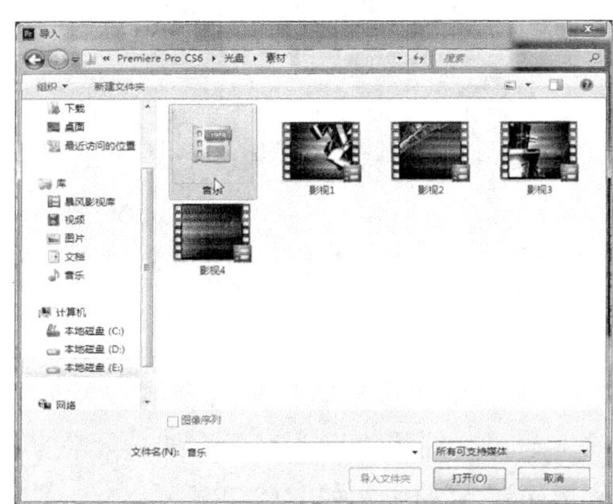

图15-81

02 单击“打开”按钮，即可将其导入至“项目”面板中，并将其添加至“音频1”轨道上，如图15-82所示。

图15-82

03 在“效果”面板中，展开“音频过渡”|“交叉渐隐”选项，选择“恒定增益”选项，如图15-83所示。

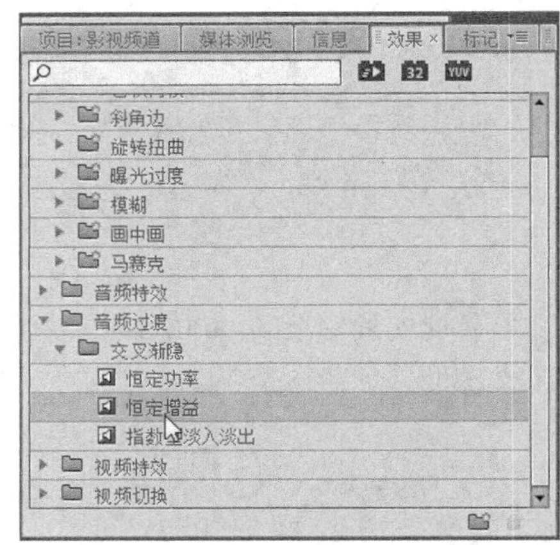

图15-83

04 单击鼠标左键并将其拖曳至“音频1”轨道上的音乐素材结尾处，并调整持续时间，如图15-84所示。

图15-84

05 单击“节目监视器”面板中的“播放-停止切换”按钮，预览制作的影视频道片头效果，如图15-85所示。

图15-85

图15-85（续）

15.4 课堂案例——制作真爱一生电子相册

结婚是人一生中最重要的事情之一，而结婚这一天也是最具有纪念价值的一天。对于新郎和新娘来说，制作精美的结婚电子相册则记录了他们人生中最美好的时刻。

案例位置	效果\第15章\真爱一生.prproj
视频位置	视频\第15章\15.4\课堂案例——制作片头效果. mp4、制作动态效果. mp4、制作片尾效果. mp4
难易指数	★★★★★
学习目标	掌握课堂案例——制作真爱一生电子相册的操作方法

本实例最终效果如图15-86所示。

图15-86

图15-86（续）

15.4.1 制作片头效果

随着数码科技不断发展和数码相机进一步的普及，人们逐渐开始为结婚相册制作绚丽的片头，让原本单调的照片展示变得更加生动感人。

下面介绍制作结婚相册片头效果的操作方法。

01 新建一个项目文件，单击“文件”|“导入”命令，导入一段视频素材，如图15-87所示。

图15-87

02 在“项目”面板中选择视频素材，单击鼠标左键，并将其拖曳至“视频1”轨道中，选择视频素材，单击鼠标右键，在弹出的快捷菜单中选择“解除视音频链接”选项，如图15-88所示。

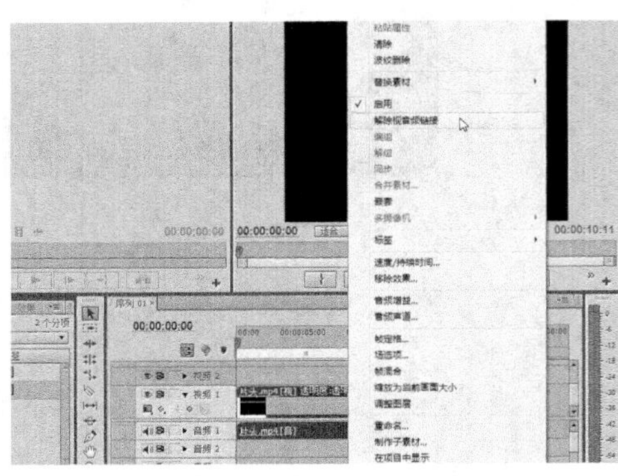

图15-88

03 执行上述操作后，即可解除视频和音频的链接，选择音频素材，按Delete键进行删除，如图15-89所示。

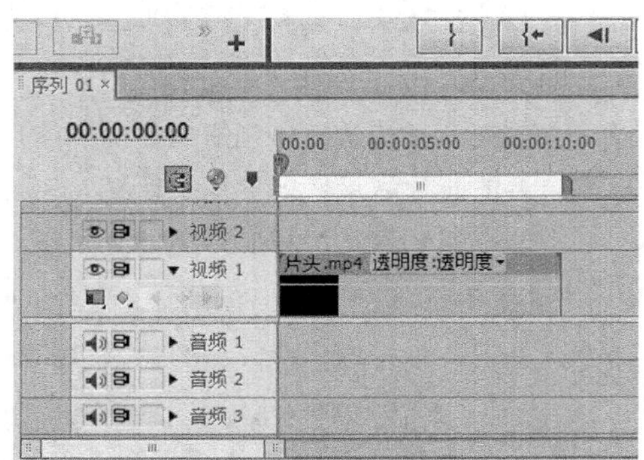

图15-89

04 选择“视频1”轨道中的素材，展开“特效控制台”面板，设置“缩放比例”为150.0，如图15-90所示。

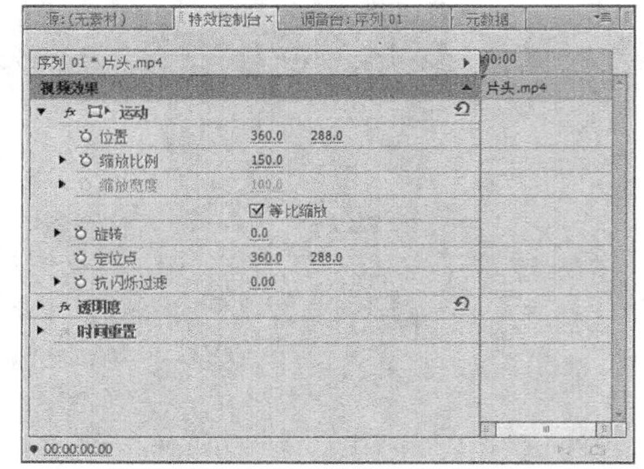

图15-90

05 在“效果”面板中展开“视频切换”|“叠化”选项，选择“交叉叠化（标准）”特效，如图15-91所示。

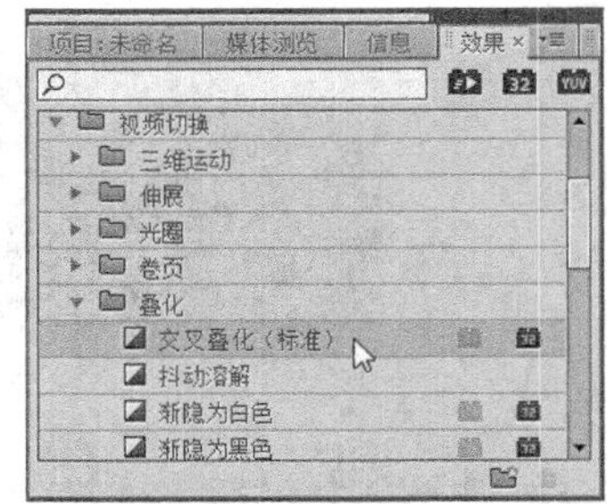

图15-91

06 单击鼠标左键，并将其拖曳至视频素材的结束点位置，添加视频特效，如图15-92所示。

图15-92

07 执行上述操作后，即可制作结婚相册片头效果，在“节目监视器”面板中单击“播放-停止切换”按钮，即可预览片头效果，如图15-93所示。

图15-93

15.4.2 制作动态效果

由于结婚相册是以照片预览为主的视频动画，因此用户需要准备大量的照片素材，并使用Premiere Pro CS6为照片添加相应的动态效果。

下面介绍制作相册动态效果的操作方法。

01 单击“文件”|“导入”命令，导入相应图像素材，如图15-94所示。

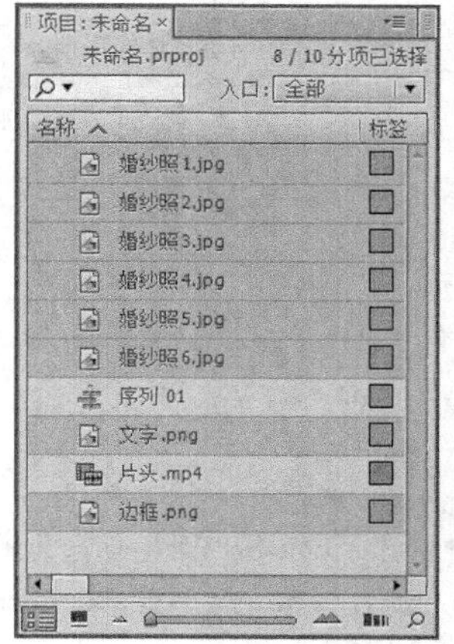

图15-94

02 选择“项目”面板中的婚纱照片素材，单击鼠标左键，并将其拖曳至“视频1”轨道中，添加照片素材，如图15-95所示。

图15-95

03 选择“视频1”轨道中的“婚纱照1”素材，展开“特效控制台”面板，设置“缩放比例”为135.0，如图15-96所示。

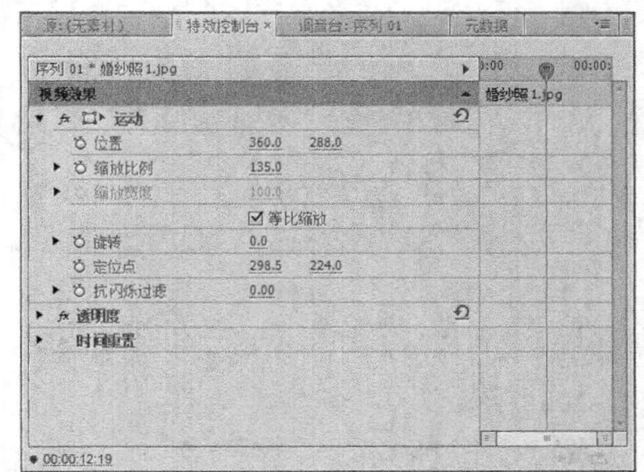

图15-96

04 在“效果”面板中展开“视频特效”|“生成”选项，选择“镜头光晕”视频特效，如图15-97所示。

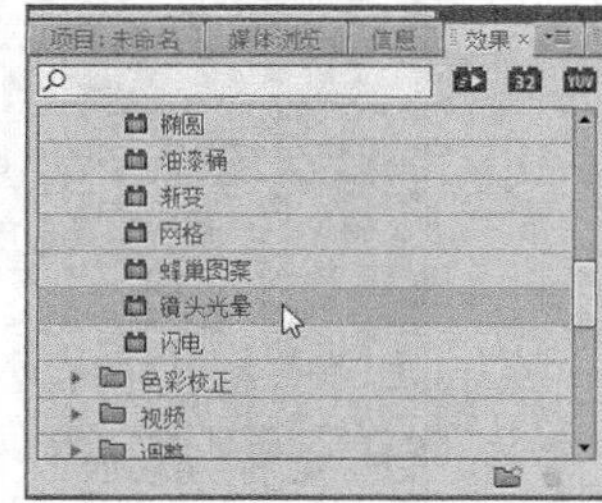

图15-97

05 拖曳“镜头光晕”特效至“视频1”轨道的“婚纱照1”素材上，展开“特效控制台”面板，如图15-98所示。

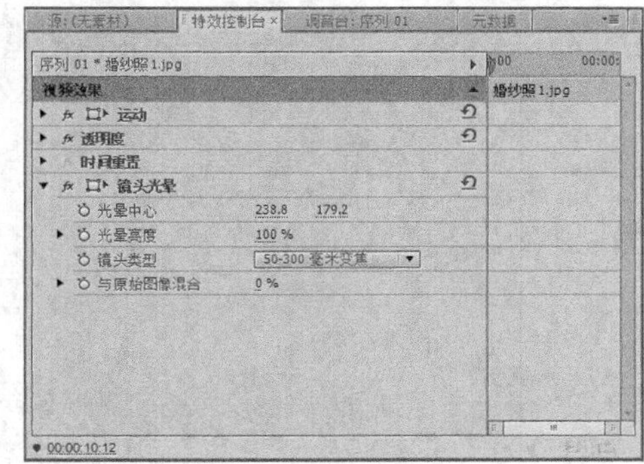

图15-98

06 设置当前时间为00:00:11:05，单击“镜头光晕”特效所有选项左侧的“切换动画”按钮，设置“光晕亮度”为0%，“光晕中心”为254.5、192.2，如图15-99所示。

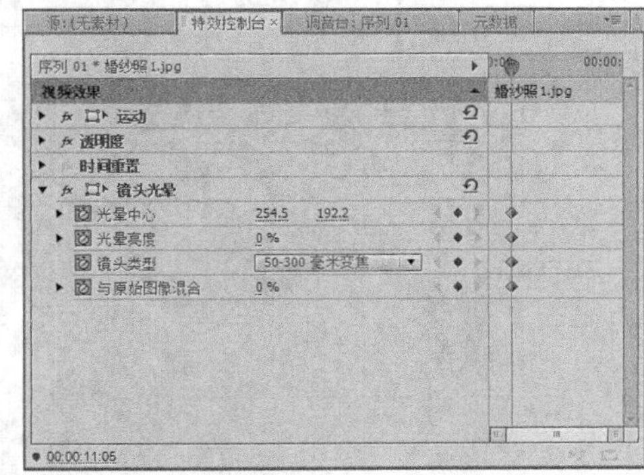

图15-99

07 设置当前时间为00:00:12:12，设置“光晕中心”为681.2、398.0，“光晕亮度”为100%，如图15-100所示。

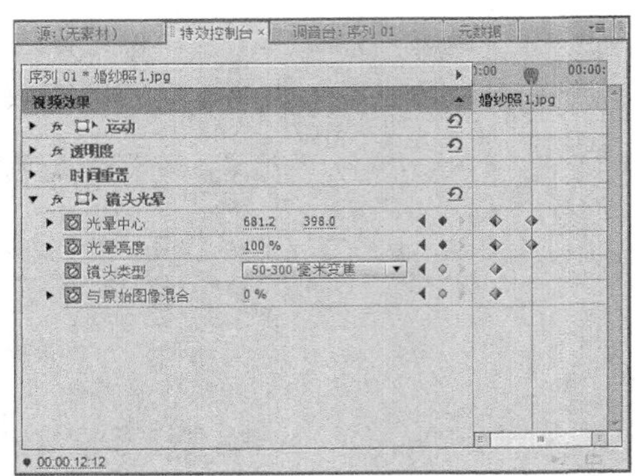

图15-100

08 设置当前时间为00:00:13:02，设置“光晕亮度”为0%，“光晕中心”为771.0、437.4，如图15-101所示。

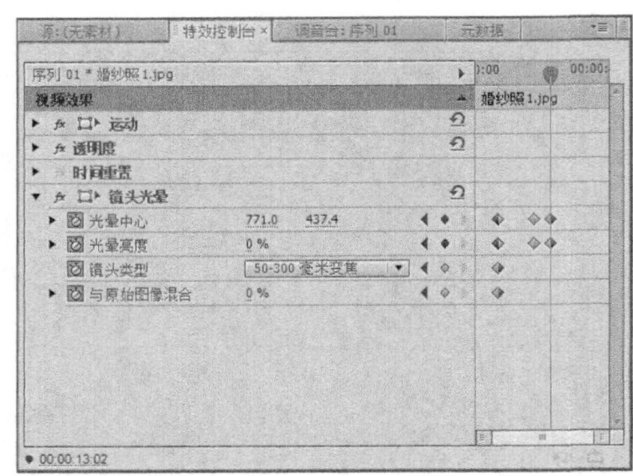

图15-101

09 设置完成后，即可添加镜头光晕效果，如图15-102所示。

10 设置当前时间为00:00:10:10，在“项目”面板中选择“文字.png”素材，单击鼠标左键，并将其拖曳至“视频2”轨道的时间线位置，如图15-103所示。

图15-102

图15-103

11 选择添加的文字素材，设置当前时间为00:00:12:05，展开“特效控制台”面板，设置相应参数，如图15-104所示。

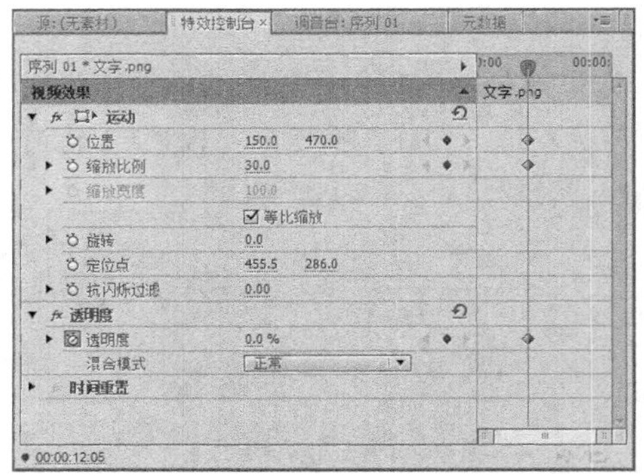

图15-104

12 设置当前时间为00:00:14:00，在其中设置“位置”为245、410，“缩放比例”为60，“透明度”为100%，如图15-105所示。

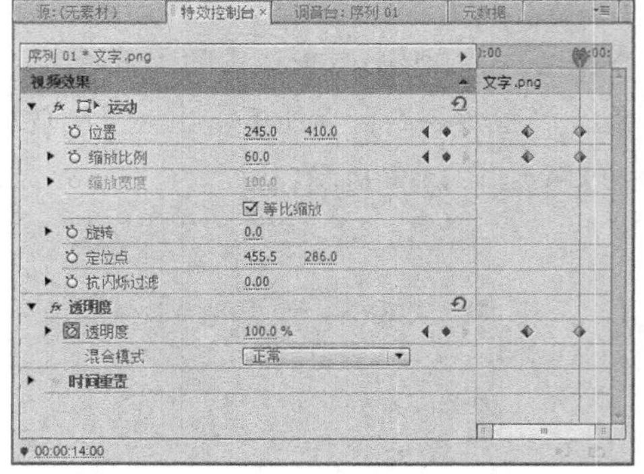

图15-105

13 设置完成后，即可完成文字效果的制作，如图15-106所示。

14 执行上述操作后，在“视频1”轨道中选择“婚纱照2”素材，设置当前时间为00:00:16:12，展开“特效控制台”面板，单击相应的“切换动画”

按钮，设置“缩放比例”为135，如图15-107所示。

图15-106

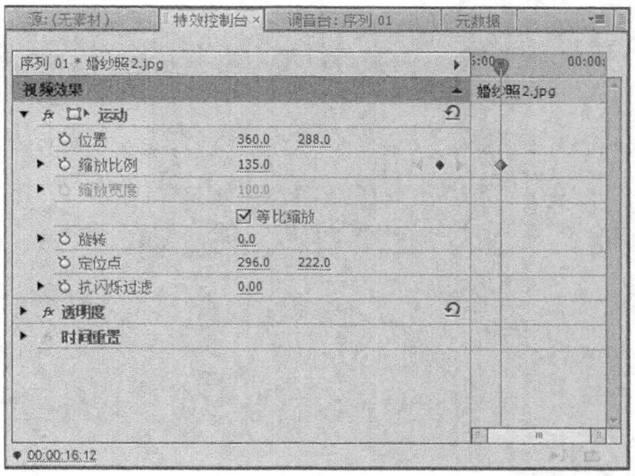

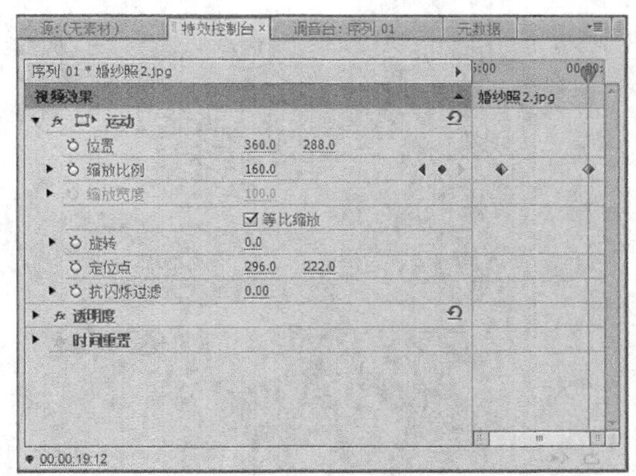

图15-107

⑮ 执行上述操作后，设置当前时间为00:00:19:12，在其中设置“缩放比例”为160，如图15-108所示。

图15-108

⑯ 选择“婚纱照3”素材，设置当前时间为00:00:21:05，展开“特效控制台”面板，单击“位置”左侧的“切换动画”按钮，设置“位置”为290、288，“缩放比例”为135，如图15-109所示。

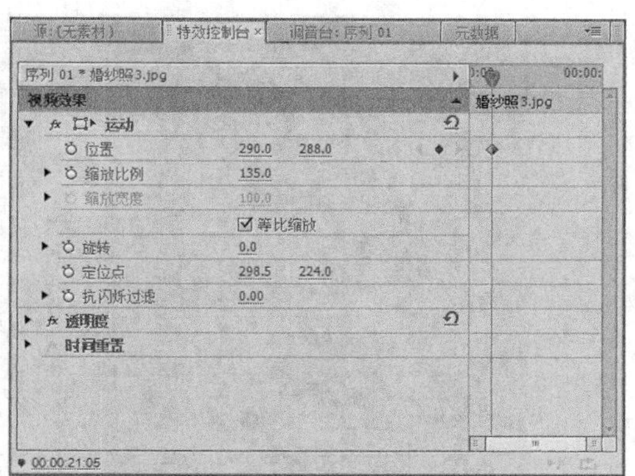

图15-109

⑰ 接下来设置当前时间为00:00:24:16，在其中设置“位置”为360、288，如图15-110所示。

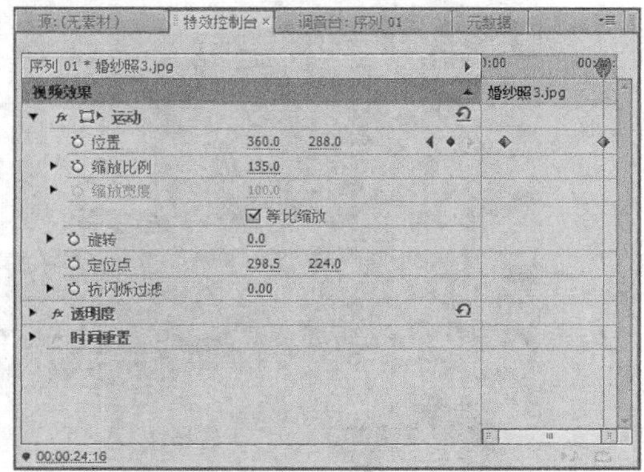

图15-110

⑱ 用与上述相同的方法，为其他图像素材设置位置和缩放比例值，如图15-111所示，制作动态效果。

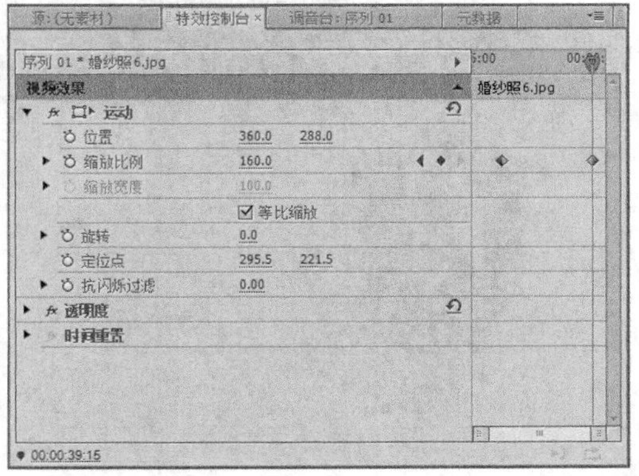

图15-111

⑲ 执行上述操作后，即可完成图像动态效果的制作。在“节目监视器”面板中单击“播放-停止切换”按钮，即可预览动态效果，如图15-112所示。

图15-112

20 在“效果”面板中展开“视频切换”|“伸展”选项，选择“伸展”特效，如图15-113所示。

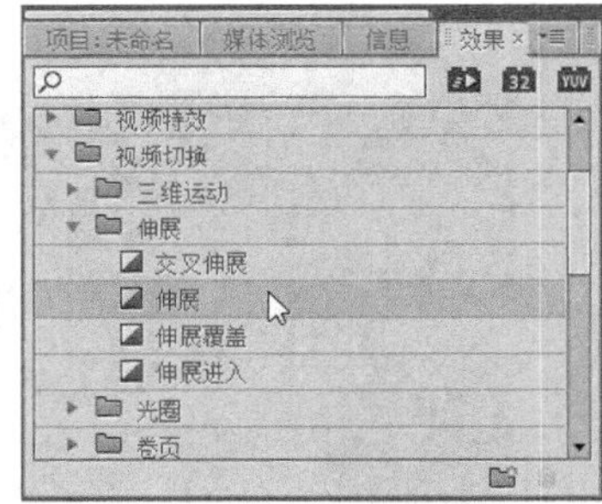

图15-113

21 拖曳“伸展”特效至“视频1”轨道中“婚纱照1”素材与“婚纱照2”素材之间，添加“伸展”特效，如图15-114所示。

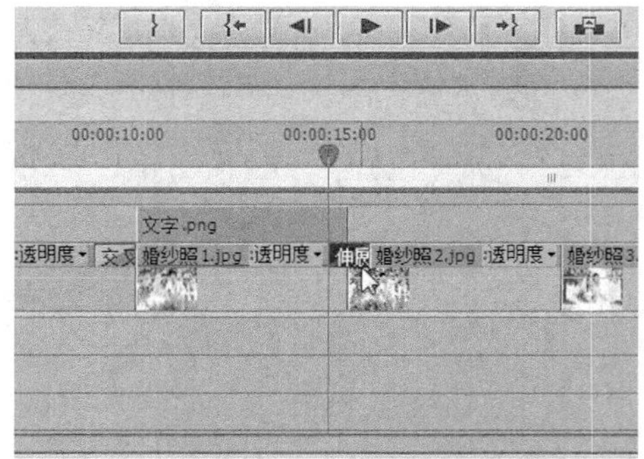

图15-114

22 在“节目监视器”面板中单击“播放-停止切换”按钮，预览伸展特效，如图15-115所示。

图15-115

23 用与上述相同的方法，在其他图像素材之间添加视频切换特效，如图15-116所示，制作转场效果。

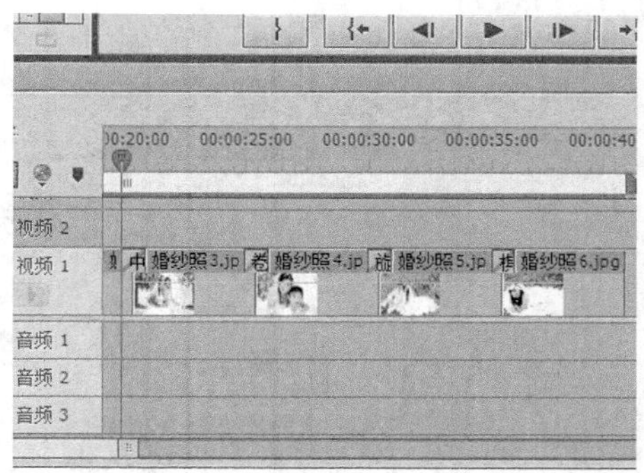

图15-116

24 执行上述操作后，在“项目”面板中将“边框.png”素材拖曳至“视频2”轨道的相应位置，并调整素材的时间长度，如图15-117所示。

图15-117

25 选择添加的边框素材，展开“特效控制台”面板，在其中设置“缩放比例”为80，如图15-118所示。

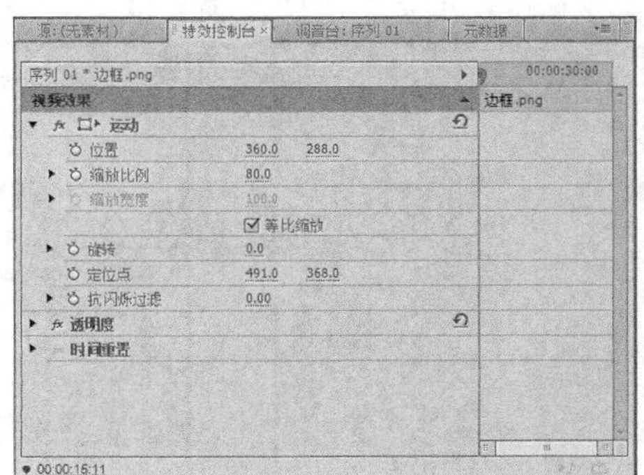

图15-118

26 在“效果”面板中选择“交叉叠化”特效，单击鼠标左键并将其拖曳至“视频2”轨道中的两素材之间，添加“交叉叠化”特效，如图15-119所示。

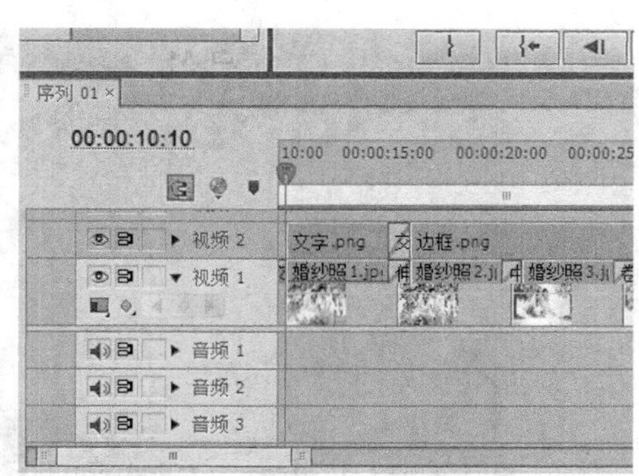

图15-119

27 执行上述操作后，即可完成结婚相册动态效果的制作。在“节目监视器”面板中单击“播放-停止切换”按钮，即可预览相册动态效果，如图15-120所示。

图15-120

图15-120（续）

15.4.3 制作片尾效果

在Premiere Pro CS6中，当相册的基本编辑工作接近尾声时，用户便可以开始制作相册视频的片尾和音频了。下面介绍制作片尾视频音频效果的操作方法。

01 在“项目”面板的空白位置处双击鼠标左键，弹出“导入”对话框，导入视频和音频素材，如图15-121所示。

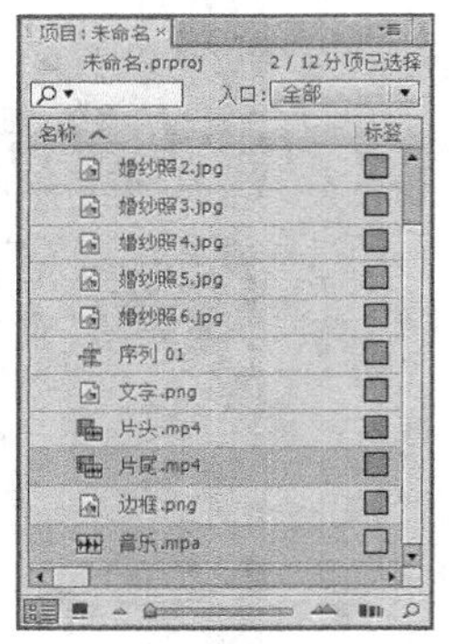

图15-121

02 选择导入的片尾视频素材，单击鼠标左键，并将其拖曳至“视频1”轨道的相应位置，并为其添加“交叉叠化”特效，如图15-122所示。

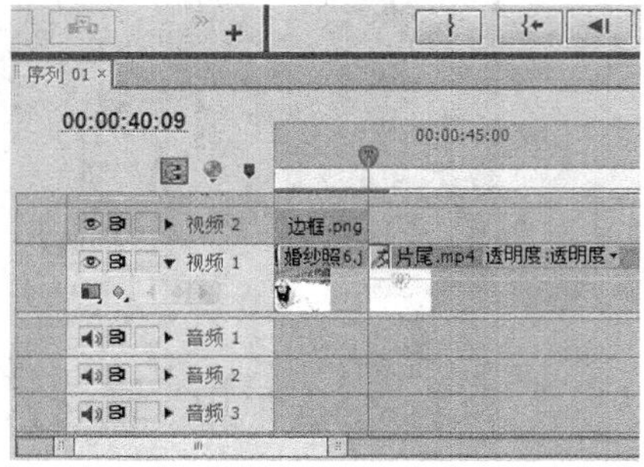

图15-122

03 按Ctrl＋T组合键，弹出“新建字幕”对话框，单击“确定”按钮，打开“字幕编辑”窗口，在其中输入相应文字，并设置文字属性，如图15-123所示。

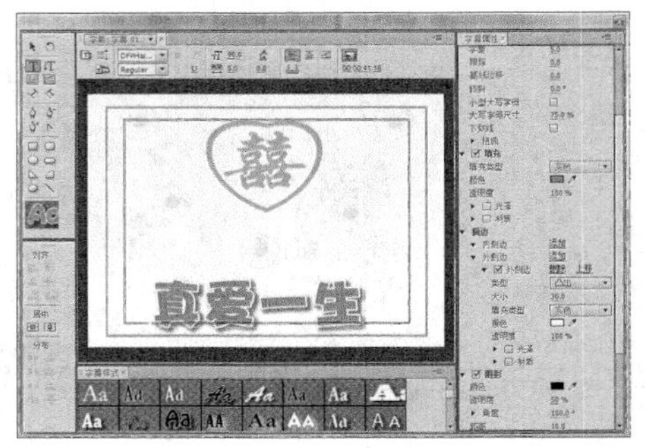

图15-123

04 关闭“字幕编辑”窗口，在“项目”面板中将创建的字幕拖曳至“视频2”轨道的相应位置，添加字幕，如图15-124所示。

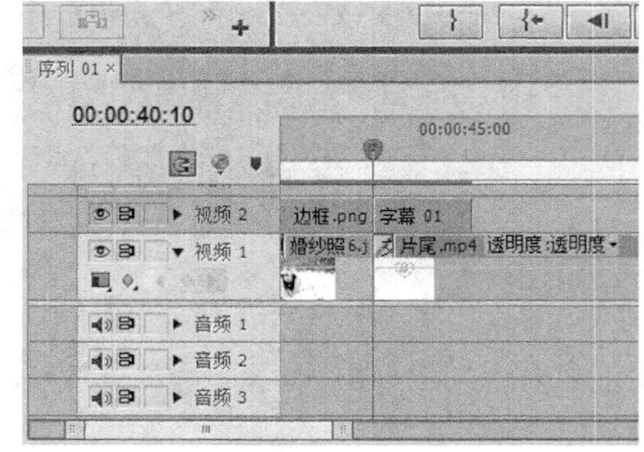

图15-124

05 在“时间线”面板中调整字幕的时间长度，并为其添加“交叉叠化”特效，如图15-125所示。

图15-125

06 选择字幕文件，设置当前时间为00:00:42:10，展开“特效控制台”面板，设置相应参数，如图15-126所示。

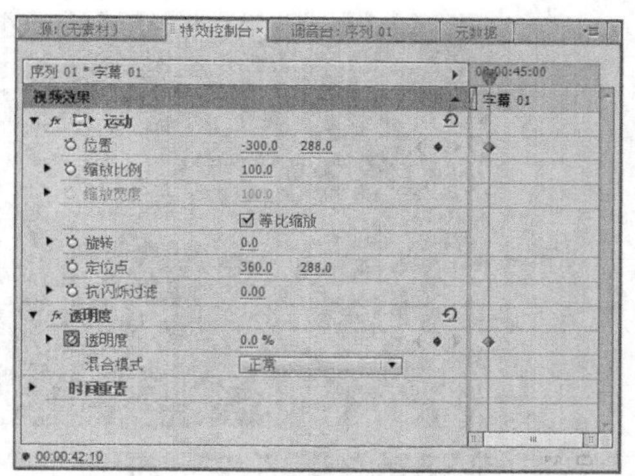

图15-126

07 设置当前时间为00:00:46:15，在其中设置“位置”为360、288，“透明度”为100%，如图15-127所示。

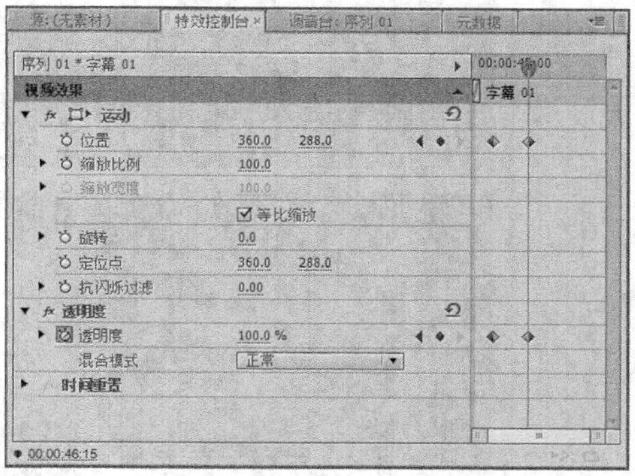

图15-127

08 设置当前时间为00:00:51:15，在其中设置“位置”为377、288，单击“透明度”右侧的“添加/移除关键帧”按钮，添加一组关键帧，如图15-128所示。

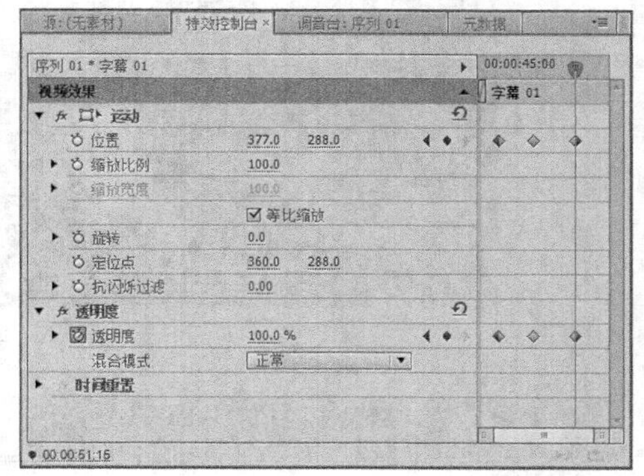

图15-128

09 设置当前时间为00:00:56:00，在其中设置“位置”为1000、288，“透明度”为0%，如图15-129所示。

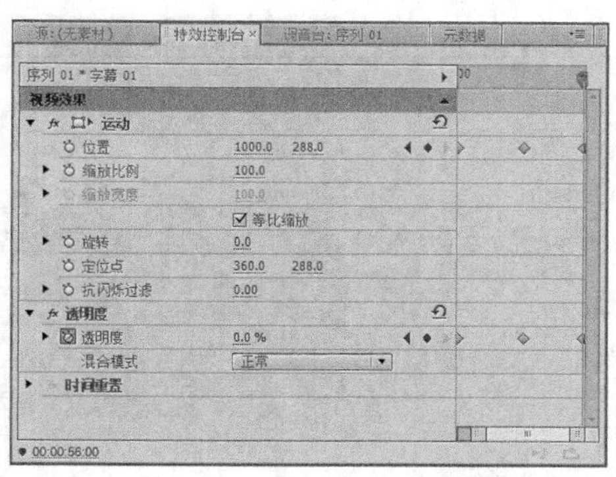

图15-129

10 执行上述操作后，在“项目”面板中选择音乐素材，单击鼠标左键，并将其拖曳至“音频1”轨道中，调整音乐的时间长度，如图15-130所示。

图15-130

11 在“效果”面板中展开“音频过渡”|“交叉渐隐”选项，选择“指数型淡入淡出”特效，如图15-131所示。

图15-131

12 单击鼠标左键，并将其拖曳至音乐素材的起始点与结束点，添加音频过渡特效，如图15-132所示。

13 执行上述操作后，在“节目监视器”面板中单击“播放-停止切换”按钮，预览片尾音频特效，如图15-133所示。

图15-132

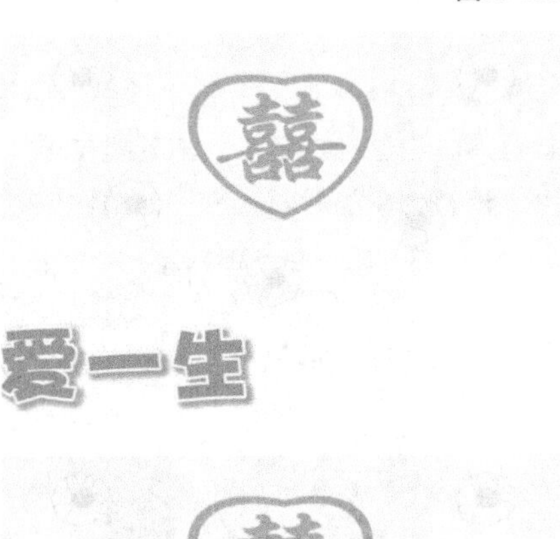

图15-133

15.5 课堂案例——制作凉鞋广告海报

凉鞋是夏天的必备品，也是女性十分喜爱的鞋类商品之一，尤其是高跟凉鞋对女性来说更是美丽的代名词。因此，我们制作的凉鞋海报案例要具有女性的柔美的感觉。

案例位置	效果\第15章\凉鞋海报.prproj
视频位置	视频\第15章\15.5\课堂案例——制作闪光背景. mp4、制作动态字幕. mp4、制作音频效果. mp4
难易指数	★★★★★
学习目标	掌握课堂案例——制作凉鞋广告海报的操作方法

本实例最终效果如图15-134所示。

图15-134

15.5.1 制作闪光背景

在制作宣传海报前，首先需要制作一个闪光的背景，紫色代表着浪漫与优雅，与广告主题契合，因此可以导入一张紫色图片作为主要背景。

下面介绍制作闪光背景的操作方法。

01 单击“文件”|“导入”命令，弹出“导入”对话框，选择需要导入的素材，如图15-135所示。

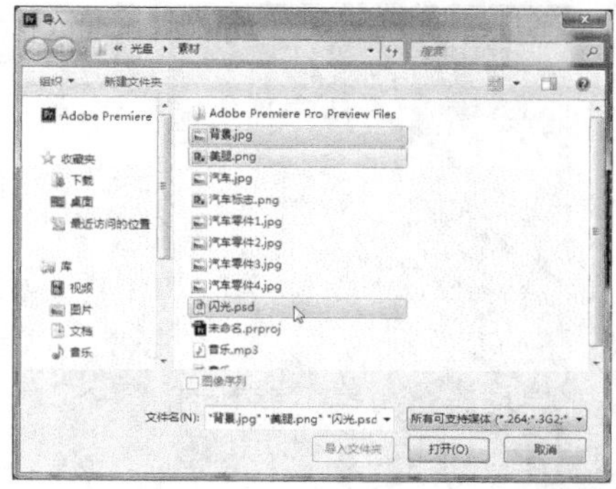

图15-135

02 单击“打开”按钮，弹出“导入分层文件：闪光”对话框，单击“确定”按钮，如图15-136所示。

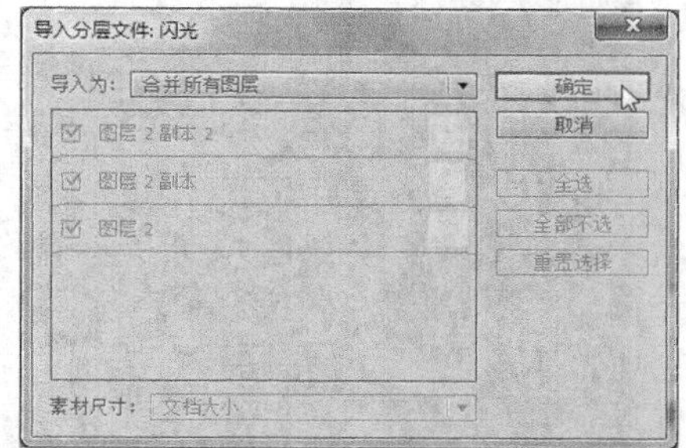

图15-136

03 执行上述操作后，即可将选择的素材文件导入至“项目”面板中，如图15-137所示。

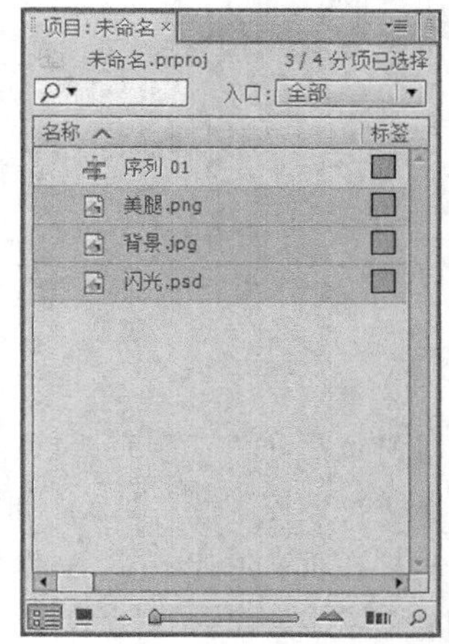

图15-137

04 在“项目”面板中选择“背景.jpg”素材，然后单击鼠标左键，并将其拖曳至“视频1”轨道中，添加背景素材，如图15-138所示。

图15-138

05 执行上述操作后，在“节目监视器”面板中可以预览添加的背景素材效果，如图15-139所示。

图15-139

06 在“项目”面板中选择“闪光.psd”素材，单击鼠标左键，并将其拖曳至“视频2”轨道中，添加闪光素材，如图15-140所示。

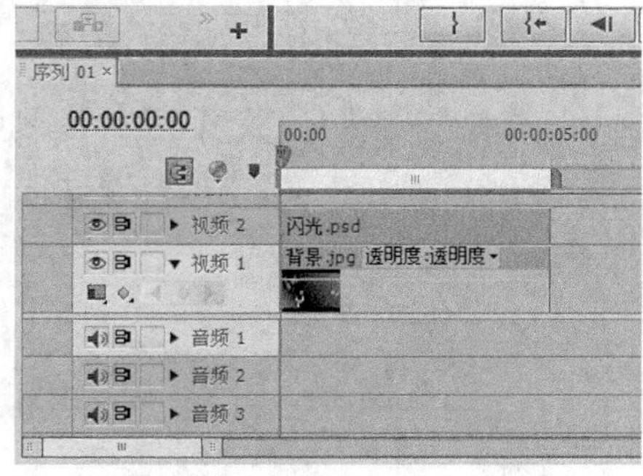

图15-140

07 在“时间线”面板中选择添加的闪光素材，展开“特效控制台”面板，如图15-141所示。

08 在面板中单击“缩放比例”和“旋转”左侧的“切换动画”按钮，设置“缩放比例”为50，如图15-142所示。

09 设置当前时间为00:00:01:15，设置“旋转”为262.0°，如图15-143所示。

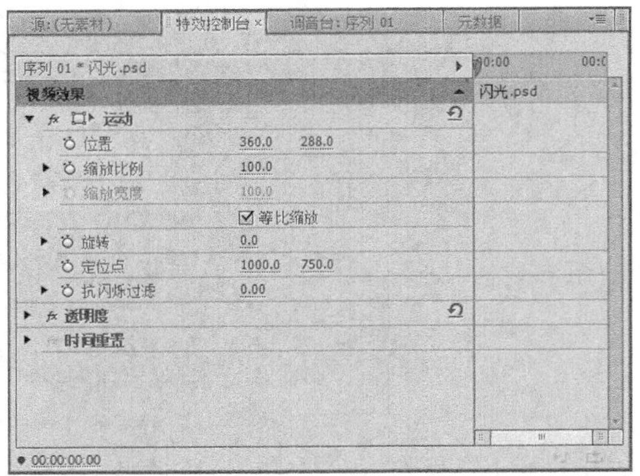

图15-141

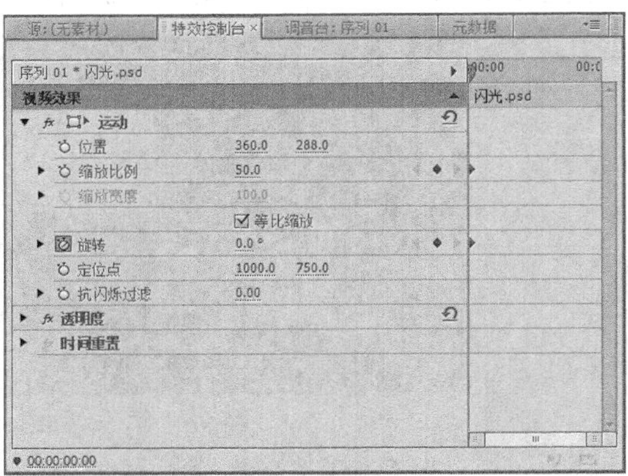

图15-142

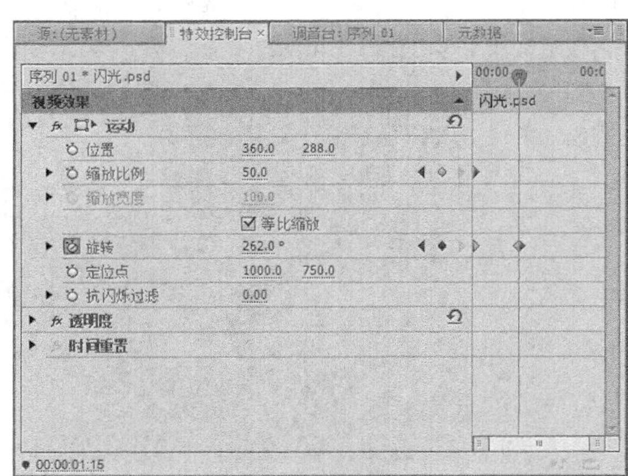

图15-143

10 设置当前时间为00:00:04:00，设置“缩放比例”为191.0，“旋转”为1×160.0°，如图15-144所示。

11 执行上述操作后，单击“节目监视器”面板中的“播放-停止切换”按钮，可以预览闪光背景效果，如图15-145所示。

12 在“项目”面板中选择“美腿.png”素材，单击鼠标左键，并将其拖曳至“视频3”轨道中，添加相应素材，如图15-146所示。

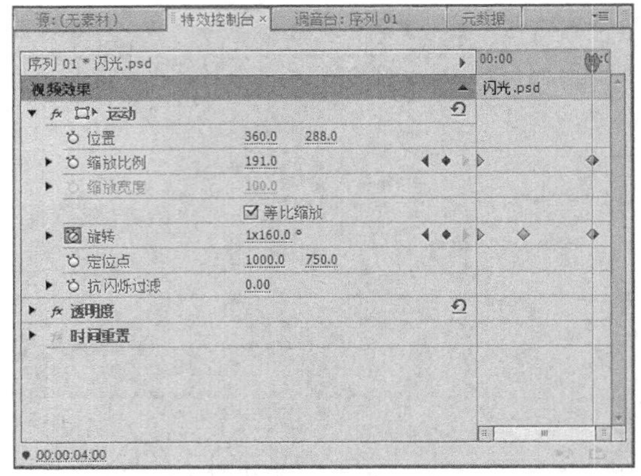

图15-144

图15-145

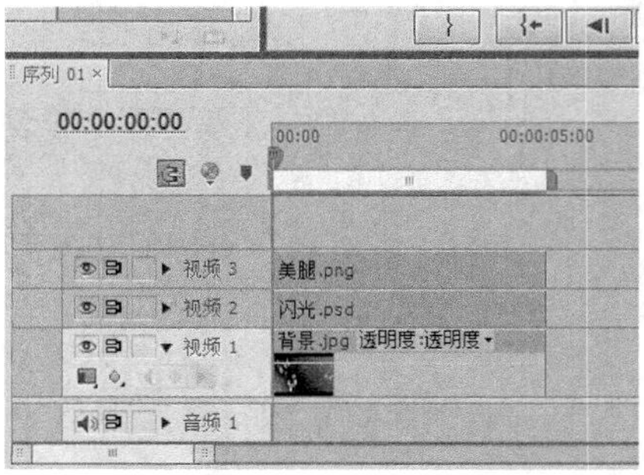

图15-146

13 然后在“视频3”轨道中选择添加的素材，展开“特效控制台”面板，如图15-147所示。

14 在面板中设置“位置”为340、250，“旋转”为5.0°，“透明度”为0%，如图15-148所示。

15 在“时间线”面板中设置当前时间为00:00:01:15，如图15-149所示。

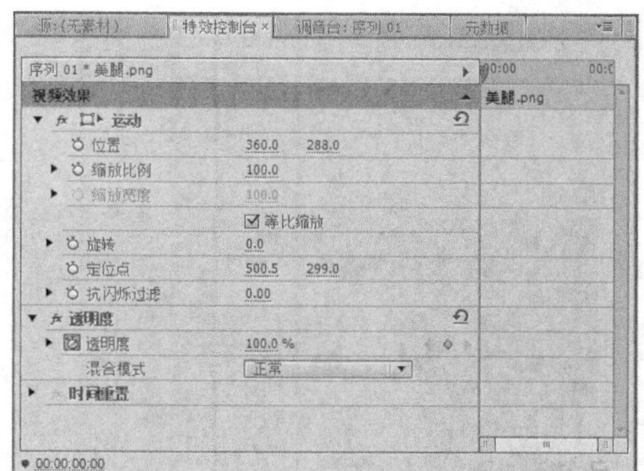

图15-147

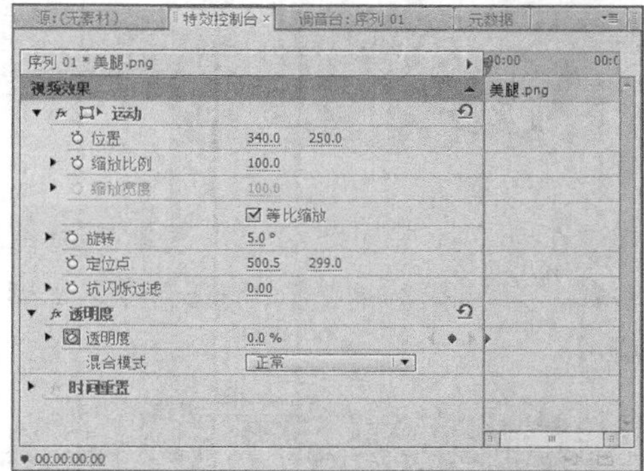

图15-148

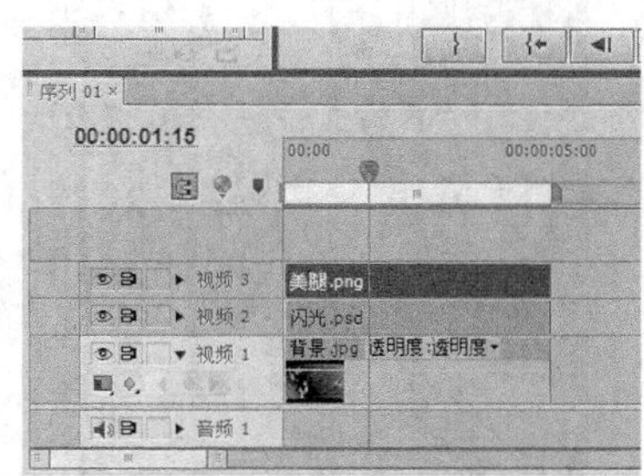

图15-149

16 在“特效控制台”面板中设置“透明度”为100%，如图15-150所示。

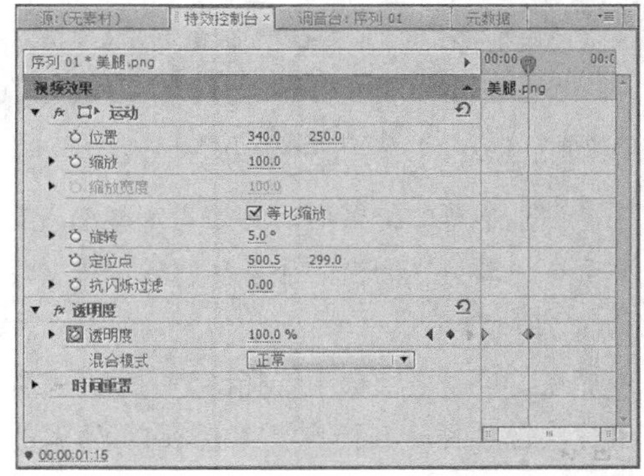

图15-150

17 执行上述操作后，即可完成闪光背景的制作，单击“节目监视器”面板中的“播放-停止切换”按钮，预览闪光背景效果，如图15-151所示。

图15-151

15.5.2 制作动态字幕

在Premiere Pro CS6中为凉鞋海报制作了闪光背景后，接下来可以为海报添加动态字幕效果。下面介绍制作动态字幕的操作方法。

01 设置当前时间为00:00:02:00，单击“字幕”|“新建字幕”|“默认静态字幕”命令，如图15-152所示。

图15-152

02 弹出“新建字幕”对话框，保持默认设置，然后单击“确定”按钮，如图15-153所示。

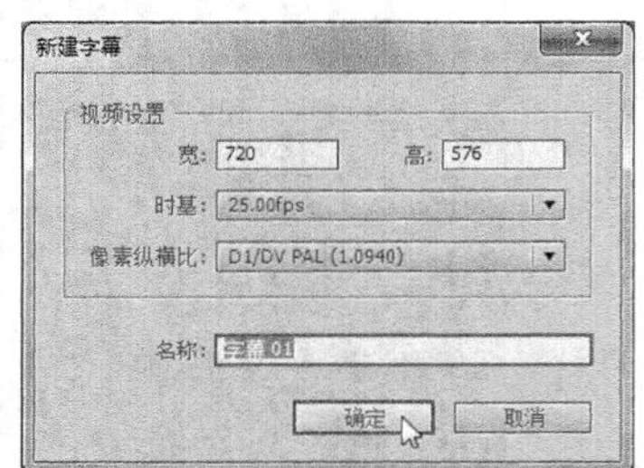

图15-153

03 打开“字幕编辑”窗口，选择输入工具，在窗口的适当位置输入“美丽出发”文字，如图15-154所示。

图15-154

04 接下来在右侧的“字幕属性”面板中分别设置“字体”为DFPYaSongW9-GB，“字体大小”为65，“颜色”为白色，如图15-155所示。

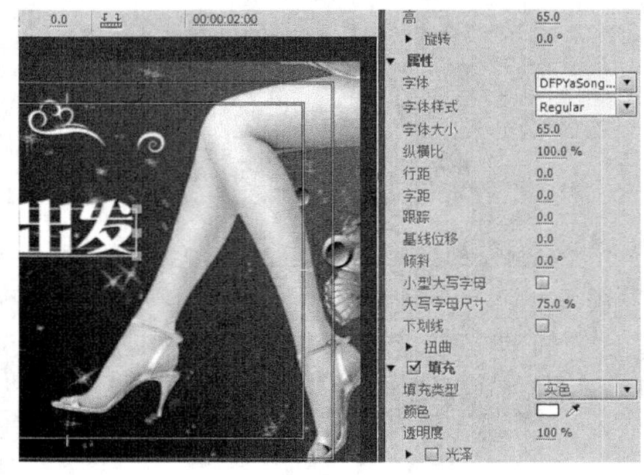

图15-155

05 在“描边”和“阴影”选项区中设置相应参数，为字幕添加描边和阴影效果，如图15-156所示。

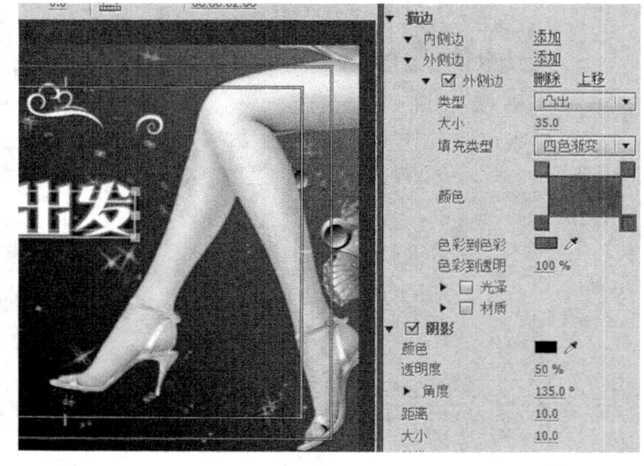

图15-156

技巧与提示

在Premiere Pro CS6的“字幕编辑”窗口中，用户不仅可以在右侧的“字幕属性”面板中自定义字幕属性，制作字幕效果，还可以在下方的“字幕样式”面板中选择某个样式，快速应用字幕样式效果。

06 调整字幕的位置后，关闭“字幕编辑”窗口，即可在“项目”面板中显示创建的字幕文件，如图15-157所示。

07 在“项目”面板中选择创建的字幕文件，单击鼠标左键，并将其拖曳至“视频4”轨道的时间线位置，如图15-158所示。

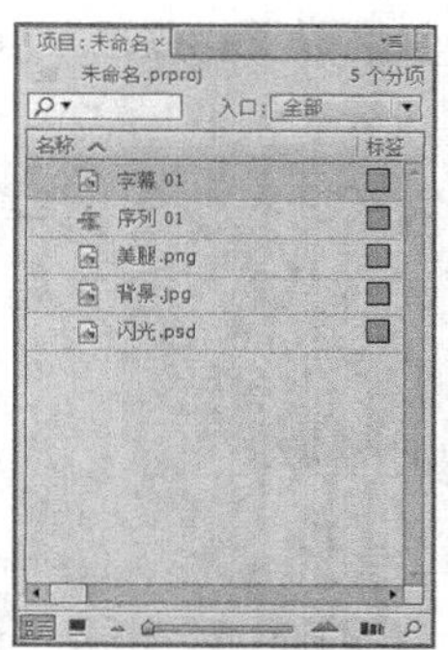

图15-157

图15-158

08 在“时间线”面板的“视频4”轨道中拖曳字幕，调整“字幕01”的时间长度，如图15-159所示。

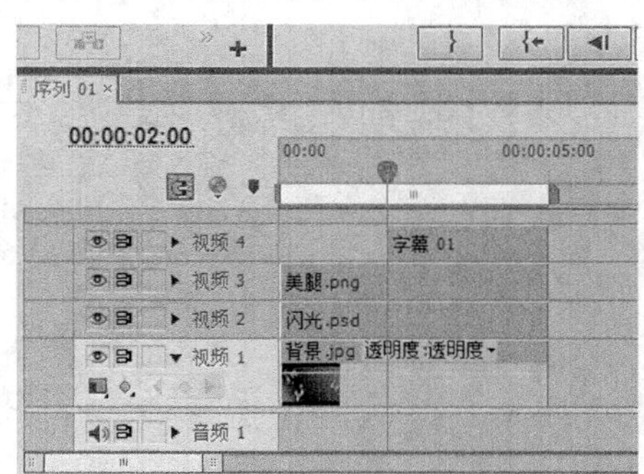

图15-159

09 然后选择该字幕文件，展开“特效控制台”面板，如图15-160所示。

10 在面板中单击“缩放比例”左侧的“切换动画”按钮，设置“缩放比例”为0.0，“透明度”为0.0%，如图15-161所示。

11 设置当前时间为00:00:04:00，然后设置“缩放比例”为100.0，“透明度”为100.0%，如图15-162所示。

12 执行上述操作后，在“节目监视器”面板中可以预览制作的动态字幕效果，如图15-163所示。

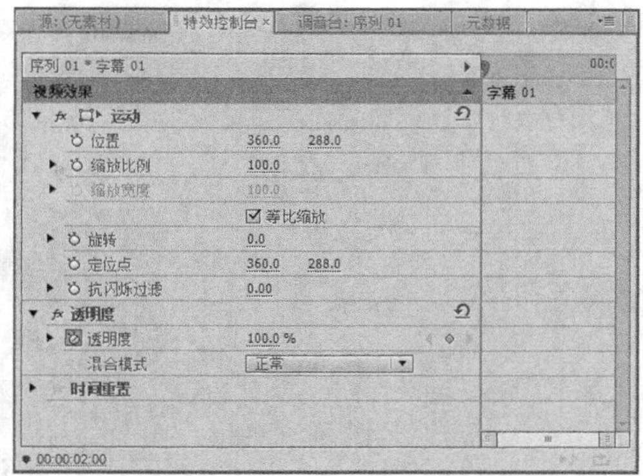

图15-160

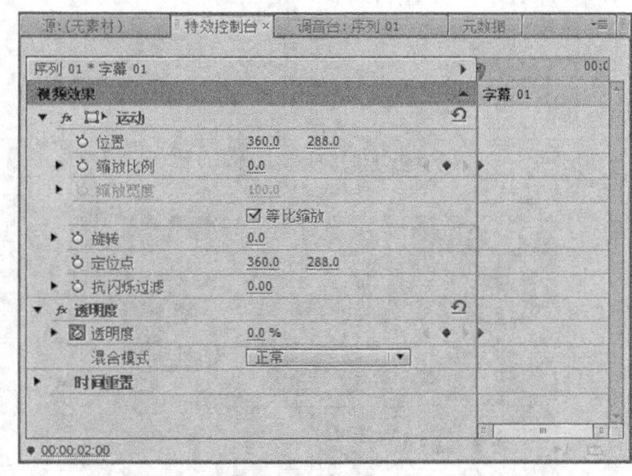

图15-161

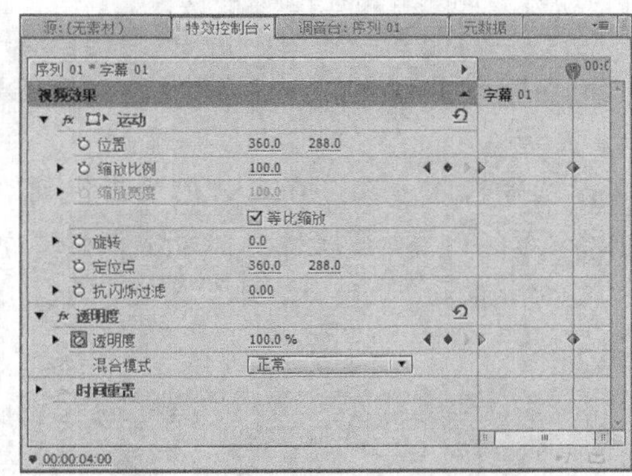

图15-162

图15-163

⑬ 单击“文件”|“新建”|“字幕”命令，如图15-164所示。

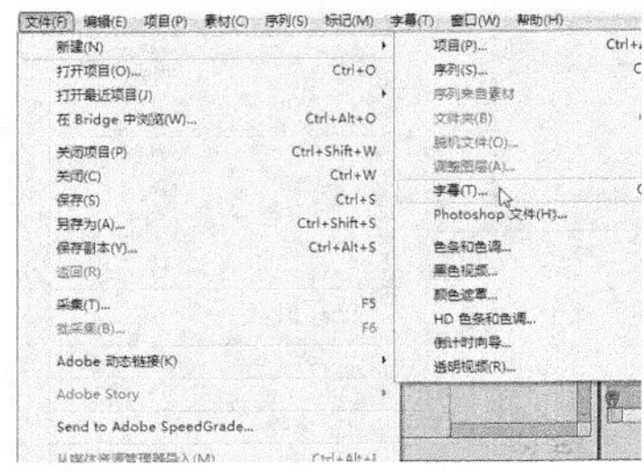

图15-164

⑭ 弹出“新建字幕”对话框，保持默认设置，单击“确定”按钮，打开“字幕编辑”窗口，如图15-165所示。

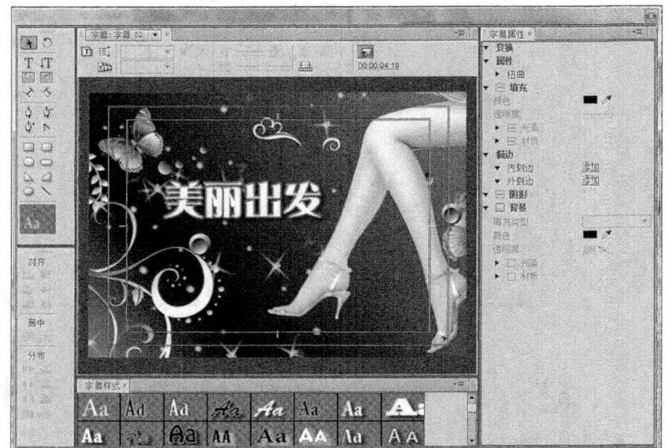

图15-165

⑮ 选择输入工具，在窗口的适当位置输入相应文字，在“字幕属性”面板中设置“字体”为STXingKai，“字体大小”为45，如图15-166所示。

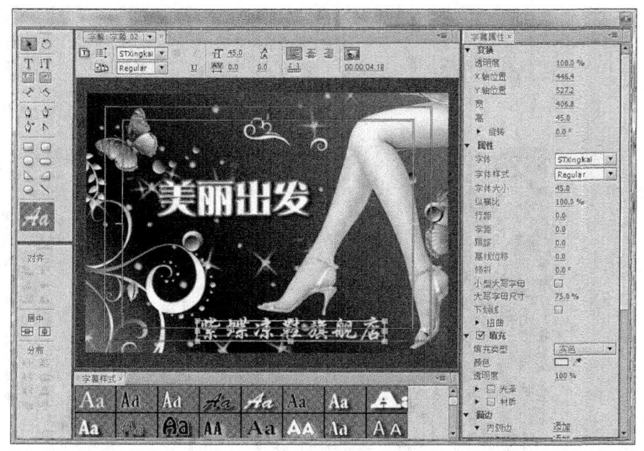

图15-166

⑯ 设置“颜色”为白色，选中“阴影”复选框，设置“大小”为20，如图15-167所示。

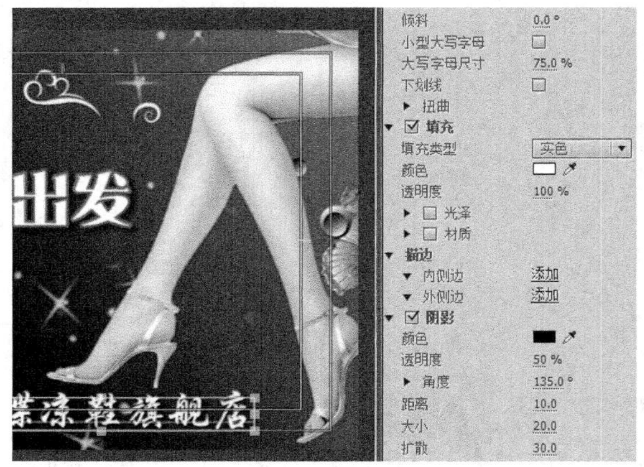

图15-167

⑰ 调整字幕的位置后，关闭“字幕编辑”窗口，即可在“项目”面板中显示创建的字幕文件，如图15-168所示。

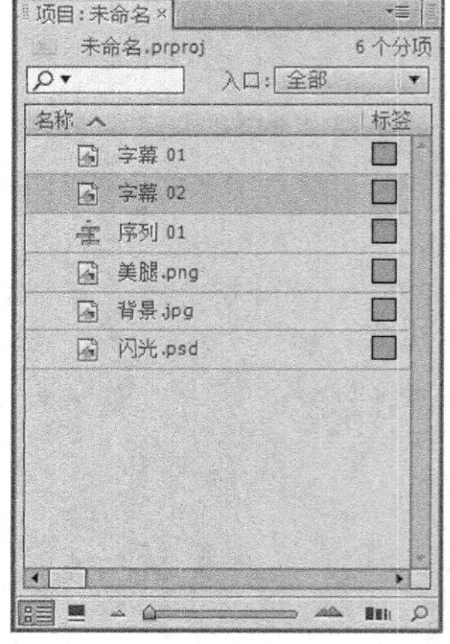

图15-168

⑱ 将时间线移至素材的开始位置，在“项目”面板中选择“字幕02”，单击鼠标左键，并将其拖曳至“视频5”轨道中，添加字幕文件，如图15-169所示。

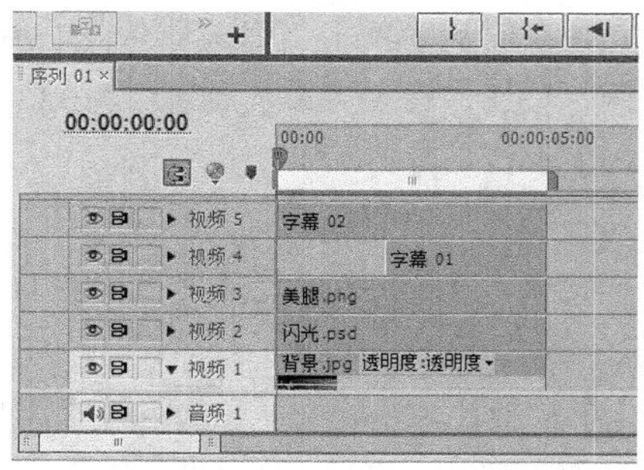

图15-169

⑲ 在“视频5”轨道中选择字幕文件，展开“特效控制台”面板，如图15-170所示。

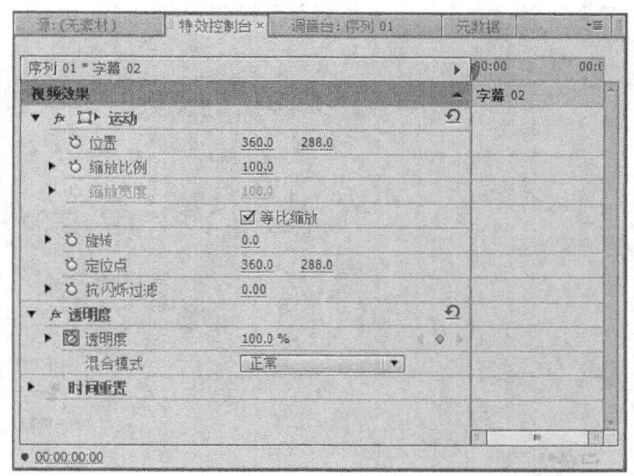

图15-170

⑳ 在面板中单击“缩放比例”左侧的“切换动画”按钮，设置“缩放比例”为0.0，“透明度”为0.0%，如图15-171所示。

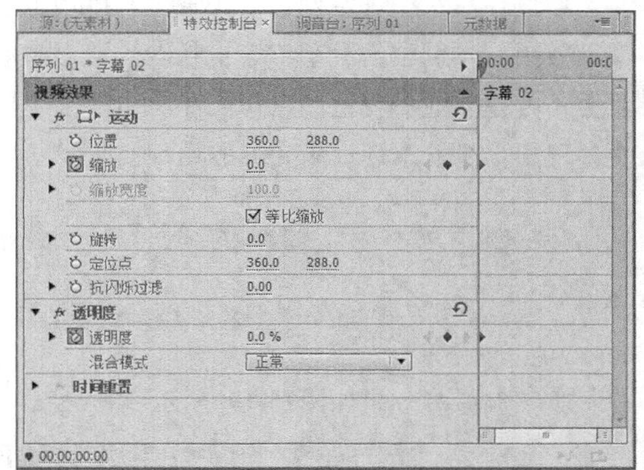

图15-171

㉑ 在“时间线”面板中设置当前时间为00:00:01:15，如图15-172所示。

图15-172

㉒ 在“特效控制台”面板中设置“缩放比例”为100.0，“透明度”为100.0%，添加一组关键帧，如图15-173所示。

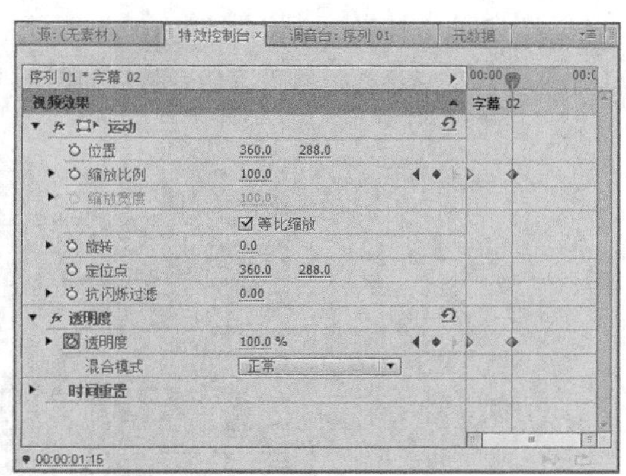

图15-173

㉓ 执行上述操作后，即可完成动态字幕的制作，在“节目监视器”面板中单击“播放-停止切换”按钮，预览动态字幕效果，如图15-174所示。

图15-174

15.5.3 制作音频效果

在制作凉鞋广告海报时，我们可以为海报添加柔美的音频效果，以烘托气氛。

下面介绍制作音频效果的操作方法。

01 在“项目”面板的空白位置处双击鼠标左键，弹出“导入”对话框，导入音乐素材，如图15-175所示。

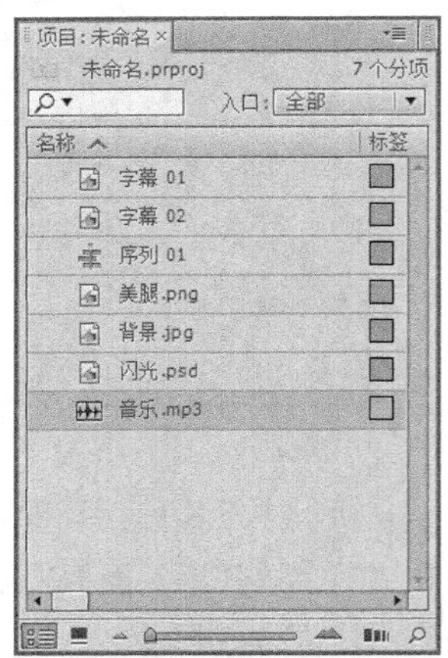

图15-175

02 选择导入的音乐素材，单击鼠标左键，并将其拖曳至“音频1”轨道中，调整音乐素材的时间长度，即可添加音乐素材，如图15-176所示。

图15-176

03 在“效果”面板中展开“音频过渡”|“交叉渐隐”选项，选择“持续声量”音频特效，如图15-177所示。

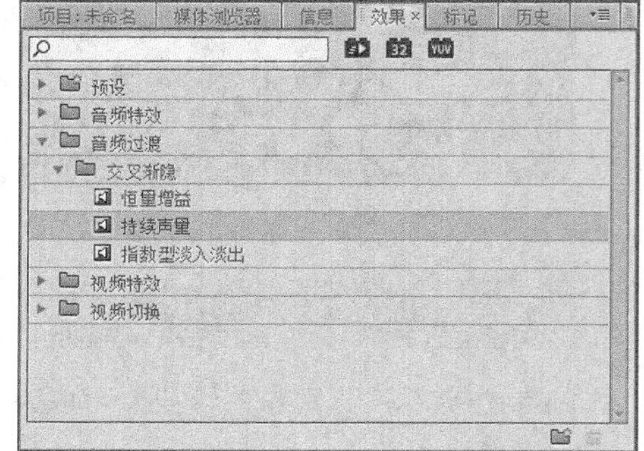

图15-177

04 单击鼠标左键，并将其拖曳至音乐素材的起始点和结束点，添加音频特效，如图15-178所示。执行上述操作后，即可完成音频效果的制作。

图15-178

15.6 课堂案例——制作汽车广告案例

在制作汽车广告案例之前，首先可以预览一下案例效果。本例中的汽车广告中吸取大地之精华的画面不仅是企业对自己的汽车产品有自信的表现，更体现出了企业永远追求完美的精神信条。

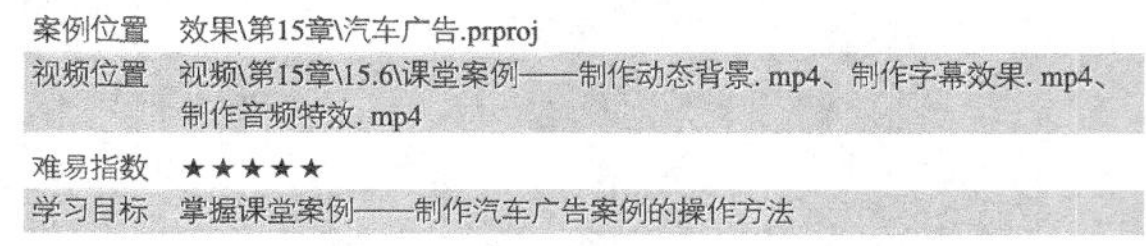

案例位置	效果\第15章\汽车广告.prproj
视频位置	视频\第15章\15.6\课堂案例——制作动态背景. mp4、制作字幕效果. mp4、制作音频特效. mp4
难易指数	★★★★★
学习目标	掌握课堂案例——制作汽车广告案例的操作方法

本实例最终效果如图15-179所示。

图15-179

图15-179（续）

15.6.1 制作动态背景

在使用Premiere Pro CS6制作汽车广告之前，可以先导入目标汽车的图片素材，在汽车零件图片上添加运动效果可以为汽车广告制作动态背景效果。

下面介绍制作动态背景的操作方法。

01 在“项目”面板的空白位置处双击鼠标左键，弹出“导入”对话框，选择需要导入的素材文件，如图15-180所示。

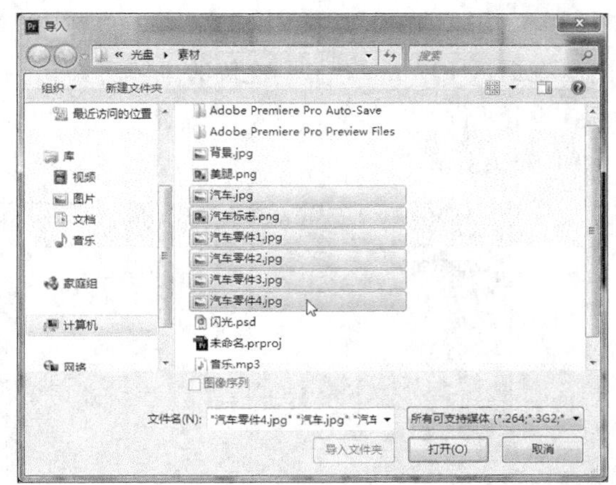

图15-180

02 单击“打开”按钮，即可将选择的素材文件导入至“项目”面板中，如图15-181所示。

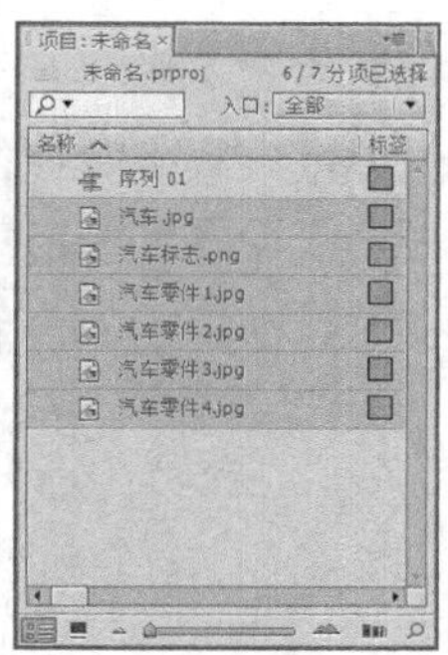

图15-181

03 在“项目”面板中选择“汽车.jpg”素材，单击鼠标左键，并将其拖曳至“视频1”轨道中，添加汽车素材，如图15-182所示。

图15-182

04 选择添加的素材，单击鼠标右键，在弹出的快捷菜单中选择“速度/持续时间”选项，如图15-183所示。

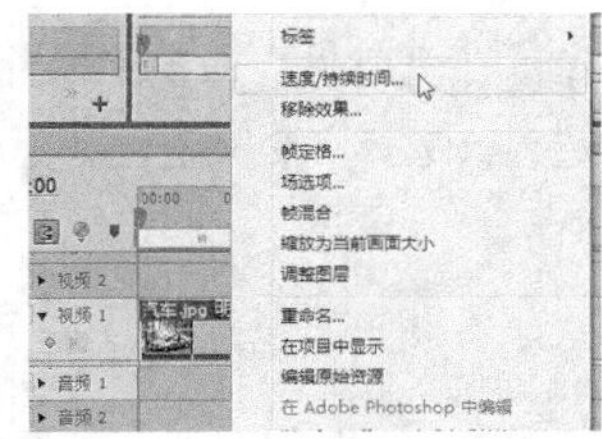

图15-183

05 弹出“素材速度/持续时间”对话框，设置“持续时间”为00:00:10:00，如图15-184所示。

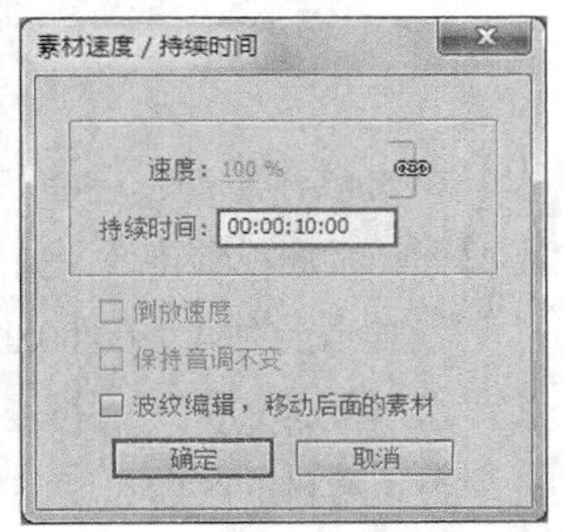

图15-184

06 单击“确定”按钮，即可调整汽车素材的时间长度，如图15-185所示。

图15-185

07 在“视频1”轨道中选择素材，展开“特效控制台”面板，设置“缩放比例”为45，如图15-186所示。

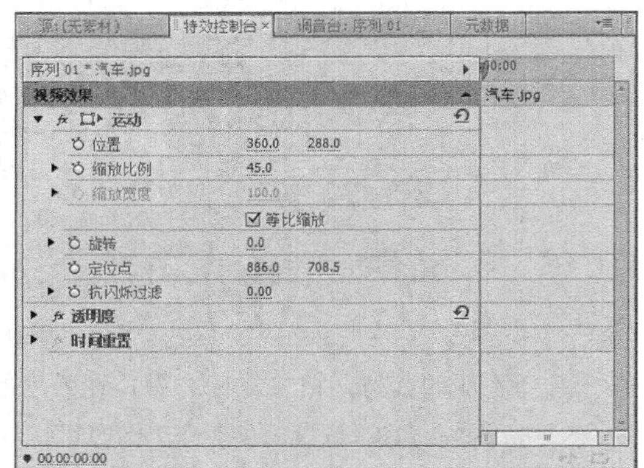

图15-186

08 在“效果”面板中展开“视频切换”|“叠化”选项，选择“交叉叠化（标准）”特效，如图15-187所示。

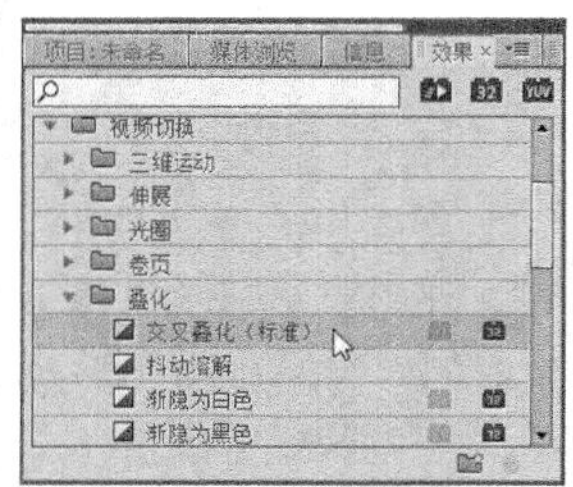

图15-187

09 单击鼠标左键，并将其拖曳至汽车素材的起始点位置，添加视频特效，如图15-188所示。

10 设置当前时间为00:00:03:10，在“项目”面板中将“汽车零件1.jpg”素材拖曳至“视频2”轨道中，并调整该素材的时间长度，如图15-189所示。

图15-188

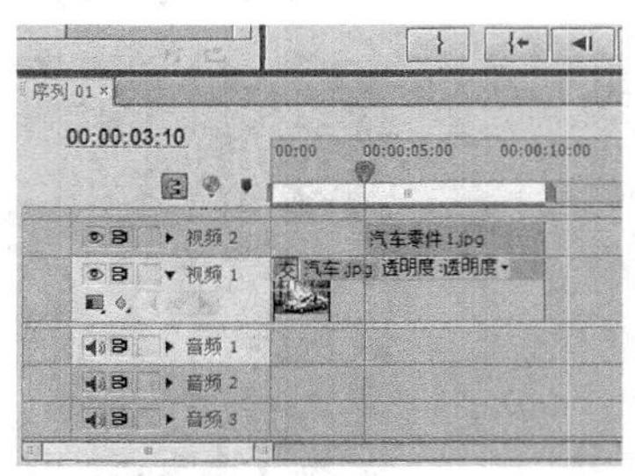

图15-189

11 在“视频2”轨道中选择素材文件，展开“特效控制台”面板，如图15-190所示。

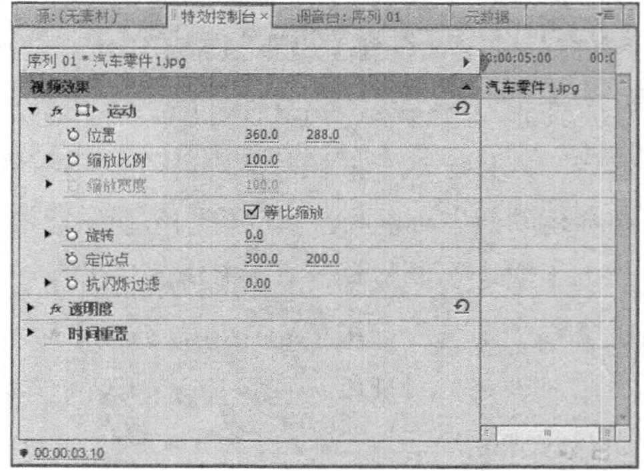

图15-190

12 在面板中单击“位置”左侧的“切换动画”按钮，设置“位置”为-50、535，“缩放比例”为18，如图15-191所示。

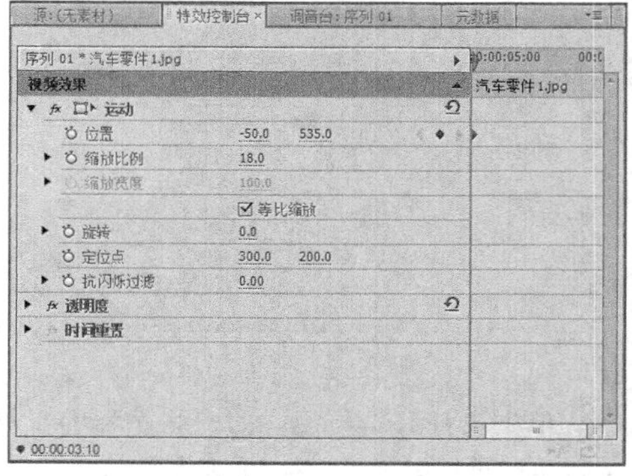

图15-191

⑬ 设置当前时间为00:00:04:15，然后设置“位置”为98、535，添加关键帧，如图15-192所示。

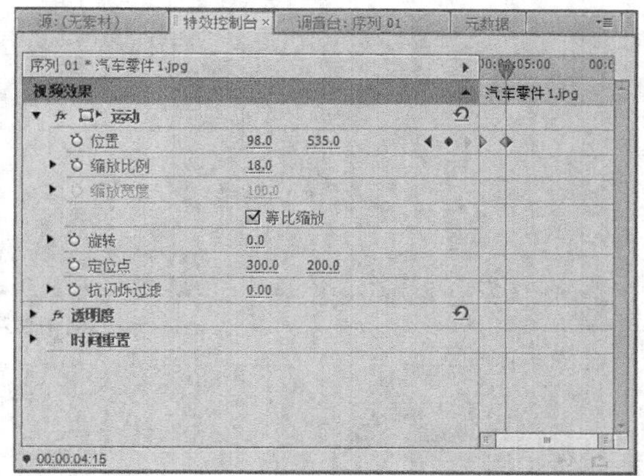

图15-192

⑭ 执行上述操作后，在“节目监视器”面板中可预览制作的背景效果，如图15-193所示。

图15-193

⑮ 设置当前时间为00:00:02:08，在“项目”面板中将“汽车零件2.jpg”素材拖曳至“视频3”轨道中，并调整该素材的时间长度，添加汽车零件素材，如图15-194所示。

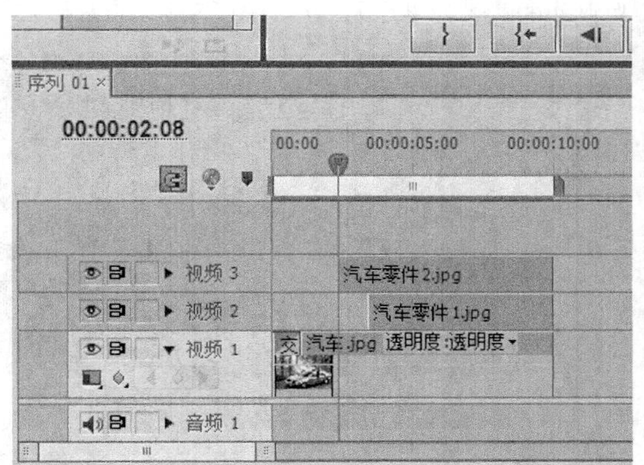

图15-194

⑯ 在“视频3”轨道中选择素材文件，展开“特效控制台”面板，如图15-195所示。

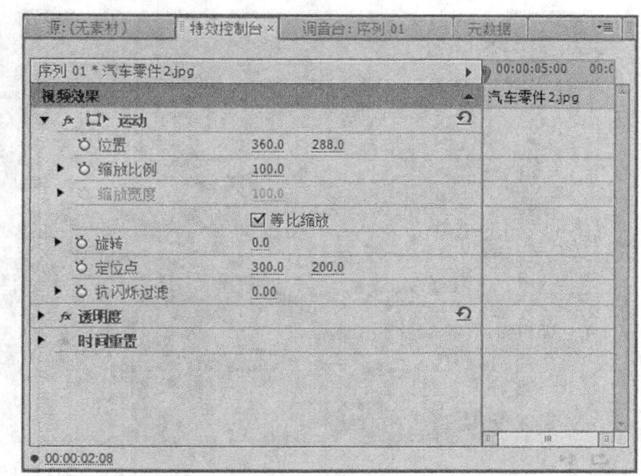

图15-195

⑰ 在面板中单击“位置”左侧的“切换动画”按钮，设置“位置”为-50、535，“缩放比例”为18，如图15-196所示。

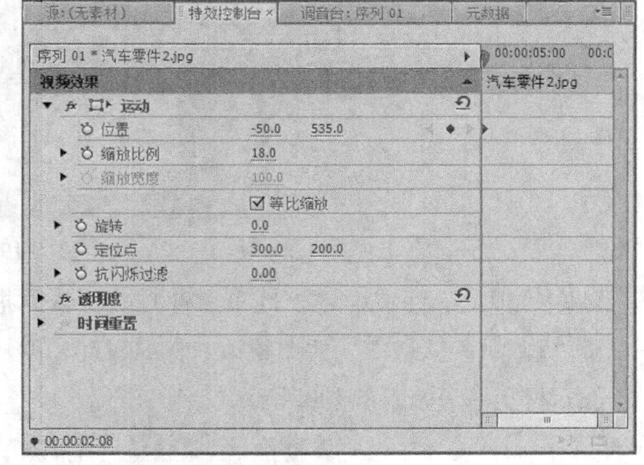

图15-196

⑱ 设置当前时间为00:00:04:15，然后设置“位置”为220、535，添加关键帧，如图15-197所示。

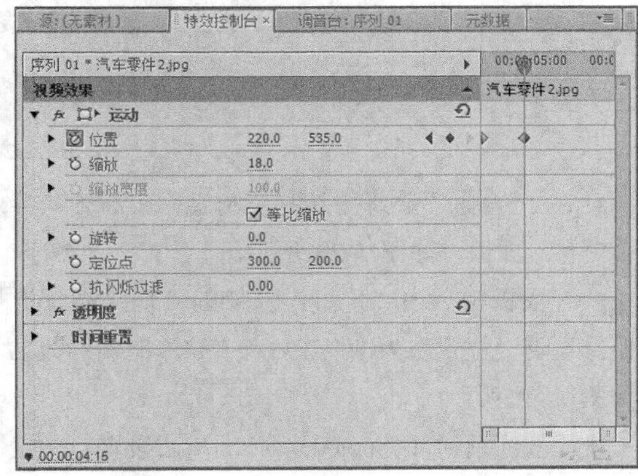

图15-197

⑲ 执行上述操作后，在“节目监视器”面板中可以预览制作的汽车零件背景效果，如图15-198所示。

图15-198

⑳ 在“时间线”面板中设置当前时间为00:00:01:05，如图15-199所示。

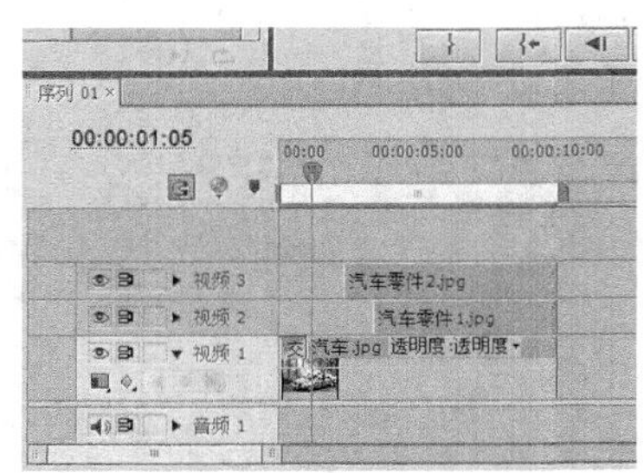

图15-199

㉑ 在“项目”面板中将“汽车零件3.jpg”素材拖曳至“视频4”轨道中，并调整该素材的时间长度，添加素材文件，如图15-200所示。

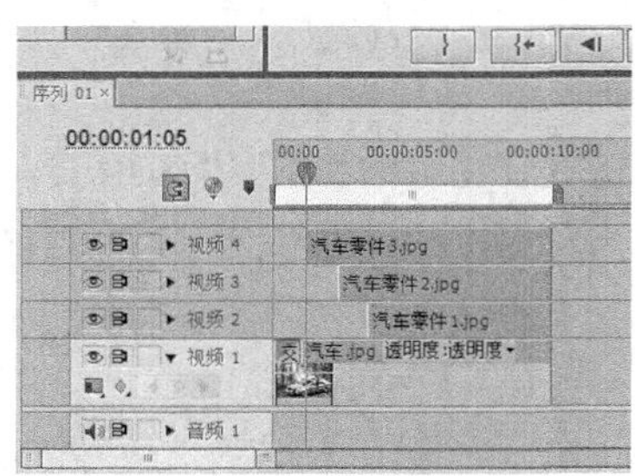

图15-200

㉒ 在“视频4”轨道中选择素材文件，展开“特效控制台”面板，如图15-201所示。

㉓ 在面板中单击“位置”左侧的“切换动画”按钮，设置“位置”为-50、535，“缩放比例”为18，如图15-202所示。

㉔ 设置当前时间为00:00:04:15，然后设置“位置”为340、535，添加关键帧，如图15-203所示。

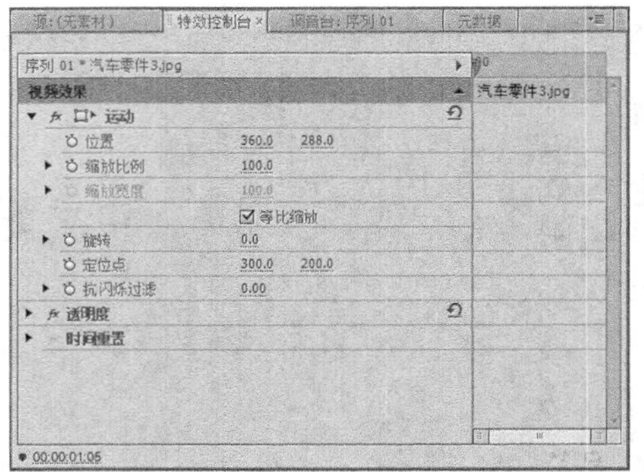

图15-201

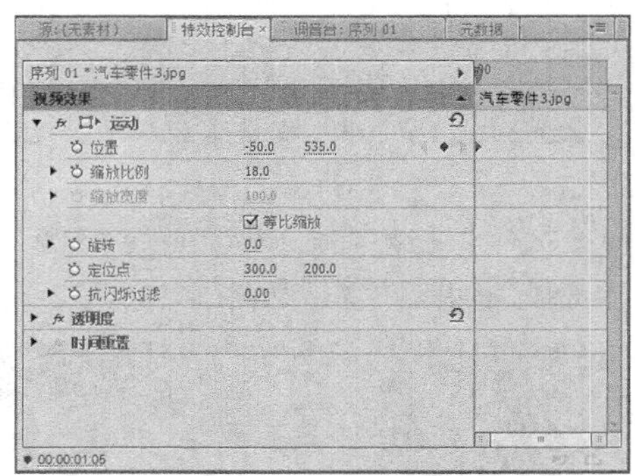

图15-202

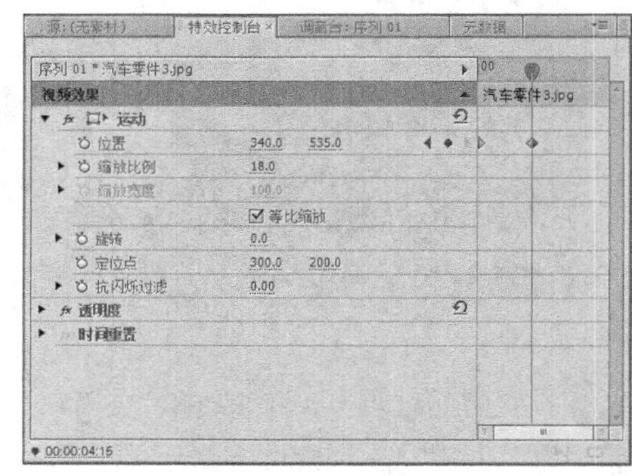

图15-203

㉕ 设置完成后，在“节目监视器”面板中可以预览制作的背景效果，如图15-204所示。

图15-204

26 执行上述操作后，将时间线移至素材的开始位置，在“项目”面板中将“汽车零件4.jpg”素材拖曳至“视频5”轨道中，并调整该素材的时间长度，如图15-205所示。

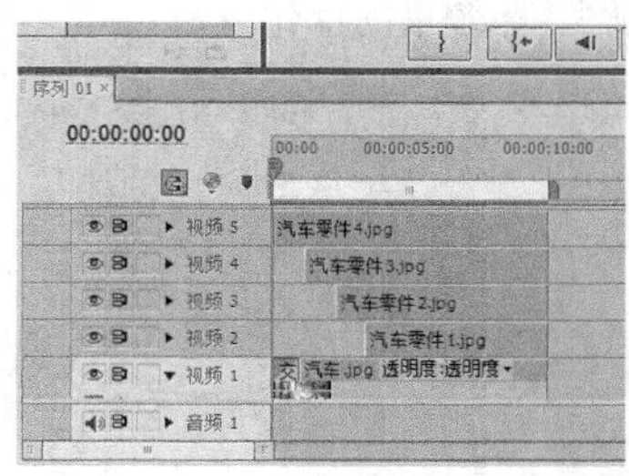

图15-205

27 用与上述相同的方法，在“特效控制台”面板中为“视频5”轨道中的素材添加相应关键帧，如图15-206所示。

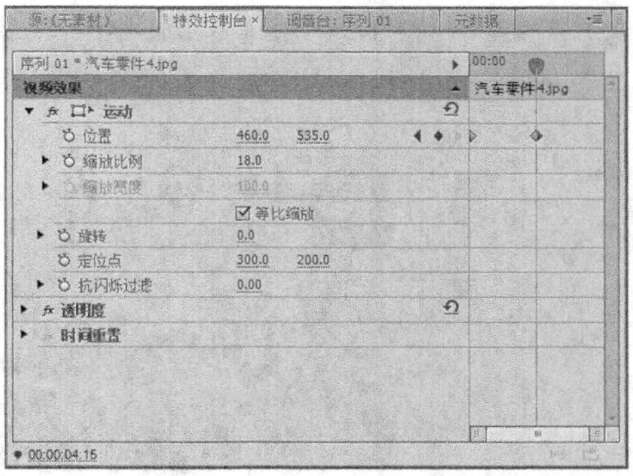

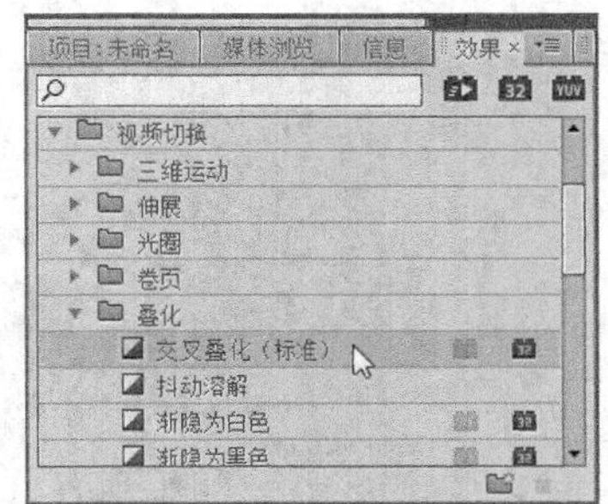

图15-206

28 在“效果”面板中展开“视频切换”|“叠化”选项，选择“交叉叠化（标准）”特效，如图15-207所示。

图15-207

29 单击鼠标左键，并将其拖曳至“视频5”轨道素材的起始点位置，添加视频特效，如图15-208所示。

30 执行上述操作后，在“节目监视器”面板中可预览制作的背景效果，如图15-209所示。

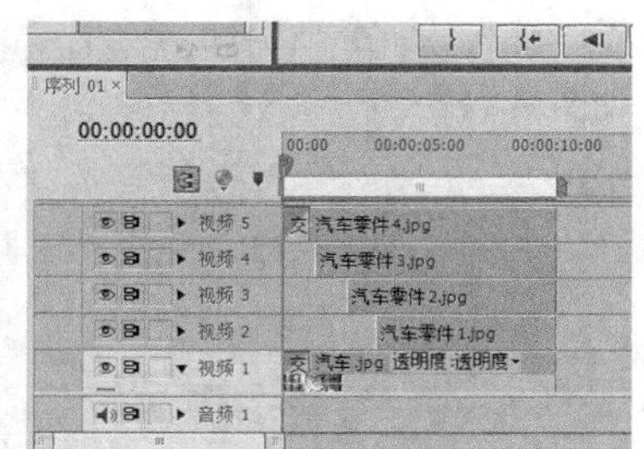

图15-208

图15-209

31 设置当前时间为00:00:03:10，在“项目”面板中将“汽车标志.png”素材拖曳至“视频6”轨道中，并调整该素材的时间长度，添加汽车标志素材，如图15-210所示。

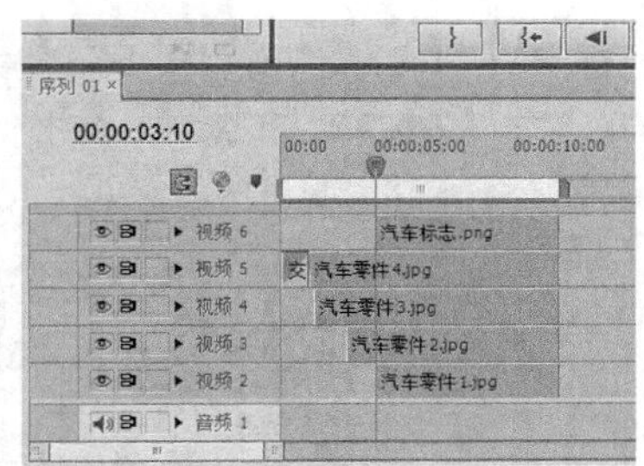

图15-210

32 在“视频6”轨道中选择汽车标志素材，展开“特效控制台”面板，如图15-211所示。

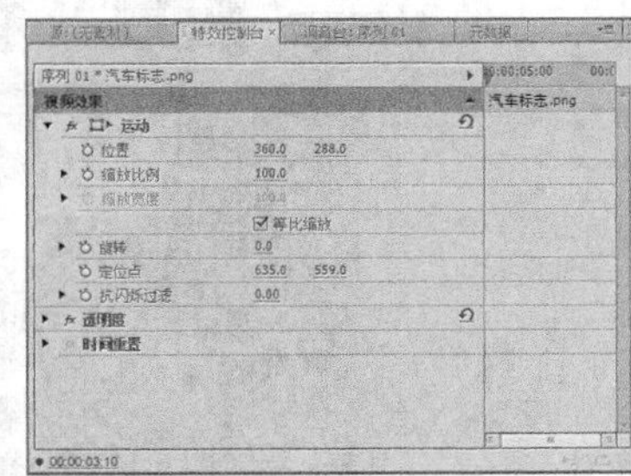

图15-211

33 在面板中单击“位置”左侧的“切换动画”按

钮，设置“位置”为800、535，“缩放比例”为10，如图15-212所示。

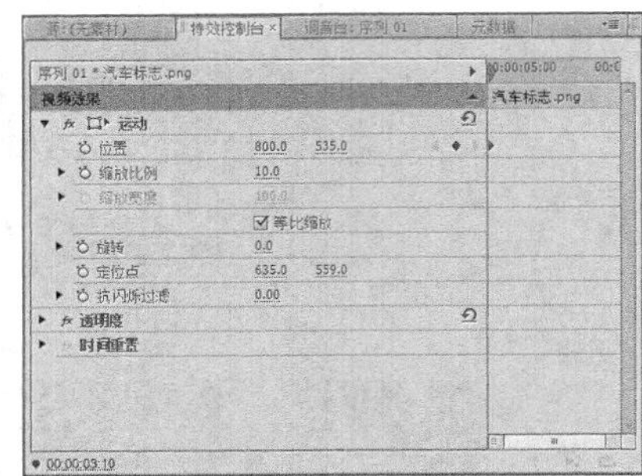

图15-212

34 设置当前时间为00:00:04:15，然后设置“位置”为620、535，添加关键帧，如图15-213所示。

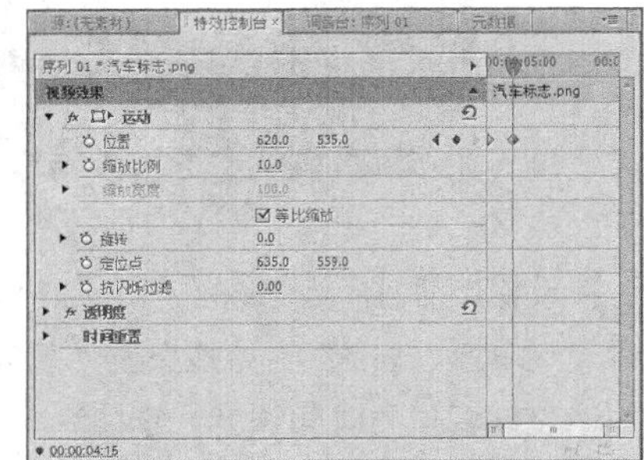

图15-213

35 执行上述操作后，即可完成动态背景的制作。在“节目监视器”面板中，单击“播放-停止切换”按钮，预览动态背景效果，如图15-214所示。

图15-214

15.6.2 制作字幕效果

为汽车广告制作动态背景后，接下来可以制作字幕运动效果，让广告主题更加明确。下面介绍制作字幕效果的操作方法。

01 设置当前时间为00:00:05:00，按Ctrl＋T组合键，弹出“新建字幕”对话框，单击“确定”按钮，如图15-215所示。

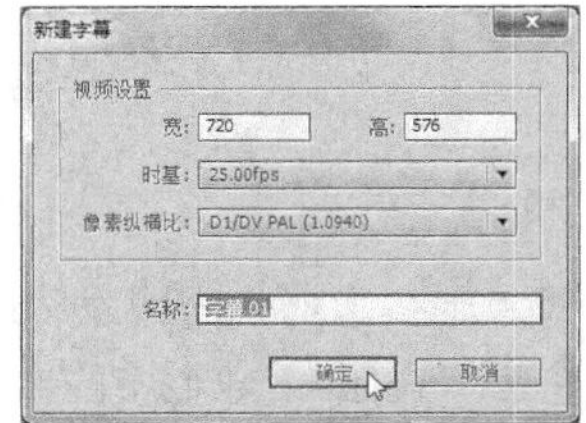

图15-215

02 打开“字幕编辑”窗口，选择输入工具，在窗口的适当位置处输入相应文字，如图15-216所示。

图15-216

03 在“字幕属性”面板中设置文字的相应属性，如图15-217所示。

图15-217

04 执行上述操作后，关闭“字幕编辑”窗口，即可在“项目”面板中显示创建的字幕文件，如图15-218所示。

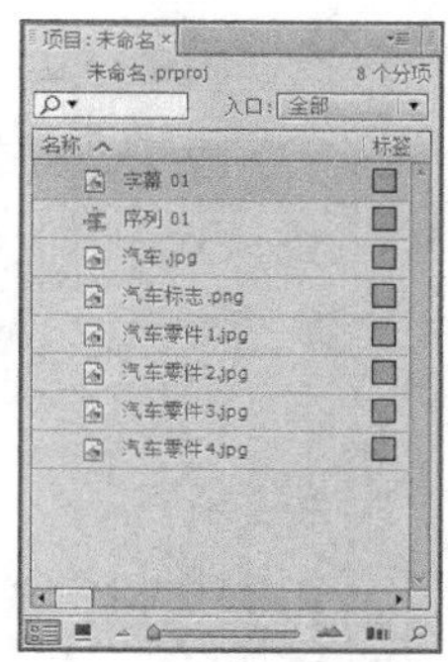

图15-218

05 执行上述操作后，在“项目”面板中复制“字幕01”，并将复制的字幕重命名为“字幕02”，如图15-219所示。

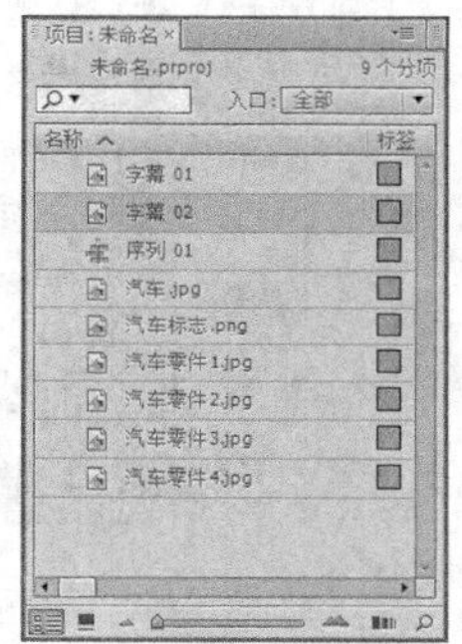

图15-219

06 在“项目”面板中双击“字幕02”，打开“字幕编辑”窗口，在其中将“自由驰骋”改为“无往不至”，并调整字幕的位置，如图15-220所示。

图15-220

07 关闭“字幕编辑”窗口，在“项目”面板中拖曳“字幕01”至“视频7”轨道的时间线位置，添加字幕文件，如图15-221所示。

08 在“视频7”轨道中选择字幕文件，展开“特效控制台”面板，如图15-222所示。

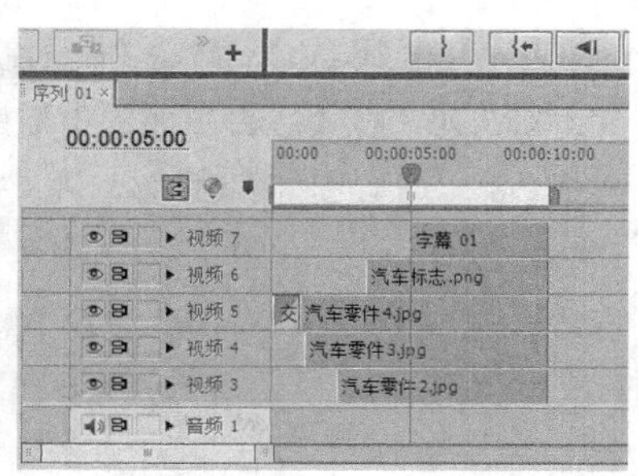

图15-221

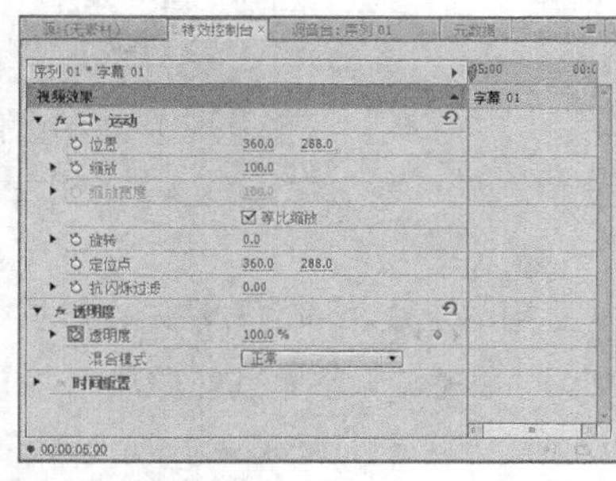

图15-222

09 在面板中单击“缩放比例”左侧的“切换动画”按钮，设置“缩放比例”为0.0，“透明度”为0.0%，如图15-223所示。

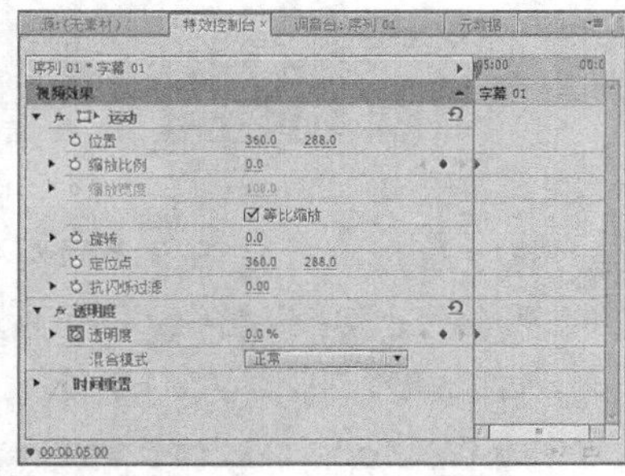

图15-223

10 设置当前时间为00:00:06:00，然后设置“缩放比例”为100.0，“透明度”为100.0%，如图15-224所示。

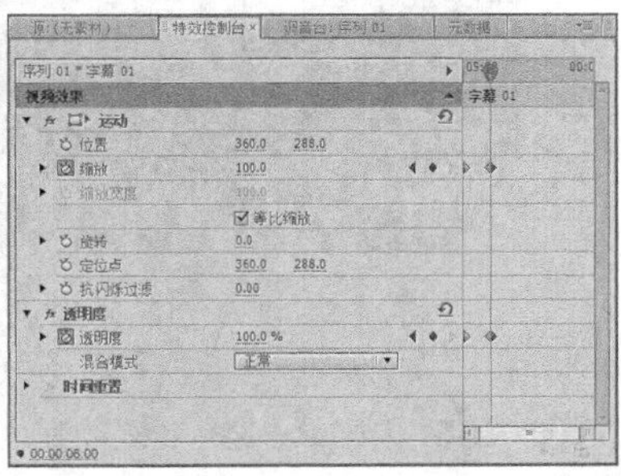

图15-224

11 在“时间线”面板中设置当前时间为00:00:05:00，在“项目”面板中拖曳“字幕02”至“视频8”轨道的时间线位置，添加字幕文件，如图15-225所示。

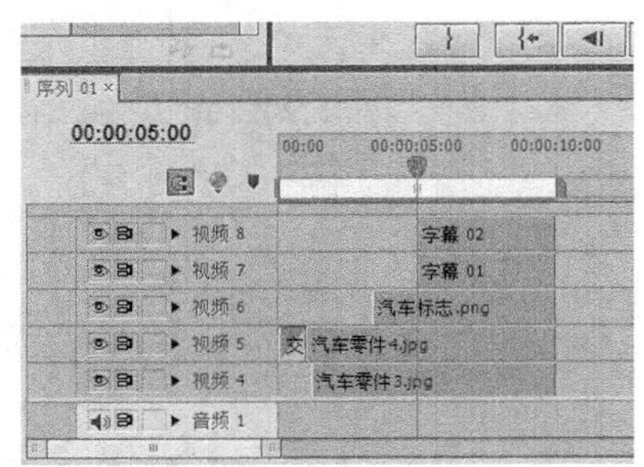

图15-225

12 用与上述相同的方法，在“特效控制台”面板中为“字幕02”添加相应关键帧，如图15-226所示。

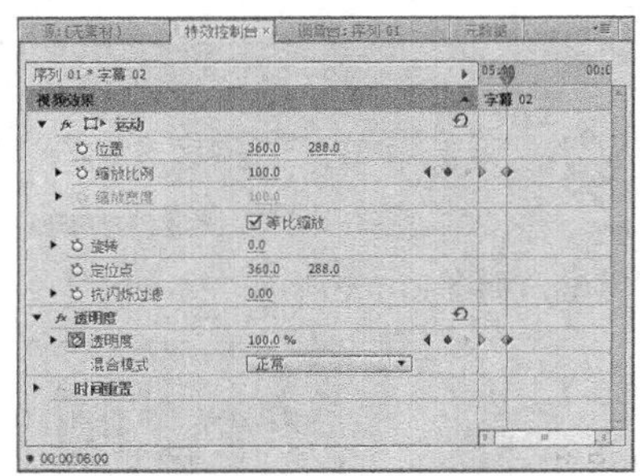

图15-226

13 执行上述操作后，在“节目监视器”面板中单击“播放-停止切换”按钮，即可预览制作的字幕效果，如图15-227所示。

图15-227

14 在“时间线”面板中设置当前时间为00:00:06:15，按Ctrl＋T组合键，弹出“新建字幕”对话框，设置“名称”为“字幕03”，单击“确定”按钮，如图15-228所示。

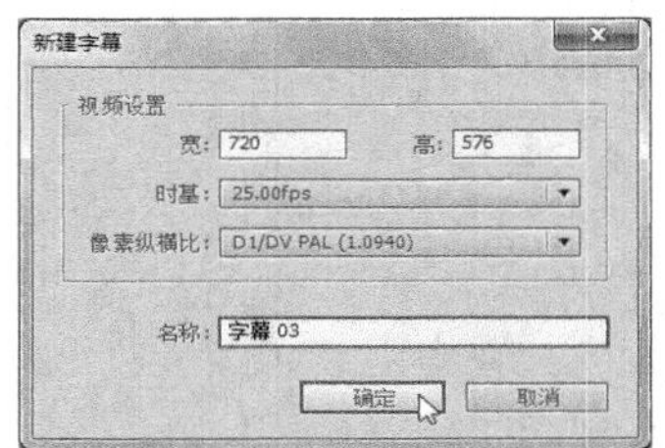

图15-228

15 单击“确定”按钮，打开“字幕编辑”窗口，选择垂直文字工具，在窗口的适当位置输入相应文字，如图15-229所示。

图15-229

16 选择输入的文字，在“字幕属性”面板中设置文字的相应属性，如图15-230所示。

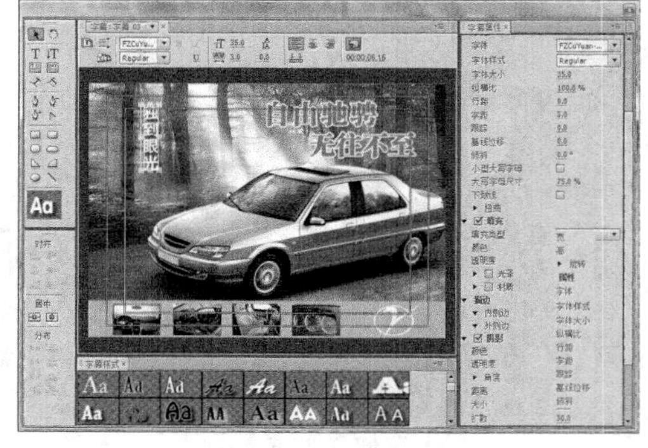

图15-230

17 执行上述操作后，关闭“字幕编辑”窗口，即可在“项目”面板中显示创建的字幕文件，如图15-231所示。

18 然后在“项目”面板中复制“字幕03”，并将复制的字幕重命名为“字幕04”，如图15-232所示。

19 在“项目”面板中双击“字幕04”，打开“字幕编辑”窗口，更改字幕文字，并调整字幕的位置，如图15-233所示。

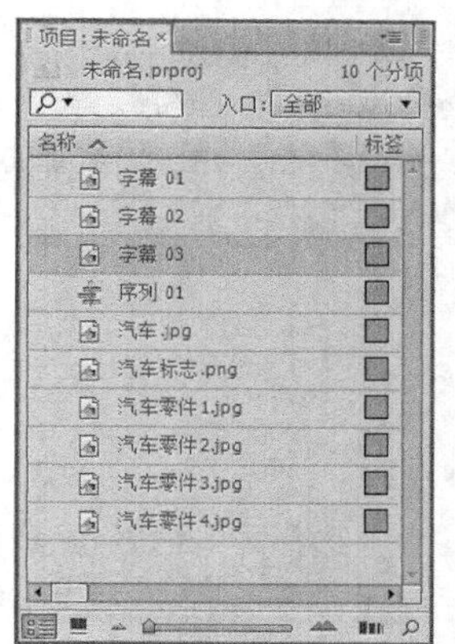

图15-231

图15-232

图15-233

⑳ 完成操作后，关闭“字幕编辑”窗口，在“项目”面板中拖曳“字幕03”至“视频9”轨道的时间线位置，添加字幕文件，如图15-234所示。

㉑ 接下来在“视频9”轨道中选择字幕文件，展开“特效控制台”面板，单击“位置”左侧的“切换动画”按钮，设置“位置”为200、288，“透明度”为0%，如图15-235所示。

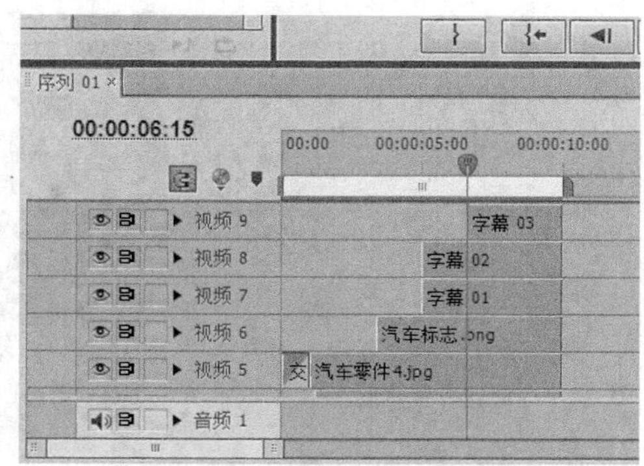

图15-234

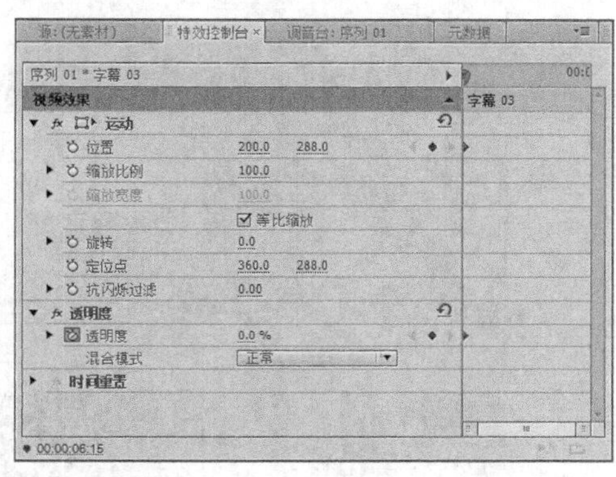

图15-235

㉒ 设置当前时间为00:00:09:00，然后设置“位置”为360、288，“透明度”为100%，如图15-236所示。

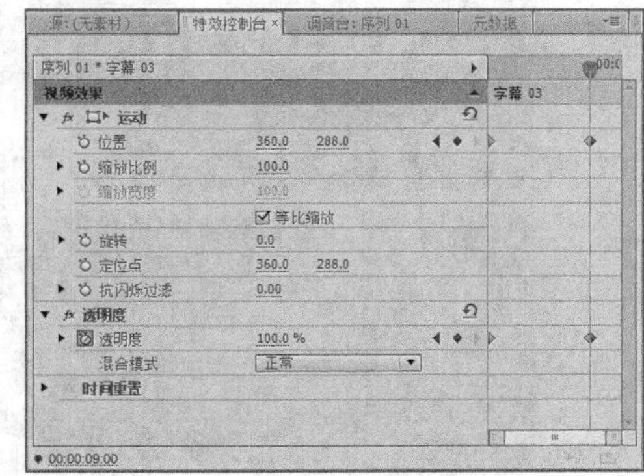

图15-236

㉓ 设置当前时间为00:00:06:15，在“项目”面板中拖曳“字幕04”至“视频10”轨道的时间线位置，即可添加字幕文件，如图15-237所示。

㉔ 用与上述相同的方法，在“特效控制台”面板中为“字幕04”添加相应关键帧，如图15-238所示。

㉕ 执行上述操作后，即可完成字幕效果的创建，在“节目监视器”面板中单击“播放-停止切换”按钮，预览字幕效果，如图15-239所示。

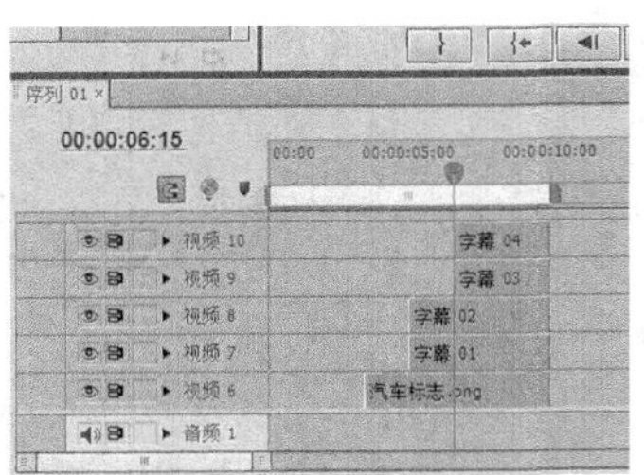

图15-237

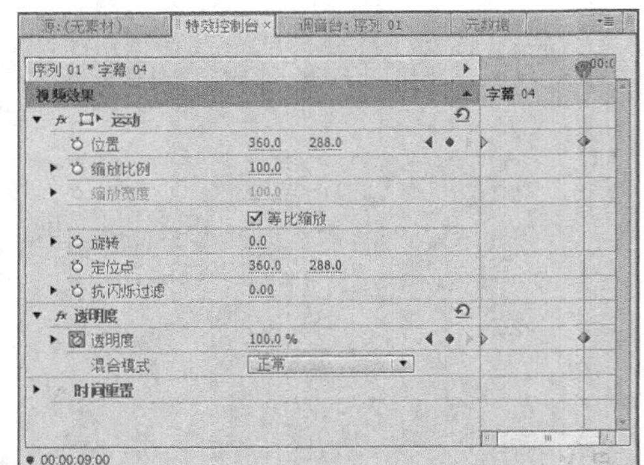

图15-238

图15-239

15.6.3 制作音频特效

最后，我们可以为广告添加音频特效，增加广告的吸引力。下面介绍制作音频特效的操作方法。

01 在“项目”面板的空白位置处双击鼠标左键，弹出“导入”对话框，导入音频素材，如图15-240所示。

图15-240

02 选择导入的音频素材，单击鼠标左键，并将其拖曳至“音频1”轨道中，调整音频素材的时间长度，即可添加音频素材，如图15-241所示。

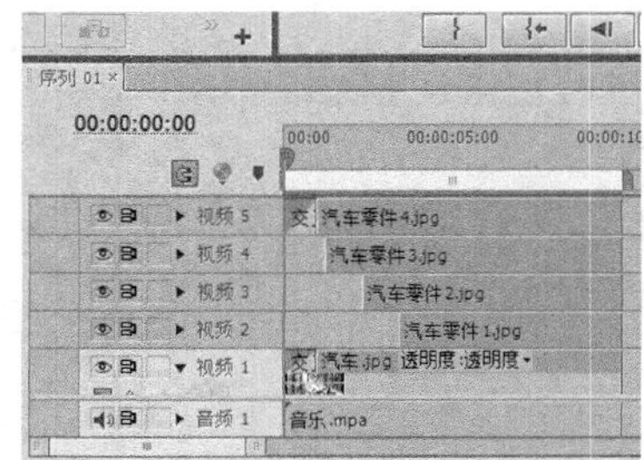

图15-241

03 在“效果”面板中展开“音频过渡”|“交叉渐隐”选项，选择“持续声量”音频特效，如图15-242所示。

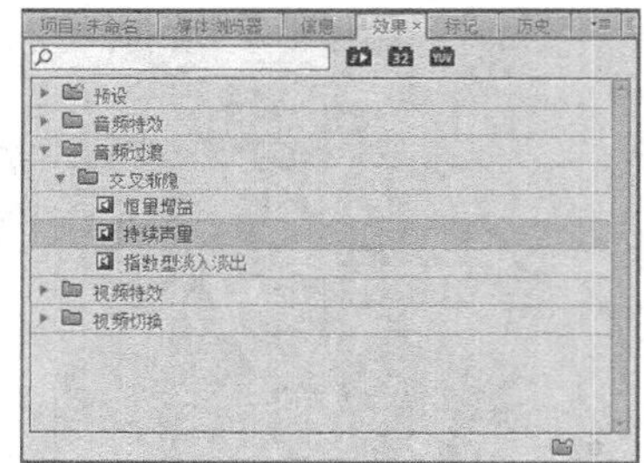

图15-242

04 单击鼠标左键，并将其拖曳至音频素材的起始点和结束点，添加音频特效，如图15-243所示。执行上述操作后，即可完成音频特效的制作。

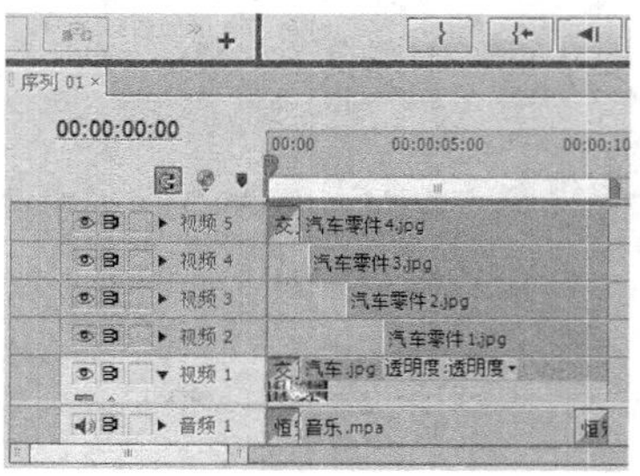

图15-243

15.7 本章小结

本章全面介绍了制作各种宣传广告和电子相册的方法，包括制作游戏宣传字幕、电影片头字幕、电视节目片头、结婚电子相册、凉鞋广告海报及汽车商业广告案例等。通过本章的学习，读者应熟练掌握运用Premiere Pro CS6制作具体案例的方法和技巧。

希望读者通过本章的学习能够举一反三，制作出更多精美的案例。

15.8 习题测试——制作电影片头

案例位置	效果\第15章\习题测试\龙之战.prproj
难易指数	★★★★★
学习目标	掌握制作电影片头的操作方法

本习题目的是让读者掌握制作电影片头的操作方法，最终效果如图15-244所示。

图15-244

图15-244（续）

附录

Premiere Pro CS6快捷键索引

快捷键	功能	快捷键	功能
Ctrl + Alt + N	新建项目	Ctrl + O	打开项目
Ctrl + N	新建序列	Ctrl + ALT + O	在Adobe Bridge 中浏览
Ctrl + T	新建字幕	Ctrl + Shift + W	关闭项目
Ctrl + W	关闭	Ctrl + S	存储
Ctrl + Shift + S	存储为	Ctrl + Alt + S	存储为副本
F5	采集	F6	批采集
Ctrl + Alt + I	从媒体资源管理器导入	Ctrl + I	导入
Ctrl + Q	退出	Ctrl + Z	撤销
Ctrl + Shift + Z	重做	Ctrl + X	剪切
Ctrl + C	复制	Ctrl + V	粘贴
Ctrl + Shift + V	粘贴插入	Ctrl + Alt + V	粘贴属性
Backspace	清除	Shift + Delete	波纹删除
Ctrl + A	全选	Ctrl + Shift + A	取消全选
Ctrl + F	查找	Ctrl + E	编辑原始资源
Ctrl + R	速度/持续时间	Ctrl + G	编组
Ctrl + Shift + G	解组	Enter	渲染工作区域内效果
F	匹配帧	Ctrl + K	添加编辑点
Ctrl + Shift + K	添加编辑点到所有轨道	T	修剪编辑
E	伸缩选择的编辑点到指示器位置	Ctrl + D	应用视频过渡效果
Ctrl + Shift + D	应用音频过渡效果	S	吸附
I	标记入点	O	标记出点
Shift + I	跳转入点	Shift + O	跳转出点
Ctrl + Shift + I	清除入点	Ctrl + Shift + O	清除出点
Ctrl + Shift + X	清除入点和出点	M	添加标记
Shift + M	转到下一标记	Ctrl + Shift + M	转到前一标记

续表

快捷键	功能	快捷键	功能
Ctrl + Alt + M	清除当前标记	Ctrl + Alt + Shift + M	清除所有标记
Ctrl + Shift + T	制表符设置	Ctrl + J	模板
Shift + 8	媒体浏览器	Shift + 7	效果
Shift + 2	源监视器	Shift + 5	特效控制台

课堂案例索引

续表

案例名称	页码
课堂案例——通过直接拖曳调整播放位置	48
课堂案例——三点剪辑素材的运用	49
课堂案例——四点剪辑技术的运用	50
课堂案例——通过滚动编辑工具剪辑素材	51
课堂案例——应用RGB曲线特效	55
课堂案例——应用RGB色彩特效	56
课堂案例——应用三路色彩特效	57
课堂案例——应用快速色彩特效	59
课堂案例——应用更改颜色特效	60
课堂案例——应用亮度曲线特效	61
课堂案例——应用亮度校正特效	62
课堂案例——应用染色特效	63
课堂案例——应用分色特效	63
课堂案例——应用色彩均化特效	64
课堂案例——应用转换颜色特效	65
课堂案例——应用色彩平衡（HLS）特效	65
课堂案例——应用广播级颜色特效	66
课堂案例——应用通道混合器特效	67
课堂案例——应用自动颜色特效	68
课堂案例——应用自动色阶特效	68
课堂案例——应用卷积内核特效	69
课堂案例——应用照明效果特效	70
课堂案例——应用阴影/高光特效	71
课堂案例——应用自动对比度特效	72
课堂案例——应用基本信号控制特效	73
课堂案例——应用黑白特效	73
课堂案例——应用色彩传递特效	74
课堂案例——应用颜色替换特效	75
课堂案例——应用灰度系数特效	75

续表

续表

续表

续表

案例名称	页码
课堂案例——制作实色填充效果	173
课堂案例——制作渐变填充效果	173
课堂案例——制作斜面填充效果	174
课堂案例——制作消除填充效果	175
课堂案例——制作残像填充效果	176
课堂案例——制作光泽填充效果	176
课堂案例——制作材质填充效果	177
课堂案例——添加内侧边描边效果	178
课堂案例——添加外侧边描边效果	179
课堂案例——字幕阴影效果的添加	180
课堂案例——字幕阴影参数的设置	181
课堂案例——运用绘图工具绘制直线	184
课堂案例——在面板中调整直线颜色	185
课堂案例——运用钢笔工具转换直线	185
课堂案例——运用椭圆工具创建圆	187
课堂案例——制作游动动态字幕	188
课堂案例——制作滚动动态字幕	189
课堂案例——设置流动路径字幕	195
课堂案例——设置水平翻转字幕	197
课堂案例——设置旋转特效字幕	198
课堂案例——设置拉伸特效字幕	199
课堂案例——设置扭曲特效字幕	201
课堂案例——设置发光特效字幕	202
课堂案例——通过“项目”面板添加音频	207
课堂案例——通过“菜单”命令添加音频	208
课堂案例——通过“项目”面板删除音频	208
课堂案例——通过“时间线”面板删除音频	209
课堂案例——音频文件的分割	209
课堂案例——音频轨道的删除	211

续表

续表

习题测试索引

续表

习题测试答案

第1章习题测试答案

01 单击“开始”|“程序”|“Adobe”|“Adobe Premiere Pro CS6”命令，如图1-1所示。

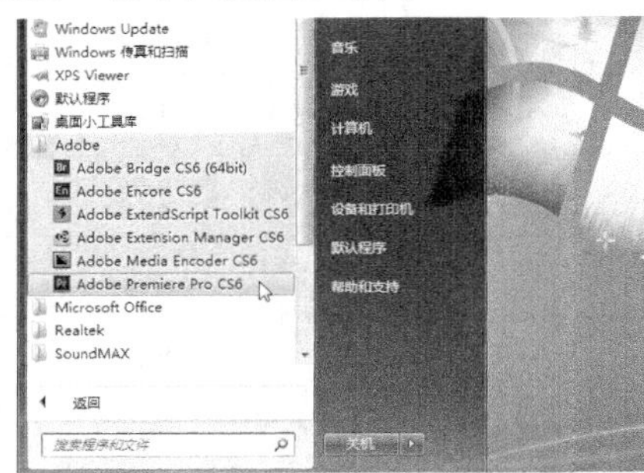

图1-1

02 在Premiere Pro CS6的操作界面中，单击右上角的“关闭”按钮，如图1-2所示。

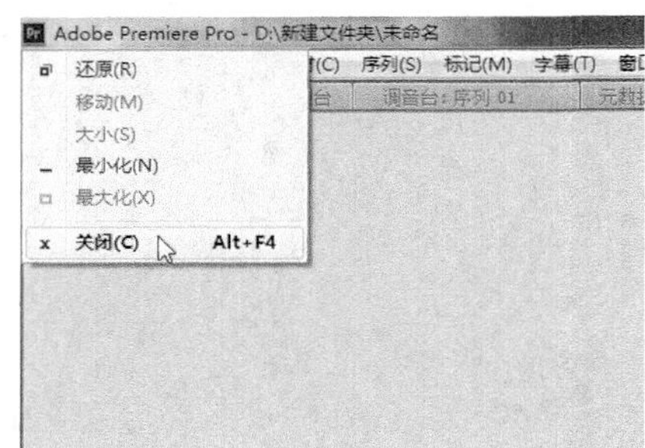

图1-2

第2章习题测试答案

01 按Ctrl＋O组合键，打开一个项目文件，如图2-1所示。

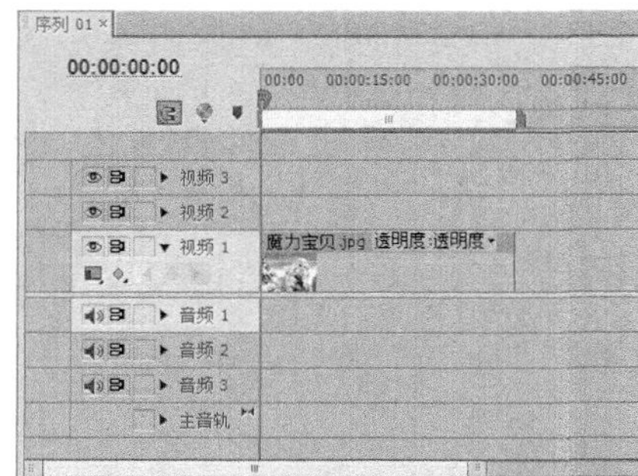

图2-1

02 选取滑动工具，选择素材并向右拖曳至合适位置，即可移动素材的位置，如图2-2所示。

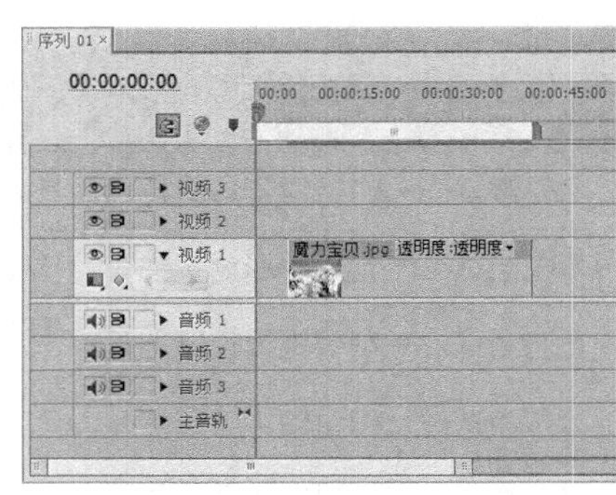

图2-2

第3章习题测试答案

01 新建一个项目文件，单击“文件”|“导入”命令，弹出“导入”对话框，导入一个素材文件至“项目”面板中，如图3-1所示。

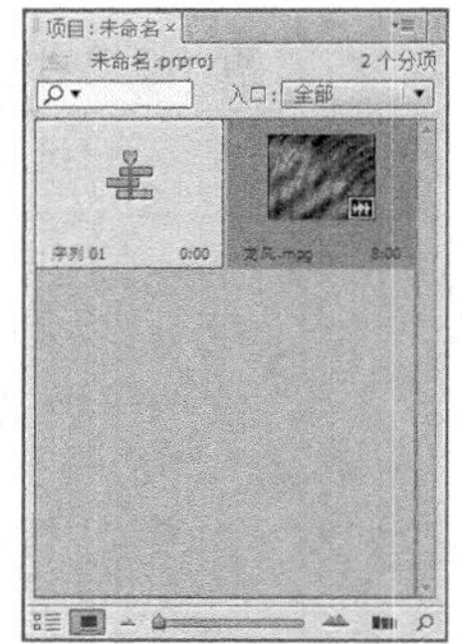

图3-1

02 在“项目”面板的素材库中选择导入的视频素材，并将其拖曳至“时间线”面板的“视频1”轨道中，如图3-2所示。

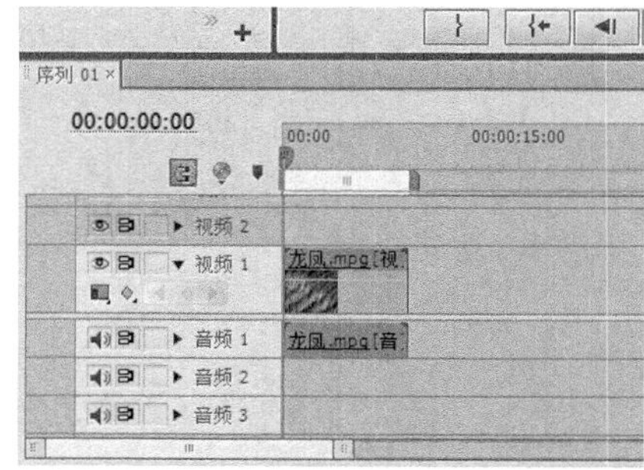

图3-2

03 选择“时间线”面板中的视频素材，单击“素材”|“解除视音频链接”命令，如图3-3所示。

04 即可将视频与音频分离，选择“视频1”轨道上的素材，单击鼠标左键并拖曳，即可单独移动视频素材，如图3-4所示。

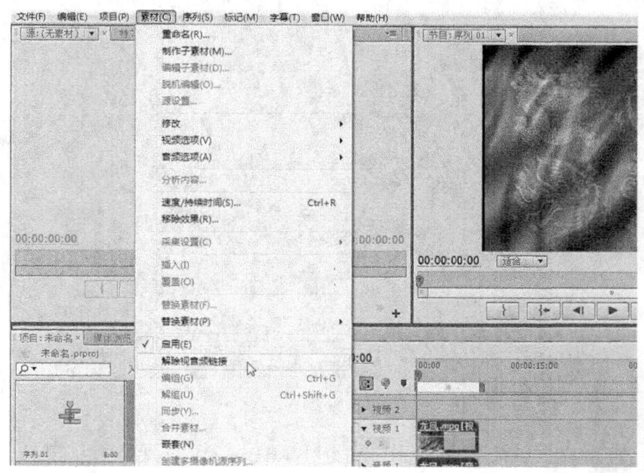

图3-3

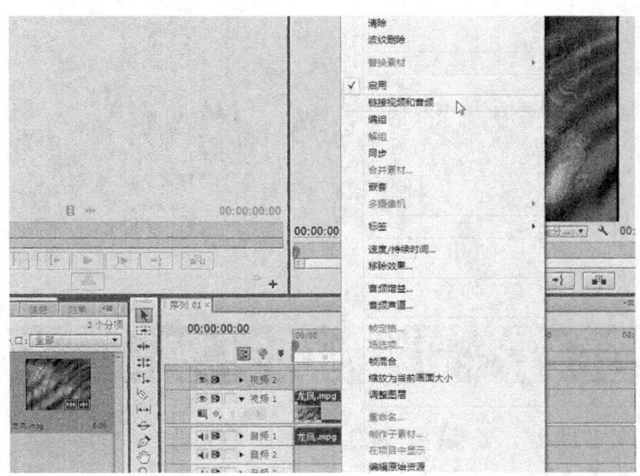

图3-4

05 将“视频1”轨道上的素材移至时间线的开始位置，同时选择视频轨和音频轨上的素材，单击鼠标右键，在弹出的快捷菜单中选择“链接视频和音频”选项，如图3-5所示。

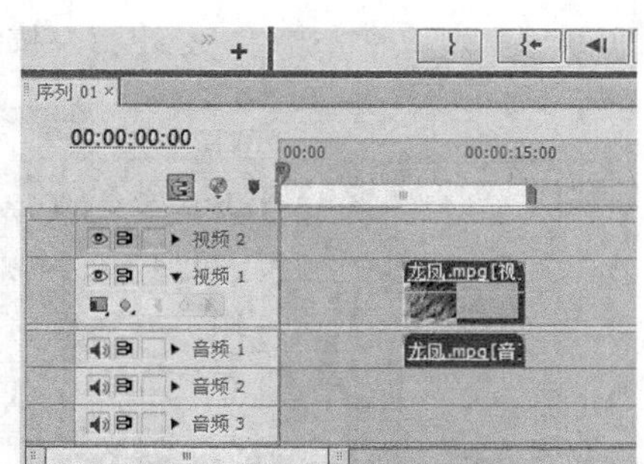

图3-5

06 执行上述操作后，即可将视频与音频重新链接，在“音频1”轨道上选择音频素材，单击鼠标左键并向右拖曳至合适位置，即可以同时移动视频和音频素材，如图3-6所示。

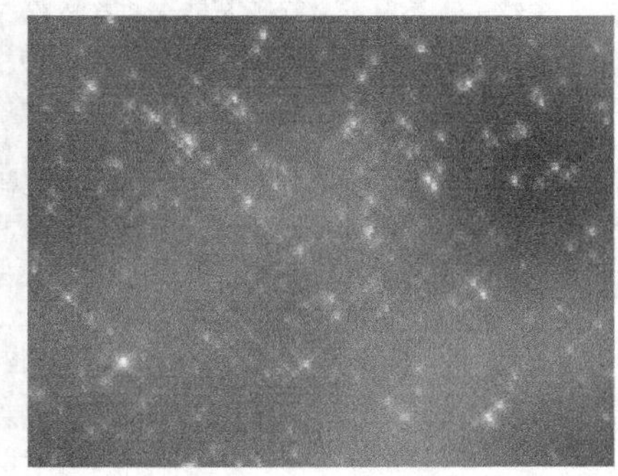

图3-6

第4章习题测试答案

01 新建一个项目文件，单击“文件”|“导入”命令，弹出“导入”对话框，导入一个视频素材文件，如图4-1所示。

图4-1

02 选择“项目”面板中的视频素材文件，并将其拖曳至“时间线”面板的“视频1”轨道中，如图4-2所示。

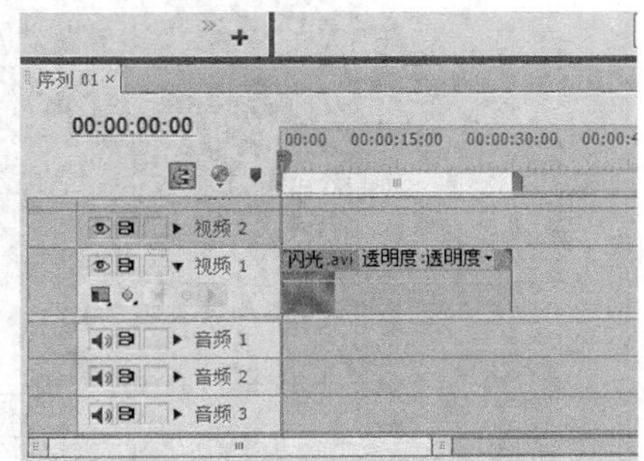

图4-2

03 在“节目监视器”面板中设置时间为00:00:02:20，并单击“标记入点”按钮，如图4-3所示。

04 在“节目监视器”面板中设置时间为

00:00:14:00，并单击“标记出点”按钮，如图4-4所示。

图4-3

图4-4

05 在“项目”面板中双击视频素材，在“源监视器”面板中设置时间为00:00:07:00，并单击“标记入点”按钮，如图4-5所示。

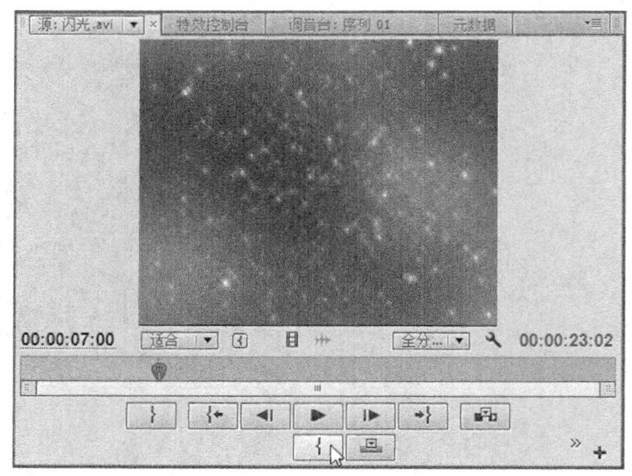

图4-5

06 在“源监视器”面板中设置时间为00:00:28:00，并单击“标记出点”按钮，如图4-6所示。

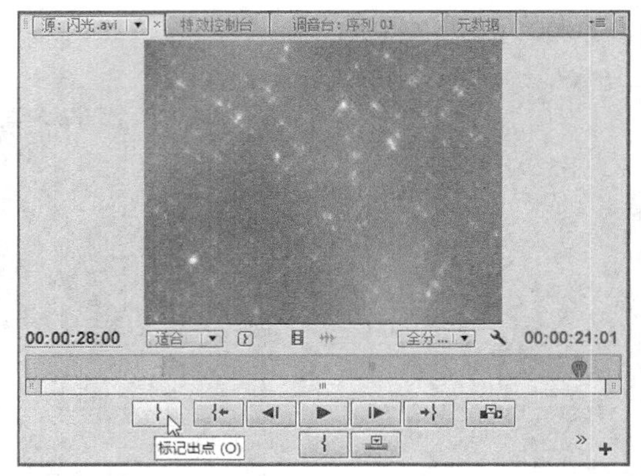

图4-6

07 在“源监视器”面板中单击“覆盖”按钮，系统将自动弹出“适配素材”对话框，如图4-7所示。

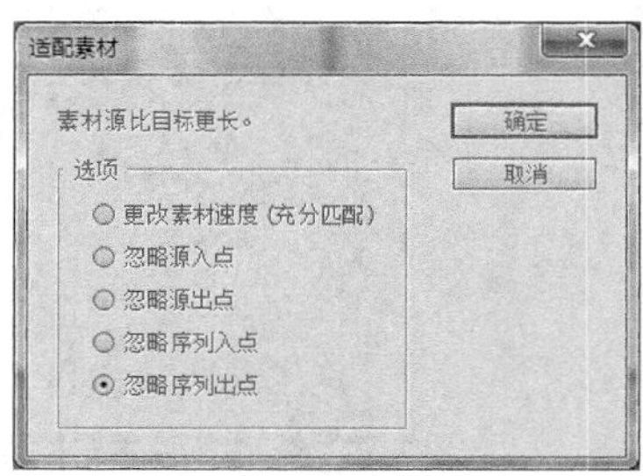

图4-7

08 单击“确定”按钮，即可完成四点剪辑的操作，如图4-8所示。

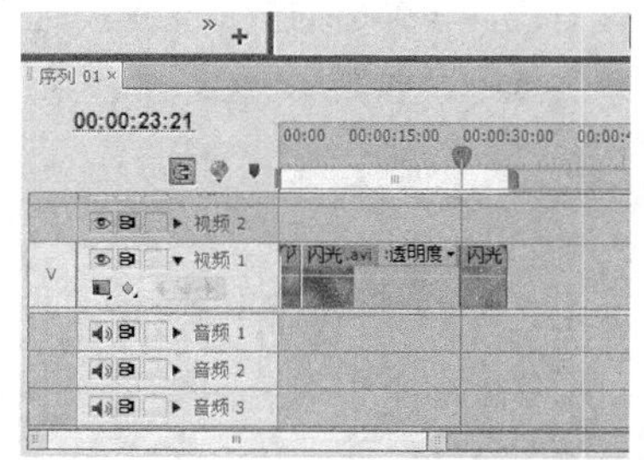

图4-8

第5章习题测试答案

01 新建一个项目文件，单击“文件”|“导入”命令，导入一个素材文件，如图5-1所示。

02 选择“项目”面板中的素材文件，并将其拖曳至“时间线”面板的“视频1”轨道中，如图5-2所示。

图5-1

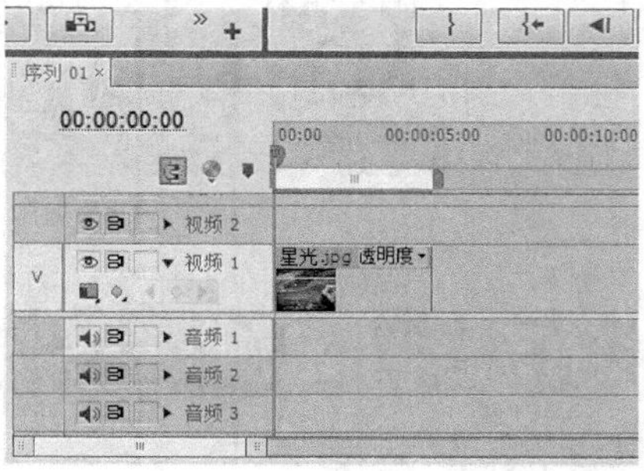

图5-2

03 在“效果”面板中，依次展开“视频特效”|“色彩校正”选项，在其中选择“RGB色彩校正”特效，如图5-3所示。

图5-3

04 单击鼠标左键并拖曳至“时间线”面板中的“视频1”轨道的素材上，此时将显示一条紫色直线，如图5-4所示。

图5-4

05 选择“视频1”轨道上的素材，在“特效控制台”调板中展开“RGB色彩校正”选项，设置“灰度系数”为0.8；在RGB选项区中设置“红色灰度系数”为5，“绿色灰度系数”为1.5，如图5-5所示。

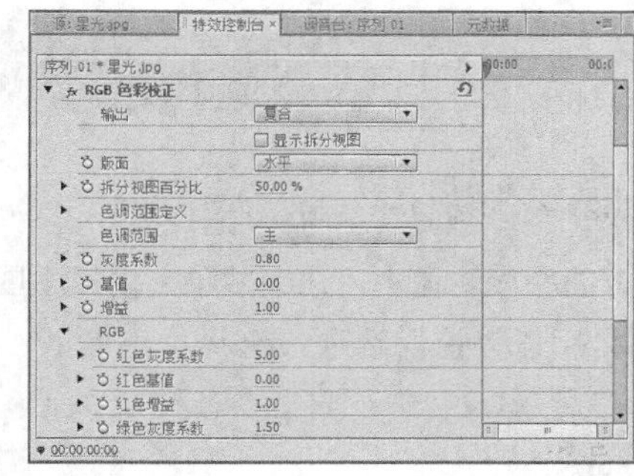

图5-5

06 执行上述操作后，即运用RGB色彩校正制作了视频特效。在“节目监视器”面板中单击“播放-停止切换”按钮，可预览运用RGB色彩校正制作视频特效的效果，如图5-6所示。

图5-6

第6章习题测试答案

01 新建一个项目文件，单击“文件”|“导入”命令，弹出“导入”对话框，导入两幅素材图像，如图6-1所示。

图6-1

图6-1（续）

02 在“项目”面板中拖曳素材至“时间线”面板的相应轨道中，在“效果”面板中展开“视频特效”|“键控”选项，选择“色度键”特效，如图6-2所示。

图6-2

03 单击鼠标左键并拖曳至“视频2”轨道的素材上，添加视频特效，如图6-3所示。

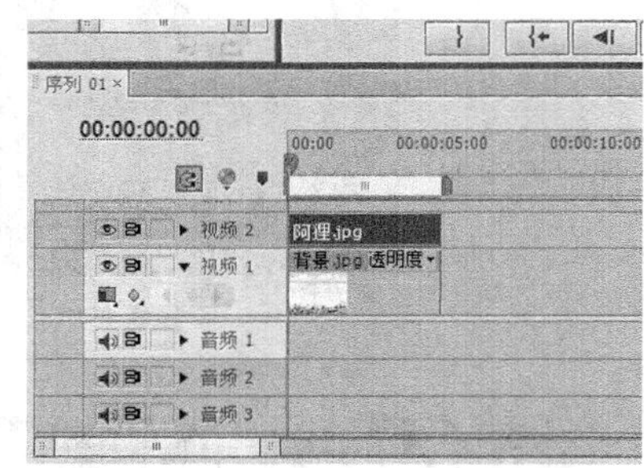

图6-3

04 在“特效控制台”面板中展开“色度键”选项，设置“颜色”为白色，“相似性”为2%，如图6-4所示。

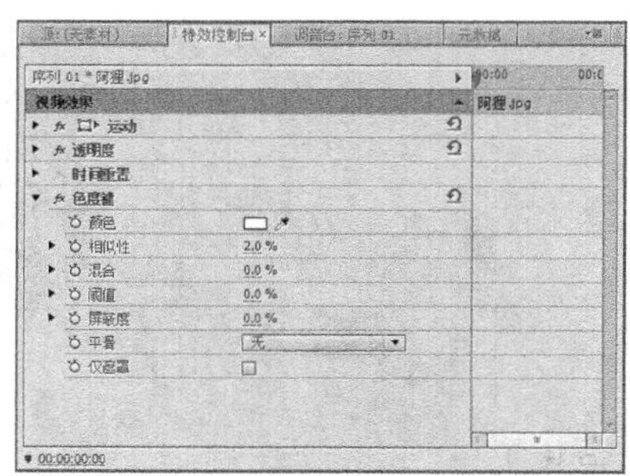

图6-4

05 执行上述操作后，即制作了键控视频特效，在“节目监视器”面板中可以预览键控视频特效效果，如图6-5所示。

图6-5

第7章习题测试答案

01 新建一个项目文件，单击“文件”|“导入”命令，导入两幅素材图像，如图7-1所示。然后将其拖曳至“视频1”轨道中。

图7-1

02 在“特效控制台”面板中设置素材的“缩放比例”为85，在“效果”面板中展开“视频切换”|“卷页”选项，选择“中心剥落”转场效果，如图7-2所示。

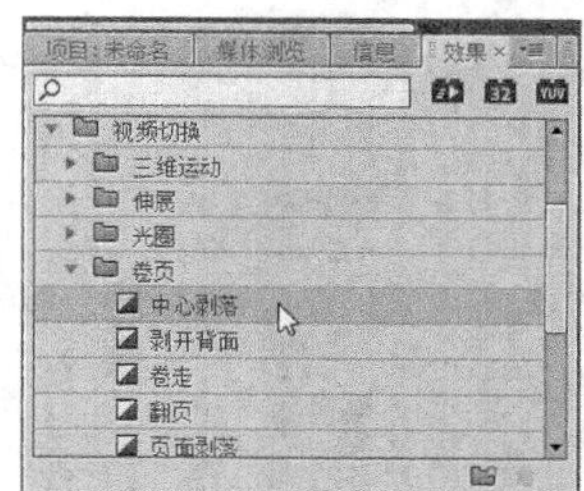

图7-2

03 单击鼠标左键并将其拖曳至“视频1”轨道的两个素材之间，即可添加转场效果，如图7-3所示。

图7-3

04 执行上述操作后，单击“节目监视器”面板中的“播放-停止切换”按钮，即可预览卷页转场效果，如图7-4所示。

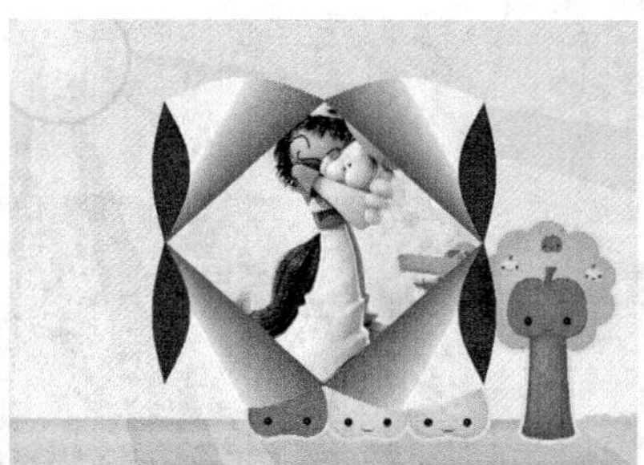

图7-4

第8章习题测试答案

01 新建一个项目文件，单击“文件”|“导入”命令，导入两幅素材图像，如图8-1所示。

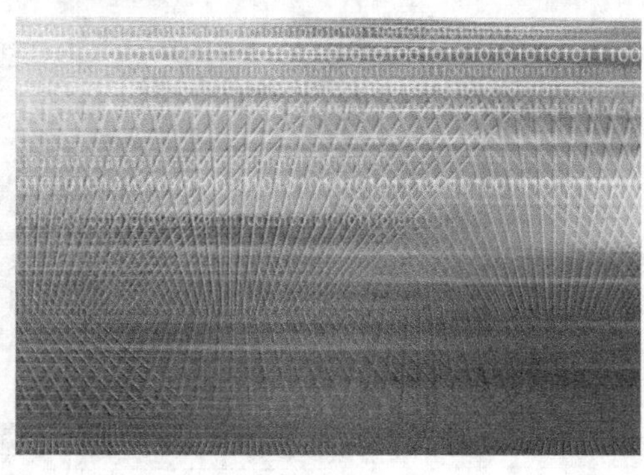

图8-1

02 在“项目”面板中，将导入的素材分别添加至“视频1”和“视频2”轨道中，并设置“视频1”轨道素材的“缩放比例”为135，即可添加素材文件，如图8-2所示。

图8-2

03 按Ctrl＋T组合键，弹出“新建字幕”对话框，单击“确定”按钮，打开“字幕编辑”窗口，在窗口中输入文字并设置字幕属性，如图8-3所示。

04 关闭“字幕编辑”窗口，在“项目”面板中拖曳“字幕01”至“视频3”轨道中，如图8-4所示。

05 选择“视频2”轨道中素材，在“效果”面板中展开“视频特效”|“键控”选项，选择“轨道遮罩键”视频特效，如图8-5所示。

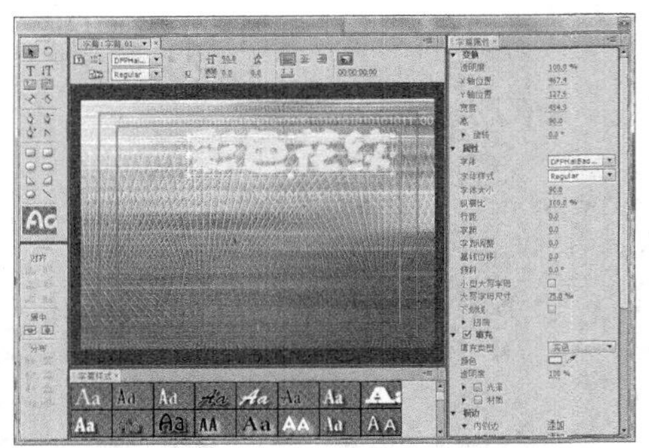

图8-3

图8-4

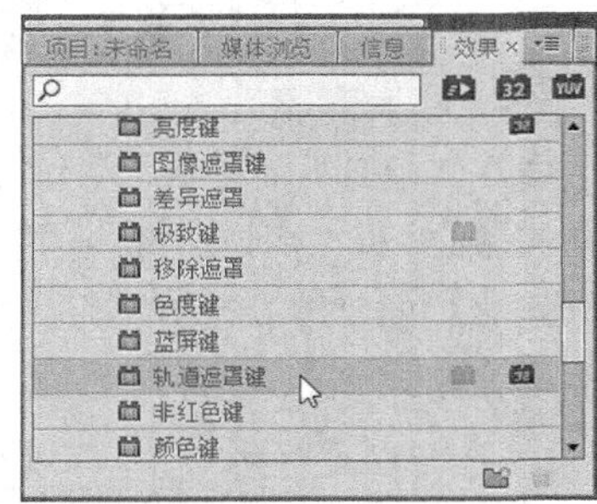

图8-5

06 单击鼠标左键并将其拖曳至“视频2”轨道的素材上，在“特效控制台”面板中展开“轨道遮罩键”选项，在其中设置相应参数，如图8-6所示。

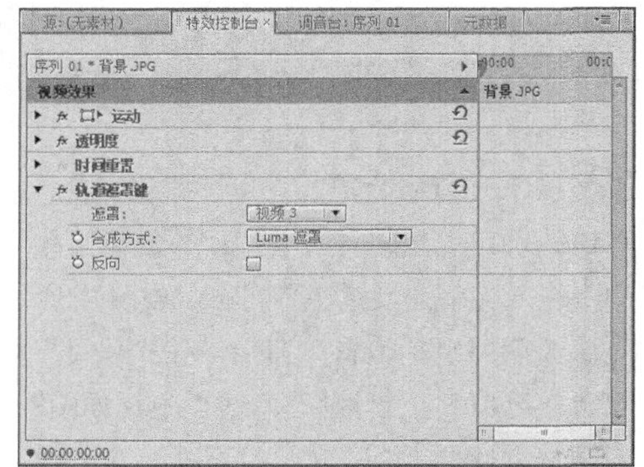

图8-6

07 在面板中展开“运动”选项，设置“缩放比例”为65。执行上述操作后，即可完成叠加字幕的制作，效果如图8-7所示。

图8-7

第9章习题测试答案

01 新建一个项目文件，单击“文件”|“导入”命令，导入两幅素材图像，如图9-1所示。

图9-1

02 在“项目”面板中，将导入的素材分别添加至“视频1”和“视频2”轨道中，并分别设置素材的“缩放比例”为70、80，即可添加素材文件，如图9-2所示。

03 在“效果”面板中展开“视频特效”|“键控”选项，选择“色度键”视频特效，如图9-3所示。

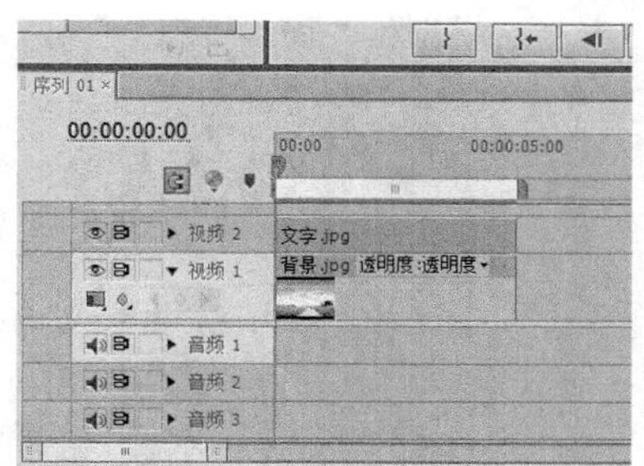

图9-2

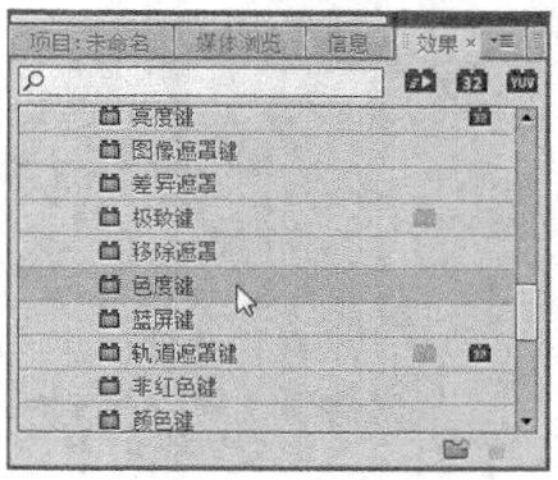

图9-3

04 单击鼠标左键并将其拖曳至“视频2”轨道的素材上，即可添加视频特效，如图9-4所示。

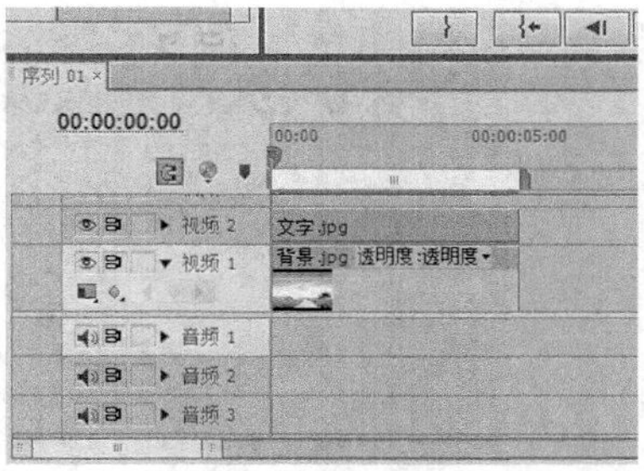

图9-4

05 在“特效控制台”面板中展开“色度键”选项，设置“颜色”为黑色，“相似性”为6.0%，“混合”为50.0%，如图9-5所示。

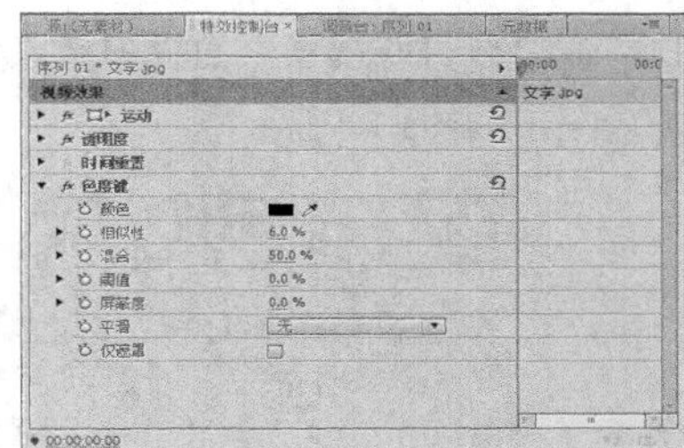

图9-5

06 在“特效控制台”面板中展开“运动”选项，分别单击“位置”和“缩放比例”选项左侧的“切换动画”按钮，并设置“位置”分别为355和150，“缩放比例”为80，添加关键帧，如图9-6所示。

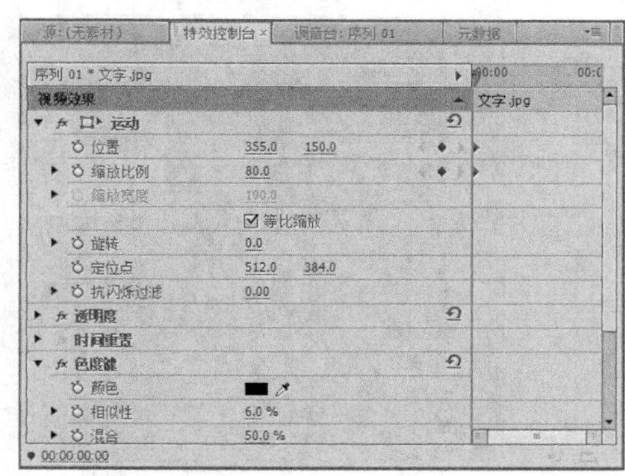

图9-6

07 然后将“当前时间指示器”拖曳至00:00:01:15的位置，设置“位置”分别为350和120，“缩放比例”为70，添加第2组关键帧，如图9-7所示。

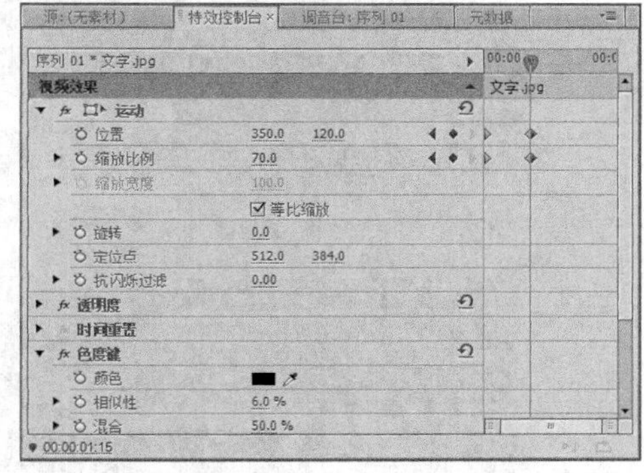

图9-7

08 然后将“当前时间指示器”拖曳至00:00:03:00的位置，设置“位置”分别为260和80，“缩放比例”为50，添加第3组关键帧，如图9-8所示。

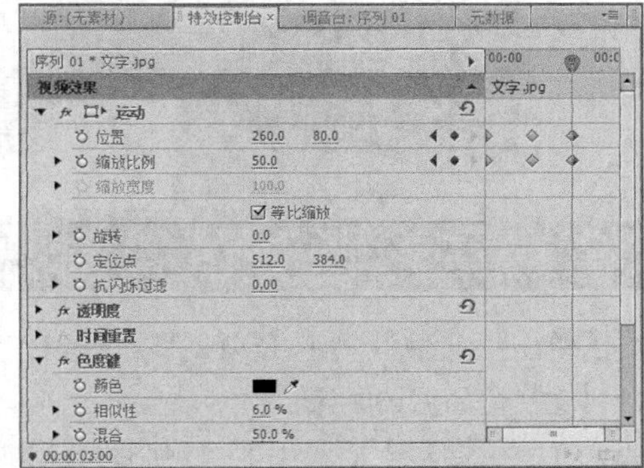

图9-8

09 然后将“当前时间指示器”拖曳至00:00:04:10的位置，设置“位置”分别为200和50，“缩放比例”为40，添加第4组关键帧，效果如图9-9所示。

图9-9

10 设置完成后，将时间线移至素材的开始位置，在“节目监视器”面板中单击“播放-停止切换”按钮，即可预览制作镜头推拉与平移后的效果，如图9-10所示。

图9-10

第10章习题测试答案

01 单击“文件”|“打开项目”命令，打开一个项目文件，如图10-1所示。

02 在“时间线”面板中的“视频2”轨道中，选择字幕文件，双击鼠标左键，如图10-2所示。

03 打开“字幕编辑”窗口，在“字幕属性”面板的“变换”选项区中，设置“旋转”为10，如图10-3所示。

图10-1

图10-2

图10-3

04 执行上述操作后，即可设置字幕变换效果，单击右上角的“关闭”按钮，关闭“字幕编辑”窗口，在“节目监视器”面板中预览设置字幕变换后的效果，如图10-4所示。

图10-4

第11章习题测试答案

01 单击“文件”|“打开项目”命令，打开一个项目文件，如图11-1所示。

图11-1

02 在“时间线”面板的“视频2”轨道中选择字幕文件，如图11-2所示。

图11-2

03 在“特效控制台”面板中展开“运动”选项，分别单击“缩放比例”和“旋转”左侧的“切换动画”按钮，并设置“缩放比例”为50，“旋转”为0，添加关键帧，如图11-3所示。

图11-3

04 执行上述操作后，将“当前时间指示器”拖曳至00:00:02:00的位置，设置“缩放比例”为70，“旋转”为90，然后单击“定位点”左侧的“切换动画”按钮，设置“定位点”为180和360，添加第2组关键帧，如图11-4所示。

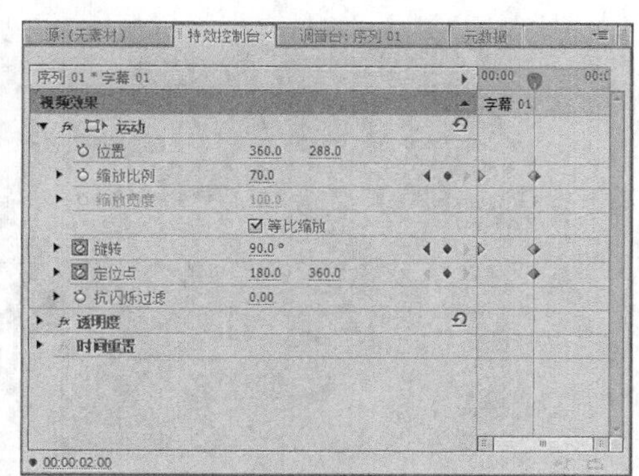

图11-4

05 然后将“当前时间指示器”拖曳至00:00:04:10的位置，设置“缩放比例”为100，“旋转”为1×0.0（即360度），“定位点”为360和280，添加第3组关键帧，如图11-5所示。

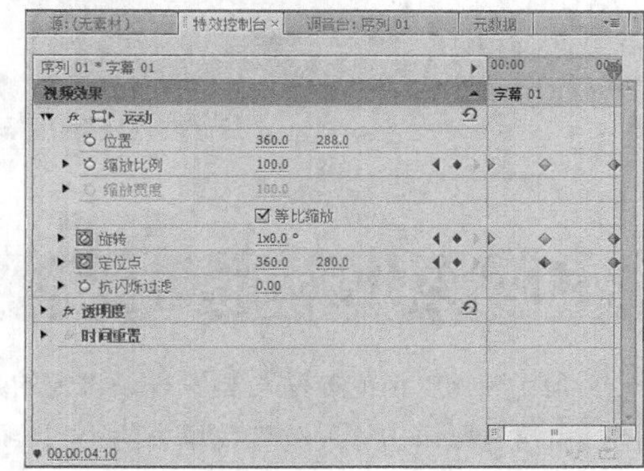

图11-5

06 执行上述操作后，即制作出字幕翻转特效，在“节目监视器”面板中单击“跳转入点”按钮，如图11-6所示，将时间线移至开始位置。

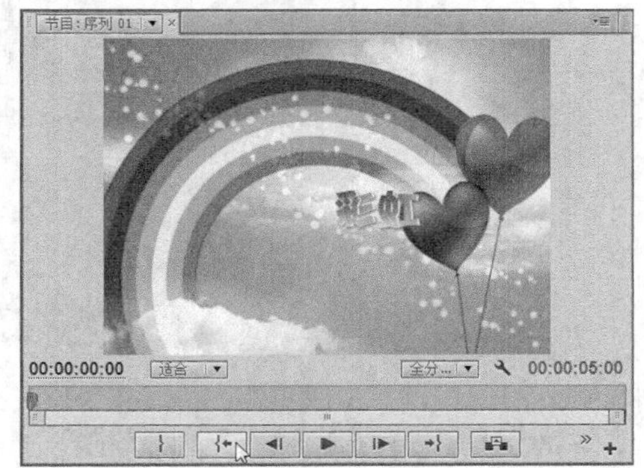

图11-6

07 单击“播放-停止切换”按钮，即可预览字幕翻转特效，如图11-7所示。

图11-7

第12章习题测试答案

01 删除音频轨道的方法与删除视频轨道的方法相同，用户可以单击“序列”菜单中的“删除轨道”命令，如图12-1所示。

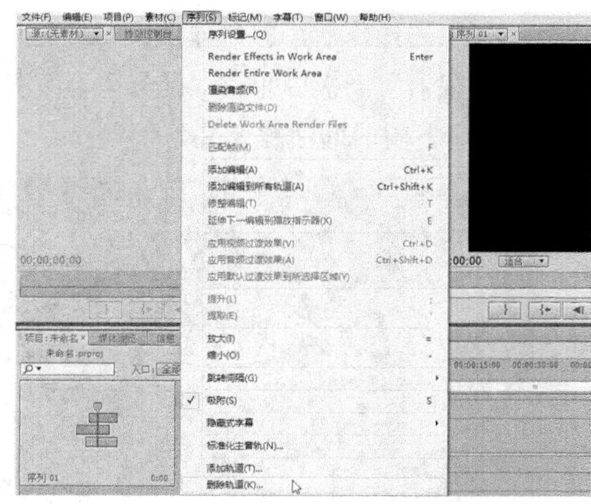

图12-1

02 执行上述操作后，弹出“删除轨道”对话框，选中“删除音频轨”复选框，并设置需要删除的音频轨道，如图12-2所示，单击“确定”按钮，即可删除多余的音频轨道。

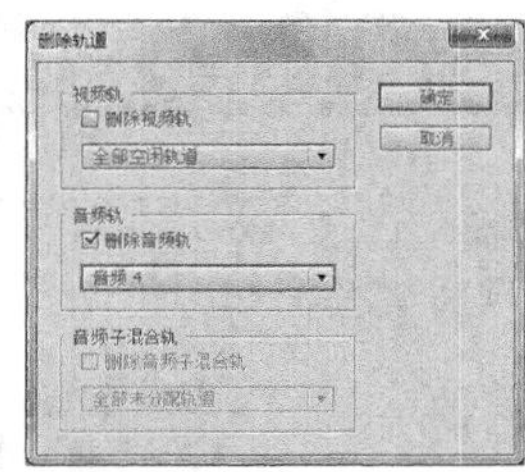

图12-2

第13章习题测试答案

01 新建一个项目文件，单击“文件”|“导入”命令，导入一段音频素材，如图13-1所示。

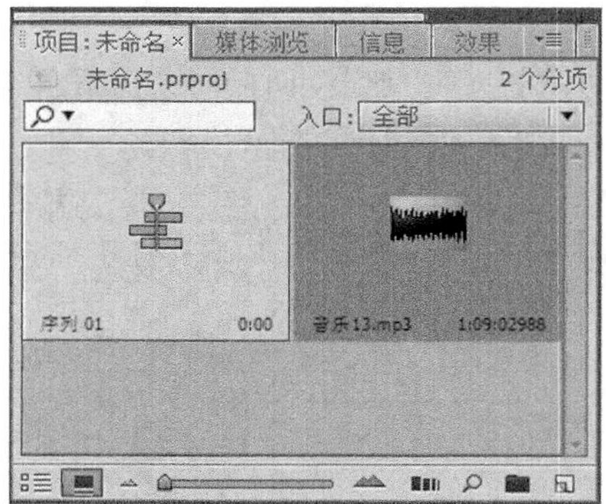

图13-1

02 将导入的素材的拖曳至“音频1”轨道中，展开“音频1”轨道，如图13-2所示。

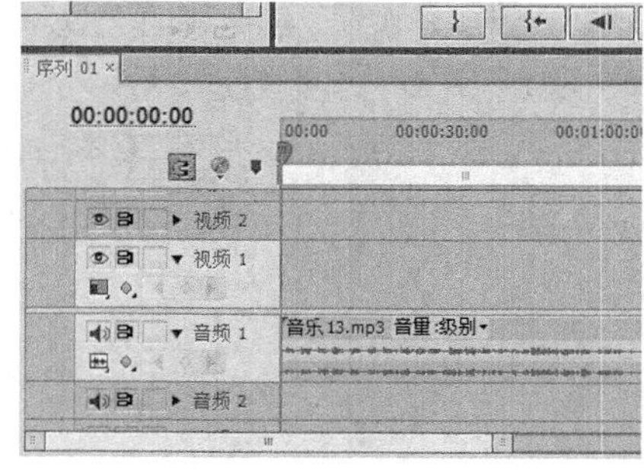

图13-2

03 在“效果”面板中展开“音频特效”选项，在其中选择“高通”音频特效，单击鼠标左键，并将其拖曳至“音频1”轨道的音频素材上，添加音频特效，如图13-3所示。

04 在“特效控制台”面板中展开“高通”选项，设置“屏蔽度”为3500.0Hz，如图13-4所示。执行上述操作后，即可完成“高通”特效的制作。

图13-3

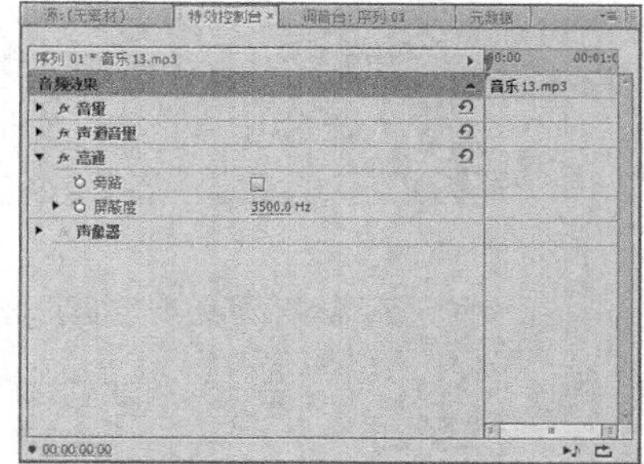

图13-4

第14章习题测试答案

01 按Ctrl＋O组合键，打开一个项目文件，如图14-1所示。

图14-1

02 单击“文件”|“导出”|“EDL”命令，如图14-2所示。

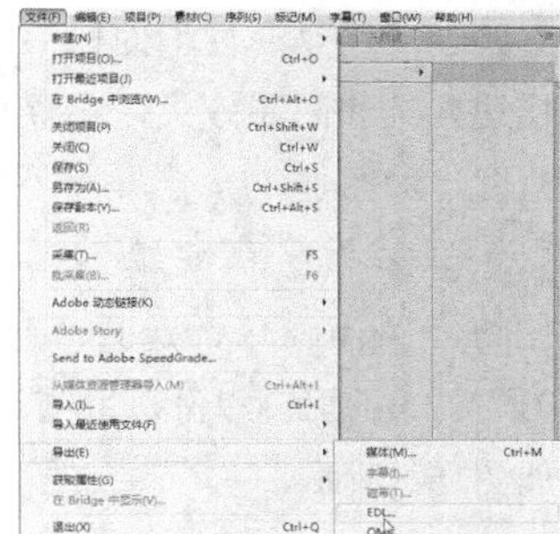

图14-2

03 弹出“EDL输出设置”对话框，单击“确定”按钮，如图14-3所示。

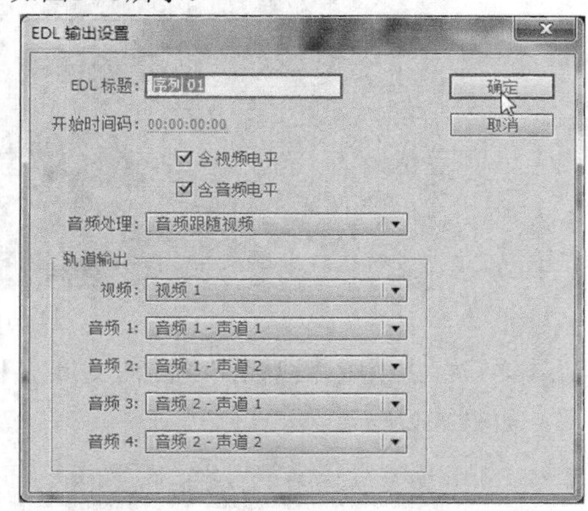

图14-3

04 弹出“保存序列为 EDL”对话框，设置文件名和保存路径，如图14-4所示。

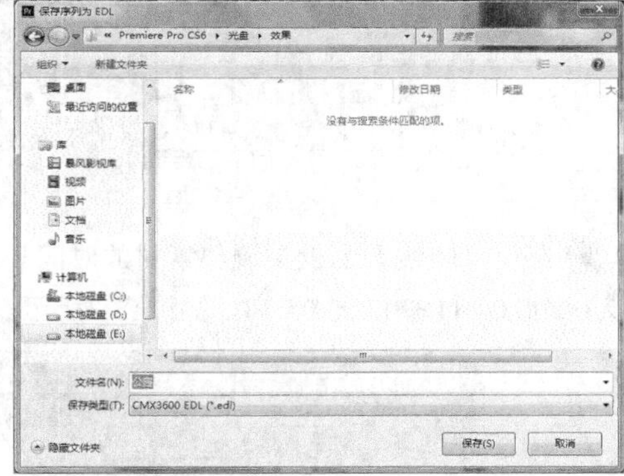

图14-4

05 单击“保存”按钮，即可导出EDL文件。

第15章习题测试答案

01 新建一个项目文件，单击“文件”|“导入”命令，导入两幅图像素材，如图15-1所示。

图15-1

图15-1（续）

02 将素材拖曳至“视频1”轨道中，添加图像素材，如图15-2所示。

图15-2

03 在“时间线”面板中调整素材的时间长度分别为00:00:04:11和00:00:05:14，如图15-3所示。

图15-3

04 在“视频1”轨道中选择第1幅图像素材，展开“特效控制台”面板，设置“缩放比例”为145，如图15-4所示。

05 在“视频1”轨道中选择另一幅图像素材，展开“特效控制台”面板，设置“缩放比例”为80，如图15-5所示。

06 单击“字幕”|“新建字幕”|“默认静态字幕”命令，弹出“新建字幕”对话框，单击“确定”按钮，打开“字幕编辑”窗口，输入文字“龙”，并设置“字体”为FZZongYi-M05S，“填充类型”为“四色渐变”，“颜色”为深蓝、蓝色、黑色和蓝色的四色渐变，如图15-6所示。

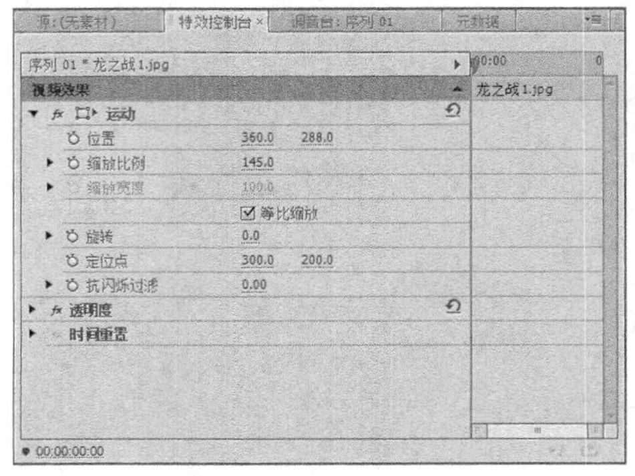

图15-4

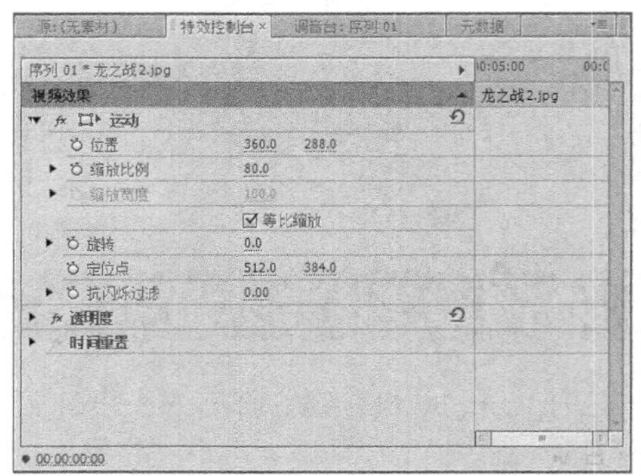

图15-5

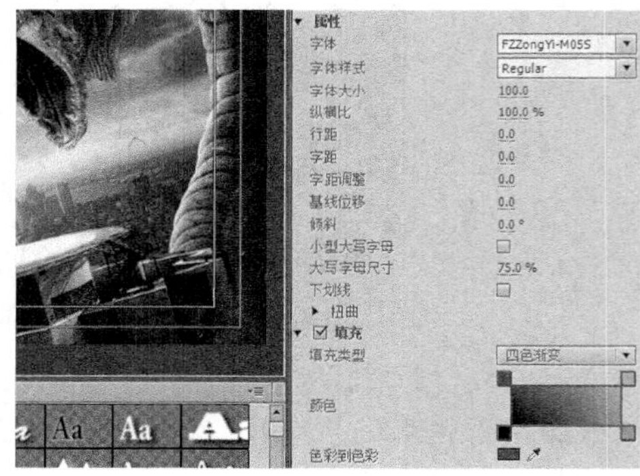

图15-6

07 在“字幕属性”面板中为字幕添加“外侧边”描边效果和阴影效果，设置相应参数，调整字幕的位置，如图15-7所示。

08 单击“字幕编辑”窗口右上角的“关闭”按钮，关闭窗口，选择“项目”面板中的“字幕01”，复制字幕2份，并按顺序对其进行重命名，如图15-8所示。

图15-7

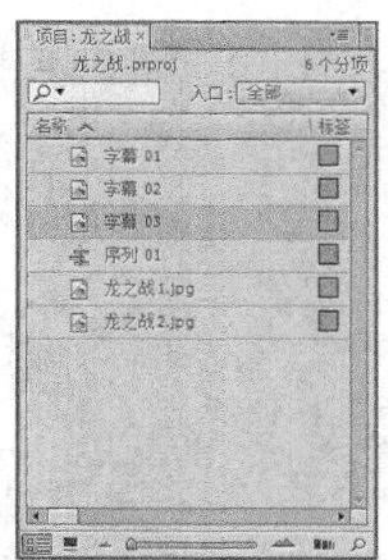

图15-8

09 在“项目”面板中双击相应字幕，打开“字幕编辑”窗口，在其中修改字幕，并拖曳字幕至不同的轨道中，调整字幕的时间长度，如图15-9所示。

图15-9

10 在“时间线”面板中拖曳“当前时间指示器”至00:00:05:00的位置，选择“字幕01”，展开“特效控制台”面板，单击“缩放比例”选项左侧的“切换动画”按钮，设置“缩放比例”为300，如图15-10所示。

11 然后拖曳“当前时间指示器”至00:00:05:08的位置，设置“缩放比例”为150，如图15-11所示。

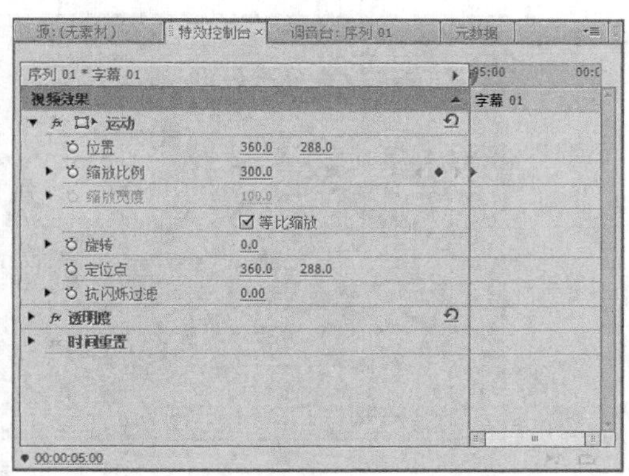

图15-10

图15-11

12 然后拖曳“当前时间指示器”至00:00:05:18的位置，设置“缩放比例”为100，如图15-12所示。

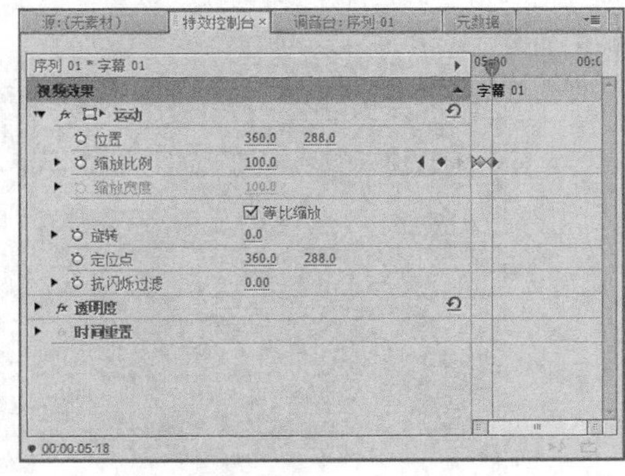

图15-12

13 选择“视频1”轨道中的“龙之战2”素材，然后将“当前时间指示器”拖曳至00:00:05:15的位置，展开“特效控制台”面板，单击“缩放比例”选项左侧的“切换动画”按钮，如图15-13所示。

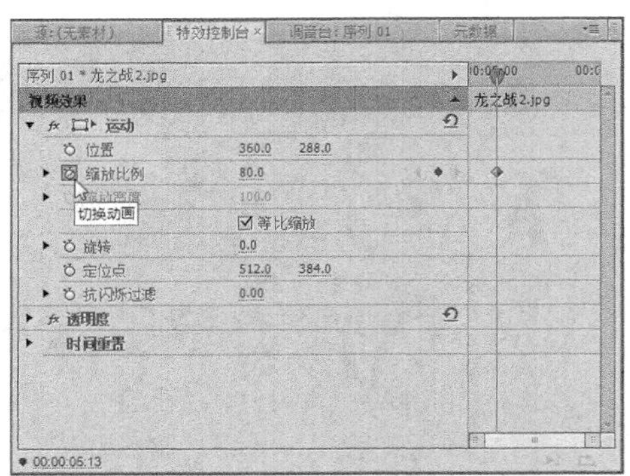

图15-13

14 然后拖曳“当前时间指示器”至00:00:05:22的位置，设置“缩放比例”为78.0，如图15-14所示。

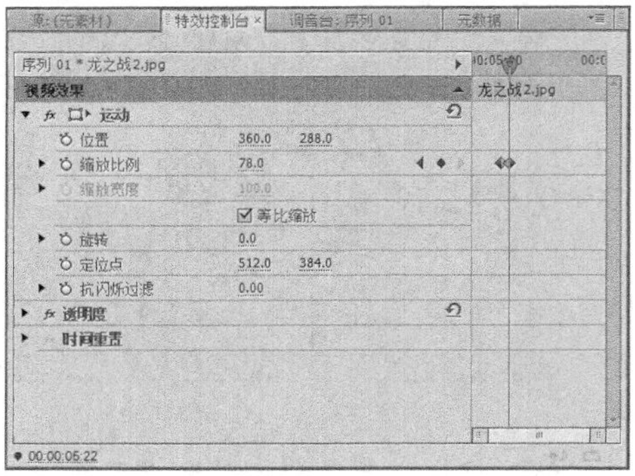

图15-14

15 然后拖曳“当前时间指示器”至00:00:06:05的位置，单击“添加/移除关键帧”按钮，添加关键帧，如图15-15所示。

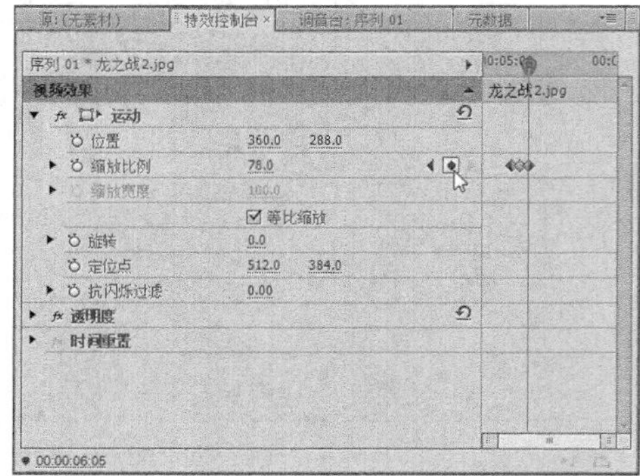

图15-15

16 按住Shift键的同时，选择所有的关键帧，复制关键帧，然后分别粘贴关键帧至00:00:06:10和00:00:07:08的位置，如图15-16所示。

17 用与上述相同的方法，在“特效控制台”面板中为其他字幕添加相应的动态效果，如图15-17所示。

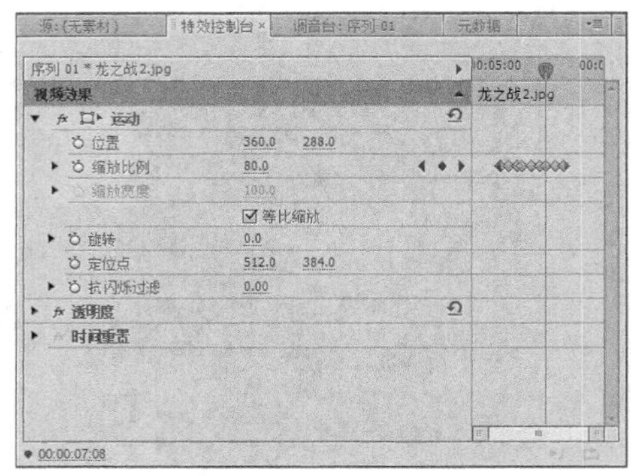

图15-16

图15-17

18 在“效果”面板中，展开“视频特效”|“键控”选项，在其中选择“颜色键”视频特效，如图15-18所示。

19 单击鼠标左键，并将其拖曳至“视频1”轨道的“龙之战1”素材上，在“特效控制台”面板中展开“颜色键”选项，单击相应“切换动画”按钮，并设置各参数，如图15-19所示。

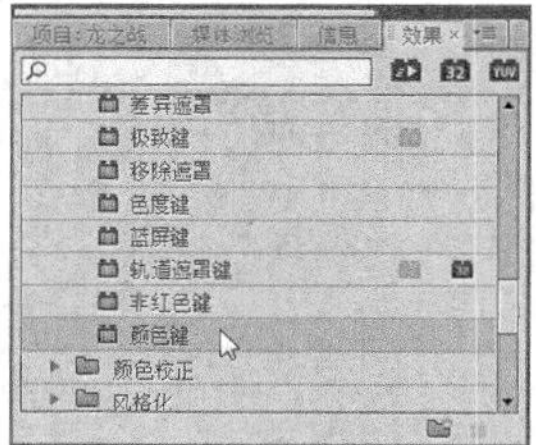

图15-18

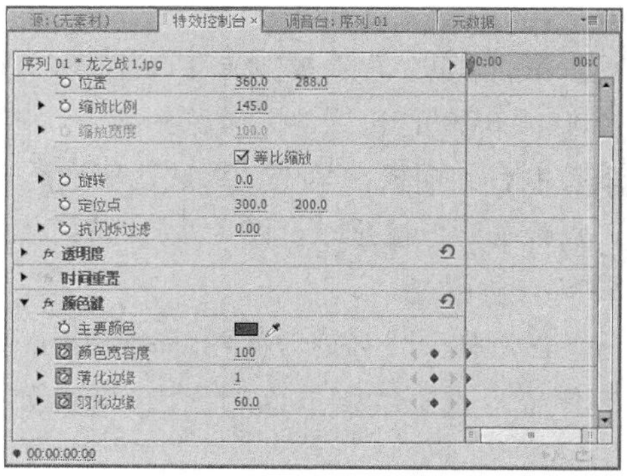

图15-19

20 然后拖曳“当前时间指示器”至00:00:01:00的位置，设置各参数均为0，如图15-20所示。

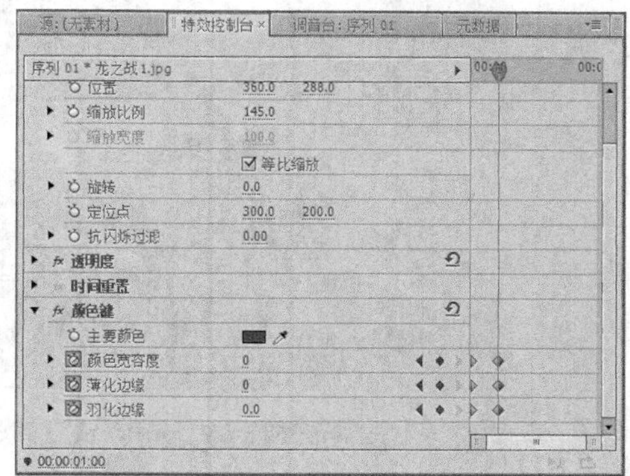

图15-20

21 在“效果”面板中，展开“视频切换”|“三维运动”选项，在其中选择“门”特效，如图15-21所示。

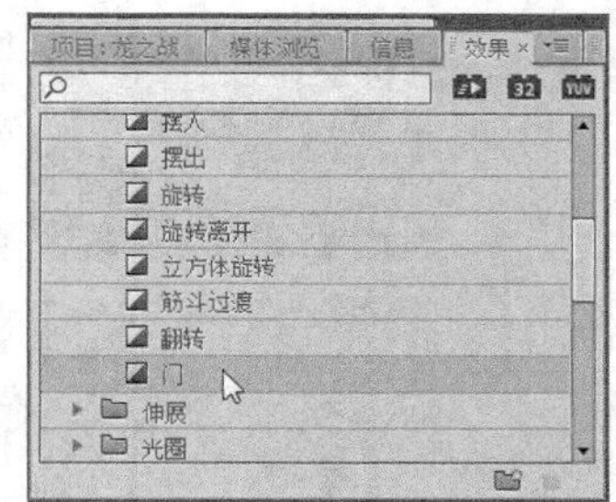

图15-21

22 单击鼠标左键，并将其拖曳至“视频1”轨道的两幅素材图像之间，添加“门”特效，如图15-22所示。

图15-22

23 在“效果”面板中，展开“视频特效”|“生成”选项，在其中选择“镜头光晕”视频特效，如图15-23所示。

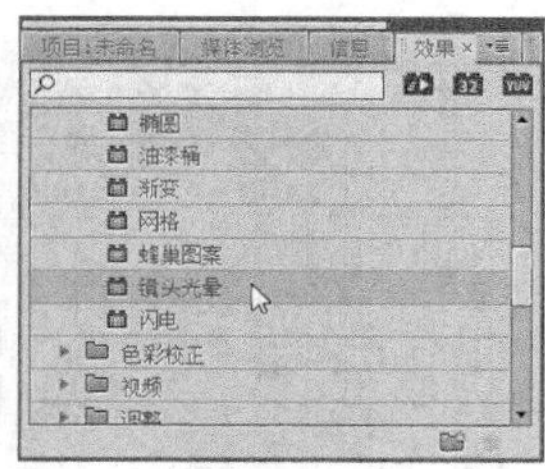

图15-23

24 单击鼠标左键，并将其拖曳至“视频1”轨道的“龙之战2”素材上，将“当前时间指示器”拖曳至00:00:09:05的位置，展开“特效控制台”面板，如图15-24所示。

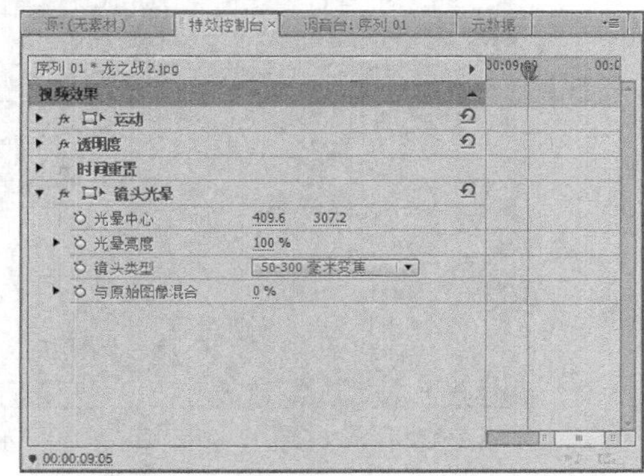

图15-24

25 设置“光晕中心”为100、700，“镜头类型”为“105毫米定焦”，单击“光晕亮度”选项左侧的“切换动画”按钮，并设置参数为0%，如图15-25所示。

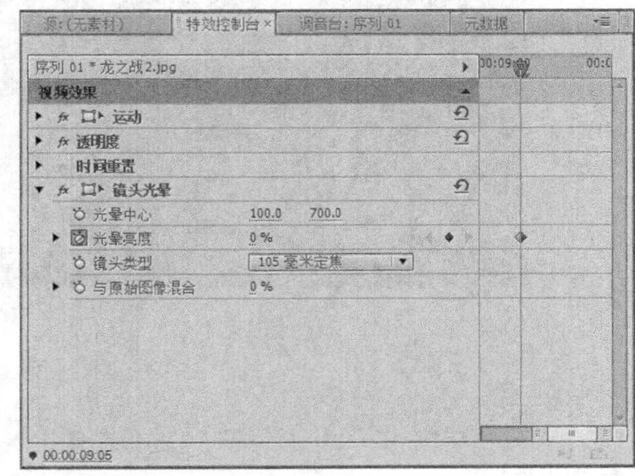

图15-25

26 然后拖曳“当前时间指示器”至00:00:09:15的位置，设置“光晕亮度”为102%，如图15-26所示。

27 然后拖曳“当前时间指示器”至00:00:09:20的位置，设置“光晕亮度”为255%，如图15-27所示。

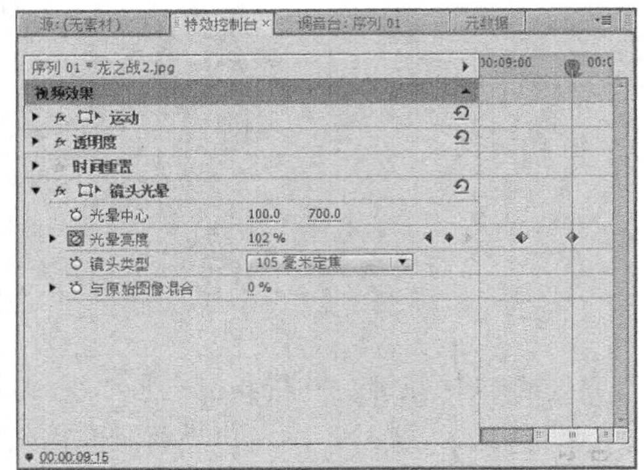

图15-26

图15-27

28 执行上述操作后，单击“节目监视器”面板中的“播放-停止切换”按钮，预览制作的电影片头效果，如图15-28所示。

图15-28

图15-28（续）